食品卫生检验手册
（第2版）

王秉栋　肖　蓉

主编

上海科学技术出版社

图书在版编目（CIP）数据

食品卫生检验手册 / 王秉栋，肖蓉主编. -- 2版
. -- 上海 ：上海科学技术出版社，2024.3
  ISBN 978-7-5478-6560-6

  Ⅰ．①食… Ⅱ．①王… ②肖… Ⅲ．①食品卫生－食
品检验－手册 Ⅳ．①R155.5-62

中国国家版本馆CIP数据核字(2024)第050723号

食品卫生检验手册（第 2 版）
王秉栋　肖　蓉　主编

上海世纪出版(集团)有限公司
上海科学技术出版社　出版、发行
（上海市闵行区号景路 159 弄 A 座 9F－10F）
邮政编码 201101　　www.sstp.cn
上海光扬印务有限公司印刷
开本 787×1092　1/16　印张 28
字数：700 千字
2003 年 10 月第 1 版
2024 年 3 月第 2 版　2024 年 3 月第 1 次印刷
ISBN 978－7－5478－6560－6/TS·260
定价：98.00 元

本书如有缺页、错装或坏损等严重质量问题，请向工厂联系调换

内容提要

本书以我国《食品安全法》为基准,重点介绍现行国际、国家、行业标准与检测方法。以程序图解呈现检测步骤,突出检测要点,条理清晰且更具实用性。

内容涉及食品卫生检验基本知识、检验结果的评价和质量控制;各种药物、农药、有害有毒元素、致癌物质、添加剂、腐败变质、天然毒素、掺假、加工污染物等残留及其检测;微生物(包括病原菌)及其检测。附录中介绍了各类食品安全标准、微生物卫生标准;各种药物、有毒有害元素、致癌物质最高残留限量;常用食品添加剂使用量标准;部分药物残留、农药和限量元素的国际标准等。

本书内容丰富、知识系统,检测方法多样具体,文字简练、要点突出,实用性强,可作为监督检验机构、食品加工企业和食品安全从业人员的常备用书;也可作为普通高等院校和高等职业院校相关专业师生教学、科研工作快速查找的参考书。

编委会

主　编

王秉栋　肖　蓉

执行主编

谢恺舟　蒋云升　侯　艳　徐敬国　杨　莉　王　君

副主编

李洪军　李红霞　谭乐义　孙国荣　季建刚　丁　涛
沈伟健

编著者

徐昆龙　段睿洁　李　畅　胡同静　杨卫星　李国友
朱绍先　蔡宝亮　曹　斌　仇桂琴　谢　群　顾亚凤

前 言

民以食为天，食以安全为先。实施健康中国战略和食品安全战略事关民族昌盛和国家富强。食品安全事关千家万户和人民健康，是广大人民对美好生活的基本要求，也是对政府有关检验检疫监督部门的职责要求。食品卫生检验是对食品原材料从生产到餐桌实施的全程质量安全控制最有效的手段之一。

20年前《食品卫生检验手册》在上海科学技术出版社出版发行，很受广大读者欢迎。本次是在第一版的基础上进行了较大篇幅的修订，修订的原则是以我国《食品安全法》为基准，广泛吸纳食品安全现行标准与检测方法。主要修订内容：对概述的部分案例进行了调整；对检测指标作了删增；保留食品检测实验室基础部分，增加了实验室信息管理系统（LIMS）的介绍和食品检测信息化技术应用等内容；检验方法按国标要求排序，检测步骤以程序图解呈现，便于检验工作者使用；附录部分全部更新，同时增加了部分食品CAC国际标准（国际食品法典委员会制定的CAC标准）及欧盟立法标准。

20年后的今天，《食品卫生检验手册》（第2版）出版，以适应社会发展需求，满足广大教学、科研、监督检验机构和食品加工企业等人员在工作中快速查找和应用食品卫生检验方法和标准，并为其提供一本实用性强、知识系统、内容丰富和技术先进的工具书。

本次修订再版，得到了上海科学技术出版社的关心和支持，同时也得到了扬州大学热心校友嵇博士设立的专项基金支持，尤其是主编王秉栋先生以88岁高龄仍孜孜不倦、倾注心血，精心修改、审稿、统稿，使本书得以完成，在此一并表示衷心的感谢。

对于书中可能出现的疏漏与不足，敬请读者指正！

编著者

2024年3月

目 录

第三篇·微生物检测篇

— 373 —

第一篇

基础篇

第一章
实验室的设置与管理

一、实验室的布局及设施

食品检测实验室分理化检验实验室和微生物检验实验室。理化检验实验室包括样品处理室、化学分析操作室、试剂贮藏室、试剂配制准备室、天平室、一般仪器室、精密仪器室等部分。微生物检验实验室除上述几部分外,还应增加无菌操作室、显微镜观察室、分子生物学操作室等。

实验室的选址应合理,选灰尘少、震动小的地方。房屋结构应考虑能防震、防尘、防火、防潮,且隔热良好、光线充足,同时各个工作室的布局还应符合一定顺序(图1-1)。

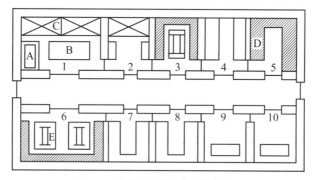

图1-1　食品理化检验实验室布局图

1.样品处理与器皿洗涤室;2.有机溶剂萃取、抽提室;3.试剂配制与器皿贮存室;4.分析天平室;5.试剂贮存室;6.操作室(离心、震荡、蒸馏等);7.各类分光光度计室(可见光、紫外光及荧光分光光度计);8.电化学仪器室(pH计、离子计及极谱仪等);9.气相色谱、高效液相色谱、质谱仪室;10.原子吸收仪室

A.洗涤池;B.水泥台;C.通风柜;D.试剂橱或钢橱;E.实验操作台

实验室地面可采用环氧树脂地坪漆或PVC材料等。实验台面用三聚氰胺板、环氧树脂板、PP板等,台面可贴耐酸橡胶。放置精密仪器的工作台两侧设水槽,便于洗涤;下水管耐腐蚀。精密仪器室可配备防潮吸湿装置及空调装置等。

实验室的水源除用于洗涤外,还用于抽滤、蒸馏、冷却等,所以水槽上要多装几个水龙头,如普通龙头、尖嘴龙头、高位龙头等。下水管的水平段倾斜度要稍大些,以免管内积水;弯管处宜用三通,留出一端用堵头堵塞,便于疏通。此外,实验室内应有地漏。

实验室的供电电源功率应根据用电总负荷设计,设计时要留有余地。进户线要用三相电源,整个实验室要有总闸,各实验间应设分闸,每个实验台都应有插座。凡是仪器用电,即使是单相,也应采用三头插座,零线与地线分开,不要短接。精密仪器要单设地线,以保证仪器稳定运行。

实验室应保持良好的通风,可安装排风扇,通过机械通风进行室内换气,或室内设通风竖井,利用自然通风换气。

二、常用仪器设备

(一) 基本设备
包括电冰箱、离子交换纯水器、通风柜、超净工作台、高压消毒锅、喷灯等。

1. 电冰箱

用于低温保存样品及试剂等。搬动电冰箱时,倾斜度不得超过 45°,放置应与墙壁保持 10 cm 距离,以保证冷凝器的对流效率。冰箱内存放物品不宜过满、过挤,以保持冰箱内冷空气流通,并使温度均匀。凡存放配制的强酸、强碱及腐蚀性试剂,或细菌菌种等,必须密封后放入。

2. 离子交换纯水器

系采用一种高分子化合物阴离子和阳离子交换树脂来制备纯水(也称"去离子水"),为食品检验用水的必备设备。通常水应先经过阳离子树脂柱,再流入阴离子树脂柱,这个顺序不应颠倒,以防交换下来的 OH^- 与水中的阳离子杂质生成难溶沉淀物,并吸附在阴离子树脂表面,使交换量降低;同时,水经过离子交换树脂时不应有空气泡或断层,且流速不宜太快。使用后柱内应留有足够的水,并高于树脂层,以防树脂干燥。如经较长时间使用后,离子交换树脂失效,可用 7% HCl 与 8% NaOH 溶液交替处理,使其再生。

3. 通风柜(图 1-2)

在样品处理过程中,常用强酸、有机溶剂等,会产生一些有害、有毒及腐蚀性气体,必须及时排除。因此,通风柜是食品检测实验室必备的通风设备。制造通风柜时,应考虑到有害气体的腐蚀,可全部采用塑料或玻璃钢等材料,并经久耐用。通风柜长 1.5~1.8 m(单个)、深(宽)89~90 cm,空间高度>1.5 m,前门及侧壁安装玻璃,前门可开启,排气口应高于屋顶 2 m 以上,柜内应安装排风设备、电源、水源等。

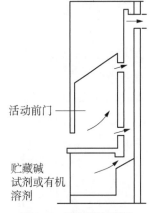

活动前门

贮藏碱试剂或有机溶剂

图 1-2 通风柜图(侧视)

4. 超净工作台

超净工作台是微生物检验实验室普遍使用的无菌操作台,台内环境洁净度可达到 100 级。因此,超净工作台比无菌操作室更符合无菌操作要求。超净工作台应放置于洁净度较高的房间中,不应受到外界风力影响,房内应装有紫外灯,供照射灭菌。在工作前 10~20 min 应开机运转,然后操作;操作完毕后,应开紫外灯照射适当时间,以保持超净台内为无菌环境。在使用一段时间后,应做性能检测,必要时应清洗消毒或更换过滤装置。

5. 高压消毒锅

又称高压蒸汽灭菌器。它是器皿、培养基、细菌污染物的灭菌、消毒必需设备。高压消毒锅种类较多,主要分为手提式消毒锅和立式高压灭菌锅。使用时,注意锅内灭菌物品不宜放置过满,以免影响蒸汽流通,物品包装的体积和量均不应过大,否则可能导致灭菌不彻底。灭菌操作时,应将锅内冷空气彻底排尽;加压或放汽减压时,应使压力缓慢上升或下降;灭菌操作完成后,应将锅内压力降到"0"位方可打开锅盖,否则会发生事故。

(二) 电热设备

包括电磁炉、电热板、电热套、高温电炉、电热恒温水浴锅、电热恒温干燥箱及培养箱等。

1. 电磁炉

实验室常用的加热设备。

2. 电热板

一种封闭式加热电炉。其炉丝不外露,功率可调节,因此使用安全、方便。

3. 电热套

加热烧瓶的专用电热设备,具有热能利用率高、省电、安全、方便等优点。

4. 高温电炉

又称马弗炉。用于样品灰化处理,其工作温度可高达 1 000 ℃以上。常配有自动控温仪,用来设定、控制、测量炉膛内的温度。高温电炉必须安置在稳固的水泥台上,炉膛内要保持清洁,炉子周围禁放易燃易爆物品。使用时,要常查看,防止自控失灵而造成电炉丝烧断等。夜间无人时,切勿启用。用完后应先切断电源,不允许立即打开炉门,待炉温下降至 200 ℃以下方可开炉门,以防炉膛碎裂或外壳脱落等。

5. 电热恒温水浴锅

用于样液或试剂的蒸发与恒温加热。有二孔、四孔、六孔单列或双列等不同类型。使用前应使锅内的自来水高于电热管,以免烧坏电热管。水浴锅应定期检查水箱是否有渗漏现象,以防漏电损坏。水箱内要保持清洁,并经常更换水。如较长时间不用,应放尽水,并擦干。

6. 电热恒温干燥箱

俗称烘箱或干燥箱。用于样品或试剂、器皿的恒温烘焙、干燥等。烘箱温度控制表盘上的数字比较粗略,常与实际温度不符,使用前应检查和校正,做出校正刻度,使用时依此为准。干燥箱工作时须有人照看,以防控制器失灵;若观察箱内工作室的情况,可开启外道门,从玻璃门观看,尽量不开玻璃门,以免影响恒温。特别是当工作温度在 200 ℃以上时,必须降温开启箱门,否则易发生玻璃门因骤冷而破裂。凡有鼓风装置的烘箱,工作时应开启鼓风机,以使工作室温度均匀,并防止加热元件损坏。干燥箱内禁止烘焙易燃、易爆、易挥发及有腐蚀性的物品。如烘脱脂棉、纱布、滤纸等纤维物品,应严格控制温度,防止烤焦或燃烧。

7. 培养箱

微生物检测常使用培养箱,有普通培养箱、真菌培养箱及厌氧培养箱三种。

(1)普通培养箱:主要用于细菌等的培养。常选用隔水式电热恒温培养箱,使用时先加水(宜用蒸馏水或去离子水),然后通电,使用一段时间后应观察水位指示浮标,若浮标下沉,则表示水位不足,应及时补足水量。培养时箱内物品不宜放置过多,须将顶部风孔适当旋开,让箱内潮湿空气容易外溢。

(2)真菌培养箱:培养霉菌、酵母的必需设备,具有加热、制冷两组装置,控温范围为 15～45 ℃。现以 LRA - 250A 型生化培养箱为例介绍其使用方法:使用时先接通电源,将温度显示开关拨至"开"的位置,再将测量开关拨至"选定"档,旋转温度刻度直到显示适宜的温度值;然后将其拨至"测量"档,使培养箱达到所需温度值。从箱内取放培养物时,不要碰撞温度探头。培养箱处于工作状态时,不要任意拨动温度选择盘,以免损坏。在制冷机运转时,如出现异常声音,或压缩机发烫及制冷温度不降,应立刻停机查明原因或检修。

（3）厌氧培养箱:主要用于厌氧菌或微需氧菌的培养。采用 DY-2 型厌氧培养箱进行厌氧培养时,打开其中一个培养罐门,迅速将已接种好的培养物放入罐中,同时将催化剂(钯粒)、干燥剂、亚甲蓝指示剂放好,迅速关闭罐门,并旋紧;打开该罐的电磁阀开关,同时打开真空泵开关,抽气至真空度达到 93.3 kPa 时关闭真空泵开关;开启 N_2 输气阀时慢慢旋开 N_2 钢瓶与减压阀,先用 N_2 洗罐体和管道,当指针回至"零"时表示罐内已充满 N_2,关闭 N_2 阀,再开启真空泵抽气,并用 N_2 再充气一次;按 N_2 80%、H_2 与 CO_2 各 10% 充气,加足,待指针回至"零"时关闭输气阀,然后关闭减压阀、电磁阀等。开启温度选择盘,调节所需温度,直至箱内温度达到指示温度,此时指示灯亮。在培养过程中,可开培养箱的外门观察培养物,但不能打开培养箱罐门,以免影响培养物生长。

(三) 样品处理设备

包括绞肉机、组织捣碎机或均质器,康氏震荡器和磁力搅拌器,电动离心机等。

（1）绞肉机、组织捣碎机或均质器:用于样品的绞碎、捣碎、混匀。绞肉机的孔眼直径不能大于 3 mm。

（2）康氏震荡器和磁力搅拌器:用于样品的提取、样液及试剂的搅匀等。

（3）电动离心机:用于样液沉淀、分离等。

小型离心机应放在牢固的水泥台上,大型离心机的安装要求水平(可用水平尺校正)。离心管(或杯)必须成对用天平严格将重量配平,然后对称地放在转头中,否则会因不平衡而发生强烈震动,损坏机器部件。操作时要注意缓缓启动,逐渐增速;关闭时则要逐渐减速,直至自动停止,禁忌强制性骤停。工作时将盖盖紧,确保操作安全。

(四) 天平

有托盘天平、电子分析天平(最大称量 100 g,感量 0.1 mg)等。检验人员必须熟悉和掌握天平的结构、性能、使用和维修知识,并要求操作规范化,以保证称量准确无误。被称物不应过冷或过热,不应具挥发性与腐蚀性,亦不应潮湿。若必须称量上述物品时,可放在称量瓶内加盖称量。称量时要关闭两侧门,称量完毕应关闭天平,并用软毛刷将称盘、天平门打扫干净,关门,罩上天平套。

(五) 光学显微镜

食品微生物检验最常用的是光学显微镜,并配备荧光显微镜和显微镜摄影装置。使用时检测人员用左眼观镜,左手调节镜距和移片,右眼指导右手绘图或记录。一般先用低倍镜找准视野,再换用高倍镜或油镜观察。调节旋钮时应细心,以防压碎玻片或损坏镜头。观察完毕,应按常规方法擦净油镜,将镜头转成"八"字形状态,再将镜筒旋下,以防物镜与聚光器碰撞受损。使用完毕后,应将光学显微镜收于镜箱中,并放在干燥阴凉处。放置期间,必须定期擦洗镜头,防止霉变。

(六) 分析仪器

包括分光光度计、酸度计及离子计、测汞仪、薄层层析展开仪、气相色谱仪、高效液相色谱仪、质谱仪、电泳仪等。

1. 分光光度计

一般实验室均备有可见光分光光度计、紫外分光光度计、荧光分光光度计和原子吸收分光光度计等。

分光光度计要求防潮、防腐蚀、防震、防光,因此,仪器室应无腐蚀性气体,光线较暗以防强光直射或长时间照射,否则会缩短仪器的使用寿命。仪器应放在干燥、牢固的工作台上,仪器内放置变色硅胶,并在硅胶变色时及时更换,以免光电池受潮而使灵敏度急剧下降或失效;移动时应将检流计短路,以防受震动而影响读数的准确性,此外还应保持比色槽及比色皿架的清洁、干燥。

下面简介 72 - 1 型分光光度计、75 - 1 型紫外分光光度计和原子吸收分光光度计。

(1) 72 - 1 型分光光度计:可供波长 360~800 nm 比色。该仪器以晶体管稳压电源和真空光电管作为光电转换元件。使用时先开启电源,打开比色槽暗盒盖,使电表指针处于"0"位,预热后,选择好波长,用"0"电位器调"0"位;盖好暗盒盖,光电管见光,旋转光量调节器,调节光电管输出的光电信号,使指针准确调于"100%"处。必须重复上述操作,若"0"与"100%"稳定,方可测定吸光度 A。

(2) 75 - 1 型紫外分光光度计:工作波长在 200~1 000 nm 范围内,采用自准式光路,波长 200~320 nm 用氢弧灯作光源,波长 320~1 000 nm 用钨丝白炽灯泡作光源。使用时先开启稳压电源及所需光源,并将灯罩上的反射镜转动手柄扳在"钨灯"或"氢弧灯"位置;将暗电流闸门处在"关"的位置,将选择开关扳在"校正"上,调节暗电流旋钮使电表指针指"0",将波长旋在所需波长上,选定相应的光电管,手柄推入紫敏光电管(波长 200~625 nm),手柄拉出为红敏光电管(波长 625~1 000 nm)。根据波长选用比色皿(波长 350 nm 以上用玻璃比色皿,波长 350 nm 以下用石英比色皿),将空白溶液比色皿置于光路中,然后把盖板盖好;将读数电位器放在透光率 100% 上,把选择开关扳到"X₁"上,拉控制暗电流闸门的拉杆,拉开暗电流闸门,使单色光进入光电管;调节狭缝大致使电表指针指"0",然后再用灵敏度旋钮细调,使电表指针准确在"0"上。将样品溶液置于光路中,这时电表指针偏离"0"位在稳定后读数,把暗电流闸门重新关上,以便保护光电管,勿使其因受光时间过长而疲劳。测试完毕,应切断电源,将选择开关放在"关",取出比色皿,用黑布罩好仪器。

(3) 原子吸收分光光度计:它能检测食品中几乎所有微量金属元素和一些类金属元素,并且具有灵敏度高、选择性好、准确、快速等优点。其两个关键部件为辐射源与原子化系统。

① 辐射源:空心阴极灯是当前应用最广泛的原子分光光度计的光源,它能发射出足够强的被检元素蒸气能吸收的特征辐射线。每检测一种元素,就需要换一个用该元素材料制成的空心阴极灯,因而一台原子吸收仪器应配备若干种空心阴极灯。

② 原子化器系统:原子吸收是基态原子对辐射能的吸收。因此,待检化合物必须要经过原子化器系统,使待检元素呈原子蒸气状态。一般分为火焰原子化器与无火焰原子化器两种。

a. 火焰原子化器:包括两个部分,一部分是将样品溶液变成高度分散状态的雾化器;另一部分是燃烧器。目前采用的是缝式燃烧器,常用的燃气为乙炔、氢、甲烷、丙烷;助燃气为空气、氧气等。在实际应用时应根据不同待检元素,选用恰当的火焰类型;另外还要通过实验条件来确定最佳火焰状态,即燃气与助燃气流量的最佳比值。

b. 无火焰原子化器:主要有电热高温石墨管原子化器。石墨管上有 3 个小孔($\phi 1 \sim$ 2 mm),中间小孔为滴入样品,采用电阻加热,原子化在石墨管中进行。为了防止样品及石墨管氧化,必须在不断地通入氮气或氩气的条件下进行检测。本法原子化的效率较高,但精确度较差,采用自动加样后,精密度可得到提高。现在有一种具有齐曼效应的原子吸收分光光度仪,该仪器扣除背景(指除去干扰)的能力很强。

2. 酸度计及离子计

一般实验室都备有 25 型或 29A 型酸度计(精度为 ±0.1 pH、±2 mV)及 pHS-2 型或 pHS-3 型酸度计(精度为 ±0.01~0.02 pH、±1~2 mV),也可添置精度高的 PXJ-1B 型数字式离子计(精度为 ±0.001 pH、±0.001 pX、0.1 mV)。工作时根据测试项目的需要配备相应的电极。如检测样液中 pH,备有 pH 玻璃电极或 pH 复合玻璃电极与甘汞电极;如检测样液中氟含量,备有氟离子选择性电极与甘汞电极等。

使用仪器各旋钮时,勿用力过大。仪器不用时,应将量程旋钮拨至"0"处,以免指针左右摇晃而影响灵敏度。电极插口必须保持清洁,不用时应将电极插子插入,以防灰尘和湿气侵入。

新 pH 玻璃电极在使用前应在水中浸泡 24 h 以上,以降低内阻,使电极电位能迅速平衡。玻璃电极的球泡甚薄,易碰破,故应小心。若球泡黏附油脂可用乙醇、乙醚或丙酮浸泡,再用乙醇清洗与水浸泡除油脂。

使用甘汞电极时,应拔去加液口橡皮塞,从而使饱和氯化钾溶液与被检溶液通路。用后塞上橡皮塞,并在下端套上橡皮帽。加在甘汞电极侧管中的饱和氯化钾溶液,应防止产生气泡而短路。甘汞电极下端与溶液接界处装有一陶瓷砂芯,若积垢或局部堵塞时,会导致电极内阻增大,而使检测结果不稳定,除去积垢即可恢复正常。

仪器与电极工作理想环境温度为 25 ℃。仪器在使用前先预热 10~20 min。若电压常波动,最好加接稳压器。

3. 测汞仪

检测食品中汞的专一仪器。实验室常配备各类型测汞仪,目前有 CG-1 型、CQ-1A 型数字式测汞仪等。前者需用高纯 N_2(99.99%)为载气,后者载气为净化的空气。使用时仪器应放在坚固的工作台上,避免震动和光线直接照射,并避免灰尘和潮湿空气侵入;在操作中防止光敏电阻过度曝光,必须保持石英吸收池的干燥,严防污染。

4. 薄层层析展开仪

用于食品中有机氯农药残留、黄曲霉毒素、苯并(a)芘、色素等检测。市售的有 75-Ⅰ型与 75-Ⅱ型,可连续展开,操作简便,试剂消耗少。如能配备薄层层析扫描仪,则适用于定量检测。

5. 气相色谱仪

凡用于食品检测的气相色谱仪必须具备氢焰、电子捕获、火焰光度等检测器,常用于营养物质及多种有毒有害物质检测。其特点如下。

(1) 高效能:一个 1~2 m 长的色谱柱可有几千个理论塔板,因而分配系数和沸点都很接近的组分以及极为复杂的多组分混合物均可分离检测。若食品中有机氯农药残留可分成几十个同系物及其异构体,这是一般化学方法很难达到的。

(2) 高灵敏度:目前使用的检测器有的可检出 $10^{-11} \sim 10^{-12}$ g 物质。因此,在食品、水质等污染物检测中可检出 mg/kg 级至 μg/kg 级的卤素、硫、磷化合物。

(3) 高选择性:可通过选用高选择性固定液,使各组分在所选用的固定相上的分配系数有较大的差异,以达到分离的目的。

(4) 高分析速度:一般检测一次的时间几分钟到几十分钟。目前已用电子计算机控制色谱分析,使操作及数据处理完全自动化、速度更快。

下面简介电子捕获检测器与火焰光度检测器。

① 电子捕获检测器:仅对具有电负性物质如卤素、硫、磷、氮的物质产生信号,且物质的电负性越强,其电子吸收系数越大;检测器的灵敏度越高,而对电中性(无电负性)的物质不产生信号。该检测器的放射源常见的为 ^{3}H 及 ^{63}Ni,前者灵敏度较高,后者可在较高温度(350 ℃)下使用,载气一般为高纯氮气(99.99%)。使用时要尽量避免空气中的氧气污染检测器。当给进样口换硅胶垫或更换色谱柱时,动作要迅速。检测器不用时,仍要保持氮气的正压力,即一直通氮气,速度小于 10 mL/min,以防将检测的出口堵住及防止空气反扩散进来。

② 火焰光度检测器:用来检测含硫或磷的有机化合物的光谱检测器。使用时燃烧室必须升温到 100 ℃以上时才能点火。点火时,氢气与氧气比例要保持富氧(而不是富氢),以防燃烧室积水和点火时爆鸣;点火后再开启高压电源。实验结束或拆卸检测器时必须关闭高压电源。滤光片要保持洁净和干燥,防止发霉;光电倍增管要避光、防潮、防震,防止过热。

6. 高效液相色谱仪

包括贮液器、高压输液泵、进样器、色谱柱、检测器等。现简介如下。

(1) 贮液器:能贮存惰性溶剂的流动相,其容量为 $1 \sim 2$ L,并能耐压和便于脱气。流动相必须脱气后才能使用,否则会增大检测器的噪声,基线也不稳。脱气方法有以下 3 种。①超声波脱气:将流动相容器置超声波清洗槽中(水为介质),超声处理 $30 \sim 60$ min。②氮气脱气:将氮气通过滤器导入流动相中,以 0.5 kg/cm^2 压力、脱气 $10 \sim 15$ min。③自动脱气:仪器已装备脱气机,可在仪器正常流速下脱气。

(2) 高压输液泵:使流动相按一定流速或压力进入色谱柱中,则样品便得到有效分离。一般要求流量精度为 0.1%,输出压力为 $150 \sim 300$ kg/cm^2,流速在 $0.01 \sim 10$ mL/min。要保养好输液泵,必须做到选用高质量试剂与溶剂,所用流动相及溶剂应经过滤后再使用;流动相经过脱气;工作前应放空排气,结束后应从泵中洗净缓冲液;不允许泵中滞留水或腐蚀性溶剂;要定期更换垫圈及加润滑油等。

(3) 进样器:将待检样液注入色谱柱,一种为微量注射器($1 \sim 10$ μL)进样;另一种为自动进样,可通过计算机控制,可自动取样、进样、清洗等一系列操作。使用时待检样液应经过滤与净化处理;进样口应保持清洁,阀前应配备过滤器,工作结束后应冲洗除去缓冲溶液。

(4) 色谱柱:为一根空心柱管,长 250 mm,内径 4.6 mm(也有 $1 \sim 2$ mm),管内装填固定相,其粒径 $3 \sim 10$ μm(粒径 5 μm 使用最广)。柱管填料常采用匀浆装柱,用溶剂将填料配成悬浮液,并经超声波处理成匀浆,然后用高压输入管中,便制成紧密的色谱柱。

新制成的色谱柱应经过性能试验,对其评价化合物峰参数,化合物由苯、萘、联苯、菲组成,可对烷基、氰基、硅胶柱进行评价;反相柱多采用甲醇/水,正相柱采用正己烷评价。色谱柱与进样器及检测器两端连接,应无死区,柱的温度应严格控制,一般不超过 100 ℃,否则,流动相易气化,导致工作失败。对于较脏的样品,要防止色谱柱被污染,使柱的寿命延长。因此,常在色谱柱的前端装一根相同固定相的短柱(5～30 mm),这样有保护色谱柱的作用。

(5) 检测器:在残留检测中主要使用的检测器有紫外可见、荧光、电化学等,这些检测器灵敏度较高。现简介于下。

① 紫外-可见检测器:灵敏度高,选择性好,并能满足一般残留检测的要求,还能适应等度和梯度洗脱,对强紫外线吸收的物质检测限可达 1 ng 以下。一般选择被检组分的最大吸收波长进行检测,其波长选择取决于样品中的待检成分及其分子结构,同时应考虑流动相的组成。因各种溶剂均有各自的特定透过波长下限值,即检测池 1 cm,透过率为 10% 时的响应波长,如低于该值时,溶剂的吸收会增强较多,不利于检测被检组分的吸收强度。

对于已知化合物的检测,可先进行紫外线扫描,再从图谱上确定最大吸收波长。然而,对于未知化合物波长的确定,可采用二极管矩阵检测器解决。

② 荧光检测器:灵敏度较紫外可见检测器高 1～2 个数量级,选择性强,故本法是许多低浓度残留组分常用的检测方法。其原理是一些物质在紫外线下吸收特定波长的光,使外层电子从基态跃迁到激发态,当处于第一激发态的电子回基态时,会发射比原来吸收的光波更长的光,即为荧光。这种吸收的光叫激发光,波长为激发波长;发射的荧光叫发射光,波长为发射波长。其荧光强度与激发强度、量子效率与样品浓度成正比。

③ 电化学检测器:由恒定电位器与有三个电极的化学池所组成。根据被检物质在一定电压下的氧化(或还原)的能力而进行检测。使用时需维持电化学池中组分浓度,渐渐改变电压,并测量电流,得出电流对电压的关系曲线(即伏安图)。再依据伏安图了解组分的电化学选择性,同时确定组分最佳电压。应保持电极和池内清洁,这是电极稳定性的关键。流动相应严格脱气,否则会导致电化学检测器对气泡敏感,也会影响检测中响应的稳定性。还原型检测池不应有氧存在。

7. 质谱仪

质谱仪是将待检物质转变成带正电荷的离子,利用稳定磁场(或交变磁场)使带电荷的各种正离子,按质荷比(m/e)及其丰度顺序分离,并形成有规则的质谱,然后用检测器检测,可作定性及定量检测。其使用步骤及过程如下。

(1) 进样口:样品入口装置作用是帮助待检样液注入,借真空泵体系使质谱仪保持在低压状态,同时使真空不遭到损耗。

(2) 离子化:它是利用低能量的电子轰击气态分子,使其变成正离子与负离子,而前者离子量几乎超过后者 100 倍。使用时应注意,用电子轰击产生的正、负离子,在离子源中对各种电极采用适当电压,将加速平行束的正离子通过分离装置,而使质量分离;蒸汽化样品与发射出的平行电子束作用,在加热的铼或钨丝及电子狭缝或阳极之间通过,灯丝与阳极间的电位降影响着电子能,样品瓶中样品一般放在 70 V;气相色谱质谱联机为 20 V,以避免载气氩离子化;形成离子的丰度受几种因素支配,其中最重要因素可能是电荷去域化,因此需要稳定正电荷及排去中性分子和基团。

(3) 质量分离:一般由离子源产生的平行离子束按照 m/e 进行分离。有磁场偏分离、四极过滤及飞行时间三种。

（4）离子检测及输出：产生的离子束通过质量分析器的平行狭缝到达离子检测器。这种检测器常为电子倍增器型，其灵敏度及放大效能可使简单离子也能被检测出来。如在四极或飞行质量分析器上，改变磁场或电压，增加或减少 m/e 的离子连续地放出信号与所获得每个 m/e 的离子数成正比。

如为慢扫描，可采用传统记录仪；快速扫描，则多用示波记录仪或多次痕量示波记录仪。

一般扫描获得的最大峰定为基峰，其强度设定为100，其他各峰的高度则以基峰强度的百分数表示。它还有一大特点，与气相色谱仪联用，能将有毒物质的化合物从生物样品中分离出来，并由质谱仪所得输出信号供给计算机，与参考质谱比较，便能快速鉴别待检有机化合物。

8. 电泳仪

电泳技术作为样品的分离方法，已有几十年的历史。电泳仪有低压、中压、高压三种。使用过程如下。

（1）检测仪器，使电源开关置于关的位置，输出电压调节旋至最小位置，电流表读数开关拨向"X₁"一边。

（1）检测仪器，使电源开关置于关的位置，输出电压调节旋至最小位置，电流表读数开关拨向"X_1"一边。

（2）连接电泳槽导线，注意正负极绝对不能接错位置。

（3）接通电源，开启电源开关，将输出电压调节器调到电压表指针所需电压，此时电泳开始。

（4）如同时电泳多个样品导致电流超过表头满度时，可将电流表读数开关拨向"X_2"一边，这时电表指针所指数值乘2，则是实际电流值。

（5）电泳的目的不同，所需的电压、电流和时间也不一样，应由当时的实验决定。

（6）电泳工作时，严禁触摸电极、电泳物或其他带电部分，也不允许到电泳槽内放、取任何东西，否则会触电。如必须处理时，应先切断电源。

（7）电泳完毕，应关电源，再取电泳物。如不接着使用，还应拔去电源插头。

（七）玻璃器皿

用于对样品进行研磨、称量、干燥、分离、培养、提取、消化、定容、蒸馏、浓缩处理及试剂配制等。包括常用的玻璃器皿，如试管、吸管、滴定管、培养皿、量杯、量筒、研钵、漏斗等。此外需配备一些特定用途的玻璃器皿，如称量瓶、容量瓶、分液漏斗、干燥器、凯氏分解烧瓶、冷凝管、K-D浓缩器、层析柱、索氏脂肪抽提器及凯氏定氮蒸馏装置等。

玻璃器皿洁净程度，直接影响食品检测结果的准确度和精密度。一般玻璃器皿需经洗涤液浸泡后用自来水冲洗，再用蒸馏水冲洗干净，其内壁应明亮光洁，无水珠附着在玻壁上，否则必须重新洗涤。

洗涤干净的器皿可任其自然干燥，也可烘干，保存时应防止灰尘污染。

微生物检验用的器皿（培养皿、试管等），应严格消毒后才可使用。

三、实验室的管理

（一）安全管理

1. 防止中毒与污染

（1）对剧毒试剂（如氰化钾、砒霜等）及有毒菌种或毒株必须制订保管、使用登记制度，并由专人、专柜保管。

（2）有腐蚀、刺激及有毒气体的试剂或实验,必须在通风柜内进行工作,并有防护措施(如戴橡胶手套、口罩等)。

（3）微生物检验时应严格执行无菌操作规程,凡所有培养物、被污染的器皿及阳性标本,应置消毒剂的水槽内浸泡过夜,再用高压灭菌,或煮沸消毒后再清洗;如果培养物及阳性标本需暂时保留,必须包装严密,妥善保存。

（4）微生物检验用的接种环(棒)须经火焰灼烧灭菌并冷却后,再接种培养物;使用后,亦应灼烧灭菌,以防散毒或交叉污染。

（5）吸取试剂或菌液时,严禁用嘴吸取;微生物检验使用吸管时先进行火焰灭菌为宜;如遇有毒菌种或病毒撒于桌面或地面,应立即用消毒剂进行消毒,并擦拭或拖洗干净,严防环境受到污染。

（6）严禁在实验室内喝水、用餐及吸烟等。

（7）实验完毕要用肥皂洗手,微生物检验结束后还应用消毒液浸泡,再用水冲洗,并脱下工作服。

2. **防止燃烧与爆炸**

（1）妥善保存易燃、易爆、自燃、强氧化剂等试剂,使用时必须严格遵守操作规程。

（2）在使用易燃、易爆等试剂时严防明火,并保持实验室内通风良好。

（3）对易燃气体(如甲烷、氢气等)钢瓶应放在安全无人进出的地方,绝不允许直接放于工作室内使用。

（4）严格遵守安全用电规则,定期检查电器设备、电源线路,防止因电火花、短路、超负荷引起线路起火。

（5）室内必须配置灭火器材,并要定期检查其性能。实验室用水灭火应十分慎重,因有的有机溶剂比水轻,浮于水面,反而扩大火势;有的试剂与水反应,引起燃烧,甚至爆炸。

（6）要健全岗位责任制,离开实验室或下班前必须认真检查电源、煤气、水源等,以确保安全。

3. **"三废"处理与回收**

食品检测过程中产生的废气(如 SO_2)、废液(如 KCN 溶液)、废渣(如黄曲霉毒素、细菌及病毒残渣)都是有毒有害的,其中有些是剧毒物质和致癌物质及致病菌,如直接排放,会污染环境,损害人体健康与传染疾病。因此,对实验中产生的"三废"应认真处理后才能排放。对一些试剂(如有机溶剂、$AgNO_3$ 等)还可以进行回收,或再利用等。

有毒气体量少时可通过排风设备排出室外。毒气量大时须经吸收液吸收处理。如 SO_2、NO 等酸性气体可用碱溶液吸收,对废液按不同化学性质给予处理,如 KCN 废液集中后,先加强碱(NaOH 溶液)调 pH 10 以上,再加入 $KMnO_4$(以 3％计算加入量)使 CN^- 氧化分解。又如,受黄曲霉毒素污染的器皿、台面等,须经 5％ $NaClO_4$ 溶液浸泡或擦抹干净。

（二）日常管理

实验室必须健全管理制度,设立专职或兼职管理人员,以科学方法管理,订立切实可行的规章制度,以便遵照执行。

1. **实验室工作要求**

（1）设立岗位责任制,由实验室负责人全权管理本室工作,制订工作计划、人员分工、安排，定期检查、督促原始检测记录、工作日志、精密仪器保养与添置，以及人员培训、进修与考核、检验报告的复核等。

（2）对取样、接收样品应作好登记及保存工作。

（3）实验前要有充分准备，切勿忙乱，应有良好工作作风，实验严谨、认真、仔细，以科学态度写出检测数据与报告。

（4）检测人员操作必须规范化、标准化，切勿马虎。

（5）做好实验室资料保存与存档工作。

（6）检测人员进入实验室必须穿白色工作服，实验前后均应洗手。

（7）实验室要定期打扫，保持清洁卫生与整齐。

2. 试剂与菌种管理要求

（1）危险品应按国家公安部规定管理，严格执行。

（2）微生物的菌种应严加保管。

（3）试剂应贮存在朝北房间，室内应干燥通风，严禁明火，避免阳光照射。

（4）易燃试剂室内不允许超过 28 ℃，易爆试剂贮温不超过 30 ℃。

3. 精密仪器管理要求

（1）精密仪器应按其性质、灵敏度要求、精密程度，固定房间及位置，必须做到防震、防晒、防潮、防腐蚀、防灰尘。

（2）应定期检查仪器性能，在梅雨季节更应经常通电试机。

（3）精密仪器要建立"技术档案"、使用记录卡、维修记录卡、安装调试及验收记录、说明书、线路图、装箱单等。

（4）初学者必须有专人指导、示范、辅导上机。

4. 检测结果的报告与签发

检测人员应努力钻研业务，掌握正确、熟练的操作技能，培养仔细观察实验的能力，并准确、及时如实地记录检测数据，写出报告。书写字迹要端正、清楚，不可潦草或涂改。对处理意见要求实事求是，按科学规律办事，并填写检测报告书，下文"检测报告书"供参考。

检测报告书

第＿＿号

批号＿＿

检测样品：＿＿＿＿＿＿＿＿＿＿＿＿＿＿＿＿＿＿＿＿＿＿＿＿＿＿＿＿＿＿

规格及外观：＿＿＿＿＿＿＿＿＿＿＿＿＿＿＿＿＿＿＿＿＿＿＿＿＿＿＿＿

送检单位：＿＿＿＿＿＿＿＿＿＿＿＿＿＿＿＿＿＿＿＿＿＿＿＿＿＿＿＿＿

采样时间、地点：＿＿＿＿＿＿＿＿＿＿＿＿＿＿＿＿＿＿＿＿＿＿＿＿＿＿

样品收到日期：＿＿年＿＿月＿＿日

检测日期：＿＿年＿＿月＿＿日

检测目的：＿＿＿＿＿＿＿＿＿＿＿＿＿＿＿＿＿＿＿＿＿＿＿＿＿＿＿＿＿

检测依据：＿＿＿＿＿＿＿＿＿＿＿＿＿＿＿＿＿＿＿＿＿＿＿＿＿＿＿＿＿

检测结果：

_____

检测者：_____　报告日期：____年____月____日

结论：

_____年　　月　　日　　　　　　　　　　　　签名_____

审核：

_____年　　月　　日　　　　　　　　　　　　签名_____

第二章
食品卫生检验概论

第一节 · 抽样与取样

一、抽样法的基本概念

所谓抽样法,是从事物总体中抽取部分样本进行检验,并依此推算总体,了解总体的基本情况。

1. **总体与个体**

具有共同性质的个体所组成的物体,称为总体。也可简述为检验对象的全体。组成总体的每个单元称为个体。总体性质取决于个体性质,构成总体的所有个体数目以 N 表示,称为总体容量。

2. **样本**

在研究总体时,往往不可能对总体中全部个体一一检测,而多采用从总体中随机抽取若干个体的方法,用以估计所检验的总体。这部分个体称为样本,其数目以 n 表示,称为样本容量。

二、抽样法的原理与特点

抽样法的目的是获得一个规模有限、能够代表总体的样本。因此,抽样必须有一套科学方法,否则就有可能发生对总体缺乏足够的代表性,甚至会发生很大偏差。

1. **原理**

抽样法所依据的原理是概率论和大数定律。即按随机原则从事物总体中抽取一定数量样本,而当抽样数目达到一定量时,则抽样误差是遵守正态分布的。为此,抽样数愈多,其样本平均数接近总体平均数的概率也愈高。

2. **特点**

抽样法有如下特点。

(1) 从总体中抽取出来是不加任何选择,按随机原则抽样。因此,总体中每一个体都有被抽中的可能,从而能够保证有充分的代表性,不致发生倾向性误差。

(2) 抽样法是以抽取样本的总和来代表总体,而不是以个别样本来代表总体。因此,即使个别样本含量有高有低,当抽取的样本数达到足够多时,则高低含量将趋向于平衡,故抽样的平均值接近总体平均值。

（3）抽样误差与总体各个体间差异程度成正比,与抽样数目的平方根成反比。

由于上述特点,该法被公认为最完善、最科学的方法。

三、抽样法类型

1. 纯随机抽样

按随机原则的特定方法来抽取样本。具体做法是用抽签的办法,在取得总体的个体数及分布图前先给每一个体编号,然后使用随机号码表,查出抽取个体号;如果没有随机号码表,可将总体各个体号码写在卡片上,再从卡片中随机抽出所需个体。

2. 类型抽样

也称分层抽样。将总体中个体按其属性特征分为若干类型或层,然后在各类型或层中随机抽取样本,而不是从总体中直接抽取样本。

3. 等距抽样

将总体各个体按存放位置顺序编号,然后以相等距离或间隔抽取样本。

4. 整群抽样

从总体中成群成组地抽取样本,而不是一个一个地抽取样本。本法抽取样本只能集中在若干群或组中,而不能平均分布于总体中,故本法准确性要差一些。

5. 定比例抽样

按产品批量定出抽样百分比,如抽取 0.1%、0.2%、0.5%等。本法也适用于食品外包装的大件,而在大件中抽取一定比例的小包装样本。

抽样数量应以满足检验项目对样品量的需要,一般抽样总量不少于 1~2 kg,并一式 3 份,供检测、复检、备查用。

四、取样方法

从大批产品中抽样往往数量较多,不便于检测,也不具有代表性,因此必须按照不同样品取样的要求和方法进行取样。

1. 固体样品

常采用四分法取样。具体步骤是将采回的样品,如为肉或肉制品,先切成碎块,充分混匀,然后用绞肉机绞 3 次（如为粮食等食品,可用粉碎机粉碎 3 次）,将肉糜堆成一圆锥体,压平,通过中心划一"十"字成四等份,把任意对角的两份弃除,余下的两份收集在一起混匀,这样就将样品缩减了一半,称为缩分一次。如此重复缩分下去,达到所要求的检验量为止（图 2-1）。

凡含淀粉和脂肪少的果核、经烘干后的饼干、酥脆饼干等点心、切面、通心粉等加工食品及干菜、海藻等都可按此法取样。

2. 液体样品

如牛奶、葡萄酒、植物油等,常采用虹吸法（或用长形吸管）按不同深度分层取样,并混匀。

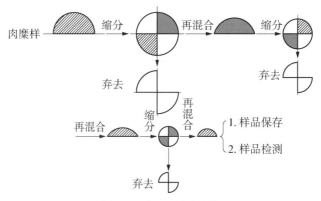

图 2 - 1   食品四分法取样

如样品黏稠或含有固体悬浮物或不均匀液体应充分搅匀后,方可进行取样。

五、取样与送检原则

1. 注意样品的代表性与均匀性

样品数量应符合检验项目需要,一般固体食品(如肉类、水产品、粮食、蔬菜等)约 2 kg;液体、半液体食品(如牛乳、蜂蜜、酱油、酱类等)1~2 L;小包装食品(如罐头、塑料袋装等),250 g 以上的包装不少于 3 件、250 g 以下的包装不少于 6 件。

2. 防止取样用具及容器污染

(1)微生物检验取样必须在无菌条件下操作。取样用具、容器(如铲子、匙、采样器、试管、广口瓶、剪子及开罐器等)必须经过灭菌处理。

(2)理化检验取样一般使用干净的不锈钢工具,包装常用聚乙烯、聚氯乙烯等,并经硝酸:盐酸(3:1,V/V)溶液浸泡,以去离子水洗净晾干备用。

(3)样品如为罐、袋、瓶装者,应取完整的未开封的原包装;如为冷冻食品,仍应保持在冷冻状态(可放在冰盒或冰袋及冰瓶内),带回后也应冷藏保存。

3. 避免人为倾向性

因每个人对色彩、形状、大小、位置等均会有一定偏见,往往在取样时不自觉地有倾向性。用随机数表可克服这类误差。

4. 快速取样与送检

取样与送检的时间以越快越新鲜为好,因样品放置时间过久,其成分易挥发或破坏,甚至会引起样品的腐败变质,影响检验结果。

5. 做好详细记录

记录内容包括食品品种、部位、数量和取样方法、时间、地点、单位、送检人员等。

六、样品保存

1. 保存原则

(1)防止污染:凡接触样品的器皿、工具、手必须清洁,不应带入新的污染物,并加盖密封。

（2）防止丢失：某些待检成分易挥发、降解（如有机磷农药）及不稳定（如维生素 C 等），可结合这些物质的特性与检测方法加入某些溶剂与试剂，使待检成分处于稳定状态。

（3）防止水分变化：防止样品中水分蒸发或干燥食品吸湿。前者可先测其水分，保存烘干样品，然后通过折算成新鲜样品中的含量；后者可存放密封的干燥器中。

（4）防止腐败变质：动物性食品极易腐败变质，可采取低温冷藏，以降低酶活性及抑制微生物生长繁殖。

2. 保存方法

（1）低温冰箱保存，世界卫生组织（WHO）确定为 −15 ℃ 保存动物性食品的新鲜样品。

（2）放入无菌密闭容器（如聚乙烯袋、聚乙烯瓶等）中保存。

（3）充入惰性气体（如氮气）置换出容器中的空气。

第二节 · 样品的制备与前处理

食品微生物检验的样品前处理技术较为简单，一般是按无菌操作，将样品与灭菌溶液（如生理盐水、磷酸盐缓冲液、营养肉汤等）充分混匀后，在研钵中研磨（或均质器中均质），其稀释液便可供检测。而食品理化检验的样品前处理技术较繁杂，本节对此作详细的阐述和介绍。

一、样品的制备

（一）鲜肉

将鲜肉的骨头、筋膜等除去，切成大小适当的肉片，用孔径为 3 mm 的绞肉机绞 3 次，然后按四分法取样。

（二）肉制品

如为腊肉、火腿、腊肠等，除去腊肠肠衣薄膜，按四分法取样，样品可代表全体；如为肉罐头，将全部内装品切成适当大小块。以上样品分别用孔径为 3 mm 绞肉机绞 3 次，再按四分法取样。

（三）鲜鱼

一般用 5 条鱼体制备，但有时也可适当增加几条，先除去头、内脏、骨、鳍、鳞等非食用部分，余下部分按图 2 - 2 那样切开，收集斜线所示部分，绞成肉糜，再按四分法取样。

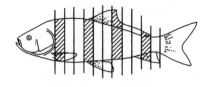

图 2 - 2　鱼的取样示意

（四）鲜蛋

抽取 5 枚以上鲜蛋，将其敲碎放入烧杯中，充分混匀，待检。如蛋白、蛋黄分开检测时，将蛋敲碎后倒入 7.5～9 cm 漏斗中，蛋黄在上，蛋白流下，然后分别收集于烧杯中，再用玻棒充分混匀，待检。

（五）乳类

由于牛奶的表层浮着脂肪，检测时需上下充分搅匀，严防空气进入。如为固体奶油时，放在 40 ℃ 水浴中温热混合。如为加工奶制品、酸奶酪、生奶油，处理方法同鲜奶。冰淇淋可溶解成液状后搅匀。干酪弃去表面 0.5 cm 厚的部分,再切下 3 片(1 片接近中心,两端各 1 片),剁细混匀。

(六) 贝壳类

除去贝壳,将贝肉剁细磨碎混匀。

(七) 咸鱼

用饱和盐水洗涤,将表层的盐洗净,然后按鲜鱼方法处理。鱼干、鱼干松可直接粉碎制备。

(八) 海藻类

新鲜的裙带菜用盐水(盐度 3)洗去沙和盐后,用研钵或均质器磨浆待检。干货用干布拭净表层,切细,用研钵研细。

(九) 蔬菜、蘑菇、水果类

如需检测维生素含量时,将新鲜样品切细剁碎,用均质器制成匀浆。如不作维生素含量分析,则可将其干燥后粉碎待检。

(十) 油脂类

液态油,经搅拌均匀可取样检测。常温为固体的样品(如黄油、人造黄油等),将其放入聚乙烯袋中,用于温热,使其软化,捏袋使其均匀,切下一部分聚乙烯袋,挤出黄油作为检样。

(十一) 豆酱、豆腐、烹调食品

用搅拌机磨碎或研钵磨匀即可。

(十二) 砂糖

将砂糖和水果糖等先溶于 50 ℃温水中,用保温漏斗过滤,制备成液体待检。

(十三) 点心类

包括生点心、馒头、包子、糯米饼及西式点心,先烘干,再粉碎或研碎。

(十四) 调味品类

如咖喱粉、胡椒粉等,充分拌匀制备样品,沙司、番茄酱、酱油等,充分搅匀待检。

(十五) 饮料类

茶叶、咖啡等,充分研磨或粉碎、混匀,啤酒、汽水等含碳酸饮料,在 20～25 ℃温热,完全逐出碳酸后再进行检测。非碳酸饮料,如矿泉水、纯净水等可直接检测。

二、样品前处理

食品理化检验的样品前处理方法有以下 4 种。

(一) 有机物破坏法

在理化检验时,样品中共存的或无机物结合的有机物将干扰检测,须将其中有机物破坏或除去,使样液中有机物转变成无机物形式,供检验用。这种破坏有机物的过程,称为样品无机化或无机化处理。本法主要有湿消化法、消化罐法、干灰化法、氧瓶燃烧法等。

1. 湿消化法

(1) 原理:样品加入氧化性强的酸(如浓 HNO_3、浓 H_2SO_4、$HClO_4$ 等),结合加热来破坏有机物,并配合使用氧化剂(如 H_2O_2、$KMnO_4$ 等)、催化剂(如 V_2O_5、$CuSO_4$ 等)以加速有机物氧化分解,直至完全破坏,使包含在有机物中的待检成分释放出来,并形成各种不挥发的无机化合物供检测。

（2）操作方法：①敞口消化法：在凯氏烧瓶中加样品与试剂，倾斜（45°）置于电炉（电热板）上加热煮，直至消化完全为止（图2-3）。本法需在通风柜内进行，因有大量酸雾等刺激气体产生。②冷凝回流消化法：在上述凯氏烧瓶上装上冷凝管，这样样品中挥发性成分随同冷凝酸雾形成酸滴返回烧瓶中（图2-4）。本法常用于样品中易挥发成分（如金属元素 Sb、Hg、Se等）的检测，可避免被检物质的挥发损失，还可防止烧瓶中溶液干涸。

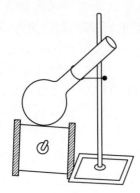

图2-3　敞口消化装置示意　　　　　　　　图2-4　冷凝回流消化装置示意

（3）方法要点：①消化所用试剂，应采用优质的酸及氧化剂，并同时作试剂空白试验，以扣除试剂空白值。如空白值较高，应提高试剂纯度。②加酸进行消化时，应控制好火候，当消化到刚接近发生碳化时，就应暂停加热，再加酸继续消化，直到样液呈透明无色为止。在实际工作中，除单独使用浓 H_2SO_4 消化外，经常采用几种不同的酸配合使用，利用各种酸的特点，取长补短，以达到安全快速、完全破坏有机物的目的。③一般不单独使用 $HClO_4$，而是先用浓HNO_3 分解有机物，然后加少量 $HClO_4$，可加速样品消化完全，这样可防止热的 $HClO_4$ 与有机物反应发生爆炸。同时，切勿让消化液煮干涸，否则即使是无机 $HClO_4$ 盐也会爆炸。另外，$HClO_4$ 如遇某些还原性强物质（如脂肪、糖类、次磷酸及其盐等）也会爆炸，为此应用时倍加小心。④经 HNO_3 分解的样品中，常含有 HNO_2 及其他氮氧化物，这些物质能破坏有机显色剂与指示剂，对检测有严重干扰作用。一般采用加水 10～20 mL 煮沸除去，也可加去氮剂Na_2SO_3 或尿素、甲醛等，加热 5 min，将 HNO_2 和氮化合物分解成为易挥发的 NO 除去。⑤使用浓 H_2SO_4 时易与碱土金属（Ca、Mg、Sr 等）形成不溶性化合物，这些沉淀物能吸附其他微量元素（如 Pb），且溶解度小，故在检测食品中铅时，有人认为应避免应用硫酸。⑥消化时如产生大量泡沫，除减小火力外，也可加少量不影响检测的消泡剂（如辛酸、硅油等）。也可在消化前置于室温下浸泡过夜，隔日再进行加热消化。或在消化前先放几粒玻璃珠，以防暴沸。⑦在消化过程中补充加酸或氧化剂，必须取下烧瓶冷却后缓缓加入，否则会产生剧烈反应，引起喷溅，以及酸迅速挥发。⑧冷凝回流消化时冷却水切勿中断。为了加速样品消化，可添加催化剂，常用的催化剂有 V_2O_5、$CuSO_4$、SeO_2 等。

2. **消化罐法**

（1）原理：将样品置于密闭体系中，在酸性（或碱性）介质中加热分解，此时容器内压力增大，提高了试剂分解有机质的效率，从而加速样品分解。

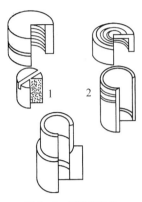

图 2-5　消化罐结构

1. 不锈钢外壳($\phi 5\, cm$);
2. 聚四氟乙烯内筒

(2) 操作方法:样品在密闭体系中进行消化,其结构如图 2-5 所示。它是由一个特氟隆内筒和一个不锈钢外壳构成。一般消化时温度控制在 150 ℃以内,进行加热、加压、分解。

(3) 方法要点:①对难消化的样品,应先做试分解,试探出最佳条件再进行分析。②为了防止 $HClO_4$ 爆炸可分阶段加热,先 80～90 ℃加热 2 h,再 130～150 ℃加热。③内筒(特氟隆)热膨胀率是外壳(不锈钢)的 10 倍,根据这特点先将样品内筒放在冰箱中冷缩 30 min,再放入尺寸合适的外筒中,在加热时会更好地密封。④内筒易变形,可在整形模里加热(180～200 ℃)2 h,再放冷使形状变规整。⑤内筒因外壳铁锈着色,可用 3～6 mol/L HCl 加热除去,洗净后浸于热水中除酸。⑥外壳铁锈可用 $H_2C_2O_4$ 或草酸盐溶液浸泡,用超声波洗除。

3. 干灰化法

(1) 原理:样品置于坩埚中,在高温灼烧下使样品脱水、焦化、碳化,在空气中氧的作用下,其有机物氧化分解成 CO_2、H_2O 与其他气体挥发,残留的无机物(盐类或氧化物)供检测。

(2) 操作方法:样品置于坩埚中,先小火碳化,再移置高温电炉中灰化脱碳,温度一般控制在 450～550 ℃,时间视样品性质而定,一般为 6 h 以上,最后在灰分中加一定量酸,使灰分物质溶解,然后供检测。

(3) 方法要点:①控制好高温电炉的适宜灰化温度,可防止敞口灰化及高温易造成被检成分的挥发损失。②加助灰剂可促进有机物氧化分解,并防止某些组分的挥发与坩埚吸附。例如加 NaOH 或 Ca(OH)₂ 可使卤族元素生成难挥发的 Na₂I 或 CaO 等;又如在含 As 样品中加 MgO 与 Mg(NO₃)₂,可使 As 生成不挥发性 Mg₂As₂O₇,MgO 还可填补坩埚材料空穴,减少样品中某些成分的吸留,从而提高回收率。③对于难灰化样品,如罐头肉、咸肉、香肠等采用两次灰化,一般第一次灰化后于坩埚中滴加硝酸,并蒸干后再行灰化,可完全破坏分解有机物。

4. 氧瓶燃烧法

(1) 原理:样品包在无灰滤纸中,在充满纯氧的瓶中,使有机质迅及燃烧成灰烬,然后让烟雾全部吸收在吸收液中,最后取出检测。

(2) 操作方法:本法在燃烧瓶中完成,其装置如图 2-6 所示。先将样品(10～20 mg)包于无灰滤纸中,折叠好夹在铂金丝一端,在烧瓶中放一定量吸收液与充入足量纯氧,立即点燃无灰滤纸纸尾,迅速插入瓶中,塞紧瓶塞,燃烧完毕后摇烧瓶使分解的烟雾全部被吸收液吸收,放置待检。

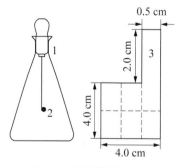

图 2-6　氧瓶燃烧装置示意

1. 硬质磨口烧瓶;2. 铂丝;
3. 无灰滤纸(按虚线折叠)

(3) 方法要点:①选择铂丝不宜过细,否则燃烧时易熔断。一般直径为 0.8～1.0 mm。②为防止燃烧瓶爆炸伤人,可用双层大毛巾包裹(仅露出瓶口)。③为加强样品充分燃烧,可在滤纸上滴加乙二醇或异辛烷及正十二烷等作助燃剂,也可在样品中加少量(一般为样品量的一半)的 MgO 或 NH₄ClO₄ 作助氧剂,均可获得良好效果。

(二) 提取法

使用无机溶剂(如水、酸、碱溶液)以及有机溶剂(如乙醚、石油醚、氯仿等)从样品中提取被检物质或提取干扰物质的方法,统称为提取法。本法主要依据酸水解、碱皂化及有机溶剂萃取原理而建立的方法。例如,样品氨基酸检测主要用 6 mol/L HCl 加热水解,使蛋白质分解成氨基酸;样品中脂肪采用无水乙醚抽提;样品中有机氯农药采用石油醚提取;样品中无机砷提取,利用其在酸性介质中溶于有机溶剂的特性,先加 9 mol/L HCl 于样品中,再加乙酸丁酯萃取(含砷),然后加水萃取(砷转入水中);样品中苯并(a)芘检测,加 KOH,加热回流皂化 3 h,除去脂肪等。

1. 酸(或碱)提取法

本法是用 HCl 或 NaOH(或 KOH)与样品一起加热,并经过滤或离心后测定某些成分。但应指出的是样品煮沸时间要适宜,这样才能获得满意回收率。

作为对本方法的一种改进,也可先用硝酸氧化碳水化合物,然后用 HCl 提取残渣。Cabeka 等采用这种方法检测食品中 Sn,认为本法要比单独用 HCl 提取可靠。

2. 溶剂萃取法

被提取样品可以是固体、半固体和液体。如将样品用溶剂浸泡提取其中溶质,称为浸取;样品经溶剂(如有机溶剂)加热回流抽提其中溶质,称为抽提;而用有机溶剂提取与它完全互不相溶样液中的溶质,称为萃取。

根据 Nernst(1891)溶剂萃取分配定律认为,在恒温恒压下,互不相溶或部分相溶的两种溶液,如有机溶剂与样品水溶液,在彼此达到平衡时分为二液层。样品溶液中所含被检组分和杂质组分各自以一定的浓度比溶解(分配)在二液层中。

(1) 基本概念

① 分配比:在分析过程中,被萃取物 M 在两相中可能以多种化学形式 M_1、M_2、$\cdots$、M_n 存在。然而,通常用被萃取物在有机相的总浓度 $[M]_{(有)总}$ 与在水相中的总浓度 $[M]_总$ 之比,即分配比 D 来表示。公式如下:

$$D = \frac{[M]_{(有)总}}{[M]_总} = \frac{[M_1]_{(有)} + [M_2]_{(有)} + \cdots + [M_n]_{(有)}}{[M_1] + [M_2] + \cdots + [M_n]}$$

在实际工作中,为了达到良好分离效果,往往希望溶质进入有机相量越多越好,甚至用很少的有机溶剂能把水样中 90% 以上溶质分离出来。D 值愈大,则被萃取物在有机相中浓度愈大,也即表示萃取比较完全;反之,若希望被检组分绝大部分留在水层,而仅将其干扰组分提取除去时,则 D 值应越小越好。因此,分配比是用来表示萃取"难""易"程度的一个重要指标。

② 萃取百分率:在实际工作中常用萃取率(E)来表示萃取是否完全。

$$E = \frac{被萃取物在有机相中的量}{被萃取物在两相中总量} \times 100\%$$

$$= \frac{[M]_{(有)}[V]_{(有)}}{[M]_{(有)}[V]_{(有)} + [M]V_{(水)}} \times 100\%$$

由此，可推导出萃取百分率 E 与分配比 D 之间关系为：

$$E = \frac{D}{D + \dfrac{V_{(水)}}{V_{(有)}}} \times 100\%$$

式中，$V_{(有)}$、$V_{(水)}$ 为有机相与水相体积。

若萃取分离时，使用有机相和水相体积相等，而 $D=1$ 时，则：

$$E = \frac{D}{D+1} \times 100\% = 1/2 \times 100\% = 50\%$$

在同样条件下，若要求一次萃取率达 90%，则应选择该溶质在有机相和水相中分配比 $D=9$ 的有机溶剂，即该溶质在有机相和水相中分配比为 $9:1$。

若难以找到分配比 D 值高的有机溶剂，一次萃取不能满足分离要求时，可采取多次反复萃取的方法。假设 $V_{(水)}$(mL)样液内含需要萃取组分 m_0(g)，先用 $V_{(有)}$(mL)有机溶剂萃取一次。水相中剩余的被萃取组分为 m_1(g)，则进入有机溶剂中的量为 $m_0 - m_1$(g)，此时

$$D = \frac{[M]_{(有)}}{[M]} = \frac{\dfrac{m_0 - m_1}{V_{(有)}}}{\dfrac{m_1}{V_{(水)}}}$$

$$m_1 = m_0 \left(\frac{V_{(水)}}{DV_{(有)} + V_{(水)}} \right)$$

若萃取 n 次，则同理

$$m_n = m_0 \left(\frac{V_{(水)}}{DV_{(有)} + V_{(水)}} \right)^n$$

[例]含无机 As 1 mg 的 10 mL 海产品水溶液，用 9 mL 乙酸丁酯(酸性条件下)以两种方式萃取：①用 9 mL 一次萃取。②用 9 mL 分 3 次萃取，每次 3 mL。分别求萃取百分率及水中剩余的无机 As 量。

设 $D=85$

① 用 9 mL 乙酸丁酯一次萃取时，

$$m_1 = 1 \times \left(\frac{10}{85 \times 9 + 10} \right) = 0.013 \text{(mg)}$$

$$E = \frac{1 - 0.013}{1} \times 100\% = 98.7\%$$

② 用 9 mL 乙酸丁酯分 3 次萃取，每次 3 mL 时，

$$m_3 = 1 \times \left(\frac{10}{85 \times 3 + 10} \right)^3 = 0.000\,05 \text{(mg)}$$

$$E = \frac{1 - 0.000\,05}{1} \times 100\% = 99.99\%$$

从实例可见,提高萃取率除选择分配比合适的有机溶剂外,还应增加萃取次数和有机溶剂的体积。一般实际工作中,每次萃取使用有机溶剂体积与被萃取液体体积大致相等或为其一半,萃取 3～5 次即可。

(2) 常用的溶剂提取法

① 浸取法与抽提法:本法常用于固体样品。其基本原理包括两个过程:一是固体物质中某成分在溶剂中溶解的过程,溶质分子向溶剂中扩散;二是溶质分子与溶剂分子相互进行扩散的过程。以上两个过程是同时进行的。

对于水溶性物质,采用水溶液浸取,如肉 pH、挥发性盐基氮等均是利用肉的水浸取液来检测;对于脂溶性物质,常用有机溶剂抽提,如食品中脂肪检测用无水乙醚在索氏脂肪抽提器中提取等。

② 溶剂萃取法:萃取通常在分液漏斗中进行,一般需经 4～5 次萃取,才达到完全分离目的。当用较水轻的溶剂、从水溶液中提取分配系数小或震荡易乳化的物质时,采用连续液体萃取器(图 2-7)较分液漏斗效果更佳。

图 2-7 中的三角烧瓶内的溶剂被加热,产生蒸汽经过连接管上升至冷凝管被冷却,冷凝液化后滴入中央的提取管内,达到萃取作用。然后萃取液再经回流至三角烧瓶中,溶剂再次气化,这样反复萃取,最后被检组分全部收集于三角烧瓶中。

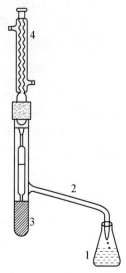

图 2-7 连续液体萃取器

1. 三角烧瓶;2. 连接管;3. 提取管;4. 冷凝管

(三) 挥发法与蒸馏法

1. 挥发法

(1) 原理:是将样品加热气化,使待检成分生成挥发性物质逸出,然后根据样品质量的减少来计算其百分含量。

(2) 操作方法:称取一定量样品,在一定条件下加热直到恒重(所谓恒重,一般是指两次称重相差不超过 0.2 mg 质量重)。

[例]食品中水分检测,就是利用挥发法检测食品干燥减少的质量重,该质量重包括水分和其他挥发性物质的总量,因此有时也称为干燥失重。

2. 蒸馏法

是利用样液中各组分气化温度的差异,将其分离为纯物质的方法。此法的原理是根据组成样品的各组分在一定温度下蒸馏,气化温度低的物质,绝大部分变成蒸气而被馏出;气化温度高的物质,则大部分留在原液中,经多次蒸馏,可将样液中的某成分分离为纯物质。

[例]食品中蛋白质凯氏定氮法,就是先用浓 H_2SO_4 加热消化,将氮转化为 $(NH_4)_2SO_4$,然后将铵盐加入强碱碱化,用蒸馏法蒸馏,NH_3 被先释放出来,经冷凝成为氨液而被吸收液吸收,待检。

(四) 酶水解法

主要用于组织蛋白、轭合物与结合物的水解,使被检成分(如药物)释放。最常用的蛋白水解酶为枯草杆菌溶素 A 及胰蛋白酶、蛋白酶等。

1. 原理

是利用枯草杆菌蛋白酶能水解任何键合在蛋白链上的肽键,使蛋白降解和组织溶解,并将被检物质(如药物)释放,待检。

2. 操作方法

样品加 Tris 或磷酸盐缓冲液(pH 10.5),混匀,加枯草杆菌蛋白酶,60 ℃,1 h,过滤取滤液净化或直接检测。

3. 方法要点

(1)枯草杆菌蛋白酶在很宽 pH 范围(7.0~11.0)都有活性,当温度 50~60 ℃时,酶活性高,且稳定。

(2)本法适用于各种样品消化,操作简便快捷(1 h 左右)。用酶水解组织样品,应是最理想方法,很有发展前景。

(3)轭合物含多个羟基、羧基及硫酸基团,常用 β-葡糖苷酸酶与芳基硫酸酯酶两种酶共同对样品进行水解,效果理想。

(4)轭合物酶水解法为一种专属性水解方法,一般酶水解法条件温和,不会引起样品中药物分解,是食品中药物残留较理想的消化方法。

第三节 · 样品净化与浓缩

一、样品净化

样品经前处理后,样液中既有被检成分,又存有杂质(如色素、脂类、蛋白质、糖类及一些无关的元素等),故须将两者分离开来,并除去杂质,这个过程称为净化,也称纯化。

净化方法有液-液分配法、柱层析法、硫酸磺化法、沉淀蛋白法、络合与掩蔽法、透析法等。液-液分配法在溶剂萃取法中已阐述,本节主要介绍后 5 种方法。

(一)柱层析法

本法是净化食品样液中杂质的最常用方法。根据样品中组分在固定相中的作用原理不同,分为吸附层析、离子交换层析、分配层析、凝胶层析等。常采用前两种方法。现简介如下。

1. 吸附层析

(1)原理:是将具有吸附性能的固体物质(如 Al_2O_3、硅胶、硅藻土、$Mg_2Si_3O_8 \cdot 5H_2O$、活性炭等)装入玻璃柱中为固定相,再将被分离样液倒入柱中,然后以一种适当的溶剂作为流动相,并以一定速度通过柱子。根据样液中各组分与吸附剂亲和力强弱差异,而被吸附在柱不同部位;经过流动相的淋洗,样品组分中与固定相吸附力弱者则处于吸附力强的下端,达到分离;当新的流动相流过时,它们又一次解吸进入流动相并向前移动。如此在层析柱中不断地发生吸附、解吸、再吸附、再解吸……结果吸附力小的组分先从柱中流出,吸附力大的组分后从柱中流出,有些杂质(如色素、脂类等)则停滞于固定相上,从而达到分离与纯化。

（2）吸附剂性能与作用

① 三硅酸镁：又称弗罗里硅土或硅镁型吸附剂等。为多孔性固体物质，并有很大表面积，其比面值达 297。购回市售的 $Mg_2Si_3O_8 \cdot 5H_2O$ 须经 650 ℃加热 1～3 h 活化处理，才能提高对杂质的吸附能力。处理后应贮放在干燥器中，活性能维持 4 d，过期后于应用前还需在 130 ℃加热 12 h 以上活化，国外不少实验室将其一直保存在 130 ℃烘箱中。

它为气味吸收剂与脱色剂，对样品中的油脂、蜡质、色素等的吸附性能很好，其吸附能力比 Al_2O_3 强。但它用于对低、中极性有机磷农药的纯化效果较满意，而对高极性的磷酸酯型等农药被吸附，致使回收率降低。另外，凡含硫醇基团的有机磷农药在弗罗里硅土柱上易被氧化，如甲拌磷、乙拌磷、三硫磷、内吸磷、丰索磷、砜吸磷、对氧磷、杀螟氧磷、马拉氧磷、苯氧磷及乐果等，在弗罗里硅土柱上可损失 20%～100%。

② 氧化铝：常以多种晶体存在。Al_2O_3 有三种：酸性 Al_2O_3（pH 3.5～4.5）、中性 Al_2O_3（pH 6.9～7.1）、碱性 Al_2O_3（pH 10～10.5）。它们在等电点的 pH 分别为 5.1、7.4、8.2。一般 1 g 色层 Al_2O_3 的表面积可达几十平方米，低于 $6\ m^2/g$ 水表面积的 Al_2O_3 不能用于色层分析。Al_2O_3 在使用前加热可增加活性，温度越高（不超过 1 000 ℃），活性越大，其吸附作用是能吸附样液中生物碱、挥发油、油脂、蜡质、色素等杂质。

③ 硅胶：具有多孔性，表面积最好在 $400\ m^2/g$ 以上。硅胶吸附性质取决于它的表面结构中 OH^- 基团。在水溶液中，硅胶表面上的 OH^- 基团中的 H^+ 能为溶液中金属离子 M^+ 所取代，显示出阳离子交换性质。反应式：$Si-OH^- + M^+ \rightleftharpoons Si-OM + H^+$。硅胶吸附那些不易水解金属离子的量在一定范围内随着 H^+ 浓度减少（pH 增加）而增加。

硅胶吸附的另一机制是静电吸附假设。Kraus 认为，pH>2 溶液中，硅羟基团（—SiOH）易解离一个 H^+ 而使硅胶表面带负电荷。pH 为 2～7，低浓度下容易水解的元素，以带正电荷的水解产物存在。这样，通过带正电荷的胶体粒子和带负电荷的硅胶表面之间的相互作用产生了吸附。当 pH>7 时，硅胶表面的静电吸附能力明显降低。这可能是由于 OH^- 浓度的增加，形成了带负电荷的胶体粒子，使之不能吸附在带负电荷的硅胶表面。另一方面，当 pH<2 时，由于溶液中 H^+ 和被吸附的带正电荷的离子之间的竞争，吸附变得很少。

总之，在硅胶表面上吸附是一个复杂过程。吸附金属离子特点是：对一些容易水解的元素吸附能力很大，而对大多数不易水解的元素吸附能力很小。此外，与其他吸附剂相比，硅胶吸附具有较大的线性吸附容量和较高的柱效率。

④ 活性炭：炭经过高温处理，增加了表面积，并除去了在孔隙中的树胶一类物质后成为活性炭。

从性质上看，活性炭有二类：一类是非极性活性炭，是在 1 000 ℃温度下使炭活化而得，它相当于石墨，比石墨具有更大表面积；另一类是极性活性炭，它是经过低温氧化制得，其表面往往含有各种含氧基团，如 OH^- 基团、CO_3^{2-} 等。商品活性炭在性质上介于极性与非极性之间，但主要属于非极性的。活性炭表面积非常大（800～$1\ 000\ m^2/g$），而孔径结构非常小。由它制成的色层柱，传质速率缓慢，柱效率也差，对样品回收率低，对脂肪、蜡质吸附力不强，但对色素吸附力很强。

⑤ 硅藻土：可调节洗脱剂的流速，起助滤作用，并能吸附样液中色素、糖类等物质。

（3）对吸附剂的基本要求

① 具有较大的吸附表面和一定的吸附能力，能使样品各组分达到预期的分离。

② 吸附剂、洗脱剂与样品中的各组分不起化学反应，也不溶于洗脱剂中。

③ 吸附剂应具有一定的粒度（一般用 100～200 目），并且粒度要均匀。

④ 吸附剂活性与其含水量有极大关系，含水量高，活性低，吸附力也弱，活性级数大。因此，吸附剂必须保证含水量少，在使用前常加热除去水分，可增强活性与吸附力。

（4）洗脱剂选择：主要考虑溶剂极性、溶剂组成、溶剂含水量三方面。

① 溶剂极性：一般分离极性大的物质，选用吸附能力较弱的吸附剂和极性较大的溶剂作洗脱剂；分离极性小的物质，宜选用吸附能力较强的吸附剂和极性较小的溶剂作洗脱剂。

② 溶剂组成：在单一溶剂作为洗脱剂不理想时，可加入一些极性更大的或更小的溶剂来调节洗脱剂的极性，以达到最佳分离效果。也可以采取逐步改变洗脱剂的比例，分梯度增加洗脱能力。

③ 溶剂含水量：精确地控制流动相的含水量是获得好的分离效果的关键，如洗脱剂的含水量不严加控制，无法保持柱层析中的水分处于平衡状态。

2. 离子交换层析

近年来，由于螯合离子交换树脂的发展，使离子交换方法在食品分析中广为应用。Baetz 等比较系统地研究离子交换在食品分析中的应用。大米、马铃薯、蔬菜、香肠、鸡蛋皮、牛奶、糖、橘子汁、梨、谷物、鱼经酸消化后，消化液通过 Chelex 100 树脂柱，以原子吸收分光光度法测定 Cd、Mn、Zn、Pb 等多种元素及物质。

（1）原理：离子交换是指溶液中的离子和靠静电引力结合在某种不溶性载体上的离子进行可逆性交换过程。许多物质（如氨基酸、抗生素等）具有能够离子化的基团。离子交换剂作为一种固定相，本身具有正离子或负离子基团，它对样液中不同带电物质呈现不同的亲和力，从而使这些物质得到分离、提纯。

（2）离子交换剂类型与化学结构：按其性质分为两类：一类为无机离子交换剂；另一类为有机离子交换剂。就其化学结构而言，分两部分：一为骨架（也称基体），具有立体网状结构的高分子聚合物；二为连接于骨架上的离子交换功能团，对离子交换剂的交换性质起着决定作用，可分为阳离子、阴离子、螯合型离子、特种离子交换功能团。故通常依其功能团命名为阳离子交换剂、阴离子交换剂、螯合离子交换剂及特种离子交换剂等。

下面列举阳、阴离子交换剂的反应：① 阳离子交换树脂：阳离子交换树脂的功能团都是一些酸性基团，常见的有：强酸性基团如—SO_3H；弱酸性基团如—COOH，—OH；中等酸性基团如—PO_3H_2，—AsO_3H_2，—SeO_3H。反应式：

$$n\text{R}\!-\!\text{SO}_3\text{H} + \text{Me}^{n+} \underset{\text{洗脱}}{\overset{\text{交换}}{\rightleftharpoons}} (\text{R}\!-\!\text{SO}_3)_n\text{Me} + n\text{H}^+$$

式中，Me^{n+} 为阳离子；R 为树脂骨架。

② 阴离子交换树脂：阴离子交换树脂所带的功能团都是一些碱性基团，常见的有：强碱性基团如—CH_2—$N(CH_3)_3Cl$，弱碱性基团如—$NH(CH_3)_2$。反应式：

$$n\text{R}\!-\!\text{N}(\text{CH}_3)_3\text{Cl} + \text{Me}^{n-} \overset{\text{交换}}{\rightleftharpoons} [\text{R}\!-\!\text{N}(\text{CH}_3)_n]\text{Me} + n\text{Cl}^-$$

式中,Me^{n-} 为阴离子;R 为树脂骨架。

(3) 离子交换剂特性:由于它具有网状立体结构的高分子多元酸或多元碱的聚合物,其网状结构的骨架特性有一定的交联度;其活性基团特性具有一定的交换容量。

① 交联度:表示离子交换树脂中交联剂含量,通常以质量百分比表示。一般树脂通常含二乙烯苯 8%~12%。如上海产聚苯乙烯型强酸性阳离子交换树脂,732 型(强酸 1×7),表示交联度为 7%。

交联度与树脂孔隙大小有关。交联度大,网状结构紧密、网眼小,对外界离子进入树脂相有阻碍作用,降低离子交换平衡的速度,甚至使体积较大的离子根本不能进入树脂内部。如氨基酸以选用 8% 交联度树脂为宜。一般只要不影响分离,以采用交联度高的树脂为好,因这可提高树脂对离子选择性。商品交联度从 1% 到 16%,但阳离子以 8%、阴离子以 4% 为宜。

② 交换容量:它决定于网状结构内所含有的酸性或碱性基团的数目。理论交换容量是指每克干树脂含有的基团数,而实际交换容量是指在实验条件下,每克干树脂真正参加交换反应的基团数。离子交换树脂交换能力的大小,主要取决于树脂结构与组成,交联度和溶液的pH。交联度增大时,树脂对大离子的交换容量降低,pH 对含有离解度小的基团的树脂影响较大。

(二) 硫酸磺化法

是用浓 H_2SO_4 处理样品提取液,可有效地除去脂肪、色素等杂质。

1. 原理

浓 H_2SO_4 一方面与脂肪酸的烷基部分发生磺化反应,另一方面与脂肪及色素中不饱和键起加成作用。经磺化后的脂肪及色素,形成了可溶于浓 H_2SO_4 和水的强极性化合物,不再被弱极性的有机溶剂所溶解,从而达到净化目的。

2. 操作方法

先将有机溶剂的提取液置分液漏斗中,加一定量浓 H_2SO_4(一般为提取液 1/10 量),经振摇→放气→静置→分层→弃磺化层。经反复处理,直至硫酸层为无色透明(一般重复 2~3 次)。磺化后,需加 2% Na_2SO_4 溶液洗除残余 H_2SO_4,用量为提取液 3~6 倍,振摇后弃水相。最后有机相经无水 Na_2SO_4 脱水,并用 K-D 浓缩器浓缩后待检。

3. 方法要点

(1) 适用于对强酸稳定的组分净化,如有机氯农药残留检测,但不能用于易被强酸分解农药净化,如狄氏剂、马拉硫磷等。

(2) 磺化时,注意操作安全,严防浓 H_2SO_4 的腐蚀。

(3) 提取液中脂肪、色素、糖类含量较多,加浓 H_2SO_4 应轻微振摇,否则会发生乳化现象,而很难分层,也无法分离。

(4) 也可将硅藻土与浓 H_2SO_4 混合装层析柱,先加入样品提取液,再用有机溶剂淋洗。

(5) 磺化后必须用 2% Na_2SO_4 溶液洗涤有机相,除去残余的 H_2SO_4。

(三) 沉淀蛋白法

在进行食品理化检验时,样液中的蛋白质往往会干扰某些成分的检测,因此需先制备成无蛋白样液,然后再进行检测。

除蛋白质的方法大致有两类:一类是使蛋白质脱水而沉淀,所用沉淀剂为有机溶剂(如甲醇、乙醇、丙酮)及中性盐类[如(NH$_4$)$_2$SO$_4$、Na$_2$SO$_4$ 的浓溶液等];另一类是使蛋白质形成不溶性盐而沉淀,所用沉淀剂有酸性沉淀剂(如苦味酸、H$_2$MoO$_4$、H$_3$PO$_4$·12MoO$_4$、H$_3$PO$_4$·12WO$_4$、水杨酸、HClO$_4$、三氯醋酸等)及重金属盐(如 Zn^{2+}、Pb^{2+}、Cd^{2+}、Hg^{2+}、Fe^{3+} 等盐类)。它们各在一定的 pH 条件下与蛋白质分子形成不溶性蛋白盐而沉淀,前者 pH 要低于蛋白质的等电点;后者 pH 要高于蛋白质的等电点。

1. 钨酸去蛋白法

钨酸是较好的蛋白沉淀剂,溶液近于中性,适用于多种样品检测。

(1)原理:样液加入 Na$_2$WO$_4$ 与 H$_2$SO$_4$ 后生成 H$_2$WO$_4$,H$_2$WO$_4$ 与蛋白质分子的阳离子型形成不溶性蛋白盐沉淀,经离心或过滤除去被沉淀的蛋白质。

(2)方法要点:①一般在样液中加入等量的 1/6 mol/L H$_2$SO$_4$ 与 10% Na$_2$WO$_4$ 溶液,每加入一种试剂后均充分混匀,然后静置 5～10 min,离心或用优质无氨滤纸过滤除沉淀,即为无蛋白样液。②分析纯 Na$_2$WO$_4$ 溶解后应无沉淀物,无需调整 pH,蛋白质能沉淀。如试剂有沉淀,为试剂不纯(含 Na$_2$CO$_3$)。配好的溶液应为中性或弱碱性,过酸或过碱,均影响蛋白质的沉淀。③调整 Na$_2$WO$_4$ 溶液 pH,可取 Na$_2$WO$_4$ 溶液 10 mL,加 1%酚酞乙醇溶液 1 滴,溶液显红色,但加 0.05 mol/L H$_2$SO$_4$ 0.4 mL,红色即消失,则溶液为中性或弱碱性。若仍呈红色,表示溶液过碱,继续滴加 0.05 mol/L H$_2$SO$_4$ 至红色消褪。若加入指示剂后溶液不变色,表示过酸,可加 0.1 mol/L NaOH 液滴至刚呈不褪的粉红色。根据滴定时消耗的酸或碱液量,按比例计算出全部 Na$_2$WO$_4$ 液应加入的酸或碱液量,调整酸、碱至适度。但调整后的 Na$_2$WO$_4$ 浓度不能低于 9.9%;否则,还应该补加 Na$_2$WO$_4$。④一般情况下,1/6 mol/L H$_2$SO$_4$ 液的 H$_2$SO$_4$ 量相当于等量 10% Na$_2$WO$_4$ 液的碱量,当这两种溶液混匀产生 H$_2$WO$_4$ 时,不致有剩余的 H$_2$SO$_4$。如 H$_2$SO$_4$ 浓度低,产生的 H$_2$WO$_4$ 不足,蛋白质不能完全沉淀,滤液或上清液浑浊,此时应重新标定 H$_2$SO$_4$ 溶液的浓度。⑤滤纸质量差,也影响滤液的清晰度,故应保证滤纸的质量。

2. 三氯醋酸去蛋白法

(1)原理:样液中的蛋白质在加入三氯醋酸溶液后,形成带正电荷的阳离子,与三氯醋酸根结合,生成不溶性的蛋白质盐沉淀。

(2)方法要点

① 一般取样液 1 份,边加边摇地加入 10%三氯醋酸溶液 9 份,充分混匀后,离心或过滤,样液待检。

② 三氯醋酸浓度也有 7.5%、20%、30%等。

3. 硫酸锌-氢氧化钡去蛋白法

(1)原理:ZnSO$_4$ 与 Ba(OH)$_2$ 作用,形成两种不溶性的产物 Zn(OH)$_2$ 和 BaSO$_4$,可与样液中蛋白质结合生成沉淀。

(2)方法要点

① 取样液 1 份,各加 2 份(0.15 mol/L)Ba(OH)$_2$ 溶液与 5% ZnSO$_4$ 溶液,混匀后离心或过滤,样液待检。

② 上述两试剂须进行滴定校正后应用。取 5% ZnSO$_4$ 溶液 10 mL,加约 50 mL 水,滴加

1%酚酞乙醇溶液 4 滴,用 0.15 mol/L Ba(OH)$_2$ 溶液滴至出现不褪的粉红色为止,记录滴定用去的毫升数。调节 Ba(OH)$_2$ 溶液的浓度,使滴定终点恰好用去 10.00 mL±0.05 mL Ba(OH)$_2$ 溶液。

③ 也有以 30% ZnSO$_4$ 溶液与饱和 Na$_2$B$_4$O$_7$ 溶液,或以 30% ZnSO$_4$ 溶液与 15% K$_3$Fe(CN)$_6$ 溶液作蛋白沉淀剂。

(四) 络合与掩蔽法

络合法是利用络合剂与被检样液中某些成分生成络合物而和其他成分分离;或者利用络合剂与被检样液中某些干扰物质生成络合物而达到分离的方法。例如测溏心皮蛋中的 Pb 含量,在碱性(pH 8.5~9)样液中,Pb 与双硫腙络合生成红色络合物,经氯仿萃取比色。

但在样品分析过程中,往往遇到某些干扰物质,并对检测反应表现出可觉察的干扰影响。如溏心皮蛋样液中同时存在 Ni^{2+}、Cd^{2+}、Fe^{3+}、Hg^{2+}、Pd^{2+}、Zn^{2+} 和 Pb^{2+} 等阳离子,若要检测其中 Pb^{2+} 含量,必须在样品内加一定量的 KCN 溶液,在 pH 8.5~9 时,Ni^{2+} 等金属离子会生成稳定的氰络合物,而 Pb^{2+} 不发生反应,即可消除这些离子干扰,保证了 Pb 与双硫腙络合生成。因此,通过加入某种试剂与干扰物质作用,消除干扰现象,从而使检测工作顺利进行的过程,这就是掩蔽法。用以产生掩蔽作用的试剂称为掩蔽剂。

由于掩蔽剂可在不经分离的条件下,消除检测样品内干扰物质的干扰,简化分析步骤,提高检测方法的选择性和准确度,因而在检测工作中有很大的实际意义。通常当存在 1~10 倍干扰离子的情况下,使用掩蔽剂均可获满意结果。如果干扰离子比检测离子多 100 倍或 1 000 倍,此时掩蔽就较困难,需分离后检测。

1. 食品检测常用的络合试剂

灵敏的分光光度法是以显色反应为基础的,大多数为络合反应,其中以有机络合剂起着最重要作用。有机试剂中如偶氮基或对醌基会产生深颜色的螯合化合物。此外,还有碱性和酸性染料与被测元素络阴离子或络阳离子生成离子缔合物。

(1) 双硫腙(H$_2$D$_2$,C$_{13}$H$_{12}$N$_4$S):它为检测 Pb、Zn、Cd、Hg、Ag、Cu 等元素提供了灵敏方法的基础,为经典的分光光度法采用的络合剂。在有机溶剂中 H$_2$D$_2$ 以酮式和烯醇式互变异构体形式存在。

将绿色的 H$_2$D$_2$ 的 CCl$_4$ 或 CHCl$_3$ 溶液与适当 pH 所给金属离子水溶液震荡,H$_2$D$_2$ 生成有色螯合物 M(HD$_2$)$_n$(一般为桃红色)。近来研究表明,金属离子取代了巯基中氢而与硫原子相键合,也可与氮原子形成配位键。

金属双硫腙盐的摩尔吸光系数范围为(3.0~9.0)×10^4。CCl$_4$ 中的双硫腙在波长 620 nm 时的摩尔吸光系数为 3.20×10^4。

控制水相介质的 pH 和应用掩蔽剂,如 KCN、EDTA、硫代硫酸盐、碘化物,可使双硫腙检测金属的分光光度法获得高度的选择性。

(2) 偶氮试剂:是分光光度分析用量最大的一类,并且都很灵敏。

① 1-(2-吡啶偶氮)-2-萘酚(PAN,C$_{15}$H$_{11}$N$_3$O):它不溶于水,能溶于乙醇、苯、氯仿和热稀碱液。溶液在 pH12 以上时,呈粉红色,在弱酸中呈橙红色,在浓硫酸中呈紫色。与许多金属元素生成络合物,呈粉红色或红色。PAN 络合物的摩尔吸光系数在(2~6)×10^4。

借助于 pH 和掩蔽剂的适当选择,可提高 PAN 方法的选择性。例如,Fe^{3+}、Co^{2+} 在 pH>4 时与 PAN 定量反应,而在该 pH 下 Mn^{2+}、Hg^{2+}、Zn^{2+}、Cd^{2+} 不与 PAN 反应。氰化物能与 Zn^{2+}、Cd^{2+}、Co^{2+} 及 Cu^{2+} 生成稳定的氰络合物,为此可测定 Mn^{2+}。

② 4-(2-吡啶偶氮)间苯二酚(PAR,$C_{11}H_9N_3O_2$):与多数元素(如 Pb、Mo、Cu、Co、Mn 等)生成有色络合物(红色或紫色)。

(3)8-羟基喹啉(C_9H_7NO):易溶于醇、丙酮、氯仿等,几乎不溶于水。能与多种阳离子(如 Cu^{2+}、Be^{2+}、Mg^{2+}、Ca^{2+}、Ba^{2+}、Zn^{2+}、Cd^{2+}、Al^{3+}、Pb^{2+}、Mn^{2+}、Fe^{3+}、Co^{2+}、Pd^{2+} 等)络合,在 pH 3~11 被萃取,所得摩尔吸光系数在 $(4\sim12)\times10^3$。它与金属元素反应的选择性可借助掩蔽剂,如 EDTA、酒石酸盐、草酸盐及氰化物等而更理想。

(4)二硫代氨基甲酸(氨荒酸)盐类:如二硫代二乙基氨基甲酸钠(Na-DDTC,$C_5H_{10}NNaS_2 \cdot 3H_2O$),对铜的摩尔吸光系数为 1.4×10^4(CCl$_4$ 溶液),为铜试剂。

(5)1,10-邻二氮杂菲:又称邻菲罗啉。为氧化还原指示剂、亚铁试剂、掩蔽剂等。

(6)硫氰酸盐(以 NH_4SCN、KSCN 或 NaSCN 型式):SCN^- 与 Fe、Co、Cu 等生成络合物。水相中酸性愈强,SCN^- 浓度越高,则越多的 HSCN 被有机相萃取。因此,选好酸度、SCN^- 浓度、掩蔽剂及元素的氧化态,才能提高硫氰酸盐检测元素的选择性。

2. 食品分析常用的掩蔽剂

常用的有络合掩蔽剂与氧化还原掩蔽剂。

(1)氨羧络合剂:如 EDTA($C_{10}H_{14}N_2Na_2O_8 \cdot 2H_2O$)和氨三乙酸($C_8H_9NO_8$)。在酸性和碱性介质中,这两种试剂均为多价元素良好的掩蔽剂,它们联合应用时,更可提高选择性。当溶液中干扰元素的量已知时,其掩蔽剂的量便可算出,因为元素对掩蔽剂的络合比率为 1:1,无分级反应。如在强酸溶液中这些试剂自身能析出沉淀,还能被强氧化剂(如 $KMnO_4$)破坏。

(2)酒石酸盐和柠檬酸盐:它们在很宽的 pH 范围内,通过分级反应与金属离子形成络合物,在很高 pH 条件下,掩蔽高价金属离子特别有效,如在 pH 12 以上,能防止 Fe、Al 等水解;在很低 pH 条件下也有强的络合能力。

(3)三乙醇胺($C_6H_{15}NO_3$):应用于 Fe、Mn、Al 及某些高价金属离子的掩蔽。在 pH>7 以上时,能防止三价和四价金属离子水解。

(4)氰化物:是很好的掩蔽剂,能与元素周期表中 IB、IIB、Ⅷ族元素形成极稳定的氰络合物。氰化物只在中性或碱性介质中应用。在酸性介质中会生成剧毒的 HCN。

(5)氟化物:与 Al、Fe、Sn 等稀土金属形成很强络合物;与碱土金属形成难溶氟化物。

(6)三磷酸钠($Na_5P_3O_{10} \cdot 6H_2O$):只能在中性和碱性溶液中作为掩蔽剂。当 Mg^{2+}、Ca^{2+}、Ba^{2+}、Zn^{2+}、Cd^{2+}、Fe^{3+}、Co^{2+}、Cu^{2+}、Pb^{2+}、Al^{3+}、Ag^+、Hg^{2+}、Sn^{2+} 等阳离子在加试剂得到沉淀后,再加 $Na_5P_3O_{10} \cdot 6H_2O$ 便能立即溶解。有些金属的氟化物、硫酸盐、铬酸盐、碘化物、铁氰化物及少量的硫化物沉淀反应也可被掩蔽。

(7)2,3-二巯基丙醇($C_3H_8OS_2$):为各种金属离子掩蔽剂和螯合剂。本试剂也可与 KCN、三乙醇胺联用。

(8)氨基硫脲:对 Hg^{2+} 的掩蔽非常有效,Ag^+ 及 Cu^{2+} 产生相似反应,其优点能形成 1:2

络合物,且能在酸性介质中应用。

3. **掩蔽剂使用要点**

(1) 注意掩蔽剂的性质和加入时条件:如 KCN 剧毒,只能在碱液中使用;又如三乙醇胺在碱性条件下掩蔽 Fe^{3+}、Al^{3+}、Sn^{2+} 等,因此先在酸性介质中加三乙醇胺,然后再碱化,若溶液已呈碱性,则 Fe^{3+}、Al^{3+} 等就会水解,生成沉淀,不易络合掩蔽。

(2) 注意加入掩蔽剂的量要适当:掩蔽时,一般宜稍多加掩蔽剂,使干扰离子完全被掩蔽;但不能太多,否则被测离子也有可能部分被掩蔽。

(五) 透析法

样液中某些干扰物质,如蛋白质、树脂、鞣质等为高分子物质,其分子直径远较被检成分分子直径大。根据这些特性以透析法来分离纯化。

1. **原理**

利用被检分子在溶液中能通过透析膜的微孔,而高分子杂质不能通过透析膜的物理性质达到分离。

2. **透析膜及其洗涤**

透析膜是纤维素物质制成的商品,呈管状,盘绕成卷。根据宽度估算容量(表 2-1)。

表 2-1 透析管的容量

宽度 (cm)	容量 (mL/cm)	100 mL 所需长度 (cm)	宽度 (cm)	容量 (mL/cm)	100 mL 所需长度 (cm)
1	0.31	323	4.4	6.20	16
2.4	1.83	55	7.6	18.40	5.3
3.3	3.46	29			

透析袋洗涤先用 1‰醋酸浸泡 1 h,水洗;再用 1‰ Na_2CO_3 与 1×10^{-3} mol/L EDTA 洗,加热至 75℃洗 2 次;最后用水洗数次(其中 75℃水洗 1 次)。洗净后浸于水中低温保存,加几滴氯仿抑菌。

3. **操作方法**

将样液装于透析袋中,排除空气后扎紧袋口,置于水的液面下数毫米,在较低温度下透析,也可在流水中透析。例如,测定食品中糖精钠,可将样品装入透析袋中,放在水中进行透析,从而达到分离;如果样品蛋白含量多,可先加三氯乙酸试剂除蛋白后再装入袋中透析。

二、样液浓缩

样液浓缩,又称样液富集。对提取与纯化后的样液,经浓缩处理,使样液体积浓缩,增加被检物质的浓度,达到浓缩目的。据知在浓缩过程中,一些稳定性差的物质易损失。因此,在高度浓缩时,应特别注意。

(一) 蒸馏及减压蒸馏

1. **直接水浴蒸发**

适用于待检物质为不挥发性化合物,如色素、糖精等。常采用蒸发皿直接挥发。

2. 索氏脂肪抽提

利用索氏脂肪抽提器将溶剂分离。也可采用多用蒸馏器将溶剂分离。

3. 减压蒸馏

一些有机化合物,特别是高沸点的有机化合物在常压蒸馏往往发生部分或全部分解。此时,采用减压蒸馏可降低沸点,防止分解,从而达到分离的目的。

(二) K-D 浓缩器浓缩

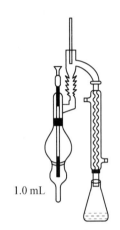

1.0 mL

图 2-8 K-D 浓缩器

利用减压蒸馏分离出挥发性有机溶剂,而将被检组分浓缩留在 K-D 浓缩器中。K-D 浓缩器是由蒸馏瓶(包括校正的刻度尾管)、斯奈德柱(Snyder 柱)、冷凝管、减压管和接受瓶等组成的一整套全玻璃装置(图 2-8)。

1. 操作方法

安装好 K-D 浓缩器,在蒸馏瓶中加 1/3 容积提取液,将刻度尾管在水浴中加热(如尾管外接的,不要将水浸过刻度尾管),加热沸腾,溶剂蒸出,进行抽真空减压,收集溶剂于接收瓶内。斯奈德柱为分馏柱,起回流作用,防止溶剂冲出。同时,一小部分冷却下来的溶剂又回流并洗净器壁上的被检物,使被检物随溶剂回到蒸馏瓶中,浓缩液在刻度尾管中。

2. 方法要点

(1) 实验证明,斯奈德柱在浓缩过程中能使被检物质损失降低到最小程度。浓缩液直接在刻度尾管中定容。导气管应插至接近刻度尾管底部;否则整个装置与大气相通,无法减压蒸馏浓缩。

(2) K-D 浓缩器的水浴温度一般不超过 80 ℃为好。但也有用蒸汽加热,对于热稳定性好的样品关系不大。

(3) 浓缩过程中,严防将溶剂蒸干。如必须蒸干,则应特别小心,可用橡皮球慢慢吹入干燥空气。若遇易氧化样品,还须使用氮气。

(4) 浓缩时,必要时加入几微升不干扰分析的抑蒸剂,如乙醇、硬脂酸等,以防蒸干损失。

(5) 浓缩可作浓缩回收率试验,回收率如在 90% 以上为佳。

第三章
检验结果的评价、质量控制与管理体系

第一节 · 检验结果的评价

众所周知,凡是有代表性的、权威性的检测技术,都是建立在统计学理论基础之上。其目的在于用以揭示检测数据的误差规律,进而探讨检测方法和分析检测数据的客观规律性,从而才能保证检验的质量。在食品检测工作中,也必须保证检验结果的质量,任何一种检测方法依据检测品种与要求,其结果应有一定的效能指标,如准确度、精密度、灵敏度等。这些指标可对检测方法进行质量控制和评价。

一、基本概念

(一) 误差

分析结果与真实值之间的差值称为误差。根据误差性质分为可定误差与不确定度误差。

1. 可定误差

由确定原因引起、服从一定函数规律的误差。这种误差是由于某种经常性的原因而造成的恒定误差,误差大小、正负可检测出来,而且可校正。产生可定误差原因有如下几方面。

(1) 方法误差:由于分析方法选择不当,如方法灵敏度差,或反应不完全,或干扰未彻底消除,样品消化不完全等。

(2) 仪器误差:仪器精密度、灵敏度差,或未经校准等。

(3) 试剂误差:试剂不纯及水质不纯,含干扰物质等。

(4) 操作误差:由于分析人员没有正确掌握操作规程与实验条件而引起的误差。如抽样与取样代表性不够,分析过程中机械丢失,杂质的引入或污染,器皿洗涤不净或微生物检测的器皿灭菌不彻底,称量误差,试剂配制不准确,分析中 pH 控制不当,工作曲线绘制不准确等。

2. 不确定度误差

由不确定原因引起。其结果的影响时大、时小,或正、或负,不能校正。这种误差服从统计规律,具有抵偿性的误差。如进行多次检测就能发现这种误差还是有规律的。它的规律是绝对值相同的正负误差的概率相同;大误差出现的概率比小误差出现的小,小误差出现的概率大,正负误差同时出现,则完全抵消或部分抵消的机会多。

(二)误差的表示方法

分析结果的准确可靠程度,常用准确度与精密度来表示。

1. 准确度

指检测值与真实值符合程度,表示检测结果的正确性。误差越小,检测结果越准确。常以相对误差表示。

$$相对误差 = \frac{|检测值 - 真实值|}{真实值} \times 100\%$$

2. 精密度

指在相同条件下,多次重复检测结果彼此符合的程度,表示检测结果的重复性,常以相对平均偏差表示。偏差愈小,精密度愈高。

$$相对平均偏差 = \frac{绝对平均偏差}{各次检测值的算术平均值} \times 100\%$$

$$\left(绝对平均偏差 = \frac{绝对偏差之和}{检测次数}\right)$$

现以 4 种方法检测某一样品,每一种进行 6 次平行检测,其结果如图 3-1 所示。以结果的精密度与准确度说明平均值与真实值之间的关系。

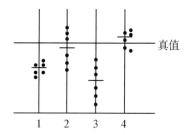

图 3-1 分析结果的准确度与精密度

(图中"·"表示每次测定值,"—"表示每个方法的平均值)

方法 1:精密度高,说明操作中不确定度小,但可定误差大,故准确度不高。

方法 2:精密度差,说明操作中不确定度大,虽然得到接近真值平均值,但这是不确定现象。

方法 3:精密度、准确度都很差,说明可定误差与不确定度误差均很大。

方法 4:精密度、准确度都很高,说明操作中可定误差与不确定度误差均很小。

因此,准确度高时精密度一定高,而精密度高时并不表示准确度一定高;但是,精密度高是保证准确度高的先决条件,如果精密度差,就失去了判断准确度的前提。

精密度有两种含义。

(1)重复性:指在短期内相同检测条件下,对同一样品检测结果间的精密度的准确性。它又分为批内精密度与批间精密度。批内精密度为同一批对同一样品检测值间的精密度。批间精密度为不同批次检测值间的精密度。

(2)重现性:指在不同检测条件下,使用某种检测方法,对同一样品各个独立检测值间的精密度的准确性。

一般在食品检测中,重复性的精密度应控制在 15%(最高不得超过 20%);重现性的精密度可在重复性精密度的基础上加倍。

同时,精密度大小还与被检物浓度相关。如:

待检物浓度(mg/L)	变异系数(%)
≤1	35
1~10	30
10~100	20
≥100	15

(三) 提高分析结果准确度的措施

大致有如下几种措施:①选择合适的检测方法。②加强责任感,避免工作中的差错。③减小不确定度误差。④减小测定操作中误差。⑤消除可定误差,包括校正仪器,用标准样品检查检测中的可定误差,消除空白影响;检测结果的校准,方法比较试验,改变条件如除去干扰物质、提纯试剂、校准溶液浓度,掌握好反应时适宜的 pH、反应时间及温度;选择好最佳比色波长等。

二、离散程度指标—标准差与标准误、变异系数、检测系数

多年来,在食品检测中常用标准差与标准误、变异系数和检测系数来表示精密度的程度。而 Louderback 推荐的检测系数,既可反映精密度,也可反映准确度。

(一) 标准差与标准误

1. 标准差

评估各检测值之间离散程度,作为实验误差或精密度的指标。如标准差大,表示各检测值分布得较散;标准差小,表示各个检测值在均值附近分布比较密集。

因此,标准差为一组检测值分别与其均数之差的平方和除以检测值的例数所得商的平方根。食品分析常用小样本统计,理论上和抽样实验结果表明,当例数少于 30 例时,所计算的标准差常比总体标准差小,当 $n<30$ 时,以 $n-1$ 代 n 来修正。故小样本计算式为:

$$S = \sqrt{\frac{\sum (X - \overline{X})^2}{n-1}}$$

式中,S 为标准差;X 为检测值;$\overline{X}$ 为平均值;$\sum$ 为总和;n 为样本例数。

2. 标准误

在同一总体中随机抽取许多个样本,每个样本可求得一样本的均值,这些样本均值有大有小,统计上表示样本平均数间参差情况的指标叫标准误,以 S_x 表示。公式如下:

$$S_x = \frac{S}{\sqrt{n}}$$

式中,S_x 为标准误;S 为标准差;n 为样本例数。

标准差与标准误由公式可见两者成正比,而与例数的平方根成反比。即样本越大,抽样误差越小。因而加大样本数可减少抽样误差。

因此,标准误越小,表示样本平均值与总体平均值愈接近,亦即样本平均值的可靠性愈大;反之,则可靠性越小。所以,标准误也可用作估测分析结果准确度。

(二)变异系数

用来评估分析结果的精密度。其值的高低反映了实验不确定度误差。变异系数的大小取决于分析自身的稳定性、实验条件的控制和恒定情况,以及个人操作误差等。如果当误差随平均值变化而变动时,则以变异系数表示误差更为确切。同时,变异系数还可用于比较不同样本或不同检测方法误差的大小。变异系数($C.V.$)是标准差与平均值的百分比值。公式如下:

$$C.V. = \frac{S}{\overline{X}} \times 100\%$$

式中,S 为标准差;$\overline{X}$ 为平均值。

在进行食品检测时,一般要求变异系数应小于 5%;如果在精细的检测中,或检测中同时进行了多次平行检测,则要求小于 2% 更为理想。

(三)检测系数

CA(Louderback AL,等,1980)一种新发展的统计方法。它可作为实验室一个新的质量指标,反映操作中的可定误差与不确定度误差,涉及用勾股定律分析实验结果的不精密度与不准确度。若以变异系数($C.V.$)和偏差系数(CB)代表直角三角形的两直角边,R 则代表斜边,公式如下:

$$R = \sqrt{(C.V.)^2 + (CB)^2}$$

式中,R 为不精密度($C.V.$)和不准确度(CB)。

有关计算术语:

$$CB = \frac{|\,真值 - \overline{X}\,| \times 100}{真值}$$

由此可得:$CA = 100 - R$

$\qquad CP = 100 - C.V.$

$\qquad CA_0 = 100 - CB$

式中,CP 为精密度系数;CA_0 为准确度系数;CA 是同 CP 和 CA_0 有关的单一质量因素,它总是低于或等于 CP 或 CA_0 的。

实验室内如有一个准确的控制标准品,就可计算出每一个检测方法或每一检测者的不准确度和不精密度的检测系数。

[例]首先制备标准样品,如用等离子发射光谱仪(ICP)检测蛋样 10 份平行检测铁含量,其 $\overline{X}$ 为 47.3(mg/kg),$S=0.07$,$C.V.=1.48\%$,确定 47.3(mg/kg)为该标本铁的给定值,然后将该标本分发给 7 个检测人员,每人用邻菲罗啉分光光度法作 5 份平行检测,结果见表 3-1。

表3-1 7个检测人员测得蛋中铁的含量结果(mg/kg)

检测人员	平行样检测值					$\overline{X}$	S	$C.V.$
1	51.6	52.4	52.9	50.9	51.8	51.9	0.077	1.48
2	55.6	54.8	55.6	55.0	57.5	55.7	0.107	1.92
3	51.2	48.0	48.0	50.0	50.6	49.6	0.149	3.0
4	47.0	44.8	46.8	44.2	45.7	45.7	0.122	2.67
5	50.0	44.7	46.8	50.0	48.0	47.9	0.225	4.7
6	48.7	46.9	49.4	48.4	49.4	48.6	0.103	2.11
7	52.4	55.3	55.5	53.3	52.5	53.8	0.150	2.79

以1号检测人员为例：

$$CB = \frac{|\ 47.3 - 51.9\ |}{47.3} = 9.73$$

$$R = \sqrt{1.48^2 + 9.73^2} = 9.84$$

$$CA = 100 - 9.84 = 90.16$$

$$CP = 100 - 1.48 = 98.52$$

$$CA_0 = 100 - 9.73 = 90.27$$

现将7个检测人员测试结果统计分析,列于表3-2。

表3-2 7个检测人员测试结果统计分析(mg/kg)

检测人员	$\overline{X}$	$C.V.$	CB	CP	CA_0	CA
1	51.9	1.48	9.73	98.52	90.27	90.16
2	55.7	1.92	17.76	98.08	82.24	82.14
3	49.6	3.0	4.86	97.00	98.14	94.29
4	45.7	2.67	3.38	97.33	96.62	95.69
5	47.9	4.7	1.27	95.30	98.73	95.13
6	48.6	2.11	2.75	97.89	97.25	96.53
7	53.8	2.97	13.74	97.21	86.26	85.98

从表3-2进行比较分析,可见4号检测人员的检测系数($CA=95.69$)较高,接近于给定标样(47.3 mg/kg)。然而2号检测人员的$C.V.$很小(1.92%),说明精密度很高($CP=98.08$),但其$\overline{X}$(55.7 mg/kg)偏离给定标样值(47.3 mg/kg)很远,CB较大(17.76),故准确系数很低($CA_0=82.24$),检测系数也低($CA=82.14$)。

检测系数还可用来评估不同检测方法的精密度与准确度。CA是一个新的统计方法,将会在食品检测质量控制中被逐渐采用。

三、可信区间的估计

对要求较高的食品检测结果,报告中除了有均值$\overline{X}$外,还应说明$\overline{X}$所处的范围(称为置信区间），以及检测值在这个范围内出现的概率（称为置信度或置信水平 α）。

$$置信区间 = \overline{X} \pm t \cdot \frac{S}{\sqrt{n}}$$

式中，$\overline{X}$ 为各次检测值的均值；S 为标准差；n 为检测次数；t 为置信系数。

［例］检测牛肉（肥瘦）中水分含量（%），分别为 60.04、60.10、60.07、60.03、60.00，计算置信度为 95% 的范围。

解 $\because \overline{X} = 60.05$，$S = 0.042$，$n = 5$

查表 $\alpha = 95\%$ 时 $t = 2.78$

$\therefore$ 置信区间 $= \overline{X} \pm t \cdot \dfrac{S}{\sqrt{n}} = 60.05\% \pm 2.75 \times \dfrac{0.042}{\sqrt{5}}$

$$= 60.05\% \pm 0.05\%$$

通过 5 次检测，有 95% 把握可以认为牛肉（肥瘦）的水分含量在 60.10%～60.00%。

四、关于回收率的计算

回收试验是质量控制的一个重要环节，特别是在暂时没有标准物质或质控样品和新方法研究过程中，利用回收试验评估方法是获得检测准确度的有效办法。方法回收率公式：

$$方法回收率 = \frac{加入标准物后样品测得量 - 样品本底量}{加入标准物质量} \times 100\%$$

符号表示为：

$$K = \frac{C_x - C_0}{C_B} \times 100\%$$

检测方法的回收率，一般要求平均回收率为 80% 以上，其变动范围在 70%～110%。回收率偏低则表明方法的准确度、灵敏度等都较差，应考虑寻找和更换更为可信的方法。

同时，回收率高低与加入标准物质浓度相关。如：

标准物质浓度（$\mu g/L$）	回收率（%）
$\leqslant 1$	50～120
1～10	60～120
10～100	70～110
$\geqslant 100$	80～110

五、标准曲线

食品检测中的标准曲线，实际上就是有关两个变量关系的一种定量描述形式。例如，在一定范围内，标准物的浓度和吸光度间往往呈直线关系。这条直线定量地描述了一定范围内的 X 与 Y 之间的关系，从这条直线上，可以找出与 Y 轴上任一 Y 值相对应的 X 值。然而，一条理想标准曲线，线的上方各点至直线的纵向距离之和应等于线的下方各点至直线的纵向距离之和。具备上述条件的直线只有一条,称为回归直线。

(一) 标准曲线法

1. 建立回归方程

标准曲线为直线时可直接用直线回归方程表示:

$$\hat{Y} = a + bX$$

式中,$\hat{Y}$ 为 Y 的估计值,为因变量;a 为直线在 Y 轴上的截距,即 $X=0$ 时的 $\hat{Y}$ 值;b 为回归系数,即直线的斜率,表示 X 变动一个单位,$\hat{Y}$ 变动的单位数;X 为自变量。

建立直线回归方程的方法,就是通过实验数据求出 a 和 b 的方法。通常根据数学上最小二乘法原理按下式求出 a 和 b:

$$a = \frac{\sum Y}{n} - b\frac{\sum X}{n}$$

$$b = \frac{\sum XY - \frac{(\sum X)(\sum Y)}{n}}{\sum X^2 - \frac{(\sum X)^2}{n}}$$

2. 绘制标准曲线

[例]为了制作肌肉肌酸磷酸激酶(CPK)标准曲线,测得结果(各浓度平行检测 3 次,取吸光度均值)如表 3-3。

表 3-3 肌酸磷酸激酶(CPK)浓度和吸光度的结果

管号	1	2	3	4	5	6
CPK 活力单位 X	0	50	100	200	300	400
吸光度 Y	0.258	0.306	0.353	0.428	0.510	0.583

$a = 0.2652$

$b = 0.0008063$

$\hat{Y} = 0.2652 + 0.0008063X$,两边各减 a 值,得校正的直线回归方程式:

$$\hat{Y}C = bX$$

式中,$\hat{Y}C$ 为吸光度的校正估计值。

本例校正的回归方程为:

$$\hat{Y}C = bX = 0.0008063X$$

设:$X_1 = 0$, $X_2 = 400$

代入得:$\hat{Y}C_1 = 0$, $\hat{Y}C_2 = 0.323$

在算术坐标纸上找出 X_1,$\hat{Y}C_1$ 和 X_2,$\hat{Y}C_2$ 两点(0、0;400、0.323),连接两点成一直线,即绘制的标准曲线。校正的标准曲线通过坐标原点。因此,在食品检测中利用直线回归绘制标准曲线及计算待检样品的含量,比常规的方法要精确。

标准曲线中的标准系列浓度一般为 5 个梯度,每个梯度应做 3 个平行检测,取其平均值。并严格要求所设置的标准系列的梯度,应包含待检样品的浓度在其中,不允许进行外推计算。

(二) 内标法

本法能有效地提高残留检测的准确性与重复性,并能抵消多种试验误差,特别对校正回收率有显著作用。内标法有两种形式:

1. 向样液中加入一定量的内标物,内标物应与待检物相近,经色谱等分析却能完全分离的物质,用其终点检测的回收率对样品中待检物浓度 C 的终点检测值进行校正。

2. 用被检物检测的峰面积(S)与内标物的峰面积(Si)的比值作为校正值绘制标准曲线($S/Si \sim C$)。

3. 方法要点

(1) 内标物可在样品检测前的任一步骤中准确加入。

(2) 气相色谱、质谱分析时,一般使用稳定同位素标记物(如 ^2H、^{13}C、^{15}N)作为内标物。

六、显著性检验

在食品检测中,常常遇到如下几种相比较的情况。

第一,两种检测方法相比较,以此来检验两种检测方法所得结果之间是否有质的差异,或对于新方法的研究是否有成立的可能性。

第二,同一分析方法、同一样品不同检测条件(如样品的前处理、显色时间、温度、pH 等的不同),通过相互对比,从所得结果求其某一条件之间的差异,从而选择最佳的检测条件。

常用的平均值差异的显著性检验称为 t 检验。它是根据 t 值的大小来判断两个平均数的差别有无显著性。计算 t 值的基本公式如下:

$$t = \frac{|\overline{X} - \mu|}{S_{\overline{X}}}$$

t 值与两个均数之差成正比,两样本均数之差越大,t 值也越大。t 值与标准误成反比,标准误越小,t 值越大。

如果两个样本平均值来自同一总体的概率(P 值)等于 5% 或小于 5%、大于 1% 时,说明该两平均值差异显著;概率(P 值)等于或小于 1% 时,该两平均值差异非常显著;概率(P 值)大于 5% 时,该两平均值差异不显著。表示方式如下:

$$\begin{cases} 当 P > 0.05 & 差异不显著 \\ 0.05 \geqslant P > 0.01 & 差异显著 \\ P \leqslant 0.01 & 差异非常显著 \end{cases}$$

若用 t 值表示,则:

$$\begin{cases} t < t_{0.05} & 差异不显著 \\ t_{0.05} \leqslant t < t_{0.01} & 差异显著 \\ t \geqslant t_{0.01} & 差异非常显著 \end{cases}$$

小样本平均值显著性检测,5% 界或 1% 界的 t 值,则要查 t 值表。

七、检测限与定量限

(一)检测限(LOD)

指检测方法能够从样品的背景信号中检测出待检物存在时所需的最低浓度,为检测方法整体的灵敏度效能指标。如在一定的统计学检验标准($P<0.05$ 或 $P<0.01$)下能够检出待检物的存在,对检测方法在 LOD 水平的定量可靠性(如精密度、回收率等)不作要求。

一般要求残留检测方法的 LOD$\leqslant$0.1MRL。

通常按照实测样品的方法重复检测空白样品,计算空白样品信号或噪声(B_i)的平均值 B:

$$B = (\sum B_i)/n(n \geqslant 3)$$

$$SD = \left[\sum (B_i - B)^2/(n-1) \right]^{1/2}$$

$$LOD = B + 2SD,\text{或 } LOD = B + 3SD$$

影响检测限的因素很多,如检测器的灵敏度、噪声水平、基质干扰大小(净化效果)、样品量和浓缩倍数。应注重提高净化效果和选用灵敏度更高、专属性更强的检测方法。

(二)定量限(LOQ)

指检测方法能够对样品中待检物进行定量检测的最低浓度。LOQ 反映了方法在低浓度端检测结果的可靠性,显然对方法在 LOQ 水平的检测质量有要求,一般为 $C.V.\leqslant20\%$,回收率$\geqslant70\%$。

一般要求残留检测法的 LOQ$\leqslant$0.2 MRL。

LOQ 范围通常由标准品添加试验直接确定,也可以通过空白试验(同检测限)计算:

$$LOQ = B + 10SD$$

八、线性范围

待检物浓度与仪器的响应信号(如峰高或峰面积)呈线性关系,并能满足定量(精密度和准确度)要求的浓度范围,用浓度最小值和最大值或二者之比表示。而动态范围为检测器响应信号随待检物浓度增加的浓度范围。线性范围通常在建立标准曲线时,采用直线回归的方法进行计算。与精密度和准确度相似,浓度与响应信号线性相关是准确定量的重要条件,一般应控制相关系数 $r\geqslant0.9900$。

九、选择性

选择性指样品基质中有其他组分共存时,该分析法对待检物的分辨能力,是残留分析方法的重要效能指标之一。因此也称为专属性。但专属性也具有仅某一种物质产生响应信号的含义。包括。

(一)内源性物质的干扰

一般采用空白样品进行试验,如要求空白样品色谱图中待检物和内标物保留值附近不应出现干扰峰。

（二）代谢产物的干扰

将已知的代谢物加入空白样品中进行试验。

（三）其他药物的干扰

残留样品来源复杂,参试药物很难界定,可以选择与待检物可能同时使用的药物、同类药物和样品中最常见的药物进行试验。

十、与参比方法的检测结果的相关性比较

做法是用两种方法分别对同一批系列浓度的样品进行检测,并以新方法的检测值为横坐标、参比方法检测值为纵坐标绘制散布图,并求出直线回归方程 $y=bx+a$ 和相关系数 r。r 越接近 1,两种方法分析结果的相关性越高,一般要求 $r \geq 0.95$;斜率 b 越接近 1,新方法与参比方法检测结果的等同性越高。

第二节 · 质 量 控 制

一、全面质量控制基本内容

食品检验的质量受到多种因素的影响,为了提高检测方法的准确度和结果的可靠性,就必须采取相应的措施,将实验的全过程,包括样品取样、保存、前处理、仪器校正、试剂标定、检测条件和操作的掌握,直到记录数据和处理数据等各环节,都应置于严密监督和控制之下,实行全面质量控制程序,这个程序包括样品检测前、检测过程中及检测后的质量控制。

全面质量控制程序至少有 10 项基本内容。

（一）食品检测方法的选择

食品检测方法的选择要求保持良好的精密度、重复性、可靠性与准确性。在此基础上选择操作简便、省时、省力、试剂消耗量少的方法。如食品中氟化物的检测,氟离子选择性电极法要比氟试剂分光光度法简便、快速,灵敏度与准确度均高,重复性也好;又如食品中砷的检测,银盐法的灵敏度与精密度均比砷斑法高;再如肉食品中汞的检测以测汞仪冷原子吸收法为理想,而双硫腙法灵敏度较低等。因此,食品检测方法的选择是质量控制的关键。

（二）食品检测仪器的选择与校正

食品检测仪器的选择与校正对质量控制尤为重要。因为食品中所含有害有毒物质的量往往是很少的,特别是对食品中金属离子、黄曲霉毒素及农药残留量等的检验,都要求检验仪器有很高的灵敏度,故必须慎重选择并仔细校正检验仪器。

目前,食品检测工作正从半定量过渡到定量和微量检测,并且已从可见分光光度计发展到紫外、红外、荧光、原子吸收分光光度计的应用。同时,电化学分析、离子色谱、气相色谱、液相色谱、电感耦合等离子体原子发射光谱、质谱仪等先进仪器,亦不断得到发展和推广。

（三）食品检测器皿的清洁与水质要求

在食品检测过程中，所用器皿必须清洁，水质必须良好，这是食品检测质量的根本保证。如忽视这一点，就会导致检验结果产生严重误差。

（四）食品样品取样的条件与处理

样品的取样是食品检测工作中非常重要的一环。在日常工作中，取样的部位、分量、份数、新鲜度等往往影响食品检测结果。如有机氯为脂溶性物质，主要蓄积于畜禽体脂中，而瘦肉与肥肉的油脂含量不同，这就决定了取样的部位；又如要尽量使样品保持新鲜，一般用塑料袋或油纸包好，并及时处理和检测，否则食品会变质或被污染，或者丧失某些物质。

（五）建立和制备各种标准样品

这是当前卫检领域中急待开展的一项基础研究工作。它对于迅速提高我国现有的检测技术水平，推广、普及仪器检测方法，准确地提供检测数据，加快检测工作现代化的步伐均有重要作用。

1. 标准样品是控制分析质量的有力保证，特别在准确度要求很高的检测任务中，如援外检测、仲裁检测、外贸商品检验或制备管理样品时，都应该用标准样品控制检测质量。无论是方法误差还是操作误差，在标准样品上均可得到反映。

2. 标准样品可以作为标定标准溶液、绘制标准曲线和校正仪器的基准物质。同时，标准样品还是验证、评价、鉴定新技术、新方法的重要标准。

3. 通过标准样品的应用，可以暴露现有检验方法的缺陷，以及改进检验方法和推动食品卫生检验工作的发展。

（六）作空白对照试验

在进行食品检测过程中，需同时采用操作完全相同的方法和试剂，但不加入被检物质，进行平行试验，即空白对照试验。这样，可检测因试剂中的杂质干扰和溶液受器皿材料的影响等原因所导致的可定误差，并从检测结果中予以校正。

（七）标准样品对照试验

在进行样品检测的同时，还需按照与样品完全相同的操作步骤，检测一系列标准液配制的对照组（比色检测中称为标准比色系列），最后将结果进行比较。这样也可抵消许多不明因素影响。在一些稳定性较差的方法中，标准样品对照试验尤为必要。

（八）作回收试验

在被检样品中加入标准物质，检测其回收率，可检查检测方法正确与否和样品所引起的干扰误差，并可同时求出精密度。因此，回收率试验是食品检测的常用方法。

（九）标准曲线要求用回归法制作

在用分光光度法、荧光分光光度法、原子吸收分光光度法、气相色谱法等检测时，常需制备一套标准物质系列。该系列的吸光度、荧光强度、吸收峰面积或峰高等参数需分别检测，并依此绘制出与标准样品之间的关系曲线，即标准曲线。但是标准曲线的点阵往往不在一直线上，这时可用回归法求出该线方程，就能较合理地代表此标准曲线。

（十）食品检测人员的培训和提高

为确保食品检测质量，必须定期对卫检人员进行培训，培训项目包括统一检测方法，统一仪器使用、试剂配制、抽样与取样等的规范化与标准化，并要求熟悉与熟练掌握新技术，以巩固和控制检测质量。

二、质量控制图在食品检测中的应用

(一) 概述

质量控制图是一种简单、有效的统计技术,利用作图方式表达管理的质量指标。自 20 世纪 30 年代初 W. A. Showhart 首先用于工业产品的质量控制,40 年代 Wernimont 等又用于实验室检验的质量控制,现已广泛用于各领域和各学科。目前美国、日本和我国都采用"三倍标准差"(即 3S 规则)来确定控制图。

(二) 质量控制图的意义与作用

1. 及时直观地反映检测工作的稳定性与趋向性。当控制图表示失控时,能指出在什么时间、位置和多大置信水平下发生了问题,并能指出问题性质。

2. 及时发现检测工作中异常现象和缓慢变异。

3. 为评定实验室检测工作质量提供依据,也是检验各实验室间质量控制标准之一。

(三) 质量控制图的计算公式和系数

1. 质量控制图的计算公式,见表 3 - 4。

表 3 - 4　质量控制图的计算公式

类型	中心线	3S 控制限	2S 警告限
平均值	$\overline{X}$	$UCL = \overline{X} + AS$ $UCL = \overline{X} + A_2R$ 或 $LCL = \overline{X} - A_1S$ $LCL = \overline{X} - A_2R$	$UWL = \overline{X} + 2/3S$ $UWL = \overline{X} + 2/3A_2R$ 或 $LWL = \overline{X} - 2/3S$ $LWL = \overline{X} - 2/3A_2R$
极　差	R	$UCL = D_4R$ $LCL = D_3R$	$UWL = 1/3(1 + 2D_4)R$ $LWL = 1/3(5 - 2D_4)R$ 或 O
标准差	S	$UCL = B_4S$ $LCL = B_3S$	$UWL = 1/3(1 + 2B_4)S$ $LWL = 1/3(5 - 2B_4)S$ 或 O

注:UCL 为质量控制图上控限制;LCL 为质量控制图下控限制;UWL 为质量控制图上警告限;LWL 为质量控制图下警告限。

2. 质量控制图的系数,见表 3 - 5。

表 3 - 5　质量控制图的系数

次数	均值图		标准差图		极差图		变换因子 $\sqrt{\dfrac{n-1}{n}}$	备注
	A_1	A_2	B_3	B_4	D_3	D_4		
2	3.760	1.880	0	3.267	0	3.267	0.7071	
3	2.394	1.023	0	2.568	0	2.575	0.8165	
4	1.880	0.729	0	2.266	0	2.282	0.8660	当用 $S =$
5	1.596	0.577	0	2.089	0	2.115	0.8944	$\sqrt{\dfrac{\sum(X-\overline{X})^2}{n-1}}$
6	1.410	0.483	0.030	1.970	0	2.004	0.9126	时则用 $A_1 =$
7	1.277	0.419	0.118	1.882	0.076	1.924	0.9258	$\sqrt{\dfrac{n-1}{n}}$
8	1.175	0.373	0.185	1.815	0.136	1.864	0.9354	
9	1.094	0.337	0.239	1.761	0.184	1.816	0.9428	
10	1.028	0.308	0.284	1.716	0.223	1.777	0.9487	

(四) 质量控制图判断准则

1. 判断控制状态准则

（1）如所有点在中心线附近、上、下警告限之间的区域内，则检测过程为控制状态。

（2）如标出点有超出上述区域，但仍在上、下控制限之间区域内，则提示分析质量开始滑坡，应开始重视，采取相应校正措施。

（3）如标出点落在上、下控制限之外，则表示分析质量"失控"。应停止实验，查明原因，采取措施，予以纠正，并发出更正报告。

2. 判断异常准则

（1）在规定不少于 20 次检测（即 20 个点）的数据中，如出现连续 5 点逐渐上升或下降，要考虑检测方法有问题；如出现连续 6 点逐渐上升或下降，要查明原因；如出现连续 7 点逐渐上升或下降，应判为"失控"。

（2）如连续 7 点或以上在中心线一侧，判断异常。

（3）点子连续有 2 点或以上，超出警告限而接近控制限，判为异常。

（4）连续 11 点集中在中心线附近判断异常。

(五) 应用实例

1. 实验室间的质量控制实例

11 个实验室间同时检测某出口罐头食品厂食品中锡含量，结果见表 3-6。

表 3-6 11 个实验室间检测罐头食品中锡含量结果(%)

次数	编号					
	1	2	3	4	5	6
1	39.99	39.77	38.78	39.93	40.59	40.10
2	39.11	39.44	39.27	39.60	40.26	40.26
3	39.93	39.77	38.94	39.93	40.59	40.10
4	39.27	39.77	38.94	40.10	40.59	40.59
$\overline{X}\pm S$	39.56±0.43	39.69±0.17	38.98±0.21	39.89±0.21	40.51±0.16	40.26±0.03

	7	8	9	10	11
1	39.77	39.11	40.92	40.11	39.96
2	39.11	39.27	39.60	40.59	39.50
3	39.27	39.27	40.92	40.59	39.98
4	40.10	38.94	39.77	40.10	40.11
$\overline{X}\pm S$	39.56±0.46	39.15±0.16	40.30±0.71	40.34±0.28	39.89±0.27

（1）作平均值控制图：实验室间质量控制的平均值控制见图 3-2。

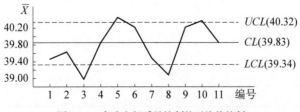

图 3-2 实验室间质量控制的平均值控制

$$CL = \overline{X} = \frac{\sum \overline{X}}{11} = \frac{438.139}{11} = 39.83$$

$$UCL = \overline{X} \pm A_1 S = \overline{X} \pm A_1 \sqrt{\frac{n-1}{n}} \cdot S$$

$$= 38.83 + 1.88 \times 0.866 \times 0.30 = 40.32$$

$$LCL = \overline{X} - A_1 S = \overline{X} - A_1 \sqrt{\frac{n-1}{n}} \cdot S$$

$$= 39.83 - 1.88 \times 0.866 \times 0.30 = 39.34$$

（2）作标准差控制图，见图 3-3。

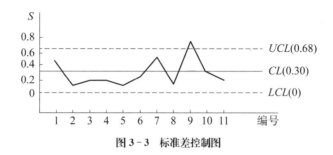

图 3-3　标准差控制图

$$CL = S = \frac{\sum S}{11} = \frac{3.287}{11} = 0.30$$

$$UCL = B_4 S = 2.266 \times 0.30 = 0.68$$

$$LCL = B_3 S = 0 \times 0.30 = 0 (不考虑)$$

（3）分析与判断：从图 3-3 可见，仅第 9 实验室不在控制限内；而图 3-2 可见，第 3、5、8、10 实验室在控制限外。表明不同实验室的检测结果存在着可定误差。

2. 实验室的质量控制实例

某出口罐头食品厂例行检测食品中铜含量，为评价检验质量，每周同时检测一个控制标样，结果见表 3-7。

表 3-7　某罐头食品厂 20 周检测食品中铜含量结果(mg/kg)

周序	标样含量	样品检出含量	极差(R)	实际差($\overline{X}_i$)
1	4.5	4.5, 4.5, 4.4	0.2	0
2	5.0	5.2, 4.8, 5.3	0.6	0.1
3	5.5	5.6, 5.7, 5.8	0.2	0.2
4	6.0	5.9, 5.8, 6.0	0.2	-0.1
5	4.5	4.6, 4.7, 4.5	0.2	0.1
6	5.0	5.0, 5.1, 5.0	0.1	0.03
7	5.5	5.3, 5.5, 5.4	0.2	-0.1
8	6.0	5.8, 6.0, 5.9	0.2	-0.1
9	4.5	4.9, 4.7, 4.8	0.2	0.3

（续表）

周序	标样含量	样品检出含量	极差（R）	实际差（$\overline{X}_i$）
10	5.0	5.5, 5.6, 5.4	0.2	0.5
11	5.5	6.2, 6.1, 6.1	0.1	0.63
12	6.0	6.3, 5.9, 6.2	0.4	0.13
13	4.5	4.6, 4.6, 4.5	0.1	0.07
14	5.0	5.2, 5.0, 4.8	0.4	0
15	5.5	5.5, 5.7, 5.4	0.3	0.03
16	6.0	6.2, 6.1, 5.8	0.4	0.03
17	4.5	4.6, 4.7, 4.5	0.2	0.1
18	5.0	5.5, 5.0, 5.2	0.4	0.2
19	5.5	5.7, 5.6, 5.6	0.1	0.13
20	6.0	6.1, 6.2, 6.0	0.2	0.1

（1）作平均值控制图：实验室质量控制的平均值控制见图3-4。

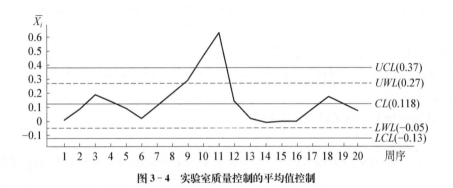

图3-4 实验室质量控制的平均值控制

$$CL = \overline{X} = \frac{\sum \overline{X}_i}{20} = \frac{2.35}{20} = 0.118$$

$$R = \frac{\sum R}{20} = \frac{4.9}{20} = 0.245$$

$$UCL = \overline{X} + A_2 R = 0.118 + 1.023 \times 0.245 = 0.37$$

$$CLC = \overline{X} - A_2 R = 0.118 - 1.023 \times 0.245 = -0.13$$

$$UWL = \overline{X} + \frac{2}{3} A_2 R = 0.118 + \frac{2}{3} \times 1.023 \times 0.245 = 0.27$$

$$LWL = \overline{X} - \frac{2}{3} A_2 R = 0.118 - \frac{2}{3} \times 1.023 \times 0.245 = -0.05$$

（2）分析与判断：图3-4表明，第九周至第十一周数据有上升趋势，并超过了控制上限；第四、第七、第八、第九周已超过警告限。本应引起警惕和重视，在第十周内停止检测工作，然而未能做到，造成第十、第十一周不在质量控制中，这两周的产品应重新抽样检测，否则是无效的。

第三节 · 食品安全卫生质量管理体系

一、概述

(一) 建立食品卫生质量管理体系目的与意义

大致有四个方面。

1. 通过建立一整套良好的操作规范和对过程的控制，将不合格因素消除在源头与生产过程中，从而保证食品安全性，改变了传统上只采取的最终产品检验方法。这可大大节省检验机构及企业的人力、物力及财力，既可保证产品质量，提高工作效率，又能节约生产成本。

2. 我国加入 WTO 后，为了与国际上食品卫生法规、标准、规范、要求等接轨，吸取世界各国食品质量安全管理的先进经验，并把我国尽快地纳入食品质量安全管理体系中去。

3. 使预防措施系统化。制定预防措施系统，防止食品污染，减少以至消除食品不安全因素，提高食品的安全性和可靠性。

4. 加强一些特殊行业如饮食业、盒饭加工业、卤菜加工业的管理。裱花蛋糕业、牛奶加工业等生产的食品保质期短，而且是直接食用，只有用现代的质量安全管理体系模式，才能确保产品的质量。

(二) 食品安全卫生质量管理体系种类

我国目前有以下几种。

1. ISO 9000 系列标准是由 ISO/TC176 技术委员会制定的所有质量管理和质量保证有关系列标准。

2. HACCP 体系为食品危害分析关键控制体系。

3. GMP 为良好操作规范。

4. 绿色食品管理体系。

5. 无公害农产品管理体系。

6. 有机食品管理体系。

二、关于 ISO 9000、HACCP、GMP 管理体系

FAO/WHO 食品法典委员会(CAC)制定的规范，要求国际食品贸易遵守如下几条。

第一，食品不得含有或掺有可达到有毒、有害或损害健康的任何成分。

第二，在全部或部分食品中均不得含有不洁、变质、腐败、腐烂或致病的物质和异物，以及不适于人类食用的成分。

第三，食品中不得掺假。

第四，标志上内容不得有错，以免误导消费者。

第五，不得在不卫生条件下进行生产、包装、贮藏、运输和销售。

由上述规定,我国政府食品主管部门用法律的形式,强制食品生产企业必须执行有关管理体系。

(一) ISO 9000 体系

FAO/WHO 食品法典委员会、食品进出口检验和认证体系专业委员会(CCFICS)经过讨论认为,ISO 9000 是作为非强制性的质量管理体系,企业在自愿基础上选用的标准。而 CAC 法规中则采纳 HACCP 与 GMP 体系。

(二) HACCP(Hazard Analysis Critical Control Point)体系

主要内容与任务如下。

1. 危害检验(CHA)

检验食物制造过程中各个步骤的危害因素及危害程度。

2. 关键控制点(CCP)

依危害检验结果设定关键控制点及控制方法。

3. 制定企业卫生标准作业程序(SSOP)

包括 8 项内容。

(1) 水(冰)的卫生程度。

(2) 设备、工作服、手套等清洁度。

(3) 防止交叉污染。

(4) 手的清洗与消毒,厕所设施卫生度。

(5) 防止食品被污染物污染。

(6) 有毒化学物质的标记、储存和使用。

(7) 工作人员健康与卫生控制。

(8) 虫害的防治。

4. 分级

依据危害特征将食品分为 A~F 级。

A 级:这种危害适用于一类特殊的未杀菌食品。

B 级:食品中含有易腐败成分,如牛奶、鲜肉等含水分高的新鲜食物。

C 级:食品加工过程中缺乏杀死有害微生物的可靠方法,如碎肉过程、分割、破碎等无热处理。

D 级:食品在加工后、包装前有可能受到二次污染,如大批量杀菌后再包装的食品。

E 级:食品在流通或食用过程中处理不当,有可能对消费者产生危害,如应冷藏的食品,却在常温或高温下放置。

F 级:食品在包装后或食用前没有最终热处理,如即食食品等。

5. 采取消灭危害的预防与监控措施

选择适用的预防措施来防止或消除食品危害,或使其降低到可接受水平,并对有关部门进行监控,如原料供应、产品配方、加工过程等主要环节加强监控。例如,牛奶巴氏杀菌的温度和时间,可通过温度记录仪实施连续监控。

6. 验证

其目的是提供置信水平,证明本法是建立在严谨的、科学的基础之上,并足以控制产品和工艺不会出现危害,而且这种控制措施正被严格地正常运行。

(三) GMP(Good Manufacturing Practice)体系

世界卫生组织将 GMP 定义为指导食物、药品等生产和质量管理的法规,是保证食品具有高度安全性的良好管理系统,包括合理的生产程序和工艺、良好的设备、完善的质量控制等体系。

从适用范围来看,现行的 GMP 可分为三类。

1. 由国家政府机构颁布的 GMP

如美国 FDA 公布的低酸性罐头食品 GMP、我国颁布的《保健食品良好生产规范》《膨化食品良好生产规范》。

2. 行业制定的 GMP

这类 GMP 可作为同类食品企业参照执行、自愿遵守的管理规范。

3. 食品行业自订的 GMP

作为企业内部管理的规范。WHO/FAO 食品法典委员会(CAC)制定的 190 多个国际食品标准中都涉及 GMP。在国际食品贸易中,企业的 GMP 已成为重要的考核内容。美国、加拿大通过立法强制实施 GMP,其他如日本、英国、新加坡、德国、澳大利亚、我国台湾地区等都先后引用食品 GMP。

三、关于绿色食品、无公害农产品、有机食品的监督管理

(一) 绿色食品

绿色食品(Green food)是指产自优良生态环境、按照绿色食品标准生产、实行全程质量控制并获得绿色食品标志使用权的安全、优质食用农产品及相关产品。

1. 绿色食品标志

绿色食品标志由特定的图形表示。图形由三部分构成,即上方的太阳、下方的叶片和蓓蕾。标志图形为正圆形,意为保护、安全。整个图形描绘了一幅明媚阳光照耀下的和谐生机,告诉人们绿色食品是出自纯净、良好生态环境的安全、无污染食品,能给人们带来蓬勃的生命力。

2. 绿色食品的条件

(1) 产品及原料产地必须符合绿色食品生态环境质量标准。

(2) 农作物种植、畜禽饲养、水产养殖及食品加工必须符合绿色食品生产操作规程。

(3) 产品必须符合绿色食品标准。

(4) 包装、贮运必须符合绿色食品包装、贮运标准。

3. 绿色食品与普通食品相比的特征

(1) 产品出自优良生态环境:通过对原料产地及周围生态环境严格监测,判定是否具备生产条件,而不是简单地禁止生产中使用化学药物等。

(2) 对产品实行全程质量控制:实行"从土地到餐桌"全程质量控制,且对最终产品有害成分及卫生指标进行检测,从而树立全新的质量观。

(3) 对产品实行依法标志管理:这是一种技术手段与法律手段的有机结合。

4. 绿色食品标准

（1）绿色食品产地环境质量标准：我国农业农村部 NY/T 391 - 2013《绿色食品产地环境技术条件》规定，绿色食品生产应选择在无污染和生态条件良好地区，应远离工矿区、公路、铁路干线，避开工业和城市污染影响，并具有可持续的生产能力。

绿色食品标准包括产地环境质量标准、生产技术标准、产品质量和卫生标准、包装标准、贮藏和运输标准以及其他相关标准，它们构成了绿色食品完整的质量控制标准体系。绿色食品质量标准体系是绿色食品体系中最重要的组成部分。

（2）绿色食品分级标准：绿色食品分级标准是绿色食品标准体系中的初级标准，参照国外与绿色食品类似的有关食品标准，结合我国的国情，自 1996 年开始，在绿色食品申报审批过程中可将绿色食品分为两类，即 AA 级绿色食品和 A 级绿色食品。

① AA 级绿色食品是指在生态环境质量符合规定标准的产地，生产过程中不使用任何有害化学合成物质，按特定的生产操作规程生产、加工，产品质量及包装经检测、检查符合特定标准，并经专门机构认定，许可使用 AA 级绿色食品标志的产品。

② A 级绿色食品是指在生态环境质量符合规定标准的产地，生产过程中允许限量使用限定的化学合成物质，按特定的生产操作规程生产、加工，产品质量及包装经检测、检查符合特定标准，并经专门机构认定，许可使用 A 级绿色食品标志的产品。

截至 2018 年 12 月，农业农村部和地方制定的绿色食品标准共 360 个，现行还在使用的农业农村部标准为 152 个，涉及产品、产地环境质量标准、农药、肥料使用准则、畜禽卫生防疫准则等。

（3）绿色食品产地生态环境质量标准：绿色食品产地生态环境质量标准是指在农业初级产品或食品原料的生长区域内没有工业企业的污染，在水域上游、上风口没有污染源，区域内的大气、土壤质量及灌溉和养殖用水质量分别符合绿色食品大气标准、绿色食品土壤标准和绿色食品水质标准，并有一套保证措施，产品或产品原料产地环境符合绿色食品产地环境质量标准，以确保该区域在今后的生产过程中环境质量不下降。

《绿色食品产地环境质量》（NY/T 391 - 2021）规定了绿色食品生态环境要求、空气质量要求、水质要求（农田灌溉水质、渔业水质、畜禽养殖水、加工用水、食用盐原料水质）和土壤质量要求。

（4）绿色食品产品标准：绿色食品产品标准是绿色食品数量发展到一定阶段的产物，实质上是产品的质量和卫生标准，其内容的核心是技术要求，主要包括以下 4 个方面。

① 原料要求：生产绿色食品的主要原料，其产地环境必须符合绿色食品产地的环境要求；绿色食品的主要原料不允许来自未经绿色食品产地环境监测的任何源地。

② 感官要求：感官要求包括外形、色泽、气味、口感、质地、滋味等，它是评价绿色食品质量的重要指标。绿色食品的感官要求必须优于同类非绿色食品，绿色食品产品标准中的感官要求有定性、半定量和定量标准指标。

③ 理化指标要求：理化指标要求是对绿色食品的内涵要求，它包括应有的成分指标，如蛋白质、脂肪、糖类、维生素等，这些指标不低于国标要求，同时还包括污染物、限量、农药和兽药最高残留限量指标。如加工有色食品，禁止使用的合成着色剂；加工甜味食品，禁止使用的糖精钠等甜味素；封装加工食品限量使用防腐剂等。目前，因食品加工技术所限，部分防腐剂允

许限量使用。

④ 微生物学指标：产品的生物学特性必须得到保证，如活性酵母、乳酸菌等，这是产品质量的保证。微生物学指标必须严于普通食品的限量指标，例如，菌落总数、大肠菌群、致病菌（指金黄色葡萄球菌、志贺氏菌及沙门氏菌等）、大肠埃希氏菌、霉菌等指标都要严于国家标准规定。

（二）无公害农产品

无公害食品是指产地环境、生产过程和产品质量符合国家有关标准和规范的要求，按照相应生产技术标准生产的、符合通用卫生标准并经有关部门认定的安全食品。

1. 无公害农产品标志

图案由绿色和橙色组成，标志图案由麦穗、对勾和无公害农产品字样构成，麦穗代表农产品，对勾表示合格，金色寓意成熟和丰收，绿色象征环保和安全。

2. 无公害食品标准

主要包括无公害食品行业标准和农产品安全质量国家标准。无公害食品标准是整个生产和质量控制过程中的依据和基础，其质量是依靠一整套质量标准体系来保证的，即无公害食品系列行业标准，标准内容主要包括产地环境评价准则（NY/T 5295 - 2015）、生产质量安全控制技术规范　第 3 部（NY/T 2798.3 - 2015）、产品检验规范（NY/T 5340 - 2006）等几个方面。

（1）无公害食品产地环境质量标准

无公害食品的生产只有在生态环境良好的农业生产区域内才能生产出优质、安全的无公害食品。因此，无公害食品产地环境质量标准对产地的空气、农田灌溉水质、渔业水质、畜禽养殖用水和土壤等的各项指标以及浓度限值做出规定，一是强调无公害食品必须产自良好的生态环境地域，以保证无公害食品最终产品的无污染、安全性，二是促进对无公害食品产地环境的保护和改善。

（2）无公害食品生产技术标准

无公害食品生产技术操作规程是按作物种类、畜禽种类和不同农业区域的生产特性来分别制定的，用于指导无公害食品生产活动，规范无公害食品生产，内容包括农产品种植、畜禽饲养、水产养殖和食品加工等技术操作规程。

（3）无公害食品产品标准

无公害食品产品标准是衡量无公害食品产品质量的指标尺度。它虽然跟普通食品的国家标准一样，规定了食品的外观品质和安全品质等内容，但重点突出了安全指标，安全指标的制定与当前生产实际紧密结合。无公害食品标准贯穿了从"农田到市场"全过程质量控制的关键环节，对产地环境、投入品使用、生产操作、产品质量及认定认证行为等都有严格的规定。无公害食品产品标准反映了无公害食品生产、管理和控制的水平，突出了无公害食品无污染、食用安全的特性。

3. 无公害农产品质量监督管理

（1）加强产品检测

由管理机构指定检测单位定期或不定期抽检产品，检测结果应符合无公害农产品质量要求，对不合格者应进行处罚。

（2）实行认证制度

由资格的独立机构对农产品符合质量标准作出认证，合格者使用无公害农产品标志及证书。

（3）加强管理

对假冒无公害农产品和擅自使用无公害农产品标志行为加强管理，并予以处罚。

（三）有机食品

有机食品（Organic food）根据我国 GB/T 19630—2019《有机食品生产、加工、标识与管理体系要求》的规定，有机产品是指生产、加工、销售过程符合该标准的供人类消费、动物食用的产品。我国国家标准规定，有机农业生产体系指在动植物生产过程中不使用化学合成的农药、化肥、生产调节剂、饲料添加剂等投入品，以及基因工程生物及其产物，而是遵循自然规律和生态学原理，采取一系列可持续发展的农业技术，协调种植业和养殖业的平衡，维持农业生态系统持续稳定的一种农业生产方式。

无公害食品、绿色食品和有机食品都属于安全食品。无公害食品是安全食品的初级层次，绿色食品是安全食品的中级层次，有机食品是安全食品的高级层次。有机食品、绿色食品和无公害农产品的主要差别如下。

第一，在投入品上，有机食品要求不使用人工合成的化肥、农药、生长调节剂和饲料添加剂；绿色食品要求允许使用限定的化学合成生产资料，对使用数量、使用次数有一定限制；无公害农产品要求严格按规定使用农业投入品，禁止使用国家禁用、淘汰的农业投入品。

第二，在基因工程上，有机食品要求禁止使用转基因种子、种苗及一切基因工程技术和产品；绿色食品要求不准使用转基因技术；而无公害农产品则无限制。

第三，在生产体系上，有机食品要求建立有机农业生产技术支撑体系，并且从常规农业到有机农业通常需要 2~3 年的转换期；绿色食品要求可以延用常规农业生产体系，没有转换期的要求；无公害农产品与常规农业生产体系基本相同，也没有转换期的要求。

第四，在品质口味上，大多数有机食品口味好、营养成分全面、干物质含量高；绿色食品要求口味、营养成分稍好于常规食品；无公害农产品则口味、营养成分与常规食品基本无差别。

第五，在有害物质残留上，有机食品无化学农药残留（低于仪器规定的检出限）。绿色食品和无公害食品大多数有害物质允许残留量与常规食品国家标准要求基本相同，但有部分指标严于常规食品国家标准。

1. 有机产品标志

图案由 3 部分组成，即外围的圆形、中间的种子图形及周围的环形线条。标志外围的圆形似地球，象征和谐、安全，圆形中的"中国有机产品"字样为中英文结合方式，既表示中国有机产品与世界同行，也有利于国内外消费者识别；标志中间类似种子图形代表生命萌发之际的勃勃生机，象征有机产品是从种子开始的全过程认证，同时昭示出有机产品就如同刚刚萌生的种子，正在中国大地上茁壮成长；种子图形周围圆润自如的线条象征环形的道路，与种子图形合并构成汉字"中"，体现出有机产品植根中国，有机之路越走越宽广；处于平面的环形又是英文字母"C"的变体，种子形状也是"O"的变形，意为"China organic"。

同时，获得 OFDC 有机认证的有机食品拥有一个由有机食品认可委员会统一规定的专门的质量认证标志，标志由两个同心圆、图案以及中英文文字组成，内圆表示太阳，其中的既像青菜又像绵羊头的图案泛指自然界的动植物；外圆表示地球。整个图案采用绿色，象征着有机产品是真正无污染、符合健康要求的产品以及有机农业给人类带来了优美、清洁的生态环境。

2. 有机食品的管理

目前我国有机产品主要是包括粮食、蔬菜、水果、奶制品、畜禽产品、水产品及调料等，有机食品管理如下。

（1）有机食品的原料要无任何污染，且仅来自于有机农业生产体系，或采用有机方式采集和野生天然产品。有机食品在生产加工过程中绝对禁止使用农药、化肥、激素等人工合成物质，并且不允许使用基因工程技术；其他食品则允许有限使用这些物质，并且不禁止使用基因工程技术。

（2）在整个生产过程中严格遵守有机食品的加工、包装、贮存运输等要求。有机食品在土地生产转型方面有严格规定。考虑到某些物质在环境中会残留相当一段时间，土地从生产其他食品到生产有机食品需要两到三年的转换期，而生产绿色食品和无公害食品则没有转换期的要求。

（3）在生产和流通过程中有完善的跟踪审查体系和完整的生产、销售记录。有机食品在数量上进行严格控制，要求定地块、定产量，生产其他食品没有如此严格的要求。

（4）有机食品对生产基地的大气、水体、土壤等环境严格要求，施用过禁用物质的田地，必须经过 3 年的有机转换，才能生产有机食品，且产地周围要有隔离带，避免常规农业的影响。有机食品在原料生产中严禁化肥、农药、除草剂等人工化学品的投入，只允许使用有机肥、生物肥。发生病虫害时绝对不能使用化学农药，只能使用生物农药。

（5）有机食品的认证管理

通过独立的有机产品认证机构审查并颁发证书。依据国家和有关行业对有机食品认证管理的规定，申请有机食品认证的单位或个人，应向有机食品认证机构提出书面认证申请，并提供营业执照或证明其合法经营的其他资质证明；申请有机食品基地生产认证的，还须提交基地环境质量状况报告及有机食品技术规范中规定的其他相关文件；申请有机食品加工认证的，还须提交加工原料来源为有机食品的证明、产品执行标准、加工工艺、市（地）级以上环境保护行政主管部门出具的加工企业污染物排放状况和达标证明，及有机食品技术规范中规定的其他相关文件。有机食品认证证书必须在限定的范围内使用，证书有效期为 1 年，认证证书的编号应当从"中国食品农产品认证信息系统"中获取，认证机构不得自行编制认证证书编号发放认证证书。

四、食品检测工作的信息化管理

随着科学技术的进步，信息技术已广泛应用于经济、生产、管理等各个领域，它强大的数据计算功能和文字处理能力，能将食品检测中的各种原始数据瞬间转换为检验报表和报告等，使过去大量繁重复杂的数据统计、检验分析和报表汇总、出具检验报告等工作变得简单易行。随着信息技术的日新月异，食品检测工作中原有的数据和文档管理方式，将逐步实现食品检测与管理办公自动化与无纸化的目标。

目前，我国有些食品检验单位已经开始运用计算机进行数据统计和检验管理，并取得了一定的进展和成绩,随着食品安全管理水平的提高和检验项目的扩展,信息量急剧增加,及时准确收集检验标准、统计和存贮原始检验数据、形成规范性的检验报告等,已成为现代食品检测工作的重要手段。食品检测行业实现信息化势在必行。

运用信息技术开展食品检测管理工作的关键,是进一步对选择熟悉和适用的软件进行开发。在计算机系统中,应用软件是用于解决各种不同具体应用问题的专门软件,用户自行开发的应用软件种类繁多,用途各异,较少有通用性,有些即使有一定的通用性,但往往无法满足用户需求,买到后还需要进行二次开发才能使用。

由于计算机的通用性和应用的广泛性,按照应用软件的开发方式和适用范围,可分成通用应用软件和专业应用软件(程序)两类。因此,食品检测专业人员可以在市售的各种通用应用软件的基础上进行二次开发,将食品检测工作中固定的计算方式、规范性文本格式和常用的数据等,编成计算机程序和数据库应用于日常工作中。

食品检测信息管理软件应具有以下功能。

第一,建立检验标准和原始数据数据库、具有数据的导入、导出、储存功能,能进行数据的维护、检索、查询和食品卫生检验的档案管理。

第二,具有检验样品数据的统计与分析处理、检验结果的自动评价与说明等功能。

第三,可以自动生成、显示和打印规范性的检测报告、数据报表以及其他文书资料。

第四,做到检验数据的资源共享与信息的网络传递。另外,自主开发的专业程序还应具有良好的用户操作界面、简化操作过程与操作步骤、自动判别错误数据与信息、具有纠错容错的功能。

虽然计算机在食品检测方面起着较大作用,但在应用中需进一步改进与研究,主要有以下五个方面。

第一,计算机技术与食品检测人员的素质及计算机应用水平的配套。计算机技术是迅速发展的现代技术,它对提高检验工作效率、降低技术人员工作强度有着积极的意义,能否实现食品检测工作的信息化管理,首先取决于人的文化素质,为此,建议食品检测部门及有关组织,有计划地对食品检测检验员和管理人员进行计算机信息化技术培训,使他们既要掌握本专业的技术和技能,又要掌握计算机的应用知识。

第二,现行数据管理模式与计算机数据格式的配套。我国食品检测行业现行的计算机管理软件均为各单位自行开发,所应用的开发环境不同,数据管理模式具有较大的差异,有的与计算机数据管理格式也不配套,相互之间不可通用。因此,建议国家食品质量安全主管部门组织有关专家,专门设计开发全国食品检验检测行业标准的信息管理软件,建立统一的并且与计算机配套的数据录入、统计、储存、应用、管理模式,规范检验标准与检测报告。

第三,专业检验设备的数据输出与计算机数据导入技术接口的配套。计算机具有极其强大的数据运算和信息处理功能。它能将数据准确地进行快速运算,使信息管理工作效率得到极大提高,但如果手工输入数据或数据源本身不可靠,测定方法错误、测试设备陈旧,计算机的功能则难以完全利用。因此,食品检测行业的领导,要重视检测设备的资金投入,购置检验设备应尽可能地采用先进的具有标准检测数据输出接口与计算机配套,避免人为因素造成检验数据的误差,充分发挥计算机对信息的快速处理能力。

第四,计算机数据资源的共享与网络信息传递的配套。现代社会是计算机的网络社会,食品检验检测行业应加快网络建设的步伐,实现全行业的计算机联网,做到各种数据资源的共享与检验信息的快速传递,制定信息化管理制度,合理解决资源分配、信息共享等问题,及时分享最新数据,构建信息共享平台,构建合理的质量监督体系,为信息化建设提供援助与支持。

第五,食品检测是保证食品安全的关键环节,是食品安全监管的重要手段和技术支撑。监管部门要依靠信息技术,促使检测人员采取快捷的操作方式,优化检测方法,提高食品检测质量,完成食品检测。

食品安全检验检测机构的权威性取决于其科学高效的技术管理和服务体系,目前流行的实验室信息管理系统(Laboratory Information Management System, LIMS)便是利用计算机网络技术、数据存储技术、快速数据处理技术对实验室进行全方位的管理。大量的食品安全需求与严格的实验室管理要求,催生了 LIMS 在食品检验检测机构的应用。

进入 21 世纪,国际一流的检测机构已开始使用信息化业务管理系统,是 LIMS 成为一流、现代化、智能化检验检测机构的标志,实施以程序化方式规范管理体系,实现了检测工作的程序化,提高了实验室综合管理水平。

另外,LIMS 端口可对接食品安全溯源大数据平台,利于国家统一监管食品安全;LIMS 可自动生成食品安全检测报告二维码,便于市场及消费者掌握食品质量安全情况。

LIMS 系统(实验室信息管理系统)的作用主要包括以下几个方面。

(1)样品管理

LIMS 系统能够协助实验室进行样品的全流程管理,包括样品的标识、追踪、存储、分配和销毁等。

(2)实验数据管理

LIMS 系统能够记录实验数据和分析结果,并且自动生成报告和图表,提高了数据的可追溯性和可靠性。

(3)质量管理

LIMS 系统能够实现质量控制、质量保证和质量审计等功能,确保实验结果的准确性和可靠性。

(4)设备管理

LIMS 系统可管理实验室的设备,包括设备的预约、维修、校准和维护等。

(5)提高分析数据的综合利用率和时效性

通过 LIMS 系统,可以实现数据的电子化存储和传递,使相关部门能够快速获取需要的数据,同时节省大量的人力资源。

(6)挖掘分析数据的潜在价值

通过对大量历史样品数据的综合处理(统计、查询、比较),可以清楚地观察到数据的变化趋势,为完善生产装置控制条件,查找质量不合格原因等多方面提供科学依据。

针对实验室的整套环境而设计的 LIMS 是实现实验室人(人员)、机(仪器)、料(样品、材料)、法(方法、质量)、环(环境、通信)全面资源管理的计算机应用系统,是一套完整的检验检测综合管理系统和产品质量监控体系,满足日常管理要求,保证检测数据的严格管理和控制。它能全面优化检验管理,显著提高实验室的工作效率和生产力,提高质量控制水平,满足实验室研发项目管理、质量管理和质量控制要求,实现实验室各种业务全程数字化、业务规范化、统计自动化和数据可追溯,建立智能化实验室。

　　LIMS 系统是一项人机结合的系统工程,可实现现代化的管理体制与管理模式创新,其成功要素是经费、服务商的专业技术、机构管理人员的积极参与协作。实现网络化全面管理,实现管理和检验工作的有效监督管理,最大程度地提高实验室的自动化管理水平。

　　LIMS 系统对检验检测机构优化资源配置、保障检测质量控制、提高工作效率、降低运行成本、增强核心竞争力以及应对外部市场需求和内部管理需要具有重要意义,LIMS 系统的建设有助于国家进行食品安全监管和消费者掌握食品质量安全情况。

第二篇

理化检测篇

第四章
药物残留及其检测

在畜禽养殖业、水产养殖业、养蜂业等生产过程中,为了预防和治疗疾病、促进生长繁殖及提高饲料利用率等,除了防治疾病使用药物外,还在饲料中加入一定量的药物作为饲料添加剂。添加的药物有抗生素、生长促进剂、激素等。这些药物在生物体内被残留后,经过食物链进入人体,对人体健康产生有害的影响。

第一节 · 概 述

一、对人体的毒性与危害

食物中药物残留进入人体后有一定的毒性,并对人类健康造成危害,主要有如下几方面。

(一) 耐药性增加及肠道菌群的紊乱

现已证实,长期低水平摄入含抗生素的食物,能导致金黄色葡萄球菌耐药菌株出现,大肠杆菌产生耐药性等。同时,也使人体产生耐药性,给人体健康带来严重危害。

在正常情况下,人体肠道内的菌群能与人体相适应,某些菌群还能抑制其他菌群过度繁殖,还有些菌群能综合 B 族维生素和维生素 K 供机体利用。如果长期低水平食入抗生素,则会发生菌群平衡的紊乱,导致非致病菌死亡,致病菌大量增殖使人患病,或引发核黄素缺乏症和紫癜等症状。

(二) 产生过敏性反应及中毒

据知,有些人的过敏反应与饮用含抗生素(如青霉素)残留的牛乳有关。链霉素对第八对脑神经有明显毒性作用,能造成耳聋,对过敏的胎儿尤为严重。氯霉素可抑制骨髓造血细胞线粒体内蛋白质合成,引起再生障碍性贫血,虽然发生少,但死亡率高达 70% 以上,存活者也易发生急性白血病。美国曾报道过有人食用过量饲喂氯霉素后宰杀的牛肉而造成中毒死亡的事件。四环素和土霉素等对肝脏有一定损害,这类药物与牙齿和骨骼的钙结合,产生黄染,还影响儿童生长发育。

(三) 干扰激素平衡及癌变

如长期摄入雄激素残留的食物,会干扰人体激素正常平衡,女性呈现雄性化、毛发增多、肌肉增生、月经失调等;男性出现早秃、胸部扩大、睾丸萎缩、肝和肾功能障碍或肝肿瘤等。长期摄入雌激素残留的食物,会导致女性化、性早熟、抑制骨骼与精子发育,并发现这类药物有明显致癌作用,可导致女性及后代的生殖器官畸形与癌变。

(四) 急性毒性

如果一次摄入残留物的量太大,会导致急性中毒反应,如瘦肉精(盐酸克伦特罗)中毒。用瘦肉精喂猪,不仅增重快,瘦肉多,而且由于外周血管扩张,皮肤光泽、红润,卖相极好,但是瘦肉精的促生长量较之诊疗量需高出一倍,吸收后迅速分布于肌肉和内脏,未经休药期即屠宰的动物,其内脏和肌肉被食用后即可引起食物中毒。

(五) 环境污染及生态毒性

随着食品毒理学的发展,发现雌激素类化合物在动物体内相当稳定,不易在肝脏分解,随粪尿排入环境中也不易降解,造成环境污染,具有生态毒性,会导致雄鱼雌性化、野生动物生殖器官畸形等。

二、检测意义

综上所述,我们必须加强对乳、肉、蛋和水产品中药物残留的检测工作,如发现动物性食品中抗生素、激素等残留量超过国家食品卫生标准限量者,均应严格执法,禁止上市销售和出口,以确保消费者的健康和出口的信誉。

同时,必须切实做好管理与防范工作,应对饲料厂、饲养场和屠宰场加强监管,进行定期与不定期抽检试样(如饲料、乳、尿、饮水等),严查禁止使用和限量的药物(如禁用的氯霉素、己烯雌酚、瘦肉精等)。对违反者应停止饲料生产;对养殖场(户)应采取有效防治措施,如饲喂禁药的添加剂与饲料,暂停上市,延长休药期等;对屠宰场应禁止销售上市。因此,加强食品中药物残留的检测,具有指导生产、保障人民健康及提高出口信誉的重要意义。

第二节·四环素类药物残留检测

四环素类(TCs)包括四环素(TC)、土霉素(OTC)、金霉素(CTC)、脱氧土霉素(DC)和差向四环素(ETC)等。四环素类残留检测方法有高效液相色谱法、微生物杯碟法、酶联免疫法、放射受体分析法。

一、高效液相色谱法

【原理】试样经除蛋白后,再经柱净化,用洗脱液洗脱,洗脱液注入高效液相色谱(HPLC)仪经紫外检测器检测。

【仪器】HPLC仪:配紫外检测器。

【试剂】①0.1 mol/L EDTA·2Na-McIlvaine缓冲液(pH 4.0)。②0.01 mol/L钨酸钠溶液。③TC、OTC、CTC、DC、ETC标准品。④TC、OTC、CTC、DC、ETC标准贮存液(1 mg/mL):准确称取TC、OTC、CTC、DC、ETC各0.0100 g,分别用甲醇溶解,并定容至10 mL。⑤TC、OTC、CTC、DC、ETC标准应用液(10 μg/mL):用甲醇稀释。⑥草酸-乙腈溶

液。⑦0.01 mol/L 草酸溶液。

【仪器工作条件】 ①紫外检测器:波长 350 nm。②色谱柱:C₁₈(150 mm×4.6 mm, 5 μm)。③流动相:三氟乙酸+乙腈,梯度洗脱。④柱温:30 ℃。⑤进样量:50 μL。

【检测步骤】

取皮+脂肪试样 5.0 g
— 加二氯甲烷 15 mL
　涡旋 1 min,震荡 5 min
加 EDTA·2Na-McIlvaine 缓冲溶液 15 mL
— 涡旋 1 min,震荡 5 min
　8 500 r/min 离心 5 min,取上清液
下层溶液 EDTA·2Na-McIlvaine 缓冲溶液萃取
— 2 次,每次 15 mL,合并上清液
　过滤备用

肌肉、肝脏、肾脏、牛奶、鸡蛋试样 5 g
— 加 EDTA·2Na-McIlvaine 缓冲溶液 20 mL
　涡旋 1 min,震荡 10 min
加硫酸溶液 5 mL,钨酸钠溶液 5 mL
— 涡旋 1 min,8 500 r/min 离心 5 min
　取上清液
下层溶液 EDTA·2Na-McIlvaine 缓冲溶液萃取
— 20 mL、10 mL 各提取 2 次
　合并上清液,过滤

— 净化,HLB 柱依次用甲醇、水和 EDTA·2Na-McIlvaine 缓冲
　溶液各 5 mL 活化
备用液过柱,依次用水、5% 甲醇溶液各 10 mL
— 淋洗,抽干 30 s,甲醇 6 mL 洗脱,收集洗脱液
　加水 2 mL,混匀
过甲醇 5 mL、水 5 mL 活化的 LCX 柱
— 水、甲醇各 5 mL 淋洗,抽干 1 min,草酸-乙腈溶液 6 mL
　洗脱,收集洗脱液
40 ℃ 水浴氮气吹至 0.5～1.0 mL,加甲醇 0.4 mL
— 草酸溶液稀释至 2.0 mL
微孔滤膜过滤,高效液相色谱法测定

【标准曲线的制备】 精密量取混合标准工作液适量,用草酸溶液(0.01 mol/L)稀释成浓度为 0.05 μg/mL、0.1 μg/mL、0.2 μg/mL、0.5 μg/mL、1 μg/mL、2 μg/mL、5 μg/mL 的系列混合标准液,供高效液相色谱测定。以测得的峰面积为纵坐标、对应的标准溶液浓度为横坐标。四环素类药物标准溶液色谱图见图 4-1。

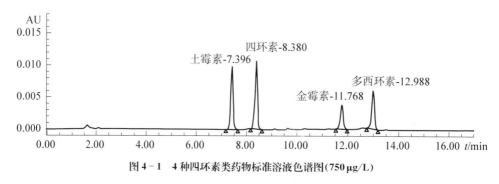

图 4-1　4 种四环素类药物标准溶液色谱图(750 μg/L)

【计算】

$$四环素类残留量(μg/kg) = \frac{A \times C_s \times V}{A_s \times m}$$

式中,A 为试样中四环素类峰面积(mm²);A_s 为标准液中四环素类峰面积(mm²);C_s 为标准

液中四环素类浓度(ng/mL);V 为最终试样定容体积(mL);m 为试样质量(g)。

【检测要点】

(1) 标准品必须购于国家通过认证批准的生产单位。

(2) 本法在猪、牛、羊、鸡的肌肉,鸡蛋,牛奶,鱼皮＋肉,虾肌肉中检测限为 $20\,\mu g/kg$,定量限为 $50\,\mu g/kg$;在猪、牛、羊、鸡的肝脏、肾脏,将猪、鸡的皮＋脂肪的检测限为 $50\,\mu g/kg$,定量限为 $100\,\mu g/kg$。

(3) 本法参阅:GB 31658.6－2021。

二、微生物杯碟法

【原理】试样中四环素类抗生素经 EDTA·2Na-Mcllvaine 缓冲液提取后,用 SEP－PAK C$_{18}$ 柱纯化。四环素类抗生素利用薄层层析生物检测法进行分离和定性,以蜡样芽孢杆菌为试验菌株,用微生物管碟法进行定量检测。

【仪器】①培养箱。②游标卡尺。③培养皿:玻质或塑质,底部平整光滑,内径 90 mm,上配陶瓦盖。④牛津杯:铝质或不锈钢的金属杯,内径 6 ± 0.1 mm,外径 8 ± 0.1 mm,高 10 ± 0.1 mm,重量误差不超过 ±0.05 g。

【培养基和试剂】①EDTA·2Na-Mcllvaine 缓冲液(pH 4.0)。②0.1 mol/L 磷酸盐缓冲液(pH 4.5)。③生理盐水。④OTC、TC、CTC 标准液(配制方法参见高效液相色谱法)。⑤菌种培养基(蛋白胨 10.0 g、NaCl 2.5 g、牛肉膏 5.0 g、琼脂 13～15 g,加蒸馏水至 1000 mL,混匀,121℃灭菌 15 min, pH 6.5)。⑥检测培养基(蛋白胨 6.0 g、牛肉膏 1.5 g、酵母浸膏 3.0 g、琼脂 14～16 g,加蒸馏水至 1000 mL, 121℃灭菌 15 min, pH 5.8)。

【菌液制备、浓度检测和平板制备】

(1) 菌液制备:将蜡样芽孢杆菌接种于菌种培养基上,37℃培养 7 天,镜检芽孢数在 85% 以上,用灭菌生理盐水 10 mL 洗下菌苔,2000 r/min 离心 20 min,弃上清液。重复操作 1 次,再加灭菌生理盐水 10 mL 于沉淀物中,混匀,置 65℃水浴中灭活 30 min,1000 r/min 离心 5 min,上层悬浮液为芽孢悬浮液,置 4℃冰箱中保存 7 天。

(2) 浓度检测:将不同浓度的菌液加入各检测培养基中,用杯碟法测四环素类标准液(0.05 mg/kg)的抑菌圈直径应在 12 mm 以上为适宜。如达不到 12 mm 以上,应适当增加菌量。

(3) 平板制备:将灭菌后冷却至 50～55℃检定用培养基内加入适量菌液,混匀。然后向每个培养皿内注入 6 mL,制成检测用板,凝固后备用。

【检测步骤】

定量(定性) 检测:试样 10 g(5 g)

├─加 30 mL EDTA·2Na-Mcllvaine 缓冲液(pH 4.0)

预处理的 SEP－PAKC$_{18}$ 柱滤过

├─50 mL 水过柱,10 mL 甲醇洗脱 0℃ 减压浓缩蒸干

定量检测:准确加入 pH 4.5 磷酸盐缓冲液 3～4 mL 溶解,备用

```
定性检测:0.1 mL 甲醇溶解,备用
├── 定量检测                                            定性检测
│   ├─ 每个试样 3 个平板,每个平板各间隔注满                 ├─ 滤纸喷上 0.1 mol/L 磷酸盐缓冲液(pH 4.5)
│   │   0.25 μg/mL 四环素参考浓度                          │   滤纸底边滴加 10 μL/mL 四环素
│   ├─ 3 个小管内注满被检样液                              挂于盛有展开剂的层析缸,上行法
│   │   ─(37±1)℃ 培养 16 h                              ├─ 贴在含试验用菌菌层的培养皿上 30 min
│   └─ 测量抑菌圈直径,求得差值 F₁                         (37±1)℃ 培养 16 h
                                                         抑菌圈测得比移值
```

【标准曲线的制备】取 3 个检定用平板为一组,6 个标准浓度需要六组,在该组每个检定用平板的 3 个间隔小管内注满一参考浓度液,在另 3 个小管内注满一标准浓度液,于(37±1)℃培养 16 h,然后测量参考浓度和标准浓度的抑菌圈直径,求得各自 9 个数值的平均值,并计算出各组内标准浓度与参考浓度抑菌圈直径平均值的差值 F,以标准浓度 C 为纵坐标,以相应的 F 值为横坐标,在半对数坐标纸上绘制标准曲线。

【计算】根据被检试样液与参考浓度抑菌圈直径平均值的差值 F_1,从该种抗生素标准曲线上查出抗生素的浓度 C_t(μg/mL),试样中若同时存在两种以上四环素族抗生素时,除了四环素、金霉素共存以金霉素表示结果外,其余情况均以土霉素表示结果。试样中四环素族抗生素残留量按下式计算:

$$试样中四环素类残留量(mg/kg) = \frac{C_t \times V \times 1\,000}{m \times 1\,000}$$

式中,C_t 为检定试样中四环素类的浓度(μg/mL);V 为待检定试样液的体积(mL);m 为试样质量(g)。

【检测要点】

(1) 不同平板中同一剂量浓度的抑菌圈直径之间差不超过±0.5 mm,否则应重做。

(2) 本法参阅:GB/T 5009.95-2003。

三、酶联免疫法

【原理】试样中残留的四环素类药物经提取与结合在酶标板上的抗原共同竞争抗四环素类药物抗体上有限的结合位点,再通过与酶标抗原抗体反应,酶标记物将底物转化为有色产物,有色产物的吸光度值与试样中四环素、金霉素、土霉素及多西环素浓度成反比。

【试剂】①四环素 ELISA 试剂盒。②柠檬酸缓冲液。③TC、CTC、OTC 标准品。④四环素类标准应用液(1.0 μg/mL)。⑤20 mmol/L 草酸甲醇溶液。⑥3% 三氯乙酸溶液。⑦1 mol/L 氢氧化钠溶液。

【检测步骤】

取 10 000 r/min 匀浆 1 min 试样 2 g(1 g)

—加入柠檬酸缓冲液 8.0 mL
　中速震荡 30 min,10 000 r/min 离心 10 min
上清液备用
—C₁₈ 固相萃取柱经无水甲醇 3.0 mL、水 2.0 mL 预洗
备用液 5.0 mL 过柱,用水 2 mL 淋洗,挤干
—20 mmol/L 草酸甲醇溶液 1.0 mL 洗脱
收集洗脱液,用稀释液 10 倍稀释,待测
—洗液浓缩液按 1∶9 加水稀释四环素标准溶液、抗四环素类药物抗体溶液、酶结合物、底物溶液
　按 1∶9 加缓冲液稀释
微孔加标准溶液或试样溶液 50 μL,稀释抗体 50 μL
—置微型震荡器上震荡 30 s,用封口膜封好,孵育 1 h,弃去孔液
每孔加洗液 250 μL,洗板 3 次
—加稀释的酶结合物 100 μL,孵育 30 min,弃孔液,洗板 3 次
加底物溶液 100 μL,避光孵育 5～15 min
—加终止液 100 μL
450 nm 波长处测定吸光度

加 3% 三氯乙酸溶液 4 mL
中速颠倒震荡 20 min
10 000 r/min 离心 10 min
取上清液 200 μL
—加 1 mol/L 氢氧化钠溶液 20 μL、
　缓冲液 180 μL
10 000 r/min 离心 5 min,取上清液

【计算】

$$百分吸光度值 = B/B_0 × 100\%$$

式中:B 为标准溶液或试样的平均吸光度值;B_0 为零浓度的标准溶液平均吸光度值。

以标准溶液中四环素浓度($\mu g/L$)的常用对数为 X 轴,百分吸光度值为 Y 轴,绘制标准曲线。根据样溶液测得的百分吸光度值从标准曲线上得到相应的四环素类药物浓度,或用相应的软件计算,结果按下列公式计算牛奶、鸡肉、猪肉、猪肝、牛肉和鱼肉中四环素类药物残留量:

$$试样中四环素类药物残留量(\mu g/kg 或 \mu g/L) = C × f ÷ n$$

式中,C 为从标准曲线中得到试样中四环素类药物含量($\mu g/kg$ 或 $\mu g/L$);f 为试样稀释倍数;n 为交叉率。

表 4-1　不同药物交叉反应率

药物	交叉反应率
四环素	100
金霉素	约 100
多西霉素	约 76
土霉素	约 58

【结果判定】

临界值按交叉反应率最低的药物(土霉素)计算。如被测试样中四环素类药物残留量小于临界值时,判断为阴性;当检测结果大于等于临界值时,则结果可疑,应用确证法进行确证(表 4-1)。

【检测要点】

(1) 四环素类药物检测试剂盒操作需要在 18～30 ℃操作使用。

（2）在牛奶中的检测限均低于 $10\,\mu g/L$。牛、猪、鸡的肌肉和带皮鱼肌肉组织中的检测限均低于 $15\,\mu g/kg$。猪肝脏组织中的检测限均低于 $30\,\mu g/kg$。

（3）本法参阅:农业部 1025 号公告- 20 - 2008。

四、放射受体分析法

【原理】 放射受体分析方法的基础是药物功能团与微生物受体位点的结合反应,这些位点与某一类抗生素的共有功能团相关。应用受体的这种特异性可以实现对某一类抗生素的多残留分析。试样中残留的四环素类药物经提取、稀释后与[³H]标记的金霉素共同竞争结合特异的受体位点。在一定温度下反应后,离心分离,清除未结合的四环素类药物,最后加入闪烁液,测定[³H]衰变发出的 β 粒子放射性量值,计数。测得的 cpm 值与试样中四环素类抗生素残留量成反比。

【试剂】 ①四环素类检测试剂盒。②MSU 多抗标准溶液。③组织萃取缓冲溶液。④M2 缓冲溶液。⑤50％甲醇水溶液。⑥1 mol/L 氢氧化钠溶液。⑦Optifluor^R 闪烁液。⑧阴性(阳性)对照液。

【检测步骤】
取试样 10.0 g
├─ 加 20 mL 甲醇水溶液,混合,6 000 r/min 离心 10 min
取上清液,调 pH 直至 6.5 ～ 7.5
├─ 3 300 r/min 条件下离心 5 min,上清液待测
试剂盒中取出试剂片
├─ 白色受体药片推出到试管,加 300 μL 水,涡旋打碎
加 4.5 mL 组织萃取缓冲液、0.5 mL 试样待测液
├─ 阴性和阳性对照管中则直接加入 5 mL 阴性对照液和 5 mL 阳性对照液
加橙色四环素氚标记药片,(35±1)℃ 的孵育器保温 5 min
├─ 3 300 r/min 条件下离心 5 min,弃去上清液
加 300 μL 水,将沉淀物打碎
├─ 加 3 mL 闪烁液至试管中,加盖,混匀,放置 1 min
Charm Ⅱ 7600 分析仪上以[³H]频道上进行计数 cpm

【结果判定】
（1）控制点的确定:控制点是界定试样阴性与初筛阳性的一个界限值,对于同一批号的试剂盒,正常情况下只需测定一次控制点。控制点(金霉素 $10\,\mu g/kg$,相对应:四环素 $10\,\mu g/kg$,土霉素 $10\,\mu g/kg$,强力霉素 $10\,\mu g/kg$)设置如下:称取 10.0 g 空白基样蜂王浆,加入 $100\,\mu L$ MSU 多抗生素标准品溶液,按照上述提取和测定步骤的检测方法进行测试。取该 6 个加标试样平行测试的 cpm 读数平均值,乘以系数 1.1 作为筛选测定的控制点。还可根据所需的筛选水平重新设置相应的控制点。

（2）结果判定:当试样测定 cpm 值大于控制点,可判定为试样阴性,即试样中四环素类抗生素残留小于筛选水平;若测定 cpm 值小于或等于控制点,应判定为阳性,使用仪器方法进行确证分析。

【检测要点】
（1）本法适用于蜂王浆中四环素、金霉素、土霉素、强力霉素抗生素残留总量的测定。

(2) 本法参阅:SN/T 2664 - 2010。

第三节 · 青霉素类药物残留检测

青霉素类(PENs)包括苄青霉素(青霉素 G)、苯氧甲基青霉素、甲氧苯青霉素、乙氧萘青霉素、羟氨苄青霉素、邻氯青霉素、氨苄青霉素等。在兽医临诊上应用十分广泛,许多国家对动物使用这类抗生素及食品残留进行严格监控。目前常见的检测方法有高效液相色谱法、液相色谱-质谱法、微生物杯碟法。

一、高效液相色谱法

【原理】试样中残留的青霉素类药物,用乙腈提取,HLB 柱净化,1,2,4-三氮唑和氯化汞溶液衍生,高效液相色谱-紫外测定,外标法定量。

【仪器】HPLC 仪(配紫外检测器)

【试剂】①甲醇。②乙腈。③氯化汞(Ⅱ)溶液。④5 mol/L 氢氧化钠溶液。⑤衍生化试剂。⑥1 mg/mL 青霉素类药物标准贮备液。⑦五水硫代硫酸钠。⑧二水磷酸二氢钠。⑨无水磷酸氢二钠。⑩硫酸铵。⑪氢氧化钠。⑫正己烷。⑬1,2,4-三氮唑。

【仪器工作条件】①紫外检测器(波长 325 nm)。②色谱柱:C_{18}(250 mm×4.6 mm,5 μm)。③流动相:流动相 A+乙腈(65+35,体积比)。④柱温:30 ℃。⑤流速:1.0 mL/min。⑥进样量:50 μL。

【检测步骤】

称取试样(5±0.05)g
—加乙腈 15 mL,混匀,加正己烷 5 mL,旋涡混匀
  6 000 r/min 离心 15 min,弃正己烷层液
取下层液,于另一离心管中
—残渣中加乙腈 10 mL、正己烷 5 mL,旋涡混匀,6 000 r/min 离心 15 min,弃正己烷层液
合并下层液,于 40 ℃ 水浴旋转蒸干,用水 5 mL 溶解残余物
—HLB 柱依次用甲醇 3 mL 和水 3 mL 活化
备用液过柱用水 1 mL 淋洗,乙腈 3 mL 洗脱
—洗脱液于 45～50 ℃ 水浴氮气吹干,流动相 1.0 mL 溶解残余物,混匀,备用
准确量取备用液 500 μL
—加衍生化试剂 500 μL,混匀,于 65 ℃ 水浴反应 10 min
快速冰浴冷却
—4 ℃ 10 000 r/min 离心 10 min
取上清液,高效液相色谱测定

【标准曲线的制备】分别精密量取 10 μg/mL 青霉素 G 标准工作液及 10 μg/mL 苯唑西林、双氯青霉素和乙氧萘青霉素混合标准工作液适量,用流动相稀释,配制成青霉素 G 浓度为 20 μg/L、50 μg/L、100 μg/L、200 μg/L、400 μg/L、800 μg/L 和 1 600 μg/L,苯唑西林、双氯青霉素和乙氧萘青霉素浓度为 100 μg/L、200 μg/L、400 μg/L、800 μg/L、1 600 μg/L、3 200 μg/L

和 6 400 μg/L 的系列青霉素类药物混合标准溶液,各取 500 μL,按衍生化步骤操作,供高效液相色谱测定。以测得峰面积为纵坐标,对应的标准溶液浓度为横坐标,绘制标准曲线。求回归方程和相关系数。青霉素类药物标准溶液色谱图见图 4 - 2。

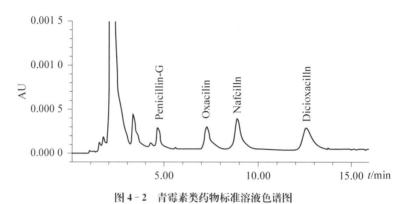

图 4 - 2　青霉素类药物标准溶液色谱图

(青霉素 G 20 μg/L,苯唑西林、乙氧萘青霉素和双氯青霉素各 100 μg/L)

【计算】

$$试样中青霉素类药物的残留量(\mu g/kg) = \frac{A \times C_s \times V}{A_s \times m}$$

式中,A 为试样中青霉素类峰面积(mm^2);A_s 为标准液中青霉素类峰面积(mm^2);C_s 为标准液中青霉素类浓度($\mu g/L$);V 为最终试样定容体积(mL);m 为试样质量(g)。

【检测要点】

(1) 本法适用于水产品中青霉素类药物残留的检测。

(2) 本法青霉素 G 的检测限为 3 μg/kg,定量限为 10 μg/kg。苯唑西林、双氯青霉素、乙氧萘青霉素的检测限为 10 μg/kg,定量限为 50 μg/kg。

(3) 本法参阅:GB 29682 - 2013。

二、液相色谱-质谱法

【原理】试样中青霉素类药物残留,用 0.15 mol/L 磷酸二氢钠(pH=8.5)缓冲溶液提取,经离心,上清液用固相萃取柱净化,液相色谱-质谱仪测定,外标法定量。

【仪器】液相色谱-质谱仪(LC - MS)

【试剂】①乙腈、甲醇:色谱纯。②5 mol/L 氢氧化钠溶液。③0.15 mol/L 磷酸氢二钠缓冲溶液。④阿莫西林、氨苄西林、哌拉西林、青霉素 G、青霉素 V、苯唑西林、氯唑西林、萘夫西林、双氯西林九种青霉素标准物质:纯度≥99%。⑤1 000 μg/mL 标准储备溶液。

【仪器工作条件】①色谱柱:SunFire™ C_{18}(150 mm×2.1 mm,3.5 μm)。②流动相:水＋乙腈,梯度洗脱。③柱温:30 ℃。④进样量:20 μL。⑤离子源:电喷雾离子源。⑥电喷雾电压:5 500 V。⑦离子源温度:400 ℃。

【检测步骤】

准确称取 3 g 试样(精确到 0.01 g)
├─加入 25 mL 磷酸二氢钠缓冲溶液,震荡 10 min
4 000 r/min 离心 10 min,取上层提取液
├─提取液移至下接 BUND ELUT C_{18} 固相萃取柱的贮液器
以 3 mL/min 的流速通过固相萃取柱,用 2 mL 水洗柱,弃流出液
├─用 3 mL 乙腈＋水洗脱,收集洗脱液
再用乙腈＋水定容至 3 mL,摇匀
├─过 0.2 μm 滤膜
供液相色谱-质谱仪测定

【计算】

$$试样中被测组分残留量(\mu g/kg) = C \times \frac{V}{m} \times \frac{1\,000}{1\,000}$$

式中,C 为从标准工作曲线得到的试样溶液中被测组分浓度(ng/mL);V 为试样溶液定容体积(mL);m 为试样质量(g)。

【检测要点】

(1) 本法适用于畜禽肉中 9 种青霉素类药物残留量的测定。

(2) BUND ELUT C_{18} 固相萃取柱使用前分别用 5 mL 甲醇、5 mL 水和 10 mL 磷酸二氢钠缓冲溶液预处理,保持柱体湿润。

(3) 用 9 种青霉素标准储备溶液配成的基质混合标准溶液分别进样,以标准工作溶液浓度为横坐标,以峰面积为纵坐标,绘制标准工作曲线。用标准工作曲线对试样进行定量,试样溶液中 9 种青霉素的响应值均应在仪器测定的线性范围内。9 种青霉素标准物质的总离子流图见图 4-3。

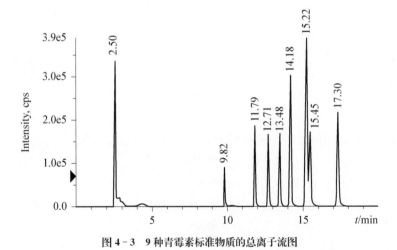

图 4-3 9 种青霉素标准物质的总离子流图

注:总离子流图中标准物质从左到右分别是:阿莫西林、氨苄西林、哌拉西林、青霉素 G、青霉素 V、苯唑西林、氯唑西林、萘夫西林、双氯西林。

(4) 本法参阅:GB/T 20755-2006。

三、微生物杯碟法

【原理】试样中残留的青霉素经用磷酸盐缓冲液溶解、离心后,取上清液作杯碟法测定,并用标准曲线进行定量,青霉素酶作确证试验。

【试剂】①磷酸盐缓冲溶液(pH 6.0)。②8.5 g/L生理盐水。③青霉素标准储备溶液:准确称取(精确至0.1 mg)青霉素标准物质,用磷酸盐缓冲溶液溶解并定容为1000 μg/L(按效价换算)的标准储备溶液。当天配制,当天使用。④菌种培养基(蛋白胨10.0 g、NaCl 13 g、牛肉膏5.0 g、琼脂15～20 g,加蒸馏水至1000 mL,混匀,121 ℃灭菌15 min, pH 7.3±0.1)。

【菌液制备、浓度检测和平板制备】

(1)菌液制备:将试验菌种藤黄微球菌接种于液体中培养基内,经(35±1)℃培养18～24 h。取适量培养液转种于固体培养基斜面上,经(35±1)℃培养18～24 h,用10 mL生理盐水洗下菌苔即为菌悬液。4 ℃保存,贮存期限2周。

(2)浓度检测:将不同浓度的菌悬液加入定量的培养基中培养,能使0.0125 μg/mL浓度的青霉素标准工作溶液产生直径大于10 mm,清晰、完整的抑菌圈为最适菌悬液用量。

(3)检定用平板的制备:将所得的最适菌悬液用量加入已溶化并冷至48～50 ℃左右的培养基中,充分混匀并立即倾注在灭菌培养皿中,每平皿加入量为9.0 mL。置水平台上凝固后,在每个检定用平板中放置6个牛津杯,使每个牛津杯在半径为2.8 cm的圆面成60°角间距。所用平板应当天制备。

【检测步骤】

准确称取10 g试样
├─加20 mL磷酸盐缓冲溶液搅匀,静置10 min
│4000 r/min均质1 min, 4000 r/min离心30 min
├─移取全部上清液,0.5 g/mL磷酸盐缓冲溶液定容至20 mL
每份试样溶液需三个检定用平板
├─在各平板的三个牛津杯中注满0.05 μg/mL标准工作溶液
另外三个牛津杯中注满被测试样溶液
├─(35±1)℃培养(18±1)h后
准确测量抑菌圈直径

【验证试验】

取青霉素酶稀释液,按比例加到试样溶液中(1+19),(35±1)℃培养30 min。取3个检定用平板,各平板中的两个牛津杯中注满参考浓度标准工作溶液,另两个牛津杯中注满未加酶处理的试样溶液,最后两个牛津杯中则注满经酶处理的试样溶液。将陶瓦盖盖好,(35±1)℃培养(18±1)h后,如经酶处理过的试样溶液无抑菌圈形成,而未经酶处理的试样溶液仍有抑菌圈形成,说明试样溶液中的抑菌物质确为青霉素。

【计算】

$$试样溶液中青霉素的含量(mg/kg)=\frac{C\times1000}{m\times1000}$$

式中,C为从标准曲线上查出的试样溶液中相应的青霉素含量(μg/mL);m为最终试样溶液中所代表的试样量(g)。

【检测要点】

(1) 如被测试样溶液抑菌圈直径读数的平均值<10 mm,即报告为"未检出"。如被测试样溶液抑菌圈直径读数的平均值≥10 mm,根据确证试验报告结果。

(2) 本法青霉素的检出限为 0.25 mg/kg。

(3) 标准曲线的制备:每个青霉素标准工作溶液 0.20 μg/mL、0.10 μg/mL、0.05 μg/mL、0.025 μg/mL 和 0.012 5 μg/mL 5 个浓度中浓度除参考浓度 0.05 μg/mL 外,每个浓度各取 3 个检定用平板,每个检定用平板中的 3 个牛津杯内注满参考浓度 0.05 μg/mL 标准工作溶液,另 3 个牛津杯中则分别注满其他浓度的标准工作溶液。这样参考浓度 0.05 μg/mL 标准工作溶液将得出 36 个抑菌圈直径读数的数据,其他浓度标准工作溶液将各得 9 个抑菌圈直径读数的数据。

盖好陶瓦盖,置(35±1)℃培养 18±1 h 后取出,翻转平板,除去牛津杯,准确地测量各抑菌圈直径,求出各组平板中标准工作溶液浓度及参考浓度抑菌圈直径读数的平均值。用参考浓度的总平均值减去各组参考浓度平均值之差为校正值,以此值校正其他各浓度标准工作溶液及被测试样溶液抑菌圈直径读数的平均值。将各组校正值代入公式(1)和式(2)中,求出 L 和 H 值,以抑菌圈直径(mm)为纵坐标(算术级),以标准工作溶液浓度(μg/mL)为横坐标,标出 L 和 H 点,连一直线,即为标准曲线。

$$L = (3a + 2b + c - e)/5 \quad \cdots\cdots\cdots\cdots\cdots\cdots \quad (1)$$

$$H = (3e + 2d + c - a)/5 \quad \cdots\cdots\cdots\cdots\cdots\cdots \quad (2)$$

式中,L 为标准曲线上最低浓度 0.012 5 μg/mL 抑菌圈直径(mm);H 为标准曲线上最高浓度 0.20 μg/mL 抑菌圈直径(mm);c 为参考浓度 0.05 μg/mL 抑菌圈直径的总平均值(mm);a,b,d,e 分别表示标准曲线中其他各浓度标准工作溶液 0.012 5 μg/mL、0.025 μg/mL、0.10 μg/mL、0.20 μg/mL 抑菌圈直径数据的校正值(mm)。

(4) 本法参阅:GB/T 18932.9 - 2002。

第四节 · 氨基糖苷类药物残留检测

氨基糖苷类(AGs)包括链霉素、卡那霉素、庆大霉素、新霉素、壮观霉素等。常见的检测方法有高效液相色谱-质谱/质谱法、高效液相色谱法、酶联免疫法。

一、高效液相色谱-质谱/质谱法

【原理】试样中氨基糖苷类药物残留,采用磷酸盐缓冲液提取,经过 C_{18} 固相萃取柱净化,浓缩后,使用七氟丁酸作为离子对试剂,高效液相色谱-质谱/质谱法测定,外标法定量。

【试剂】①甲醇、冰乙酸、甲酸均为液相色谱级。②七氟丁酸纯度≥99%。③磷酸缓冲盐溶液。④10 种氨基糖苷类药物标准贮备液:分别准确称取适量的壮观霉素、潮霉素 B、双氢链霉素、链霉素、丁胺卡那霉素、卡那霉素、安普霉素、妥布霉素、庆大霉素、新霉素标准品,用水溶解,配制成浓度为 100 μg/mL 的标准贮备溶液,4 ℃避光可保存 6 个月。

【仪器】 高效液相色谱-串联质谱仪(配有电喷雾离子源)。

【仪器工作条件】 ①色谱柱:C_{18} 柱(可用 Intersil ODS3,150 mm×4.6 mm,5 μm)。②流动相:甲醇+水+100 mmol/L HFBA,梯度洗脱。③柱温:30 ℃。④流速:0.3 mL/min。⑤进样量:30 μL。⑥离子源:电喷雾离子源。⑦扫描方式:正离子扫描。⑧离子源温度:500 ℃。

【检测步骤】

称取 5 g 试样
— 加 10.0 mL 磷酸盐缓冲液,均质 2 min,震荡提取 10 min
4 500 r/min,离心 10 min,取上清液
— 残渣中加 10.0 mL 磷酸盐缓冲液,重复上述步骤
合并上清液,调 pH 值为 3.5±0.2
— 加 2.0 mL 七氟丁酸溶液,混匀
C_{18} 固相萃取柱用 3 mL 甲醇、3 mL 七氟丁酸溶液淋洗
— 加载提取液到固相萃取柱,流速约 1 滴/s
3 mL 七氟丁酸溶液淋洗,3 mL 水淋洗两次,弃淋洗液,抽干 5 min
— 5 mL 乙腈-七氟丁酸溶液洗脱
合并上清液,调 pH 值为 3.5±0.2
— 洗脱液 40 ℃氮气流挥去部分溶剂,七氟丁酸溶液定容至 1.0 mL
过 0.2 μm 微孔滤膜,待测

【标准工作曲线制备】 制备混合标准浓度系列,壮观霉素、双氢链霉素、链霉素、丁胺卡那霉素、卡那霉素、妥布霉素、庆大霉素分别为 50 ng/mL、100 ng/mL、250 ng/mL、500 ng/mL、1 000 ng/mL,新霉素、潮霉素 B、安普霉素分别为 300 ng/mL、500 ng/mL、1 000 ng/mL、1 500 ng/mL、2 000 ng/mL,测定并制作标准曲线。

【计算】

$$试样中被测组分残留量(\mu g/kg)=C\times\frac{V}{m}\times\frac{1\,000}{1\,000}$$

式中,C 从标准工作曲线得到的被测组分溶液浓度(ng/mL);V 为试样溶液定容体积(mL);m 为试样溶液所代表的质量(g)。

【检测要点】

(1) 试样一般先制成匀浆,再取样检测。

(2) 壮观霉素、双氢链霉素、链霉素、丁胺卡那霉素、卡那霉素、妥布霉素、庆大霉素为检测低限 20 μg/kg,新霉素、潮霉素 B、安普霉素为检测低限 100 μg/kg。

(3) 本法参阅:GB/T 21323 - 2007。

二、高效液相色谱法

【原理】 试样中链霉素残留用磷酸溶液提取,提取液过滤后,用阳离子交换柱和 C_{18} 固相萃取柱净化。用甲醇洗脱吸附在萃取柱上的链霉素残留。用旋转蒸发器减压蒸干洗脱液。用

0.01 mol/L 庚烷磺酸钠溶液溶解残渣。溶液供带柱后衍生装置的高效液相色谱荧光检测器测定。

【试剂】 ①磷酸溶液(pH 2)。②0.2 mol/L 磷酸盐缓冲溶液(pH 8)。③0.2 mol/L 氢氧化钠溶液。④0.5 mol/L 庚烷磺酸钠溶液。⑤0.1 mg/mL 链霉素标准储备溶液。⑥叔丁基甲醚-正己烷混合溶液。

【仪器】 高效液相色谱仪配有荧光检测器。

【仪器工作条件】 ①色谱柱 C_{18} 柱(150 mm×4.6 mm，5 μm)。②流动相:称取 1.10 g 庚烷磺酸钠和 0.052 g 萘醌磺酸钠溶于 500 mL 乙腈＋水混合液(3＋7)中，摇匀。用乙酸调节溶液 pH 3.3。通过调整乙腈比例,使链霉素出峰时间在 9 min 左右。当天配制。③柱温:50 ℃。④流速:1 mL/min。⑤进样量:80 μL。

【检测步骤】

称取 10 g 试样
├─加 25 mL 磷酸溶液,混匀,完全溶解
提取液移入苯磺酸固相萃取柱储液器
├─样液以 1.5 mL/min 的流速通过萃取柱
分别用 5 mL 磷酸溶液和 10 mL 水淋洗,弃去全部淋出液
├─再用 30 mL 磷酸盐缓冲溶液以 1.5 mL/min 的流速洗脱链霉素
收集洗脱液,加 3 mL 庚烷磺酸钠溶液,调节液 pH＝2
├─以 1.5 mL/min 的流速过 C_{18} 固相萃取柱净化
用 5 mL 磷酸溶液淋洗 C_{18} 固相萃取柱
├─真空泵 65 kPa 负压下,减压抽干 5 min
4 mL 叔丁基甲醚正己烷混合溶液淋洗,负压抽干,弃淋洗液
├─10 mL 甲醇以 1.5 mL/min 的流速洗脱链霉素
旋转减压至干,加 1.0 mL 庚烷磺酸钠溶液,待测

【计算】

$$试样中链霉素的残留含量(mg/kg)=\frac{h \times C \times V}{h_s \times m}$$

式中,h 为试样溶液中链霉素的峰高(mm);h_s 为标准工作溶液中链霉素的峰高(mm);C 为标准工作溶液中链霉素的浓度(μg/mL);V 为试样溶液最终定容体积(mL);m 为最终试样溶液所代表的试样量(g)。

【检测要点】

(1) 本法链霉素的方法检出限为 0.010 mg/kg,计算结果需将空白值扣除。

(2) 本法参阅:GB/T 18932.3-2002。

三、酶联免疫法

【原理】 微孔板中包被有绵羊抗兔 IgG 抗体,加入特异性抗体(兔抗链霉素抗体)、酶标记链霉素、链霉素标准品或试样提取液后,特异性抗体与包被的绵羊抗兔 IgG 抗体结合,同时游离链霉素和酶标记链霉素竞争性的与特异性抗体结合。通过洗涤除去未结合的链霉素和酶标记链霉素,然后加入底物显色,用酶标仪测定吸光度,根据吸光度值得出试样中链霉素的含量。

【试剂】①三氯乙酸。②氯化钠。③氯化钾。④磷酸二氢钾。⑤磷酸氢二钠。⑥磷酸二氢钠。⑦吐温-80。⑧3％三氯乙酸。⑨PBS缓冲液。⑩SDB缓冲液。

【仪器】酶标仪。

【检测步骤】

称取 2.5 g,去除脂肪

└—加 5 mL PBS 缓冲液,震荡 10 min,加 10 mL 3％ 三氯乙酸涡旋 10 min,6 000 r/min 离心 15 min

取 3 mL 上清液

└—加 2 mL 正己烷,3 000 r/min 离心 10 min

取 150 μL 下层液体

└—加 950 μL 的 SDB 缓冲液,调节 pH 至 7.5 左右,50 倍稀释,待测

取 100 μL 零浓度标准品于孔 A1、A2,50 μL 零浓度标准品于孔 B1、B2

└—取 50 μL 链霉素标准溶液(浓度分别为:0.25、0.5、1.0、2.0、10.0、20.0 ng/mL 于孔 C1、C12 - H1、H2)

取 50 μL 试样溶液于其余微孔

└—取 25 μL 链霉素酶标记物溶液于除 A1、A2 外的每一个微孔

取 25 μL 链霉素抗体溶液于除 A1、A2 外的每一个微孔

└—封口膜封孔条,混匀,4 ℃ 避光孵育 1 h

倒出孔中的液体,以除去孔中过多的残液,用洗涤缓冲液洗板

└—加 100 μL 底物溶液于每一个微孔,混匀,20 ~ 24 ℃ 避光孵育 30 min

加 100 μL 反应终止液于每一个微孔,混匀,470 nm 处测量吸光度

【计算】从含有标准品和试样的板孔的吸光度(OD)值中,减去空白孔 A1、A2 的平均 OD 值。标准品和试样的 OD 平均值除以零标准(B1、B2)的平均 OD 值,再乘以 100。零标准为 100％(最大吸光度值),其他 OD 值为最大吸光质值的百分数。

在半对数坐标纸画出以吸光度值为纵坐标(％),链霉素标准溶液浓度(ng/mL)为横坐标,绘制标准工作曲线。从标准工作曲线上得到试样中相应的链霉素浓度后,结果按式进行计算:

$$试样中链霉素残留量(\mu g/kg) = \frac{C \times V \times 1000}{m \times 1000}$$

式中,C 为从标准工作曲线上得到的试样中链霉素浓度(ng/mL);V 为试样溶液的最终定容体积(mL);m 为试样溶液所代表的最终试样质量(g)。

【检测要点】

(1) 本法检出下限在肉类、内脏和水产品链霉素为 50.0 μg/kg;牛奶和奶粉为 20.0 μg/kg。

(2) 链霉素试剂盒操作需要在 18~30 ℃ 操作使用。

(3) 洗板过程中要注意不能使微孔干燥,加溶液要迅速。

(4) 本法参阅:GB/T 21330 - 2007。

第五节 · 氯霉素类药物残留检测

氯霉素类(CAPs)包括氯霉素(CAP)、间硝基氯霉素(mCAP)、琥珀氯霉素、棕榈氯霉素、

乙酰氯霉素、甲砜霉素(TAP)、氟甲砜霉素(FF)等,易发生蓄积中毒,许多国家已禁止在食用动物(特别是蛋鸡、奶牛等)中使用。目前常见的检测方法有气相色谱法、高效液相色谱法、液相色谱-质谱法、酶联免疫法。

一、气相色谱法

【原理】组织试样经乙酸乙酯提取、液液分配和固相萃取净化后,用 N,O-双三甲基硅烷三氟乙酰胺(BSTFA)衍生化,用气相色谱微电子捕获检测器检测,内标法定量。

【试剂】①乙酸乙酯、正己烷、甲醇、乙腈:色谱纯。②4%氯化钠溶液。③N,O-双三甲基硅烷氟乙酰胺(BST-FA)。④氨水。⑤标准贮备液(1 000 μg/L)。

【仪器】气相色谱仪(配微池电子捕获检测器)。

【仪器工作条件】①气相色谱柱:HP-1(5%苯基甲基硅氧烷),(30 m×320 mm, 0.25 μm)。②进样口温度:250 ℃。③进样量:3 μL。④载气:氮气。⑤程序升温程序:105 ℃ 保持 0.5 min,以 30 ℃/min 的速度升至 280 ℃,保持 5 min。以 30 ℃/min 的温度再升至 290 ℃,保持 5 min。⑥检测温度:320 ℃。

【检测步骤】

称取(5±0.05)g 试样
——加 20 mL 乙酸乙酯,旋涡混合 2 min,5 000 r/min 离心 15 min,分离上清液
用 20 mL 乙酸乙酯重复提取 1 次,合并两次上清液
——加 500 μL 氨水,放入 -20 ℃ 冰箱过夜,-10 ℃ 条件下 6 000 r/min 离心 20 min
取上清液 45 ℃ 氮气吹干
——加 500 μL 甲醇,旋涡混合 1 min
加入 10 mL 4% 氯化钠溶液,旋涡混合 10 s,再加入 10 mL 正己烷轻摇 20 次
——4 000 r min 离心 10 min,弃上层液,正己烷重复脱脂,加入 500 μL 氨水,混匀备用
HLB 柱用 2 mL 甲醇和 2 mL 水预洗,将上述备用液在重力作用下过柱
——分别用 2 mL 水和 1 mL 甲醇:乙腈:水:氨水(15:15:65:5)淋洗
再用 2 mL 甲醇:乙腈:水:氨水(30:30:35:5)洗脱药物,收集洗脱液
——洗脱液在 45 ℃ 氮气吹干
加入 100 μL 乙腈,旋涡混合 20 s
——加 100 μL BSTFA 旋涡混合 10 s,70 ℃ 衍生化 20 min,旋涡混合 30 s
氮气小流速缓慢吹干,加 200 μL 正己烷复溶,旋涡混合 30 s
——加入 300 μL 甲醇+水(5+5)
旋涡混合 30 s,9 000 r/min 离心 2 min
——上层液转入气瓶
气相色谱检测

【计算】

$$试样中氯霉素的残留量(\mu g/kg) = \frac{A \times f}{m}$$

式中,A 为试样色谱峰与内标色谱峰的峰面积比对应的氯霉素质量(μg);f 为试样稀释倍数;m 为试样的取样量(g)。

【检测要点】

（1）本法在猪肉、鸡肉组织中的检测限为 0.1 μg/kg。

（2）选择衍生化试剂对检测不同氯霉素很关键，本法使用 BSTFA。

（3）本法参阅：农业部 1025 号公告- 21 - 2008。

二、高效液相色谱法

【原理】试样中残留的氯霉素经乙酸乙酯提取后，经减压浓缩，用 0.5 mol/L 高氯酸溶解残渣，用正己烷去除脂肪，经微孔滤膜过滤后，滤液供高效液相色谱分析。

【仪器】高效液相色谱仪（配紫外检测器）。

【试剂】①甲醇：色谱纯。②正己烷。③乙酸乙酯。④高氯酸。⑤氯霉素标准储备液。

【仪器工作条件】①色谱柱：Hypersil ODS2（250 mm×4.6 mm）。②流动相：甲醇＋水（45＋55 体积率）。③流速：1.0 mL/min。④检测波长：280 nm。⑤柱温：室温。⑥进样量：20 μL。

【检测步骤】

称取 20 g（精确至 0.01 g）试样

  —加 40 mL 乙酸乙酯，振摇，超声提取 30 min，过滤

残渣中加 20 mL 乙酸乙酯，超声提取 15 min，重复 1 次

  —合并滤液，于 52～55 ℃ 水浴浓缩至干

加 1 mL 0.5 mol/L 高氯酸溶液、1 mL 正己烷，振摇 1 min，静止分层，弃正己烷层

  —加 2 mL 正己烷提取脂肪，再吸弃正己烷层

高氯酸溶液过滤膜，滤液待测

【计算】

$$试样中氯霉素的含量（mg/kg）= \frac{C \times V \times 1\,000}{m \times 1\,000}$$

式中，C 为被测液中氯霉素的含量（g/mL）；V 为被测液体积（mL）；m 为试样质量（g）。

【检测要点】

（1）标准曲线各点的浓度与对应的峰面积进行回归分析。

（2）本法的检测限为 0.01 μg/mL，当取样量为 20 g 时，最低检测量为 1.0 μg/kg。

（3）本法参阅：NY/T 3409 - 2018。

三、液相色谱-质谱法

【原理】试样中残留的氯霉素，采用间位氯霉素或氘代氯霉素作内标，依次用乙腈，4％氯化钠去蛋白，正己烷脱脂，乙酸乙酯提取，固相萃取柱净化，氮气吹干，液相色谱-质谱法测定，内标法定量。

【仪器】液相色谱串联质谱仪（配电喷雾离子源）。

【试剂】①乙腈、甲醇：色谱纯。②正己烷。③乙酸乙酯。④4％氯化钠（NaCl）。⑤100 μg/mL 氯霉素标准储备液。⑥100 μg/mL 内标储备液。

【仪器工作条件】 ①色谱柱：C_{18}(150 mm×3.2 mm，5 μm)。②流动相：甲醇-水(50：50)。③流速：0.4 mL/min。④柱温：30 ℃。⑤进样量：20 μL。⑥运行时间：10 min。⑦电喷雾离子源，负离子扫描。

【检测步骤】

称试样 5 g(准确至±0.02 g)
—加内标工作液 250 μL、乙腈 5 mL、4% 氯化钠溶液 5 mL
涡旋震荡 2 min，4 000 r/min 离心 10 min，取上清液
—残渣重复提取 1 次，合并上清液
加正己烷 5 mL，涡旋震荡 1 min，2 000 r/min 离心 10 min，弃上层液，重复处理 1 次
—加水饱和的乙酸乙酯溶液 5 mL，涡旋震荡 1 min，2 000 r/min 离心 10 min
残渣重复提取 1 次，合并提取液
—氮气吹干，加水-乙腈(95：5)3 mL 溶解，备用
固相萃取柱用甲醇、水各 10 mL 预洗，备用液过柱，加水洗柱 2 次每次 3 mL
—加流动相水-甲醇(50：50)4 mL，以 1 mL/min 速度洗脱，收集洗脱液
加水饱和乙酸乙酯溶液 4 mL，涡旋震荡 2 min，2 000 r/min 离心 5 min
—取上层液，重复处理 1 次，合并上层溶液，氮气吹干
加流动相 1.0 mL 溶解，滤过待测

【标准曲线的制备】 精密量取氯霉素标准工作液和内标工作液适量，用流动相稀释成氯霉素浓度分别为 0.5 ng/mL、1.0 ng/mL、2.0 ng/mL、5.0 ng/mL、10.0 ng/mL，内标浓度为 5.0 ng/mL 的标准溶液，供液相色谱法-质谱法测定。以测得特征离子质量色谱峰外标和内标峰面积比为纵坐标，对应的标准溶液浓度为横坐标，绘制标准曲线。求回归方程和相关系数。

【质谱图】 取 1 μg/mL 氯霉素标准应用液 20 μL 注入 LC-MS 仪中，记录标准出峰时间与丰度值。CAP 质谱图见图 4-4。

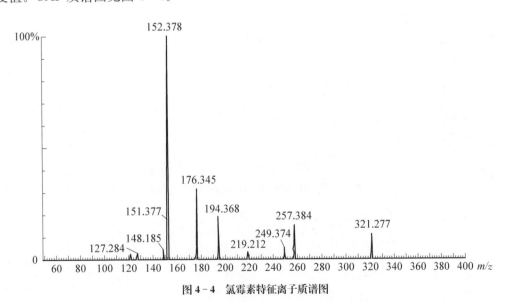

图 4-4 氯霉素特征离子质谱图

【计算】

$$试样中氯霉素残留量(\mu g/kg) = \frac{A_i \times A_{is}^1 \times C_s \times C_{is} \times V}{A_{is} \times A_s \times C_{is}^1 \times m}$$

式中,C_{is} 为试样溶液中氯霉素内标浓度的值($\mu g/L$);C_s 为对照溶液中氯霉素浓度的值($\mu g/L$);C_{is}^1 为对照溶液中氯霉素内标浓度的值($\mu g/L$);A_i 为试样溶液中氯霉素的峰面积;A_{is} 为试样溶液中氯霉素内标的峰面积;A_s 为对照溶液中氯霉素的峰面积;A_{is}^1 为对照溶液中氯霉素内标的峰面积;V 为定容体积的数值(mL);m 为试样质量的数值(g)。

【检测要点】

(1) 本法适用于动物性食品中氯霉素残留量的测定。

(2) 本法氯霉素检测限为 0.1 $\mu g/kg$,定量限为 0.2 $\mu g/kg$。

(3) 本法参阅:GB 31658.2 - 2021。

四、酶联免疫吸附法

【原理】 采用间接竞争 ELISA 方法,在酶标板微孔条上包被偶联抗原,样本中残留的氯霉素和微孔条上包被的偶联抗原竞争抗氯霉素抗体,加入酶标二抗后,加入底物显色,样本吸光值与其残留物氯霉素的含量成负相关,与标准曲线比较再乘以其对应的稀释倍数,即可得出试样中氯霉素的含量。

【仪器】 酶标仪(配备 450 nm、630 nm 滤光片)。

【试剂】 ①乙酸乙酯。②正己烷。③氯霉素酶联免疫试剂盒:酶标二抗、抗体工作液、底物液(A 液)、底物液(B 液)、终止液、洗涤液(浓缩液)、复溶液(浓缩液),2~8 ℃冰箱中保存。④氯霉素系列标准液:0.00 $\mu g/L$、0.05 $\mu g/L$、0.15 $\mu g/L$、0.45 $\mu g/L$、1.35 $\mu g/L$、4.05 $\mu g/L$。

【检测步骤】

称取样本(3.0±0.05) g
—加 6 mL 乙酸乙酯,震荡 10 min,室温 5 500 r/min 离心 10 min
移取 4 mL 上层有机相于 50～60 ℃ 水浴氮气流下吹干
—加 1 mL 正己烷,涡动 30 s
加 1 mL 复溶工作液,涡动 1 min,室温 5 500 r/min 离心 15 min
—取下层 100 μL 用于分析,稀释倍数为 0.5 倍
取 96 孔酶标板,加 100 μL 标准品、样本、空白样本到对应的微孔中
—加抗体工作液 50 μL/孔,震荡混匀,盖板后置 25 ℃ 避光环境中反应 30 min
将孔内液体甩干,用洗涤工作液 250 μL/孔
—充分洗涤 4～5 次,每次间隔 10 s,用吸水纸拍干
加酶标二抗 100 μL/孔,震荡混匀,盖板后置 25 ℃ 避光环境中 30 min,重复洗板
—加入底物液 A 液 50 μL/孔,加底物液 B 液 50 μL/孔,震荡混匀
盖板后置 25 ℃ 避光环境反应 15 min
—加终止液 50 μL/孔,震荡混匀
450 nm 及 630 nm 双波长测定吸光度

【计算】

$$百分吸光度值(\%) = B/B_0 \times 100\%$$

式中,B 为标准溶液或样本溶液的平均吸光度值;B_0 为 0 ppb 标准溶液的平均吸光度值。

将百分吸光度值(%)对应氯霉素($\mu g/L$)的自然对数,作半对数坐标校正曲线,根据样本的相对吸光度值,从校正曲线上查出溶液中对应的氯霉素浓度值。

$$试样中氯霉素的含量(\mu g/kg) = \frac{(A - A_0) \times f}{m \times 1000}$$

式中，A 为试样的相对吸光度值($\%$)对应的氯霉素含量($\mu g/L$)；A_0 为空白样本的相对吸光度值($\%$)对应的氯霉素含量($\mu g/L$)；f 为试样稀释倍数；m 为称取试样的质量(g)。

【检测要点】

(1) 酶联免疫法检出限为 $0.05\,\mu g/kg$。

(2) 微孔板及试剂从冷藏环境中取出后，置于室温($20 \sim 25\,℃$)平衡 $30\,min$ 以上可使用。

(3) 酶标板差异较大，应选用同一厂和同一批次的板，减少检测误差。

(4) 单抗和酶标二抗应现配现用为宜，否则会随时间延长而使单抗酶标二抗下降。

(5) 本法参阅：GB/T 9695.32 - 2009。

第六节 · 氟喹诺酮类药物残留检测

氟喹诺酮类(FQs)包括诺氟沙星(氟哌酸，NOR)、双氟沙星(DIF)、氧氟沙星(OFL)、恩诺沙星(ENR)、单诺沙星(DAN)、环丙沙星(CIP)、沙拉沙星(SAR)、麻保沙星(MAR)等。目前常见的检测方法有高效液相色谱法、酶联免疫吸附法。

一、高效液相色谱法

【原理】用磷酸盐缓冲溶液提取试样中的药物，C_{18} 柱净化，流动相洗脱。以磷酸-乙腈为流动相，用高效液相色谱-荧光检测法测定，外标法定量。

【仪器】高效液相色谱仪(配荧光检测器)。

【试剂】①磷酸。②乙腈：色谱纯。③三乙胺。④甲醇。⑤$5.0\,mol/L$ 氢氧化钠溶液。⑥$0.05\,mol/L$ 磷酸/三乙胺溶液。⑦磷酸盐缓冲液。⑧$0.2\,mg/kg$ 达氟沙星、恩诺沙星、环丙沙星和沙拉沙星标准储备液。

【仪器工作条件】①色谱柱：C_{18}($250\,mm \times 4.6\,mm$，$5\,\mu m$)。②流动相：$0.05\,mol/L$ 磷酸溶液/三乙胺-乙腈($82+18$，V/V)，使用前经微孔滤膜过滤。③流速：$0.8\,mL/min$。④检测波长：激发波长 $280\,nm$，发射波长 $450\,nm$。⑤柱温：室温。⑥进样量：$20\,\mu L$。

【检测步骤】

称取试样(2 ± 0.05)g

—加磷酸盐缓冲溶液 $10\,mL$，$10\,000\,r/min$ 匀浆 $1\,min$，匀浆液转入离心管中速震荡 $5\,min$

肌肉、脂肪 $10\,000\,r/min$ 离心 $5\,min$

—肝、肾 $15\,000\,r/min$ 离心 $10\,min$，取上清液，待用

磷酸盐缓冲溶液 $10\,mL$ 洗刀头及匀浆杯，洗残渣，混匀，中速震荡 $5\,min$

—肌肉、脂肪 $10\,000\,r/min$ 离心 $5\,min$(肝、肾 $15\,000\,r/min$ 离心 $10\,min$)

合并两次上清液，混匀，备用

—固相萃取柱依次用甲醇、磷酸盐缓冲溶液各 $2\,mL$ 预洗

```
├─上清液 5 mL 过柱,用水 1 mL 淋洗,挤干
├─加用流动相 1.0 mL 洗脱,挤干,收集洗脱液
滤膜过滤,待测
```

【标准曲线的制备】准确量取适量达氟沙星、恩诺沙星、环丙沙星和沙拉沙星标准工作液,用流动相稀释成浓度分别为 0.005 μg/mL、0.010 μg/mL、0.050 μg/mL、0.100 μg/mL、0.300 μg/mL、0.500 μg/mL 的对照溶液,测定。环丙沙星、达氟沙星、恩诺沙星、沙拉沙星色谱峰见图 4-5。

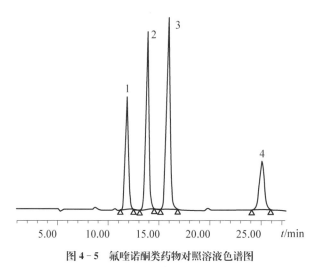

图 4-5　氟喹诺酮类药物对照溶液色谱图

【计算】

$$试样中达氟沙星、恩诺沙星、环丙沙星或沙拉沙星的残留量(ng/g) = \frac{A \times C_s \times V_1 \times V_3}{A_s \times V_2 \times m}$$

式中,A 为试样溶液中相应药物的峰面积;A_s 为对照溶液中相应药物的峰面积;C_s 为对照溶液中相应药物的浓度(ng/mL);V_1 为提取用磷酸盐缓冲液的总体积(mL);V_2 为过 C_{18} 固相萃取柱所用备用液体积(mL);V_3 为洗脱用流动相体积(mL);m 为供试试样质量(g)。

【检测要点】

(1) 本法检测达氟沙星、恩诺沙星、环丙沙星和沙拉沙星在鸡和猪的肌肉、脂肪、肝脏及肾脏组织中的检测限为 20 μg/kg。

(2) 本法参阅:农业部 1025 号公告-14-2008。

二、酶联免疫吸附法

【原理】基于抗原抗体反应进行竞争性抑制测定。酶标板的微孔包被有偶联抗原,加标准品或待测试样,再加氟喹诺酮类药物单克隆抗体和酶标记物。包被抗原与加入的标准品或待测试样竞争抗体,酶标记物与抗体结合。通过洗涤除去游离的抗原、抗体及抗原抗体复合物。加底物液,使结合到板上的酶标记物将底物转化为有色产物。加终止液,在 450 nm 处测定吸光度值,根据吸光度值计算氟喹诺酮类药物的浓度。

【仪器】酶标仪(配备 450 nm 滤光片)。

【试剂】①乙腈。②正己烷。③二氯甲烷。④0.1 mol/L 氢氧化钠。⑤0.02 mol/L、0.05 mol/L 磷酸盐缓冲液(pH 7.2)。⑥氟喹诺酮类快速检测试剂盒(氟喹诺酮类药物抗体工作液酶标记物工作液、底物液 A 液、底物液 B 液、终止液、20 倍浓缩缓冲液、20 倍浓缩洗涤液)。⑦氟喹诺酮类系列标准溶液:0 μg/L、1 μg/L、3 μg/L、9 μg/L、27 μg/L、81 μg/L。

【检测步骤】

(1) 鸡肌肉、鸡肝脏、猪肌肉、猪肝脏

称取(3±0.03)g 试样
├─加乙腈-0.1 mol/L 氢氧化钠溶液(84＋16，V/V)9 mL
震荡混合 10 min，4 000 r/min 离心 10 min
├─取上清液 4 mL，加 0.02 mol/L 磷酸盐缓冲液 4 mL
加二氯甲烷 8 mL，震荡 10 min，4 000 r/min 离心 10 min
├─取下层有机相 6 mL，50 ℃ 水浴下氮气吹干
加缓冲工作液 0.5 mL，涡动 2 min，溶解残留物
├─加正己烷 1 mL，涡动 2 min，4 000 r/min 离心 5 min
取下层清液 50 μL 分析，稀释倍数为 0.8 倍

(2) 蜂蜜

称取(1±0.02)g 试样
├─加 0.05 mol/L 磷酸盐缓冲液 2 mL，震荡至全部溶解
加二氯甲烷 8 mL，震荡 5 min，4 000 r/min 离心 5 min
├─取下层有机相 4 mL，50 ℃ 下氮气吹干
用 0.05 mol/L 磷酸盐缓冲液 1 mL 溶解干燥的残留物
├─取 50 μL 分析
稀释倍数为 2 倍

(3) 鸡蛋

称取(2±0.02)g 试样
├─加乙腈 8 mL，震荡 5 min
4 000 r/min，离心 5 min
├─取上清液 2 mL，50 ℃ 下氮气吹
加正己烷 1 mL，涡动 1 min
├─加缓冲液工作液 1 mL，涡动 2 min，4 000 r/min，离心 5 min
取 50 μL 分析，稀释倍数为 2 倍

(4) 虾、鱼

称取(4±0.04)g 试样
├─加乙腈-0.1 mol/L 氢氧化钠溶液 12 mL，震荡 5 min，4 000 r/min 离心 5 min
取上清液 6 mL
├─加 0.02 mol/L 磷酸盐缓冲液 6 mL，加二氯甲烷 7 mL
震荡 5 min，4 000 r/min 离心 5 min
├─取下层有机相 6 mL，50 ℃ 下氮气吹干
加 0.02 mol/L 磷酸盐缓冲液 0.5 mL，涡动 2 min
├─加正己烷 1 mL，涡动 30 s，4 000 r/min 离心 5 min
取 50 μL 分析，稀释倍数为 0.5 倍

（5）酶标测定

酶标板(96 孔)
——每孔加系列标准溶液或试样液 50 μL 到对应的微孔
加酶标记物工作液 50 μL
——加氟喹诺酮类药物抗体工作液 50 μL,震荡混匀,用盖板膜盖板后置室温下避光反应 60 min
倒出孔中液体,完全除去孔中的液体
——加 250 μL 洗涤液工作液,5 s 再倒掉孔中液体,完全除去孔中的液体
加 250 μL 洗涤液工作液,重复操作两遍以上
——每孔加底物液 A 液 50 μL 和底物液 B 液 50 μL,震荡混匀
盖板后置室温下避光反应 30 min
——每孔加 50 μL 终止液,震荡混匀
450 nm 处测量吸光度值

【计算】与酶联免疫法检测氯霉素残留相同。

【检测要点】

（1）本法在组织(猪肌肉/肝脏、鸡肌肉/肝脏、鱼、虾)试样中氟喹诺酮类药物的检测限 3 μg/kg;在蜂蜜试样中氟喹诺酮类的检测限 5 μg/kg;鸡蛋试样中氯喹诺酮类的检测限 2 μg/kg。

（2）本法在 50～200 μg/kg 添加浓度水平上的回收率均为 45%～125%。

（3）微孔板及试剂从冷藏环境中取出后,置于室温(15～25 ℃)1～2 h。

（4）本法参阅:农业部 1025 号公告-8-2008。

第七节 · 大环内酯类药物残留检测

大环内酯类(MALs)包括泰乐菌素(TYL)、螺旋霉素 Ⅰ(SPM)、替米卡星(TIL)、北里霉素(KIT)、交沙霉素(JOS)、美罗沙霉素(MIS)、塞地卡霉素(SED)、红霉素(ERM)、竹桃霉素(OLD)等。目前常见的检测方法有液相色谱-质谱法、放射受体分析法、微生物抑制法。

一、液相色谱-质谱法

（一）水产品中大环内酯类药物残留量的测定

【原理】试样中大环内酯类药物的残留经乙腈提取,正己烷除脂、中性氧化铝柱净化,液相色谱-质谱法测定,外标法测定。

【仪器】液相色谱-质谱仪(配电喷雾离子源)。

【试剂】①乙腈、甲醇、正己烷、甲酸:色谱纯。②乙酸铵。③异丙醇。④乙腈饱和正己烷。⑤0.05 mol/L 乙酸铵溶液。⑥0.1% 甲酸溶液。⑦定容液。⑧100 μg/mL 大环内酯类药物标准储备液。

【仪器工作条件】①色谱柱:C$_{18}$(150 mm×2.0 mm,5 μm)。②流动相:A 为 0.1% 的甲酸水溶液,B 为乙腈,梯度洗脱。③流速:0.2 mL/min。④柱温:30 ℃。⑤进样量:10 μL。⑥电

喷雾离子源,正离子扫描。

【检测步骤】

称取试样 5 g(准确至 ±0.02 g)

—加乙腈 20 mL,2 000 r/min 涡旋 1 min,超声 5 min

取上清液于另一离心管

—残渣加乙腈 15 mL,重复提取一次,合并上清液

中性氧化铝固相萃取柱用乙腈 5 mL 活化

—备用液过柱,乙腈 5 mL 洗脱,收集洗脱液

加异丙醇 4 mL,40 ℃ 旋转蒸发至干

—精密加定容液 2 mL,加乙腈饱和正己烷 2 mL

涡旋 10 s,3 000 r/min 离心 8 min,下层清液过滤膜,待测

【计算】

$$试样中待测组分残留量(\mu g/kg) = \frac{A \times C_s \times V}{A_s \times m}$$

式中,A 为试样溶液中相应药物的峰面积;A_s 为对照溶液中相应药物的峰面积;C_s 为对照溶液中相应药物的浓度(ng/mL);V 为试样溶液定容体积(mL);m 为供试试样质量(g)。

【检测要点】

(1) 本法的检测限为 1.0 μg/kg。红霉素、替米考星定量限为 2.0 μg/kg,竹桃霉素、克拉霉素、阿奇霉素、吉他霉素、交沙霉素、螺旋霉素、泰乐菌素定量限为 4.0 μg/kg。

(2) 红霉素替米考星在 2.0~40.0 μg/kg 添加浓度的回收率为 70%~120%;竹桃霉素、克拉霉素、阿奇霉素、吉他霉素、交沙霉素、螺旋霉素泰乐菌素在 4.0~40.0 μg/kg,添加浓度的回收率为 70%~120%。

(3) 基质匹配标准曲线的制备:精密量取混合标准工作液适量,用空白试样提取液溶解稀释,配制成大环内酯类药物浓度为 1 ng/mL、5 ng/mL、20 ng/mL、100 ng/mL、250 ng/mL、500 ng/mL 和 1 000 ng/mL 的系列基质标准工作溶液;现配现用。以特征离子质量色谱峰面积为纵坐标、标准溶液浓度为横坐标,绘制标准曲线。求回归方程和相关系数。

(4) 本法参阅:GB 31660.1-2019。

(二)蜂蜜中大环内酯类药物残留量测定

【原理】试样用碱性溶液提取,经固相萃取柱净化,洗脱液浓缩定容后,用液相色谱-质谱/质谱仪测定,外标法定量。

【仪器】液相色谱-质谱仪(串联四极杆,配有电喷雾离子源)。

【试剂】①甲醇:色谱纯。②碳酸钠。③碳酸氢钠。④甲醇-水。⑤1.0 mg/mL 大环内酯类药物标准储备溶液。⑥0.1 mol/L 碳酸钠-碳酸氢钠(pH 9.3)缓冲溶液。

【仪器工作条件】①色谱柱:C$_{18}$(150 mm×2.1 mm,5 μm)。②流动相:A 为 0.1%甲酸,B 为含甲醇,梯度洗脱。③流速:0.25 mL/min。④进样量:25 μL。⑤电喷雾离子源,正离子扫描。

【检测步骤】

取 5 g 试样(精确到 0.01 g)

—加 15 mL 0.1 mol/L 碳酸钠-碳酸氢钠缓冲溶液

混匀器上快速混合 1 min，使试样完全溶解
——溶液以 1 mL/min 左右的流速通过固相萃取柱
5 mL 水洗离心管并过柱，5 mL 甲醇-水洗柱，弃淋出液
——65 kPa 的负压下，减压抽干 10 min
5 mL 甲醇洗脱，收集洗脱液
——50 ℃ 用氮气吹干仪吹干，用甲醇-水定容至 1.0 mL
过滤膜，待测

【计算】

$$试样中药物残留量(\mu g/kg) = \frac{(C - C_0) \times V}{m}$$

式中，C 为由标准曲线而得样液中药物的含量(ng/mL)；C_0 为由标准曲线而得的空白试验中药物的含量(ng/mL)；V 为试样溶液定容体积(mL)；m 为试样质量(g)。

【检测要点】

(1) 本法测定量限：罗红霉素、替米考星、泰乐菌素、北里霉素、交沙霉素为 0.2 $\mu g/kg$，竹桃霉素、螺旋霉素-I 为 0.5 $\mu g/kg$，红霉素为 0.1 $\mu g/kg$。

(2) 大环内酯类药物标准工作溶液在液相色谱-质谱设定条件下分别进样，以试样峰面积为纵坐标，工作溶液浓度(ng/mL)为横坐标，绘制 6 点标准工作曲线，用标准工作曲线对试样进行定量，试样溶液中大环内酯类药物的响应值均应在仪器测定的线性范围内。

(3) 本法参阅：GB/T 23408-2009。

二、放射受体分析法

【原理】放射受体分析(Charm II)方法的基础是药物功能团与微生物受体位点的结合反应，这些位点与某一类抗生素的共有功能团相关。应用受体的这种特异性可以实现对某一类抗生素的多残留分析。本法中，试样中残留的大环内酯类药物经提取、稀释后与[¹⁴C]标记的红霉素共同竞争结合特异的受体位点。在一定温度反应后，离心分离，清除未结合的大环内酯类药物，最后加入闪烁液测定[¹⁴C]衰变发出的 β 粒子放射性记数 cpm。测得的 cpm 值与试样中大环内酯类抗生素残留量成反比。

【试剂】①大环内酯类检测试剂盒。②MSU 多抗标准溶液。③组织萃取缓冲溶液。④M2 缓冲液。⑤闪烁液。⑥甲醇。⑦磷酸二氢钠。⑧磷酸盐缓冲液 1。⑨磷酸盐缓冲液 2。⑩磷酸盐缓冲液 3。⑪阴性(阳性)对照液。

【检测步骤】

(1) 肉类组织、水产品

取均质组织 10.0 g(精确到 0.1 g)
——加 30 mL MSU 萃取缓冲液，混合震荡
于(80±2) ℃ 温浴 45 min，冰水浴 10 min
——3 300 r/min 离心 10 min
取上清液，M2 缓冲液调节 pH 值至 7.5

(2) 肝、肾试样

称取 2.0 g 试样(精确到 0.1 g)
├─加 2 mL 磷酸盐缓冲液 1,混合后加 3 mL 甲醇和 15 mL 水
混合震荡 10 min, 6 000 r/min 离心 10 min
├─取上清液至 SCX 柱(5 mL 甲醇、5 mL 水、5 mL 的磷酸盐缓冲液 2 预活化)
溶液流出,用 4 mL 水、2 mL 磷酸盐缓冲液 3、0.1 mL 30% 甲醇洗柱
├─负压抽干柱子,2 mL 甲醇洗脱
收集洗脱液于缓和氮气流下吹干
├─6 mL MSU 缓冲液溶解吹干
加 2 mL 组织阴性对照液,调节 pH 值至 7.5

(3) 检测

白色受体药片推出到试管,加 300 μL 水,涡旋打碎
├─加 4 mL 试样待测液或 4 mL 阴性对照或 4 mL 阳性对照液
(55±1)℃ 的孵育器保温 2 min
├─加绿色红霉素氚标记药片,混合 10 s
(55±1)℃ 的孵育器保温 2 min
├─3 300 r/min 离心 3 min,弃去上清液
加 300 μL 水,混合 10 s,将沉淀物打碎
├─加 3 mL 闪烁液至试管中,加盖,混匀
Charm Ⅱ 7600 分析仪上以 $[^{14}C]$ 频道上进行计数 cpm

【结果判定】

(1) 控制点的确定:控制点是界定试样阴性与初筛阳性的一个界限值,对于同一批号的试剂盒,正常情况下只需测定一次控制点。在筛选水平红霉素、泰乐菌素 100 μg/kg,螺旋霉素、交沙霉素 200 μg/kg,替米考星 50 μg/kg 时,控制点设置如下:肉类组织和水产品,称取 10 g 空白试样,加入 100 mL MSU 多抗生素标准品;内脏,称取 2 g 空白试样,加入 20 μL MSU 多抗生素标准品。按照上述提取和测定步骤的检测方法进行测试。取 6 个加标试样平行测试的 cpm 读数平均值,乘以系数 1.2 作为筛选控制点。

(2) 结果判定:当试样测定 cpm 值大于控制点,可判定为试样阴性,即试样中大环内酯类抗生素残留小于筛选水平;若测定 cpm 值小于或等于控制点,应判定为初筛阳性,应使用仪器方法进一步进行确证分析。

【检测要点】

(1) 肉类中红霉素和泰乐菌素为 100 μg/kg,交沙霉素和螺旋霉素为 200 μg/kg,替米考星为 50 μg/kg。水产品中红霉素和泰乐菌素为 100 μg/kg,交沙霉素和螺旋霉素为 200 μg/kg。内脏中红霉素、泰乐菌素和替米考星为 100 μg/kg,交沙霉素和螺旋霉素为 200 μg/kg。

(2) 本法参阅:SN/T 1777.1 - 2006。

三、微生物抑制法

【原理】试样经压榨得到样液,样液加到含有一定数量的嗜热脂肪芽孢杆菌培养基中,64℃培养 3~4 h。利用抗生素对敏感菌的抑制作用来判别试样中是否含有抗生素。

【培养基和试剂】 ①溴甲酚紫指示剂。②甲醇。③100 μg/mL 泰乐菌素标准储备液。④生理盐水。⑤细菌保存培养基(胰蛋白胨 15.0 g、植物蛋白胨 5.0 g、NaCl 5.0 g、琼脂 15.0 g,加蒸馏水至 1 000 mL,混匀,121 ℃灭菌 15 min, pH 6.5)。⑥增菌培养基(胰蛋白胨 17.0 g、植物蛋白胨 3.0 g、磷酸氢二钾 2.5 g、NaCl 2.5 g、琼脂 15.0 g,加蒸馏水至 1 000 mL,混匀,121 ℃灭菌 15 min, pH 6.5)。⑦检定培养基:大豆蛋白胨 0.3 g、蛋白胨 5.0 g、牛肉膏 3.0 g、琼脂 15.0 g、NaCl 0.5 g、磷酸氢二钾 0.25 g、吐温-80 1.0 g、溴甲酚紫 0.06 g、葡萄糖 5.25 g,加蒸馏水至 1 000 mL,将各成分加热溶解,分装每瓶 100 mL,每瓶中加入 0.6%溴甲酚紫溶液 1 mL, 121 ℃灭菌 15 min, pH 7.8±0.2。

【检测步骤】

(1) 菌悬液的制备:在确定保存的菌种生化特性没有改变后,将复活的菌种分别接种于盛有增菌固体培养基的克氏瓶中,(55±1)℃培养 72 h,镜检芽孢数在 80%以上,用灭菌生理盐水洗下菌苔,80 ℃水浴加热 30 min, 2 000 r/min 离心 20 min,弃上清液。重复操作 2 次,再加灭菌生理盐水制成菌悬液,用稀释平板计数的方法或比浊法进行菌体计数以确定菌悬液的浓度,菌悬液中菌体细胞的含量应达到 $1.0×10^{18}$ CFU/mL, 2~8 ℃冰箱保存,贮存期 1 个月。

(2) 检定安瓿的制备:将嗜热脂肪芽孢杆菌菌悬液加入到融化后冷却至 60 ℃左右的灭菌检定培养基中,充分混匀,使培养基中嗜热脂肪芽孢杆菌的浓度达到 $1.0×10^{16}$ CFU/mL。在灭菌安瓿中加入 1 mL 混合液,保持水平待其凝固。取制备好的检定安瓿,加入 100 μL 0.05 μg/mL 泰乐菌素标准工作液,室温放置 20 min,(64±1)℃培养 3~4 h,琼脂培养基颜色不变色,仍呈现紫色的安瓿为合格,达不到要求的安瓿应弃。制备好的安瓿 2~8 ℃冰箱保存,贮存期 1 W。

(3) 测定

取制备好的检定安瓿,加入 100 μL 0.05 μg/mL 泰乐菌素标准工作液
├加入 100 μL 阴性试样样液作为阴性对照
吸取 100 μL 待测样液加入检定安瓿中,室温放置 20 min 预扩散
├用蒸馏水洗涤安瓿两次,洗去待测样液,铝箔纸封住安瓿口
安瓿置于(64±1)℃培养 3~4 h
├直到阴性对照安瓿颜色变为黄色时停止培养
取出安瓿,根据安瓿内固体琼脂底部的三分之二部分的颜色判定结果

【结果判定】

(1) 如果待测样液安瓿内琼脂底部 2/3 部分由紫色变为黄色,阳性对照安瓿内琼脂底部 2/3 部分仍呈现紫色,即报告"阴性"。如果待测样液安瓿和阳性对照安瓿内琼脂底部 2/3 部分仍呈现紫色,即报告"初筛阳性"。

(2) 初筛阳性的试样可进一步用 β-内酰胺酶排除 β-内酰胺类药物,P-氨基苯酸排除磺胺类药物的可能。阳性试样需要用确证方法进行定性和定量分析。

【检测要点】

(1) 本法检测出的泰乐菌素、红霉素、柱晶白霉素、交沙霉素、螺旋霉素、替米考星检测限为 50 μg/kg。

(2) 本法参阅:SN/T 1777.3 - 2008。

第八节·磺胺类药物残留检测

磺胺类药物(SAs)包括磺胺嘧啶(SD)、磺胺甲基嘧啶(SM)、磺胺二甲基嘧啶(SM2)、磺胺对甲氧嘧啶(SMD)、磺胺间甲氧嘧啶(SMM)、磺胺噻唑(ST)、磺胺甲噁唑(SMZ)、磺胺异噁唑(SIZ)、磺胺喹噁啉(SQX)、氨苯磺胺(SN)、磺胺咪(SG)等。目前参见的检测方法有液相色谱-质谱法、高效液相色谱法、酶联免疫法和放射受体分析法。

一、液相色谱-质谱法

(一)畜禽肉中 16 种磺胺类药物残留量的测定

【原理】畜禽肉中磺胺类药物残留用乙腈提取,离心后,上清液用旋转蒸发器浓缩近干,残渣用流动相溶解,并用正己烷脱脂后,试样溶液供液相色谱-质谱仪测定,外标法定量。

【仪器】液相色谱-质谱仪(配有电喷雾离子源)。

【试剂】①乙腈:色谱纯。②异丙醇。③正己烷。④0.01 mol/L 乙酸铵溶液。⑤无水硫酸钠:经 650 ℃灼烧 4 h,置于干燥器中备用。⑥0.1 mg/mL 16 种磺胺标准储备溶液。

【仪器工作条件】①色谱柱:Lichrospher 100 RP - 18(250 mm×4.6 mm,5 μm)。②流动相:乙腈+0.01 mol/L 乙酸铵溶液(12+88)。③流速:0.8 mL/min。④柱温:35 ℃。⑤进样量:40 μL。⑥分流比 1:3。⑦电喷雾离子源,正离子扫描。

【检测步骤】

试样 5.00 g(准确至±0.01 g)
├─加入 20 g 无水硫酸钠、20 mL 乙腈,均质 2 min
3 000 r/min 离心 3 min,取上清液
├─残渣再加 20 mL 乙腈,重复上述操作一次,合并提取液
加 10 mL 异丙醇,50 ℃ 水浴蒸干
├─准确加入 1 mL 流动相和 1 mL 正己烷溶解残渣
涡旋 1 min,3 000 r/min 离心 3 min,上层正己烷弃去
├─加 1 mL 正己烷,重复上述步骤,直至下层水相变成透明液体
取下层清液,过滤膜

【计算】

$$试样中待测组分残留量(\mu g/kg) = C \times \frac{V}{m} \times \frac{1\,000}{1\,000}$$

式中,C 为从标准工作曲线得到的被测组分溶液浓度(ng/mL);V 为试样溶液定容体积(mL);m 为供试试样质量(g)。

【检测要点】

(1) 本法检出限:磺胺甲噻二唑为 2.5 μg/kg,磺胺醋酰、磺胺嘧啶、磺胺吡啶、磺胺二甲异噁唑、磺胺甲基嘧啶、磺胺氯哒嗪、磺胺 - 6 -甲氧嘧啶、磺胺邻二甲氧嘧啶、磺胺甲基异噁唑为 5.0 μg/kg,磺胺噻唑、磺胺甲氧哒嗪、磺胺间二甲氧嘧啶为 10.0 μg/kg,磺胺对甲氧嘧啶、磺胺

二甲嘧啶为 20.0 μg/kg,磺胺苯吡唑为 40.0 μg/kg。

（2）用混合标准工作溶液分别进样,以工作溶液浓度（ng/mL）为横坐标,峰面积为纵坐标,绘制标准工作曲线,用标准工作曲线对试样进行定量,试样溶液中 16 种磺胺的响应值均应在仪器测定的线性范围内。色谱图如图 4-6 和图 4-7 所示。

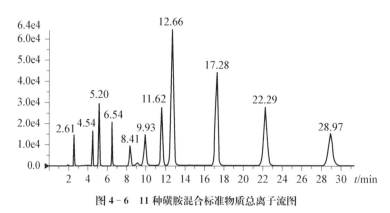

图 4-6　11 种磺胺混合标准物质总离子流图

从左往右色谱峰依次为:磺胺醋酰、磺胺甲噻二唑、磺胺嘧啶、磺胺氯哒嗪、磺胺甲基异噁唑、磺胺甲基嘧啶、磺胺嘧啶、磺胺对甲氧嘧啶、磺胺甲氧哒嗪、磺胺苯吡唑、磺胺间二甲氧嘧啶。

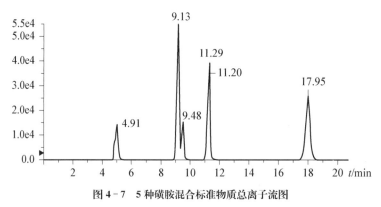

图 4-7　5 种磺胺混合标准物质总离子流图

从左往右色谱峰依次为:磺胺二甲异噁唑、磺胺噻唑、磺胺-6-甲氧嘧啶、磺胺邻二甲氧嘧啶、磺胺二甲嘧啶。

（3）本法参阅:GB/T 20759-2006。

（二）牛奶和奶粉中 16 种磺胺类药物残留量的测定

【原理】用高氯酸溶液提取试样中磺胺类药物残留,OasisHLB 固相萃取柱净化,甲醇洗脱,液相色谱-质谱/质谱仪测定,外标法定量。

【仪器】液相色谱-质谱仪（串联四极杆,配有电喷雾离子源）。

【试剂】①高氯酸溶液。②甲醇、乙酸:色谱纯。③0.1％乙酸溶液。④甲醇-乙酸溶液。⑤0.1 mg/mL 16 种磺胺标准储备溶液。

【仪器工作条件】①色谱柱:C₁₈（150 mm×2.1 mm）。②流动相:A 为 0.1％甲酸,B 为甲

醇,梯度洗脱。③进样量:10 μL。④色谱柱温度:30 ℃。⑤电喷雾离子源,正离子扫描。⑥正离子模式电喷雾电压(IS):4 000 V。⑦毛细管温度:320 ℃。

【检测步骤】

取牛奶2 g试样、奶粉0.5 g(精确到0.01 g)
├─加入25 mL高氯酸溶液,涡旋震荡提取1 min,超声波萃取10 min
用5 mL高氯酸溶液,洗离心管
├─洗液约1 mL/min的流速过HLB固相萃取柱
用5 mL水淋洗柱,抽干
├─加3 mL甲醇洗脱,洗脱液于40 ℃
氮气吹至约0.2 mL
├─加甲醇-乙酸溶液补至1 mL,旋涡混匀
过滤膜,待测

【计算】 参照畜禽肉中16种磺胺类药物残留量的测定计算。

【检测要点】

(1) 本法检出限:磺胺甲噻二唑、磺胺醋酰、磺胺嘧啶、磺胺吡啶、磺胺二甲异噁唑、磺胺甲基嘧啶、磺胺氯哒嗪、磺胺-6-甲氧嘧啶、磺胺邻二甲氧嘧啶、磺胺甲基异噁唑、磺胺噻唑、磺胺甲氧哒嗪、磺胺间二甲氧嘧啶、磺胺对甲氧嘧啶、磺胺二甲嘧啶磺胺苯吡唑等16种磺胺类药物残留量的方法在牛奶中的检出限均为1.0 μg/kg,奶粉中检出限均为4.0 μg/kg。

(2) 本法参阅:GB/T 22966-2008。

(三) 河豚、鳗鱼中18种磺胺类药物残留量的测定

【原理】 河豚鱼、鳗鱼中磺胺类药物残留用乙腈提取,离心,上清液经无水硫酸钠脱水后,氮气浓缩仪吹至近干,用乙腈-0.01 mol/L乙酸铵溶液溶解残渣,正己烷脱脂,过0.2 μm滤膜后,试样溶液供液相色谱-质谱仪测定,内标法定量。

【仪器】 液相色谱-质谱仪(配有电喷雾离子源)。

【试剂】 ①甲醇、乙腈、甲酸、正己烷:色谱纯。②乙酸铵:优级纯。③无水硫酸钠。④0.01 mol/L乙酸铵溶液。⑤0.1%甲酸溶液。⑥定溶液。⑦0.1 mg/mL标准储备溶液。⑧5.0 μg/mL磺胺甲基异噁唑-D_4、磺胺嘧啶-D_4、磺胺噻唑-D_4内标标准储备溶液。⑨基质标准工作溶液。

【仪器工作条件】 ①色谱柱:Atlantis(150 mm×2.1 mm,3 μm)。②流动相:乙腈+0.1%甲酸溶液+甲醇,梯度洗脱。③流速:0.2 mL/min。④柱温:35 ℃。⑤进样量:20 μL。⑥电喷雾离子源,正离子扫描。

【检测步骤】

取10.00 g试样(精确至0.01 g)
├─加20 μL内标工作溶液、20 g无水硫酸钠、25 mL乙腈溶液
均质2 min,3 000 r/min离心3 min,取上清液
├─残渣加20 mL乙腈,重复上述操作一次,合并提取液,乙腈定容至50 mL
吸取10 mL,45 ℃水浴中,氮气吹至近干
├─加入1 mL定容液、1 mL正己烷,溶解残渣
涡旋1 min,3 000 r/min离心3 min,上层正己烷弃去
├─加入1 mL正己烷,重复上述步骤,直至下层水相变成透明液体
取下层清液,过滤膜,待测

【计算】

$$试样中被测物的残留量(\mu g/kg) = \frac{A_i \times A_{is}^1 \times C_s \times C_{is} \times V}{A_{is} \times A_s \times C_{is}^1 \times m}$$

式中，C_{is} 为试样溶液中被测物内标浓度($\mu g/L$)；C_s 为对照溶液中被测物浓度($\mu g/L$)；C_{is}^1 为对照溶液中被测物内标浓度($\mu g/L$)；A_i 为试样溶液中被测物的峰面积；A_{is} 为试样溶液中被测物内标的峰面积；A_s 为对照溶液中被测物的峰面积；A_{is}^1 为对照溶液中被测物内标的峰面积；V 为定容体积(mL)；m 为试样质量(g)。

【检测要点】

(1) 本法检出限为 $5.0\,\mu g/kg$。

(2) 定量测定：用基质混合标准工作溶液分别进样，以各标准峰面积与内标峰面积的比值为纵坐标，以各标准工作溶液浓度与内标溶液浓度的比值为横坐标，绘制标准工作曲线，用标准工作曲线对试样进行定量，试样溶液中 18 种磺胺类药物的响应值均应在仪器测定的线性范围内。色谱图如图 4-8 所示。

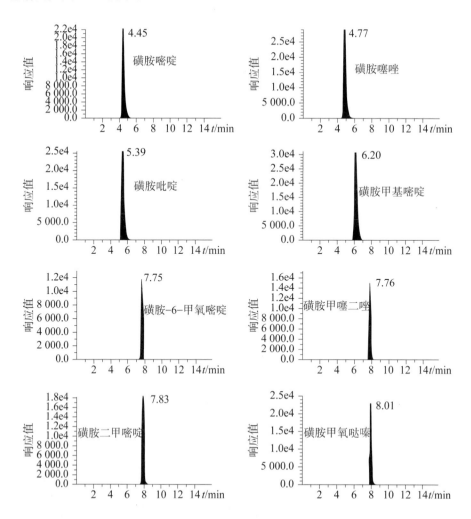

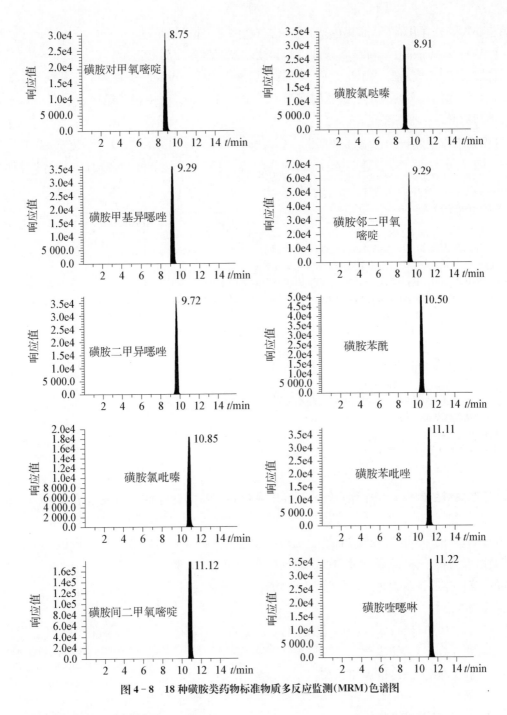

图 4-8 18 种磺胺类药物标准物质多反应监测(MRM)色谱图

(3) 本法参阅:GB/T 22951-2008。

二、高效液相色谱法

动物性食品中 13 种磺胺类药物残留的测定

【原理】试样中残留的磺胺类药物,用乙酸乙酯提取,0.1 mol/L 盐酸溶液转换溶剂,正己烷除脂,MCX 柱净化,高效液相色谱-紫外检测法测定,外标法定量。

【仪器】 高效液相色谱仪(配紫外检测器或二极管阵列检测器)。

【试剂】 ①乙酸乙酯、甲酸、乙腈、甲醇:色谱纯。②0.1 mol/L 盐酸。③正己烷。④氨水。⑤0.1%甲酸溶液。⑥0.1%甲酸乙腈溶液。⑦洗脱液。⑧50%甲醇乙腈溶液。⑨100 μg/mL 磺胺类药物混合标准贮备液。

【仪器工作条件】 ①色谱柱:ODS - 3C$_{18}$(250 mm×4.5 mm,5 μm)。②流动相:0.1%甲酸+乙腈,梯度洗脱。③流速:1 mL/min。④柱温:30 ℃。⑤检测波长:270 nm。⑥进样体积:100 μL。

【检测步骤】

取试样(5.00±0.05)g
├─加乙酸乙酯 20 mL,涡动 2 min,4 000 r/min 离心 5 min,取上清液
残渣中加乙酸乙酯 20 mL,重复提取一次,合并提取液
├─加 0.1 mol/L 盐酸溶液 4 mL,40 ℃ 下旋转蒸发浓缩少于 3 mL
转至 10 mL 离心管,加入 0.1 mol/L 盐酸溶液 2 mL 洗瓶,转至离心管
├─正己烷 3 mL 洗瓶,转至离心管
涡旋混合 30 s,3 000 r/min 离心 5 min,弃正己烷
├─用正己烷 3 mL 洗瓶,转至离心管,重复一次,下层液备用
MCX 柱用甲醇 2 mL 和 0.1 mol/L 盐酸溶液 2 mL 活化
├─取备用液过柱,控制流速 1 mL/min
用 0.1 mol/L 盐酸溶液 1 mL 和 50% 甲醇乙腈溶液 2 mL 淋洗
├─用洗脱液 4 mL 洗脱
收集洗脱液,40 ℃ 氮气吹干
├─加 0.1% 甲酸乙腈溶液 1 mL 溶解残余物
过滤膜,待测

【标准曲线的制备】 精密量取 10 μg/mL 磺胺类药物混合标准工作液适量,用 0.1%甲酸乙腈溶液稀释,配制成浓度为 10 μg/L、50 μg/L、100 μg/L、250 μg/L、500 μg/L、2 500 μg/L 和 5 000 μg/L 的系列混合标准溶液,供高效液相色谱测定。以测得峰面积为纵坐标,对应的标准溶液浓度为横坐标,绘制标准曲线。求回归方程和相关系数。

【计算】 参照畜禽肉中 16 种磺胺类药物残留量的测定计算。

【检测要点】

(1) 本法猪和鸡的肌肉组织的检测限为 5 μg/kg,定量限为 10 μg/kg;猪和鸡的肝脏组织的检测限为 12 μg/kg,定量限为 25 μg/kg。

(2) 本法参阅:GB 29694 - 2013。

三、酶联免疫吸附法

【原理】 基于抗原抗体反应进行竞争性抑制测定。酶标板的微孔包被有偶联抗原,加标准品或待测试样,再加磺胺类药物单克隆抗体和酶标记物。包被抗原与加入的标准品或待测试样竞争抗体,酶标记物与抗体结合。通过洗涤除去游离的抗原、抗体及抗原抗体复合物。加入底物液,使结合到板上的酶标记物将底物转化为有色产物。加终止液,在 450 nm 处测定吸光

度值,吸光度值与试样中磺胺类药物浓度的自然对数成反比。

【仪器】酶标仪(配备 450 nm 滤光片)。

【试剂】①乙腈。②正己烷。③十二水合磷酸氢二钠。④二水合磷酸二氢钾。⑤氯化钠。⑥氯化钾。⑦磺胺类药物快速检测试剂盒(磺胺类药物抗体工作液、酶标记物工作液、底物液 A 液、底物液 B 液、终止液、20 倍浓缩洗涤液、20 倍浓缩缓冲液、洗涤工作液、缓冲工作液)。⑧系列标准工作溶液。

【检测步骤】

称取试样(2.00±0.02)g
├─加乙腈 8 mL,震荡 20 min,4 000 r/min 离心 5 min
取上清液 2.5 mL,于 50 ℃ 水浴下氮气吹干
├─加正己烷 1 mL,涡动 20 s 溶解残留物
加缓冲液工作液 1 mL,涡动 1 min,4 000 r/min 离心 10 min
├─取下层水相 20 μL 分析
每个试样 2 个平行酶联免疫反应
├─微孔从冰箱中取出,放在室温下回温 60 ～ 120 min
加系列标准溶液或试样液 20 μL
├─加酶标记物工作液 50 μL/ 孔
加磺胺类药物抗体工作液 80 μL/ 孔,震荡混匀,盖板室温避光反应 60 min
├─倒出孔中液体,完全除去孔中的液体
加洗涤工作液 250 μL/ 孔,5 s 后倒掉孔中液体,完全除去孔中液体
├─加洗涤工作液 250 μL/ 孔,重复操作两遍以上
加底物液 A 液和 B 液各 50 μL/ 孔,震荡混匀
├─盖板室温避光反应 30 min
加终止液 50 μL/ 孔,震荡混匀,450 nm 波长处测量吸光度值

【计算】

$$百分吸光度值 = B/B_0 \times 100\%$$

式中,B 为标准溶液或试样的平均吸光度值;B_0 为零浓度的标准溶液平均吸光度值。

将计算的相对吸光度值(%)对应磺胺类药物标准品浓度(μg/L)的自然对数作半对数坐标系统曲线图,对应的试样浓度可从校正曲线算出。

【检测要点】

(1)本法在猪肌肉、猪肝脏、鸡肌肉、鸡肝脏和鸡蛋试样中的检测限为 2.0 μg/kg。在 10～50 μg/kg 的空白添加回收率范围为 60%～120%。

(2)使用前将试剂盒于室温(19～25 ℃)下放置 1～2 h。

(3)每个试样应在酶标板上做两个平行样检测,可以减少误差。

(4)本法参阅:农业部 1025 号公告-7-2008。

四、放射受体分析法

【原理】测定的基础是竞争性受体免疫反应,[³H]标记的磺胺二甲嘧啶和试样中残留的磺胺类药物与微生物细胞上的特异性受体竞争性结合,用液体闪烁计数仪测定试样中[³H]含

量的计数值(cpm),计数值与试样中的磺胺类药物残留量成反比。

【仪器】 Charm Ⅱ 液体闪烁计数仪。

【试剂】 ①Charm Ⅱ 组织中的磺胺类药物测定试剂盒。②MSU 多抗生素标准溶液。③组织萃取缓冲溶液。④闪烁液。⑤甲醇。⑥M2 缓冲溶液。⑦1 mol/L 盐酸。⑧[³H]标记的磺胺二甲嘧啶药物片剂。

【检测步骤】

称取 10 g(精确到 0.1 g)均质好的试样
├─加 30 mL MSU 萃取缓冲溶液
涡旋震荡 5 min,(80±2)℃ 孵育器内孵育 45 min
├─放入冰水内 10 min,3 300 r/min 离心 10 min,取上清液
恢复室温后,调整至 pH 7.5,为试样测试液
├─试剂盒中取出试剂片
白色受体药片推出到试管,加 300 μL 水,涡旋震荡 10 s
├─加 4 mL 试样待测液或 4 mL 阴性对照液或 4 mL 阳性对照液
压入[³H]标记的磺胺二甲嘧啶药物片剂,震荡 15 s,上下来回 10 次
├─(65±1)℃ 孵育器保温 3 min,3 300 r/min 离心 3 min,弃去上清液
加 300 μL 水,混合 10 s,将沉淀物打碎
├─加 3 mL 闪烁液至试管中,加盖,混匀
液体闪烁计数仪内,读[³H]项的计数值

【结果判定】

(1)控制点的确定:控制点是界定试样阴性与初筛阳性的一个界限值。筛选水平为 20 μg/kg 时,控制点设定步骤:称取 10 g 均质好的同类空白组织试样,加入 0.2 mL MSU 多抗生素标准溶液,充分混匀制成标准试样,按上述提取和测定步骤进行测定。测定 6 个非重复的加标试样的计数值,求出平均值乘上系数 1.2,即为筛选水平 20 μg/kg 的控制点。当筛选水平大于 20 μg/kg 的试样时,可将试样测试液适当稀释后测定。

(2)结果判定:当试样测定 cpm 值大于控制点,可判定为试样阴性,即试样中大环内酯类抗生素残留小于筛选水平;若测定 cpm 值小于或等于控制点,应判定为初筛阳性,应使用仪器方法进一步进行确证分析。

【检测要点】

(1)在肉类和水产品中,本法检测限以磺胺二甲嘧啶计磺胺类药物(包括磺胺甲基嘧啶、磺胺二甲基嘧啶、磺胺间甲氧嘧啶、磺胺间二甲氧嘧啶、磺胺喹噁啉、磺胺甲噻二唑、磺胺吡啶、磺胺异噁唑、磺胺甲基异噁唑、磺胺嘧啶、磺胺噻唑、磺胺甲氧哒嗪、磺胺氯哒嗪)总量为 20 μg/kg。

(2)本法参阅:GB/T 21173-2007。

第九节 · 硝基呋喃类药物残留检测

硝基呋喃类药物包括呋喃唑酮(痢特灵)、呋喃西林、呋喃妥因等。硝基呋喃类药物残留检测方法有液相色谱-质谱法、高效液相色谱法、酶联免疫吸附法。

一、液相色谱-质谱法

（一）水产品中硝基呋喃类代谢物多残留测定

【原理】 试样中残留的硝基呋喃类蛋白结合态代谢物在酸性条件下水解，经 2 -硝基苯甲醛衍生化，用乙酸乙酯溶液萃取，高速离心净化，液相色谱-质谱法测定，内标法定量。

【仪器】 液相色谱-质谱仪（配电喷雾电离源）。

【试剂】 ①0.5 mol/L 盐酸溶液。②0.002 mol/L 乙酸铵溶液。③0.05 mol/L 2 -硝基苯甲醛溶液。④1.0 mol/L 磷酸氢二钾溶液。⑤5％甲醇溶液。⑥硝基呋喃类标准储备液。⑦同位素内标标准储备液。

【仪器工作条件】 ①色谱柱 C_{18} 柱（100 mm×2.1 mm，3.5 μm）。②流动相：A 为 0.002 mol/L 乙酸铵溶液，B 为甲醇，梯度洗脱。③柱温：35 ℃。④流速：0.35 mL/min。⑤进样量：10 μL。⑥离子源：电喷雾离子源。⑦扫描方式：正离子扫描。

【检测步骤】

取试样 2.0 g
—加入混合内标标准工作液 50 μL，混合 1 min
加盐酸溶液 5 mL，2 -硝基苯甲醛溶液 0.15 mL，涡旋混合 1 min
—于恒温震荡器中，37 ℃ 避光震荡 16 h
取冷却至室温的样液
—加磷酸氢二钾溶液调 pH 至 7.0～7.5
加乙酸乙酯 8 mL，震荡 30 s，6 000 r/min 离心 5 min
—取上清液
40 ℃ 氮气吹干，加 5％甲醇溶液 1 mL 溶解残留物
—140 000 r/min 的离心 10 min
上清液过 0.22 μm 滤膜，待测

【标准曲线的制备】 分别准确移取 10 μg/L 和 100 μg/L 混合标准工作液各 0.05 mL、0.1 mL、0.2 mL 于 6 个 50 mL 离心管中，除不加试样外，使最终浓度分别为 0.5 μg/L、1.0 μg/L、2.0 μg/L、5.0 μg/L、10 μg/L、20 μg/L 测定。以测得特征离子质量色谱峰外标和内标峰面积比值为纵坐标，对应的标准溶液浓度为横坐标，绘制标准曲线，求回归方程和相关系数。硝基呋喃类代谢物标准溶液特征离子质量色谱图如图 4 - 9 所示。

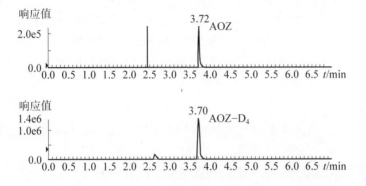

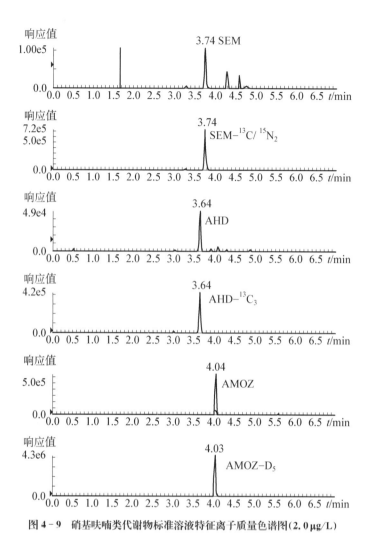

图 4 - 9　硝基呋喃类代谢物标准溶液特征离子质量色谱图(2.0 μg/L)

【计算】

$$试样中硝基呋喃类代谢物的残留量(\mu g/kg) = \frac{A_i \times A_{is}^1 \times C_s \times C_{is} \times V}{A_{is} \times A_s \times C_{is}^1 \times m}$$

式中,C_{is} 为试样溶液中硝基呋喃类代谢物内标浓度($\mu g/L$);C_s 为对照溶液中硝基呋喃类代谢物浓度($\mu g/L$);C_{is}^1 为对照溶液中硝基呋喃类代谢物内标浓度($\mu g/L$);A_i 为试样溶液中硝基呋喃类代谢物的峰面积;A_{is} 为试样溶液中硝基呋喃类代谢物内标的峰面积;A_s 为对照溶液中硝基呋喃类代谢物的峰面积;A_{is}^1 为对照溶液中硝基呋喃类代谢物内标的峰面积;V 为定容体积(mL);m 为试样质量(g)。

【检测要点】

(1) 本法 AOZ、SEM、AMOZ、AHD 的检测限均为 0.5 μg/kg,定量限均为 1.0 μg/kg。

(2) 本法参阅:GB 31656.13 - 2021。

(二)动物源性食品中硝基呋喃类药物代谢物残留量检测

【原理】试样经盐酸水解,邻硝基苯甲醛过夜衍生,调 pH 值 7.4 后,用乙酸乙酯提取,正己烷净化。分析物采用高效液相色谱/质谱定性检测,采用稳定同位素内标法进行定量测定。

【仪器】液相色谱-质谱仪(配电喷雾电离源)。

【试剂】①甲醇、乙腈、乙酸乙酯、正己烷、甲酸均为色谱纯。②0.2 mol/L 盐酸溶液。③2.0 mol/L 氢氧化钠溶液。④0.1 mol/L 邻硝基苯甲醛溶液。⑤0.3 mol/L 磷酸钾溶液。⑥0.1%甲酸水溶液。⑦乙腈饱和的正己烷溶液。⑧标准物质:3-氨基-2 噁唑酮、5-吗啉甲基-3 氨基-2-噁唑烷基酮、1-氨基-乙内酰脲、氨基脲,纯度≥99%。⑨标准储备液:分别准确称取适量标准品(精确至 0.000 1 g),用乙腈溶解,配制成浓度为 100 mg/L 的标准储备溶液。⑩内标物质:3-氨基-2-噁唑酮的内标物,D_4-AOZ;5-吗啉甲基-3-氨基-2 噁唑烷基酮的内标物,D_5-AMOZ;1-氨基-乙内酰脲的内标物,^{13}C-AHD;氨基脲的内标物,$^{13}C^{15}N$-SEM,纯度≥99%。⑪内标储备液:准确称取适量内标物质(精确至 0.000 1 g),用乙腈溶解,配制成浓度为 100 mg/L 的标准储备溶液。

【仪器工作条件】①色谱柱 XT crra MS C_{18}(150 mm×2.1 mm,5 μm)。②流动相乙腈+0.1%甲酸水溶液,梯度洗脱。③流速:0.2 mL/min。④柱温:30 ℃。⑤进样量:10 μL。

【检测步骤】

(1) 试样处理

肌肉、内脏、鱼、虾和肠衣 2 g
—加 10 mL 甲醇-水混合溶液(1+1,体积比)
震荡 10 min 后,以 4 000 r/min 离心 5 min
弃去液体,残留物中加 10 mL 0.2 mol/L 盐酸

蛋、奶和蜂蜜 2 g
—10～20 mL 0.2 mol/L 盐酸(样品完全浸润为准)

—10 000 r/min,均质 1 min

—加混合内标标准溶液 100 μL,邻硝基苯甲醛溶液 100 μL
混匀 30 s,再震荡 30 min,37 ℃ 恒温箱中 16 h

取出试样,冷却至室温
—加 1～2 mL 0.3 mol/L 磷酸钾,调 pH 7.4±0.2
—加 10～20 mL 乙酸乙酯(与盐酸溶液加入体积一致)
10 000 r/min 离心 10 min,收集乙酸乙酯层,残留物再次提取

收集液 40 ℃ 用氮气吹干
—加 1 mL 0.1% 甲酸水溶液,用 3 mL 乙腈饱和的正己烷溶液
分两次分配,去除脂肪

下层水相过 0.2 μm 滤膜,待测

(2) 混合基质标准溶液的制备

肌肉、内脏、鱼虾和肠衣 2 g 阴性试样 5 份
—加 10 mL 甲醇-水混合溶液(1+1,体积比)
震荡 10 min 后,以 4 000 r/min 离心 5 min
弃去液体,残留物中加 10 mL 0.2 mol/L 盐酸

蛋、奶和蜂蜜 2 g 阴性试样 5 份
—10～20 mL 0.2 mol/L 盐酸(样品完全浸润为准)

—10 000 r/min 均质 1 min 后,按照最终定容浓度:1.5、10、50、100 ng/mL
分别加混合标准工作溶液
—加混合内标标准溶液 100 μL
余下步骤同于(1)试样处理部分

【计算】

$$试样中分析物的含量(\mu g/kg) = \frac{R \times C \times V}{R_s \times m}$$

式中,R 为样液中的分析物与内标物峰面积比值;C 为混合基质标准溶液中分析物的浓度
(ng/mL);V 为样液最终定容体积(mL);R_s 为混合基质标准浴液中的分析物与内标物峰面积
比值;m 为试样质量(g)。

【检测要点】

(1) 本法的测定低限(LOQ):AOZ、AMOZ、SEM、AHD,均为 $0.5\,\mu g/kg$。

(2) 提取、净化过程加入的乙酸乙酯的体积应与水解、衍生化过程加入的盐酸体积一致。

(3) 本法参阅:GB/T 21311 - 2007。

二、高效液相色谱法

【原理】试样中呋喃唑酮用二氯甲烷提取,经无水硫酸钠柱净化,用正己烷去脂肪后,
$0.45\,\mu m$ 微孔滤膜过滤,滤液进行 HPLC 分析。

【仪器】高效液相色谱仪(附紫外检测器)。

【试剂】①乙腈:优级纯(流动相)。②乙腈、甲醇:色谱纯。③乙腈水溶液:乙腈+水(80+
20,V/V)。④正己烷。⑤无水硫酸钠。⑥二氯甲烷。⑦呋喃唑酮标准储备液。

【仪器工作条件】①色谱柱:Hypersil ODS2C$_{180}$ 柱(250 mm×4.6 mm,5 μm)。②流动相:
乙腈+水(40+60),每 1 000 mL 加 1 mL 磷酸。③柱温室温。④流速:1 mL/min。⑤进样量:
20 μL。⑥检测波长 365 nm。

【检测步骤】

取混匀绞碎的试样 10 g
├─加 25 mL 二氯甲烷,超声提取 5 min,过无水硫酸钠柱
加 25 mL 二氯甲烷,过无水硫酸钠柱,再重复一次
├─滤液水浴旋转蒸发至干
加 1 mL 乙腈水溶液和 1 mL 正己烷,混匀 2 min
├─3 000 r/min 离心 2 min,弃上层液
加 1 mL 正己烷
├─混匀 2 min,离心,弃上层液
下层清液过 0.45 μm 滤膜,待测

【呋喃唑酮标准曲线的制备】精确吸取呋喃唑酮标准储备液 2.0 mL 于 50 mL 棕色容量
瓶中,加水至刻度,摇匀,即得 8.0 $\mu g/mL$ 的溶液,然后精确吸取此液 0.05 mL、0.10 mL、
0.20 mL、0.50 mL、1.0 mL、2.0 mL 于 10.0 mL 棕色容量瓶内,依照上述色谱条件,分别进标
准工作液各个点,测定其峰面积,然后以标准液浓度对峰面积作校准曲线,求回归方程及相关
系数。

【计算】

$$试样中呋喃唑酮残留量(mg/kg) = \frac{C \times V \times 1\,000}{m \times 1\,000}$$

式中,C 为从标准工作曲线上得到的试样中呋喃唑酮浓度($\mu g/mL$);V 为试样溶液的最终定容体积(mL);m 为试样溶液所代表的最终试样质量(g)。

【检测要点】

(1) 本法的检测限为 $0.01\,\mu g/mL$,当取样量为 $10\,g$ 时,最低检测量为 $1.0\,\mu g/kg$。

(2) 本法参阅:NY/T 3410 - 2018。

三、酶联免疫吸附法

【原理】试样中加入苯甲醛,使之与 3 -氨基- 2 -噁唑烷酮衍生形成衍生物,经提取后,提取物与结合在酶标板上的抗原共同竞争抗体,再与酶标抗体反应,形成的酶标记抗原抗体复合物与显色剂发生反应,用酶标仪测定吸光度,根据吸光度值计算试样中 3 氨基- 2 -噁唑烷酮的含量。

【仪器】酶标仪(配备 $450\,nm$ 滤光片)。

【试剂】①5 mol/L 盐酸。②1 mol/L 氢氧化钠。③5 mmol/L 三羟甲基氨基甲烷。④呋喃唑酮残留标示物检测试剂盒材料。

【检测步骤】

取试样(1 ± 0.01)g
├─加三羟甲基氨基甲烷溶液 $3\,mL$,旋涡 $30\,s$
60 ℃ 恒温水浴锅孵育 3 h,冷却至室温
├─加入盐酸溶液 $150\,\mu L$ 和衍生液 $150\,\mu L$
充分震荡,置 37 ℃ 恒温水浴锅孵育 12 h,冷却至室温
├─加提取液 $360\,\mu L$,旋涡 $30\,s$, pH 至 7.0 ± 0.2
5 000 r/min 4 ℃ 离心 20 min
├─取上清液,供 ELISA 方法测定
酶标板中加标准溶液或试样溶液 $60\,\mu L$/孔
├─加入抗体工作液 $40\,\mu L$/孔,混匀,置于湿盒中,37 ℃ 恒温箱孵育 1 h
弃孔中液体,吸水纸上拍打,使孔内没有残余液体
├─加洗涤液 $200\,\mu L$/孔,弃孔内液体,吸水纸上拍打,重复洗板 3 次
加酶标抗体工作液 $100\,\mu L$/孔,置于湿盒中,37 ℃ 恒温箱孵育 1 h,洗板 5 次
├─加底物液 $100\,\mu L$/孔,置于湿盒中
37 ℃ 恒温箱孵育 15 ~ 20 min
├─加终止液 $50\,\mu L$/孔
在 $450\,nm$ 处用酶标仪测量吸光度(OD) 值

【计算】

$$百分吸光度值 = B/B_0 \times 100\%$$

式中,B 为标准溶液或试样的平均吸光度值;B_0 为零浓度的标准溶液平均吸光度值。

以百分吸光度值为纵坐标,标准溶液浓度的自然对数为横坐标,绘制出标准曲线。根据实际试样吸光值,从标准曲线上得到相应的浓度后,实际试样中 3 -氨基 2 -噁唑烷酮浓度($\mu g/kg$)按如下公式计算。

$$试样中 3 -氨基 2 -噁唑烷酮残留量(\mu g/kg) = C \times \frac{V}{m}$$

式中,C 为从标准曲线上得到的药物浓度($\mu g/L$);V 为试样溶液体积(离心后上清液体积,猪肌肉和鸡肌肉为 0.003 3 L,猪肝脏和鸡肝脏为 0.003 5 L,鱼肉为 0.003 L);m 为试样质量(kg)。

【检测要点】

(1) 本法适用于动物源性食品中呋喃唑酮残留标示物检测。

(2) 本法的检测限为 0.15 $\mu g/kg$;定量限为 0.5 $\mu g/kg$。

(3) 本法与呋喃唑酮交叉反应率为 6.15%,与同类的其他化合物交叉反应率小于 0.01%。

(4) 所有操作应在室温(20~25 ℃)下进行。呋喃唑酮残留标示物试剂盒中所有试剂均应回升至室温后方可使用。

(5) 为了保证检测结果的准确,在加入终止液后 60 min 内在 450 nm 处用酶标仪测量吸光度(OD)值。

(6) 本法参阅:农业部 1025 号公告- 17 - 2008。

第十节 · 苯乙胺类药物残留检测

苯乙胺类药物(PEAs),多数属 β_2 -肾上腺素受体激动剂(简称 β -激动剂),主要包括克伦特罗(俗称"瘦肉精")、溴布特罗、马布特罗、塞曼特罗、塞布特罗、马贲特罗、雷托帕明、沙丁胺醇、特布他林等。苯乙胺类药物残留检测方法有液相色谱-质谱法、气相色谱-质谱法、酶联免疫吸附法。

一、液相色谱-质谱法

【原理】 试样中残留的 β -受体激动剂,酶解,高氯酸沉淀蛋白后,经乙酸乙酯、叔丁基甲醚萃取,固相萃取柱净化,液相色谱-质谱法测定,内标法定量。

【仪器】 液相色谱质谱仪:配有电喷雾离子源(ESI)。

【试剂】 ①0.2 mol/L 乙酸铵缓冲液。②0.1 mol/L 高氯酸溶液。③10 mol/L 氢氧化钠溶液。④2% 甲酸溶液。⑤5% 氨化甲醇溶液。⑥0.1% 甲酸乙腈溶液。⑦0.1% 甲酸溶液。⑧β -受体激动剂标准品:克伦特罗、莱克多巴胺、沙丁胺醇、西马特罗、齐帕特罗、氯丙那林、特布他林、西布特罗、马布特罗、溴布特罗、班布特罗、克仑丙罗、妥布特罗、利托君、克仑赛罗、马喷特罗、克仑潘特和羟甲基克仑特罗,含量均≥98.0%。⑨同位素内标:克仑特罗- D_9、盐酸莱克多巴胺- D_6、沙丁胺醇- D_3、西马特罗- D_7、齐帕特罗- D_7、氯丙那林- D_7、特布他林- D_9、西布特罗- D_9、盐酸马布特罗- D_9、盐酸班布特罗- D_9、克仑丙罗- D_7、盐酸妥布特罗- D_9 和羟甲基克仑特罗- D_6,含量均≥98.0%。⑩混合标准储备液。⑪混合内标标准液。

【仪器工作条件】 ①色谱柱:五氟苯基柱(50 mm×3.0 mm,2.6 μm)。②流动相:A 相为 0.1% 甲酸溶液,B 相为 0.1% 甲酸-乙腈溶液,梯度洗脱。③流速:0.4 mL/min。④进样量:5 μL。⑤柱温:30 ℃。⑥离子源:电喷雾离子源。⑦扫描方式:正离子扫描。

【检测步骤】

取试样 2.00 g(准确至 ±0.05 g)

└─加 0.2 mol/L 乙酸铵缓冲溶液 6 mL,β-葡萄糖醛酸酶/芳基硫酸酯酶 40 μL

涡旋混匀,37 ℃ 避光水浴震荡 16 h,放置至室温,备用

└─取备用液,加 100 ng/mL 内标工作液 100 μL

混匀,8 000 r/min 离心 8 min

└─取上清液加 0.1 mol/L 高氯酸溶液 5 mL,旋涡混匀,调 pH 至 1.0±0.2

8 000 r/min 离心 8 min 后,将上清液调 pH 至 10±0.5

└─加乙酸乙酯 15 mL,中速震荡 5 min,5 000 r/min 离心 5 min,取上层有机相

下层水相中加叔丁基甲醚 10 mL,中速震荡 5 min,5 000 r/min 离心 5 min

└─取上层有机相,合并,50 ℃ 下氮气吹干,用 2% 甲酸溶液 5 mL 溶解

混合型阳离子交换固相萃取柱,用甲醇、2% 甲酸溶液各 3 mL 活化

└─备用液过柱,依次用 2% 甲酸溶液、甲醇各 3 mL 淋洗,抽干

用 5% 氨化甲醇溶液 3 mL 洗脱,洗脱液在 50 ℃ 下氮气吹干

└─残余物加入甲醇-0.1% 甲酸溶液(10+90,V/V)0.5 mL,充分溶解

过 0.22 μm 滤膜,待测

【标准曲线的制备】 精密量取混合标准工作液、混合内标作液适量,用甲醇-0.1% 甲酸溶液(10+90,V/V)稀释成浓度为 1 ng/mL、2 ng/mL、5 ng/mL、10 ng/mL、20 ng/mL、50 ng/mL 系列标准工作液,含内标均为 5 ng/mL,供液相色谱-质谱法测定以待测药物特征离子色谱峰的峰面积与对体内标物特征离子色谱峰的峰面积比值为纵坐标,相应的标准工作溶液浓度比为横坐标,绘制标准工作曲线求回归方程和相关系数。

【计算】

$$试样中 β-受体激动剂残留量(μg/kg) = \frac{A \times A_{is}^1 \times C_s \times C_{is} \times V}{A_{is} \times A_s \times C_{is}^1 \times m} \times \frac{1\,000}{1\,000}$$

式中,A 为试样溶液中 β-受体激动剂的峰面积;A_s 为标准溶液中 β-受体激动剂的峰面积;A_{is} 为试样溶液中 β-受体激动剂对应内标的峰面积;A_{is}^1 为标准溶液中 β-受体激动剂对应内标的峰面积;C_s 为标准溶液中 β-受体激动剂浓度(ng/mL);C_{is} 为试样溶液中 β-受体激动剂内标浓度(ng/mL);C_{is}^1 为标准溶液中 β-受体激动剂内标浓度(ng/mL);V 为溶解最终残余物体积(mL);m 为供试试样质量(g)。

【检测要点】

(1) 本法适用于动物性食品中 β-受体激动剂残留量测定。

(2) 定量测定时试样溶液和标准工作液作单点或多点校准,按内标法定量。系列标准工作液及试样溶液中目标物响应值均应在仪器检测的线性范围内。

(3) 本法对猪、牛、羊的肌肉、肝脏和肾脏的检测限为 0.2 μg/kg,定量限为 0.5 μg/kg。

(4) 本法参阅:GB 31658.22-2022。

二、气相色谱-质谱法

【原理】 试样在碱化的条件下用乙酸乙酯提取,合并提取液后,利用盐酸克伦特罗易溶于酸性溶液的特点,用稀盐酸反萃取,萃取的样液 pH 调至 5.2 后用 SCX 固相萃取小柱净化,分

离的药物残留经过双三甲基硅烷三氟乙酰胺(BSTFA)衍生后用带有质量选择检测器的气相色谱仪测定。

【仪器】 气相色谱/质谱联用仪。

【试剂】 ①30 mmol/L 盐酸。②4％氨化甲醇。③10％碳酸钠溶液。④双三甲基硅烷三氟乙酰胺。⑤盐酸克伦特罗标准溶液。⑥甲醇、乙酸乙酯、甲苯:分析纯。

【仪器工作条件】 ①色谱柱:HP－5MS 5％苯基甲基聚硅氧烷(30 m×0.25 mm,0.25 μm)。②进样口温度:220 ℃。③进样方式:不分流。④进样体积:1 μL。⑤柱温:70 ℃(保持 0.6 min),以 25 ℃/min 升温至 200 ℃(保持 6 min),以 25 ℃/min 升温至 280 ℃(保持5 min)。⑥载气:氦气。流速:0.9 mL/min(恒流)。⑦GC－MS 传输线温度:280 ℃。⑧四极杆温度:160 ℃。⑨选择离子监测(m/z)86，212，262，277。

【检测步骤】

称取(5.00±0.05)g 动物肝组织试样
　├─加 15 mL 乙酸乙酯,再加入 3 mL 10％碳酸钠溶液
以 10 000 r/min 以上的速度匀质 60 s
　├─5 000 r/min 离心 2 min,吸取上层有机溶剂
残渣中加 10 mL 乙酸乙酯,旋涡混合器上混合 1 min
　├─离心后吸取有机溶剂并合并提取液
收集有机溶剂,加 5 mL 0.1 mol/L 的盐酸溶液,旋涡混合 30 s
　├─5 000 r/min 离心 2 min,吸取下层溶液,同样步骤重复萃取一次
合并两次萃取液,调节 pH 至 5.2
　├─净化 SCX 小柱,依次用 5 mL 甲醇、5 mL 水和 5 mL 30 mmol/L 盐酸活化
将萃取液上样至固相萃取小柱中,依次用 5 mL 水和 5 mL 甲醇淋洗柱子
　├─抽干 SCX 小柱,用 5 mL 4％氨化甲醇溶液洗脱
洗脱液 50 ℃ 水浴中用氮气吹干
　├─加入 100 μL 甲苯和 100 μL BSTFA,震荡 30 s
80 ℃ 的烘箱中加热衍生 1 h(盖住盖子)
　├─吸取 0.5 mL 标准工作液,加到 4.5 mL 4％氨化甲醇溶液中
洗用氮气吹干后同试样操作,待衍生结束冷却
　├─加入 0.3 mL 甲苯转入进样小瓶中
气相色谱／质谱分析

【计算】

$$试样中盐酸克伦特罗的含量(\mu g/kg) = \frac{C_i \times V \times A}{A_i \times m}$$

式中,A 为样液中经衍生化盐酸克伦特罗的峰面积;A_i 为标准工作液中经衍生化盐酸克伦特罗的峰面积;C_i 为标准工作液中盐酸克伦特罗的浓度($\mu g/L$);V 为样液最终定容体积(mL);m 为最终样液所代表的试样质量(g)。

【检测要点】

(1) 本法适用于动物肝组织中盐酸克伦特罗的测定,检出限为 2.0 μg/kg。

(2) 选择试样峰(m/z 86)的峰面积进行单点或多点校准定量。当单点校准定量时根据试样液中盐酸克伦特罗含量情况,选择峰面积相近的标准工作溶液进行定量,同时标准工作溶液和试样液中盐酸克伦特罗响应值均应在仪器检测线性范围内。

（3）肉样应先绞成肉糜,然后取样检测。

（4）本法参阅:NY/T 468-2006。

三、酶联免疫吸附法

【原理】采用间接竞争 ELISA 方法,在微孔条上包被偶联抗原,试样中残留的莱克多巴胺药物与酶标板上的偶联抗原竞争莱克多巴胺抗体,加酶标记的抗体后,显色剂显色,终止液终止反应。用酶标仪在 450 nm 处测定吸光度,吸光值与莱克多巴胺残留量成负相关,与标准曲线比较即可得出莱克多巴胺残留含量。

【仪器】酶标仪(带有 450 nm 滤光片)。

【试剂】①乙腈。②正己烷。③莱克多巴胺抗体工作液。④酶标记物工作液。⑤底物液 A 液、底物液 B 液。⑥终止液。⑦莱克多巴胺系列标准溶液。⑧缓冲工作液。⑨洗涤液工作液。

【检测步骤】

取(3.00±0.03)g 试样
├─加 9 mL 乙腈,震荡 10 min, 4 000 r/min 离心 10 min
取上清液 4 mL,50 ℃ 水浴氮气吹干
├─加 1 mL 正己烷,涡动 30 s
加 1 mL 缓冲工作液,涡动 1 min, 4 000 r/min 离心 5 min
├─取下层液 100 μL 与样本缓冲工作液 100 μL 混合
每个试样 2 个平行,每孔加标准品或样本 50 μL
├─加莱克多巴胺抗体工作液 50 μL,室温反应 30 min,孔内液体垂直倒掉
加 250 μL 洗涤工作液,轻轻晃动后垂直倒掉,再重复洗涤微孔 3 次
├─加酶标记物 100 μL,室温反应 30 min,再重复洗涤微孔 3 次
每个微孔中加底物液 A 液和 B 液各 50 μL,混合后室温下避光显色 15～30 min
├─每个微孔加入 50 μL 终止液,充分混合
30 min 内于 450 nm 处测量吸光度值

【计算】

$$百分吸光度值 = B/B_0 \times 100\%$$

式中,B 为标准溶液或试样的平均吸光度值;B_0 为零浓度的标准溶液平均吸光值。

将计算的相对吸光度值(%)对应莱克多巴胺标准品浓度($\mu g/L$)的自然对数作半对数坐标系统曲线图,对应的试样浓度可从校正曲线算出。

【检测要点】

（1）本法适用于动物性食品中莱克多巴胺残留检测,在猪肉、猪肝样品中莱克多巴胺的检测限依次为 $1.5\,\mu g/kg$、$1.4\,\mu g/kg$。

（2）每次测定均应做一个用空白试样添加药物混合标样的质控试样,添加浓度应为相应产品的检测低限。

（3）ELISA 法的优点为简便、特异、灵敏、快速,并能一次检测数量较多的试样,故适用于对大量试样初步"筛选",有一定实用价值,在此基础上将阳性试样再进行 GC-MS 法的"确

证",两者相结合应用,可大大提高检测效率。

(4) 每个试样应在酶标板上做两个平行样检测,可以减少误差。

(5) 本法参阅:农业部 1025 号公告- 6 - 2008。

第十一节 · 同化激素类药物残留检测

同化激素包括甾类同化激素有雄激素(如去氢睾酮、甲基睾酮、苯丙酸诺龙等)、雌激素(如雌二醇、炔雌醇、雌酮等)、孕激素(如孕酮、炔诺酮、甲炔诺酮等)和非甾类同化激素(如己烯雌酚、双烯雌酚、己烷雌酚等)。同化激素类药物残留检测方法有液相色谱-质谱法、高效液相色谱法、气相色谱法和酶联免疫法。

一、液相色谱-质谱法

(一) 动物源性食品中 11 种激素残留检测

【原理】动物肌肉、肝脏和鲜蛋匀浆试样及牛奶在碱性条件下,与叔丁基甲醚均质、震荡提取,提取液浓缩蒸干后用 50％乙腈水溶液溶解残渣,冷冻离心脱脂净化。液相色谱-质谱仪测定,内标法定量。

【仪器】液相色谱-质谱仪(配有电喷雾离子源)。

【试剂】①乙腈、甲醇:色谱纯。②50％乙腈水溶液。③10％碳酸钠溶液。④0.1％甲酸溶液。⑤睾酮、甲基睾酮、黄体酮、群勃龙、勃地龙、诺龙、美雄酮、司坦唑醇、丙酸诺龙、丙酸睾酮及苯丙酸诺龙对照品:纯度≥98％。⑥内标贮备溶液:100.0 μg/mL 氘代睾酮标准溶液。⑦0.1 mg/mL 11 种激素药物标准贮备溶液。

【仪器工作条件】①色谱柱:C$_{18}$(150 mm×2.1 mm, 1.7 μm)。②流动相:乙腈＋0.1％甲酸溶液,梯度洗脱。③流速:0.3 mL/min。④柱温:30℃。⑤进样量:10 μL。⑥电喷雾离子源,正离子模式扫描。⑦脱溶剂气、锥孔气、碰撞气均为高纯氮气及其他合适气体,使用前应调节各气体流量以使质谱灵敏度达到检测要求。

【检测步骤】

取(5.00±0.05)g 试样
├─加氘代睾酮内标溶液适量
加碳酸钠溶液 3 mL 和 25 mL 叔丁基甲醚
├─均质 30 s,震荡 10 min, 4℃ 6 000 r/min 离心 10 min,取上清液
残渣加 25 mL 叔丁基甲醚重复再提取一次
├─上清液 40℃ 水浴中旋转蒸发至干
加乙腈水溶液 2.0 mL 溶解
├─旋涡混匀,溶液冷冻 30 min, 16 000 r/min 离心 5 min
滤膜过滤至试样瓶,待测

【标准曲线】准确量取适量的激素类药物及内标中间溶液用乙腈水溶液配制成浓度系列为 1.00 ng/mL、2.00 ng/mL、5.00 ng/mL、10.00 ng/mL、20.00 ng/mL、100.00 ng/mL 的

激素药物混合标准工作溶液及内标工作溶液,测定并制得标准曲线。

【计算】

$$试样中被测激素药物残留量(\mu g/kg)=\frac{A \times C_s \times V}{A_s \times m} \times \frac{1\,000}{1\,000}$$

式中,A 为试样中被测激素药物峰面积(mm^2);A_s 为基质匹配标准液中被测激素药物峰面积(mm^2);C_s 为基质匹配标准液中被测激素药物浓度(ng/mL);V 为最终试样定容体积(mL);m 为试样质量(g)。

【检测要点】

(1) 本法在猪、牛、羊、鸡肌肉组织和鲜蛋中睾酮、甲基睾酮、勃地龙、美雄酮及司坦唑醇的检测限为 $0.3\,\mu g/kg$,群勃龙、诺龙、丙酸诺龙、黄体酮、丙酸睾酮及苯丙酸诺龙为 $0.4\,\mu g/kg$;在猪、牛、羊、鸡肝脏组织和牛奶中睾酮、甲基睾酮、勃地龙、美雄酮及司坦唑醇的检测限为 $0.4\,\mu g/kg$,群勃龙、诺龙、丙酸诺龙、黄体酮、丙酸睾酮及苯丙酸诺龙为 $0.5\,\mu g/kg$。本法在猪、牛、羊、鸡肌肉、肝脏组织和牛奶、鲜蛋中睾酮、甲基睾酮、群勃龙、勃地龙、诺龙、美雄酮、司坦唑醇、丙酸诺龙、黄体酮、丙酸睾酮及苯丙酸诺龙的定量限为 $1.0\,\mu g/kg$。

(2) 在仪器最佳工作条件下,混合对照品基质匹配标准工作液与试样交替进样,采用与测试试样浓度接近的单点基质匹配标准溶液外标法定量。

(3) 本法参阅:农业部 1031 号公告-1-2008。

(二) 动物性食品中雌激素类药物残留测定

【原理】试样中残留的药物经酶解后用乙腈提取,固相萃取柱净化,液相色谱-质谱测定,内标法定量。

【仪器】液相色谱串-质谱仪(配自动进样器和电喷雾离子源)。

【试剂】①二氯甲烷-甲醇溶液。②甲醇-水溶液。③0.02 mol/L 乙酸铵溶液。④40%乙腈溶液。⑤β-葡萄糖醛酸酶/芳基硫酸酯酶。⑥标准品:雌三醇、雌酮、炔雌醇、17α-雌二醇、17β-雌二醇、己烯雌酚、己烷雌酚、己二烯雌酚雌三醇-D_3、雌酮-D_2、炔雌醇-D_4、17α-雌二醇-D_2、17β-雌二醇 D_2、己烯雌酚-D_8、己烷雌酚 D_4 和己二烯雌酚-D_6,含量均≥95%。⑦100 μg/mL 的标准储备液。⑧100 μg/L 混合内标工作液。

【仪器工作条件】①色谱柱:C_{18}(100 mm×2.1 mm,1.7 μm)。②流动相:A 为水,B 为乙腈,梯度洗脱。③进样量:10 μL。④色谱柱温度:40℃。⑤电喷雾离子源,负离子扫描。⑥毛细管电压:2.5 kV,RF 透镜电压:0.5 V。

【检测步骤】

取动物组织、牛奶、羊奶、鸡蛋试样 5.00 g(准确至±0.05 g)

准确加入混合内标工作液 50 μL,混合 15 s

├加乙酸铵溶液 10 mL、β-葡萄糖醛酸酶/芳基硫酸酯酶 50 μL

旋涡 1 min,(37±1)℃ 震荡酶解 12 h,冷却至室温

├加氯化钠 4 g,振摇溶解,加乙腈 20 mL

旋涡 1 min,10 000 r/min 离心 5 min

├取乙腈层,加乙腈 15 mL,重复提取

合并提取液,加正己烷 10 mL

├旋涡 1 min,10 000 r/min 离心 2 min

取乙腈层,40 ℃ 氮吹至干
  —用甲醇 1 mL 溶解,再加水 9 mL,为备用液
取 HLB 固相萃取柱,用二氯甲烷-甲醇 6 mL、甲醇 6 mL 和水 6 mL 活化
  —备用液过柱,控制流速不超过 2 mL/min
用甲醇-水 3 mL、水 3 mL 淋洗小柱,抽干
  —将活化过的氨基固相萃取柱串联在 HLB 固相萃取柱下方
二氯甲烷-甲醇 8 mL 洗脱,收集洗脱液
  —取下 HLB 固相萃取柱,用二氯甲烷-甲醇 2 mL 洗氨基柱,合并洗脱液
40 ℃ 水浴中旋转蒸发至干
  —加 4% 乙腈溶液 1.0 mL 溶解,涡旋混匀
滤膜过滤,待测

【标准曲线的制备】取 $1.0\,\mu g/L$、$2.0\,\mu g/L$、$5.0\,\mu g/L$、$20\,\mu g/L$、$50\,\mu g/L$、$200\,\mu g/L$ 系列混合准备工作溶液,供液相色谱-质谱测定。以激素类药物与相应内标物峰面积的比值为纵坐标,标准溶液浓度为横坐标,绘制标准曲线,求回归方程和租关系数。

【计算】

$$试样溶液中雌激素类药物浓度(\mu g/L) = \frac{A_i \times A_{is}^{1} \times C_s \times C_{is}}{A_{is} \times A_s \times C_{is}^{1}}$$

$$动物性食品中雌激素类药物残留量(\mu g/kg)\,或(\mu g/L) = \frac{C \times V \times 1000}{m \times 1000}$$

式中,C 为动物性食品中雌激素类药物浓度($\mu g/L$);C_{is} 为试样溶液中雌激素类药物内标浓度($\mu g/L$);C_s 为标准溶液中雌激素类药物浓度($\mu g/L$);C_{is}^{1} 为标准溶液中雌激素类药物内标浓度($\mu g/L$);A_i 为试样溶液中雌激素类药物的峰面积;A_{is} 为试样溶液中雌激素类药物内标的峰面积;A_s 为标准溶液中雌激素类药物的峰面积;A_{is}^{1} 为标准溶液中雌激素类药物内标的峰面积;V 为定容体积(mL);m 为试样质量(g)。

【检测要点】

(1) 本法在猪、牛、羊、鸡组织(肌肉、肝脏、肾脏和脂肪),鸡蛋,牛奶和羊奶中的检测限为 $0.50\,\mu g/kg$,定量限为 $1.00\,\mu g/kg$。

(2) 测定时取混合标准工作液与试样溶液交替进样,作单点或多点校准,按内标法以色谱峰面积定量,每种雌激素选择对应的同位素内标物进行定量。试样溶液中待测物的响应值均应在仪器测定的线性范围内。

(3) 本法参阅:CB 31658.9 - 2021。

(三) 牛、猪肝肾和肌肉组织中玉米赤霉醇、玉米赤霉酮、己烯雌酚、己烷雌酚、双烯雌酚残留量测定

【原理】试样中残留的玉米赤霉醇、玉米赤霉酮、己烯雌酚、己烷雌酚、双烯雌酚用叔丁基甲基醚和乙酸盐缓冲溶液加酶解剂分别提取,硅胶固相萃取柱净化后浓缩,用液相色谱-质谱仪测定,保留时间和离子丰度比定性,内标法定量。

【仪器】液相色谱-质谱联用仪(配有大气压化学电离源)。

【试剂】①甲醇、乙腈、乙酸乙酯、正己烷、二氯甲烷:色谱纯。②乙酸:优级纯。③0.2 mol/L 乙酸盐缓冲溶液(pH=5.2)。④3 mol/L 氢氧化钠溶液。⑤淋洗液。⑥洗脱液。⑦β-葡糖苷

酸酶。⑧激素及代谢物标准物质:玉米赤霉醇(包括 α-玉米赤霉醇和 β-玉米赤霉醇,各50%),纯度≥97%;玉米赤霉酮,纯度≥97%;己烯雌酚,纯度≥99%;己烷雌酚,纯度≥98%;双烯雌酚,纯度≥98%。⑨1 mg/mL 激素及代谢物标准溶液。⑩内标标准物质:氘代玉米赤霉醇(包括 α-玉米赤霉醇-4 氘代和 β-玉米赤霉醇-4 氘代,各50%),纯度≥99%;己烯雌酚-8 氘代,纯度≥98%。⑪1 mg/mL 内标标准溶液。

【仪器工作条件】①色谱柱:ZORBAX Eclipse SB - C_{18}(150 mm×4.6 mm, 3.5 μm)。②流动相:乙腈+水(70+30),梯度洗脱。③流速:1.0 mL/min。④柱温:25 ℃。⑤进样量50 μL。⑥大气压化学电离,负离子扫描。⑦离子源温度:350 ℃。⑧雾化气压力、气帘气压力:0.1035 MPa、0.0690 MPa。

【检测步骤】

取待测试样 5.00 g(精确到 0.01 g)
——加内标标准工作溶液,使内标物含量均为 2.0 μg/kg
加 20 mL 叔丁基甲基醚,10000 r/min 均质 1 min,3000 r/min 离心 5 min,取上清液
——离心管中的残渣于通风橱中挥发 30 min
加 15 mL 乙酸盐缓冲液
——10000 r/min 均质 1 min,3000 r/min 离心 5 min,取上清液
上清液于氮气浓缩仪上 40 ℃ 水浴中吹去残余叔丁基甲基醚
——加 80 μL β-葡糖苷酸酶,混匀,于 52 ℃ 烘箱中放置过夜
在此缓冲溶液中加入氢氧化钠溶液将溶液 pH 值调至 7
——加 10 mL 叔丁基甲基醚,充分混合,3000 r/min 离心 2 min
合并叔丁基甲基醚提取液,在氮气浓缩仪上于 40 ℃ 水浴中吹干
——加 1 mL 溶解液,涡旋 30 s 溶解
样液转入硅胶固相萃取柱,流速为 2 mL/min
——试样试管中加 3 mL 淋洗液,混合后过柱,流速为 2 mL/min
用 3 mL 淋洗液以 3 mL/min 的速度淋洗
——加入 2 mL 空气以 4 mL/min 的速度吹过硅胶柱
用 6 mL 洗脱液洗脱,流速为 2 mL/min
——加入 2 mL 空气以 6 mL/min 的速度吹过硅胶柱
收集洗脱液在氮气浓缩仪上于 40 ℃ 水浴中吹干
——加 1 mL 流动相,涡旋 30 s 溶解
过滤膜滤后,待测

【计算】参照一法动物性食品中雌激素类药物残留测定。

【检测要点】

(1) 本法检出限:牛猪肝肾和肌肉组织中玉米赤霉醇、玉米赤霉酮和己烷雌酚为 0.5 μg/kg,己烯雌酚和双烯雌酚为 1.0 μg/kg。

(2) 玉米赤霉醇和己烯雌酚的峰面积或峰高值分别是其两异构体峰面积或峰高值的和。

(3) 本法参阅:GB/T 20766 - 2006。

(四) 动物性食品中醋酸甲地孕酮和醋酸甲羟孕酮残留量测定

【原理】试样中残留的醋酸甲地孕酮和醋酸甲羟孕酮经乙腈提取,正己烷除脂,混合阳离子柱净化,甲醇洗脱,液相色谱-质谱法测定,内标法定量。

【仪器】液相色谱-质谱仪(配电喷雾离子源)。

【试剂】①乙腈,甲酸:色谱纯。②甲醇。③乙酸。④正己烷。⑤0.2 mol/L 乙酸铵缓冲

液。⑥2％甲酸水溶液。⑦0.1％甲酸乙腈水溶液。⑧50％甲醇水溶液。⑨30％甲醇水溶液。⑩醋酸甲地孕酮、醋酸甲羟孕酮,含量均≥98.0％。⑪内标:氘代醋酸甲地孕酮,含量≥98.0％。⑫1 mg/mL 标准贮备液。⑬0.1 mg/mL 内标贮备液。

【仪器工作条件】 ①色谱柱:C_{18}(50 mm×2.1 mm,1.7 μm)。②流动相:0.1％甲酸乙腈+0.1％甲酸溶液,梯度洗脱。③流速:0.2 mL/min。④柱温:30 ℃。⑤进样量:10 μL。⑥电喷雾(ESI)离子源,正离子扫描。⑦源温:100 ℃;雾化温度:350 ℃。

【检测步骤】

1. 酶解

取试样 2 g(准确到±0.02 g)于 50 mL 离心管中
—加内标工作液 40 μL
加 0.2 mol/L 乙酸铵缓冲液 4 mL
—涡旋混匀,加β-盐酸葡萄糖醛苷酶/芳基硫酸酯酶 40 μL
37 ℃ 下避光水浴低速震荡,酶解 12 h

2. 提取

(1) 肌肉、肝脏、肾脏组织

试样经酶解后,加乙酸乙酯 10 mL
—剧烈震荡 10 min,4 000 r/min 离心 5 min,取上清液
残渣加乙酸乙酯 10 mL 重复提取 1 次,合并上清液
—50 ℃ 旋转蒸发至干,加乙腈 10 mL、正己烷 5 mL 使溶解
低速涡旋 10 s,3 000 r/min 离心 2 min,弃正己烷层
—下层液于 50 ℃ 旋转蒸发至干
加 30％甲醇水溶液 3 mL,溶解,备用

(2) 脂肪组织

试样经酶解后,加乙腈 10 mL
—剧烈震荡 0.5 min,50 ℃ 超声提取 10 min,4 000 r/min 离心 5 min,取上清液
残渣加乙腈 10 mL 重复提取 1 次
—合并上清液,加正己烷 4 mL
低速涡旋 10 s,3 000 r/min 离心 2 min,弃正己烷层
—加正己烷 4 mL,再次除脂
下层 50 ℃ 旋转蒸发至干,加入 30％甲醇水溶液 3 mL 溶解,备用

3. 净化

混合阳离子固相萃取柱用甲醇、水各 3 mL 活化取备用液过柱
依次用水、50％甲醇溶液各 3 mL 淋洗,抽干
—甲醇 5 mL 洗脱
洗脱液于 50 ℃ 下氮气吹干
—加 0.2 mL 0.1％甲酸水乙腈溶液溶解残余物,涡旋混匀
过滤膜,待测

【标准曲线的制备】 精密量取适量混合标准工作液及内标标准工作液,用流动相稀释配制成浓度为 2 ng/mL、5 ng/mL、25 ng/mL、50 ng/mL、100 ng/mL 的系列标准溶液(内标均为20 ng/mL)。以特征离子质量色谱峰面积比为纵坐标,标准溶液浓度为横坐标,绘制标准

曲线。

【计算】参照一法动物性食品中雌激素类药物残留测定。

【检测要点】

（1）本法检测限为 0.5 μg/kg，定量限为 1 μg/kg。在 1～5 μg/kg 添加浓度水平上的回收率为 70%～120%。

（2）本法参阅：GB 31660.4－2019。

二、高效液相色谱法

（一）畜禽肉中己烯雌酚的测定

【原理】试样匀浆后，经甲醇提取过滤，注入 HPLC 柱中，经紫外检测器鉴定。于波长 230 nm 处测定吸光度，同条件下绘制工作曲线，己烯雌酚含量与吸光度值在一定浓度范围内成正比，试样与工作曲线比较定量。

【仪器】高效液相色谱仪（配紫外检测器）。

【试剂】①甲醇。②0.043 mol/L 磷酸二氢钠。③100 mg/mL 己烯雌酚（DES）标准溶液。④100 μg/mL 己烯雌酚（DES）标准使用液。

【仪器工作条件】①色谱柱：CLC－ODS C$_{18}$（150 mm×6.2 mm，5 μm）。②流动相：甲醇＋0.043 mol/L 磷酸二氢钠（70＋30），用磷酸调 pH 5。③流速：1 mL/min。④柱温室温。⑤检测波长：230 nm。⑥进样体积：20 μL。⑦灵敏度：0.04 AUFS。

【检测步骤】

取试样（5.0±0.1）g
├加 10 mL 甲醇，充分搅拌，震荡 20 min
于 3 000 r/min 离心 10 min，取上清液
├残渣中再加 10 mL 甲醇，混匀
震荡 20 min
├于 3 000 r/min 离心 10 min，合并上清液
过滤膜，备用

【标准曲线的制备】称取 5 份（每份 5.0 g）绞碎的肉试样，放入 50 mL，具塞离心管中，分别加入不同浓度的标准液（6.0 μg/mL、12.0 μg/mL、18.0 μg/mL、24.0 μg/mL）各 1.0 mL，同时做空白。其中甲醇总量为 20.00 mL，使其测定浓度为 0.00 μg/mL、0.30 μg/mL、0.60 μg/mL、0.90 μg/mL、1.20 μg/mL，按上述提取净化处理方法提取备用，上机测定。己烯雌酚色谱图见图 4－10。

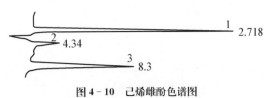

图 4－10 己烯雌酚色谱图

1.溶剂峰；2.杂质峰；3.己烯雌酚标准峰

【计算】

$$试样中己烯雌酚含量(mg/kg) = \frac{A \times 1\,000}{m \times \dfrac{V_2}{V_1}} \times \frac{1\,000}{1\,000 \times 1\,000}$$

式中,A 为进样体积中己烯雌酚含量(ng);m 为试样质量(g);V_2 为进样体积(μL);V_1 为试样甲醇提取液总体积(mL)。

【检测要点】

(1) 本法适用于新鲜鸡肉、牛肉、猪肉、羊肉中己烯雌酚残留量测定,检出限 0.25 mg/kg。

(2) 所用有机溶剂应经 0.5 μm FH 滤膜过滤,无机试剂应经 0.45 μm 滤膜过滤。

(3) 本法参阅:CB/T 5009.108 - 2003。

(二) 水产品中甲基睾酮残留量测定

【原理】 以乙醚提取试样中的甲基睾酮,经过液液萃取,用 C_{18} 柱进行色谱分离,利用甲基睾酮具有紫外特征吸收,外标法定量。

【仪器】 液相色谱仪(配紫外检测器)。

【试剂】 ①甲醇:色谱纯。②石油醚、无水乙醚:分析纯。③甲醇溶液。④20 μg/mL 甲基睾酮标准储备液。

【仪器工作条件】 ①色谱柱:C_{18}(250 mm×4.6 mm,5 μm)。②流动相:甲醇＋水(70＋30)。③流速:0.8 mL/min。④柱温:30 ℃。⑤检测波长:254 nm。⑥进样体积:20 μL。

【检测步骤】

取试样(5.00±0.01)g 于 50 mL 烧杯

├─加 15 mL 乙醚,磁力搅拌 15 min,转移至 50 mL 离心管

用 5 mL 乙醚洗净烧杯,溶液 5 000 r/min 离心 10 min,取上清液

├─残渣用 15 mL 乙醚重复提取一次,合并上清液

40 ℃ 水浴条件下减压旋转蒸发至干

├─残渣加 5 mL 甲醇溶液清洗瓶壁

加 4 mL 的石油醚,加塞剧烈震荡 1~2 min,4 000 r/min 离心 10 min

├─弃上层石油醚层,下层加入 4 mL 的石油醚再洗涤一次

下层甲醇溶液 40 ℃ 水浴减压旋转蒸发至约 0.5 mL

├─加 2 mL 水清洗瓶壁,合并水溶液

加 4 mL 的乙醚,震荡 1~2 min,混匀,4 000 r/min 离心 10 min

├─吸取上层乙醚层于鸡心瓶

下层加 4 mL 乙醚再提取一遍

├─吸取上层,合并至鸡心瓶

40 ℃ 水浴减压旋转蒸发至干

├─加 1 mL 流动相溶解残渣

聚四氟乙烯膜过滤,待测

【计算】

$$试样中甲基睾酮残留量(\mu g/kg) = \frac{A \times C_s \times V \times 1\,000}{A_s \times m}$$

式中,A 为试样中甲基睾酮峰面积(mm^2);A_s 为标准液中甲基睾酮峰面积(mm^2);C_s 为标准液中甲基睾酮浓度($\mu g/mL$);V 为最终试样定容体积(mL);m 为试样质量(g)。

【检测要点】

(1) 本法检测限为 $10.00\,\mu g/kg$,线性范围:$0.05\sim10.00\,\mu g/mL$。

(2) 色谱分析:分别注入 $20\,\mu L$ 浓度为 $1\,\mu g/mL$ 标准工作溶液和试样提取溶液于液相色谱仪中,按上述色谱条件进行色谱分析,记录峰面积,响应值均应在仪器检测的线性范围之内。根据标准试样的保留时间定性,外标法定量。标准品色谱图见图 4-11。

(3) 上清液需要经过孔径 $0.45\,\mu m$ 聚四氟乙烯膜过滤后才可使用。

(4) 本法参阅:SC/T 3029-2006。

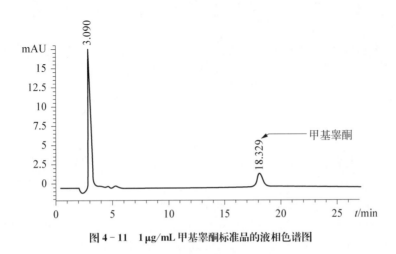

图 4-11 $1\,\mu g/mL$ 甲基睾酮标准品的液相色谱图

三、气相色谱-质谱法

(一) 动物性食品中 17β-雌二醇、雌三醇、炔雌醇和雌酮残留量测定

【原理】试样中残留的 17β-雌二醇、雌三醇、炔雌醇和雌酮,经酶解、提取、净化和衍生,气相色谱质谱法测定,外标法定量。

【仪器】气相色谱质谱联用仪(配 EI 源)。

【试剂】①乙腈、甲醇:色谱纯。②$1.0\,mol/L$ 氢氧化钠溶液。③醋酸钠缓冲液(pH 5.2)。④$2.0\,mol/L$ 醋酸铵溶液。⑤甲醇水溶液。⑥乙酸乙酯正己烷溶液。⑦衍生化试剂。⑧$100\,\mu g/mL$ 标准储备液。

【仪器工作条件】①色谱柱:MS 石英毛细管色谱柱($30\,m\times0.25\,mm$, $0.25\,\mu m$)。②载气:高纯 He。③恒流:$1.0\,mL/min$。④进样口温度:$220\,℃$。⑤不分流进样。⑥进样体积 $1\,\mu L$。⑦色谱柱起始温度 $100\,℃$,保持 $1\,min$,$20\,℃/min$ 的升温速率升至 $200\,℃$,保持 $3\,min$;$20\,℃/min$ 的升温速率升至 $260\,℃$,保持 $5\,min$;再以 $20\,℃/min$ 的升温速率升至 $280\,℃$,保持 $3\,min$。⑧离子源(EI)温度:$230\,℃$。⑨GC/MS 传输线温度:$280\,℃$。⑩四极杆温度:$150\,℃$。

【检测步骤】

取试样 5.00 g(准确至 ±0.02 g)
—加醋酸钠缓冲液 10 mL,均质 1 min,涡旋震荡 2 min
加葡萄糖醛酸酶/芳香基硫酸酯酶 20 μL,50 ℃ 酶解 2 h
—加乙酸乙酯 20 mL
旋涡震荡 3 min,10 000 r/min 离心 5 min,收集上清液
—残渣中加乙酸乙酯 20 mL,重复提取 1 次,合并上清液
40 ℃ 水浴旋转蒸发至近干,用氢氧化钠溶液 6 mL 分 3 次溶解洗涤
—洗液转入 50 mL 离心管
加正己烷 20 mL,旋涡震荡 1 min,10 000 r/min 离心 5 min
—收集下层清液,加醋酸铵溶液 1 mL,用冰醋酸调 pH 至 5.0 ~ 5.2,备用
C_{18} 固相萃取柱用甲醇、水各 5 ml 活化
—备用液过柱,分别用水、甲醇水溶液各 5 mL 淋洗,抽干
加甲醇 5 mL,洗脱,收集洗脱液,50 ℃ 水浴氮气吹干
—加乙酸乙酯正己烷溶液 5 mL 使溶解,备用
硅胶固相萃取柱,加正己烷 5 mL 活化
—取备用液过柱,淋洗,抽干,加乙腈 5 mL,洗脱
洗脱液 50 ℃ 水浴氮气吹干
—加甲苯、衍生化试剂各 100 μL 于氮气吹干的玻璃试管
震荡混合,封口,于 80 ℃ 烘箱中衍生 60 min,冷却,待测

【标准工作曲线制备】 精密量取混合标准工作液适量,用甲醇稀释成浓度分别 10 μg/L、50 μg/L、100 μg/L、200 μg/L、500 μg/L、1 000 μg/L 系列标准溶液,各准确量取 500 μL,50 ℃水浴氮气吹干,进行衍生操作,冷却后再各加甲苯 300 μL 进行 GC - MS 测定。以 17 β-雌二醇、雌三醇、炔雌醇和雌酮各浓度为横坐标,相应的定量离子峰面积为纵坐标,绘制标准曲线或求线性回归方程。雌激素类药物标准溶液色谱图见图 4 - 12。

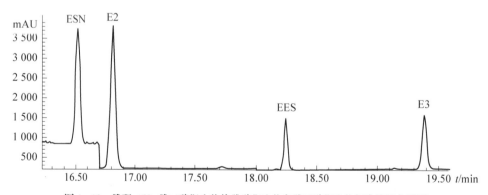

图 4 - 12   雌酮、17β-雌二醇衍生物炔雌醇衍生物和雌三醇衍生物标准溶液色谱图

标引序号说明:ESN-雌酮衍生物;EES-炔雌醇衍生物;E2 - 17β-雌二醇衍生物;E3 -雌三醇衍生物。

【计算】 参照高效液相色谱法测定水产品中甲基睾酮残留量计算。

【检测要点】

(1) 本法检测限为 0.5 μg/kg,定量限为 10 μg/kg;在 1.0~10.0 μg/kg 添加浓度水平的回收率在 60%~110%。

（2）本法参阅：GB 31658.7-2021。

（二）鸡肉和鸡肝中己烯雌酚残留检测

【原理】动物组织试样中呈结合态的己烯雌酚在乙酸铵溶液中经酶解后成游离状态，再用乙腈提取。合并提取液，利用溶剂的极性差异，加入一定量的正己烷和乙酸乙酯混合溶剂使提取液分成三层，取中间层经旋转蒸发后溶解在乙酸乙酯中，再通过碳酸钠溶液和硅胶柱进行净化处理。净化后的试样经甲基硅烷化后进行气相色谱-质谱分析。

【仪器】气相色谱质谱联用仪（配自动进样器和EI源）。

【试剂】①正己烷。②乙酸乙酯。③10%碳酸钠溶液。④乙腈、甲醇：色谱纯。⑤正己烷/乙酸乙酯体积比85∶15，70∶30。⑥0.02 mol/L乙酸铵溶液。⑦双三甲基硅基三氟乙酰氨（BSTFA）。⑧三甲基氯硅烷。⑨β-盐酸葡萄糖醛苷酶芳基硫酸酯酶。⑩衍生化试剂。⑪1 mg/mL储备液。

【仪器工作条件】①色谱柱：HP-5 MS石英毛细管色谱柱（30 m×0.25 mm，0.25 μm）。②载气：高纯He，恒流1.0 mL/min。③进样口温度：220℃。④不分流进样。⑤进样体积：1 μL。⑥色谱柱起始温度160℃，保持1 min，15℃/min的升温速率升至290℃，保持5 min。⑦离子源（EI）温度：200℃。⑧四极杆温度：160℃。⑨选择离子监测（m/z）：383、397、412、413。

【检测步骤】

取(5.00±0.05)g试样于50 mL离心管
├加10 mL乙酸铵溶液，均质1 min
加20 μL β-盐酸葡萄糖醛苷酶芳基硫酸酯酶，盖上盖子，60℃烘箱中酶解2 h
├4 000 r/min离心2 min，收集提取液
残渣加10 mL乙腈，匀质30 s，以4 000 r/min离心2 min，收集乙腈提取液
├残渣再以10 mL乙腈提取，步骤同上，合并提取液
加8 mL正己烷和2 mL乙酸乙酯，旋涡混合1 min，4 000 r/min离心5 min
├吸取中间层加5 mL正丙醇，50℃水浴中旋转浓缩至干
用10 mL乙酸乙酯溶解残渣，加2 mL 10%碳酸钠溶液
├旋涡混合1 min，4 000 r/min离心5 min，弃去下层水相
加入2 mL 10%碳酸钠溶液，重复上述步骤
├将乙酸乙酯移入10 mL试管中，50℃水浴中用氮气吹干
加2 mL正己烷和乙酸乙酯的混合溶剂（体积比85∶15）溶解残渣
├转移到用5 mL正己烷、5 mL乙酸乙酯活化并抽干处理后的硅胶柱上
用5 mL正己烷淋洗，弃去正己烷淋洗液，抽干
├用5 mL正己烷乙酸乙酯混合溶剂（体积比70∶30）洗脱，收集洗脱液
50℃水浴中用氮气吹干
├加100 μL衍生化试剂，震荡混合，封口，60℃烘箱中衍生15 min
50℃水浴中用氮气吹干，冷却后加入100 μL甲苯，混合待测

【计算】参照高效液相色谱法测定水产品中甲基睾酮残留量计算。

【检测要点】

（1）本法在鸡肉和鸡肝中的检测限为1.0 μg/kg，回收率在60%~120%范围内。

（2）取试样溶液和标准溶液进样，作单点或多点校准以峰面积积分值（顺反式己烯雌酚峰面积之和）定量。标准溶液及试样溶液中，己烯雌酚的响应值均应在仪器检测的线性范围内。

在上述色谱条件下,药物的出峰顺序为反式己烯雌酚和顺式己烯雌酚。标准溶液的色谱图见图 4 - 13。

（3）本法参阅:农业部 1031 号公告- 4 - 2008。

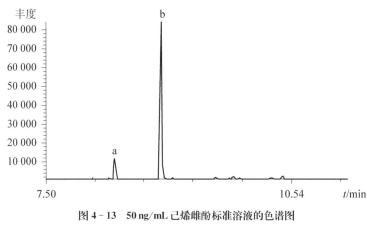

图 4 - 13　50 ng/mL 己烯雌酚标准溶液的色谱图

a-反式己烯雌酚衍生物;b-顺式己烯雌酚衍生物

（三）水产品中辛基酚、壬基酚、双酚 A、己烯雌酚、雌酮、17 α -乙炔雌二醇、17 β -雌二醇、雌三醇残留量的测定

【原理】试样中辛基酚、壬基酚、双酚 A、己烯雌酚、雌酮、17 α -乙炔雌二醇、17 β -雌二醇、雌三醇残留经乙酸乙酯提取,凝胶渗透色谱及固相萃取净化,七氟丁酸酐衍生,气相色谱质谱法测定,外标法定量。

【仪器】气相色谱质谱联用仪(配 EI 源)。

【试剂】①乙酸乙酯、丙酮、正己烷、甲醇、环己烷:色谱纯。②七氟丁酸酐。③碳酸钠溶液。④50％环己烷乙酸乙酯溶液。⑤50％甲醇溶液。⑥1 mg/mL 辛基酚、壬基酚、双酚 A、己烯雌酚、雌酮、17 α -乙炔雌二醇、17 β -雌二醇、雌三醇含量均≥98％储备液。

【仪器工作条件】①色谱柱:HP - 5 MS 石英毛细管色谱柱(30 m×0.25 mm,0.25 μm)。②载气:高纯 He≥99.99％,恒流 1.0 mL/min。③进样口温度:250 ℃。④不分流进样。⑤进样体积:1 μL。⑥色谱柱起始温度 120 ℃,保持 2 min,15 ℃/min 的升温速率升至 250 ℃,5 ℃/min 的升温速率升至 300 ℃,保持 5 min。⑦离子源(EI)温度:230 ℃。⑧四极杆温度:150 ℃。⑨溶剂延迟:7 min。

【检测步骤】

取试样 5 g(准确至±0.02 g)于 50 mL 离心管

━加碳酸钠溶液 3 mL、乙酸乙酯 20 mL

涡旋混匀,超声提取 10 min,4 000 r/min 离心 10 min,取上清液

━残渣乙酸乙酯 10 mL 重复提取一次,合并上清液

40 ℃ 旋转蒸发至干,用 50％ 环己烷乙酸乙酯溶液 5 mL 溶解残留物,备用

━备用液转至凝胶净化柱上,用 50％ 环己烷乙酸乙酯溶液 110 mL 淋洗

根据凝胶净化洗脱曲线确定收集淋洗液的体积

   ——40 ℃ 旋转蒸干,残渣用甲醇 1 mL 溶解,加水 9 mL 稀释,备用

固相萃取柱用甲醇和水各 5 mL 活化

   ——备用液过柱,控制流速不超过 2 mL/min

用 50% 甲醇水溶液 10 mL 淋洗,抽干

   ——用甲醇 10 mL 洗脱,控制流速不超过 2 mL/min

收集洗脱液,于 40 ℃ 水浴中氮气吹干

   ——加七氟丁酸酐 30 μL,丙酮 70 μL,盖紧盖,涡旋混合 30 s

30 ℃ 恒温箱中衍生 30 min,氮气吹干

   ——加正己烷 0.5 mL,涡旋混合 10 s

溶解残余物,待测

【标准曲线】取混合标准工作溶液 50 μL、100 μL、200 μL、500 μL、1000 μL 于 1.5 mL 试样反应瓶中,40 ℃ 水浴中氮吹至干,进行衍生,制成辛基酚、己烯雌酚浓度均为 5 μg/L、10 μg/L、25 μg/L、50 μg/L、100 μg/L 的梯度系列,壬基酚、双酚 A 浓度均为 3 μg/L、6 μg/L、15 μg/L、30 μg/L、60 μg/L 的梯度系列,雌酮、17 α-乙炔雌二醇、17 β-雌二醇、雌三醇浓度均为 10 μg/L、20 μg/L、50 μg/L、100 μg/L、200 μg/L 的梯度系列。分别取 1 μL 进样,以定量离子峰面积为纵坐标,浓度为横坐标,绘制标准曲线。

【计算】参照高效液相色谱法测定水产品中甲基睾酮残留量计算。

【检测要点】

(1) 本法的检测限辛基酚、己烯雌酚分别为 0.2 μg/kg,壬基酚、双酚 A 分别为 0.1 μg/kg,雌酮、17α-乙炔雌二醇、17β 雌二醇、雌三醇分别为 0.3 μg/kg,定量限:辛基酚、己烯雌酚分别为 0.5 μg/kg,壬基酚、双酚 A 分别为 0.3 μg/kg,雌酮、17α-乙炔雌二醇、17β 雌二醇、雌三醇分别为 1.0 μg/kg。

(2) 凝胶净化柱洗脱曲线的绘制:将 5 mL 混合标准溶液上柱,用 50% 环己烷乙酸乙酯溶液淋洗,收集淋洗液,每 10 mL 收集一管,于 40 ℃ 水浴中氮吹至干。进行衍生,气相色谱质谱法测定,根据淋洗体积与回收率的关系确定需要收集的淋洗液体积。

(3) 本法参阅:GB 31660.2 - 2019。

四、酶联免疫吸附法

(一)动物性食品中己烯雌酚残留检测

【原理】采用间接竞争 ELISA 方法,在微孔条上包被偶联抗原,试样中残留的己烯雌酚与酶标板上的偶联抗原竞争己烯雌酚抗体,加入酶标记的羊抗鼠抗体后,显色剂显色,终止液终止反应。用酶标仪在 450 nm 波长处测定吸光度,吸光度值与己烯雌酚残留量成负相关,与标准曲线比较即可得出己烯雌酚残留含量。

【仪器】酶标仪(配备 450 nm 滤光片)。

【试剂】①乙腈。②丙酮。③三氯甲烷。④85% 磷酸。⑤乙腈-丙酮溶液。⑥2 mol/L 氢氧化钠溶液。⑦6 mol/L 磷酸溶液。⑧己烯雌酚药物快速检测试剂盒(己烯雌酚药物抗体工作液、酶标记物工作液、底物液 A 液、底物液 B 液、终止液、20 倍浓缩洗涤液、20 倍浓缩缓冲液、洗涤工作液、缓冲工作液)。⑨系列标准工作溶液。

【检测步骤】

取(2.00±0.02)g 匀浆后的试样

— 加乙腈-丙酮(84+16,V/V)6 mL,振摇 10 min,15 ℃,3 000 r/min 离心 10 min

取上清液 3.0 mL,60 ℃ 水浴下氮气吹干

— 加氯仿 0.5 mL,涡动 20 s

加 2 mol/L 氢氧化钠溶液 2.0 mL,涡动 30 s,3 000 r/min 离心 5 min

— 取上清液 1.0 mL,加 6 mol/L 磷酸溶液 200 μL,涡动 5 s

加乙腈 3.0 mL 萃取,震荡 10 min,3 000 r/min 离心 10 min

— 取上层有机相 1.0 mL,60 ℃ 水浴下氮气吹干

用缓冲工作液 1.0 mL 溶解残留物,取 50 μL 作为试样液分析,本法的稀释倍数为 6 倍

— 每个试样 2 个平行进行酶联免疫反应

微孔从冰箱中取出,放在室温下回温 60~120 min

— 加系列标准溶液或试样液 50 μL

加己烯雌酚抗体工作液 50 μL/孔,震荡混匀,盖板 37 ℃ 避光反应 30 min

— 倒出孔中液体,完全除去孔中的液体

加洗涤工作液 250 μL/孔,5 s 后倒掉孔中液体,完全除去孔中液体重复操作两遍以上

— 加酶标记物工作液 100 μL/孔,震荡混匀,盖板 37 ℃ 避光反应 30 min

加洗涤工作液 250 μL/孔,5 s 后倒掉孔中液体,完全除去孔中液体

— 重复操作两遍以上

加底物液 A 液和 B 液各 50 μL/孔,震荡混匀

— 盖板室温避光显色 15 min

加终止液 50 μL/孔,震荡混匀,450 nm 波长处测量吸光度值

【计算】

$$相对吸光度值(\%) = B/B_0 \times 100\%$$

式中,B 为标准溶液或试样的平均吸光度值;B_0 为零浓度的标准溶液平均吸光度值。

将计算的相对吸光度值(%)对应己烯雌酚药物标准品浓度(μg/L)的自然对数作半对数坐标系统曲线图,对应的试样浓度可从校正曲线算出。

【检测要点】

(1) 本法在猪肉、猪肝、虾试样中己烯雌酚的检测限均为 2 μg/kg,在 3~12 μg/kg 添加浓度水平上的回收率均为 60%~110%。

(2) 使用前将试剂盒于室温(19~25 ℃)下放置 1~2 h。

(3) 每个试样应在酶标板上做两个平行样检测,可以减少误差。

(4) 本法参阅:农业部 1163 号公告-1-2009。

(二)动物源性食品中醋酸甲羟孕酮残留量测定

【原理】 用乙酸乙酯提取试样中醋酸甲羟孕酮,用间接竞争性酶联免疫法进行检测。

【仪器】 酶标仪。

【试剂】 ①甲醇。②乙酸乙酯。③正己烷。④无水硫酸钠。⑤醋酸甲羟孕酮药物快速检测试剂盒(抗醋酸甲羟孕酮抗体工作液、酶标记物工作液、底物液 A 液、底物液 B 液、终止液、20 倍浓缩洗涤液、20 倍浓缩缓冲液、洗涤工作液、缓冲工作液)。⑥系列标准工作溶液。

【检测步骤】

取 5.00 g(精确到 0.01 g)粉碎试样到 50 mL 离心管中
— 加 5 g 无水硫酸钠,再加入 20 mL 乙酸乙酯
高速均质 1～2 min,震荡 5 min,室温下 1 000 r/min 离心 10 min
— 取上清液 4 mL 于 40 ℃ 氮气吹干
加 1.5 mL 80% 的甲醇/水溶解残渣
— 加 1 mL 正己烷,震荡 1 min 脱脂,离心 2 min
吸去正己烷,重复此步两次
— 40 ℃ 氮气吹干,用 2 mL 5% 的甲醇/抗体稀释缓冲溶液溶解残渣
过滤膜,待测
— 每个试样 2 个平行进行酶联免疫反应
加系列标准溶液或试样液 50 μL/孔
— 空白和对照孔中分别加 100 μL/孔的抗体稀释缓冲液
除空白孔外,加 50 μL/孔稀释的抗体液
— 空白孔中加 50 μL/孔抗体稀释缓冲液,轻拍混匀
用粘胶纸封住微孔以防溶液挥发,37 ℃ 孵育 30 min,弃孔液,洗涤液洗板三次
— 加稀释好的酶标记物液 100 μL/孔,轻轻混匀,37 ℃ 孵育 30 min,弃孔液
用洗涤液洗板三次
— 加混合好的底物液 100 μL/孔,轻轻混匀,室温放置 30 min
加 50 μL/孔的终止液,震荡混匀,10 min 内在 450 nm 波长处测量吸光度值

【计算】

$$醋酸甲羟孕酮对抗原抗体结合反应的抑制率(\%) = \left[1 - \frac{A_{样品} - A_{空白}}{A_{对照} - A_{空白}}\right] \times 100\%$$

式中,$A_{试样}$ 为醋酸甲羟孕酮标准液或样液的 450 nm 吸光值的平均值;$A_{空白}$ 为不加抗体及醋酸甲羟孕酮标准液的 450 nm 吸光值的平均值;$A_{对照}$ 为未加醋酸甲羟孕酮标准浴液和试样待测液但加入抗体稀释液和酶标结合物的孔中 450 nm 吸光值的平均值。

绘制标准曲线:以抑制率为纵坐标,醋酸甲羟孕酮浓度对数为横坐标绘制校正曲线。每次试验均应重新绘制标准曲线,标准曲线见图 4-14。

从标准曲线上读取样液抑制率折对应的醋酸甲羟孕酮浓度,计算试样中的醋酸甲羟孕酮残留量:

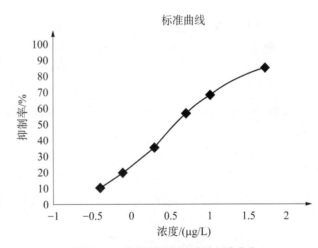

图 4-14 醋酸甲羟孕酮抑制率标准曲线

$$试样中醋酸甲羟孕酮残留量(μg/kg) = C \times R$$

式中,C 为根据试样孔的抑制率查得试样中醋酸甲羟孕酮浓度($μg/L$);R 为该试样的稀释倍数,在本法中该系数均为 2。

【检测要点】

（1）在吸取浓缩液之前要仔细摇匀，提供的乙酸甲羟孕酮抗体、羊抗兔酶标二抗、底物溶液为浓缩液，现用现配。

（2）本法检测低限为 1.0 μg/kg。

（3）为了保证结果准确性每次试验均应重新绘制标准曲线。

（4）本法参阅：SN/T. 1959 - 2007。

第十二节 · 抗寄生虫类药物残留检测

在畜牧业生产中，最早曾用磺胺类药物防治鸡的球虫病，后来相继使用氯羟吡啶、氨丙啉、尼卡巴嗪、二硝苯甲酰胺（球痢灵）、氯苯胍等药物，目前使用最广泛的抗球虫药以聚醚类药物（PEs）为主。除此之外，还有抗寄生虫药阿维菌素类药物（AVMs）及抗蠕虫药苯并咪唑类药物（BZs）等。由于畜牧业生产上作为药物性添加剂混料饲喂，进行不间断持久性地防治寄生虫病，这就势必导致动物性食品药物残留。抗寄生虫类药物残留检测方法有高效液相色谱法、气相色谱-质谱法、液相色谱-质谱法、微生物检验方法（仲裁法）、酶联免疫法。

一、高效液相色谱法

（一）水产品中甲苯咪唑及代谢物残留量测定

【原理】试样中残留的甲苯咪唑及其代谢物用乙酸乙酯提取，正己烷除脂，阳离子固相萃取柱净化，高效液相色谱紫外检测器测定，外标法定量。

【仪器】高效液相色谱仪（配紫外检测器）。

【试剂】①乙腈、甲醇、正己烷、乙酸乙酯、N，N-二甲基甲酰胺：色谱纯。②80%甲醇溶液。③1%甲酸溶液。④0.05 mol/L 磷酸二氢铵三乙胺溶液。⑤0.05 mol/L 磷酸二氢铵缓冲液。⑥5%氨化甲醇溶液。⑦溶解液。⑧100 μg/mL 标准储备液。

【仪器工作条件】①色谱柱：C$_{18}$（250 mm×4.6 mm，5 μm）。②流动相：A 为乙腈，B 为0.05 mol/L 磷酸二氢铵-三乙胺溶液，梯度洗脱。③流速：0.9 mL/min。④柱温：40 ℃。⑤进样量：30 μL。⑥检测波长：289 nm。

【检测步骤】

取试样 3.00 g（准确至±0.03 g）于 50 mL 离心管

├─加水 2 mL，涡旋 30 s

加乙酸乙酯 10 mL，震荡 2 min，超声 5 min，4 500 r/min 离心 10 min

├─乙酸乙酯层转移到鸡心瓶

残渣加乙酸乙酯 10 mL，重复提取 2 次，合并乙酸乙酯，40 ℃ 旋转蒸发至干

├─加 80% 甲醇溶液 3 mL，涡旋混合 1 min

加正己烷 3 mL，混合 1 min

├─6 000 r/min 离心 5 min，去除正己烷层

下层加正己烷 3 mL,重复去脂一次
　—向下层加 1% 甲酸水溶液 3 mL,混匀,6 000 r/min 离心 5 min,取上清液
固相萃取柱用甲醇、水各 3 mL 活化,上清液过柱
　—用水、甲醇各 4 mL 淋洗,弃流出液,抽干
用 5% 氨化甲醇溶液 5 mL 洗脱,洗脱液 40 ℃ 氮气吹干
　—加溶解液 1.0 mL,旋涡混合 1 min
水相针式滤器过滤至进样小瓶,待测

【标准曲线】 精密量取混合标准中间液适量,用溶解液稀释配制成甲苯咪唑、羟基甲苯咪唑浓度分别为 0.02 μg/mL、0.05 μg/mL、0.10 μg/mL、0.25 μg/mL、0.50 μg/mL 和 1.00 μg/mL,氨基甲苯咪唑浓度为 0.04 μg/mL、0.10 μg/mL、0.20 μg/mL、0.50 μg/mL、1.00 μg/mL 和 2.00 μg/mL 的系列标准工作液,供高效液相色谱测定。分别以甲苯咪唑、氨基甲苯咪唑和羟基甲苯咪唑的峰面积为纵坐标,相应浓度为横坐标,绘制标准曲线,求回归方程和相关系数。此标准工作液现用现配。甲苯咪唑、氨基甲苯咪唑和羟基甲苯咪唑混合标准溶液液相色谱图见图 4-15。

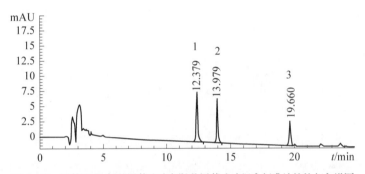

图 4-15 甲苯咪唑、氨基甲苯咪唑和羟基甲苯咪唑混合标准溶液液相色谱图

标引序号说明:1. 氨基甲苯咪唑(1.0 μg/mL);2. 羟基甲苯咪唑
(0.5 μg/mL);3. 甲苯咪唑(0.5 μg/mL)。

【计算】

$$试样中甲苯咪唑或代谢物残留量(μg/kg) = \frac{C \times V \times f}{m} \times 1000$$

式中,C 为从标准工作曲线计算得到的试样溶液中甲苯咪唑或代谢物浓度(μg/mL);V 为溶解残余物体积(mL);f 为稀释倍数;1 000 为换算系数;m 为供试试样质量(g)。

【检测要点】

(1) 本法甲苯咪唑和羟基甲苯咪唑检测限为 5 μg/kg,定量限为 10 μg/kg;氨基甲苯咪唑检测限为 10 μg/kg,定量限为 20 μg/kg。

(2) 制备好的试样需通过水相针式滤器进行过滤至进样小瓶,才可进行测定。

(3) 本法参阅:GB 31656.1-2021。

(二)动物性食品中三聚氰胺残留量测定

【原理】 试样中残留的三聚氰胺经乙腈水提取(奶中残留的三聚氰胺经乙酸乙腈溶液提取),弱离子交换固相萃取柱净化,高效液相色谱紫外法测定,外标法定量。

【仪器】高效液相色谱仪(配紫外检测器或二极管阵列检测器)。

【试剂】①甲醇、乙酸、甲酸铵：色谱纯。②60％乙腈溶液。③0.5％乙酸乙腈溶液。④5％氨水溶液。⑤乙酸甲醇溶液(pH 7.0)。⑥0.02 mol/L 甲酸铵溶液(pH 4.0)。⑦二乙酰胺三氮脒含量≥91％。⑧1 mg/mL 的三氮脒标准储备液。

【仪器工作条件】①色谱柱：C_{18}(250 mm×4.6 mm，5 μm)。②流动相：A 为 0.02 mol/L 甲酸铵溶液(pH 4.0)，B 为甲醇，梯度洗脱。③进样量：20 μL。④温度：30 ℃。⑤检测波长：370 nm。

【检测步骤】

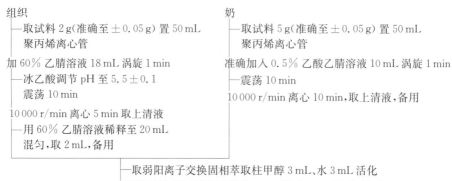

组织
—取试料 2 g(准确至±0.05 g) 置 50 mL 聚丙烯离心管
加 60％乙腈溶液 18 mL 涡旋 1 min
—冰乙酸调节 pH 至 5.5±0.1 震荡 10 min
10 000 r/min 离心 5 min 取上清液
—用 60％乙腈溶液稀释至 20 mL 混匀，取 2 mL，备用

奶
—取试料 5 g(准确至±0.05 g) 置 50 mL 聚丙烯离心管
准确加入 0.5％乙酸乙腈溶液 10 mL 涡旋 1 min
—震荡 10 min
10 000 r/min 离心 10 min，取上清液，备用

—取弱阳离子交换固相萃取柱甲醇 3 mL、水 3 mL 活化 备用液过柱，用 5％氨水溶液 3 mL、甲醇 3 mL 淋洗，抽干
—加乙酸甲醇溶液(pH 7.0)1 mL，洗脱，抽干
洗脱液，过微孔尼龙滤膜，待测

【标准曲线的制备】精密量取标准工作液适量，用乙酸甲醇溶液(pH 7.0)稀释，配制成浓度为 0.05 μg/mL、0.10 μg/mL、0.20 μg/mL、0.50 μg/mL、1.00 μg/mL、2.00 μg/mL、5.00 μg/mL 的系列标准溶液，过微孔尼龙滤膜，供高效液相色谱仪测定。以三氮脒色谱峰面积为纵坐标、标准溶液浓度为横坐标，绘制标准曲线，求回归方程和相关系数。标准溶液的色谱图见图 4-16。

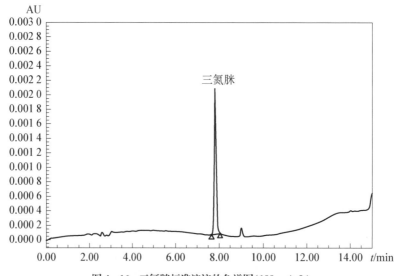

图 4-16 三氮脒标准溶液的色谱图(100 ng/mL)

【计算】

$$试样中三氮脒残留量(mg/kg) = \frac{C_s \times A \times V \times V_1}{A_s \times m \times V_2}$$

式中, A 为试样中三氮脒的峰面积; A_s 为标准溶液中三氮脒的峰面积; C_s 为标准溶液中三氮脒浓度($\mu g/mL$); V 为洗脱液体积(mL); V_1 为提取液定容后体积(mL); V_2 为过固相萃取柱的备用液体积(mL); m 为供试试样质量(g)。

【检测要点】

(1) 本法在牛肉和羊肉中的检测限为 0.05 mg/kg, 定量限为 0.1 mg/kg; 在牛肝、牛肾、羊肝和羊肾中的检测限为 0.2 mg/kg, 定量限为 0.5 mg/kg; 在牛奶和羊奶中的检测限为 0.01 mg/kg, 定量限为 0.02 mg/kg。

(2) 本法参阅: GB 31658.18 - 2022。

(三) 动物性食品中甲硝唑残留量检测

【原理】试样中残留的甲硝唑经乙腈提取, SiO_2 固相柱净化, 高效液相色谱-紫外检测法测定, 外标法定量。

【仪器】高效液相色谱仪: 配紫外检测器。

【试剂】①甲醇、乙腈、甲酸、正己烷: 色谱纯。②二乙胺。③无水硫酸钠。④85%磷酸。⑤乙酸乙酯-甲醇溶液。⑥正己烷乙酸乙酯溶液。⑦0.5 mg/mL 甲硝唑标准储备液。

【仪器工作条件】①色谱柱: Hypersil-C_{18} (250 mm×4.6 mm, 5 μm 或 10 μm)。②流动相: pH 3.2 磷酸溶液-乙腈-甲醇(850+112+38)或 pH 3.0(920+50+30)。③流速: 0.8 或 0.9 mL/min。④柱温室温。⑤进样量: 20 μL。⑥检测波长: 325 nm。

【检测步骤】

(1) 取肌肉和肾脏试样(5.0±0.1)g 置 50 mL 具塞聚丙烯离心管

├—加乙腈 20 mL、正己烷 10 mL

旋涡混合 5 min, 静置, 3 000 r/min 离心 10 min, 弃去正己烷层

├—取乙腈层加无水硫酸钠 10 g, 充分震荡, 静置, 3 000 r/min 离心 10 min

上清液至鸡心瓶 40～45 ℃ 水浴中旋转蒸发至干

├—残余物用正己烷-乙酸乙酯溶液 5 mL 溶解

用正己烷-乙酸乙酯溶液 5 mL 分两次洗瓶, 合并洗液, 作为备用液

(2) 取脂肪试样(5.0±0.1)g 置 50 mL 具塞聚丙烯离心管

├—加乙腈 20 mL、正己烷 10 mL

旋涡混合 5 min, 静置, 3 000 r/min 离心 10 min, 弃去正己烷层

├—取乙腈层加无水硫酸钠 10 g, 充分震荡, 静置, 3 000 r/min 离心 10 min

上清液至鸡心瓶置 40～45 ℃ 水浴中旋转蒸发至干

├—残余物用正己烷-乙酸乙酯溶液 5 mL 溶解, 合并两次溶液

40～45 ℃ 水浴旋转氮气吹干

├—用流动相 0.5 mL 溶解

充分震荡后, 作为备用液

(3) 取肝脏试样(10.0±0.1)g 置于 50 mL 聚丙烯离心管

├—加入乙酸乙酯 20 mL, 旋涡混合 5 min, 3 000 r/min 离心 10 min

上清液于旋转蒸发瓶

├—加无水硫酸钠 10 g, 充分震荡, 静置, 3 000 r/min 离心 10 min

上清液至鸡心瓶 40～45 ℃ 水浴中旋转蒸发至干
——残余物用正己烷乙酸乙酯溶液 5 mL 溶解
用正己烷-乙酸乙酯溶液 5 mL 洗涤鸡心瓶,合并洗液,作为备用液

(4) 净化
——SiO₂ 固相柱用甲醇 5 mL,乙酸乙酯-甲醇溶液 15 mL
取乙酸乙酯溶液 10 mL 和正己烷-乙酸
——乙酯溶液 10 mL 预洗,真空抽干
取备用液过柱,自然流出,弃去流出液,抽干
——用正己烷乙酸乙酯溶液 4 mL 洗柱,真空抽干
用乙酸乙酯-甲醇溶液 6 mL 洗脱
——洗脱液于 40～45 ℃ 水浴氮气吹干
加流动相 0.2 mL 溶解,待测

【计算】

$$试样中甲硝唑残留量(\mu g/kg) = \frac{A \times C_s \times V}{A_s \times m}$$

式中,C_s 为标准工作液中甲硝唑的浓度(μg/mL);A 为试样溶液中甲硝唑的峰面积;V 为浓缩至干后溶解残余物所用流动相的总体积(mL);A_s 为标准工作液中甲硝唑的峰面积;m 为组织试样质量(g)。

【检测要点】

(1) 本法在猪和鸡的肌肉、肝脏、肾脏脂肪组织中的检测限为 1 μg/kg。在 1 μg/kg、2 μg/kg 和 4 μg/kg 添加浓度的回收率为 50%～70%。

(2) 本法参阅:NY/T 1158 - 2006。

(四) 家禽可食性组织中乙氧酰胺苯甲酯残留量测定

【原理】试样中残留的乙氧酰胺苯甲酯用乙腈提取,正己烷脱脂,无水硫酸钠脱水,浓缩,正己烷-丙酮溶解残余物,固相萃取柱净化,甲醇洗脱,高效液相色谱测定,外标法定量。

【仪器】高效液相色谱仪(配紫外检测器)。

【试剂】①乙腈、甲醇:色谱纯。②正己烷。③丙酮。④无水硫酸钠。⑤乙氧酰胺苯甲酯含量≥98.5%。⑥0.1 mg/mL 甲乙氧酰胺苯甲酯标准储备液。

【仪器工作条件】①色谱柱:C₁₈ 柱(250 mm×4.6 mm,5 μm)。②流动相:乙腈-水(30∶70)。③流速:1.0 mL/min。④检测波长:270 nm。⑤进样量:10 μL。

【检测步骤】
取试样 5.00 g(准确至±0.02 g)置 50 mL 具塞离心管
——加乙腈 15 mL,无水硫酸钠 10 g,正己烷 10 mL
涡旋混合 1 min,震荡 5 min,4 000 r/min 离心 10 min,取下层乙腈备用
——沉淀加乙腈 15 mL,重新提取一次,合并两次乙腈提取液
提取液 45 ℃ 旋转蒸发至近干
——加正己烷-丙酮 5.0 mL 溶解,超声 30 s,摇匀
4 000 r/min 离心 10 min,上清液备用
——硅酸镁固相萃取柱用甲醇 5 mL 预洗
上清液 1.0 mL 过柱,用正己烷 3 mL 淋洗,挤干
——甲醇 1.0 mL 洗脱,挤干
洗脱液过有机滤膜,待测

【标准曲线】分别精密量取标准储备液适量,用甲醇稀释成浓度分别为 5.00 μg/mL、2.50 μg/mL、1.00 μg/mL、0.50 μg/mL、0.25 μg/mL、0.10 μg/mL、0.05 μg/mL 的标准溶液,供高效液相色谱仪测定。临用前配制。

【计算】参照动物性食品中三氮脒残留量的测定计算。

【检测要点】

(1) 本法在禽肌肉组织中的检测限为 20 μg/kg,定量限为 50 μg/kg;在禽肝脏和肾脏组织中的检测限为 50 μg/kg,定量限为 100 μg/kg。

(2) 按外标法以峰面积计算,标准液和试样溶液中乙氧酰胺苯甲酯的响应值均应在仪器检测的线性范围内。在上述色谱条件标准溶液色谱图见图 4-17。

(3) 本法参阅:GB 31660.9-2019。

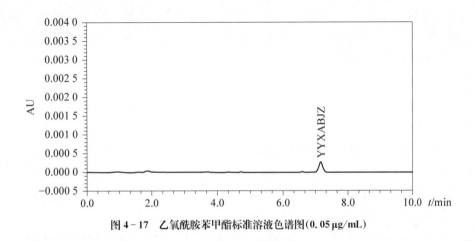

图 4-17　乙氧酰胺苯甲酯标准溶液色谱图(0.05 μg/mL)

(五) 鸡可食性组织中尼卡巴嗪残留量测定

【原理】试样中残留的 4,4′-二硝基均二苯脲,用乙腈提取,正己烷除脂,C_{18} 柱净化,乙腈水溶液洗脱,高效液相色谱测定,外标法定量。

【仪器】高效液相色谱仪:配紫外检测器。

【试剂】①4,4′-二硝基均二苯脲对照品:含量≥99%。②N,N-二甲基甲酰胺。③乙腈、甲醇、正己烷:色谱纯。④正丙醇。⑤洗脱液。⑥1 mg/mL 4,4′-二硝基均二苯脲标准贮备液。

【仪器工作条件】①色谱柱:C_{18} 柱(250 mm×4.6 mm,5 μm)。②流动相:乙腈+水(58+42,V/V)。③流速:1.0 mL/min。④检测波长:340 nm。⑤进样量:20 μL。⑥柱温:30 ℃。

【检测步骤】

取试样(2.00±0.02)g 于 50 mL 离心管
├─加乙腈 10 mL,超声 5 min,4 000 r/min 离心 12 min,取上清液
残渣加乙腈 10 mL,重复提取一次,合并上清液
├─加正丙醇 3 mL,60 ℃ 旋转蒸近干,加乙腈 0.5 mL、正己烷 1 mL

涡旋 3 min,溶解移至 10 mL 的具塞离心管

├─乙腈 0.5 mL 和正己烷 1 mL 重复涡旋溶解一次,合并两次溶液

加正己烷 2 mL,涡旋混合 3 min,4 000 r/min 离心 5 min,弃上层正己烷液

├─再加正己烷 2 mL,重复提取一次

4 000 r/min 离心 5 min,取下层液,备用

├─C₁₈ 柱用乙腈 10 mL 活化,备用液过柱,自然流干,收集滤液

洗脱液 4 mL 洗脱,收集洗脱液,合并滤液和洗脱液

├─60 ℃ 旋转蒸发近干

流动相 2.0 mL 溶解,滤膜过滤,待测

【标准曲线的制备】精密量取 100 μg/mL 4,4′二硝基均二苯脲标准工作液适量,用流动相稀释,配制成浓度为 31.25 μg/L、62.50 μg/L、125.00 μg/L、250.00 μg/L、500.00 μg/L、1 000.00 μg/L、2 000.00 μg/L、4 000.00 μg/L 和 8 000.00 μg/L 的系列标准溶液,供高效液相色谱测定。以测得峰面积为纵坐标,对应的标准溶液浓度为横坐标,绘制标准曲线。求回归方程和相关系数。

【计算】参照动物性食品中甲硝唑残留测定计算。

【检测要点】

(1) 本法的检测限为 20 μg/kg,定量限为 100 μg/kg。

(2) 本法参阅:GB 29691 - 2013。

(六) 鸡蛋中氯羟吡啶残留量的检测方法

【原理】试样中残留的氯羟吡啶经乙腈提取,用碱性氧化铝柱净化分离洗脱液浓缩后用甲醇溶解。所得溶液用配有紫外检测器的高效液相色谱仪测定,外标法定量。

【仪器】高效液相色谱仪:配紫外检测器。

【试剂】①甲醇、乙腈:色谱纯。②磷酸二氢钾。③磷酸氢二钠。④碱性氧化铝。⑤磷酸盐缓冲液(pH 7.0)。⑥氯羟吡啶标准品含量≥98%。⑦100 μg/mL 氯羟吡啶标准储备液(甲醇溶液稀释)。

【仪器工作条件】①色谱柱:C₁₈(250 mm×4.5 mm,5 μm)。②流动相:磷酸盐缓冲液(pH 7.0):乙腈(90:10)。③流速:1 mL/min。④检测波长:270 nm。⑤进样体积:20 μL。

【检测步骤】

取(5.00±0.05)g 试样置于 50 mL 匀浆杯

├─用 25 mL 乙腈分两次各匀浆 5 min

3 000~3 500 r/min 离心 5 min,分离并合并上清液,备用

├─碱性氧化铝柱用 10 mL 甲醇和乙腈依次润洗

上清液过柱,弃去流出液

├─用 20 mL 甲醇进行洗脱,收集洗脱液

60 ℃ 旋转蒸发至近干

├─浓缩液用 1.00 mL 甲醇溶解

微孔有机滤膜过滤,待测

【计算】

$$\text{试样中氯羟吡啶的残留量(mg/kg)} = \frac{A \times C_s \times 1000}{A_s \times C \times 1000}$$

式中,A 为试样溶液中氯羟吡啶色谱峰的峰面积;A_s 为标准工作液中氯羟吡啶的峰面积;C_s 为标准工作液中氯羟吡啶的浓度($\mu g/mL$);C 为最终试样溶液的浓度(g/mL)。

【检测要点】

(1) 本法在鸡蛋中的定量限为 20.0 $\mu g/kg$,在 20.0 $\mu g/kg$、1.2 mg/kg、2.5 mg/kg、5.0 mg/kg 添加水平上的回收率范围都≥80%。

(2) 取高温处理过氧化铝粉末,冷却后加水 5.0 mL,搅拌使均匀,振摇 3 h,加适量甲醇,充入下装 G1 砂芯板的 300 mm×18 mm 玻璃柱中,填充至 12 cm 高度,用两倍柱体积甲醇淋洗后,备用。

(3) 本法参阅:GB/T 20362-2006。

二、气相色谱-质谱法

【原理】试样中残留的氯羟吡啶,用乙腈提取,碱性氧化铝柱净化,N,O-双三甲基硅基三氟乙酰胺与三甲基氯硅烷衍生,气相色谱-质谱测定,外标法定量。

【仪器】气相色谱-质谱联用仪:配电子轰击离子源(EI)。

【试剂】①氯羟吡啶对照品含量≥99%。②无水硫酸钠。③碱性氧化铝:使用前在马弗炉内 300 ℃煅烧 3 h,冷却后按每 100 g 加水 5 mL,混匀,干燥器中过夜,备用。④N,O-双三甲基硅基三氟乙酰胺。⑤三甲基氯硅烷。⑥乙腈。⑦甲苯:色谱纯。⑧氦气:纯度≥99.999%。⑨衍生剂。⑩100 $\mu g/mL$ 氯羟吡啶标准贮备液。⑪1 $\mu g/mL$ 氯羟吡啶标准工作液。

【仪器工作条件】①色谱柱:苯基甲基聚硅氧烷弹性石英毛细管柱(30 m×0.25 mm,0.25 μm)。②流量:0.8 mL/min。③程序升温:100 ℃保持 1 min,以 30 ℃/min 的速率升温至 200 ℃,再以 5 ℃/min 升温至 205 ℃,保温 1 min,然后以 30 ℃/min 升温至 280 ℃,保持 1 min。④进样口温度:220 ℃。⑤进样方式:不分流进样。⑥进样量:1 μL。⑦电离方式:电子轰击电离(EI)。⑧离子源温度:230 ℃。⑨扫描方式:选择离子监测,定性离子 m/z 212、214、248 和 263,定量离子 m/z 248。

【检测步骤】

取试样(5.00±0.05)g,于 50 mL 聚丙烯离心管
├加乙腈 10 mL,均质 1 min,震荡 20 min
4 ℃,6 000 r/min 离心 10 min,取上清液
├残渣用乙腈 10 mL 重复提取一次,合并上清液
加异丙醇 5 mL,于 50 ℃ 旋转蒸发至近干,加乙腈 5 mL 溶解残余物,备用
├碱性氧化铝层析柱用乙腈 15 mL 活化
备用液过柱,自然流干,加乙腈 10 mL 洗脱,收集洗脱液,50 ℃ 氮气吹干
├加甲苯 100 μL 溶解,加衍生剂 100 μL,密封,80 ℃ 衍生反应 1 h,冷却
加甲苯 800 μL,待测

【基质匹配标准曲线的制备】精密量取 1 $\mu g/mL$ 氯羟吡啶标准工作液适量,分别添加至经提取、净化步骤处理的 6 份空白试样洗脱液中,经衍生处理,制得浓度为 5 $\mu g/L$、10 $\mu g/L$、20 $\mu g/L$、100 $\mu g/L$、250 $\mu g/L$ 和 500 $\mu g/L$ 的系列基质匹配标准溶液,供气相谱法-质谱测定。

以测得峰面积为纵坐标,对应的标准溶液浓度为横坐标,绘制标准曲线。求回归方程和相关系数。

【计算】参照一法中动物性食品中甲硝唑残留测定计算。

【检测要点】

(1) 本法适用于鸡肌肉组织中氯羟吡啶残留量的测定。

(2) 本法的检测限为 $1\,\mu g/kg$,定量限为 $5\,\mu g/kg$。$5\sim100\,\mu g/kg$ 添加浓度水平上的回收率为 $60\%\sim120\%$。

(3) 本法参阅:GB 29699 - 2013。

三、液相色谱-质谱法

(一)动物性食品中硝基咪唑类药物残留量测定

【原理】试样中残留的硝基咪唑类药物经乙酸乙酯提取,正己烷液液萃取除脂,固相萃取柱净化,液相色谱-质谱检测,基质匹配内标法定量。

【仪器】液相色谱-质谱仪:配有电喷雾离子源。

【试剂】①乙酸乙酯、乙腈、甲醇、正己烷、甲酸:色谱纯。②0.1 mol/L 盐酸溶液。③2%氨水溶液。④洗脱液。⑤0.1%甲酸水溶液。⑥0.1%甲酸乙腈溶液。⑦甲硝唑、地美硝唑、羟基甲硝唑、羟基地美硝唑、甲硝唑-D_3、地美硝唑-D_3、羟基甲硝唑-D_2、羟基地美硝唑 D_3,含量均≥95%。⑧1 mg/mL 标准储备液(甲醇稀释)。⑨1 mg/mL 内标储备液(甲醇稀释)。

【仪器工作条件】①色谱柱:C_{18}(50 mm×2.1 mm, 1.7 μm)。②流动相:A 为 0.1%的甲酸水溶液,B 为 0.1%甲酸乙腈溶液,梯度洗脱。③流速:0.3 mL/min。④进样体积:10 μL。⑤电喷雾(ESI)离子源,正离子扫描。⑥喷雾电压:3 000 V。⑦雾化温度:350 ℃。

【检测步骤】

取试样 2.00 g(准确至±0.05 g)于 50 mL 聚丙烯离心管
├─加 1 μg/mL 混合内标工作液 10 μL,涡旋 30 s 混匀,静置 10 min
加乙酸乙酯 15 mL,涡旋 2 min,10 000 r/min 离心 5 min,取上清液
├─残渣中加乙酸乙酯 15 mL,重复提取一次,合并提取液
25 ℃ 水浴氮气吹干,加 0.1 mol/L 盐酸溶液 5 mL,涡旋 1 min 充分溶解
├─加正己烷 5 mL,振摇 1 min,5 000 r/min 离心 5 min,弃正己烷层
下层加正己烷 5 mL 重复除脂一次,弃正己烷层,备用
├─固相萃取柱用甲醇 2 mL 和 0.1 mol/L 盐酸溶液 2 mL 活化
取备用液过柱,用 0.1 mol/L 盐酸溶液 2 mL,甲醇 1 mL 和 2% 氨水 1 mL 淋洗
├─用洗脱液 2 mL 洗脱,收集洗脱液,35 ℃ 水浴氮气吹干
残余物中加水 0.5 mL 涡旋 1 min,滤膜过滤,待测

【基质匹配标准曲线的制备】取经提取和净化的空白试样溶液,加入适量的混合标准工作液和 1 μg/mL 混合内标工作液 10 μL, 35 ℃水浴氮气吹干,加水 0.5 mL 涡旋 1 min,配制成浓度为 $2\,\mu g/L$、$4\,\mu g/L$、$20\,\mu g/L$、$40\,\mu g/L$、$200\,\mu g/L$ 和 $400\,\mu g/L$ 的基质匹配标准溶液,过滤后供液相色谱-质谱测定。以测得的硝基咪唑类药物与相应内标的特征离子峰面积之比为纵坐标,标准溶液浓度为横坐标,绘制标准曲线,求回归方程和相关系数。

【计算】

$$试样中被测物残留量(\mu g/kg) = \frac{A \times A_{is}^1 \times C_s \times C_{is} \times V}{A_{is} \times A_s \times C_{is}^1 \times m}$$

式中,C_s 为基质标准工作溶液中被测物浓度(ng/mL);A 为试样溶液中被测物的色谱峰面积;A_s 为基质标准工作溶液中被测物色谱峰面积;C_{is} 为试样溶液中内标物浓度(ng/mL);C_{is}^1 为标准工作溶液中内标浓度(ng/mL);A_{is} 为试样溶液中内标物色谱峰面积;A_{is}^1 为标准工作溶液中内标色谱峰面积;V 为样液最终定容体积(mL);m 为试样质量(g)。

【检测要点】

(1) 本法的检测限为 $0.5\,\mu g/kg$,定量限为 $1\,\mu g/kg$;在 $1\sim10\,\mu g/kg$ 添加浓度水平上的回收率为 $60\%\sim120\%$。

(2) 本法参阅:GB 31658.23 - 2022。

(二) 动物源产品中聚醚类残留量测定

【原理】 试样中聚醚类残留,采用异辛烷提取,提取液用硅胶柱净化。液相色谱-质谱仪测定,外标法定量。

【仪器】 液相色谱-质谱仪:配有电喷雾离子源。

【试剂】 ①二氯甲烷、异辛烷:分析纯。②甲醇:液相色谱级。③甲醇-二氯甲烷(1+9)。④无水硫酸钠。⑤甲醇+水(13+2)。⑥莫能菌素、盐霉素、甲基盐霉素标准品纯度≥99%。⑦200 $\mu g/mL$ 3 种聚醚类标准储备溶液(甲醇-水稀释)。

【仪器工作条件】 ①色谱柱:Intersil ODS - 3 C_{18}(150 mm×4.6 mm,5 μm)。②流动相:甲醇+1%甲酸溶液,梯度洗脱。③流速:0.9 mL/min。④进样体积:10 μL。⑤柱温:26 ℃。⑥电喷雾(ESI)离子源,正离子扫描。⑦喷雾电压:5 500 V。⑧离子源温度:400 ℃。

【检测步骤】

取 5.0 g 试样置于 50 mL 聚四氟乙烯离心管
—加 15 mL 异辛烷,均质 3 min
取 10 mL 异辛烷冲洗刀头,合并洗液,涡流混匀,震荡 30 s
—3 500 r/min 离心 3 min,取上清液
残渣用 10 mL 异辛烷再提取一次,合并上清液
—硅胶萃取柱上加入灼烧后的无水硫酸钠 1.0 g,用 5 mL 异辛烷润湿
提取液缓慢加入萃取柱上,施以适当压力,使其以 3 mL/min 的速度流出
—用 15 mL 二氯甲烷以 2 mL/min 淋洗萃取柱,弃去淋洗液
待二氯甲烷流尽后加压冲柱 0.5 min 使萃取柱中残存的二氯甲烷充分流出
—加甲醇二氯甲烷 15 mL,以 1 mL/min 的速率洗脱
洗脱液于 40 ℃ 减压蒸发至近干,氮气吹干
—准确加入 1 mL 甲醇-水溶液,溶解残渣,涡流混匀
注射式滤器过滤至试样瓶,待测

【标准曲线制备】 制备混合标准工作液,浓度系列分别为 10.0 ng/mL、25.0 ng/mL、50.0 ng/mL、100.0 ng/mL、250.0 ng/mL、500.0 ng/mL(分别相当于测试试样含有 2.0 $\mu g/kg$、5.0 $\mu g/kg$、10.0 $\mu g/kg$、20.0 $\mu g/kg$、50.0 $\mu g/kg$、100.0 $\mu g/kg$ 目标化合物)。按仪器工作条件测定并制备标准曲线。聚醚类标准工作液质谱图见图 4 - 18。

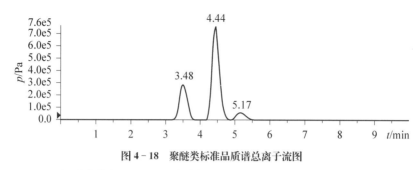

图 4 - 18 聚醚类标准品质谱总离子流图

注：莫能菌素 - 3.48 min；盐霉素 - 4.44 min；甲基盐霉素 - 5.17 min。

【计算】

$$\text{试样中被测组分残留量}(\mu g/kg) = C \times \frac{V}{m} \times \frac{1\,000}{1\,000}$$

式中，C 为从标准工作曲线得到的被测组分溶液浓度(ng/mL)；V 为试样溶液定容体积(mL)；m 为试样溶液所代表的质量(g)。

【检测要点】

(1) 本法检出限莫能菌素、盐霉素、甲基盐霉素为 1.0 $\mu g/kg$；定量限莫能菌素、盐霉素、甲基盐霉素为 5.0 $\mu g/kg$。

(2) 加入硅胶萃取柱的无水硫酸钠须经过 500℃灼烧 4 h，置于干燥器中冷却后才可使用。

(4) 提取液、洗脱液过硅胶萃取柱须控制好速度流出，注意不得使柱子流干。

(5) 本法参阅：GB/T 20364 - 2006。

(三) 动物性食品中左旋咪唑残留量测定

【原理】试样中残留的左旋咪唑在碱性条件下用乙酸乙酯提取，0.1 mol/L 盐酸溶液萃取，混合型阳离子交换固相萃取柱净化，液相色谱-质谱测定，外标法定量。

【仪器】液相色谱-质谱仪(配有电喷雾离子源)。

【试剂】①乙腈、甲醇、甲酸：色谱纯。②乙酸乙酯。③无水硫酸钠。④碳酸氢钠饱和溶液。⑤碳酸钠饱和溶液。⑥碳酸盐缓冲液。⑦0.1 mol/L 盐酸溶液。⑧4%氨水甲醇溶液。⑨0.1%甲酸溶液。⑩10%乙腈甲酸溶液。⑪盐酸左旋咪唑含量≥99%。⑫1 mg/mL 的左旋咪唑标准储备液(甲醇稀释)。

【仪器工作条件】①色谱柱：C$_{18}$(50 mm×2.1 mm，1.7 μm)。②流动相：A 为 0.1%甲酸溶液，B 为甲醇，梯度洗脱。③流速：0.3 mL/min。④进样体积：2 μL。⑤柱温：35℃。⑥电喷雾(ESI)离子源，正离子扫描。⑦离子源温度：150℃。

【检测步骤】

取试样 2.00 g(准确至±0.05 g)于 50 mL 聚丙烯离心管中

├─加一粒陶瓷均质子，加碳酸盐缓冲液 0.5 mL，无水硫酸钠 2 g，乙酸乙酯 10 mL

涡旋 1 min，震荡 5 min，6 000 r/min 离心 5 min，取上层乙酸乙酯于离心管

├─残渣用乙酸乙酯 10 mL 重复提取一次，合并提取液

加 0.1 mol/L 盐酸溶液 5 mL,震荡 5 min,6 000 r/min 离心 5 min

└─取下层水相于离心管

有机相中再加 0.1 mol/L 盐酸溶液 5 mL,重复萃取一次,合并萃取液,备用

└─混合型阳离子交换固相萃取柱依次用甲醇 3 mL、0.1 mol/L 盐酸溶液 3 mL 活化

备用液过柱,流速控制在 1 ~ 2 mL/min

└─依次用水 3 mL、甲醇 3 mL 淋洗,抽干

加 4% 氨水甲醇溶液 3 mL 洗脱,抽干洗脱液于 40 ℃ 下氮气吹干

└─加 10% 乙腈甲酸液 1.0 mL 溶解残余物,超声 1 min

过滤,待测

【基质匹配标准曲线的制备】 精密量取标准工作液适量,用甲醇稀释,配制成浓度分别为 10 ng/mL、20 ng/mL、50 ng/mL、100 ng/mL、200 ng/mL 和 500 ng/mL 的系列标准溶液,各取 100 μL,分别加于经提取、净化步骤处理的空白试样洗脱液中,于 40 ℃ 下氮气吹干,用 10% 乙腈甲酸水溶液 1.0 mL 溶解残余物,超声 1 min,混匀。配制成浓度分别为 1 ng/mL、2 ng/mL、5 ng/mL、10 ng/mL、20 ng/mL 和 50 ng/mL 的基质匹配标准溶液,过微孔尼龙滤膜,供液相色谱-质谱仪测定。以左旋咪唑定量离子质量色谱峰面积为纵坐标,基质匹配标准溶液浓度为横坐标,绘制基质匹配标准曲线。求回归方程和相关系数。

【计算】 参照一法中动物性食品中甲硝唑残留测定计算。

【检测要点】

(1) 本法的检测限为 0.5 μg/kg,定量限为 1.0 μg/kg。

(2) 提取过程中加入陶瓷均质子,有利于试样提取过程的均匀性,提高检测化合物的回收率和重复率。

(3) 本法参阅:GB 31658.21 - 2022。

(四) 动物性食品中氯苯胍残留量测定

【原理】 试样中残留的氯苯胍用 0.1% 甲酸乙腈提取,固相萃取柱净化,液相色谱-质谱测定,内标法定量。

【仪器】 液相色谱-质谱仪(配有电喷雾离子源)。

【试剂】 ①乙腈、甲醇、甲酸:色谱纯。②正己烷。③二甲亚砜。④0.1% 甲酸乙腈溶液。⑤85% 乙腈溶液。⑥0.1% 甲酸水溶液。⑦0.3% 甲酸水溶液。⑧50% 乙腈甲酸水溶液。⑨盐酸氯苯胍、盐酸氯苯胍- D_8 含量≥99.0%。⑩1 mg/mL 盐酸氯苯胍标准储备液(甲醇稀释)。⑪1 mg/mL 的氯苯胍- D_8 内标储备液(甲醇稀释)。

【仪器工作条件】 ①色谱柱:C_{18}(100 mm×2.1 mm,1.7 μm)。②流动相:乙腈+0.1% 甲酸溶液,梯度洗脱。③流速:0.3 mL/min。④进样体积:5 μL。⑤柱温:30 ℃。⑥电喷雾离子源。⑦离子源温度:120 ℃。⑧雾化温度:350 ℃。

【检测步骤】

取试样 2.00 g(准确至±0.02 g)于 50 mL 离心管

└─准确加氯苯胍 D_8 内标工作溶液 100 μL

加 0.1% 甲酸乙腈溶液 5 mL

└─涡旋混合,中速震荡 10 min,8 000 r/min 离心 10 min

取上清液,加水 1 mL,混匀作备用液 1

└─中性氧化铝固相萃取柱用乙腈 2 mL 活化,取备用液 1 过柱,收集流出液

用85%乙腈溶液2mL,淋洗,合并流出液
├─40℃氮气吹至体积小于2mL,再加水8mL,混匀,作为备用液2
取 HLB 固相萃取柱用甲醇3mL、水3mL 活化
├─备用液2过柱,用水3mL 淋洗,抽干30 s
用正己烷3mL 淋洗,抽干10 min,甲醇5mL 洗脱,收集洗脱液
├─于40℃氮气吹干,用50%乙腈甲酸水溶液1.0mL 溶解,涡旋
尼龙微孔滤膜过滤,待测

【标准曲线的制备】 精密量取氯苯胍标准工作溶液、氯苯胍 D_8 内标工作溶液适量,用50%乙腈甲酸水溶液稀释,配制成氯苯胍浓度为 5 ng/mL、10 ng/mL、20 ng/mL、50 ng/mL、100 ng/mL、200 ng/mL、500 ng/mL 和氯苯胍 D_8 内标均为 100 ng/mL 的系列标准溶液,供液相色谱-质谱测定。以特征离子质量色谱峰面积为纵坐标、相对应的标准溶液浓度为横坐标,绘制标准曲线,求回归方程和相关系数,见图4-19。

【计算】 与本法中动物性食品中硝基咪唑类药物残留量测定的计算相同。

【检测要点】

(1) 本方法的检测限为 5 μg/kg,定量限为 10 μg/kg。本法在肌肉、肝脏和肾脏组织 10~200 μg/kg 添加浓度水平上的回收率为 70%~120%;在皮+脂肪组织 10~400 μg/kg 添加浓度水平上的回收率为 70%~120%。

(2) 本法参阅:GB 31658.13-2021。

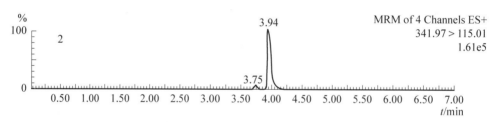

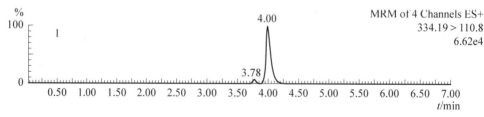

图 4-19 氯苯胍标准溶液特征离子质量色谱图(20 μg/L)

标引序号说明:1.氯苯胍特征离子质量色谱图(334.2>110.8);2.氯苯胍- D_8 特征离子质量色谱图(342.0>115.0)。

(五) 动物性食品中尼卡巴嗪残留标志物残留量测定

【原理】 试样中残留的 4,4-二硝基苯缩脲,用乙腈提取,正己烷除脂,75%甲醇水溶液萃取,液相色谱-质谱法测定,内标法定量。

【仪器】 液相色谱-质谱仪(配有电喷雾离子源)。

【试剂】 ①乙腈、甲醇:色谱纯。②无水硫酸钠。③正己烷。④乙酸铵。⑤二甲基甲酰胺。⑥0.1 mol/L 乙酸铵溶液。⑦75%甲醇水溶液。⑧75%甲醇水溶液饱和的正己烷。⑨4,4'-二

硝基均二苯脲对照品、4,4′-二硝基均二苯脲-D_8 对照品含量≥98.0％。⑩1 mg/mL 4,4′-二硝基均二苯脲标准贮备液(甲醇稀释)。⑪1 mg/mL 4,4′-二硝基均二苯脲-D_8 标准贮备液(甲醇稀释)。

【仪器工作条件】①色谱柱：C_{18}(150 mm×2.1 mm，5 μm)。②流动相：甲醇+0.1 mol/L乙酸铵溶液(75+25，体积比)。③流速：0.2 mL/min。④进样体积：20 μL。⑤柱温：30 ℃。⑥电喷雾(ESI)离子源，负离子扫描。⑦离子源温度：110 ℃。⑧雾化温度：350 ℃。

【检测步骤】

试样(2±0.02)g于50 mL离心管
├─加 10 μg/mL 4,4′-二硝基均二苯脲-D_8 标准工作液适量
加无水硫酸钠2 g，乙腈8 mL
├─涡旋0.5 min，超声5 min，5 000 r/min离心10 min，取上清液
40 ℃氮气吹干，加75％甲醇水溶液饱和正己烷1 mL
├─涡旋10 s，再加75％甲醇水溶液1.0 mL
涡旋混合，40 ℃水浴中静置5 min
├─2 000 r/min离心5 min
取下层清液，滤膜过滤，待测

【标准曲线的制备】精密量取 10 μg/mL 4,4′-二硝基均二苯脲标准工作液和 10 μg/mL 4,4′-二硝基均二苯脲-D_8 标准工作液适量，用75％甲醇水溶液稀释，配制成4,4′-二硝基均二苯脲-D_8 浓度均为 100 ng/mL 以及 4,4′-二硝基均二苯脲浓度为 2 ng/mL、10 ng/mL、20 ng/mL、50 ng/mL、200 ng/mL 和 500 ng/mL 系列对照溶液，供液相色谱-质谱法测定。以特征离子质量色谱峰面积为纵坐标，标准溶液浓度为横坐标，绘制标准曲线。求回归方程和相关系数。

【计算】

$$单点校准：试样溶液中被测药物浓度(\mu g/L，C) = \frac{A_i \times A_{is}^1 \times C_s \times C_{is}}{A_{is} \times A_s \times C_{is}^1}$$

$$试样中被测药物残留量的数值(\mu g/kg)或(\mu g/L) = \frac{C \times V}{m}$$

式中，C 为试样溶液中被测药物浓度($\mu g/L$)；C_{is} 为试样溶液中被测药物内标浓度($\mu g/L$)；C_s 为标准溶液中被测药物浓度($\mu g/L$)；C_{is}^1 为标准溶液中被测药物内标浓度($\mu g/L$)；A_i 为试样溶液中被测药物峰面积；A_{is} 为试样溶液中被测药物内标峰面积；A_s 为标准溶液中被测药物峰面积；A_{is}^1 为标准溶液中被测药物内标峰面积；V 为溶解残余物所用75％甲醇水溶液体积(mL)；m 为试样质量(g)。

【检测要点】

(1) 本法的检测限为 0.5 μg/kg，定量限为 1 μg/kg；鸡蛋试样在 1～10 μg/kg 添加浓度、鸡肌肉试样在 1～300 μg/kg 添加浓度水平上的回收率为 80％～120％。

(2) 样液也可选用 C_{18} SPE 柱净化能达到同样效果。

(3) 本法参阅：GB 29690-2013。

四、微生物检验方法(仲裁法)

【原理】用甲醇和水提取试样中盐霉素，提取液过氧化铝层析柱净化，除去试样中的干扰

性物质洗脱液经稀释(或浓缩),利用试液中盐霉素与嗜热脂肪芽孢杆菌作用产生抑菌圈,根据抑菌圈大小用标准曲线法定量测定盐霉素含量。

【培养基和试剂】 ①甲醇溶液。②生理盐水。③1 000 $\mu g/mL$ 盐霉素标准贮备溶液:甲醇稀释。④培养基 I:蛋白胨 5.0 g、NaCl 5.0 g、牛肉膏 1.0 g、琼脂 15 g,加蒸馏水至 1 000 mL,混匀,121 ℃灭菌 15 min,pH 7.4。⑤培养基 II:胰蛋白胨 5.0 g、葡萄糖 1.0 g、酵母浸膏 2.5 g、琼脂 15.0 g,加蒸馏水至 1 000 mL,121 ℃灭菌 15 min,pH 7.0。

【菌液制备和平板制备】

(1) 菌悬浮液

嗜热脂肪芽孢杆菌接种于培养基 I 内,于(55±1)℃培养(17±1)h,于 8 000 r/min 离心 15 min,弃去上层液。加适量生理盐水,离心,反复洗涤,弃去洗液。最后加入 30 mL 生理盐水制成悬浮液,于 4℃冰箱保存,该溶液可使用 6~8 w。

(2) 检定平板的制备

在制平板前,先放上牛津杯注入 0.10 mL 的 5 $\mu g/mL$ 浓度的标准工作液对菌悬液的最佳用量进行预测试。以不同量的菌悬液加入经溶化并冷却至 50~55 ℃的培养基 I,充分混合,于(55±1)℃培养(17±1)h 后,选择能使该浓度标准工作液产生直径≥12 mm 清晰、完整的抑菌圈的菌悬液用量为最佳用量。于灭菌平皿中加 20 mL 熔化并冷却至 50~55 ℃的培养基 I,保持水平,待其凝固后,制成基层。再注入已加入最佳用量菌悬液的培养基 I,保持水平,使其凝固制成检定平板,所用平板需当天制备。

【样品前处理】

准确称取一定量试样精确至 0.000 1 g

— 加 20.0 mL 试样提取液,震荡 1 h,静置片刻

转移到氧化铝柱,试样提取液不间断地洗脱,用 100 mL 容量瓶接至刻度

— 吸取一定量提取液置于旋转蒸发器中,减压至干

加适量试样提取液稀释,使试液中盐霉素含量为 5 ~ 20 $\mu g/mL$

【标准曲线的制备】

以 5.0 $\mu g/mL$ 浓度的标准工作液作为参考浓度。标准曲线上的每个标准浓度各取 3 个检定平板为一组。在每个平板上放置 6 个牛津杯,使牛津杯在半径为 28 mm 的圆面上成 60° 角间距。其中 3 个牛津杯滴加 0.1 mL 的参考浓度,另 3 个滴加 0.1 mL 其他一种浓度的标准工作液。参考浓度溶液与标准浓度溶液要间隔放置。4 种浓度的标准工作液共用 12 个检定平板。

将陶瓦盖盖好,于 4℃放置 1~2 h 后,在(55±1)℃培养(17±1)h。除去牛津杯。精确地测量所产生的抑菌斑(精确到 0.1 mm)。求出每组 3 个检定平板上 5.0 $\mu g/mL$ 浓度的抑菌斑直径读数(B)与其他浓度标准液的抑菌斑直径读数的平均值(A)。再求出参考浓度(5.0 $\mu g/mL$)的所有 36 个抑菌斑直径读数的平均值(B^1)。用 36 个参考浓度抑菌斑直径的平均值(B^1)与每组中 9 个参考浓度抑菌斑直径平均值(B)之差来校正其他各浓度标准工作液的抑菌斑读数的平均值(A^1)。

以溶液浓度为横坐标,该溶液被校正后的抑菌斑的直径(A^1)为纵坐标,绘制标准曲线图或计算回归方程。校正按以下式计算:

$$A^1 = B^1 - B + A$$

式中,A^1 为被校正后的抑菌斑直径读数(mm);B^1 标准对照溶液抑菌斑直径读数总平均值(mm);B 为被校正溶液组内的标准对照溶液抑菌斑平均读数(mm);A 为被校正溶液的抑菌斑直径的平均读数(mm)。

【检测步骤】

每份样液用 3 个检定平板,在每个平板上放置 6 个牛津杯
——使牛津杯在半径为 28 mm 的圆面上成 60° 角间距
其中 3 个牛津杯滴加 0.1 mL 样液,另 3 个滴加 0.1 mL 参考浓度(5.00 μg/mL)的标准工作液
——样液与参考浓度标准工作液要间隔放置
将陶瓦盖盖好,于 4 ℃ 放置 1~2 h 后,在(55±1)℃ 培养(17±1)h
——除去牛津杯,精确地测量所产生的抑菌斑的直径(精确到 0.1 mm)
校正后,求其平均值

【计算】

(1) 如样液呈现抑菌圈直径小于 12 mm,即报告为"阴性"。

(2) 如样液呈现抑菌圈直径平均值大于等于 12 mm,经校正后,从标准曲线上查出(或计算出)相应盐霉素的浓度,再按以下公式计算试样中盐霉素含量。

$$试样中盐霉素的含量(mg/kg) = \frac{C \times n}{m}$$

式中,C 从标准曲线上查出的试样液中盐霉素浓度(mg/kg);n 为稀释倍数;m 为称取试样的质量(g)。

【检测要点】

(1) 本法盐霉素最低检出限为 1.25 mg/kg。

(2) 活性氧化铝层析柱需要将氧化铝 270~335 目,经 300 ℃ 活化 3 h,于干燥器冷却后才可放入层析柱。

(3) 不同平板中同一剂量浓度的抑菌圈直径之间差不超过 ±0.5 mm,否则应重做。

五、酶联免疫吸附法

【原理】采用间接竞争 ELISA 方法,在微孔条上包被偶联抗原,试样中残留的阿维菌素类药物与酶标板上的偶联抗原竞争阿维菌素抗体,加入酶标记的羊抗兔抗体后,显色剂显色,终止液终止反应。用酶标仪在 450 nm 处测定吸光度,吸光值与阿维菌素类药物残留量成负相关,与标准曲线比较即可得出阿维菌素类药物残留含量。

【仪器】酶标仪(配备 450 nm 滤光片)。

【试剂】①乙腈。②正己烷。③无水硫酸钠。④阿维菌素类药物试剂盒(包被有阿维菌素偶联抗原的 96 孔板、阿维菌素抗体工作液、酶标记物工作液、底物液 A 液、底物液 B 液、终止液、20 倍浓缩洗涤液、20 倍浓缩缓冲液、洗涤工作液、缓冲工作液、碱性氧化铝柱)。⑤系列标准工作溶液。

【检测步骤】

取试样(3.00±0.01)g 于 50 mL 离心管
┗加乙腈 9 mL、正己烷 3 mL,震荡 10 min
加无水硫酸钠 3 g,再震荡 10 min,15 ℃ 下 3 000 r/min 离心 10 min
┗除去上层正己烷,取下层提取液 4.0 mL 备用
取碱性氧化铝柱加无水硫酸钠 3 g,加乙腈 10 mL 预洗
┗加备用的提取液 4.0 mL,收集流出液 10 mL 玻璃试管,加乙腈 4.0 mL
50 ～ 60 ℃ 水浴下氮气吹干
┗加缓冲液工作液 1.0 mL 溶解残留物
涡动 1 min,超声 10 min,涡动 1 min
┗取溶解液 100 μL,加缓冲液工作液 100 μL,充分混合,取 20 μL 分析
每个试样 2 个平行进行酶联免疫反应
┗微孔从冰箱中取出,放在室温下回温 60 ～ 120 min
加系列标准溶液或试样液 20 μL
┗加抗体工作液 80 μL/孔,充分混合,37 ℃ 恒温箱中孵育 30 min
倒出孔中液体,完全除去孔中的液体
┗加洗涤工作液 250 μL/孔,倒掉孔中液体,拍打,再重复两遍以上
过氧化物酶标记物 100 μL,37 ℃ 恒温箱中孵育 30 min
┗倒出孔中液体,完全除去孔中的液体
加洗涤工作液 250 μL/孔,倒掉孔中液体,拍打,再重复两遍以上
┗加底物液 A 液和 B 液各 50 μL/孔,混匀
37 ℃ 恒温箱避光显色 15 ～ 30 min
┗加终止液 50 μL/孔,震荡混匀
450 nm 波长处测量吸光度值

【计算】

$$相对吸光度值 = B/B_0 \times 100\%$$

式中,B 为标准溶液或试样的平均吸光度值;B_0 为零浓度的标准溶液平均吸光度值。

将计算的相对吸光度值(%)对应阿维菌素药物标准品浓度(μg/L)的自然对数作半对数坐标系统曲线图,对应的试样浓度可从校正曲线算出。

【检测要点】

(1) 本法适用于动物性食品中阿维菌素类药物残留的检测。

(2) 本法在牛肝和牛肉中的检测限均为 2 μg/kg;在 5～20 μg/kg 添加浓度水平上的回收率为 60%～120%。

(3) 使用前将试剂盒于室温(19～25 ℃)下放置 1～2 h。

(4) 每个试样应在酶标板上做两个平行样检测,可以减少误差。

(5) 本法参阅:农业部 1025 号公告-5-2008。

第五章
农药残留及其检测

农药残留系指用于防治病虫害的农药在食物中的残留。世界粮农组织（FAO）与世界卫生组织（WHO）联席会议（1975）认为："农药残留"应包括有毒理学意义的农药衍生物，如降解或转化产物、代谢物、反应物及杂质。食品中农药残留物进入人体后，可蓄积或贮存在细胞、组织或器官内。残留量常以 mg/kg 或 μg/kg 表示。

目前，农药分类方法有两种：按用途分为杀虫剂、杀菌剂、除草剂、植物生长调节剂和熏蒸剂等；按化学成分分为有机氯类、有机磷类、氨基甲酸酯类、拟除虫菊酯类、有机氮类、汞制剂、砷制剂等。

我国农药发展大概分为 3 阶段：创建期（1949～1960 年）、巩固发展期（1960～1983 年）和调整品种结构繁荣发展期，逐步从天然药物、无机合成药物发展到有机合成农药，2021 年已成为全球农药生产第二大国。由于农药品种和使用量不断增加，有些农药又不易分解，使畜禽、水产及农作物（如蔬菜、瓜果、茶叶等）等动、植物体内受到不同程度的污染，通过食物链最终进入人体，给人类健康带来潜在危害。随着社会经济水平显著提升和大健康时代的到来，公众健康意识不断加强，人们对食品安全提出了更高的要求，农药残留问题也受到了高度的关注和重视。

第一节 概　述

一、对人体的毒性和危害

1. 慢性、累积性毒性

农药残留可引起慢性中毒，如有机氯农药的化学性质极为稳定，不易分解，半衰期长。这类农药通过食物链进入人体被吸收后，主要蓄积在脂肪组织，其次是肝、肾、血液中，并会造成肝、肾、中枢神经系统和骨骼代谢障碍或损害，呈现慢性、累积性毒性。人体内蓄积的残留农药还能通过胚胎和乳汁传给下一代。近年来，帕金森病、老年性痴呆、心脑血管病、糖尿病、癌症等患者加多，与经常食用农药残留的蔬菜瓜果有一定关系。

2. 急性毒性

有机磷农药对哺乳动物急性毒性特强。往往是由于喷施有机磷农药的瓜果、蔬菜等未到休药期就上市;或因动物误食喷洒过的农药的农作物中毒,其肉仍供应市场;或因运输、包装等原因污染食品。近年来,因食用含有机磷农残的蔬菜、瓜果等而引起食物中毒事件屡有发生。2002~2017年我国全国食源性农药中毒事件共计562起,中毒人数6 335人,死亡人数151人。引发食源性农药中毒事件的主要农药是杀虫剂(有机磷类和氨基甲酸酯类)和除草剂(百草枯和草甘膦),其中以有机磷类为主,涉及事件361起,占64.23%,引起中毒食品主要为蔬菜类、粮食类和水果类,引发环节以农药残留为主,涉及事件200起,占35.59%。

3. 农药致畸、致癌不容忽视

早在2002年美国科学家就已发现,日常食用的蔬菜、水果、肉类、粗粮等15种食物,因28种杀虫剂使用而被污染,由此每年引起2万例癌症。我国学者调查表明,癌症病率逐年增高与农药化肥使用量呈平行关系,农村中40%~50%的儿童白血病患者,发病诱因或直接原因便是包括农药在内的化学物质。由于儿童的神经系统和免疫功能未臻完善,最易受农药之害。儿童又处于生长发育期,生长迅速的细胞比静止的细胞更易受致癌农药的侵害。近年来,还发现氨基甲酸酯类农药存在一定的问题,若这类农药随食物进入胃中,可形成亚硝胺类物质,动物试验发现有致畸、致癌的可能。

4. 产生生态毒性

农药的利用率并不高,研究表明蔬菜对农药的利用率大约在10%,剩下的农药将会沉积在周围环境中,一旦降解不足会导致环境污染。①农药在土壤中的大量堆积使土壤板结且带有农药物质,植被会受到较大危害。②随着降雨、排水,农药会进入水体中,水中生物受到农药影响,危害其繁殖、发育等过程,使当地的淡水渔业亏损,附近水域的水质也会被破坏,对当地人的生活造成很大影响。③农药在杀死害虫的同时也会导致其他益虫甚至鸟类死亡,影响生态平衡。

二、检测意义

近年来随着中国农药法治建设的完善,农药残留问题得到改善,但仍然存在许多问题。人类食品中普遍存在有机氯农药残留,特别是脂肪含量高的动物性食品蓄积较多有机氯农药。目前,人们最关注的是乳、肉、蛋、水产品中有机氯农药污染问题。

近年来,我国对各地区主要食品中有机氯农药残留普查得出:动物性食品残留量高于植物性食品,脂肪多的食品高于脂肪少的食品,其中猪肉高于牛、羊、兔肉,淡水鱼高于海鱼,池塘鱼高于河湖鱼,南方某些农业高产地区的畜、禽、水产品中有机氯农药残留量高于北方地区。另外,国内还发现喷施有机磷农药未过休药期,就将蔬菜、瓜果等采摘上市。还有使用严禁喷洒于蔬菜的高毒农药,如甲胺磷、对硫磷、氧化乐果等。

因此,为从源头杜绝有毒蔬菜、瓜果、肉类等进入市场,让人们吃到无毒放心的新鲜果蔬及肉类食品,就必须加强对食物中农药残留的检测与监督,随着社会快速发展,食品安全问题被提升到国家战略高度,"实施食品安全战略,形成严密高效、社会共治的食品安全治理体系,让人民群众吃得放心。"守护食品安全、生态环境安全至关重要。

第二节·有机氯农药残留检测

有机氯农药品种较多,有六六六、滴滴涕、狄氏剂、艾氏剂、毒杀芬、氯丹、七氯、五氯酚钠等,曾被我国广泛使用。其中六六六(化学名 1,2,3,4,5,6-六氯代环己烷或六氯化苯,英文缩写 BHC),有 8 种异构体,如甲、乙、丙、丁-六六六等,也称 α、β、γ、δ-BHC,原粉中 γ-BHC 占 12%～14%,最高达 25%～30%,含 80%～90%则称为高丙体 BHC,含量达 99%以上称林丹;滴滴涕[化学名 1,1-双(4-氯苯基)2,2,2-三氯乙烷,英文缩写 DDT],有 6 种异构体。

食品中有机氯农药残留多组分检测方法有气相色谱法和气相色谱-质谱/质谱法。

一、气相色谱法

【原理】试样中有机氯农药组分经有机溶剂提取、凝胶色谱层析净化,用毛细管柱气相色谱分离,电子捕获检测器检测,以保留时间定性,外标法定量。

【仪器】气相色谱仪(配电子捕获检测器)。

【试剂】①丙酮。②石油醚。③乙酸乙酯。④环己烷。⑤正己烷。⑥氯化钠。⑦无水硫酸钠。⑧聚苯乙烯凝胶:200～400 目。⑨农药标准品:α、β、γ、δ-六六六、六氯苯、五氯硝基苯、五氯苯胺、七氯、五氯苯基硫醚、艾氏剂、氧氯丹、环氧七氯、反氯丹、α-硫丹、顺氯丹、p,p'-滴滴伊、狄氏剂、异狄氏剂、β-硫丹、p,p'-滴滴滴、o,p'-滴滴涕、异狄氏剂醛、硫丹硫酸盐、p,p'-滴滴涕、异狄氏剂酮、灭蚁灵,纯度不低于 98%。⑩标准溶液的配制:分别准确称取或量取上述农药标准品适量,用少量苯溶解,再用正己烷稀释成一定浓度的标准储备溶液。量取适量标准储备溶液,用正己烷稀释为系列混合标准溶液。

【仪器工作条件】①色谱柱:DM-5 石英弹性毛细管柱(30 m×0.32 mm,0.25 μm)。②程序升温:初始 90℃,以 40℃/min 升至 170℃,保持 1min,再以 2.3℃/min 升至 230℃,保持 17min,最后以 40℃/min 升至 280℃,保持 5min。③进样口温度:280℃,不分流进样,进样量 1 μL。④检测器:电子捕获检测器,温度 300℃。⑤载气流速:氮气流速 1 mL/min;尾吹,25 mL/min。⑥柱前压:0.5 MPa。

【检测步骤】

(1) 肉类

取肉去筋制成肉糜,取 20 g 于 200 mL 具塞三角瓶
├─加 15 mL 水和 40 mL 丙酮振摇 30 min
加氯化钠 6 g 摇匀,再加 30 mL 石油醚,振摇 30 min,静置分层
├─取有机相全部转移到 100 mL 具塞三角瓶经无水硫酸钠干燥
量取 35 mL 到旋转蒸发瓶,浓缩至约 1 mL
├─加 2 mL 乙酸乙酯-环己烷溶液再浓缩,重复 3 次,浓缩至 1 mL
手动凝胶色谱柱净化
├─浓缩液经凝胶柱以乙酸乙酯-环己烷溶液洗脱弃去 0～35 mL 馏分

收集 35 ～ 70 mL 流分,旋转蒸发浓缩至 1 mL
 —经凝胶柱净化收集 35 ～ 70 mL 流分蒸发浓缩
氮气吹除溶剂,正己烷定容到 1 mL
 —分别吸取 1 μL 混合标准液及试样净化液
注入 GC 仪检测(同时做空白试验)

（2）大豆油

取试样 1 g 于 200 mL 具塞三角瓶
 —加 30 mL 石油醚振摇 30 min
有机相全部转移至旋转蒸发瓶,浓缩至 1 mL
 —加 2 mL 乙酸乙酯-环己烷溶液再浓缩,重复 3 次,浓缩至 1 mL
手动凝胶色谱柱净化,以下步骤同(1)法

【标准曲线制备】

色谱分析:分别吸取 1 μL 混合标准液及试样净化液注入气相色谱仪,记录色谱图,以保留时间定性,试样和标准的峰高或峰面积比较定量,色谱图见图 5－1。

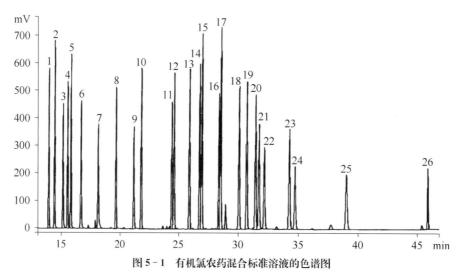

图 5－1　有机氯农药混合标准溶液的色谱图

 1.α-六六六;2.六氯苯;3.β-六六六;4.γ-六六六;5.五氯硝基苯;6.δ-六六六;7.五氯苯胺;8.七氯;9.五氯苯基硫醚;10.艾氏剂;11.氧氯丹;12.环氧七氯;13.反氯丹;14.α-硫丹;15.顺氯丹;16.p,p'-滴滴伊;17.狄氏剂;18.异狄氏剂;19.β-硫丹;20.p,p'-滴滴滴;21.o,p'-滴滴涕;22.异狄氏剂醛;23.硫丹硫酸盐;24.p,p'-滴滴涕;25.异狄氏剂酮;26.灭蚁灵

【计算】

$$食品中有机氯农药残留含量(mg/kg) = \frac{m_1 \times V_1 \times f \times 1\,000}{m \times V_2 \times 1\,000}$$

式中,m_1 为被测样液中有机氯含量(ng);V_1 为样液进样体积(μL);f 为稀释因子;m 为试样质量(g);V_2 为样液最后定容体积(mL);计算结果保留两位有效数字。

【检测要点】

（1）本法适用于肉类、蛋类、乳类和植物油中 α-六六六、六氯苯、β-六六六、γ-六六六、五氯硝基苯、δ-六六六、五氯苯胺、七氯、五氯苯基硫醚、艾氏剂、氧氯丹、环氧七氯、反氯丹、α-硫丹、顺氯丹、p,p'-滴滴伊、狄氏剂、异狄氏剂、β-硫丹、p,p'-滴滴滴、o,p'-滴滴涕、异狄氏剂醛、硫丹硫酸盐、p,p'-滴滴涕、异狄氏剂酮、灭蚁灵的检测分析。

（2）样品检测中，蛋与蛋制品、蔬菜、瓜果取样量为 20 g 并加 5 mL 水；乳与乳制品取样量为 20 g，鲜乳不加水；植物油不加水和丙酮，直接加石油醚提取即可。

（3）检测的检出限随试样基质而不同，参见表 5-1。

（4）在重复性条件下获得的两次独立检测结果的绝对差值不得超过算术平均值 20%。

（5）本法参阅：GB/T 5009.19-2008。

表 5-1 不同基质试样的检出限（μg/kg）

农药	猪肉	牛肉	羊肉	鸡肉	鱼	鸡蛋	植物油
α-六六六	0.135	0.034	0.045	0.018	0.039	0.053	0.097
六氯苯	0.114	0.098	0.051	0.089	0.030	0.060	0.194
β-六六六	0.210	0.376	0.107	0.161	0.179	0.179	0.634
γ-六六六	0.075	0.134	0.118	0.077	0.064	0.096	0.226
五氯硝基苯	0.089	0.160	0.149	0.104	0.040	0.114	0.270
δ-六六六	0.284	0.169	0.045	0.092	0.038	0.161	0.179
五氯苯胺	0.248	0.153	0.055	0.141	0.139	0.291	0.250
七氯	0.125	0.192	0.079	0.134	0.027	0.053	0.247
五氯苯基硫醚	0.083	0.089	0.078	0.050	0.131	0.082	0.151
艾氏剂	0.148	0.095	0.090	0.034	0.138	0.087	0.159
氧氯丹	0.078	0.062	0.256	0.181	0.187	0.126	0.253
环氧七氯	0.058	0.034	0.166	0.042	0.132	0.089	0.088
反氯丹	0.071	0.044	0.051	0.087	0.048	0.094	0.307
α-硫丹	0.088	0.027	0.154	0.140	0.060	0.191	0.382
顺氯丹	0.055	0.039	0.029	0.088	0.040	0.066	0.240
p,p'-滴滴伊	0.136	0.183	0.070	0.046	0.126	0.174	0.345
狄氏剂	0.033	0.025	0.024	0.015	0.050	0.101	0.137
异狄氏剂	0.155	0.185	0.131	0.324	0.101	0.481	0.481
β-硫丹	0.030	0.042	0.200	0.066	0.063	0.080	0.246
p,p'-滴滴	0.032	0.165	0.378	0.230	0.211	0.151	0.465
o,p'-滴滴涕	0.029	0.147	0.335	0.138	0.156	0.048	0.412
异狄氏剂醛	0.072	0.051	0.088	0.069	0.078	0.072	0.358
硫丹硫酸盐	0.140	0.183	0.153	0.293	0.200	0.267	0.260
p,p'-滴滴涕	0.138	0.086	0.119	0.168	0.198	0.461	0.481
异狄氏剂酮	0.038	0.061	0.036	0.054	0.041	0.222	0.239
灭蚁灵	0.133	0.145	0.153	0.175	0.167	0.276	0.127

二、气相色谱-质谱/质谱法

【原理】试样中的有机氯农药残留用正己烷-丙酮（1+1，V/V）溶液提取，提取液浓缩后，经凝胶渗透色谱和弗罗里硅土柱净化,用气相色谱-质谱/质谱仪检测和确证,外标峰面积法定量。

【仪器】气相色谱-质谱/质谱仪(配电子轰击源)。

【试剂】①正己烷。②丙酮。③二氯甲烷。④环己烷。⑤乙酸乙酯。⑥无水硫酸钠。⑦氯化钠。⑧凝胶渗透色谱洗脱液:取适量环己烷和乙酸乙酯按体积比 1∶1 混合。⑨固相萃取洗脱液:取适量正己烷和二氯甲烷按体积比 5∶95 混合。⑩农药标准物质:纯度≥95%。⑪标准储备溶液:称取适量的各标准物质,用正己烷配制成浓度为 100 μg/mL 的标准储备液。⑫标准中间溶液:取适量的各种标准储备溶液,配制成 2 μg/mL 的混合标准工作溶液。

【材料】①弗罗里硅土固相萃取小柱:1 g/6 mL,使用前用 5 mL 正己烷活化。②微孔滤膜:0.45 μm,有机系。

【仪器工作条件】①气相色谱。色谱柱:TR - 35 ms(30 m×0.25 mm, 0.25 μm);柱温:55 ℃保持 1 min,以 40 ℃/min 速率升至 140 ℃,保持 5 min,以 2 ℃/min 速率升至 210 ℃,以 10 ℃/min 速率升至 280 ℃,保持 10 min;进样口温度:250 ℃;离子源温度:250 ℃;传输线温度:250 ℃;离子源:电子轰击离子源;检测方式:选择反应监测模式(SRM);监测离子(m/z):各种有机氯农药的定性离子对、定量离子对、碰撞能量及离子丰度比参见 GB 23200.86 - 2016;载气:氦气,纯度不低于 99.999%;流速:1.2 mL/min;进样方式:不分流;进样量:1 μL;电离能量:70 eV。②质谱条件。法模式:EZ 方法;离子盒:CEI(Close EI);离子源温度:250 ℃;灯丝电流:25 μA;Q1 峰宽:0.7 FWHM;循环时间:0.5 s;色谱过滤峰宽:3.0 s;碰撞气:氩气,纯度不低于 99.999%;碰撞气压力:1.5 mTorr。

【检测步骤】

称取乳及乳制品 10 g 于 50 mL 具塞离心管
┝—加 5 g 氯化钠和 10 mL 提取液,震荡 1 min,4 000 r/min 离心 3 min
移至 100 mL 旋蒸瓶,残渣用 10 mL 提取液提取两次,离心合并有机相
┝—40 ℃ 下浓缩至干,10 mL 环己烷-乙酸乙酯溶液溶解残渣,过 0.45 μm 滤膜
待净化溶液转移至 10 mL 试管,凝胶渗透色谱仪净化
┝—收集 10 ~ 22 min 淋洗液,在 40 ℃ 下减压浓缩至 2 mL
转移至弗罗里硅土固相萃取柱,收集流出液,用 8 mL 二氯甲烷-正己烷溶液洗脱
┝—收集洗脱液于 40 ℃ 旋转浓缩近干,1 mL 正己烷溶解残渣,过 0.45 μm 滤膜
注入 GC 仪检测(同时做空白试验)

【标准曲线制备与检测】按照气相色谱-质谱/质谱条件检测样液和标准工作溶液,外标法检测样液中的有机氯农药残留量。样品中待测物残留量应在标准曲线范围内,如残留量超标准曲线范围,应进行适当稀释。30 种有机氯农药标准溶液的总离子流色谱图见图 5-2。

【计算】

$$食品中有机氯农药残留含量(\mu g/kg) = \frac{C_i \times V \times 1\,000}{m_i \times 1\,000}$$

式中,C_i 由标准曲线得到的样液中 i 组分农药的浓度(μg/L);V 为样液最终定容体积(mL);m 为最终样液所代表的试样质量(g)。计算结果须扣除空白值,检测结果用平行检测的算术平均值表示,保留两位有效数字。

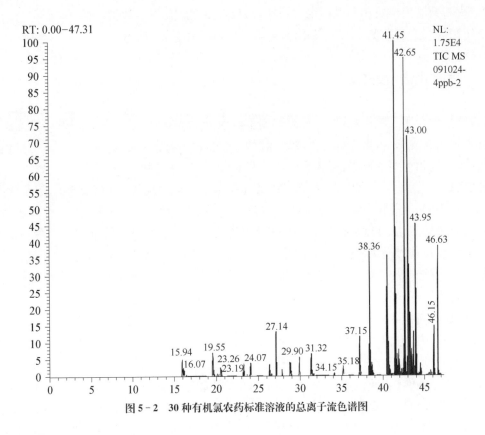

图 5 - 2　30 种有机氯农药标准溶液的总离子流色谱图

【检测要点】

（1）本法适用于液态奶、奶粉、酸奶（半固态）、冰淇淋、奶糖等乳及乳制品中 α-六六六、β-六六六、林丹、δ-六六六、o, p'-滴滴涕、p, p'-滴滴涕、o, p'-滴滴伊、p, p'-滴滴伊、o, p'-滴滴滴、p, p'-滴滴滴、甲氧滴滴涕、七氯、环氧七氯、艾氏剂、狄氏剂、异狄氏剂、异狄氏剂醛、异狄氏剂酮、顺式-氯丹、反式-氯丹、氧化氯丹、α-硫丹、β-硫丹、硫丹硫酸盐、六氯苯、四氯硝基苯、五氯硝基苯、五氯苯胺、甲基五氯苯基硫醚、灭蚁灵等 30 种有机氯农药残留量的检测和确证。

（2）标准储备溶液、中间溶液 0～4 ℃条件下避光保存。

（3）本法中各种有机氯农药定量限均为 0.8 μg/kg，平均回收率范围为 62.2%～116.8%。

（4）本法参阅：GB 23200.86 - 2016。

第三节 · 有机磷农药残留检测

有机磷农药是一类含磷的有机化合物，大多属于磷酸酯类或硫代磷酸酯类。常见的有对硫磷（1605）、内吸磷（1509）、甲拌磷（3911）、马拉硫磷（4049）、乐果、敌百虫、敌敌畏（DDVP）、杀螟松等。

有机磷农药多数为暗棕色油状液体，有大蒜臭味，易挥发，难溶于水，可溶于有机溶剂和油脂中,绝大多数有机磷农药遇碱即水解破坏,惟敌百虫先转化成敌敌畏,再水解破坏。

有机磷农药残留检测方法有气相色谱-双柱法和气相色谱-质谱法。

一、气相色谱-双柱法

【原理】试样用乙腈提取,提取液经固相萃取或分散固相萃取净化,使用带火焰光度检测器的气相色谱仪检测,根据双柱色谱峰的保留时间定性,外标法定量。

【仪器】气相色谱仪:配有双火焰光度检测器(FPD 磷滤光片)。

【试剂】①乙腈。②丙酮。③甲苯。④无水硫酸镁。⑤氯化钠。⑥乙酸钠。⑦乙腈-甲苯溶液(3+1,V/V):量取 100 mL 甲苯加入 300 mL 乙腈中,混匀。⑧标准品:90 种有机磷类农药及其代谢物标准品,纯度≥96%。⑨标准溶液配制。(1 000 mg/L)标准储备溶液:取 10 mg 有机磷类农药及其代谢物各标准品,丙酮溶解并分别定容到 10 mL,避光且低于—18 ℃保存,有效期一年;混合标准溶液:将 90 种有机磷类农药及其代谢物分成 6 个组,分别准确吸取一定量的单个农药储备溶液于 50 mL 容量瓶,丙酮定容至刻度。

【材料】①固相萃取柱:石墨化炭黑填料(GCB)500 mg/氨基填料(NH$_2$)500 mg,6 mL。②乙二胺-N-丙基硅烷硅胶(PSA):40～60 μm。③十八烷基甲硅烷改性硅胶(Cis):40～60 μm。④陶瓷均质子:2 cm×1 cm。⑤微孔滤膜:0.22 μm×25 mm。

【仪器工作条件】①色谱柱。A 柱:50%聚苯基甲基硅氧烷石英毛细管柱(30 m×0.53 mm,1.0 μm);B 柱:100%聚苯基甲基硅氧烷石英毛细管柱(30 m×0.53 mm,1.5 μm)。②色谱柱温度:150 ℃保持 2 min,以 8 ℃/min 程序升温至 210 ℃,再以 5 ℃/min 升温至 250 ℃,保持 15 min。③载气:氮气,纯度≥99.999%,流速为 8.4 mL/min。④进样口温度:250 ℃。⑤检测器温度:300 ℃。⑥进样量:1 μL。⑦进样方式:不分流进样。⑧燃气:氢气,纯度≥99.999%,流速为 80 mL/min;助燃气:空气,流速为 110 mL/min。

【检测步骤】

(1) 蔬菜、水果、食用菌

切碎混匀捣碎成匀浆,称取 20 g 置于烧杯
　—加 20 mL 乙腈,高速匀浆机 15 000 r/min 匀浆 2 min
过滤至装有 5～7 g 氯化钠的 100 mL 具塞量筒
　—盖上塞子剧烈震荡 1 min,室温下静置 30 min
吸取 10 mL 上清液于 100 mL 烧杯
　—80 ℃ 水浴氮吹蒸发近干
加 2 mL 丙酮溶解残余物,盖上铝箔备用
　—上述备用液转移至 15 mL 刻度离心管
用 3 mL 丙酮分 3 次冲洗烧杯
　—转移至离心管,定容至 5 mL,涡旋 0.5 min,微孔滤膜过滤
注入 GC 仪测定(同时做平行和空白试验)

(2) 油料作物、坚果

粉碎混匀,取 10 g 置于烧杯
　—加 20 mL 水混匀静置 30 min,加 50 mL 乙腈,高速匀浆机 15 000 r/min 匀浆 2 min

过滤至装有 5～7 g 氯化钠的 100 mL 具塞量筒盖上塞子

└─震荡 1 min,室温下静置 30 min

吸取 8 mL 上清液于 15 mL 刻度离心管

└─加 900 mg 无水硫酸镁、150 mg PSA、涡旋 0.5 min,4 200 r/min 离心 5 min

吸取 5 mL 上清液加入到 10 mL 刻度离心管

└─80 ℃ 水浴中氮吹蒸发近干,加 1 mL 丙酮,涡旋 0.5 min,微孔滤膜过滤

注入 GC 仪测定(同时做平行和空白试验)

(3) 谷物

粉碎后可通过 425 μm 网筛,取 10 g 于 150 mL 具塞锥形瓶

└─加 20 mL 水混匀静置 30 min,加 50 mL 乙腈,高速匀浆机 20 000 r/min 匀浆 2 min

过滤至装有 5～7 g 氯化钠的 100 mL 具塞量筒中盖上塞子

└─震荡 1 min,室温下静置 30 min

吸取 10 mL 上清液于 100 mL 烧杯

└─80 ℃ 水浴中氮吹蒸发近干,加 2 mL 丙酮溶解残余物,盖上铝箔备用

溶液全部转移至 10 mL 刻度试管

└─用 5 mL 丙酮分 3 次冲洗烧杯,收集淋洗液于刻度试管

50 ℃ 水浴中氮吹蒸发近干

└─加 2 mL 丙酮,涡旋 0.5 min,微孔滤膜过滤

注入 GC 仪测定(同时做平行和空白试验)

(4) 茶叶、调味料

粉碎混匀,取 5 g 于 150 mL 烧杯

└─加 20 mL 水浸润 30 min,再加 50 mL 乙腈,高速匀浆机 15 000 r/min 匀浆 2 min

过滤至装有 5～7 g 氯化钠的 100 mL 具塞量筒盖塞子

└─震荡 1 min,室温下静置 30 min

吸取 10 mL 上清液于 100 mL 烧杯

└─80 ℃ 水浴中氮吹蒸发近干,加 2 mL 乙腈-甲苯溶液(3＋1,V/V)溶解残余物

固相萃取柱用 5 mL 乙腈-甲苯溶液预淋洗

└─当液面到达柱筛板顶部时,加入上述溶液

用 100 mL 茄型瓶收集洗脱液,2 mL 乙腈-甲苯溶液涮洗烧杯后过柱,并重复一次

└─用 15 mL 乙腈-甲苯溶液洗脱柱子,收集的洗脱液于 40 ℃ 水浴中旋转蒸发近干

5 mL 丙酮冲洗茄型瓶并转移至 10 mL 离心管

└─50 ℃ 水浴中氮吹蒸发近干,加 1 mL 丙酮,涡旋混匀,微孔滤膜过滤

注入 GC 仪测定(同时做平行和空白试验)

(5) 植物油

搅拌均匀,取 3 g 于 50 mL 塑料离心管

└─加 5 mL 水、50 mL 乙腈,6 g 无水硫酸镁、1.5 g 醋酸钠及 1 颗陶瓷均质子,剧烈震荡 1 min
　 4 200 r/min 离心 5 min

过滤至装有 5～7 g 氯化钠的 100 mL 具塞量筒盖上塞子

└─震荡 1 min,室温下静置 30 min

吸取 8 mL 上清液于 900 mg 无水硫酸镁、150 mg C_{18} 的 15 mL 离心管

└─涡旋 0.5 min,4 200 r/min 离心 5 min

吸取 5 mL 上清液放入 10 mL 刻度离心管

└─80 ℃ 水浴中氮吹蒸发近干,加 1 mL 丙酮,涡旋 0.5 min 微孔滤膜过滤

注入 GC 仪测定(同时做平行和空白试验)

【标准曲线制备与检测】

(1) 标准曲线:将混合标准中间溶液用丙酮稀释成质量浓度为 0.005 mg/L、0.01 mg/L、0.05 mg/L、0.1 mg/L 和 1 mg/L 的系列标准溶液。以农药质量浓度为横坐标、色谱峰面积积分值为纵坐标,绘制标准曲线。色谱图见图 5-3,质量浓度均为 0.1 mg/L 标准溶液。

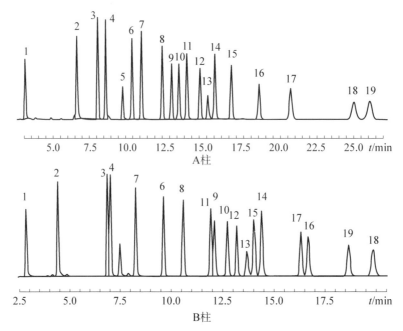

图 5-3　部分农药标准溶液色谱图

1.敌敌畏;2.乙酰甲胺磷;3.虫线磷;4.甲基异内吸磷;5.百治磷;6.乙拌磷;7.乐果;8.甲基对硫磷;9.毒死蜱;10.嘧啶磷;11.倍硫磷;12.灭蚜磷;13.丙虫磷;14.抑草磷;15.灭菌磷;16.硫丙磷;17.三唑磷;18.莎稗磷;19.亚胺硫磷

(2) 定性检测:以目标农药的保留时间定性。被测试样中目标农药双柱上色谱峰的保留时间与相应标准色谱峰的保留时间相比较,相差在 ±0.05 min 之内。

(3) 试样溶液的检测:将混合标准工作溶液和试样溶液依次注入气相色谱仪中,保留时间定性,测得目标农药色谱峰面积,根据计算列式得到各农药组分含量。待测样液中农药的响应值应在仪器检测的定量检测线性范围之内,超过线性范围时,应根据检测浓度进行适当倍数稀释后再进行分析。

【计算】

$$食品中有机磷农药残留量(mg/kg) = \frac{V_1 \times A \times V_3}{V_2 \times A_S \times m} \times \rho$$

式中,V_1 为提取溶剂总体积(mL);V_2 为提取液分取体积(mL);V_3 为待测溶液定容体积(mL);A 为待测溶液中被测组分峰面积;A_S 为标准溶液中被测组分峰面积;m 为试样质量(g);ρ 为标准溶液中被测组分质量浓度(mg/L)。计算结果以重复性条件下获得的 2 次独立检测结果的算术平均值表示,保留 2 位有效数字。当结果超过 1 mg/kg 时,保留 3 位有效数字。

【检测要点】

(1) 本法适用于植物源性食品中 19 种有机磷类农药及其代谢物残留量的检测。

(2) 混合标准溶液,避光 0~4 ℃保存,有效期一个月。

(3) 本法参阅:GB 23200.116 - 2019。

二、气相色谱-质谱法

【原理】试样用水-丙酮溶液均质提取,二氯甲烷液-液分配,凝胶色谱柱净化,再经石墨化炭黑固相萃取柱净化,气相色谱-质谱检测,外标法定量。

【仪器】气相色谱-质谱仪(配有电子轰击源)。

【试剂】①丙酮。②二氯甲烷。③环己烷。④乙酸乙酯。⑤正己烷。⑥氯化钠。⑦无水硫酸钠。⑧氯化钠水溶液。⑨乙酸乙酯-正己烷(1+1, V/V)。⑩环己烷-乙酸乙酯(1+1, V/V)。⑪标准品:10 种有机磷农药标准品,纯度均≥95%。⑫标准储备溶液:分别称取适量的各农药标准品,用丙酮分别配制成浓度为 100~1 000 μg/mL 的标准储备溶液。

【材料】①氟罗里硅土固相萃取柱:Florisil(500 mg, 6 mL)。②石墨化炭黑固相萃取柱:ENVI - Carb, 250 mg, 6 mL,使用前用 6 mL 乙酸乙酯-正己烷预淋洗。③有机相微孔滤膜:0.45 μm。④石墨化炭黑:60~80 目。

【仪器工作条件】①凝胶色谱条件。凝胶净化柱:Bio Beads S - X3[700 mm×25 mm(i. d.)];流动相:乙酸乙酯-环己烷(1+1, V/V);流速:4.7 mL/min;样品定量环:10 mL;预淋洗时间:10 min;凝胶色谱平衡时间:5 min;收集时间:23~31 min。②色谱柱:DB - 5 MS 石英毛细管柱[30 m×0.25 mm(i. d.), 0.25 μm];色谱柱温度:50 ℃保持 2 min,以 30 ℃/min 的速度升至 180 ℃,保持 10 min,再以 30 ℃/min 的速度升至 270 ℃,保持 10 min;进样口温度:280 ℃;色谱-质谱接口温度:270 ℃;载气:氦气,纯度≥99.999%,流速 1.2 mL/min;进样量:1 μL;进样方式:无分流进样,1.5 min 后开阀;电离方式:EI;电离能量:70 eV;检测方式:选择离子监测方式;溶剂延迟:5 min;四级杆温度:200 ℃;离子源温度:150 ℃。

【检测步骤】

动物产品试样捣碎混匀,取 20 g 于 250 mL 具塞锥形瓶

—加 20 mL 水和 100 mL 丙酮,提取 3 min 过滤,残渣用 50 mL 丙酮提取一次

合并滤液于 250 mL 浓缩瓶,40 ℃ 水浴浓缩至 20 mL

—转移至 250 mL 分液漏斗,加 150 mL 氯化钠水溶液和 50 mL 二氯甲烷振摇 3 min 静置分层

收集二氯甲烷相,水相用 50 mL 二氯甲烷重复提取两次

—合并二氯甲烷相,经无水硫酸钠脱水,收集于 250 mL 浓缩瓶中

40 ℃ 水浴中浓缩至近干

—加 10 mL 环己烷-乙酸乙酯溶解残渣,0.45 μm 滤膜过滤

将 10 mL 待净化液按凝胶色谱规定的条件净化

—收集 23~31 min 区间的组分,于 40 ℃ 下浓缩近干,用 2 mL 乙酸乙酯-正己烷溶解残渣

石墨化炭黑固相萃取柱用 6 mL 乙酸乙酯-正己烷预淋

—弃淋洗液,2 mL 待净化液倾入上述连接柱

用 3 mL 乙酸乙酯-正己烷分 3 次洗涤浓缩瓶

— 洗涤液倾入石墨化炭黑固相萃取柱,用 12 mL 乙酸乙酯-正己烷洗脱,收集洗脱液至浓缩瓶,
  40 ℃ 水浴中旋转蒸发至近干,乙酸乙酯溶解定容至 1 mL

注入 GC 仪检测

【计算】

$$食品中有机磷农药残留量(mg/kg) = \frac{A_i \times C_{si} \times V}{A_{si} \times m}$$

式中,A_i 为样液中每种有机磷农药的峰面积(或峰高);A_{si} 为标准工作液中每种有机磷农药的峰面积(或峰高);C_{si} 为标准工作液中每种有机磷农药的浓度(μg/mL);V 为样液最终定容体积(mL);m 为最终样液代表的试样质量(g)。计算结果须扣除空白值,保留两位有效数字。

【检测要点】

(1) 本法适用于检测动物源食品中 10 种有机磷(敌敌畏、二嗪磷、皮蝇磷、杀螟硫磷、马拉硫磷、毒死蜱、倍硫磷、对硫磷、乙硫磷、蝇毒磷)农药残留量的检测。

(2) 混合标准工作溶液根据需要再用丙酮逐级稀释成适用浓度,保存于 4 ℃ 冰箱。

(3) 根据样液中被测物含量情况,选定浓度相近的标准工作溶液,对标准工作溶液与样液等体积穿插进样检测,标准工作溶液和待测样液中每种有机磷农药的响应值均应在仪器检测的线性范围内。

(4) 10 种有机磷农药的回收率见表 5-2。

(5) 本法参阅:GB 23200.93-2016。

表 5-2　10 种有机磷农药的回收率

序号	食品名称	浓度(mg/kg)	回收率(%)
1	猪肉	0.02~1.00	71.2~97.1
2	牛肉	0.02~1.00	70.6~96.9
3	鸡肉	0.02~1.00	74.3~94.8
4	鱼肉	0.02~1.00	76.3~93.3
5	猪肉罐头	0.02~1.00	70.0~94.9

第四节 · 氨基甲酸酯农药残留检测

氨基甲酸酯是一类 N-取代氨基甲酸酯类化合物。常见的有:西维因、巴沙、速灭威、呋喃丹、涕灭威、残杀威、叶蝉散、灭杀威等。其理化性质大多难溶于水,易溶于二氯甲烷、氯仿、乙醚、乙醇等有机溶剂。

氨基甲酸酯农药残留检测方法有气相色谱法、高效液相色谱法、液相色谱-柱后衍生法。

一、气相色谱法

【原理】试样经有机试剂提取、纯化、浓缩后，注入 GC 仪，含氮有机化合物被色谱柱分离，用火焰热离子检测器对 N、P 有特异性响应，并作为信号电流被检测。电流信号大小与含氮化合物的含量成正比，以峰面积与标准比较定量。

【仪器】GC 仪（具火焰热离子检测器）。

【试剂】①NaCl。②无水 Na_2SO_4。③5% NaCl 溶液。④无水甲醇（重蒸）。⑤丙酮（重蒸）。⑥二氯甲烷（重蒸）。⑦石油醚（重蒸）。⑧甲醇氯化钠溶液（无水甲醇－5% NaCl 溶液等量混合）。⑨1 mg/mL 氨基甲酸酯农药标准贮存液。⑩氨基甲酸酯农药标准应用液：使用时用丙酮稀释成 5 μg/mL 单一标准应用液，或配成混合标准应用液（每一品种浓度为 2～10 μg/mL）。

【仪器工作条件】①色谱柱：玻璃柱（2.1 m×3.2 mm），内装填 2% OV－101、6% OV－201 混合固定液的 Chromosorb WCHP（80～100 目）担体，或内装填 1.5%OV－17、1.95% OV－201 混合固定液的 Chromosorb WAW DMCS（80～100 目）担体。②火焰热离子检测器。③柱温：190 ℃。④汽化温度与检测器温度：240 ℃。⑤载气：N_2（99.99%），流速 65 mL/min，空气流速 150 mL/min，H_2 流速 3.2 mL/min。⑥灵敏度（量程 XO，衰减 X5）。

【检测步骤】

（1）蔬菜

称取试样 20 g 于具塞锥形瓶中
  —加无水甲醇 40 mL，摇匀，震荡 30 min，经铺有快速滤纸的布氏漏斗抽滤，
    用无水甲醇 50 mL 洗瓶与滤器，并入分液漏斗
滤液于分液漏斗中，用 5% NaCl 溶液 100 mL 洗滤器，并入分液漏斗
  —加石油醚 50 mL，振摇，静置，分层，下层移入第二分液漏斗，再加石油醚 50 mL
    振摇，静置，分层，下层移入第三分液漏斗
石油醚层，用甲醇氯化钠液 25 mL，依次洗第一、第二分液漏斗，振摇
  —将甲醇氯化钠液并入第三分液漏斗，用二氯甲烷（50 mL、25 mL、25 mL）依次提取，每次振摇
    静置，分层后，经无水 Na_2SO_4 脱水于蒸馏瓶中
二氯甲烷于蒸馏瓶中，接上减压浓缩装置，于 50 ℃ 水浴旋转蒸发减压浓缩至 1 mL
  —浓缩液于离心管中，用二氯甲烷洗蒸馏瓶并入离心管，吹 N_2 除二氯甲烷，用丙酮溶解残渣并
    定容至 2 mL
丙酮定容液 2 μL 注入 GC 仪检测（同时做空白试验）

（2）粮食

称取试样 40 g 于具塞锥形瓶
  —加 40 g 无水 Na_2SO_4、无水甲醇混匀，震荡 30 min，经快速滤纸过滤，收集 50 mL 滤液
滤液于分液漏斗中，用 5% NaCl 溶液 50 mL 洗锥形瓶，并入分液漏斗
  —加石油醚 50 mL，振摇，静置，分层，将下层放入另一分液漏斗，加甲醇氯化钠液 25 mL
    洗石油醚层，振摇，静置，分层下层并入甲醇氯化钠液中
以下操作同（1）步骤（同时做空白试验）

【标准曲线制备】准确吸取标准混合液 2 μL，注入 GC 仪，绘制标准曲线。色谱图如图 5－4。

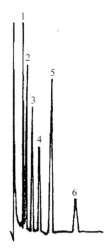

图 5-4　6 种氨基甲酸酯杀虫剂的气相色谱图

1.速灭威；2.叶蝉散；3.残杀威；4.呋喃丹；5.抗蚜威；6.西维因

【计算】

$$食品中氨基甲酸酯农药残留量(mg/kg) = \frac{m_s \times \dfrac{A_u}{A_s} \times 1\,000}{m \times \dfrac{V_1}{V_2} \times 1\,000}$$

式中，m_s 为标准液质量(μg)；A_u 为样品峰面积或峰高(mm^2)，积分单位；A_s 为标准品峰面积或峰高(mm^2)，积分单位；V_1 为进样体积(mL)；V_2 为样液体积(mL)；m 为样品质量(g)。

【检测要点】

(1) 本法适用于粮食、蔬菜中速灭威、叶蝉散、残杀威、呋喃丹、抗蚜威、西维因等氨基甲酸酯残留检测，最低检测限分别为 0.02 mg/kg、0.02 mg/kg、0.03 mg/kg、0.05 mg/kg、0.02 mg/kg、0.01 mg/kg，回收率分别为 108%、102%、108%、108%、96%、94%。

(2) 净化后的蔬菜样品，有一定色素存在，但不影响定量，故色素不必除去；如用活性炭吸附色素时，会发生吸附氨基甲酸酯农药而产生检测误差。

(3) 加无水 Na_2SO_4 脱水要彻底，否则因含水分使提取率降低。

(4) 有时在样品提取时，加 NaCl 溶液可使萃取分层清楚，减少乳化，而不影响农药的回收率。

(5) 浓缩至干时须用氮气吹干残存的二氯甲烷，否则二氯甲烷在 FTD 检测器上会出现负峰，影响色谱峰面积定量的准确性。

(6) 为缩短分析时间，采用程序升温，初始柱温 170 ℃，保持 5 min，然后以 10 ℃/min 升温至 210 ℃，并在该温度下保持 4 min。

(7) 本法参阅：GB/T 5009.104 - 2003。

二、高效液相色谱法

【原理】试样经提取、净化、浓缩、定容，微孔滤膜过滤后进样，用反相高效液相色谱分离，紫外检测器检测,根据色谱峰的保留时间定性,外标法定量。

【仪器】HPLC 仪(具紫外检测器及数据处理器)。

【试剂】①甲醇、丙酮、二氯甲烷、乙酸乙酯、环己烷:重蒸。②NaCl。③无水 Na$_2$SO$_4$。④Bio-Beads S-X$_3$ 凝胶:200~400 目。⑤氨基甲酸酯类农药标准溶液:参见气相色谱法。

【仪器工作条件】①凝胶净化柱(30 cm×2.5 cm):带活塞玻璃层析柱,柱底垫少量玻璃棉,用洗脱剂浸泡过夜的凝胶用湿法装入柱中,高约 26 cm,凝胶柱保持在洗脱剂中。②紫外检测器:波长 210 nm。③ODS 色谱柱。④流动相:甲醇+水(45+55)。⑤流速:0.5 mL/min。

【检测步骤】

称取乳液试样 20 g 于具塞锥形瓶
└─加 40 mL 丙酮振摇 30 min,加氯化钠 6 g 摇匀,再加 30 mL 二氯甲烷振摇 45 min
取 50 mL 上清液经无水硫酸钠滤于旋转蒸发瓶浓缩至 1 mL
└─加乙酸乙酯+环己烷(1+1)2 mL,重复浓缩至 1 mL
浓缩液经凝胶柱净化,用乙酸乙酯+环己烷(1+1)洗脱,收集 30 mL
└─洗脱液于旋转蒸发器中,浓缩至 1 mL,加甲醇 5 mL 再浓缩,重复 2 次
浓缩液于 5 mL 刻度试管中
└─用甲醇洗蒸发器,并入试管中,用氮气吹至 1 mL
浓缩液 20 μL 注入 HPLC 仪检测

【标准曲线制备】准确取标准混合液 20 μL 注入 HPLC 仪,以色谱峰面积为纵坐标、标准液的浓度为横坐标,绘制标准曲线,r=0.994 4~0.996 3。如图 5-5。

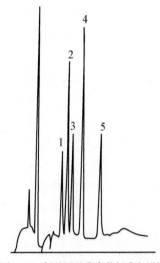

图 5-5 氨基甲酸酯农药标准色谱图

1. 涕灭威;2. 速灭威;3. 呋喃丹;4. 西维因;5. 异丙威

【计算】

$$食品中氨基甲酸酯农药残留量(mg/kg)=\dfrac{m_s\times\dfrac{A_u}{A_s}\times 1\,000}{m\times\dfrac{V_1}{V_2}\times 1\,000}$$

式中,m_s 为标准液质量(μg);A_u 为样品峰面积(mm^2);As 为标准品峰面积(mm^2);V_1 为进样体积(mL);V_2 为样液体积(mL);m 为样品质量(g)。

【检测要点】

(1) 本法对乳品中速灭威、西维因、异丙威、呋喃丹、涕灭威 5 种农药分离效果好,最低检测限为 $0.75 \sim 3$ ng,回收率 80% 以上。

(2) 本法检出限分别为涕灭威 $9.8\ \mu g/kg$、速灭威 $7.8\ \mu g/kg$、呋喃丹 $7.3\ \mu g/kg$、甲萘威 $3.2\ \mu g/kg$、异丙威 $13.3\ \mu g/kg$。

(3) 在重复性条件下获得的两次独立检测结果的绝对差值不得超过算术平均值的 15%。

(4) 本法参阅:GB/T 5009.163 – 2003。

三、液相色谱—柱后衍生法

【原理】 试样用乙腈提取,提取液经固相萃取或分散固相萃取净化,使用带荧光检测器和柱后衍生系统的高效液相色谱仪检测,外标法定量。

【仪器】 液相色谱仪:配有柱后衍生反应装置和荧光检测器(HPLC – FLD)。

【试剂】 ①乙腈。②甲醇。③二氯甲烷。④甲苯。⑤氯化钠。⑥邻苯二甲醛。⑦2 –二甲胺基乙硫醇盐酸盐。⑧无水硫酸镁。⑨醋酸钠。⑩氢氧化钠。⑪十水四硼酸钠。⑫9 种氨基甲酸酯类农药及其代谢物标准品纯度≥95%。⑬1 000 mg/L 标准储备溶液:称取 10 mg 各农药标准品,用甲醇溶解并分别定容到 10 mL,避光−18 ℃保存,有效期 1 年。⑭混合标准溶液:吸取一定量的单个农药储备溶液于 10 mL 容量瓶,甲醇定容至刻度。避光 0～4 ℃保存,有效期 1 个月。

【材料】 ①固相萃取柱 1:氨基填料 500 mg, 6 mL。②固相萃取柱 2:石墨化炭黑填料 500 mg,氨基填料 500 mg, 6 mL。③乙二胺- N -丙基硅烷硅胶:40～60 μm。④十八烷基甲硅烷改性硅胶:40～60 μm。⑤陶瓷均质子:2 cm×1 cm。⑥微孔滤膜:0.22 μm×25 mm。

【仪器工作条件】 ①色谱柱:C$_8$ 柱(250 mm×4.6 mm, 5 μm)。②柱温:42 ℃。③荧光检测器:$\lambda_{ex} = 330$ nm, $\lambda_{em} = 465$ nm。④柱后衍生:0.05 mol/L 氢氧化钠溶液,流速 0.3 mL/min;OPA 试剂,流速 0.3 mL/min;水解温度:100 ℃;衍生温度室温。⑤进样体积:10 μL。

【检测步骤】

(1) 蔬菜、水果和食用菌

试样捣碎成匀浆,称取 20 g 于 150 mL 烧杯
——加 40 mL 乙腈,用高速匀浆机 15 000 r/min 匀浆提取 2 min
提取液过滤至装有 5～7 g 氯化钠的 100 mL 具塞量筒,盖上塞子,剧烈震荡 1 min
——室温下静置 30 min,吸取 10 mL 上清液
80 ℃ 水浴中氮吹蒸发近干,加 2 mL 甲醇溶解残余物
——固相萃取柱 1 用 4 mL 甲醇-二氯甲烷溶液预淋洗
当液面到达柱筛板顶部时立即加入上述待净化溶液
用 10 mL 离心管收集洗脱液
——2 mL 甲醇-二氯甲烷溶液涮洗烧杯后过柱,重复一次
收集的洗脱液于 50 ℃ 水浴中氮吹蒸发近干,加入 2.5 mL 甲醇,涡旋混匀,微孔滤膜过滤
将混合标准工作溶液和试样溶液依次注入 HPLC 仪检测(同时做平行和空白试验)

（2）谷物

试样粉碎后通过 425 μm 网筛,称取 10 g 于 250 mL 具塞锥形瓶

├─加 20 mL 水静置 30 min,加 50 mL 乙腈,震荡器 200 r/min 震荡提取 30 min

提取液过滤至装有 5～7 g 氯化钠的 100 mL 具塞量筒,盖上塞子,剧烈震荡 1 min

├─室温下静止 30 min,吸取 10 mL 上清液

以下步骤同(1)法

（3）植物油

称取 3 g 混匀试样于 50 mL 塑料离心管中

├─加 5 mL 水、15 mL 乙腈,6 g 无水硫酸镁、1.5 g 醋酸钠及 1 颗陶瓷均质子

剧烈震荡 1 min,4 200 r/min 离心 5 min

├─吸取 8 mL 上清液于内含 1 200 mg 无水硫酸镁、400 mg PSA 和 400 mg C_{18} 的 15 mL 塑料离心管

涡旋混匀 1 min,4 200 r/min 离心 5 min

├─吸取 5 mL 上清液于 10 mL 离心管,在 50 ℃ 水浴中氮吹蒸发近干,加 1 mL 甲醇,涡旋混匀

微孔滤膜过滤

将混合标准工作溶液和试样溶液依次注入 HPLC－FLD 仪(同时做平行和空白试验)

【标准曲线制备】

（1）标准工作曲线:精确吸取一定量的混合标准溶液,逐级用甲醇稀释成质量浓度为 0.01 mg/L、0.05 mg/L、0.10 mg/L、0.50 mg/L 和 1.00 mg/L 的标准工作溶液,供液相色谱检测。以农药质量浓度为横坐标、色谱峰的峰面积为纵坐标,绘制标准曲线。

（2）定性检测:以目标农药的保留时间定性,被测试样中目标农药色谱峰的保留时间与相应标准色谱峰的保留时间相比较,相差应在 ±0.05 min 之内,阳性试样需更换 C_{18} 柱进行定性确认。

（3）0.1 mg/L 9 种氨基甲酸酯类农药及其代谢物标准溶液色谱图见图 5-6。

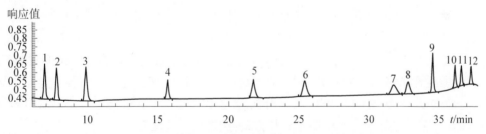

图 5-6　0.1 mg/L 9 种氨基甲酸酯类农药及其代谢物标准溶液色谱图

1. 涕灭威亚砜;2. 涕灭威砜;3. 灭多威;4. 三羟基克百威;5. 涕灭威;6. 速灭威;7. 残杀威;8. 克百威;9. 甲萘威;10. 异丙威;11. 混杀威;12. 仲丁威

【计算】

$$\text{食品中氨基甲酸酯农药残留量(mg/kg)} = \frac{V_1 \times A \times V_3}{V_2 \times A_s \times m} \times \rho$$

式中,ρ 为标准溶液中被测组分质量浓度(mg/L);V_1 为提取溶剂总体积(mL);V_2 为提取液分取体积(mL);V_3 为待测溶液定容体积(mL);A 为待测溶液中被测组分峰面积;A_s 为标准溶液中被测组分峰面积;计算结果应扣除空白值,以重复性条件下获得的 2 次独立检测结果的算术平均值表示,保留 2 位有效数字;含量超过 1 mg/kg 时,保留 3 位有效数字。

【检测要点】

（1）本法适用于检测植物源性食品中9种氨基甲酸酯类农药及其代谢物的残留量。

（2）待测样液中农药的响应值应在仪器检测的定量检测线性范围之内，超过线性范围时，应根据检测浓度进行适当倍数稀释后再进行分析。

（3）本法定量限为 0.01 mg/kg。

（4）本法参阅：GB 23200.112 - 2018。

第五节 · 拟除虫菊酯农药残留检测

最早使用天然除虫菊花作为杀虫剂，其主要成分是天然除虫菊素。后来用人工方法合成与天然除虫菊素类似的化合物，称为拟除虫菊酯。常用的有丙烯菊酯、胺菊酯、氯菊酯、溴氰菊酯、氯氰菊酯、氰戊菊酯等。其理化性质几乎不溶于水，能溶于丙酮、苯、氯仿、二氯甲烷等有机溶剂。

拟除虫菊酯农药残留检测主要采用气相色谱-质谱法。

【原理】样品经乙腈提取，固相萃取柱净化，气相色谱-质谱法测定，外标法定量。

【仪器】气相色谱-质谱仪（配电喷雾离子源）。

【试剂】①丙酮。②正己烷。③乙腈。④氯化钠。⑤苯。⑥无水 Na_2SO_4。⑦标准品：溴氰菊酯（≥99.7%）、联苯菊酯（≥98%）、氟氰戊菊酯（≥87.5%）、氟胺氰菊酯（94%）、七氟菊酯（98%）、氰戊菊酯（≥99%），加苯适量使溶解，用丙酮稀释定容至 100 mL，-18 ℃保存，有效期3个月。

【仪器工作条件】①气相色谱参考条件：色谱柱：DB - 1（100%二甲基聚硅氧烷）毛细管柱：30 m×0.25 mm，膜厚 0.25 μm；色谱柱温：起始柱温 70 ℃，以 30 ℃/min 升至 250 ℃，以 3 ℃/min 升至 274 ℃，以 20 ℃/min 升至 294 ℃，以 30 ℃/min 升至 300 ℃，保持 2 min；载气：高纯氦气，柱流速 1.3 mL/min；分流：不分流进样；进样量：1 μL；进样口温度：280 ℃；接口温度：270 ℃。②质谱参考条件：离子源：NCI 源；反应气：CH（纯度大于 99.99%）；离子源温度：150 ℃；电离电压：0.98 kV；四极杆质量分析器温度：150 ℃；电子能量：235 eV；灯丝电流：44.5 μA；溶剂延迟时间：5.0 min；数据采集方式：选择离子监测方式。

【检测步骤】

称取动物肌肉、脂肪和肝脏试样 5 g 于 50 mL 聚丙烯离心管
├加氯化钠 4 g、乙腈 25 mL，匀浆 1 min，震荡 15 min
以 6 000 r/min 离心 5 min，取上清液于另一离心管中，残渣加乙腈 15 mL 重复提取 1 次，合并上清液
├加无水硫酸钠 4 g，震荡，于 4 ℃、1 000 r/min 离心 10 min，取上清液，备用
取中性氧化铝固相萃取柱，用乙腈分两次活化，每次 5 mL
├取备用液过柱，用乙腈 10 mL 淋洗
收集全部淋洗液，50 ℃ 旋转蒸发至干
├加正己烷 1.0 mL 使溶解，过滤
气相色谱-质谱测定仪检测

【标准曲线制备】

（1）标准工作曲线：精密量取 1.0 μg/mL 混合标准工作液 0.01 mL、0.02 mL、0.05 mL，

$10\,\mu g/mL$ 拟除虫菊酯混合标准工作液 $0.01\,mL$、$0.05\,mL$ 和 $0.10\,mL$,分别加入 6 份经样品前处理步骤处理的空白试料浓缩液中,加正己烷稀释至 $1\,mL$,制得浓度为 $10\,ng/mL$、$20\,ng/mL$、$50\,ng/mL$、$100\,ng/mL$、$500\,ng/mL$、$1000\,ng/mL$ 的基质匹配系列标准溶液,过滤,供气相色谱-质谱测定。以测得的特征离子质量色谱峰面积为纵坐标、对应的标准溶液浓度为横坐标,绘制基质匹配标准曲线。求回归方程和相关系数。

（2）标准溶液特征离子质量色谱图见图 $5-7$。

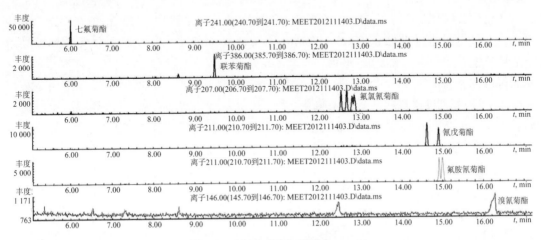

图 5-7　拟除虫菊酯色谱图（50 ng/mL）

【计算】

$$\text{食品中拟除虫菊酯农药残留量}(\mu g/kg) = \frac{C_s \times A \times V}{A_s \times m}$$

式中,C_s 为基质匹配溶液中相应的拟除虫菊酯类药物的浓度（$\mu g/L$）;A_s 为基质匹配溶液中相应的拟除虫菊酯类药物峰面积;A 为样品溶液中相应的拟除虫菊酯类药物峰面积;V 为浓缩后定容的体积（mL）;m 为样品质量（g）。

【检测要点】

（1）本法适用于牛、羊、猪的肌肉、脂肪和肝脏中多种拟除虫菊酯残留检测。

（2）基质匹配标准溶液及样品中目标药物的特征离子质量色谱峰面积均应在仪器检测的线性范围之内。

（3）本方法的检测限为 $3\,\mu g/kg$,定量限为 $10\,\mu g/kg$。

（4）本法参阅:GB 31658.8-2021。

第六节·沙蚕毒素农药残留检测

人们发现自然界的沙蚕体内存在一种有毒物质,具有杀虫活性,这种物质称为沙蚕毒素。自从沙蚕毒素化学结构被确立,人工合成了该毒素及许多衍生物,并生产了杀虫剂,能有效地防治多种害虫,如水稻螟虫、稻飞虱等。常用的有巴丹、易卫杀、杀虫双、双噻烷等。巴丹、杀虫双等农药残留检测主要采用气相色谱法。

【原理】试样中杀虫单、杀虫双、杀虫环和杀螟丹用含有半胱氨酸盐酸盐的盐酸溶液提取,在碱性条件下用氯化镍催化衍生转化成沙蚕毒素,用带有电子捕获检测器的气相色谱仪检测,外标法定量。

【仪器】气相色谱仪:配有电子捕获检测器(GC-ECD)。

【试剂】①盐酸。②六水合氯化镍。③L-半胱氨酸盐酸盐无水物。④氢氧化钠。⑤氯化钠。⑥正己烷。⑦甲醇。⑧丙酮。⑨杀虫单、杀虫双、杀虫环草酸盐、杀螟丹、沙蚕毒素草酸盐标准品。⑩沙蚕毒素标准储备溶液(1 000 mg/L):称取一定量的沙蚕毒素草酸盐标准品于10 mL烧杯中,甲醇-水溶液溶解,定容。⑪沙蚕毒素标准工作溶液(100 mg/L):移取适量的沙蚕毒素标准储备溶液于10 mL容量瓶中,丙酮定容,配制成标准工作溶液。⑫标准储备溶液(1 000 mg/L):分别准确称取适量的杀虫单、杀虫双、草酸氢杀虫环、杀螟丹标准品,甲醇溶解后转移到10 mL容量瓶中定容。⑬标准工作溶液(100 mg/L):分别移取适量的杀虫单、杀虫双、杀虫环和杀螟丹标准储备溶液于10 mL容量瓶,甲醇定容,配制成标准工作溶液。

【仪器工作条件】①色谱柱:HP-5(5%-苯基-甲基聚硅氧烷)毛细管柱(30 m×0.25 mm,0.25 μm)。②色谱柱温度:70 ℃保持1 min,以20 ℃/min程序升温至220 ℃,保持1 min。③载气:氮气(纯度>99.999%),恒流模式。④载气总流速:50.0 mL/min。⑤柱流速:1.0 mL/min。⑥隔垫吹扫:3.0 mL/min。⑦进样口温度:250 ℃。⑧进样量:2 μL。⑨进样方式:不分流进样,开阀时间1 min。⑩检测器:电子捕获检测器(ECD),温度280 ℃。

【检测步骤】

(1) 蔬菜、水果和食用菌

试样捣碎成匀浆,称取10 g于50 mL具塞聚丙烯离心管
—加10 mL 1% L-半胱氨酸盐酸盐0.1 mol/L盐酸溶液,震荡30 min,3 800 r/min离心5 min
 (淀粉含量高于10%的试样,加10 mL L-半胱氨酸盐酸盐的盐酸溶液)
加2 g氯化钠,5 mL水震荡30 min,3 800 r/min离心5 min
—吸管取全部水相至50 mL具塞聚丙烯离心管
提取溶液中依次加1 mL氢氧化钠溶液和2 mL氯化镍溶液,震荡30 min
—加10 mL正己烷,震荡30 min,3 800 r/min离心5 min
取1 mL上清液(正己烷相)于进样小瓶
—色谱参考条件下,沙蚕毒素参考保留时间为7.02 min,按保留时间定性
外标法定量(同时做空白试验)

(2) 谷物、油料、坚果和植物油

谷类粉碎使其可通过425 μm标准网筛,油料和坚果粉碎混匀,植物油类搅拌均匀
—称取5 g于50 mL具塞聚丙烯离心管
加10 mL L-半胱氨酸盐酸盐的盐酸溶液,2 g氯化钠和5 mL水
—震荡30 min,3 800 r/min离心5 min
用吸管取全部水相至50 mL具塞聚丙烯离心管
—提取溶液中依次加1 mL氢氧化钠溶液和2 mL氯化镍溶液
震荡30 min,加5 mL正己烷
—以下步骤同(1)法
外标法定量(同时做空白试验)

【标准工作曲线】

标准工作曲线:用正己烷溶液将沙蚕毒素标准工作液逐级稀释得到质量浓度分别为 0.01 mg/L、0.10 mg/L、0.50 mg/L、1.00 mg/L 和 5.00 mg/L 的系列标准工作溶液,质量浓度由低至高依次进样检测,以峰面积为横坐标,质量浓度为纵坐标绘制标准曲线回归方程。标准溶液色谱图见图5-8。

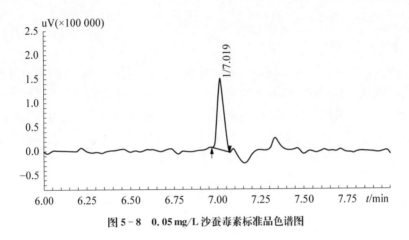

图 5-8   0.05 mg/L 沙蚕毒素标准品色谱图

【计算】

$$食品中杀虫单 / 杀虫双 / 杀虫环 / 杀螟丹含量(mg/kg) = \frac{\rho_1 \times A \times V}{A_s \times m} \times \frac{1\,000}{1\,000} \times k$$

$$或,食品中杀虫单 / 杀虫双 / 杀虫环 / 杀螟丹含量(mg/kg) = \frac{\rho_2 \times V}{m} \times \frac{1\,000}{1\,000} \times k$$

式中,ρ_1 为标准工作溶液中沙蚕毒素质量浓度(mg/L);ρ_2 为从标准工作曲线中得到的试样溶液中沙蚕毒素质量浓度(mg/L);A 为试样溶液中沙蚕毒素的色谱图峰面积;A_s 为标准工作溶液中沙蚕毒素的色谱图峰面积;m 为试样质量(g);V 为试样正己烷提取液体积(mL);k 为沙蚕毒素换算成杀虫单/杀虫双/杀虫环/杀螟丹的系数,其中杀虫单为2.35,杀虫双为2.38,杀虫环为1.21,杀螟丹为1.59;计算结果以重复性条件下获得的2次独立检测结果的算术平均值表示,保留2位有效数字,当结果大于1 mg/kg时保留3位有效数字。

【检测要点】

(1)本法适用于植物源性食品(韭菜除外)中杀虫单、杀虫双、杀中环和杀螟丹残留量的检测。

(2)本法定量限为 0.05 mg/kg。

(3)在操作中应避光,沙蚕毒素见光易分解。

(4)本法参阅:GB 23200.119-2021。

第六章
有害有毒元素及其检测

在食品污染物中,有一些元素既不是人体必需的,又不是有益的,而对人体具有毒性的,称为有毒元素。从食品安全角度讲,有害有毒元素主要指汞(Hg)、铅(Pb)、镉(Cd)、砷(As)等。因此,食物中的元素是根据它们对人体健康是否有益来衡量的。对于有益而不易得的,则在饮食中要注意它们的存在,如缺乏就应加以补充;对于有害有毒元素,应加以防范和限制。

第一节 · 概 述

一、对人体的毒性与危害

有害有毒元素污染食品,随食物进入人体后,将危及人的健康,甚至会发生慢性中毒。主要表现在如下几个方面:

1. **生成金属络合物**

有毒元素(如 Hg、Pb、Cd 等)一旦随食物进入人体后则不易排出,而与蛋白质、氨基酸、肽、核酸、脂肪酸等生成金属络合物或螯合物。例如,蛋白质在机体中的作用是以酶为中心的,这种酶活性中心含巯基(-SH)时,与重金属具有特强反应性。因此,有毒元素的作用能使酶失去活性,此时对酶的损害就表现出毒性。另外,酶的非活性中心的其他部分与有毒元素结合使结构发生变形,有时活性也会减弱,从而导致一系列生化异常反应。

2. **慢性、累积性毒性**

多数有害有毒元素可在人体内某些组织中蓄积和呈富集状态,有的还可转化为毒性更大的化合物。如有机汞经胃肠道吸收率很高,甲基汞进入人体后不易降解,容易在脑中积累,造成脑神经中枢损伤;有机汞还可以从母体通过胎盘转移到胎儿,脐带血内甲基汞比母血高出20%,胎儿脑中汞含量比母体也高。著称于世的日本"水俣病"就是一个明显事例。又如,日本"痛痛病"为通过食物引起的慢性镉中毒,因为进入人体内的镉主要蓄积于肾脏、肝脏。镉对肾脏毒性可引起肾近曲小管上皮细胞损害,出现蛋白尿、糖尿、高钙尿等肾小管功能紊乱现象,继而可导致负钙平衡,发生骨质疏松症。2009年陕西凤翔儿童铅中毒事件:615名儿童确认血铅超标,其中166人属于中度、重度铅中毒,需要住院进行排铅治疗,其他孩子也需在家进行非药物排铅。铅对儿童脑发育有较大影响,有研究表明,血铅过高和智力发育迟缓、小儿多动症、注意力不集中、学习困难、攻击性行为,以及成年后的犯罪行为有密切关系。

3. 有毒元素半衰期与毒性相关

已知铅在生物体内半衰期长达 1 460 天,镉长达 16～31 年之久。有毒元素在体内随着蓄积量增加,机体会出现一些毒性反应。如铅主要损害神经系统、造血系统和肾脏,还影响凝血酶活力,导致凝血不良;还可干扰体内卟啉代谢,造血血红素合成发生障碍;此外,铅还损害人体的免疫系统,使抗体产生明显下降;还有人认为儿童智力低下与铅有关。

4. 有些有毒元素具有致畸、致突变或致癌

因为核酸中的 H_3PO_4、嘌呤碱基与有毒元素极易起反应。一旦食物中这些有毒元素进入人体,而与核酸碱基结合就会发生核酸主体结构或构象的变化、碱基对的错误配对,进一步影响细胞的遗传,可能引起严重后果使生物体畸变。

5. 环境污染对生态毒性

例如,生产磷肥用的原料磷灰石矿含氟(F)3‰～4‰、生产电解铝用含 F 54% 的 Na_3AlF_6、炼钢用的 CaF_2、陶瓷工业用陶土、釉料中都含有 F,农药或医药工业等生产过程中,也都有含 F"三废"产生。长期饲养在这些工厂周围的各种动物都会发生慢性中毒。另外,不少植物能富集氟化物,如番茄种子可吸收 3 000 $\mu g/kg$ F,扁豆吸 F 量比番茄大 3 倍,柑橘叶片含 F 量达 113 mg/kg 仍无害。日本许多桑园受到氟化物污染,以此桑叶养蚕,结果导致蚕发育不良,未作茧即死亡。

二、检测意义

食物中有害有毒元素,主要来自工业"三废"、化学农药、食品加工原辅料等方面的污染,并受多种因素影响。因此,加强食品有害有毒元素的检测,对防止有毒元素随食物进入人体具有积极的意义,从源头上防患于未然,保障人的食物安全。同时,对某些元素的检测还具有营养学意义。例如,氟化物可降低龋齿发病率,饮水中缺氟时需加 1.0 mg/kg 氟化物,这一公共卫生措施将使龋齿发生率减少约 2/3。故我们在评价元素毒性时,应全面考虑,对于含量高的元素,应密切注意动态观察,加强日常监督和检测,让人们放心吃上安全健康的食品。

第二节 · 总汞残留检测

食品中汞为总汞,包括无机汞与有机汞两种。农业上有机汞主要用作杀菌剂。国内生产有氯化乙基汞(C_2H_5HgCl,西力生含本品 2%～2.5%)、磷酸乙基汞[$(C_2H_5Hg)_3PO_4$,谷仁乐生含本品 5%]、醋酸苯汞($C_6H_5HgOOCCH_3$,赛力散含本品 2.5%)等。有机汞农药用于农作物后,不易降解,分解后仍保持汞离子毒性,并污染作物、土壤、水,长期食用汞残留量高的粮食,可发生慢性中毒。

总汞残留检测方法有冷原子吸收光度法、原子荧光光谱法、直接进样测汞法、电感耦合等离子体质谱法。

一、冷原子吸收光度法

【原理】试样经酸消解或催化酸消解,使汞转为离子状态,在强酸环境中用 $SnCl_2$ 将 Hg^{2+}

还原成元素 Hg,以 N_2 或干燥清洁空气为载气,使 Hg 气化,利用 Hg 蒸气对波长为 253.7 nm 的共振谱线有强烈吸收作用,其吸收与汞原子蒸气浓度关系符合朗伯-比耳定律。

【仪器】测汞仪。

【试剂】①无水氯化钙、高锰酸钾、重铬酸钾、氯化亚锡:分析纯。②30% 过氧化氢 (H_2O_2)。③50 g/L $KMnO_4$ 溶液。④0.5 g/L 重铬酸钾硝酸溶液:称取 0.5 g 重铬酸钾,用硝酸溶液(5+95)溶解并稀释至 1 000 mL。⑤100 g/L 氯化亚锡溶液:称取 10 g 氯化亚锡,溶于 20 mL 盐酸中,90 ℃ 水浴中加热,轻微震荡,待氯化亚锡溶解成透明状后,冷却,用水稀释至 100 mL,加入几粒金属锡,置阴凉、避光处保存。一经发现浑浊应重新配制。⑥汞标准贮存液 (1 mg/mL):精确称取于干燥器中用无水 $Mg(ClO_4)_2$ 干燥过的 $HgCl_2$ 0.135 4 g,加混合酸溶解后,并定容至 100 mL。⑦汞标准应用液(0.1 μg/mL)。

【仪器工作条件】测汞仪预热 1 h,并将仪器性能调至最佳状态。

【检测步骤】

1. 试样消解

（1）微波消解法

称取固体试样 0.2～0.5 g 或液体试样 1.0～3.0 g(精确到 0.001 g) 于消解罐
— 加 5～8 mL 硝酸,加盖放置 1 h(难消解的试样加入 0.5～1 mL H_2O_2)
旋紧罐盖,微波消解
— 冷却后取出,缓慢开盖排气,用少量水冲洗内盖
   消解罐 80 ℃ 下加热或超声脱气 3～6 min 赶去棕色气体
消化液转移至 25 mL 容量瓶
— 少量水分 3 次洗涤内罐,合并洗涤液,定容
混匀备用

（2）压力罐消解法

称取固体试样 0.2～1.0 g 或液体试样 1.0～5.0 g(精确到 0.001 g) 于消解内罐
— 加 5 mL 硝酸,放置 1 h 或过夜
   盖好内盖,旋紧不锈钢外套,放恒温干燥箱 140～160 ℃ 保持 4～5 h
箱内自然冷却至室温,缓慢旋松不锈钢外套
— 消解内罐取出,用少量水冲洗内盖
   消解罐 80 ℃ 下加热或超声脱气 3～6 min 赶去棕色气体
消化液转移至 25 mL 容量瓶
— 少量水分 3 次洗涤内罐,合并洗涤液,定容
混匀备用

（3）回流消化法

粮食(薯类、豆制品)　　　　　　　　　　植物油及动物油脂
称取 1.0～4.0 g(精确到 0.001 g) 置消化装置锥形瓶　称取 1.0～4.0 g(精确到 0.001 g) 置消化装置锥形瓶
— 加玻璃珠数粒加 45 mL 硝酸(30 mL)　　　— 加玻璃珠数粒,加 7 mL 硫酸,混匀,颜色变为棕色
   加 10 mL 硫酸(5 mL)转动锥形瓶防止局部炭化　　　加 40 mL 硝酸

装上冷凝管,低温加热,开始发泡即停止加热,发泡停止,加热回流 2 h
— 如加热过程中溶液变棕色,再加 5 mL 硝酸,继续回流 2 h
   试样完全溶解,一般呈淡黄色或无色

待冷却后
—冷凝管上端加 20 mL 水。继续加热回流 10 min
　　放置冷却,适量水冲洗冷凝管,洗液并入消化液
消化液经玻璃棉过滤于 100 mL 容量瓶
—少量水洗涤锥形瓶、滤器,洗涤液并入容量瓶内,定容
混匀备用

2. 测定

分别吸取样液和试剂空白液各 5.0 mL 置于测汞仪的汞蒸气发生器的还原瓶中,按照标准曲线绘制操作步骤进行操作。将所测得吸光度值,代入标准系列溶液的一元线性回归方程中求得试样溶液中汞含量。

【标准曲线制备】分别将 5.0 mL 标准系列溶液置于测汞仪的汞蒸气发生器中,连接抽气装置,沿壁迅速加入 3.0 mL100 g/L 还原剂氯化亚锡,迅速盖紧瓶塞,随后有气泡产生,立即通过流速为 1.0 L/min 的氮气或经活性炭处理的空气,使汞蒸气经过氯化钙干燥管进入测汞仪中,从仪器读数显示的最高点测得其吸收值。然后,打开吸收瓶上的三通阀将产生的剩余汞蒸气吸收于 50 g/L 高锰酸钾溶液中,待测汞仪上的读数达到零点时进行下一次测定。同时做空白试验。求得吸光度值与汞质量关系的一元线性回归方程。

【计算】

$$试样中汞的含量(mg/kg) = \frac{(m_1 - m_2) \times V_1 \times 1\,000}{m \times V_2 \times 1\,000 \times 1\,000}$$

式中,m_1 为试样溶液中汞质量(ng);m_2 为空白液中汞质量(ng);V_1 为试样消化液定容总体积(mL);m 为试样称样量(g);V_2 为测定样液体积(mL);1 000 为换算系数。

【检测要点】

(1) 当试样称样量为 0.5 g,定容体积为 25 mL 时,本法检出限为 0.002 mg/kg,定量限为 0.007 mg/kg。

(2) $SnCl_2$ 溶于稀或浓的 HCl,为强还原剂。本法中酸性 $SnCl_2$ 使离子状态 Hg 还原成元素 Hg。

(3) 每做完一批试样后,还原瓶、吸管等玻璃器皿均需用硝酸溶液(1+4)浸泡 24 h 用自来水反复冲洗,最后用去离子水洗干净,以免汞残留影响检测结果。

(4) 称取试样量视食品品种不同而定,固体试样 0.2~1.0 g(含水分较多的试样可适当增加取样量至 2 g),液体试样 1.0~5.0 g,对于植物油等难消解的试样称取 0.2~0.5 g。

(5) 每次实验均须做空白试验,空白值应很低,如空白值高应查找原因,加以克服。

(6) 试样消化完全后,为了防止样液中的氮氧化物对检测干扰,应加水 20 mL 煮沸驱除,或用 N_2 吹除。

(7) 严防还原瓶中的水雾进入测汞仪的进气管路,一旦发生应立即停止检测,并清除管道中水汽。

(8) 测汞仪中的光管道、气路管道,均应干燥,否则应分段拆下,用去离子水洗煮,再烘干备用。

(9) 计算结果:当汞含量≥1.00 mg/kg 时,计算结果保留三位有效数字;当汞含量＜

1.00 mg/kg 时,计算结果保留两位有效数字。

(10) 本法参阅:GB 5009.17-2021。

二、原子荧光光谱法

【原理】试样经浓 HNO_3、氧化剂微波消解后,在酸性介质中,试样中汞被 KBH_4 还原成原子态汞,由 Ar 带入原子化器中,经汞空心阴极灯,基态汞原子被激发至高能态,在回到基态时,发射出特征波长的荧光,其荧光强度与汞含量成正比,与标准比较定量。

【仪器】XDY-2A 型双道原子荧光光度计。

【试剂】①浓 HNO_3。②30% H_2O_2。③稀 HNO_3:取浓 HNO_3 50 mL,缓缓加入 450 mL 水中。④0.5% KOH 溶液。⑤0.5% KBH_4 溶液:取 KBH_4 0.5 g,用 0.5% KOH 液溶解,并定容至 1 000 mL,现配现用。⑥0.5 g/L 重铬酸钾硝酸溶液:称取 0.5 g 重铬酸钾,用硝酸溶液(5+95)溶解并稀释至 1 000 mL。⑦1 mg/mL 汞标准贮存液:准确称取干燥的 $HgCl_2$ 0.135 4 g,用 0.5 g/L 重铬酸钾硝酸溶液溶解,定容至 100 mL。

【仪器工作条件】①光电倍增管负高压:240 V。②汞空心阴极灯电流:30 mA。③原子化器温度:300 ℃,高度:8 mm。④载气 Ar 流速:500 mL/min。⑤屏蔽气:1 000 mL/min。⑥读数延迟时间:1 s。⑦读数时间:10 s。⑧KBH_4 液加液时间:8 s。⑨标液或样液进样体积:2 mL。

【检测步骤】

参照一法冷原子吸收光度法试样消解步骤将试样消解
├—先用硝酸溶液(1+9)进样,使读数基本回零
再分别测定处理好的试样空白和试样溶液。

【标准曲线制备】设定好仪器最佳条件,连续用硝酸溶液(1+9)进样,待读数稳定之后,转入标准系列溶液测量,由低到高浓度顺序测定标准溶液的荧光强度,以汞的质量浓度为横坐标,荧光强度为纵坐标,绘制标准曲线。

【计算】

$$试样中汞的含量(mg/kg) = \frac{(C-C_0) \times V \times 1000}{m \times 1000 \times 1000}$$

式中,C 为试样溶液中汞含量($\mu g/L$);C_0 空白液中汞含量($\mu g/L$);V 为试样消化液定容总体积(mL);m 为试样称样量(g);1 000 为换算系数。

【检测要点】

(1) 当试样称样量为 0.5 g,定容体积为 25 mL 时,本法检出限为 0.003 mg/kg,方法定量限为 0.01 mg/kg。

(2) 采用微波消解法,微波能直接穿透试样内部,在密封消化罐内短时间能达到高温高压,大大缩短消化时间,还可减少酸雾对环境污染,使 Hg 元素损失极小,消解率高,方法回收率高(89.3%~95.2%)。

(3) KBH_4 溶液应现用现配,否则试剂还原能力降低,使灵敏度下降。

(4) 保持工作室内温度在 30 ℃ 以下为宜,如温度≥30 ℃时,仪器的信号不稳定,影响分析

结果的准确性。

（5）标准曲线绘制时可根据仪器的灵敏度及试样中汞的实际含量微调标准系列溶液中汞的质量浓度范围。

（6）计算结果：当汞含量≥1.00 mg/kg 时,计算结果保留三位有效数字；当汞含量＜1.00 mg/kg 时,计算结果保留两位有效数字。

（7）本法参阅：GB 5009.17－2021。

三、直接进样测汞法

【原理】试样经高温灼烧及催化热解后,汞被还原成汞单质,用金汞齐富集或直接通过载气带入检测器,在 253.7 nm 波长处测量汞的原子吸收信号,或由汞灯激发检测汞的原子荧光信号,外标法定量。

【仪器】直接测汞仪。

【试剂】①重铬酸钾：分析纯。②硝酸溶液(5＋95)。③0.5 g/L 重铬酸钾的硝酸溶液：称取 0.5 g 重铬酸钾,用硝酸溶液(5＋95)溶解并稀释至 1 000 mL。④1 mg/mL 汞标准贮存液：准确称取干燥的 $HgCl_2$ 0.135 4 g,用 0.5 g/L 重铬酸钾硝酸溶液溶解,并定容至 100 mL。

【仪器工作条件】①根据催化热解金汞齐冷原子吸收测汞仪,催化热解金汞齐原子荧光测汞仪,热解冷原子吸收测汞仪仪器性能调至最佳状态。②载气：氧气(99.9％)或空气。③氩氢混合气(9∶1,体积比)(99.9％)。

【检测步骤】

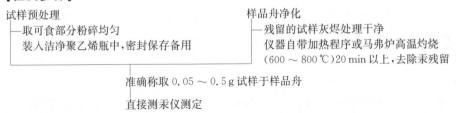

【标准曲线制备】分别吸取 0.1 mL 的低浓度和高浓度汞标准系列溶液置于样品舟中,低浓度标准系列汞质量为 0.0 ng、1.0 ng、5.0 ng、10.0 ng、20.0 ng、30.0 ng、40.0 ng,高浓度标准系列汞质量为 40.0 ng、80.0 ng、100 ng、200 ng、300 ng、400 ng、600 ng,按仪器参考条件调整仪器到最佳状态,按照汞质量由低到高的顺序,依次进行标准系列溶液的测定,记录信号响应值。以各系列标准溶液中汞的质量(ng)为横坐标,以其对应的信号响应值为纵坐标,分别绘制低浓度或高浓度汞标准曲线。

【计算】

$$试样中汞的含量(mg/kg) = \frac{m_0 \times 1\,000}{m \times 1\,000 \times 1\,000}$$

式中,m_0 为试样溶液中汞的质量(ng)；m 为试样质量(g)；1 000 为换算系数。

【仪检测要点】

（1）当试样质量为 0.1 g 时,本法检出限为 0.000 2 mg/kg,定量限为 0.000 5 mg/kg。

（2）样品舟可用镍舟或石英舟。

（3）不用的试样处理方法不同,粮食、豆类等试样取可食部分粉碎均匀,粒径达 $425\,\mu m$ 以下,装入洁净聚乙烯瓶中,密封保存备用。蔬菜等高含水量试样,必要时洗净,沥干,取可食部分均浆至均质;对于水产品、肉类、蛋类等试样取可食部分匀浆至均质,装入洁净聚乙烯瓶中,密封,于 $2\sim 8\,℃$ 冰箱冷藏备用;乳及其制品摇匀。

（4）本法参阅:GB 5009.17 - 2021。

四、电感耦合等离子体质谱法

【原理】试样经消解后,由电感耦合等离子体质谱仪测定,以元素特定质量数(质荷比, m/z)定性,采用外标法,以待测元素质谱信号与内标元素质谱信号的强度比与待测元素的浓度成正比进行定量分析。

【仪器】电感耦合等离子体质谱仪(ICP - MS)。

【试剂】①硝酸:优级纯或更高纯度。②硝酸溶液(5＋95)。③汞标准稳定剂:取 2 mL 金元素(Au)溶液,用硝酸溶液(5＋95)稀释至 1 000 mL,用于汞标准溶液的配制。④1 000 mg/L 金元素(Au)溶液。⑤元素贮备液(1 000 mg/L 或 100 mg/L):铅、镉、砷、汞、硒、铬、锡、铜、铁、锰、锌、镍、铝、锑、钾、钠、钙、镁、硼、钡、锶、钼、铊、钛、钒和钴,采用经国家认证并授予标准物质证书的单元素或多元素标准贮备液。⑥内标元素贮备液(1 000 mg/L):钪、锗、铟、铑、铼、铋等采用经国家认证并授予标准物质证书的单元素或多元素标准贮备液。⑦汞标准工作溶液:取适量汞贮备液,用汞标准稳定剂逐级稀释配成标准工作溶液系列 $0.1\,\mu g/L$ 、 $0.5\,\mu g/L$ 、 $1.0\,\mu g/L$ 、 $1.5\,\mu g/L$ 、 $2.0\,\mu g/L$ 浓度范围。⑧内标使用液:取适量内标单元素贮备液或内标多元素标准贮备液,用硝酸溶液(5＋95)配制合适浓度的内标使用液。

【仪器工作条件】①射频功率:1 500 W。②等离子体气流量:15 L/min。③载气流量: 0.80 L/min。④辅助气流量:0.40 L/min。⑤氦气流量:4～5 mL/min。⑥雾化室温度:2 ℃。 ⑦试样提升速率:0.3 r/s。⑧雾化器:高盐/同心雾化器。⑨采样锥/截取锥:镍/铂锥。⑩采样深度:8～10 mm。

【检测步骤】

1. 试样消解

（1）微波消解法

固体试样 0.2～0.5 g 或液体试样 1.0～3.0 mL(精确到 0.001 g) 于消解罐
　├含乙醇或二氧化碳的试样先在电热板上低温加热
　加 5～10 mL 硝酸,加盖放置 1 h 或过夜,旋紧罐盖,微波消解
　├冷却后取出,缓慢开盖排气,用少量水冲洗内盖
　　消解罐 100 ℃ 下加热 30 min 或超声脱气 2～5 min
　消化液转移至 25 mL 或 50 mL 容量瓶
　├加水定容
　混匀备用

（2）压力罐消解法

称取固体试样 0.2～1.0 g 或液体试样 1.0～5.0 g（精确到 0.001 g）于消解内罐

——含乙醇或二氧化碳的试样先在电热板上低温加热

　　加 5 mL 硝酸，放置 1 h 或过夜

旋紧罐盖，恒温干燥箱消解

——150～170 ℃ 消解 4 h，冷却后

旋松不锈钢外套，将消解内罐取出

——控温电热板 100 ℃ 加热 30 min 或超声脱气 2～5 min

　　加水定容至 25 mL 或 50 mL

混匀备用

2. 试样溶液的测定

将空白溶液和试样溶液分别注入电感耦合等离子体质谱仪中

——测定待测元素和内标元素的信号响应值

根据标准曲线得到消解液中待测元素的浓度

【标准曲线制备】将混合标准溶液注入电感耦合等离子体质谱仪中，测定待测元素和内标元素的信号响应值，以待测元素的浓度为横坐标，待测元素与所选内标元素响应信号值的比值为纵坐标，绘制标准曲线。

【计算】

$$试样中待测元素的含量（mg/kg 或 mg/L）=\frac{(C-C_0)\times V\times f}{m\times 1000}$$

式中，C 为试样溶液中待测元素含量（$\mu g/L$）；C_0 为空白液中待测元素含量（$\mu g/L$）；V 为试样消化液定容总体积（mL）；m 为试样称样量或移取体积（g 或 mL）；f 为试样稀释倍数；1000 为换算系数。

【仪检测要点】

（1）本法适用于食品中硼、钠、镁、铝、钾、钙、钛、钒、铬、锰、铁、钴、镍、铜、锌、砷、硒、锶、钼、镉、锡、锑、钡、汞、铊、铅残留量的测定。

（2）汞标准稳定剂亦可采用 2 g/L 半胱氨酸盐酸盐＋硝酸（5＋95）混合溶液，或其他等效稳定剂。

（3）内标溶液既可在配制混合标准工作溶液和试样消化液中手动定量加入，亦可由仪器在线加入。

（4）可根据试样中待测元素的含量水平和检测水平要求选择相应的消解方法及消解容器。

（5）对没有合适消除干扰模式的仪器，需采用干扰校正方程对测定结果进行校正。

（6）本法参阅：GB 5009.268－2016。

第三节・甲基汞残留检测

甲基汞残留检测方法有液相色谱-原子荧光光谱联用法、液相色谱-电感耦合等离子体质谱联用法。

一、液相色谱-原子荧光光谱联用法

【原理】试样中甲基汞经超声波辅助 5 mol/L 盐酸溶液提取后，使用 C_{18} 反相色谱柱分离，色谱流出液进入紫外线消解系统，在紫外光照射下与强氧化剂过硫酸钾反应，甲基汞转变为无机汞。酸性环境下，无机汞与硼氢化钾在线反应生成汞蒸气，由原子荧光光谱仪测定。保留时间定性，外标法定量。

【仪器】液相色谱-原子荧光光谱联用仪(LC－AFS)：配有在线紫外消解系统及原子荧光光谱仪。

【试剂】①甲醇：色谱纯。②盐酸、硝酸：优级纯。③5 mol/L 盐酸溶液。④盐酸溶液(1＋9)。⑤2 g/L 氢氧化钾溶液。⑥6 mol/L 氢氧化钠溶液。⑦2 g/L 硼氢化钾溶液。⑧2 g/L 过硫酸钾溶液。⑨硝酸溶液(5＋95)。⑩0.5 g/L 重铬酸钾硝酸溶液。⑪10 g/L L-半胱氨酸溶液。⑫甲醇-水溶液(1＋1)。⑬流动相(3％甲醇＋0.04 mol/L 乙酸铵＋1 g/L L-半胱氨酸)：称取 0.5 g L-半胱氨酸、1.6 g 乙酸铵，用 100 mL 水溶解，加入 15 mL 甲醇，用水稀释至 500 mL。经 0.45 μm 有机系滤膜过滤后，于超声水浴中超声脱气 30 min。临用现配。⑭200 mg/L 汞标准储备液：0.5 g/L 重铬酸钾的硝酸溶液定容。⑮200 mg/L 甲基汞标准储备液，甲醇水溶液定容。⑯200 mg/L 乙基汞标准储备液：甲醇水溶液定容。⑰1.0 mg/L 混合标准使用液：分别准确吸取氯化汞标准储备液、甲基汞标准储备液和乙基汞标准储备液各 0.50 mL，置于 100 mL 容量瓶中，以流动相稀释并定容至刻度，摇匀。临用现配。

【仪器工作条件】①色谱柱：C_{18} 分析柱(150 mm×4.6 mm，5 μm)或等效色谱柱；C_{18} 预柱(10 mm×4.6 mm，5 μm)或等效色谱预柱。②流动相：3％甲醇＋0.04 mol/L 乙酸铵＋1 g/L L-半胱氨酸。③流速：1 mL/min。④进样体积：100 μL。⑤负高压：300 V。⑥汞灯电流：30 mA。⑦原子化方式：冷原子。⑧载液：盐酸溶液(1＋9)。⑨载液流速：4.0 mL/min。⑩还原剂：2 g/L 硼氢化钾溶液。⑪还原剂流速：4.0 mL/min。⑫氧化剂：2 g/L 过硫酸钾溶液。⑬氧化剂流速：1.6 mL/min。⑭载气(氩气)流速：500 mL/min。⑮辅助气(氩气)流速：600 mL/min。

【检测步骤】

固体试样 0.20～1.00 g 或新鲜试样 0.50～2.00 g 置于 15 mL 塑料离心管
—加 10 mL 5 mol/L 盐酸溶液
　室温下超声水浴提取 60 min，其间振摇数次，4℃ 下 8 000 r/min 离心 15 min
准确吸取 2.0 mL 上清液至 5 mL 容量瓶
—逐滴加入 6 mol/L 氢氧化钠，样液 pH 3～7
　加 0.1 mL 10 g/L L-半胱氨酸溶液，用水定容
0.45 μm 有机系滤膜过滤，待测

【标准曲线制备】设定仪器最佳条件，待基线稳定后，测定汞形态混合标准溶液(10 μg/L)，确定各汞形态的分离度，待分离度(R＞1.5)达到要求后，将甲基汞标准系列溶液按质量浓度由低到高分别注入液相色谱-原子荧光光谱联用仪中进行测定，以标准系列溶液中目标化合物的浓度为横坐标，以色谱峰面积为纵坐标，制作标准曲线。汞形态混合标准溶液的色谱图参见图 6-1。

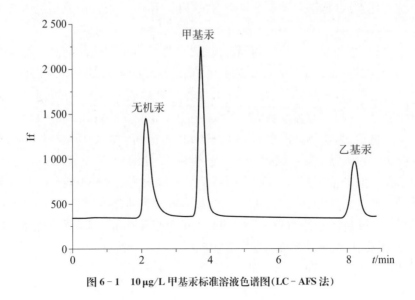

图 6 - 1　10 μg/L 甲基汞标准溶液色谱图(LC - AFS 法)

【计算】

$$试样中待测元素的含量(mg/kg) = \frac{(C - C_0) \times V \times f \times 1000}{m \times 1000 \times 1000}$$

式中,C 为经标准曲线得到的测定液中甲基汞的浓度($\mu g/L$);C_0 为经标准曲线得到的空白溶液中甲基汞的浓度($\mu g/L$);V 为加入提取试剂的体积(mL);m 为试样称样量(g);f 为试样稀释因子,1000 为换算系数。

【检测要点】

(1) 当试样称样量为 1.0 g,加入 10 mL 提取试剂,稀释因子为 2.5 时,本法检出限为 0.008 mg/kg,定量限为 0.03 mg/kg。

(2) 滴加 6 mol/L 氢氧化钠溶液时应缓慢逐滴加入,避免酸碱中和产生的热量来不及扩散,使温度很快升高,导致汞化合物挥发,造成测定值偏低。可选择加入 1～2 滴 0.1% 的甲基橙溶液作为指示剂,当滴定至溶液由红色变为橙色时即可。

(3) 玻璃器皿均需以硝酸溶液(1+4)浸泡 24 h,用自来水反复冲洗,直至最后冲洗干净。

(4) 2 g/L 硼氢化钾溶液、2 g/L 过硫酸钾溶液、流动相、标准溶液应现配现用。

(5) 在采样和制备过程中,应注意避免试样污染。

(6) 本法参阅:GB 5009.17 - 2021。

二、液相色谱-电感耦合等离子体质谱联用法

【原理】 试样中甲基汞经超声波辅助 5 mol/L 盐酸溶液提取后,使用 C$_{18}$ 反相色谱柱分离,分离后的目标化合物经过雾化由载气送入电感耦合等离子体(ICP)炬焰中,经过蒸发、解离、原子化、电离等过程,大部分转化为带正电荷的离子,经离子采集系统进入质谱仪,质谱仪根据质荷比进行分离测定。以保留时间和质荷比定性,外标法定量。

【仪器】液相色谱-电感耦合等离子体质谱仪(LC‐ICP‐MS):由液相色谱与电感耦合等离子体质谱仪组成。

【试剂】①甲醇:色谱纯。②盐酸、硝酸:优级纯。③5 mol/L 盐酸溶液。④盐酸溶液(1+9)。⑤2 g/L 氢氧化钾溶液。⑥6 mol/L 氢氧化钠溶液。⑦2 g/L 硼氢化钾溶液。⑧2 g/L 过硫酸钾溶液。⑨硝酸溶液(5+95)。⑩0.5 g/L 重铬酸钾硝酸溶液。⑪10 g/L L-半胱氨酸溶液。⑫甲醇水溶液(1+1)。⑬流动相(3%甲醇+0.04 mol/L 乙酸铵+1 g/L L-半胱氨酸):称取 0.5 g L-半胱氨酸、1.6 g 乙酸铵,用 100 mL 水溶解,加入 15 mL 甲醇,用水稀释至 500 mL。经 0.45 μm 有机系滤膜过滤后,于超声水浴中超声脱气 30 min。现用现配。⑭200 mg/L 汞标准储备液:0.5 g/L 重铬酸钾硝酸溶液定容。⑮200 mg/L 甲基汞标准储备液:甲醇水溶液定容。⑯200 mg/L 乙基汞标准储备液:甲醇水溶液定容。⑰1.0 mg/L 混合标准使用液:分别准确吸取氯化汞标准储备液、甲基汞标准储备液和乙基汞标准储备液各 0.50 mL,置于 100 mL 容量瓶中,以流动相稀释并定容至刻度。现用现配。

【仪器工作条件】①色谱柱:C$_{18}$ 分析柱(150 mm×4.6 mm,5 μm)或等效色谱柱;C$_{18}$ 预柱(10 mm×4.6 mm,5 μm)或等效色谱预柱。②流动相:3%甲醇+0.04 mol/L 乙酸铵+1 g/L L-半胱氨酸。③流速:1 mL/min。④进样体积:50 μL。⑤射频功率:1 200~1 550 W。⑥采样深度:8 mm。⑦雾化室温度:2 ℃。⑧载气(氩气)流量:0.85 L/min。⑨补偿气(氩气)流量:0.15 L/min。⑩积分时间:0.5 s。⑪检测质荷比(m/z):202。

【检测步骤】

固体试样 0.20~1.0 g 或新鲜试样 0.50~2.0 g,置于 15 mL 塑料离心管
— 加 5 mol/L 10 mL 盐酸溶液,室温超声水浴提取 60 min,其间振摇数次
  4 ℃ 下 8 000 r/min 离心 15 min

2.0 mL 上清液至 5 mL 容量瓶
— 逐滴加氨水溶液(1+1),至样液 pH 3~7
  加 0.1 mL 的 10 g/L L-半胱氨酸溶液,用水稀释定容

0.45 μm 有机系滤膜过滤,待测

【标准曲线制备】设定仪器最佳条件,待基线稳定后,测定汞形态混合标准溶液(10 μg/L),确定各汞形态的分离度,待分离度(R>1.5)达到要求后,将甲基汞标准系列溶液按质量浓度由低到高分别注入液相色谱-电感耦合等离子体质谱联用仪中进行测定,以标准系列溶液中目标化合物的浓度为横坐标,以色谱峰面积为纵坐标,制作标准曲线。汞形态混合标准溶液的色谱图参见图 6‐2。

【计算】参照一法液相色谱-原子荧光光谱联用法计算公式计算。

【检测要点】

(1) 当试样称样量为 1.0 g,加入 10 mL 提取试剂,稀释因子为 2.5 时,本法检出限为 0.005 mg/kg,定量限为 0.02 mg/kg。

(2) 滴加氨水溶液(1+1)时应缓慢逐滴加入,避免酸碱中和产生的热量来不及扩散而使温度很快升高,导致汞化合物挥发,造成测定值偏低。可选择加入 1~2 滴 0.1% 的甲基橙溶液作为指示剂,当滴定至溶液由红色变为橙色时即可。

(3) 本法参阅:GB 5009.17‐2021。

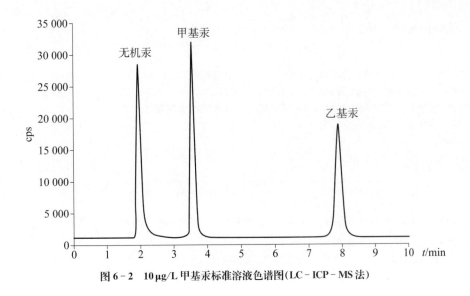

图 6-2 10 μg/L 甲基汞标准溶液色谱图(LC-ICP-MS法)

第四节·铅残留检测

食品中的铅主要来自"三废"污染、铅含量高的容器与包装材料(如搪瓷、陶瓷、马口铁等)及罐头焊锡部分溶出的铅,还有食品加工使用某些添加剂使铅含量增高。例如,2005 年 11 月重庆市市卫生监督局对部分集贸市场 13 类 166 件食品进行了抽样检测,发现售卖的"无铅皮蛋""松花皮蛋"多家出现铅超标情况。此外,我国使用含铅农药[如 $Pb_3(AsO_4)_2$]于粮食、水果上,均出现 Pb 残留。其他如骨制品中 Pb 含量也较高,因为骨是铅主要贮存场所,故骨制品更应加强检测。

铅残留检测方法有石墨炉原子吸收光谱法、电感耦合等离子体质谱法、火焰原子吸收光谱法。

一、石墨炉原子吸收光谱法

【原理】试样消解处理后,经石墨炉原子化,在 283.3 nm 处测定吸光度。在一定浓度范围内铅的吸光度值与铅含量成正比,与标准系列比较定量。

【仪器】原子吸收光谱仪:配石墨炉原子化器,附铅空心阴极灯。

【试剂】①硝酸溶液(5+95)。②硝酸溶液(1+9)。③磷酸二氢铵-硝酸钯溶液:称取 0.02 g 硝酸钯,加少量硝酸溶液(1+9)溶解后,再加入 2 g 磷酸二氢铵,溶解后用硝酸溶液(5+95)定容至 100 mL。④1 000 mg/L 铅标准储备液。

【仪器工作条件】①波长:283.3 nm。②狭缝:0.5 nm。③电流:8~12 mA。④干燥:85~120 ℃/40 s~50 s。⑤灰化:750 ℃/20~30 s。⑥原子化:2 300 ℃/4~5 s。

【检测步骤】

1. 试样前处理

(1) 湿法消解

固体试样 0.2～3.0 g 或液体试样 0.50～5.00 mL 于带刻度消化管
├─加 10 mL 硝酸和 0.5 mL 高氯酸放数粒玻璃珠,可调式电热炉上消解
消化液呈棕褐色,再加少量硝酸,消解至冒白烟,至呈无色透明或略带黄色
├─取出消化管,冷却,用水定容至 10 mL
混匀备用

(2) 微波消解

固体试样 0.2～2.0 g 或液体试样 0.5～3.00 mL 于微波消解罐
├─加 5～10 mL 硝酸,微波消解仪消解试样
│ 冷却后取出消解罐,电热板 140～160 ℃ 赶酸至 1 mL 左右,冷却
消化液转移至 10 mL 容量瓶中
├─用少量水洗涤消解罐 2～3 次,合并洗涤液,用水定容
混匀备用

(3) 压力罐消解法

称取固体试样 0.2～2.0 g(精确到 0.001 g)或液体试样 1.0～5.0 mL 于消解内罐
├─加 5 mL 硝酸,放置 1 h 或过夜
│ 盖好内盖,旋紧不锈钢外套,放恒温干燥箱 140～160 ℃ 保持 4～5 h
箱内自然冷却至室温,缓慢旋松不锈钢外套
├─消解内罐取出,可调式电热板上于 140～160 ℃ 赶酸至 1 mL 左右
消化液转移至 10 mL 容量瓶
├─少量水洗涤内罐和内盖 2～3 次,合并洗涤液,定容
混匀备用

2. 测定

在与测定标准溶液相同的实验条件下
├─将 10 μL 空白溶液或试样溶液与 5 μL 磷酸二氢铵-硝酸钯溶液
│ (可根据所使用的仪器确定最佳进样量)
同时注入石墨炉
├─原子化后测其吸光度值
与标准系列比较定量

【标准曲线制备】 按质量浓度由低到高的顺序分别将 10 μL 铅标准系列溶液和 5 μL 磷酸二氢铵-硝酸钯溶液(可根据所使用的仪器确定最佳进样量)同时注入石墨炉,原子化后测其吸光度值,以质量浓度为横坐标,吸光度值为纵坐标,制作标准曲线。

【计算】

$$试样中待测元素的含量(mg/kg \ 或 \ mg/L) = \frac{(C - C_0) \times V}{m \times 1000}$$

式中,C 为试样溶液中待测元素含量($\mu g/L$);C_0 为空白液中待测元素含量($\mu g/L$);V 为试样消化液定容总体积(mL);m 为试样称样量或移取体积(g 或 mL);1000 为换算系数。

【检测要点】

(1) 当称样量为 0.5 g(或 0.5 mL),定容体积为 10 mL 时,本法的检出限为 0.02 mg/kg

（或 0.02 mg/L），定量限为 0.04 mg/kg（或 0.04 mg/L）。

（2）所有玻璃器皿及聚四氟乙烯消解内罐均需硝酸溶液（1＋5）浸泡过夜，用自来水反复冲洗，最后用水冲洗干净。

（3）试样前处理不论采用哪种消解方式都需要做试剂空白试验。

（4）本法参阅：GB 5009.12－2023。

二、电感耦合等离子体质谱法

参照总汞测定第四法。

三、火焰原子吸收光谱法

【原理】试样经处理后，铅离子在一定 pH 条件下与二乙基二硫代氨基甲酸钠（DDTC）形成络合物，经 4-甲基-2-戊酮（MIBK）萃取分离，导入原子吸收光谱仪中，经火焰原子化，在 283.3 nm 处测定吸光度。在一定浓度范围内铅的吸光度值与铅含量成正比，与标准系列比较定量。

【仪器】原子吸收光谱仪（配火焰原子化器，附铅空心阴极灯）。

【试剂】①硝酸、氨水、盐酸、高氯酸：优级纯。②硝酸溶液（5＋95）。③硝酸溶液（1＋9）。④300 g/L 硫酸铵溶液。⑤250 g/L 柠檬酸铵溶液。⑥1 g/L 溴百里酚蓝水溶液。⑦50 g/L DDTC 溶液。⑧氨水溶液。⑨盐酸溶液。⑩1 000 mg/L 铅标准储备液。

【仪器工作条件】①波长：283.3 nm。②狭缝：0.5 nm。③电流：8～12 mA。④燃烧头高度：6 mm。⑤空气流量：8 mL/min。

【检测步骤】

参照石墨炉原子吸收光谱法进行试样消解
　├试样消化液及试剂空白溶液置 125 mL 分液漏斗
补加水至 60 mL 加 2 mL 250 g/L 柠檬酸铵溶液，1 g/L 溴百里酚蓝水溶液 3～5 滴
　├用氨水溶液（1＋1）调 pH 至溶液由黄变蓝
加 10 mL 300 g/L 硫酸铵溶液，10 mL 1 g/L DDTC 溶液，摇匀，放置 5 min
　├加 10 mL MIBK，振摇提取 1 min
静置分层，弃去水层
　├MIBK 层放入 10 mL 带塞刻度管
试样溶液和空白溶液分别导入火焰原子化器，测定

【标准曲线制备】分别吸取铅标准使用液 0 mL、0.25 mL、0.50 mL、1.00 mL、1.50 mL 和 2.00 mL（相当 0 μg、2.50 μg、5.00 μg、10.0 μg、15.0 μg 和 20.0 μg 铅）于 125 mL 分液漏斗中，补加水至 60 mL。加 2 mL 250 g/L 柠檬酸铵溶液，1 g/L 溴百里酚蓝水溶液 3～5 滴，用氨水溶液（1＋1）调 pH 至溶液由黄变蓝，加 10 mL 300 g/L 硫酸铵溶液，10 mL 1 g/L DDTC 溶液，摇匀。放置 5 min 左右，加入 10 mL MIBK，剧烈振摇提取 1 min，静置分层后，弃去水层，将 MIBK 层放入 10 mL 带塞刻度管中，得到标准系列溶液。

将标准系列溶液按质量由低到高的顺序分别导入火焰原子化器，原子化后测其吸光度值，

以铅的质量为横坐标,吸光值为纵坐标,制作标准曲线。

【计算】

$$试样中铅的含量(mg/kg 或 mg/L) = \frac{m_1 - m_0}{m_2}$$

式中,m_1 为试样溶液中铅的质量(μg);m_0 为空白溶液中铅的质量(μg);m_2 为试样称样量或移取体积(g 或 mL)。

【检测要点】

(1) 以称样量 0.5 g(或 0.5 mL)计算,本法检出限为 0.4 mg/kg(或 0.4 mg/L),定量限为 1.2 mg/kg(或 1.2 mg/L)。

(2) 当铅含量≥10.0 mg/kg(或 mg/L)时,计算结果保留三位有效数字;当铅含量<10.0 mg/kg(或 mg/L)时,计算结果保留两位有效数字。

(3) 本法参阅:GB 5009.12 - 2023。

第五节 · 镉残留检测

食物中的镉主要来源于工业"三废"的污染。2006 年新浪财经报道松下无锡镉中毒事件,外资生产车间出现了职业病例。2004 年 5 月以来,广东惠州两家电池生产企业部分员工相继被检测出血镉、尿镉增高。镉在人体内的半衰期很长,可达 25～30 年。随着工业的不断发展,环境中的镉污染导致的人体疾病受到越来越多的关注,镉蓄聚在人体中会对人体多种器官和系统造成慢性的严重损伤。

镉残留检测方法有石墨炉原子吸收光谱法、电感耦合等离子体质谱法、X 射线荧光光谱法、固体进样原子荧光法。

一、石墨炉原子吸收光谱法

【原理】试样经酸消解后,样液注入原子吸收分光光度计石墨炉中,电热原子化后镉在波长 228.8 nm 共振线吸收,其吸光度与镉含量成正比,与标准比较定量。

【仪器】原子吸收分光光度计(具石墨炉、镉空心阴极灯)。

【试剂】①硝酸溶液(1+9)。②硝酸溶液(5+95)。③高氯酸。④磷酸二氢铵-硝酸钯混合溶液:称取 0.02 g 硝酸钯,加少量硝酸溶液(1+9)溶解后,再加入 2 g 磷酸二氢铵,溶解后用硝酸溶液(5+95)定容至 100 mL,混匀。⑤100 mg/L 镉标准储备液:准确称取氯化镉 0.203 2 g,用少量硝酸溶液(1+9)溶解,移入 1 000 mL 容量瓶中,加水至刻度,混匀。

【仪器工作条件】①波长 228.8 nm,狭缝 0.2～1.0 nm,灯电流 2～10 mA。②干燥温度:105 ℃/20 s。③灰化温度:400～700 ℃/20～40 s。④原子化温:1 300～2 300 ℃/3～5 s。⑤背景校正为氘灯或塞曼效应。

【检测步骤】

1. 试样消解

(1)湿法消解

固体试样 0.3~3.0g 或液体试样取 0.50~5.00mL 于带刻度消化管
├─加 10mL 硝酸和 0.5mL 高氯酸溶液,加小漏斗
可调式电热炉上消化,消化液呈棕黑色,再加少量硝酸
├─消解至冒白烟,至呈无色透明或略带黄色,赶酸至 1mL
取出消化管,冷却
├─消化液移入 10~25mL 容量瓶,用水定容
混匀备用

(2)微波消解

固体试样 0.2~0.5g 或液体试样取 0.50~3.00mL 于微波消解罐
├─加 5~10mL 硝酸,必要时可放置 1h 或过夜,再用微波消解仪消解试样
冷却后,取出消解罐
├─于 140~160℃ 赶酸至 1mL
溶液转移至 10mL 或 25mL 容量瓶
├─少量水洗涤消解罐 2~3 次并定容
混匀备用

(3)压力罐消解法

固体试样 0.2~1g 或液体试样取 0.50~5.00mL 于消解罐
├─加 5~10mL 硝酸
盖好内盖,旋紧不锈钢外套,放入恒温干燥箱,于 140~160℃,保持 4~5h
├─必要时可放置 1h 或过夜,再旋紧不锈钢外套
箱内自然冷却至室温,缓慢旋松不锈钢外套,取出消解罐
├─于 140~160℃ 赶酸至 1mL 左右
消化液转移至 10mL 或 25mL 容量瓶
├─少量水洗涤内罐和内盖 3 次,合并洗涤液,定容
混匀备用

2. 测定

于测定标准曲线工作液相同的实验条件下
├─吸取试样消化液 20μL,注入石墨炉,测其吸光度值
代入标准系列的一元线性回归方程中求试样消化液中镉的含量,平行测定次数不少于两次
├─若测定结果超出标准曲线范围
用硝酸溶液(1%)稀释后再行测定

【标准曲线制备】 准确吸取镉标准中间液 0.00mL、0.200mL、0.500mL、1.00mL、2.00mL、4.00mL 于 100mL 容量瓶中,用硝酸溶液(5+95)至刻度,混匀。由低到高的顺序各取 20μL 注入石墨炉,测其吸光度值,以标准曲线工作液的浓度为横坐标,相应的吸光度值为纵坐标,绘制标准曲线并求出吸光度值与浓度关系的一元线性回归方程。

标准系列溶液应不少于 5 个点的不同浓度的镉标准溶液,相关系数不应小于 0.995。如果有自动进样装置,也可用程序稀释来配制标准系列。

【计算】

$$试样中镉的含量(mg/kg 或 mg/L) = \frac{(C-C_0) \times V \times f}{m \times 1000}$$

式中，C 为试样溶液中镉含量($\mu g/L$)；C_0 为空白液中镉的含量($\mu g/L$)；V 为试样消化液定容总体积(mL)；m 为试样称样量或移取体积(g 或 mL)；f 为稀释倍数；1000 为换算系数。

【检测要点】

（1）当取样量为 0.5 g 或 2 mL，定容体积为 10 mL 时，本方法的检出限为 0.002 mg/kg 或 0.0005 mg/L，定量限为 0.004 mg/kg 或 0.001 mg/L。

（2）实验要在通风良好的通风橱内进行。对含油脂的试样，尽量避免用湿式消解法消化，如果必须采用湿式消解法消化，试样的取样量最大不能超过 1 g。

（3）原子吸收光谱的背景干扰较复杂，除用仪器本身特殊装置，如连续光源背景校正器、氘灯扣背景及塞曼效应背景校正外，还可用基体改进剂除干扰。

（4）对复杂试样应用标准参考物质核对结果，避免产生背景干扰。

（5）使用消化罐时，加入 HNO_3 试剂不应超过罐体积的 1/3。

（6）对有干扰的试样，和试样消化液一起注入石墨炉 5 μL 10 g/L 基体改进剂磷酸二氢铵溶液，绘制标准曲线时也要加入与试样测定时等量的基体改进剂。

（7）若个别试样灰化不彻底，可加 5 mL 混合酸在可调式电炉上小火加热，将混合酸蒸干后，再转入马弗炉中 500 ℃继续灰化 1～2 h，直至试样消化完全，呈灰白色或浅灰色。

（8）本法参阅：GB 5009.15 - 2023。

二、电感耦合等离子体质谱法(ICP‑MS)

参照总汞测定第四法。

三、X 射线荧光光谱法

【原理】 试样经高能 X 射线激发，得到试样中镉元素的特征 X 射线荧光，在一定浓度范围内，该 X 射线荧光信号强度与镉含量成正比。采用标准曲线法定量。

【仪器】 能量色散型 X 射线荧光光谱仪。

【检测步骤】

糙米粉碎过 20 目筛，用试样杯盛取足量
 ├─取样量及装填方法按仪器使用说明书
打开仪器主机的进样口盖，试样杯正确放置到试样测试孔
 ├─开始测量 300 s 内完成快速筛查
筛查结束仪器自动显示试样测定结果为"不超标""可疑值""超标"
 ├─"可疑值"可继续测试，直至定量测定结束(不超 1200 s)
定量测定结束，自动计算并显示试样中镉含量

【仪器校准】 测定试样前，宜采用含量在校准曲线线性范围内的标准试样验证仪器内置校

准曲线的有效性。如该标准试样的测定值处于其标准值的扩展不确定度范围内,则执行后续程序。否则,需重新建立校准曲线。

为保证校准效果,用于建立校准曲线的标准试样的状态,宜同待测试样保持一致。即测糙米、精米试样时,分别采用糙米、精米标准试样建立的校准曲线;测米粉试样时,宜采用粒度比较接近的米粉标准试样建立的校准曲线。

【计算】

X 射线荧光光谱(XRF)仪根据光谱信号强度。自动计算并显示试样中的镉含量。

快速筛查结束结果显示如下:

(1) 当仪器显示值(w)＜0.12 mg/kg 时,测定结果的置信度为 95%,误判率≤5%,测定结果显示为:不超标。

(2) 当仪器显示值处于 0.12 mg/kg≤(w)≤0.28 mg/kg 时,测定结果的置信度为 95%,误判率≤5%,测定结果显示为:疑似超标。

(3) 当仪器显示值(w)＞0.28 mg/kg 时,测定结果的置信度为 95%,误判率≤5%,测定结果显示为:超标。

【检测要点】

(1) 本法适用于稻谷及其制品中镉含量的测定,定量测定方法的检出限为 0.046 mg/kg,定量限为 0.15 mg/kg。

(2) 校准曲线线性范围满足 0.046～2.000 mg/kg,快速筛查模式的线性回归方程的相关系数大于等于 0.98,定量测定时,相关系数大于等于 0.99。

(3) 由于 X 射线荧光信号强度较弱,需要进行较长时间的积分和平均,因此测定结果的不确定度、准确度同测定时间相关。当测定时间较短(不超过 300 s)时,测定不确定度能满足对试样定性判定的要求,该过程定义为快速筛查;当测量时间延长(不超过 1 200 s),测定不确定度能满足定量分析的要求,该过程定义为定量测定。

(4) 本法参阅:LS/T 6115 - 2016。

四、固体进样原子荧光法

【原理】通过使用多孔碳材料作为电热蒸发器实现固体试样中镉的直接导入,并采用在线原子阱捕获电热蒸出的原子,实现试样中镉与有机体的分离,原子态的镉随后由载气带入非色散原子荧光光度计中,原子态镉在特制镉空心阴极灯的发射光激发下产生原子荧光,其荧光强度在固定条件下与待测试样中镉浓度成正比与标准系列比较定量。

【仪器】固体进样原子荧光光度计(配镉空心阴极灯和一次性碳素样品舟)。

【仪器工作条件】 ①波长:228.8 nm,灯电流:10～80 mA。②光电倍增管负高压:－300～－200 V。③载气流量:600 mL/min。④屏蔽气流量:600 mL/min。

【检测步骤】

糙米粉碎过 60 目筛
├─称取 3～12 mg 试样,置于仪器样品舟
仪器测定

【标准曲线制备】准确称取 5 个镉含量由低到高的有证标准物质或参考物质,称样量范围为 3～12 mg,置于仪器进样口,逐一进行测定,以镉质量（m_A）为横坐标,荧光面积（S）为纵坐标绘制标准曲线,得到的标准曲线线性系数 R 应不小于 0.995。

【计算】

$$试样中镉的含量(mg/kg) = \frac{m_A}{m}$$

式中,m_A 为试样中镉的质量(ng);m 为试样的质量(mg)。

【检测要点】

(1) 本法适用于稻米中镉的快速测定,检出限为 0.01 ng;当称样量为 5 mg 时,检出限为 2 μg/kg。

(2) 可以采用镉含量高的大米标准物质或参考物质与镉含量低的大米标准物质或参考物质按比例充分混合制作标准曲线。

(3) 本法参阅:LS/T 6125 - 2017。

第六节 · 总砷残留检测

食物中的砷为总砷,包括无机砷和有机砷两种。有机砷毒性显著低于无机砷。食品中的砷主要来自工业"三废"污染,如 2008 年 6 月由于企业的违规生产排放,导致大量含砷废水向地下渗透,通过入湖泉眼、地表水冲刷等途径流入云南省昆明市阳宗海,使之前一直保持在Ⅱ类的水质迅速恶变为Ⅴ类,造成重大环境污染事故,涉及昆明市宜良县、呈贡县、玉溪市澄江县,直接危及阳宗海沿岸居民的饮水安全,对库区的水生动植物养殖及周边和下游地区的人畜饮水、农田灌溉产生了重大影响,在全国引起巨大反响,成为社会关注的焦点。砷化合物一直作为药剂用于人和动物,更为严重的是使用氨苯基砷酸、苯基砷酸等为猪、鸡的生长促进剂。在食品中使用含砷量高的无机酸(如 HCl)、碱、食用色素等食品添加剂,对人体有害,日本曾发生用含砷高的工业盐酸制作化学酱油引起食物中毒。由于砷化合物有多种用途,使人类一度处于砷包围之中,其畜、禽体内残留通过食物链进入人体,给人类带来潜在的威胁。

总砷检测方法有二乙氨基二硫代甲酸银分光光度法、氢化物原子荧光光度法、电感耦合等离子体质谱法。

一、二乙氨基二硫代甲酸银分光光度法

【原理】试样经湿法消解后,样液中砷全部转变为五价 As(砷酸),H_3AsO_4 在 KI 和 $SnCl_2$ 存在下,将五价砷还原成三价 As(亚砷酸),三价 As 与新生态氢作用后生成 H_3As,通过乙酸铅棉花除去硫化氢干扰,H_3As 与 DDC - Ag 盐作用生成红色胶态物,与标准比较定量。

【仪器】①分光光度计。②国标砷化氢发生器示意图如图 6-3 和等效 ISO 砷化氢发生器示意图如图 6-4。

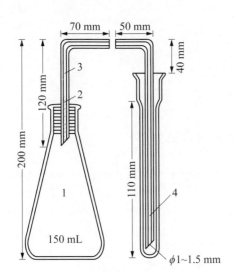

图 6-3 国标砷化氢发生器示意图

1.150 mL 锥形瓶；2. 乙酸铅棉花；3. 导气管；4.10 mL 刻度离心管

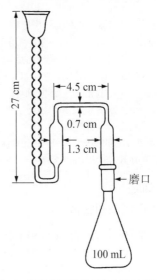

图 6-4 等效 ISO 砷化氢发生器示意图

（计 15 个球形体，每只外径 Φ1.4 cm）

【试剂】①浓 HNO_3、浓 H_2SO_4、浓 HCl。②混合酸[HNO_3-HClO_4(4+1)]。③15％KI 溶液。④无砷锌粒。⑤6 mol/L HCl。⑥10％乙酸铅溶液。⑦20％ NaOH 液。⑧10％ H_2SO_4。⑨40％ $SnCl_2$：取 $SnCl_2$ 40 g 溶于 60 mL 盐酸中，并定容至 100 mL，加几颗金属锡粒。⑩乙酸铅棉花：将脱脂棉花浸透在 10％乙酸铅液，然后压除多余溶液，并使疏松，在 100 ℃以下干燥后，贮于玻璃瓶中。⑪DDC-Ag-三乙醇胺-氯仿溶液：称取二乙氨基二硫代甲酸银 0.25 g 于乳钵中，加少量氯仿研磨，移入 100 mL 量筒中，加三乙醇胺 1.8 mL，再用氯仿分次洗乳钵，洗液一并移入量筒中，再用氯仿定容至 100 mL，放置过夜，滤入棕色瓶中保存。⑫0.1 mg/mL 砷标准贮存液：准确称取于硫酸干燥器中干燥过（或 100 ℃烘干 2 h）的 As_2O_3 0.132 0 g，加 20％ NaOH 液 5 mL 溶解，加 10％ H_2SO_4 液 25 mL，移入 1 L 容量瓶中，加新煮沸冷却水稀释至刻度，贮于棕色瓶中。⑬1.0 μg/mL 砷标准应用液。

【检测步骤】

1. 试样前处理

（1）硝酸-高氯酸-硫酸法

试样 10.0 g（精确至 0.001 g）于凯氏烧瓶中
┌加 10 mL 混合酸，放片刻，小火加热，作用缓和后，冷却
加 5 mL H_2SO_4，加热，当液体开始变棕色时，沿瓶壁加少量混合酸
┌直至消化完全，冷却
消解液于凯氏烧瓶中
┌加水 20 mL 煮沸 20 min，冷却，移入 50 mL 容量瓶中，用水洗烧瓶，并入容量瓶，水定容至刻度
定容液备用

（2）硝酸-硫酸法

以硝酸代替硝酸-高氯酸混合液进行操作。

（3）灰化法

试样 5.0 g(精确至 0.001 g)于瓷坩埚
—加 1 g 氧化镁及 10 mL 硝酸镁溶液,混匀,浸泡 4 h
低温或水浴锅上蒸干,小火炭化至无烟,移入马弗炉 500 ℃ 灰化 3 ～ 4 h
—冷却,加 5 mL 水湿润,少量水洗玻棒上附着的灰分至坩埚,水浴蒸干
马弗炉 550 ℃ 灰化 2 h,冷却后取出
—加 5 mL 水湿润灰分,再慢慢加入 10 mL 盐酸溶液(1＋1)
溶液移入 50 mL 容量瓶
—坩埚用盐酸溶液(1＋1)洗涤 3 次,5 mL/ 次,用水洗涤 3 次,5 mL/ 次
洗涤液并入容量瓶,加水定容

2. 测定

（1）用湿法消化液

试样消化液、试剂空白液及砷标准溶液
—加 3 mL 150 g/L 碘化钾溶液、0.5 mL 酸性氯化亚锡溶液,混匀,静置 15 min
加 3 g 锌粒,塞上装有乙酸铅棉花的导气管,管尖端插入有 4 mL 银盐溶液
—常温下反应 45 min 后,加三氯甲烷补足 4 mL
用 1 cm 比色杯,以零管调节零点,于波长 520 nm 处测吸光度

（2）用灰化法消化液

灰化法消化液及试剂空白液分别置于 150 mL 锥形瓶中
—吸取 0.0 mL、2.0 mL、4.0 mL、6.0 mL、8.0 mL、10 mL 砷标准使用液分别置于 150 mL
　锥形瓶中,加水至 43.5 mL,再加 6.5 mL 盐酸
试样消化液、试剂空白液及砷标准溶液
—加 3 mL 150 g/L 碘化钾溶液、0.5 mL 酸性氯化亚锡溶液,混匀,静置 15 min
加 3 g 锌粒,塞上装有乙酸铅棉花的导气管,管尖端插入有 4 mL 银盐溶液
—常温下反应 45 min 后,加三氯甲烷补足 4 mL
用 1 cm 比色杯,以零管调节零点,于波长 520 nm 处测吸光度

【标准曲线制备】分别吸取 0.0 mL、2.0 mL、4.0 mL、6.0 mL、8.0 mL、10.0 mL 砷标准使用液(相当 0.0 μg、2.0 μg、4.0 μg、6.0 μg、8.0 μg、10.0 μg)置于 6 个 150 mL 锥形瓶中,加水至 40 mL,再加 10 mL 盐酸溶液(1＋1)进行测定。

【计算】

$$试样中砷的含量(mg/kg) = \frac{(m_1 - m_2) \times V_1 \times 1000}{m \times V_2 \times 1000 \times 1000}$$

式中,m_1 为试样溶液中砷质量(ng);m_2 为空白液中砷质量(ng);V_1 为试样消化液定容总体积(mL);m 为试样称样量(g);V_2 为测定样液体积(mL);1000 为换算系数。

【检测要点】

（1）KI、$SnCl_2$ 溶液,为还原剂,在酸性条件下将 5 价 As 还原为 3 价 As。

（2）锌粒在酸的作用下生成氢气,使试样中 3 价 As 与 H_2 反应生成 H_3As,通过乙酸铅棉花滤去干扰 H_2S 后导入吸收液中被吸收。

（3）二乙氨基二硫代甲酸银为 H_3As 吸收液,将银离子还原为元素银,元素银在氯仿中呈胶态状分散显红色。

（4）三乙醇胺为强碱性，是高价离子的掩蔽剂，并对 DDC‐Ag 吸收液促使胶状银的生成，具有显色稳定作用，提高检测的灵敏度。

（5）试样消化液中不能残留硝酸，否则会产生干扰显色，故加水煮沸除酸应彻底。

（6）砷化氢反应的吸收过程尽量控制在 25 ℃左右为佳。

（7）无砷锌粒规格应严格控制。如锌粒大，要适当多加和延长反应时间，绝不能用锌粉代替锌粒，因锌粉反应猛烈，致使砷化氢吸收不完全。

（8）乙酸铅棉花应干燥，棉花装填不宜太松或太紧。

（9）$SnCl_2$ 溶液应保持一定酸度，HCl 浓度不足，试剂无酸雾时，应重新配制，否则还原作用减弱。

（10）用 $HNO_3‐HClO_4$ 消化试样，应防止因干涸而发生爆炸事故。

（11）含 CO_2 饮料及酒等，取 10～20 mL 于凯氏烧瓶中先小火加热除去 CO_2，再加混合酸消化。

（12）本法参阅：GB 5009. 11‐2014。

二、氢化物原子荧光光度法

【原理】试样经酸消化后，加硫脲使 5 价 As 还原了 3 价 As，再以 $NaBH_4$ 还原生成 H_3As，由 Ar 载入石英原子化器中分解为原子态砷，经砷空心阴极灯（波长 193. 7 nm）发射光激发下产生原子荧光，其荧光强度与样液中砷含量成正比，与标准比较定量。

【仪器】氢化物原子荧光光谱仪。

【试剂】①0. 2% NaOH 液及 10% NaOH 液。②硫脲＋抗坏血酸溶液。③$HNO_3‐HClO_4$（4＋1）。④浓 H_2SO_4 及稀 H_2SO_4（1＋9）。⑤1% $NaBH_4$：称取 $NaBH_4$ 1. 0 g，溶于 100 mL 0. 2% NaOH 液中，冰箱内贮存。⑥0. 1 mg/mL 砷标准贮存液：准确称取于 100 ℃烘 2 h 的 As_2O_3 0. 132 0 g，加 10% NaOH 10 mL 溶解，加稀 H_2SO_4 25 mL，用水定容至 1 L。⑦1 μg/mL 砷标准应用液。

【仪器工作条件】①砷空心阴极灯：灯电流 50～80 mA。②负高压：260 V。③原子化器温度：820～850 ℃。④高度：7 cm。⑤Ar 流速：500 mL/min，屏蔽气流速：800 mL/min。⑥测量方式：荧光强度。⑦读数方式：峰面积。

【检测步骤】

1. 湿法消解

固体试样 1. 0～2. 5 g 或液体试样 5. 0～10. 0 g 于 50～100 mL 锥形瓶
├—加 20 mL 硝酸，4 mL 高氯酸，1. 25 mL 硫酸，放置过夜
电板加热消解，消化液至 1 mL 时色泽深，冷却
├—加 5～10 mL 硝酸，再消解
加热持续蒸发至高氯酸的白烟散尽，硫酸的白烟开始冒出，冷却
├—用水将内容物转入 25 mL 容量瓶，加硫脲＋抗坏血酸溶液 2 mL，加水至刻度
混匀，放置 30 min，待测

2. 灰化法消解

固体试样 $1.0 \sim 2.5\,g$ 或液体试样 $4\,g$ 于 $50 \sim 100\,mL$ 坩埚

　—加 $10\,mL$ $150\,g/L$ 硝酸镁溶液,混匀,低热蒸干,将 $1\,g$ 氧化镁覆盖干渣

电炉炭化至无烟,移入马弗炉 $550\,℃$ 灰化 $4\,h$,冷却

　—加 $10\,mL$ 盐酸溶液(1+1),中和氧化镁,溶解灰分

将内容物转入 $25\,mL$ 容量瓶

　—加硫脲+抗坏血酸溶液 $2\,mL$,硫酸溶液(1+9)洗涤坩埚,合并洗液,定容

混匀,放置 $30\,min$,待测

【标准曲线制备】取 $25\,mL$ 容量瓶或比色管 6 支,依次准确加入 $1.00\,\mu g/mL$ 砷标准使用液 $0.00\,mL$、$0.10\,mL$、$0.25\,mL$、$0.50\,mL$、$1.5\,mL$ 和 $3.0\,mL$,各加 $12.5\,mL$ 硫酸溶液(1+9),$2\,mL$ 硫脲+抗坏血酸溶液,补加水至刻度,混匀,放置 $30\,min$ 后测定。仪器预热稳定后,将试剂空白、标准系列溶液依次引入仪器进行原子荧光强度的测定。以原子荧光强度为纵坐标,砷浓度为横坐标绘制标准曲线,得到回归方程。

【计算】参照一法二乙氨基二硫代甲酸银分光光度法计算公式计算。

【检测要点】

(1) 本法检测限 $2\,ng/mL$,回收率 $90\% \sim 105\%$。

(2) 砷的氢化与原子化机制:①在酸性条件下,硫脲使五价砷还原为三价 As,自身被氧化为甲脒化二硫。②$NaBH_4$ 与酸反应生成新生态氢。③三价 As 被新生态氢还原成 H_3As。④H_3As 被 Ar 与 H_2 载入石英管炉中,受热分解为原子态砷,经砷空心阴极灯发射光激发产生原子荧光。

(3) 硼氢化钠溶液配制后稳定性较差,在冰箱内保存有效期仅 10 天。

(4) 海产品中总砷及无机砷含量较多,故取样量可适当减少。

(5) 本法参阅:GB 5009.11 - 2014。

三、电感耦合等离子体质谱法(ICP - MS)

参照总汞测定第四法。

第七节 · 无机砷残留检测

无机砷残留检测方法有液相色谱-原子荧光光谱法和液相色谱-电感耦合等离子质谱法。

一、液相色谱-原子荧光光谱法

【原理】试样经稀硝酸提取无机砷,用液相分离,分离目标化合物,在酸性条件下与硼氢化钾反应,生成气态砷化合物,用 AFS 测定,以外标法定量。

【仪器】液相色谱-原子荧光光谱联用仪(LC - AFS)。

【试剂】①20％盐酸。②0.15 mol/L 硝酸。③100 g/L 氢氧化钾。④5 g/L 氢氧化钾。⑤30 g/L 硼氢化钾。⑥20 mmol/L 磷酸二氢铵:磷酸二氢铵 2.3 g 溶于 1 L 水中,用氨水调 pH 至 8.0,经 0.45 μm 水系滤膜过滤,放超声水浴超声脱气 30 min。⑦1 mmol/L 磷酸二氢铵液(pH 至 9.0)。⑧15 mmol/L 磷酸二氢铵(pH 至 6.0)。⑨100 mg/L 亚砷酸盐标准储备液:精准称三氧化二砷 0.013 2 g,加 100 g/L 氢氧化钾 1 mL,水少量溶解移入 100 mL 容量瓶中,用 HCl 调至中性,用水定容,4 ℃保存期一年。⑩100 mg/L 砷酸盐标准储备液:精准称取砷酸二氢钾 0.024 0 g,水溶解后移入 100 mL 容量瓶,加水定容至刻度,4 ℃保存期一年。⑪1.00 mg/L 混合标准应用液。

【仪器工作条件】①色谱柱:阴离子交换色谱柱(250 mm×4 mm);阴离子交换色谱保护柱(10 mm×4 mm)。②流动相组成:等度洗脱或梯度洗脱,因试样而定。③负高压:320 V。④砷灯总电流:90 mA。⑤主电流/辅助电流:55/35。⑥火焰原子化。⑦原子化器温度:中温。⑧载液:20％盐酸,流速:4 mL/min。⑨还原剂:30 g/L 硼氢化钾,流速:4 mL/min。⑩载气流速:400 mL/min。⑪辅助气流速:400 mL/min。

【检测步骤】

取水产品 1.0 g 于 50 mL 塑料离心管中
　—加 0.5 mol/L 硝酸液 20 mL,混合,静置 12 h
移至 90 ℃ 恒温箱浸提 2.5 h,每隔 30 min 振摇 1 min
　—冷却至室温,8 000 r/min 离心 15 min
取上清液 5 mL 于 20 mL 离心管,加正己烷 5 mL,摇匀
　—8 000 r/min 离心 15 min,弃正己烷。再加正己烷 5 mL,摇匀,重复一次
取下层清液,经 0.45 μm 有机滤膜过滤
　—经 C₁₈ 柱净化
吸取净化液 100 μL 注入 LC - AFS 仪,测定

【标准曲线制备】取 10 mL 容量瓶 7 支,分别加入混合标准液应用液 0.00 mL、0.05 mL、0.10 mL、0.20 mL、0.30 mL、0.50 mL、1.00 mL,加水稀释至刻度。吸取标准系列溶液 100 μL 注入液相色谱-原子荧光光谱联用仪进行分析,得到色谱图,以标准系列溶液中目标化合物的浓度为横坐标,色谱峰面积为纵坐标,绘制标准曲线。色谱图参见图 6-5 和图 6-6。

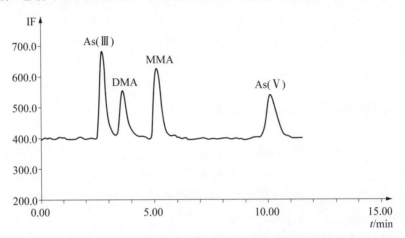

图 6-5 标准溶液色谱图(LC - AFS 法,等度洗脱)

As(Ⅲ)-亚砷酸;DMA-二甲基砷;MMA-甲基砷;As(Ⅴ)-砷酸

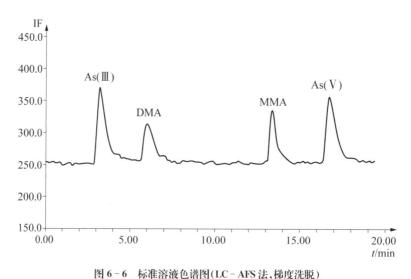

图 6 - 6 标准溶液色谱图(LC - AFS 法,梯度洗脱)

As(Ⅲ)-亚砷酸;DMA-二甲基砷;MMA-甲基砷;As(Ⅴ)-砷酸

【计算】

$$试样中无机砷的含量(mg/kg) = \frac{(C - C_0) \times V \times 1\,000}{m \times 1\,000 \times 1\,000}$$

式中,C 为试样溶液中无机砷浓度(ng/mL);C_0 为空白液中无机砷浓度(ng/mL);V 为试样消化液体积(mL);m 为试样称样量(g);1 000 为换算系数。

【检测要点】

(1) 取样量为 1 g,定容体积为 20 mL 时,本法检出限为:稻米 0.02 mg/kg、水产动物 0.03 mg/kg、婴幼儿辅助食品 0.02 mg/kg;定量限为:稻米 0.05 mg/kg、水产动物 0.08 mg/kg、婴幼儿辅助食品 0.05 mg/kg。

(2) 流动相:等度洗脱流动相为 15 mmol/L 磷酸二氢铵溶液(pH 6.0),流速 1.0 mL/min,进样体积为 100 μL,适用于稻米及加工食品。梯度洗脱流动相 A 为 1 mmol/L 磷酸二氢铵液(pH 9.0),流动相 B 为 20 mmol/L 磷酸二氢铵液(pH 8.0),流速 1.0 mL/min,进样体积 100 μL,适用于水产动物试样、含水产动物组成的试样、含藻类等海产植物的试样。

(3) 本法参阅:GB 5009.11 - 2014。

二、液相色谱-电感耦合等离子质谱法

【原理】 食品中无机砷经稀硝酸提取后,以液相色谱进行分离,分离后的目标化合物经过雾化由载气送入 ICP 炬焰中,经过蒸发、解离、原子化、电离等过程,大部分转化为带正电荷的正离子,经离子采集系统进入质谱仪,质谱仪根据质荷比进行分离测定。以保留时间定性和质荷比定性,外标法定量。

【仪器】 液相色谱-电感耦合等离子质谱联用仪。

【试剂】 ①0.15 mol/L 硝酸。②硝酸钾。③无水乙酸钠。④磷酸二氢钠。⑤乙二胺四乙

酸二钠。⑥无水乙醇。⑦氨水。⑧正己烷。⑨亚砷酸盐标准储备液,砷酸盐标准储备液,及混合标准应用液配制见一法。⑩流动相 A 相:分别准确称取 0.820 g 无水乙酸钠、0.303 g 硝酸钾、1.560 g 磷酸二氢钠、0.075 g 乙二胺四乙酸二钠,用水定容 1 000 mL,氨水调节 pH 为 10。经 0.45 μm 水系滤膜过滤后,于超声水浴中超声脱气 30 min,备用。⑪100 g/L 氢氧化钾溶液。⑫0.15 mol/L 硝酸溶液。

【仪器工作条件】①色谱柱:阴离子交换色谱柱(250 mm×4 mm);阴离子交换色谱保护柱(10 mm×4 mm)。②流动相:含 10 mmol/L 无水乙酸钠、3 mmol/L 硝酸钾、10 mmol/L 磷酸二氢钠、0.2 mmol/L 乙二胺四乙酸二钠的缓冲液,氨水调节 pH 为 10,无水乙醇＝(99∶1,V/V)。③等度洗脱。④进样体积:50 μL。⑤RF 入射功率:1 550 W。⑥载气为高纯度氩气。⑦流速:0.85 L/min。⑧补偿气:0.15 L/min。⑨泵速:0.3 rps。⑩检测质量数:m/z＝75(As),m/z＝35(Cl)。

【检测步骤】

试样处理与一法相同

└取试样液 50 μL,注入 LC-ICP/MS 仪,色谱图显示,查对标准曲线中 As(Ⅲ)与 As(Ⅴ)含量两者之和为无机砷含量(平行测定 2 次)

【标准曲线制备】分别准确吸取 1.00 mg/L 混合标准使用液 0.000 mL、0.025 mL、0.050 mL、0.100 mL、0.500 mL 和 1.000 mL 于 6 个 10 mL 容量瓶,用水稀释至刻度。用校准液调整仪器各项指标,使仪器灵敏度、氧化物、双电荷、分辨率等各项指标达到测定要求。吸取标准系列溶液 50 μL 注入液相色谱-电感耦合等离子质谱联用仪,得到色谱图,以保留时间定性。以标准系列溶液中目标化合物的浓度为横坐标,色谱峰面积为纵坐标,绘制标准曲线。色谱图见图 6-7。

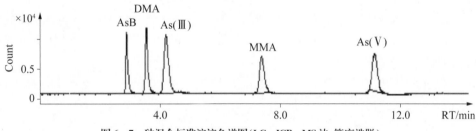

图 6-7 砷混合标准溶液色谱图(LC-ICP-MS 法,等度洗脱)

AsB-砷甜菜碱;As(Ⅲ)-亚砷酸;DMA-二甲基砷;MMA-一甲基砷;As(Ⅴ)-砷酸

【计算】参照一法计算公式计算。

【检测要点】

(1) 取样量为 1 g,定容体积为 20 mL 时,本法检出限为:稻米 0.01 mg/kg,水产动物 0.02 mg/kg,婴幼儿辅助食品 0.01 mg/kg;定量限为:稻米 0.03 mg/kg、水产动物 0.06 mg/kg、婴幼儿辅助食品 0.03 mg/kg。

(2) 本法参阅:GB 5009.11-2014。

第八节·锡残留检测

　　锡通常在食品与饮料中含量较低,只有在加工、贮存过程中,与含锡容器接触会引起食物中锡含量增加。较长时期以来,大量使用金属焊接的马口铁罐作为食品包装材料,其材质是镀有纯锡的低碳薄钢板,在酸性环境中(pH 4),锡元素溶出速度增加而污染食物。另外,食品在高温和存在硝酸盐情况下贮藏于含锡容器中,锡溶出速度也将加快。

　　锡残留检测方法有氢化物原子荧光光谱法、电感耦合等离子体质谱法和气相色谱-脉冲火焰光度检测法。

一、氢化物原子荧光光谱法

　　【原理】试样经酸加热消解,样液中锡氧化为 4 价 Sn,在 $NaBH_4$ 作用下生成锡的氢化物,由 Ar 载入原子化器中进行原子化,经锡空心阴极灯照射,基态锡原子被激发至高能态,在去活化回到基态时,发射特征波长荧光,其荧光强度与锡含量成正比。

　　【仪器】原子荧光光谱仪。

　　【试剂】①浓 H_2SO_4。②混合酸[$HNO_3 - HClO_4(4+1)$]。③稀 H_2SO_4(1+9)。④15% 硫脲-抗坏血酸:称取硫脲、抗坏血酸各 15 g 溶于水中,并定容至 100 mL,贮于棕色瓶中。⑤0.7% $NaBH_4$ 液:称取 $NaBH_4$ 0.7 g,溶于 0.5% NaOH 液中,并定容至 100 mL。⑥1 μg/mL 锡标准应用液。

　　【仪器工作条件】①锡空心阴极灯:负高压 380 V,灯电流 70 mA。②原子化温度:850 ℃。③炉高:10 mm。④屏蔽气流速:1 200 mL/min。⑤载气:Ar 流速 500 mL/min。⑥读数方式:峰面积。⑦延迟时间:1 s。⑧读数时间:1.5 s。⑨加 $NaBH_4$ 液时间:8 s。⑩进样体积:2 mL。

　　【检测步骤】

试样 1.0～5.0 g 于锥形瓶
 ├—加 20 mL 混合酸、1 mL 浓 H_2SO_4 加热消化
 │　直至消化完全,冷却,移入 50 mL 容量瓶,水洗定容至刻度
定容液 10 mL 于 25 mL 比色管
 └—加 3.0 mL 硫酸溶液(1+9),加 2 mL 15% 硫脲-抗坏血酸,加水定容,摇匀
待检液 2 mL 注入原子荧光光谱仪检测

　　【标准曲线制备】分别吸取锡标准使用液 0.00 mL、0.50 mL、2.00 mL、3.00 mL、4.00 mL、5.00 mL 于 25 mL 比色管中,分别加入硫酸溶液(1+9)5.00 mL、4.50 mL、3.00 mL、2.00 mL、1.00 mL、0.00 mL,加入 2.0 mL 15% 硫脲-抗坏血酸混合溶液,再用水定容至 25 mL。各取 2 mL 注入原子荧光光谱仪,以荧光强度或峰面积为纵坐标、标准液含量或浓度为横坐标,绘制标准曲线。

　　【计算】

$$试样中锡的含量(mg/kg) = \frac{(C - C_0) \times V_1 \times V_3}{m \times V_2 \times 1000}$$

式中,C 为试样溶液中的锡浓度(ng/mL);C_0 为空白液中的锡浓度(ng/mL);V_1 为试样消化液定容体积;V_3 为测定用溶液定容体积;m 为试样质量(g);V_2 为测定所取试样消化液体积(mL);1 000 为换算系数。

【检测要点】

(1) 本法适用于罐装固体食品、罐装饮料、罐装果酱、罐装婴幼儿配方及辅助食品中锡含量的测定。当取样量为 1.0 g 时检出限为 0.8 mg/kg,定量限为 2.5 mg/kg。

(2) 在检测中应严格控制酸度,因 Sn 在形成氢化物时酸度范围很窄,加之 H_4Sn 不稳定,很易分解。

(3) 空白试验:如试样液中锡含量超出标准曲线范围,则用水进行稀释,并补加硫酸,使最终定容后的硫酸浓度与标准系列溶液相同。

(4) 本法参阅:GB 5009.16 - 2023。

二、电感耦合等离子体质谱法

参照总汞测定第四法。

三、气相色谱-脉冲火焰光度检测法

【原理】分别以一甲基锡为单取代有机锡的内标,三丙基锡为二、三取代有机锡内标,采用内标法定量。在试样中定量加入一甲基锡和三丙基锡内标,超声辅助将有机锡提取出来,有机溶剂萃取,提取后的试样溶液经凝胶渗透色谱净化、戊基格林试剂衍生、衍生化产物再经弗罗里硅土(Florisil)净化,采用气相色谱-脉冲火焰光度检测器测定。

【仪器】气相色谱仪(GC - PFPD):配脉冲火焰光度检测器,硫滤光片。

【试剂】①硫酸、盐酸:优级纯。②正己烷、四氢呋喃、乙酸乙酯、环己烷:重蒸。③0.03% 环庚三烯酚酮-正己烷溶液。④20 g/L 氯化钠溶液。⑤饱和氯化钠溶液。⑥甲醇-水溶液(4+1)。⑦氢溴酸-四氢呋喃溶液(1+20)。⑧戊基格林试剂。⑨有机锡标准贮备液:准确称取有机锡的标准品适量,置于 10 mL 烧杯中,加入甲醇-水溶液溶解,转移到 10 mL 容量瓶中,并稀释至刻度,于 -20 ℃冰箱保存。⑩内标标准贮备溶液:甲醇-水溶液定容。

【仪器工作条件】①色谱柱:DB-1 柱(30 m×0.25 mm, 0.25 μm),或等效柱。②采用不分流方式。③进样口温度:280 ℃。④柱温程序:初始温度为 50 ℃,保持 1 min,以 10 ℃/min 升温至 120 ℃,5 ℃/min 升温至 200 ℃,10 ℃/min 升温至 280 ℃,保持 5 min。⑤载气为高纯氮气。⑥脉冲火焰光度检测器模式:硫滤光片。⑦温度:350 ℃。⑧燃气和助燃气流速:空气 $_1$21 mL/min,氢气 22 mL/min,空气 $_2$11 mL/min。⑨光电倍增管电压:550 V。⑩门槛时间:4 ms。⑪门延迟时间:5 ms。⑫激发电压:100 mV。

【检测步骤】

1. 试样提取和净化

称取试样适量于 50 mL 锥形瓶

├加 0.15 g 乙二胺四乙酸二钠和 5 mL 20 g/L 氯化钠溶液,摇匀

加内标工作溶液 50 μL,加 15 mL 氢溴酸-四氢呋喃溶液(1+20)

— 试样溶液超声 5 min

加 25 mL 含 0.03% 环庚三烯酚酮的正己烷,震荡萃取 40 min

— 3 000 r/min 离心 10 min,静置分层

吸取有机相转移至茄形瓶

— 残渣中加 10 mL 正己烷,震荡萃取 10 min,3 000 r/min 离心 10 min

静置分层,吸取有机相,合并至茄形瓶,试样旋转蒸发浓缩至近干

2. 凝胶渗透色谱净化和试剂衍生

取聚苯乙烯凝胶

— 四氢呋喃-乙酸乙酯(1+1)溶液浸泡过夜,玻璃棉封堵层析柱底端

湿法加浸泡好的凝胶,凝胶自然沉降,稳定

试样提取液的浓缩残渣

— 加 1 mL 四氢呋喃-乙酸乙酯(1+1)溶液,此溶液全部转移至层析柱

1 mL 四氢呋喃-乙酸乙酯(1+1)溶液洗涤茄形瓶洗液转移至层析柱

四氢呋喃-乙酸乙酯(1+1)溶液洗脱

收集 18～33 mL 流分,收集流出体积 15 mL

— 净化溶液旋转蒸发浓缩近干,加 10 mL 环己烷,旋转蒸发浓缩至约 1 mL

浓缩液转移至 10 mL 离心管

— 环己烷洗涤茄形瓶,合并在离心管中,并定容至 2 mL

取 0.8 mL 戊基溴化镁格林试剂,涡旋震荡混匀,超声反应 15 min

— 逐滴加 0.5 mol/L 硫酸约 3 mL,振摇,终止衍生反应,涡旋振摇

静置使上层溶液澄清

3. 弗罗里硅土(Florisil)柱净化和测定

取层析柱

— 玻璃棉封堵玻璃柱底端,依次装入 1.5 g 活化弗罗里硅土(Florisil)、2 g 无水硫酸钠

正己烷 10 mL 预淋洗

衍生溶液的上层有机相全部转移至弗罗里硅土柱

— 柱中溶液的液面降至无水硫酸钠层,正己烷洗脱,收集洗脱液 5 mL

氮气流下浓缩至约 1 mL 后,转移至另一根填充好的柱子

— 10 mL 正己烷-甲苯(5+1)溶液预淋洗,正己烷-甲苯(5+1)溶液洗脱

收集 10 mL 流分

— 氮气流下浓缩定容至 1.0 mL

转移进样小瓶中,待测

【标准曲线制备】准确称取不含有机锡的对应食物试样作为空白基质适量,加入 5 mL 20%氯化钠溶液,分别加入有机锡混合标准溶液 0 μL、10 μL、30 μL、50 μL、100 μL、200 μL、400 μL 及内标工作溶液 50 μL,按试样提取与净化过程要求同步操作。吸取标准系列溶液 1 μL 注入气相色谱仪进行分析,得到色谱图,以保留时间定性。

【计算】

$$\text{试样中目标有机锡含量(以 Sn 计,} \mu g/kg \text{ 或 } \mu g/L) = \frac{A \times f}{m}$$

式中,A 为试样色谱峰与内标色谱峰的峰高比值对应的目标有机锡质量(以 Sn 计,ng);f 为试样稀释因子;m 为试样质量(g)。

【检测要点】

(1) 本法适用于鱼类、贝类、葡萄酒和酱油等试样中二甲基锡、三甲基锡、一丁基锡、二丁基锡、三丁基锡、一苯基锡、二苯基锡、三苯基锡含量的测定。

(2) 本法定量限(以 Sn 计)为:二甲基锡 $0.5\,\mu g/kg$、三甲基锡 $1.2\,\mu g/kg$、一丁基锡 $1.5\,\mu g/kg$、二丁基锡 $0.5\,\mu g/kg$、三丁基锡 $0.6\,\mu g/kg$、一苯基锡 $1.7\,\mu g/kg$、二苯基锡 $0.8\,\mu g/kg$、三苯基锡 $0.8\,\mu g/kg$。

(3) 气相色谱检测所用载气必须为高纯氮气(纯度>99.999%)。

(4) 本法参阅:GB 5009.215-2016。

第九节·铜残留检测

食物中铜主要来自工业"三废"污染、杀虫剂、除霉剂等的残留。例如,工业上硫酸铜用作染色,农业上用 $CuSO_4$ 配制波尔多液等杀虫剂,医药上用于制眼药;碱性乙酸铜(又称铜绿)用作油漆颜料、织物染色等;CuO 和 Cu_2O 常用作玻璃着色及电镀,$CuCO_3$ 用作杀虫剂、颜料、焰火、收敛剂等。含铜污水进入河流、海洋后,除污染水源外,还沉积于水底。在日本濑户内海,海底 Cu 含量超过 $50\,mg/kg$ 的地域占 25% 左右;在美国克莱德港海底 Cu 含量为 $38\sim208\,mg/kg$。日本对市场上出售的海产品检测:咸乌贼平均为 $16.50\,mg/kg$,牡蛎平均为 $15.04\,mg/kg$,鱿鱼平均为 $11.96\,mg/kg$,裙带菜平均为 $2.36\,mg/kg$,海水中 Cu 浓度高达 $0.13\,mg/kg$ 时,可使牡蛎着绿色,并具铜绿味,食后发生腹泻等症状。

铜残留检测方法有石墨炉原子吸收光谱法、火焰原子吸收光谱法、电感耦合等离子体质谱法、电感耦合等离子体发射光谱法。

一、石墨炉原子吸收光谱法

【原理】 试样经酸加热消化后,样液注入原子吸收分光光度计中,原子化后,经铜空心阴极灯波长 324.8 nm 共振线吸收,其吸收量与铜含量成正比,与标准比较定量。

【仪器】 石墨炉原子吸收光谱仪。

【试剂】 ①浓 HNO_3。②稀 HNO_3(1+1)及(5+95)。③磷酸二氢铵-硝酸钯溶液:称取 0.02 g 硝酸钯,加少量硝酸溶液(1+1)溶解后,再加入 2 g 磷酸二氢铵,溶解后用硝酸溶液(5+95)定容至 100 mL。④1.0 mg/mL 铜标准贮存液。

【仪器工作条件】 ①铜空心阴极灯:波长 324.8 nm。②灯电流:8~12 mA。③狭缝宽度:0.5 nm。④干燥温度:80~120℃/40~50 s。⑤灰化:800℃/20~30 s。⑥原子化:2350℃/4~5 s。

【检测步骤】

1. 试样前处理

(1) 湿法消解

固体试样 0.2~3 g 或液体试样 0.500~5.00 mL 于带刻度消化管

├加 10 mL 硝酸、0.5 mL 高氯酸,可调式电热炉上消化,消化液呈棕黑色,再加少量硝酸

消解至冒白烟,至呈无色透明或略带黄色
  ├─取出消化管,冷却
加水定容至 10 mL,混匀备用

(2) 微波消解

固体试样 0.2～0.8 g 或液体试样 0.500～3.00 mL 于微波消解罐
  ├─加 5 mL 硝酸,微波消解仪消解试样,冷却
电热板加热 140～160 ℃ 浓缩至 1 mL 左右
  ├─消解罐冷却,消化液转移至 10 mL 容量瓶
用少量水洗涤消解罐 2～3 次
  ├─合并洗涤液,用水定容
混匀备用

(3) 压力罐消解法

固体试样 0.1～1 g 或液体试样 0.500～5.00 mL 于消解内罐
  ├─加 5 mL 硝酸,盖好内盖,旋紧不锈钢外套
恒温干燥箱 140～160 ℃,保持 4～5 h,冷却
  ├─缓慢旋松不锈钢外套,取出消解内罐
电热板加热 140～160 ℃ 赶酸至 1 mL 左右,消化液转移至 10 mL 容量瓶
  ├─少量水洗涤内罐和内盖 2～3 次,合并洗涤液,定容
混匀备用

(4) 干法灰化

固体试样 0.5～5 g 或液体试样 0.500～10.00 mL 于瓷坩埚
  ├─小火加热炭化至无烟,移入马弗炉 550 ℃ 灰化 3～4 h,冷却
适量硝酸溶液(1+1)溶解
  ├─水定容至 10 mL 容量瓶
混匀备用

2. 试验测定

与测定标准溶液相同的实验条件下
  ├─将 10 μL 空白溶液或试样溶液与 5 μL 磷酸二氢铵-硝酸钯溶液
    (可根据所使用的仪器确定最佳进样量)
同时注入石墨炉,原子化后测其吸光度值,与标准系列比较定量

【标准曲线制备】铜标准系列溶液浓度按质量浓度 0.00 μg/L、5.00 μg/L、10.00 μg/L、20.00 μg/L、30.00 μg/L、40.00 μg/L 的顺序分别将 10 μL 铜标准系列溶液和 5 μL 磷酸二氢铵-硝酸钯溶液(可根据所使用的仪器确定最佳进样量)同时注入石墨炉,原子化后测其吸光度值,以质量浓度为横坐标,吸光度值为纵坐标,制作标准曲线。

【计算】

$$试样中铜的含量(mg/kg) = \frac{(C - C_0) \times V}{m \times 1000}$$

式中,C 为试样溶液中铜的质量浓度($\mu g/L$);C_0 为空白液中铜的质量浓度($\mu g/L$);V 为试样消化液定容体积;m 为试样称样量(g);1000 为换算系数。

【检测要点】

（1）当称样量为 0.5 g（或 0.5 mL），定容体积为 10 mL 时，本法检出限为 0.02 mg/kg（或 0.02 mg/L），定量限为 0.05 mg/kg（或 0.05 mg/L）。

（2）试样中 Cu 含量低于 20 ng/mL 时，消化液应浓缩（富集）检测；或用石墨炉原子吸收仪可提高检测限。

（3）如试样中有大量钾、钠盐时，应用有机溶剂萃取，可降低检测误差。

（4）如试样中铜含量低，共存元素会干扰，可用吡咯烷二硫代氨基甲酸铵络合，再用甲基异丁酮萃取浓缩可排除干扰。

（5）本法参阅：GB 5009.13-2017。

二、火焰原子吸收光谱法

【原理】 试样消解处理后，经火焰原子化，在 324.8 nm 处测定吸光度。在一定浓度范围内铜的吸光度值与铜含量成正比，与标准系列比较定量。

【仪器】 原子吸收光谱仪：配火焰原子化器，附铅空心阴极灯。

【试剂】 ①浓 HNO_3。②稀 HNO_3（1+1）及（5+95）。③高氯酸。④1.0 mg/mL 铜标准贮存液。

【仪器工作条件】 ①铜空心阴极灯：波长 324.8 nm。②灯电流：8～12 mA。③狭缝宽度：0.5 nm。④燃烧头高度：6 mm。⑤空气流量：9 L/min。⑥乙炔流量：2 L/min。

【检测步骤】
参照石墨炉原子吸收光谱法进行消解
├─在与测定标准溶液相同的实验条件下
将空白溶液和试样溶液分别导入火焰原子化器
├─原子化后其吸光度值
与标准系列比较定量

【标准曲线制备】 分别吸取铜标准中间液（10.0 mg/L）0.00 mL、1.00 mL、2.00 mL、4.00 mL、8.00 mL 和 10.00 mL 于 100 mL 容量瓶中，加硝酸溶液（5+95）至刻度，混匀。将铜标准系列溶液按质量浓度由低到高的顺序分别导入火焰原子化器，原子化后测其吸光度值，以质量浓度为横坐标，吸光度值为纵坐标，制作标准曲线。

【计算】 参照一法石墨炉原子吸收光谱法计算。

【检测要点】

（1）称样量为 0.5 g（或 0.5 mL），定容体积为 10 mL 时，本法检出限为 0.2 mg/kg（或 0.2 mg/L），定量限为 0.5 mg/kg（或 0.5 mg/L）。

（2）所有玻璃器皿及聚四氟乙烯消解内罐均需硝酸（1+5）浸泡过夜，用自来水反复冲洗，最后用水冲洗干净。

（3）本法参阅：GB 5009.13-2017。

三、电感耦合等离子体质谱法

参照总汞测定第四法。

四、电感耦合等离子体发射光谱法

【原理】试样消解后,由电感耦合等离子体发射光谱仪测定,以元素的特征谱线波长定性;待测元素谱线信号强度与元素浓度成正比进行定量分析。

【仪器】电感耦合等离子体发射光谱仪。

【试剂】①硝酸、高氯酸:优级纯或更高纯度。②氩气(Ar):氩气(≥99.995%)或液氩。③硝酸溶液(5+95)。④硝酸-高氯酸(10+1)。⑤1 000 mg/L 或 10 000 mg/L 元素贮备液:钾、钠、钙、镁、铁、锰、镍、铜、锌、磷、硼、钡、铝、锶、钒和钛,采用经国家认证并授予标准物质证书的单元素或多元素标准贮备液。⑥标准溶液配制[硝酸溶液(5+95)定容]。

【仪器工作条件】①射频功率:1500 W。②等离子体气流量 15 L/min,载气流量 0.80 L/min,辅助气流量 0.40 L/min,氦气流量 4~5 mL/min。③雾化室温度:2 ℃。④试样提升速率:0.3 r/s。⑤高盐/同心雾化器。⑥采样锥/截取锥:镍/铂锥。⑦采样深度:8~10 mm。

【检测步骤】

1. 试样前处理

(1) 微波消解法。

(2) 压力罐消解法:与总汞测定第四法处理方式相同。

(3) 湿式消解法。

称取 0.5~5 g 或移取 2.00~10.0 mL 试样于玻璃或聚四氟乙烯消解器皿
├─加 10 mL 硝酸-高氯酸(10+1) 混合溶液,电热板上或石墨消解装置上消解
│ 消化液呈无色透明或略带黄色,冷却
用水定容至 25 mL,混匀备用

(4) 干式消解法

称取 1~5 g 移取 10.0~15.0 mL 试样于坩埚
├─500~550 ℃ 的马弗炉灰化 5~8 h,冷却
10 mL 硝酸溶液溶解
├─用水定容至 25 mL
混匀备用

2. 测定

将空白溶液和试样溶液分别注入电感耦合等离子体发射光谱仪中
├─测定待测元素分析谱线强度的信号响应值
根据标准曲线得到消解液中待测元素的浓度

【标准曲线制备】将标准系列工作溶液 10.0 μg/L、50.0 μg/L、100.0 μg/L、300.0 μg/L、500.0 μg/L 注入电感耦合等离子体发射光谱仪中,测定待测元素分析谱线的强度信号响应

值,以待测元素的浓度为横坐标,其分析谱线强度响应值为纵坐标,绘制标准曲线。

【计算】与总汞测定第四法计算相同。

【检测要点】

(1)本法固体试样以0.5g定容体积至50mL,液体试样以2mL定容体积至50mL计算,检出限为0.2mg/kg(或0.05mg/L),定量限为0.5mg/kg(或0.2mg/L)。

(2)湿法消解试样时,若试样含乙醇或二氧化碳的试样在电热板上低温加热除去乙醇或二氧化碳,消解液若变棕黑色,可适当补加少量混合酸,直至冒白烟。

(3)干法消解试样时,若试样灰化不彻底有黑色炭粒,则冷却后滴加少许硝酸湿润,在电热板上干燥后,移入马弗炉中继续灰化成白色灰烬。

(4)本法参阅:GB 5009.268-2016。

第十节 · 铬残留检测

近年来,我国食品中铬污染问题引起了广大公众的关注。2012年的"毒胶囊"事件后,有报道称"含铬的工业明胶"流入食品企业,代替食用明胶作为食品添加剂使用,引发了食药品铬含量超标的安全问题。过量含铬化合物进入人体可能引起肾脏损伤,引发肾功能及尿中酶和蛋白含量的改变,严重的可能导致肾脏坏死。因此必须预防和控制铬对食品的污染以确保食品安全。

铬残留检测方法有石墨炉原子吸收光谱法、电感耦合等离子体质谱法。

一、石墨炉原子吸收光谱法

【原理】试样经消化罐消解后,注入石墨炉原子化器中进行原子化,在铬空心阴极灯波长357.9nm共振线吸收。其吸光度与铬含量成正比。

【仪器】原子吸收光谱仪:配石墨炉原子化器,附铬空心阴极灯。

【试剂】①浓HNO_3。②20g/L磷酸二氢铵溶液。③硝酸溶液(1+1)及(5+95)。④高氯酸。⑤1.0mg/mL铬标准贮存液:硝酸溶液(5+95)稀释定容。

【仪器工作条件】①铬空心阴极灯:波长357.9nm。②灯电流:5~7mA。③狭缝宽度:0.2nm。④干燥温度:85~120℃/40~50s。⑤灰化:900℃/20~30s。⑥原子化:2700℃/4~5s。

【检测步骤】

参照铜测定一法试样前处理进行消解
├─在与测定标准溶液相同的实验条件下
将空白溶液和试样溶液分别取10μL(可根据使用仪器选择最佳进样量)
├─注入石墨管,原子化后测其吸光度值
与标准系列溶液比较定量

【标准曲线制备】分别吸取(1000μg/L)铬标准使用液0.00mL、0.150mL、0.400mL、

0.800 mL、1.20 mL、1.60 mL 于 100 mL 容量瓶中,用硝酸溶液(5+95)稀释至刻度,混匀。将标准系列溶液工作液按浓度由低到高的顺序分别取 10 μL(可根据使用仪器选择最佳进样量),注入石墨管,原子化后测其吸光度值,以浓度为横坐标,吸光度值为纵坐标,绘制标准曲线。

【计算】参照铜测定一法计算。

【检测要点】

(1) 以称样量 0.5 g,定容至 10 mL 计算,本法检出限为 0.01 mg/kg,定量限为 0.031mg/kg。本法操作简便,空白低,灵敏度高,采用氘灯或塞曼效应扣除背景校正效果好。

(2) 所用玻璃器皿、消化罐均应用热硝酸(1+5)浸泡过夜,最后用去离子水冲洗干净。

(3) 对有干扰的试样应注入 5 μL 20.0 g/L(可根据使用仪器选择最佳进样量)的磷酸二氢铵溶液,再进行测定。

(4) 本法参阅:GB5009.123-2023。

二、电感耦合等离子体质谱法

参照总汞测定第四法。

第十一节·镍残留检测

食物中镍除来自工业"三废"的污染外,还有食品在生产加工、贮运过程中使用不锈钢的机械设备、容器、管道,均可能有镍的潜在污染;另外,氢化油生产中将镍作为催化剂,在最终产品中可能有镍残留。因此,对食品中镍加强检测,控制镍的污染十分重要。

镍残留检测主要采用石墨炉原子吸收光谱法、电感耦合等离子体质谱法、电感耦合等离子体发射光谱法、食品添加剂镍检测法。

一、石墨炉原子吸收光谱法

【原理】试样经 HNO_3-H_2O_2 消化后,注入石墨炉原子化器中进行原子化,在镍空心阴极灯波长 232.0 nm 共振线吸收。其吸光度与镍含量成正比,与标准比较定量。

【仪器】石墨炉原子吸收光谱仪。

【试剂】①浓 HNO_3、稀 HNO_3(1+1)、0.5 mol/L HNO_3。②磷酸二氢铵-硝酸钯溶液。③高氯酸。④1 mg/mL 镍标准贮存液:准确称取镍粉(99.99%)1.000 g,溶于热稀 HNO_3 30 mL 中,冷却,移入 1 L 容量瓶中,水定容至刻度。

【仪器工作条件】①镍空心阴极灯:波长 232.0 nm,灯电流 4 mA。②狭缝宽度:0.15 nm。③氘灯或塞曼背景校正。④干燥温度:85~120 ℃/10~20 s。⑤灰化:400~1 000 ℃/10 s。⑥原子化:2 700 ℃/3 s。⑦净化:2 750 ℃/4 s。

【检测步骤】

参照铜测定一法试样消解和测定。

【标准曲线制备】分别准确吸取镍标准中间液 0.01 mL、0.50 mL、1.00 mL、2.00 mL、4.00 mL 和 5.00 mL 于 100 mL 容量瓶中,加 0.5 mol/L 硝酸溶液稀释至刻度,混匀。按质量浓度由低到高的顺序分别将 10 μL 镍标准系列溶液和 5 μL 磷酸二氢铵-硝酸钯溶液(可根据所使用的仪器确定最佳进样量)同时注入石墨炉,原子化后测其吸光度值,以质量浓度为横坐标,吸光度值为纵坐标,制作标准曲线。

【计算】参照铜测定一法计算。

【检测要点】

(1) 称样量为 0.5 g(或 0.5 mL),定容体积为 10 mL 时,本法检出限为 0.02 mg/kg(或 0.02 mg/L),定量限为 0.05 mg/kg(或 0.05 mg/L)。

(2) 使用 HNO_3 消化时,最后应加水 20 mL,煮沸除去多余的 HNO_3。

(3) 消化罐消解试样时,如试样水分高,应先放在称量瓶中,置烘箱 80 ℃ 烘至近干为宜。

(4) 本法参阅:GB 5009.138 - 2017。

二、电感耦合等离子体质谱法

参照总汞测定第四法。

三、电感耦合等离子体发射光谱法

参照铜测定第四法。

四、食品添加剂镍检测

(一)海绵镍中镍含量测定

【原理】试样加酸溶解,在氨性介质中,镍与丁二酮肟乙醇溶液生成红色丁二酮肟镍的沉淀,然后洗净沉淀烘干称重。

【试剂】①溴水。②氨水。③10 g/L 丁二酮肟乙醇溶液:称取 1 g 丁二酮肟,溶解于 100 mL 的 95％乙醇中。④酒石酸。⑤氮气。⑥盐酸溶液(1+1)。⑦17 g/L 硝酸银溶液。⑧无水乙醇。

【检测步骤】

取约 5 g 湿试样置于 20 mL 烧杯
　├—加 10 mL 无水乙醇,摇动烧杯,静置,待乙醇澄清后倾去,重复 5 次
试样转移至 30 mL 圆底烧瓶
　├—60 ℃ 电热恒温水浴真空加热干燥 5 h,氮气将烧瓶恢复到常压并冷却
称量烧瓶和干燥试样的质量
　├—加 30 mL 水,50 mL 盐酸溶液冲洗烧瓶
手洗液合并至 200 mL 烧杯
　├—缓慢加热使试样溶解,冷却至室温,中速滤纸过滤至 250 mL 容量瓶,用水定容
移取 5 mL 试样溶液置 200 mL 烧杯
　├—加 2 g 酒石酸、100 mL 水,加热到约 80 ℃

加 30 mL 的丁二酮肟乙醇溶液,加氨水至溶液呈微碱性

　—蒸汽浴上加热 20 min,试样用玻璃砂坩埚过滤,热水洗涤至滤液中不含氯离子

玻璃砂坩埚置(120±2)℃ 电热恒温干燥箱中干燥至质量恒定

【计算】

$$海绵镍(Ni)含量的质量分数(\%)=\frac{(m_3-m_2)\times V_1\times 0.2032}{(m_1-m_0)\times V_2}\times 100\%$$

式中,m_3 为玻璃砂坩埚和沉淀物质量(g);m_2 为玻璃砂坩埚质量(g);V_1 为试样溶液总体积(mL);0.2032 为丁二酮肟镍换算成镍的系数;m_1 为烧瓶和干燥试样的质量(g);m_0 为烧瓶质量(g);V_2 为分取试样溶液体积(mL)。

【检测要点】

(1) 本法中使用的部分试剂具有毒性或腐蚀性,操作时应采取适当的安全和防护措施。

(2) 海绵镍干燥时易自燃,处理时应小心谨慎。

(3) 试验过程中用到的圆底烧瓶需要预先于 100～105 ℃ 的电热恒温干燥箱中干燥至恒重,玻璃砂坩埚需要预先于(120±2)℃ 的电热恒温干燥箱中干燥至恒重。

(4) 本法参阅:GB 31632 - 2014。

(二) 负载型镍中镍含量测定

【原理】 试样经灰化后加酸溶解,在氨性介质中,镍与丁二酮肟乙醇溶液生成红色丁二酮肟镍的沉淀,然后洗净沉淀烘干称重。

【仪器】 恒温干燥箱。

【试剂】 ①溴水。②氨水。③10 g/L 丁二酮肟乙醇溶液:称取 1 g 丁二酮肟,溶解于 100 mL 的 95% 乙醇中。④酒石酸。⑤17 g/L 硝酸银溶液。⑥盐酸溶液(1+1)。⑦无水乙醇。

【检测步骤】

称取 2 g 试样于 100 mL 玻璃砂坩埚纸浆上部

　—坩埚于电炉上缓慢升温,使硬脂酸酯融入纸浆,使有机物质缓慢燃烧、炭化

高温炉(650±20)℃ 继续加热 2 h,冷却,加 20 mL 盐酸,全部移入 200 mL 烧杯

　—蒸汽浴蒸发至干,冷却,加 20 mL 盐酸,温热助溶

移入 500 mL 容量瓶,用水定容,中速滤纸过滤

　—移取滤液 50 mL 试样溶液置 500 mL 烧杯

加 2 g 酒石酸、100 mL 水,加热至约 80 ℃

　—加 30 mL 的丁二酮肟乙醇溶液,加氨水至溶液呈微碱性,蒸汽浴上加热 20 min

试样用玻璃砂坩埚过滤

　—热水洗涤至滤液中不含氯离子(用硝酸银溶液检验)

玻璃砂坩埚置(120±2)℃ 电热恒温干燥箱中干燥至恒重

【计算】

$$负载型镍(Ni)含量的质量分数(\%)=\frac{(m_2-m_1)\times V_1\times 0.2032}{m\times V_2}\times 100\%$$

式中,m_1 为玻璃砂坩埚的质量(g);m_2 为玻璃砂坩埚和沉淀物质量(g);V_1 试样溶液的总体积(mL);0.2032 为丁二酮肟镍换算成镍的系数;m 为试样质量(g);V_2 为分取试样溶液体积(mL)。

【检测要点】

（1）本法中使用的部分试剂具有毒性或腐蚀性，操作时应采取适当的安全和防护措施。

（2）试验过程中用到玻璃砂坩埚需要预先于（120±2）℃的电热恒温干燥箱中干燥至恒重。

（3）放入试样之前需要在玻璃砂坩埚中放入一半无灰滤纸的纸浆。

（4）本法参阅：GB 31632－2014。

第十二节·铝残留检测

人长期摄入含铝食品，可在体内蓄积并产生慢性毒性，导致神经、免疫、骨骼、造血、生殖等系统病变。食品中铝污染主要来自超量使用铝添加剂，如硫酸铝钾和硫酸铝铵，常作为发酵面制品的膨松剂，是我国人群每日摄入铝的主要途径。世界卫生组织（WHO）于1989年正式将铝确定为食品污染物，加以检测和控制。

铝残留检测方法有铬天青S分光光度法、石墨炉原子吸收光谱法、电感耦合等离子体质谱法、电感耦合等离子体发射光谱法。

一、铬天青 S 分光光度法

【原理】试样经处理后，在乙二胺-盐酸缓冲液中（pH 6.7～7.0），聚乙二醇辛基苯醚（Triton X-100）和溴代十六烷基吡啶（CPB）的存在下，三价铝离子与铬天青S反应生成蓝绿色的四元胶束，于620 nm波长处测定吸光度值并与标准系列比较定量。

【仪器】分光光度计。

【试剂】①混合酸[$HNO_3＋HClO_4$（4＋1）]。②1％ H_2SO_4。③盐酸溶液（1＋1）。④乙酸乙酸钠缓冲液：称取乙酸钠34 g，溶于水450 mL中，加冰乙酸2.6 mL，调pH为5.5，水定容至500 mL。⑤1g/L铬天青S液。⑥0.02％溴化十六烷基三甲胺（CTMAB）液。⑦1％抗坏血酸液：临用时现配。⑧1 mg/mL铝标准贮存液：准确称取金属铝（99.99％）1.0000 g，加6 mol/L HCl 50 mL，加热溶解，冷却，移入1 L容量瓶中，水定容至刻度。⑨1g/L对硝基苯酚乙醇溶液。⑩2.5％和5％硝酸溶液。⑪氨-水溶液（1＋1）。⑫3％Triton X-100溶液。⑬3g/L CPB溶液。⑭乙二胺溶液（1＋2）。

【检测步骤】

试样0.20～3.00 g或液体试样0.50～5.00 mL置于硬质玻璃消化管或锥形瓶
├─加10 mL硝酸，0.5 mL硫酸，可调式控温电热炉加热，直至消化完全，冷却
加水移入50 mL容量瓶，水定容至刻度
├─取定容液1 mL于25 mL具塞比色管中，加1 mL硫酸溶液（1％），加水定容至10 mL
加1滴1g/L对硝基苯酚乙醇溶液，混匀
├─滴加氨-水溶液（1＋1）至浅黄色，滴加硝酸溶液（2.5％）至黄色刚刚消失
加1 mL硝酸溶液（2.5％）加1 mL10 g/L抗坏血酸液，混匀
├─加3 mL1g/L铬天青S溶液，混匀

加 1 mL 3% Triton X-100 溶液，3 mL 3 g/L CPB 溶液

├─加 3 mL 乙二胺-盐酸缓冲溶液，加水定容至 25.0 mL，混匀，放置 40 min

置定容显色液于 1 cm 比色皿，波长 620 nm 比色（同时做空白试验）

【标准曲线制备】 准确吸取铝标准使用溶液 0.00 mL、0.50 mL、1.00 mL、2.00 mL、3.00 mL、4.00 mL 和 5.00 mL 于 25 mL 具塞比色管，并依次向各管中加入硫酸溶液（1%）1 mL，加水至 10 mL 刻度……以下按试样检测步骤操作。以标准系列溶液中铝的质量为横坐标，以相应的吸光度值为纵坐标，并绘制标准曲线。根据试样消化液的吸光度值与标准曲线比较定量。

【计算】

$$试样中铝的含量(mg/kg \ 或 \ mg/L) = \frac{(m_1 - m_2) \times V_1}{m \times V_2}$$

式中，m_1 为测定用试样消化液中铝的质量（μg）；m_2 为空白溶液中铝的质量（μg）；V_1 为试样消化液总体积（mL）；V_2 为测定用试样消化液体积（mL）；m 为试样称样量或移取体积（g 或 mL）。

【检测要点】

（1）本法适用于检测使用含铝食品添加剂食品中铝含量的检测，当称样量为 1 g（或 1 mL），定容体积为 50 mL 时，检出限为 8 mg/kg（或 8 mg/L），定量限为 25 mg/kg（或 25 mg/L）。

（2）显色与温度密切相关，应在 20 ℃，放置 20 min 为宜。

（3）CTMAB 为表面活性剂，显色稳定，反应快速，有效地提高方法灵敏度。

（4）本法参阅：GB 5009.182-2017。

二、石墨炉原子吸收光谱法

【原理】 试样消解处理后，经石墨炉原子化，在 257.4 nm 处测定吸光度。在一定浓度范围内铝含量与吸光度值成正比，与标准系列比较定量。

【仪器】 石墨炉原子吸收光谱仪（附铝空心阴极灯）。

【试剂】 ①硫酸。②硝酸溶液（1+99）、（5+95）。③1 mg/mL 铝标准贮存液：准确称取金属 Al（99.99%）1.0000 g，溶于少量 HCl 中，蒸发至近干，加水 500 mL、H_2SO_4 20 mL、NaCl 2.5 g，水定容至 1 L。

【仪器工作条件】 ①铝空心阴极灯：波长 257.4 nm。②狭缝宽度：0.5 nm。③灯电流：10~15 mA。④干燥温度：85~120 ℃/30 s。⑤灰化温度：1000~1200 ℃/15~20 s。⑥原子化温度：2750 ℃/4~5 s。⑦内气流量：0.3 L/min。⑧进样量：10 μL。⑨原子化时停气。

【检测步骤】

参照铜测定一法试样消解和测定。

【标准曲线制备】 分别吸取 1.00 mg/L 铝标准使用液 0.00 mL、2.50 mL、5.00 mL、10.00 mL、15.00 mL 和 20.00 mL 于 100 mL 容量瓶中，加硝酸溶液（1+99）至刻度，混匀。按质量浓度由低到高的顺序将 10 μL 标准系列溶液（可根据使用仪器选择最佳进样量）注入石墨管，原子化后测其吸光度值。以质量浓度为横坐标，吸光度值为纵坐标，制作标准曲线。

【计算】参照铜测定一法计算。

【检测要点】

(1) 原子吸收仪检测时,用稀释液喷洗燃烧器,校正零点,并随时检查校正零点。

(2) 当称样量为 0.5 g(或 0.5 mL),定容体积为 25 mL 时,本法检出限为 0.3 mg/kg(或 0.3 mg/L),定量限为 0.8 mg/kg(或 0.8 mg/L)。

三、电感耦合等离子体质谱法

参照总汞测定第四法。

四、电感耦合等离子体发射光谱法

参照铜测定第四法。

第十三节 · 氟 残 留 检 测

氟是卤族最活泼的气态元素,普遍存在于自然界中,一般食物中都含有微量氟,主要富集在植物叶片及动物骨骼中。如摄入适量的含氟食品有利于牙齿的健康。但是,由于工业"三废"排放,含氟农药使用及地质含氟量过高等原因,往往使食品中含氟量大增,严重污染食物,致使食物中氟残留量呈高水平。如果长期被食用,则对人体骨骼、肾脏、甲状腺及神经系统造成损害,严重者可形成氟骨症,使人丧失劳动力。因此,加强检测和制定食品氟允许量十分必要。

氟残留检测主要采用扩散-氟试剂比色法、灰化蒸馏-氟试剂比色法、氟离子选择性电极法。

一、扩散-氟试剂比色法

【原理】食品中氟化物在扩散盒内与酸作用,产生氟化氢气体,经扩散被氢氧化钠吸收。氟离子与镧(Ⅲ)、氟试剂(茜素氨羧络合剂)在适宜 pH 下生成蓝色三元络合物,颜色随氟离子浓度的增大而加深,用或不用含胺类有机溶剂提取,与标准系列比较定量。

【仪器】分光光度计。

【试剂】①丙酮。②20 g/L 硫酸银-硫酸溶液。③40 g/L 氢氧化钠-无水乙醇溶液。④1 mol/L 乙酸溶液。⑤茜素氨羧络合剂溶液:称取 0.19 g 茜素氨羧络合剂,加少量水及 40 g/L 氢氧化钠溶液使其溶解,加 0.125 g 乙酸钠,用 1 mol/L 乙酸溶液调节 pH 为 5.0(红色),加水稀释至 500 mL,置冰箱内保存。⑥250 g/L 乙酸钠溶液。⑦硝酸镧溶液。⑧缓冲液(pH4.7)。⑨二乙基苯胺-异戊醇溶液(5+100)。⑩100 g/L 硝酸镁溶液。⑪40 g/L 氢氧化钠溶液。⑫1 mg/mL 氟标准溶液:准确称取 0.2210 g 经 95~105 ℃ 干燥 4 h 冷的氟化钠,溶于水,移入

100 mL 容量瓶中,加水至刻度。置冰箱中保存。

【检测步骤】

1. 扩散单色法

取塑料盒若干个

——盒盖中央加 0.2 mL 40 g/L 氢氧化钠-无水乙醇溶液,圈内均匀涂布(55±1)℃ 恒温烘干备用

称取 1.00～2.00 g 试样于盒内

——加 4 mL 水,使试样均匀分布,加 4 mL 20 g/L 硫酸银-硫酸溶液,盖紧,摇匀

恒温箱保温 20 h 将盒取出,取下盒盖

——分别用 20 mL 水,多次将盒盖内氢氧化钠薄膜溶解,滴管移入 100 mL 分液漏斗

分液漏斗中加 3 mL 茜素氨羧络合剂溶液,3.0 mL 缓冲液,8.0 mL 丙酮

——3.0 mL 硝酸镧溶液,13.0 mL 水,混匀,放置 10 min

加 10.0 mL 二乙基苯胺-异戊醇(5＋100)溶液,振摇 2 min

——待分层后,弃水层,有机层滤纸过滤于 10 mL 带塞比色管

用 1 cm 比色杯于 580 nm 波长处测定

2. 扩散复色法

取塑料盒若干个

——盒盖中央加 0.2 mL 40 g/L 氢氧化钠-无水乙醇溶液,圈内均匀涂布,(55±1)℃ 恒温烘干备用

称取 1.00～2.00 g 试样于盒内

——加 4 mL 水,使试样均匀分布,加 4 mL 20 g/L 硫酸银溶液,盖紧,摇匀

恒温箱保温 20 h,将盒取出,取下盒盖

——分别用 10 mL 水,多次将盒盖内氢氧化钠薄膜溶解,移入 25 mL 带塞比色管

加 2.0 mL 茜素氨羧络合剂溶液,3.0 mL 缓冲液,6.0 mL 丙酮,2.0 mL 硝酸镧溶液

——加水定容混匀,放置 20 min

用 3 cm 比色杯于 580 nm 波长处测定

【标准曲线】 塑料盒内分别加 0.0 mL、0.2 mL、0.4 mL、0.8 mL、1.2 mL、1.6 mL 氟标准使用液,补加水至 4 mL,加 4 mL 20 g/L 硫酸银硫酸溶液,盖紧,摇匀,恒温箱保温 20 h⋯⋯以下按扩散单色法(扩散复色法)试样测定步骤操作。

【计算】

$$试样中氟的含量(mg/kg) = \frac{A \times 1000}{m \times 1000}$$

式中,A 为测定用试样中氟的质量(μg);m 为试样质量(g)。

【检测要点】

(1) 本法规定了粮食、蔬菜、水果、豆类及其制品、肉、鱼、蛋等食品中氟的测定方法,检出限为 0.10 mg/kg。

(2) 所用圆滤纸片需剪成 φ 4.5 cm,浸于 40 g/L 氢氧化钠-无水乙醇溶液,100 ℃ 烘干,备用。

(3) 特殊试样需要经过处理才可进行使用。特殊试样(含脂肪高、不易粉碎过筛的试样,如花生、肥肉、含糖分高的果实等),称取研碎的试样 1.00～2.00 g 于坩埚(镍、银、瓷等)内,加 4 mL 100 g/L 硝酸镁溶液,加 100 g/L 氢氧化钠溶液使呈碱性,混匀后浸泡 0.5 h,将试样中的氟固定,然后在水浴上挥干,再加热炭化至不冒烟,再于 600 ℃ 马弗炉内灰化 6 h,待灰化完全,

取出放冷,取灰分进行扩散。

（4）本法参阅:GB/T 5009.18 - 2003。

二、灰化蒸馏-氟试剂比色法

【原理】试样经硝酸镁固定氟,经高温灰化后,在酸性条件下,蒸馏分离氟,蒸出的氟被氢氧化钠溶液吸收,氟与氟试剂、硝酸镧作用,生成蓝色三元络合物,与标准比较定量。

【仪器】可见分光光度计(蒸馏装置见图6-8)。

【试剂】①丙酮。②250 g/L 乙酸钠溶液。③10 g/L 酚酞-乙醇指示液。④1 mol/L 乙酸溶液。⑤茜素氨羧络合剂溶液:称取 0.19 g 茜素氨羧络合剂,加少量水及 40 g/L 氢氧化钠溶液使其溶解,加 0.125 g 乙酸钠,用乙酸溶液(3.4)调节 pH 为 5.0(红色),加水稀释至 500 mL,置冰箱内保存。⑥盐酸(1+11)。⑦硝酸镧溶液。⑧缓冲液(pH 4.7)。⑨硫酸(2+1)。⑩100 g/L 硝酸镁溶液。⑪40 g/L 氢氧化钠溶液。⑫1 mg/mL 氟标准溶液:准确称取 0.2210 g 经 95～105℃干燥 4 h 冷的氟化钠,溶于水,移入 100 mL 容量瓶中,加水至刻度。置冰箱中保存。

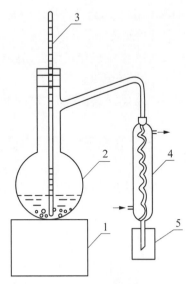

图6-8　蒸馏装置图

1.电炉;2.蒸馏瓶;3.温度计;
4.冷凝管;5.小烧杯

【检测步骤】

混匀试样 5.00 g(以鲜重计) 于 30 mL 坩埚
├─加 5.0 mL 100 g/L 硝酸镁溶液和 0.5 mL 100 g/L 氢氧化钠溶液,使呈碱性,混匀
浸泡 0.5 h,水浴蒸干,再低温炭化,至完全不冒烟
├─马弗炉 600℃ 灰化 6 h;放冷
坩埚加 10 mL 水,数滴硫酸(2+1)慢慢加入坩埚中,中和至不产生气泡
├─试液移入 500 mL 蒸馏瓶,20 mL 水分数次洗涤坩埚,并入蒸馏瓶
加 60 mL 硫酸(2+1),数粒无氟小玻珠,加热蒸馏
├─馏出液用事先盛有 5 mL 水,7～20 滴 100 g/L 氢氧化钠溶液和 1 滴酚酞指示液的 50 mL
│　烧杯吸收,溶液温度上升至 190℃ 时停止蒸馏
滴管加水洗涤冷凝管 3～4 次,合并洗液
├─烧杯中吸收液移入 50 mL 容量瓶
少量水洗涤烧杯 2～3 次,合并于容量瓶,盐酸(1+11)中和至红色刚好消失
├─用水定容,混匀
试样蒸馏液 10.0 mL 于 25 mL 带塞比色管
├─加 2.0 mL 茜素氨羧络合剂溶液、3.0 mL 缓冲液、6.0 mL 丙酮、2.0 mL 硝酸镧溶液
│　加水至刻度,混匀,放置 20 min
用 3 cm 比色杯于 580 nm 波长处测定

【标准曲线】分别吸取 0.0 mL、1.0 mL、3.0 mL、5.0 mL、7.0 mL、9.0 mL 氟标准使用液置于蒸馏瓶中,补加水至 30 mL,以下步骤从试样测定加 60 mL 硫酸(2+1),数粒无氟小玻珠……操作。

【计算】

$$试样中氟的含量(mg/kg) = \frac{A \times V_2 \times 1000}{V_1 \times m \times 1000}$$

式中，A 为测定用样液中氟的质量(μg)；V_1 为比色时吸取蒸馏液的体积(mL)；V_2 为蒸馏液总体积(mL)；m 为试样质量(g)。

【检测要点】

(1) 本法规定了粮食、蔬菜、水果、豆类及其制品、肉、鱼、蛋等食品中氟的测定方法，检出限为 1.25 mg/kg。

(2) 本法参阅：GB/T 5009.18 - 2003。

三、氟离子选择性电极法

【原理】氟离子选择性电极的 LaF 单晶膜对氟离子产生选择性的对数响应，当检测电极与参比电极在样液中，电位差随溶液中氟离子的活度变化而改变，并符合 Nernst 方程式，即

$$E = E^0 - \frac{2.303RT}{F} lgC_{F^-}。$$ E 与 lgC_{F^-} 呈线性关系，2.303 RT/F 为该直线的斜率(25 ℃为

59.16)。因此，当试样处理后的样液，用总离子强度调节缓冲液(TISAB)消除干扰离子和在适宜 pH(5~6)条件下，以氟离子选择电极检测，则有很好的响应。

【仪器】酸度计或离子计(具氟离子选择性电极与甘汞电极)。

【试剂】①3 mol/L 乙酸钠溶液。②盐酸(1+1)。③0.75 mol/L 柠檬酸钠溶液。④总离子强度调节缓冲液(TISAB)：取冰乙酸 57 mL、NaCl 58 g、柠檬酸钠 10 g、EDTA - Na₂ 5 g，加水 500 mL 溶解，用 5 mol/L NaOH 液调 pH 为 6.5~6.8，移至 1 L 容量瓶中，用水定容贮于塑料瓶中。⑤氟标准贮存液(1 000 μg F⁻/mL)：准确取经 100 ℃烘干的 NaF 2.210 1 g，溶于水，加 TISAB 液 100 mL，用水定容至 1 L。

【检测步骤】

取 1.00 g 粉碎过 40 目筛的试样置 50 mL 容量瓶
├—加 10 mL 盐酸(1+11)，密闭浸泡提取 1 h，加 25 mL 总离子强度缓冲剂
加水定容，混匀，备用
├—将氟电极和甘汞电极与测量仪器的负端与正端相联接
电极插盛有水的 25 mL 塑料杯，电磁搅拌
├—读取平衡电位值，更换 2~3 次水后，电位值平衡
试样液电位测定

【标准曲线制备】吸取 0.0 mL、1.0 mL、2.0 mL、5.0 mL、10.0 mL 氟标准使用液分别置于 50 mL 容量瓶中，于各容量瓶中分别加入 25 mL 总离子强度缓冲剂，10 mL 盐酸(1+11)，加水至刻度，混匀，备用。以电极电位为纵坐标，氟离子浓度为横坐标，在半对数坐标纸上绘制标准曲线，根据试样电位值在曲线上求得含量。

【计算】

$$试样中氟的含量(mg/kg) = \frac{A \times V \times 1000}{m \times 1000}$$

式中,A 为测定用样液中氟的浓度($\mu g/mL$);V 为试样总体积(mL);m 为试样质量(g)。

【检测要点】

(1) 本法不适用于脂肪含量高而又未经灰化的试样(如花生、肥肉等)中氟的测定。

(2) 消化试样水浴温度以 70 ℃为宜,如温度过高皂化反应激烈,样液易冲出试管而造成损失;若温度过低,则消化费时。在试样碱化水解后用酸调 pH 时,必须放在冰水中进行,否则易产生 HF 而挥发损失。

(3) TISAB 液,本法中既是缓冲剂(pH 6.5~6.8),又是干扰离子的掩蔽剂。

(4) 工作温度在 20~30 ℃时理想,电极能产生良好的能斯特响应;pH 为 6.5~6.8 为宜。

(5) 试样密闭浸泡提取 1 h(不时轻轻摇动),应尽量避免试样粘于瓶壁上。

(6) 本法参阅:GB/T 5009.18 - 2003。

第七章
致癌物质残留及其检测

致癌物质系指凡在动物实验中发现能引起动物组织或器官癌变形成的任何物质,称为致癌物质。目前受到人们关注的、能污染食品的致癌物质,主要是黄曲霉毒素、苯并(a)芘、亚硝胺、多氯联苯、二噁英等。

第一节·概　述

一、对人体的毒性与危害

1. 黄曲霉毒素(AFT)

目前世界卫生组织(WHO)已将 AFT 列为最强的致癌物质,动物实验已证实了 AFT 对 8 种动物均可诱发肝癌,还可诱发结肠癌、肾癌、胃癌、肺癌、乳腺癌及卵巢肿瘤等。根据流行病学调查,凡肝癌发病率高的地区,食物中 AFT 污染也较严重,并证实人类肝癌发病率与 AFT 的摄入量呈平行关系。因此,AFT 直接威胁着人类的健康。

另外,由 AFT 引起食品与饲料霉变造成的经济损失很大,同时对畜牧业也造成巨大损失,2004 年,肯尼亚有 125 人因食用受黄曲霉毒素污染的玉米而死亡。在东非和美国也发生过类似事件。动物食入黄曲霉毒素的饲料,虽然在体内代谢,但还能排泄出致癌性代谢物质,如牛奶中发现黄曲霉毒素 M_1,它是黄曲霉毒素 B_1 的代谢产物之一,这些也影响了人类饮食的卫生安全和健康。

2. 苯并(a)芘[B(a)P]

它是多环芳烃类化合物(PAH)中一种主要食品污染物,特别是在烘、烤、熏等动物性食品加工过程中更易造成严重污染,如熏鱼、腊肉、烤羊肉、烤乳猪、烤鹅、烤鸭等,由于食品直接与熏烟或炭火接触,使多环芳烃显著增加。食品中至少发现 13 种 PAH,其中有 6 种具有致癌性,可诱发胃扁平细胞癌。冰岛和日本人喜食烤肉和熏鱼,B(a)P 摄入量水平比其他国家高,与日本、冰岛人胃癌高发有一定关系。如冰岛农村烟熏羊肉挂在烟熏小室内长达数周,其 B(a)P 含量可达 23 $\mu g/kg$,用这种羊肉喂 45 只大鼠,其中有 5 只发生恶性肿瘤。因此,冰岛胃癌死亡率居世界第三位,应考虑 B(a)P 对人类食品的安全和健康威胁。

3. 亚硝胺

它是 N-亚硝基化合物中的一大类物质,具有较强的毒性和致癌性。现已证实有 80 多种亚硝胺类化合物可使动物致癌,其中对称性亚硝胺还可通过胎盘引起新生白鼠的脑、脊髓或末梢神经发生肿瘤,也可诱发肺、肠、肾、胰、膀胱等肿瘤。因此,亚硝胺的一个显著特点是具有对任何器官诱发肿瘤的能力,故被认为是多方面的致癌物。流行病学调查,法国、伊朗及非洲等地是食道癌多发地区,其日常饮食中摄取食品含较多二甲基亚硝胺。为此,食物中亚硝胺存在已日益引起人们的关注。

4. 多氯联苯(PCB)

又称聚氯联苯或氯化联苯。它是由联苯苯环上的氢原子被氯原子置换后生成的化合物,有210种异构体。工业上广泛应用以致PCB在环境中无限地再循环,在生态系统中持续地积累,并且PCB可通过多种途径进入食物中,从而对环境和人体造成危害。多氯联苯对人体的慢性毒害较明显,如皮肤色素沉着,肝萎缩,激素活力异常等,PCB还可经胎盘转移至胎儿。其对人的致癌性也值得注意,如恶性肿瘤人血中PCB含量较健康人高,正常人(15人)血中PCB未检出,而肿瘤、癌症病人(8人)血中PCB平均为$48\,\mu g/kg$。

5. 二噁英

三环含氧芳香类有机物,化学名为多氯二苯代二噁英(PCDD)。中间环为多氯二苯代呋喃(PCDF),也有类似PCDD作用。故通常所说的二噁英类实际上包括两大类化合物,简写为PCDD/F。PCDD类共有75个化合物,PCDF类有135个化合物。

1997年国际癌症研究机构(IARC)将2,3,7,8-TCDD确定为Ⅰ类人类致癌物,是已知致癌物中的头号致癌物质,其毒性为AFT的1000倍,NaCN的130倍,砒霜的900倍,故被称为"毒中之毒"。

二噁英中毒是逐渐积累引起的,对人的危害主要是:①致癌:由于二噁英同脂肪有较强的亲和力,进入生物体后主要存于脂肪层和脏器中。人吃了被二噁英污染的禽畜肉、蛋、奶及奶制品(如黄油)等,二噁英就进入人体,在脂肪层和脏器中蓄积起来,几乎不能通过消化系统和泌尿系统将它排泄出去,当人体内二噁英积累到一定数量时(约$0.1\,\mu g/kg$),就会导致癌症发生。②对男性损害:严重损害男性生殖能力,使血液中睾丸素含量降低、精子数量急剧减少、精子活力大大减弱。据工业化国家统计,近50年来精液中精子数量减少了50%。③对女性损害:增加"子宫内膜异位"发病率,使孕妇易流产,对发育中胎儿影响是致命的。④降低免疫功能:由于二噁英能接合到免疫细胞受体上,所以能降低免疫功能等。

二、检测意义

致癌物质在人类周围环境中的聚集和循环问题具有全球意义。而控制致癌物质最好方法是预防,从政府角度讲,应严格抓紧立法,强制性规定空气、水、食品中的限量标准,并执行严格监督检查。严格控制生产化工企业,做好废气、废水、废物处理;高度重视垃圾焚烧技术,治理环境污染,走可持续发展经济之路。食品管理和监督检验部门应切实进行监督检查,杜绝一切可能污染的食品上市,包括进出口食品。从生产者角度讲,应该严格遵守国家有关法律、法规规定,自觉接受食品监督机构检查,发现可能的污染源及时向有关部门报案处理。

我们知道,食品安全有一项重要任务就是防止具有致癌作用的物质污染食品,必须严格监督食品的生产工艺和制定检测这些致癌物质的方法,从而保证食品卫生质量和人类健康。因此,日常工作中加强对食品中致癌物质的检测,可防患于未然,具有重要的卫生学意义。

第二节·黄曲霉毒素残留检测

黄曲霉毒素(AFT)是一类结构很相似的化合物,基本结构都有二呋喃环、香豆素。B 族还含有戊酮,而 G 族含有呋喃邻酮。在紫外线下都发生荧光,根据荧光、R_f 值及结构等分别命名为 AFT B$_1$、AFT B$_2$、AFT G$_1$、AFT G$_2$、AFT M$_1$、AFT M$_2$、AFT P$_1$、AFT Q$_1$、AFT GM 等 10 余种。而污染食品的主要是前 6 种。

当 AFT B$_1$ 经羟化反应生成 AFT M$_1$,M$_1$ 是 milk(牛乳)的缩写。因 AFT M$_1$ 最初是从喂过含 AFT B$_1$ 饲料的乳牛奶中分离出来的,故被命名。

AFT 污染范围广,其中以花生、玉米、黄豆、小麦、大麦、稻米等油粮食品为多见;动物性食品主要是腌腊制品、灌肠、乳及乳制品、蛋及蛋制品等。

AFT 残留检测方法有薄层层析法、同位素稀释液相色谱-质谱法、高效液相色谱-柱前衍生法、高效液相色谱-柱后衍生法、高效液相色谱法、酶联免疫吸附筛查法。

一、薄层层析法

【原理】样品经提取、浓缩、薄层分离后,黄曲霉毒素 B$_1$ 在紫外光(波长 365 nm)下产生蓝紫色荧光,根据其在薄层上显示荧光的最低检出量来测定含量。

【仪器】TLC 展开仪及紫外灯(100~125 W);波长 365 nm。

【试剂】①苯-乙腈溶液(98+2)。②甲醇-水溶液(55+45)。③甲醇-三氯甲烷(4+96)。④丙酮-三氯甲烷(8+92)。⑤次氯酸钠溶液(消毒用)。⑥甲醇。⑦正己烷。⑧石油醚:沸程 30~60 ℃或 60~90 ℃。⑨三氯甲烷。⑩苯。⑪乙腈。⑫无水乙醚。⑬丙酮。⑭硅胶 G(薄层层析用)。⑮三氟乙酸。⑯无水硫酸钠。⑰10 μg/mL AFT B$_1$ 标准储备溶液:准确称取 1~1.2 mg AFT B$_1$ 标准品,先加入 2 mL 乙腈溶解后,再用苯稀释至 100 mL,避光,置于 4 ℃冰箱保存。纯度的测定:取 5 μL 10 μg/mL AFT B$_1$ 标准溶液,滴加于涂层厚度 0.25 mm 的硅胶 G 薄层板上,用甲醇-三氯甲烷与丙酮-三氯甲烷展开剂展开,在紫外光灯下观察荧光的产生,应符合以下条件:a)在展开后,只有单一的荧光点,无其他杂质荧光点;b)原点上没有任何残留的荧光物质。⑱0.04 μg/mL AFT B$_1$ 标准工作液(苯-乙腈混合液稀释)。

【检测步骤】

(1)玉米、大米、小麦、面粉、薯干、豆类、花生、花生酱等

甲法:试样 20.00 g 于 250 mL 具塞锥形瓶中
—加 30 mL 正己烷或石油醚和 100 mL 甲醇水溶液,震荡 30 min,静置
  过滤于分液漏斗中

提取液于分液漏斗中
—放出甲醇水溶液于具塞锥形瓶中,取 20 mL 置分液漏斗,加 20 mL 氯仿
  振摇 2 min,静置,分层,氯仿层经无水 Na$_2$SO$_4$(经氯仿湿润)10 g
  过滤于蒸发皿中,加 5 mL 氯仿洗涤分液漏斗

并入氯仿于蒸发皿中
└─置通风柜内于 65℃ 水浴挥干,冰盒冷却 2～3 min,加 1 mL 苯-乙腈混合液
　用带橡皮头滴管的管头将残渣充分混溶
苯-乙腈混合提取液 2 mL 于具塞试管中待检

乙法:试样 20.00 g 试样于 250 mL 具塞锥形瓶
└─滴加约 6 mL 水,试样湿润,加 60 mL 氯仿,震荡 30 min,加 12 g 无水
　硫酸钠,振摇,静置 30 min,过滤于具塞锥形瓶
提取液于具塞锥形瓶中
└─取 12 mL 蒸发皿,65℃ 水浴锅上通风挥干,加 1 mL 苯-乙腈混合液
　用带橡皮头滴管的管头将残渣充分混溶
苯-乙腈混合提取液 2 mL 于具塞试管中待检

(2) 花生油、豆油、菜油

试样 4.00 g 置于小烧杯
└─加 20 mL 正己烷或石油醚,试样移于 125 mL 分液漏斗,20 mL 甲醇水溶液洗涤烧杯
　并入分液漏斗,振摇 2 min,静置,分层
下层放于另一分液漏斗中,5 mL 甲醇液洗涤,并入提取液于分液漏斗
└─加 20 mL 氯仿,振摇 2 min 静置,分层,氯仿层经无水 Na₂SO₄(经氯仿湿润)
10 g 过滤于蒸发皿中,氯仿洗涤分液漏斗,并入氯仿于蒸发皿中
└─置通风柜内挥干,加苯乙腈混合液 1 mL,溶解
苯-乙腈混合提取液 2 mL 于具塞试管中待检

(3) 酱油、醋

试样 10.00 g 于小烧杯
└─加 0.4 g NaCl,移入分液漏斗,15 mL 氯仿分次洗涤烧杯,洗液并入分液漏斗
　振摇 2 min,静置,分层,氯仿层经无水 Na₂SO₄(经氯仿湿润)过滤于蒸发皿
　加 5 mL 氯仿洗涤分液漏斗,并入
氯仿于蒸发皿中
└─置通风柜内于 65℃ 水浴挥干,冰盒冷却 2～3 min
　加 2.5 mL 苯-乙腈混合液,用带橡皮头滴管的管头将残渣充分混溶
苯-乙腈混合提取液待检

(4) 干酱类(包括豆豉、腐乳等)

试样 20.00 g 于 250 mL 具塞锥形瓶中
└─加 20 mL 正己烷或石油醚,50 mL 甲醇水溶液,震荡 30 min,静置,过滤
　静置,分层,取甲醇水层 24 mL 于分液漏斗中
提取液于分液漏斗中
└─加氯仿 20 mL,以下按(1)自振摇 2 min…… 操作,加 2 mL 苯-乙腈混合液
苯-乙腈混合提取液待检

【薄层层析单向展开】

(1) 薄层板制备:取硅胶 G 3 g,加水 9 mL 于研钵中,研磨 1～2 min 成糊状倒玻璃板 5 cm×20 cm,厚度约 0.25 mm 3 块涂布均匀,自然干燥 15 min,移置烘箱 100℃ 活化 2 h,干燥器中保存。

(2) 点样:每板点 4 点

第一点:0 μL AFT B₁ 标准应用液(0.004 μg/mL)。

第二点:20 μL 样液。

第三点:20 μL 样液+10 μLAFT B$_1$(0.004 μg/mL)。

第四点:20 μL 样液+10 μLAFT B$_1$(0.002 μg/mL)。

(3) 展开与观察:在展开槽中加无水乙醚 10 mL,预展 12 cm,取出板挥干;再置于另一展开槽中加 10 mL 丙酮-氯仿(8+92),展开 12 cm,取出板,在紫外灯下观察。

由于样液点上加滴 AFT B$_1$ 标准工作液,可使 AFT B$_1$ 标准点与样液中的 AFT B$_1$ 荧光点重叠。如样液为阴性,薄层板上的第三点中 AFT B$_1$ 为 0.000 4 μg,可用作检查在样液内 AFT B$_1$ 最低检出量是否正常出现;如为阳性,则起定性作用。薄层板上的第四点中 AFT B$_1$ 为 0.002 μg,主要起定位作用。

若第二点在 AFT B$_1$ 标准点的相应位置上无蓝紫色荧光点,表示样液中 AFT B$_1$ 含量在 5 μg/kg 以下;如在相应位置上有蓝紫荧光点,则需确证。

(4) 确证:于另一薄层板进行。

第一点:10 μL AFT B$_1$ 标准应用液(0.04 μg/mL)。

第二点:20 μL 样液。

各加三氟乙酸 1 滴,5 min 后,电吹风(40 ℃以内)吹 2 min。

第三点:10 μL AFT B$_1$ 标准应用液(0.04 μg/mL)。

第四点:20 μL 样液 20 μL。

展开,紫外灯下观察:加三氟乙酸产生 AFT B$_1$ 的衍生物,比移值约在 1.0。而以第三、第四点为对照。

(5) 稀释定量:如样液中荧光强度比最低检测量(0.04 μg/mL)强,需进行稀释样液或少加样液量,在另一薄层板上进行检测。列举如下:

第一点:10 μL AFT B$_1$ 标准应用液(0.04 μg/mL)。

第二点:10 μL 样液。

第三点:15 μL 样液。

第四点:20 μL 样液。

展开,紫外灯下观察比较荧光强度强弱。

【计算】

$$试样中的 AFT B_1 的含量(μg/kg) = 0.000 4 \times \frac{V_1 \times f}{V_2 \times m} \times 1 000$$

式中,0.0004 为 AFT B$_1$ 的最低检出量(μg);V_1 为加入苯-乙腈的混合液体积(mL);f 为样液的总稀释倍数;V_2 为出现最低荧光时滴加样液的体积(mL);m 为加入苯-乙腈混合液溶解时相当试样的质量(g);1 000 为换算系数。

【薄层层析双向展开】

1. 滴加两点法

(1) 点样:于三块薄层板进行

第一块板:10 μL AFT B$_1$ 标准使用液(0.04 μg/mL)、20 μL 样液。

第二块板:10 μL AFT B$_1$ 标准使用液(0.04 μg/mL)、20 μL 样液、10 μL AFT B$_1$ 标准使用

液(0.04 μg/mL)。

第三块板:10 μL AFT B₁标准使用液(0.04 μg/mL)、20 μL 样液、10 μL AFT B₁标准使用液(0.02 μg/mL)。

(2)展开与观察:

横向展开:在展开槽内的长边置一玻璃支架,加 10 mL 无水乙醇,薄层板靠标准点的长边置于展开槽内展开,取出挥干。纵向展开:挥干的薄层板以丙酮-氯仿(8+92)展开至 10～12 cm 为止。

在紫外光灯下观察第一、二板,若第二板的第二点在 AFT B₁ 标准点的相应处出现最低检出量,而第一板在与第二板的相同位置上未出现荧光点,则试样中 AFT B₁ 含量在 5 μg/kg 以下。若第一板在与第二板的相同位置上出现荧光点,则将第一板与第三板比较,看第三板上第二点与第一板上第二点的相同位置上的荧光点是否与 AFT B₁ 标准点重叠,如果重叠,再进行确证试验。

(3)确证试验:于两块薄层板进行。

第四块板:加 10 μL AFT B₁ 标准使用液(0.04 μg/mL)及 1 小滴三氟乙酸、20 μL 样液及 1 小滴三氟乙酸。

第五块板:加 10 μL AFT B₁ 标准使用液(0.04 μg/mL)及 1 小滴三氟乙酸、20 μL 样液、10 μL AFT B₁ 标准使用液(0.04 μg/mL)及 1 小滴三氟乙酸。

反应 5 min 后,用吹风机吹热风 2 min,使热风吹到薄层极上的温度不高于 40 ℃。再用双向展开法展开后,观察样液是否产生与 AFT B₁ 标准点重叠的衍生物。

(4)稀释定量

如样液中荧光强度比最低检测量(0.04 μg/mL)强,需进行稀释样液或少加样液量,在另一薄层板上进行检测。如 AFT B₁ 含量低,稀释倍数小,可将样液再做双向展开法测定,以确定含量。

【计算】参照一法薄层层析单向展开计算。

2. 滴加一点法

(1)点样:于三块薄层板进行。

第一块板:20 μL 样液。

第二块板:20 μL 样液、10 μL AFT B₁ 标准使用液(0.04 μg/mL)。

第三块板:20 μL 样液、10 μL AFT B₁ 标准使用液(0.02 μg/mL)。

(2)展开与观察:

展开与滴加两点法相同。紫外光灯下如第二板出现最低检出量的 AFT B₁ 标准点,而第一板与其相同位置出现荧光点,试样中 AFT B₁ 含量在 5 μg/kg 以下。如第一板在与第二板 AFT B₁ 相同位置上出现荧光点,则将第一板与第三板比较,看第三板上与第一板相同位置的荧光点是否与 AFT B₁ 标准点重叠,如果重叠再进行以下确证试验。

(3)确证试验:于两块薄层板进行。

第四块板:20 μL 样液、1 滴三氟乙酸。

第五块板:20 μL 样液、10 μL 0.04 μg/mL AFT B₁ 标准使用液及 1 滴三氟乙酸。

紫外光灯下观察,以确定样液点是否产生与 AFT B₁ 标准点重叠的衍生物,观察时可将第一板作为样液的衍生物空白板。经过以上确证试验定为阳性后,再进行稀释定量。

【计算】参照一法薄层层析单向展开计算。

【检测要点】

(1) 本法适用于谷物及其制品、豆类及其制品、坚果及籽类、油脂及其制品、调味品 AFT B₁ 测定,最低检出限为 $0.000\,4\,\mu g/kg$,检出限为 $5\,\mu g/kg$。

(2) 如用单向展开法展开后有杂质干扰掩盖 AFT B₁ 荧光强度,可采用双向展开法,即先用无水乙醚横向展开,然后再用丙酮-氯仿(8+92)纵向展开,可提高方法灵敏度。如用双向展开中滴加两点法展开仍有杂质干扰时,则可改用滴加一点法。

(3) 整个操作需在暗室条件下进行,所用试剂不得出现荧光干扰物质。

(4) 展开用的乙醚、氯仿不应含氧化物或过氧化物,否则会破坏 AFT B₁ 而降低灵敏度。

(5) 所用试剂甲醇、正己烷、石油醚、三氯甲烷、苯、乙腈、无水乙醚、丙酮在试验时先进行一次试剂空白试验,如不干扰测定即可使用,否则需逐一进行重蒸。

(6) 一法只限于玉米、大米、小麦及其制品中 AFT B₁ 测定。

(7) 双向滴加两点法在具体测定中,第一、二、三板可以同时做,也可按照顺序做。如按顺序做,当在第一板出现阴性时,第三板可以省略,如第一板为阳性,则第二板可以省略,直接做第三板。

(8) 本法参阅:GB 5009.22 - 2016。

二、同位素稀释液相色谱-质谱法

(一) 食品中 AFT B₁、AFT B₂、AFT G₁ 和 AFT G₂ 测定

【原理】试样中的黄曲霉毒素 B₁、黄曲霉毒素 B₂、黄曲霉毒素 G₁、黄曲霉毒素 G₂,用乙腈-水溶液或甲醇-水溶液提取,提取液用含 1% Triton X - 100(或吐温- 20)的磷酸盐缓冲溶液稀释后(必要时经黄曲霉毒素固相净化柱初步净化),通过免疫亲和柱净化和富集,净化液浓缩、定容和过滤后经液相色谱分离,串联质谱检测,同位素内标法定量。

【仪器】液相色谱-质谱仪(带电喷雾离子源)。

【试剂】①5 mmol/L 乙酸铵溶液。②乙腈-水溶液(84+16)。③甲醇-水溶液(70+30)。④乙腈-水溶液(50+50)。⑤乙腈-甲醇溶液(50+50)。⑥10%盐酸溶液。⑦磷酸盐缓冲溶液(PBS):称取 8.00 g 氯化钠、1.20 g 磷酸氢二钠(或 2.92 g 十二水磷酸氢二钠)、0.20 g 磷酸二氢钾、0.20 g 氯化钾,用 900 mL 水溶解,用盐酸调节 pH 至 7.4±0.1,加水稀释至 1 000 mL。⑧1% Triton X - 100(或吐温- 20)的 PBS。⑨10 μg/mL 标准储备溶液:分别称取 AFT B₁、AFT B₂、AFT G₁ 和 AFT G₂ 1 mg(精确至 0.01 mg),用乙腈溶解并定容至 100 mL。溶液转移至试剂瓶中,在−20 ℃下避光保存,备用。临用前进行浓度校准。⑩100 ng/mL 混合同位素内标工作液:准确称取 0.5 μg/mL ¹³C₁₇ AFT B₁、¹³C₁₇ AFT B₂、¹³C₁₇ AFT G₁ 和 ¹³C₁₇ AFT G₂ 各 2.00 mL,用乙腈定容至 10 mL。在−20 ℃下避光保存,备用。

【仪器工作条件】①流动相。A 相:5 mmol/L 乙酸铵溶液;B 相:乙腈-甲醇溶液(50+50)。②梯度洗脱:32% B(0~0.5 min),45% B(3~4 min),100% B(4.2~4.8 min),32% B

（5.0～7.0 min）。③色谱柱：C_{18} 柱（100 mm×2.1 mm，1.7 μm）或相当者。④流速：0.3 mL/min。⑤柱温：40 ℃。⑥进样体积：10 μL。⑦多离子反应监测（MRM）。⑧离子源温度：150 ℃。⑨锥孔反吹气流量：50 L/h。⑩脱溶剂气温度：500 ℃。⑪脱溶剂气流量：800 L/h。⑫电子倍增电压：650 V。

【检测步骤】

1. 试样前处理

（1）植物油脂、一般固体、半流体样品

试样 5 g（精确至 0.01 g）于 50 mL 离心管
—加 100 μL 同位素内标工作液，震荡混合，静置 30 min
 加 20 mL 乙腈-水溶液（84＋16）或甲醇-水溶液（70＋30），涡旋混匀
 超声波震荡 20 min，6 000 r/min 离心 10 min
上清液备用

（2）酱油、醋

试样 5 g（精确至 0.01 g）于 50 mL 离心管
—加 125 μL 同位素内标工作液，震荡混合，静置 30 min
 乙腈或甲醇定容至 25 mL，涡旋混匀，超声波震荡 20 min，6 000 r/min 离心 10 min
上清液备用

（3）婴幼儿配方食品和婴幼儿辅助食品

试样 5 g（精确至 0.01 g）于 50 mL 离心管
—加 100 μL 同位素内标工作液，震荡混合，静置 30 min
 加 20.0 mL 乙腈-水溶液（50＋50）或甲醇-水溶液（70＋30），涡旋混匀，超声波震荡 20 min
 6 000 r/min 离心 10 min
上清液备用

2. 试样净化及测定

取 4 mL 上清液
—加 46 mL 1％ TritionX-100（或吐温-20）的 PBS，混匀，移至 50 mL 注射器筒
 控制样液以 1～3 mL/min 的速度下滴免疫亲和柱，滴完

注射器筒内加 20 mL 水淋洗免疫亲和柱
—真空泵抽干亲和柱，亲和柱下部放置 10 mL 刻度试管
 加 2×1 mL 甲醇洗脱亲和柱，真空泵抽干亲和柱

收集全部洗脱液至试管
—50 ℃ 下氮气吹至近干，加 1.0 mL 初始流动相，涡旋 30 s 溶解残留物
0.22 μm 滤膜过滤，滤液待测

【标准曲线制备】 准确移取混合标准工作液（100 ng/mL）10 μL、50 μL、100 μL、200 μL、500 μL、800 μL、1 000 μL 至 10 mL 容量瓶中，加入 200 μL 100 ng/mL 的同位素内标工作液，用初始流动相定容至刻度。将标准系列溶液由低到高浓度进样检测，以 AFT B_1、AFT B_2、AFT G_1 和 AFT G_2 色谱峰与各对应内标色谱峰的峰面积比值-浓度作图，得到标准曲线回归方程，其线性相关系数应大于 0.99。

【计算】

$$\text{试样中 AFT } B_1\text{、AFT } B_2\text{、AFT } G_1 \text{ 和 AFT } G_2 \text{ 的含量}(\mu g/kg) = \frac{C \times V_1 \times V_3 \times 1\,000}{V_2 \times m \times 1\,000}$$

式中,C 为进样溶液中 AFT B_1、AFT B_2、AFT G_1 和 AFT G_2 按照内标法在标准曲线中对应的浓度(ng/mL);V_1 为试样提取液体积(植物油脂、固体、半固体按加入的提取液体积;酱油、醋按定容总体积)(mL);V_3 为样品经净化洗脱后的最终定容体积(mL);V_2 为用于净化分取的样品体积(mL);m 试样的称样量(g);1 000 为换算系数。

【检测要点】

(1) 当称取样品 5 g 时,AFT B_1、AFT B_2、AFT G_1 和 AFT G_2 检出限为 0.03 μg/kg,定量限为 0.1 μg/kg。

(2) 整个分析操作过程应在指定区域内进行。该区域应避光(直射阳光)、具备相对独立的操作台和废弃物存放装置。在整个实验过程中,操作者应按照接触剧毒物的要求采取相应的保护措施。

(3) 所用免疫亲和柱使用前需恢复至室温。免疫亲和柱:AFT B_1 柱容量≥200 ng,AFT B_1 柱回收率≥80%,AFT G_2 的交叉反应率≥80%。

(4) 标准物质可以使用满足溯源要求的商品化标准溶液。

(5) 黄曲霉毒素专用型固相萃取净化柱或功能相当的固相萃取柱对花椒、胡椒和辣椒复杂基质样品测定时使用。

(6) 所选用滤膜应采用标准溶液检验确认无吸附现象,方可使用。

(7) 空白试验应不称取试样,按试样前处理、净化、测定等做空白实验。应确认不含有干扰待测组分的物质。

(8) 本法参阅:GB 5009.22 - 2016。

(二) 食品中 AFT M_1 和 AFT M_2 的测定

【原理】 试样中的黄曲霉毒素 M_1 和黄曲霉毒素 M_2 用甲醇-水溶液提取,上清液用水或磷酸盐缓冲液稀释后,经免疫亲和柱净化和富集,净化液浓缩、定容和过滤后经液相色谱分离,串联质谱检测,同位素内标法定量。

【仪器】 液相色谱-串联质谱仪(带电喷雾离子源)。

【试剂】 ①5 mmol/L 乙酸铵溶液。②乙腈-水溶液(25+75)。③甲醇-水溶液(70+30)。④乙腈-水溶液(50+50)。⑤乙腈-甲醇溶液(50+50)。⑥10%盐酸溶液。⑦磷酸盐缓冲溶液(PBS):称取 8.00 g 氯化钠、1.20 g 磷酸氢二钠(或 2.92 g+二水磷酸氢二钠)、0.20 g 磷酸二氢钾、0.20 g 氯化钾,用 900 mL 水溶解,用盐酸调节 pH 至 7.4±0.1,加水稀释至 1 000 mL。⑧10 μg/mL 标准储备溶液:分别称取 AFT M_1 和 AFT M_2 1 mg(精确至 0.01 mg),用乙腈溶解并定容至 100 mL。溶液转移至试剂瓶中后,在−20 ℃下避光保存,备用。临用前进行浓度校准。⑨50 ng/mL 同位素内标工作液 $^{13}C_{17}$ AFT M_1。

【仪器工作条件】 ①流动相。A 相:5 mmol/L 乙酸铵溶液;B 相:乙腈-甲醇溶液(50+50),梯度洗脱。②色谱柱:C_{18} 柱(100 mm×2.1 mm, 1.7 μm)或相当者。③色谱柱温:40 ℃。④流速:0.3 mL/min。⑤进样体积:10 μL。⑥多离子反应监测(MRM)。⑦电离方式:ESI$^+$。⑧离子源温度:120 ℃。⑨锥孔反吹气流量:50 L/h。⑩ 脱溶剂气温度:350 ℃。⑪脱溶剂气流量:500 L/h。⑫电子倍增电压:650 V。

【检测步骤】

1. 试样前处理

（1）液态乳、酸奶

试样 4 g（精确至 0.01 g）于 50 mL 离心管

├─ 加 100 μL 5 ng/mL $^{13}C_{17}$ AFT M$_1$ 内标工作液，震荡混合，静置 30 min

│　加 10 mL 甲醇，涡旋混匀，置 4 ℃，6 000 r/min 离心 10 min

上清液至烧杯加 40 mL 水或 PBS 稀释，备用

（2）乳粉、特殊膳食用食品

试样 1 g（精确至 0.01 g）于 50 mL 离心管

├─ 加 100 μL 5 ng/mL $^{13}C_{17}$ AFT M$_1$ 内标工作液，震荡混合，静置 30 min

│　加 4 mL 50 ℃ 热水，涡旋混匀，冷却至 20 ℃，加 10 mL 甲醇，涡旋 3 min

├─ 置 4 ℃，6 000 r/min 离心 10 min

上清液至烧杯加 40 mL 水或 PBS 稀释，备用

（3）奶油

试样 1 g（精确至 0.01 g）于 50 mL 离心管

├─ 加 100 μL 5 ng/mL $^{13}C_{17}$ AFT M$_1$ 内标工作液，震荡混合，静置 30 min

│　加 3 mL 石油醚，加 9 mL 水和 11 mL 甲醇，震荡 30 min，液体移至分液漏斗

│　加 0.3 g 氯化钠，静置分层，下层移到圆底烧瓶，旋转蒸发至 10 mL

PBS 稀释至 30 mL 备用

（4）奶酪

试样 1 g（精确至 0.01 g）于 50 mL 离心管

├─ 加 100 μL 5 ng/mL $^{13}C_{17}$ AFT M$_1$ 内标工作液，震荡混合，静置 30 min

│　加 1 mL 水和 18 mL 甲醇，震荡 30 min，4 ℃ 6 000 r/min 离心 10 min

│　滤液移到圆底烧瓶，旋转蒸发至 2 mL 以下

PBS 稀释至 30 mL 备用

2. 试样净化及测定

取免疫亲和柱

├─ 上样液移至 50 mL 注射器筒，以 1～3 mL/min 的速度下滴免疫亲和柱

滴完注射器筒内加 10 mL 水淋洗免疫亲和柱

├─ 真空泵抽干亲和柱，亲和柱下部放置 10 mL 刻度试管

│　加 2×2 mL 乙腈或甲醇洗脱亲和柱，真空泵抽干亲和柱

收集全部洗脱液至试管

├─ 50 ℃ 下氮气吹至近干，加 1.0 mL 初始流动相，涡旋 30 s 溶解残留物

0.22 μm 滤膜过滤，滤液待测

【标准曲线制备】 分别准确吸取标准工作液（100 ng/mL）5 μL、10 μL、50 μL、100 μL、200 μL、500 μL、800 μL、1000 μL 至 10 mL 容量瓶中，加入 100 μL 50 ng/mL 的同位素内标工作液，用初始流动相定容至刻度。将标准系列溶液由低到高浓度进样检测，以 AFT M$_1$ 和 AFT M$_2$ 色谱峰与各对应内标色谱峰的峰面积比值-浓度作图，得到标准曲线回归方程，其线性相关系数应大于 0.99。

【计算】

$$试样中\ AFT\ M_1\ 和\ AFT\ M_2\ 的含量(\mu g/kg) = \frac{C \times V \times f \times 1000}{m \times 1000}$$

式中,C 为进样溶液中 AFT M_1 和 AFT M_2 按照内标法在标准曲线中对应的浓度(ng/mL);V 为样品经免疫亲和柱净化洗脱后的最终定容体积(mL);f 为样液稀释因子;1 000 为换算系数;m 为试样的称样量(g)。

【检测要点】

(1) 当称取液态乳、酸奶 4 g 时,本法 AFT M_1 和 AFT M_2 检出限为 0.005 μg/kg,定量限为 0.015 μg/kg。当称取乳粉、特殊膳食用食品、奶油和奶酪 1 g 时,本法 AFT M_1 和 AFT M_2 检出限 0.02 μg/kg,定量限为 0.05 μg/kg。

(2) 整个分析操作过程应在指定区域内进行。该区域应避光(直射阳光)、具备相对独立的操作台和废弃物存放装置。在整个实验过程中,操作者应按照接触剧毒物的要求采取相应的保护措施。

(3) 所选用滤膜应采用标准溶液检验确认无吸附现象,方可使用。

(4) 空白试验应不称取试样,按试样前处理、净化、测定等做空白实验。应确认不含有干扰待测组分的物质。

(5) 本法参阅:GB 5009.24 – 2016。

三、高效液相-色谱柱前衍生法

【原理】 试样中的黄曲霉毒素 B_1、黄曲霉毒素 B_2、黄曲霉毒素 G_1、黄曲霉毒素 G_2,用乙腈-水溶液或甲醇-水溶液的混合溶液提取,提取液经黄曲霉毒素固相净化柱净化去除脂肪、蛋白质、色素及碳水化合物等干扰物质,净化液用三氟乙酸柱前衍生,液相色谱分离,荧光检测器检测,外标法定量。

【仪器】 液相色谱仪(配荧光检测器)。

【试剂】 ①甲醇、乙腈、正己烷:色谱纯。②三氟乙酸。③乙腈-水溶液(84＋16)。④甲醇-水溶液(70＋30)。⑤乙腈-水溶液(50＋50)。⑥乙腈-甲醇溶液(50＋50)。⑦10 μg/mL 标准储备溶液:分别称取 AFT B_1、AFT B_2、AFT G_1 和 AFT G_2 1 mg(精确至 0.01 mg),用乙腈溶解并定容至 100 mL。溶液转移至试剂瓶中后,在 −20 ℃下避光保存,备用。临用前进行浓度校准。

【仪器工作条件】 ①流动相。A 相:水;B 相:乙腈-甲醇溶液(50＋50),梯度洗脱。②色谱柱:C_{18} 柱(150 mm×4.6 mm, 5.0 μm)或相当者。③色谱柱温:40 ℃。④流速:1.0 mL/min。⑤进样体积:50 μL。⑥检测波长。激发波长:360 nm;发射波长:440 nm。

【检测步骤】

1. 试样前处理

(1) 植物油脂、一般固体、半流体样品

试样 5 g(精确至 0.01 g)于 50 mL 离心管
├─ 加 20 mL 乙腈-水溶液(84＋16)或甲醇-水溶液(70＋30),涡旋混匀
│ 超声波震荡 20 min, 6 000 r/min 离心 10 min
│
上清液备用

（2）酱油、醋

试样 5 g(精确至 0.01 g) 于 50 mL 离心管
—用乙腈或甲醇定容至 25 mL，涡旋混匀
　超声波震荡 20 min，6 000 r/min 离心 10 min
上清液备用

（3）婴幼儿配方食品和婴幼儿辅助食品

试样 5 g(精确至 0.01 g) 于 50 mL 离心管
—加 20 mL 乙腈-水溶液(50＋50) 或甲醇-水溶液(70＋30)，涡旋混匀
　超声波震荡 20 min，6 000 r/min 离心 10 min
上清液备用

2. 色谱柱净化和衍生

黄曲霉毒素固相净化柱净化
—移取适量上清液，净化柱进行净化，收集全部净化液
取 4.0 mL 净化液于 10 mL 离心管
—浓 50 ℃ 氮气吹至近干，加 200 μL 正己烷和 100 μL 三氟乙酸，涡旋 30 s
　(40±1) ℃ 恒温箱衍生 15 min，50 ℃ 氮气将衍生液吹至近干
　初始流动相定容至 1.0 mL，涡旋 30 s 溶解残留物
过 0.22 μm 滤膜，待测

【标准曲线制备】分别准确移取混合标准工作液 10 μL、50 μL、200 μL、500 μL、1 000 μL、2 000 μL、4 000 μL 至 10 mL 容量瓶中，用初始流动相定容至刻度。系列标准工作溶液由低到高浓度依次进样检测，以峰面积为纵坐标-浓度为横坐标作图，得到标准曲线回归方程。

【计算】参照同位素稀释液相色谱-质谱法测定食品中 AFT B_1、AFT B_2、AFT G_1 和 AFT G_2 计算。

【检测要点】

（1）当称取样品 5 g 时，柱前衍生法 AFT B_1、AFT B_2、AFT G_1 和 AFT G_2 检出限为 0.03 μg/kg，定量限为 0.1 μg/kg。

（2）所选用滤膜应采用标准溶液检验确认无吸附现象，方可使用。

（3）空白试验应不称取试样，按试样前处理、净化、测定等做空白实验。应确认不含有干扰待测组分的物质。

（4）本法参阅：GB 5009.22－2016。

四、高效液相-色谱柱后衍生法

【原理】试样中的黄曲霉毒素 B_1、黄曲霉毒素 B_2、黄曲霉毒素 G_1、黄曲霉毒素 G_2，用乙腈-水溶液或甲醇-水溶液的混合溶液提取，提取液经免疫亲和柱净化和富集，净化液浓缩定容和过滤后经液相色谱分离，柱后衍生(碘或溴试剂衍生、光化学衍生、电化学衍生等)，经荧光检测器检测，外标法定量。

【仪器】液相色谱仪:配荧光检测器(带一般体积流动池或者大体积流通池)。

【试剂】①甲醇、乙腈:色谱纯。②氯化钠。③乙腈-水溶液(84＋16)。④甲醇-水溶液

(70+30)。⑤乙腈-水溶液(50+50)。⑥乙腈-水溶液(10+90)。⑦乙腈-甲醇溶液(50+50)。⑧磷酸盐缓冲溶液(PBS)。⑨1% Triton X-100(或吐温-20)的 PBS。⑩0.05%碘溶液:称取 0.1 g 碘,用 2 mL 甲醇溶解,加水定容至 200 mL,用 0.45 μm 的滤膜过滤,现配现用(仅碘柱后衍生法使用)。⑪95 mg/L 三溴化吡啶水溶液:称取 5 mg 三溴化吡啶溶于 1 L 水中,用 0.45 μm 的滤膜过滤,现配现用(仅溴柱后衍生法使用)。⑫10 μg/mL 标准储备溶液。⑬混合标准工作液(AFT B$_1$、AFT G$_1$:100 ng/mL;AFT B$_2$、AFT G$_2$ 30 ng/mL)。

【检测步骤】

1. 试样前处理

参照高效液相-色谱柱前衍生法试样前处理方法。

2. 试样净化及测定

取 4 mL 上清液
——加 46 mL 1% TritionX-100(或吐温-20)的 PBS,混匀,移至 50 mL 注射器筒
控制样液以 1~3 mL/min 的速度下滴免疫亲和柱,滴完
注射器筒内加 20 mL 水淋洗免疫亲和柱
——真空泵抽干亲和柱,亲和柱下部放置 10 mL 刻度试管
加 2×1 mL 甲醇洗脱亲和柱,真空泵抽干亲和柱
收集全部洗脱液至试管
——50℃下氮气吹至近干,加 1.0 mL 初始流动相,涡旋 30 s 溶解残留物
0.22 μm 滤膜过滤,滤液待测

【标准曲线制备】 分别准确移取混合标准工作液 10 μL、50 μL、200 μL、500 μL、1 000 μL、2 000 μL、4 000 μL 至 10 mL 容量瓶中,用初始流动相定容至刻度。系列标准工作溶液由低到高浓度依次进样检测,以峰面积为纵坐标、浓度为横坐标作图,得到标准曲线回归方程。

【计算】 参照同位素稀释液相色谱-质谱法测定食品中 AFT B$_1$、AFT B$_2$、AFT G$_1$ 和 AFT G$_2$ 计算。

【检测要点】

(1) 本方法适用于食品中 AFT B$_1$、AFT B$_2$、AFT G$_1$ 和 AFT G$_2$ 的测定。

(2) 整个分析操作过程应在指定区域内进行。该区域应避光(直射阳光)、具备相对独立的操作台和废弃物存放装置。在整个实验过程中,操作者应按照接触剧毒物的要求采取相应的保护措施。

(3) 当带大体积流通池时不需要再使用任何型号或任何方式的柱后衍生器。

(4) 光化学柱后衍生器适用于光化学柱后衍生法,溶剂柱后衍生装置适用于碘或溴试剂衍生法,电化学柱后衍生器适用于电化学柱后衍生法,可根据实际情况,选择其中一种方法即可。

(5) 仪器工作条件色谱柱选用不同衍生法条件不同。比如:①无衍生器法(大流通池直接检测)。流动相:水+乙腈-甲醇(50+50),等梯度洗脱条件(65%:35%);C$_{18}$ 柱(100 mm×2.1 mm,1.7 μm);流速:0.3 mL/min,柱温 40℃,进样量 10 μL;激发波长:365 nm;发射波长:436 nm(AFT B$_1$、AFT B$_2$),463 nm(AFT G$_1$、AFT G$_2$)。②柱后光化学衍生法。流动相:水+乙腈-甲醇(50+50),等梯度洗脱条件(68%:32%);C$_{18}$ 柱(150 mm×4.6 mm,5.0 μm);流速:1 mL/min,柱温 40℃,进样量 50 μL;激发波长:360 nm;发射波长:440 nm。③柱后碘衍生法。流动相:水+乙腈-甲醇(50+50),等梯度洗脱条件(68%:32%);C$_{18}$ 柱(150 mm×

4.6 mm，5.0 μm)；流速：1 mL/min；柱温：40 ℃；进样量：50 μL；柱后衍生化系统；衍生溶液：0.05％碘溶液；衍生溶液流速：0.2 mL/min；衍生反应管温度：70 ℃；激发波长：360 nm；发射波长：440 nm。④柱后电化学衍生法。流动相：水(1 L 水中含 119 mg 溴化钾，350 μL 4 mol/L 硝酸)＋甲醇，等梯度洗脱条件(60％：40％)；C_{18} 柱(150 mm×4.6 mm，5.0 μm)；流速：1 mL/min；柱温：40 ℃；进样量：50 μL；电化学柱后衍生器：反应池工作电流 100 μA；1 根 PEEK 反应管路(50 cm×0.5 mm)；激发波长：360 nm；发射波长：440 nm。

(6) 本法参阅：GB 5009.22‑2016。

五、高效液相色谱法

【原理】试样中的黄曲霉毒素 M_1 和黄曲霉毒素 M_2 用甲醇‑水溶液提取，上清液稀释后，经免疫亲和柱净化和富集，净化液浓缩、定容和过滤后经液相色谱分离，荧光检测器检测，外标法定量。

【仪器】液相色谱仪(带荧光检测器)。

【试剂】①5 mmol/L 乙酸铵溶液。②乙腈‑水溶液(25＋75)。③甲醇‑水溶液(70＋30)。④乙腈‑水溶液(50＋50)。⑤乙腈‑甲醇溶液(50＋50)。⑥10％盐酸溶液。⑦磷酸盐缓冲溶液(PBS)。⑧10 μg/mL 标准储备溶液。

【仪器工作条件】同三法高效液相‑色谱柱前衍生法。

【检测步骤】

1. 试液前处理：参照同位素稀释液相色谱‑质谱法测定食品中 AFT M_1 和 AFT M_2 试样前处理，除不加同位素内标溶液其余操作一致。

2. 试样净化和测定：参照同位素稀释液相色谱‑质谱法测定食品中 AFT M_1 和 AFT M_2 试样净化和测定。

【标准曲线制备】参照同位素稀释液相色谱‑质谱法测定食品中 AFT M_1 和 AFT M_2。

【计算】参照同位素稀释液相色谱‑质谱法测定食品中 AFT M_1 和 AFT M_2

【检测要点】

(1) 本法应在 1 天内完成检测，否则结果偏低。

(2) 称取液态乳、酸奶 4 g 时，本法 AFT M_1 检出限为 0.005 μg/kg，AFT M_2 检出限为 0.002 5 μg/kg，AFT M_1 定量限为 0.015 μg/kg，AFT M_2 定量限为 0.007 5 μg/kg。称取乳粉、特殊膳食用食品奶油和奶酪 1 g 时，本法 AFT M_1 检出限为 0.02 μg/kg，AFT M_2 检出限为 0.01 μg/kg，AFT M_1 定量限为 0.05 μg/kg，AFT M_2 定量限为 0.025 μg/kg。

(3) 本法参阅：GB 5009.24‑2016。

六、酶联免疫吸附筛查法

【原理】试样中的黄曲霉毒素 B_1 用甲醇水溶液提取，经均质、涡旋、离心(过滤)等处理获取上清液。被辣根过氧化物酶标记或固定在反应孔中的黄曲霉毒素 B_1，与试样上清液或标准品中

的黄曲霉毒素 B_1 竞争性结合特异性抗体。在洗涤后加入相应显色剂显色,经无机酸终止反应,于 450 nm 或 630 nm 波长下检测。样品中的黄曲霉毒素 B_1 与吸光度在一定浓度范围内呈反比。

【仪器】酶标仪。

【试剂】①AFT B_1 测试盒。②甲醇及甲醇水溶液(1+1)。③氯仿。④正己烷或石油醚。⑤6 mol/L NaOH 液。⑥柠檬酸缓冲液(pH 4)。⑦聚酰胺(80 目)。⑧AFT B_1 标准贮存液(50 ng/mL)。⑨AFT B_1 标准应用液(1 ng/mL)。⑩1% NaClO 液。

【检测步骤】

1. 试样前处理

(1) 含盐食品样 5 g 于分液漏斗中
—加甲醇 10 mL,用氯仿 10 mL×3,分 3 次振摇提取
合并氯仿于蒸发皿中,置水浴(60℃)挥干
残渣于蒸发皿中
—加甲醇水溶液 10 mL,溶解、混匀
甲醇溶解液 0.5 mL 于比色管中
—加稀释液(A 试剂)0.5 mL,摇匀
待检液于比色管中

(2) 含脂食品样 5 g 于分液漏斗中
—加正己烷 40 mL,振摇后,加甲醇水溶液 10 mL
振摇 10 min,静置,分层,甲醇液放于锥形瓶中
甲醇液 0.5 mL 于比色管中
—加稀释液 A 试剂 0.5 mL,摇匀
待检液于比色管中

(3) 油样 5 g 于分液漏斗中
—加正己烷 20 mL×3,分 3 次振摇提取,合并于锥形瓶中
加柠檬酸缓冲液(pH 4)20 mL,振摇,加甲醇 30 mL
振摇,下层经玻砂漏斗(铺聚酰胺)滤于锥形瓶中
滤液 10 mL 于分液漏斗中
—用 6 mol/L NaOH 调成中性,用氯仿 10 mL×3,分 3 次振摇提取
合并于蒸发皿中,水浴(65℃)挥干,加甲醇水溶液 5 mL 溶解
甲醇液 0.5 mL 于比色管中
—加稀释液 A 试剂 0.5 mL,混匀
待检液于比色管中

2. 检测:按下表所列,依次将稀释液(A)、AFT B_1 标准应用液(1 ng/mL)(B)、酶标抗原(C)、酶标抗原稀释液(D)、待检液(E),分别加入包被抗体的酶标板孔中,1~3 号为标准对照孔,其余为待检样液孔(表 7-1)。

表 7-1 酶标测定检测步骤

操作顺序	加入量 (μL)	孔 号											
		1	2	3	4	5	6	7	8	9	10	11	12
1	50	A	B	C	⋯⋯稀释后样品 E⋯⋯								
2					摇匀								
3	50	D	C	C	C	C	C	C	C	C	C	C	C
4					摇匀								

反应:恒温箱 37℃,30 min。

洗涤:用测试盒中洗涤液洗板 5 次,拍干。

显色:每孔各加入底物 a 和 b 各 1 滴,摇匀,恒温箱 37℃,15 min。比较 1～3 号孔颜色,若 3 号孔最深,2 号孔次之,1 号孔接近无色,说明标准准确。

3. 目测定性:比较样品孔与 2 号孔颜色,若色浅者,为阳性;反之为阴性;若颜色接近,则用仪器法验证。

4. 酶标仪定量:用酶标测定仪在 450 nm 处测吸光度 A 值,若 $A_{样品} < A_{2号孔}$ 为阳性,若 $A_{样品} \geqslant A_{2号孔}$ 为阴性。

5. 结果判定:样品为阳性,AFT B_1 含量如表 7 - 2。

表 7 - 2　AFTB₁ 含量判定

稀释倍数	AFTB₁ 含量($\mu g/kg$)
1	>5
2	>10
4	>20
10	>50

【标准曲线制备】吸取 AFT B_1 标准应用液(1 ng/mL)0.0 mL、0.1 mL、0.2 mL、0.3 mL、0.4 mL、0.5 mL、1.0 mL,用稀释液(A 试剂)稀释定容至 1.0 mL,设定标准孔,按检测步骤中(2)操作,记录吸光度,并绘制标准曲线。

【计算】

$$试样中 AFT B_1 的含量(\mu g/kg) = \frac{C \times V \times f}{m}$$

式中,C 为从标准曲线查得 AFT B_1 含量($\mu g/mL$);m 为样品质量(kg);V 为提取液体积(固态样品为加入提取液体积,液态样品为样品和提取液总体积)(L);f 为在前处理过程中的稀释倍数。

【检测要点】

(1) 本品适用于谷物及其制品、豆类及其制品、坚果及籽类、油脂及制品、调味品、婴幼儿配方食品和婴幼儿辅助食品中 AFT B_1 的测定,当称取谷物、坚果、油脂、调味品等样品 5 g 时,本法检出限为 1 $\mu g/kg$,定量限 3 $\mu g/kg$;当称取特殊膳食用食品样品 5 g 时,本法检出限为 0.1 $\mu g/kg$,定量限为 0.3 $\mu g/kg$。

(2) 检测时如发现有干扰,可采用柱层析净化。

(3) 实验中应注意个人安全防护,结束后应用 1% NaClO 消毒污染。

(4) 本法参阅:GB 5009.22 - 2016。

第三节 · 亚硝胺残留检测

N-亚硝基化合物不是食物中天然存在的物质,而是食品中亚硝酸盐与仲胺在酸性条件下的反应产物,这一反应可在人的胃中进行。许多国家流行病学调查均显示硝酸盐与胃癌发生率有相关性。如我国河南省某食道癌高发地区,其饮用水与食物中硝酸盐含量和食道癌也显示其相关性。仲胺多存于海鱼及鱼子中。另外,农业上大量施用氮肥和含氮农药,使蔬菜中含有硝酸盐和亚硝酸盐。同时,在加工肉制品(如香肠、香肚等)时,往往加入较多的亚硝酸盐或硝酸盐作为发色剂;腌制咸鱼、咸肉、咸菜等中亚硝酸盐的产生,食品加工如啤酒、奶粉、豆制品等加热干燥时,空气中氮气氧化成氮氧化物的作用。所以,亚硝胺检出率较高的食品多见于咸鱼(尤为海产品)、啤酒、腌肉制品、奶粉及豆制品等。

亚硝胺残留检测方法有水蒸气蒸馏-气相色谱-质谱法、气相色谱-热能分析仪法。

一、水蒸气蒸馏-气相色谱-质谱法

【原理】以 N-二甲基亚硝胺-D_6 为内标,试样中加入内标,经水蒸气蒸馏,样品中的 N-二甲基亚硝胺通过二氯甲烷吸收,液液萃取分离,采用气相色谱-质谱/质谱仪(GC-MS/MS)测定,内标法定量。

【仪器】气相色谱-质谱/质谱联用仪(GC-MS/MS)。

【试剂】①二氯甲烷、异辛烷:色谱纯。②浓硫酸。③氯化钠:优级纯。④硫酸溶液(1+3)。⑤$100\,\mu g/mL$ N-二甲基亚硝胺标准储备液:准确吸取 $1000\,\mu g/mL$ N-二甲基亚硝胺标准溶液 $1.0\,mL$,置于 $10\,mL$ 容量瓶中,用二氯甲烷定容至刻度,混匀。将溶液转移至棕色玻璃容器内,$-18\,℃$避光保存,保存期 6 个月。⑥N-二甲基亚硝胺-D_6 内标储备液($100\,\mu g/mL$):准确吸取 N-二甲基亚硝胺-D_6 标准溶液 $1.0\,mL$,置于 $10\,mL$ 容量瓶中,用二氯甲烷定容至刻度,混匀。$-18\,℃$避光保存,保存期 6 个月。

【仪器工作条件】①色谱柱:强极性石英毛细管 WAX 柱,固定相为聚乙二醇($30\,m\times0.25\,mm$,$0.25\,\mu m$)。②进样口温度:$220\,℃$。③程序升温条件:初始柱温 $40\,℃$,以 $10\,℃/min$ 的速率升至 $80\,℃$,以 $1\,℃/min$ 的速率升至 $90\,℃$,再以 $30\,℃/min$ 的速率升至 $240\,℃$,保持 $2\,min$。④载气:氦气。⑤流速:$1.0\,mL/min$。⑥进样方式:不分流进样。⑦进样体积:$1.0\,\mu L$。⑧电子轰击离子化源(EI)。⑨电压:$70\,eV$。⑩溶剂延迟:$6\,min$。⑪离子源温度:$250\,℃$。⑫色谱与质谱接口温度:$250\,℃$。⑬离子源真空度:$1.33\times10^{-4}\,Pa$。

【检测步骤】

试样 $20\,g$(精确至 $0.01\,g$)
— 加 $1\,\mu g/mL$ N-二甲基亚硝胺内标标准中间液 $40\,\mu L$
加 $100\,mL$ 水和 $50\,g$ 氯化钠于蒸馏瓶,充分混匀
— 加 $50\,mL$ 二氯甲烷、$0.5\,mL$ 异辛烷于 $250\,mL$ 三角烧瓶
冷凝管出口伸入二氯甲烷液面下,三角烧瓶置冰浴
— 开启蒸馏装置加热蒸馏,收集 $200\sim250\,mL$ 冷凝液
盛有冷凝液的三角瓶中加 $15\,g$ 氯化钠和 $2\,mL$ 硫酸溶液,搅拌使氯化钠完全溶解
— 溶液转移至 $500\,mL$ 分液漏斗中,震荡 $5\,min$,静置分层
二氯甲烷层转移至另一圆底烧瓶,$120\,mL$ 二氯甲烷均分 3 次萃取,合并 4 次萃取液
— 萃取液用 $10\,g$ 无水硫酸钠脱水,$5\sim18\,℃$ 水浴温度,旋转蒸发浓缩至 $5\sim10\,mL$,转入试管
氮气在 $18\sim25\,℃$ 吹至近 $0.3\sim0.8\,mL$
— 二氯甲烷溶解残渣,准确定容至 $1.0\,mL$
上机待测

【标准曲线制备】将 N-二甲基亚硝胺标准及内标混合系列工作溶液按浓度由低到高的顺序注入气相色谱质谱/质谱仪进样分析,以 N-二甲基亚硝胺的质量浓度为横坐标,以 N-二甲基亚硝胺及其对应氘代同位素内标的峰面积比值为纵坐标,绘制标准曲线。

【计算】

$$试样中 N-二甲基亚硝胺的含量(\mu g/kg) = \frac{(C-C_0) \times V \times 1000}{m \times 1000}$$

式中,C 为试样中 N-二甲基亚硝胺色谱峰与对应内标物色谱峰的峰面积比值,经标准曲线求得的对应 N-二甲基亚硝胺质量浓度($\mu g/L$);C_0 为空白试验溶液中 N-二甲基亚硝胺色谱峰与对应内标物色谱峰的峰面积比值,经标准曲线求得的对应 N-二甲基亚硝胺质量浓度($\mu g/L$);V 为试液最终定容体积(mL);m 为试样质量(g);1000 为换算系数。

【检测要点】

(1) 本法适用于肉及肉制品、水产动物及其制品中 N-二甲基亚硝胺含量的测定,当取样量为 20 g,浓缩体积为 1.0 mL 时,检出限为 0.3 $\mu g/kg$,定量限为 1.0 $\mu g/kg$。

(2) 对于含有较高浓度乙醇样,如蒸馏酒、配制酒等,须用 13 mol/L NaOH 液 50 mL 洗有机层 2 次,排除乙醇干扰。

(3) 载样前后均需进行气密性检查。蒸汽功率设置目的为控制蒸汽量,蒸汽加热样品时不致使样品暴沸至蒸馏管腔体外。

(4) 控制氮吹流速为 1 L/min,不致使液体飞溅管壁。

(5) 试验操作应在通风橱内进行,并佩戴专业的防护工具(如手套、口罩等)。亚硝胺类化合物是强致癌物,试验结束应将实验材料回收在密闭容器并保存在远离火源、通风良好的环境中。

(6) 本法参阅 GB 5009.26-2023。

二、气相色谱-热能分析仪法

【原理】试样经水蒸气蒸馏,样品中的 N-二甲基亚硝胺随着蒸气通过二氯甲烷吸收,再以二氯甲烷液液萃取、分离,供气相色谱-热能分析仪(GC-TEA)测定。

GC-TEA 测定原理:自气相色谱柱分离后的 N-二甲基亚硝胺在热解室中经特异性催化裂解产生一氧化氮(NO)基团,后者与臭氧反应生成激发态 NO^*。当激发态 NO^* 返回基态时发射出近红外光(600~2 800 nm),并被光电倍增管检测(600~800 nm)。由于特异性催化裂解,加上 CTR 过滤器除去杂质,使热能分析仪只能检测 NO 基团,而成为 N-亚硝胺类化合物的特异性检测器。

【仪器】GC(具氢火焰检测器)-TEA 仪。

【试剂】基本上与气相色谱质谱法相同。

【仪器工作条件】①毛细管气相色谱柱:VF-WAX 毛细管色谱柱(30 m×0.25 mm,0.25 μm),固定液为聚乙二醇。②进样口温度:120℃。③程序升温条件:初始柱温60℃,保留2 min,以 6℃/min 的速率升至 150℃,再以 20℃/min 的速率升至 200℃,保持 5 min。④载气:氦气。⑤流速:1.0 mL/min。⑥进样方式:不分流进样。⑦进样体积:2.0 μL。⑧接口温度:250 ℃。⑨热解室温度:500 ℃。⑩真空度:59.85～66.5 Pa。⑪氧气压力:13.79 KPa。⑫臭氧水平:244(22.8 V)。

【检测步骤】参照一法进行。

【标准曲线制备】分别准确吸取 200 μL、400 μL、600 μL、800 μL、1 000 μL N-二甲基亚硝胺标准工作液(1 μg/mL)于 1.0 mL 容量瓶中用二氯甲烷定容至 1.0 mL,其浓度分别为0.2 μg/mL、0.4 μg/mL、0.6 μg/mL、0.8 μg/mL、1.0 μg/mL。将上述浓度梯度 N-二甲基亚硝胺标准系列工作液分别注入 GC - TEA 中,用保留时间定性,以 N-二甲基亚硝胺的质量浓度为横坐标,以 N-二甲基亚硝胺及其对应氘代同位素内标的峰面积比值为纵坐标,绘制标准曲线。色谱图见图 7 - 2。

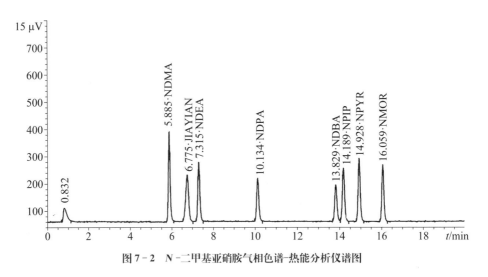

图 7 - 2 N -二甲基亚硝胺气相色谱-热能分析仪谱图

【计算】

$$试样中 N -二甲基亚硝胺的含量(\mu g/kg) = \frac{C \times V \times 1\,000}{m}$$

式中,C 为试液中 N -二甲基亚硝胺的浓度(μg/mL);V 为试液定容体积(mL);1 000 为换算系数;m 为试样质量(g)。

【检测要点】

(1) 当取样量为 200 g,浓缩体积为 1.0 mL 时,本法的检出限为 0.15 μg/kg,定量限为0.5 μg/kg。

(2) 接收瓶中应放干冰,可提高方法回收率。

(3) 样品如为肉制品,取样品 50 g 于蒸馏瓶中,加石蜡油 30～50 mL、水 10～20 mL、0.1 mol/L NaOH 液 4 mL,蒸馏,加热至 110℃时,维持真空 10 min,蒸馏液移入分液漏斗中,加 0.1 mol/L HCl 4 mL、二氯甲烷 20 mL×3,分 3 次萃取,经无水 Na_2SO_4 脱水后浓缩,浓缩至 0.4～1.0 mL,用 GC - TEA 仪检测。

(4) GC 仪与 TEA 仪的接口是关键。如不能直接连接,需加热接口。但会引起俘获、吸附和分解,只有从部件上拆下裂解器,方可直接连接。

(5) 由于甲基乙烯基亚硝胺与乙基乙烯基亚硝胺会在金属柱上分解,故需用玻璃柱。

(6) 蒸馏时如有油脂,可用另一分液漏斗除去浮在液面上的少量油滴,能提高回收率。

(7) 本法参阅:GB 5009.26 - 2023。

第四节 · 苯并(a)芘残留检测

目前已知,环境污染与食品加工(如烟熏、烧烤等)是造成食品中多环芳烃残留的重要途径。例如,我国广东省食品公司曾对不同烧烤炉加工叉烧、烧肉、猪油的 B(a)P 含量作过调查(表7-3),北京、上海两市也曾对烤鸭、烤羊肉的 B(a)P 含量作了检测(表7-4)。

表7-3 不同烧烤炉加工叉烧、烧肉、猪油的 B(a)P 含量(µg/kg)

品名	加工炉	范围	均值±标准差	备注
叉烧	新鲜肉	0~0.09	0.04±0.033	未经炉烤
	电炉	0.09~0.44	0.26±0.17	增高 5.5 倍
	炭炉	0.06~0.88	0.49±0.34	高 11.25 倍
	柴炉	0.26~8.75	3.99±3.55	高 98 倍
	煤炉	0.56~6.3	2.55±2.24	高 62 倍
烧肉	鲜肉	0.01~0.09	0.04±0.033	未经炉烤
	红外线炉	0.05~0.33	0.12±0.12	增高 2 倍
	草炉	0.03~0.21	0.11±0.07	高 1.75 倍
	煤炉	0.09~0.7	0.37±0.33	高 8.3 倍
	柴炉	0.65~1.25	1.96±1.80	高 4.8 倍
猪油	新鲜猪油	0.46~0.77	0.58±1.70	未经炉烤
	电炉	3.0~4.3	3.85±0.58	高 5.7 倍
	炭炉	2.3~49.0	22.6±18.4	高 38 倍
	柴炉	21.0~109.2	57.9±35.4	高 98.8 倍
	煤炉	6.0~409.5	67.0±14.0	高 114.5 倍

表7-4 北京、上海烤鸭、烤羊肉的 B(a)P 含量(µg/kg)

样品		3,4 - B(a)P 含量
北京烤鸭	生鸭肉	0.08
	果木直火挂炉	0.38
	液化石油气焖炉	0.21
北京烤羊肉	生羊肉佐料[①]	0.24
	烤羊肉	0.26
上海烤鸭		0.13~0.69

注①:佐料香油中 B(a)P>×10^{-9}。

苯并(a)芘残留检测方法有高效液相色谱法和气相色谱-质谱法。

一、高效液相色谱法

【原理】试样经过有机溶剂提取,中性氧化铝或分子印迹小柱净化,浓缩至干,乙腈溶解,反相液相色谱分离,荧光检测器检测,根据色谱峰的保留时间定性,外标法定量。

【仪器】高效液相色谱仪(配有荧光检测器)。

【试剂】①甲苯、乙腈、正己烷、二氯甲烷:色谱纯。②苯并(a)芘标准储备液(100 μg/mL):准确称取苯并(a)芘 1 mg(精确到 0.01 mg)于 10 mL 容量瓶中,用甲苯溶解,定容。避光保存在 0~5 ℃的冰箱中,保存期 1 年。③1.0 μg/mL 苯并(a)芘标准中间液(乙腈定容)。

【仪器工作条件】①色谱柱:C$_{18}$(250 mm×4.6 mm,5 μm),柱长或性能相当者。②流动相:乙腈+水=88+12。③流速:1.0 mL/min。④荧光检测器:激发波长 384 nm,发射波长 406 nm。⑤柱温:35 ℃。⑥进样量:20 μL。

【检测步骤】

1. 谷物及其制品

称取 1 g(精确到 0.001 g)试样
—加 5 mL 正己烷,旋涡混合 0.5 min,40 ℃ 下超声提取 10 min
　4 000 r/min 离心 5 min
移出上清液,加入 5 mL 正己烷提取残渣,合并上清液

—中性氧化铝柱,30 mL 正己烷活化柱子
　待净化液转移进柱子,以 1 mL/min 流速
收集净化液到茄形瓶
—加 50 mL 正己烷洗脱,继续收集净化液
净化液 40 ℃ 蒸至约 1 mL,转移至进样小瓶
—40 ℃ 氮气吹至近干
1 mL 正己烷清洗茄形瓶,洗液转移至进样小瓶
—加 1 mL 乙腈进样小瓶,涡旋复溶 0.5 min
过微孔滤膜后供待测

—苯并(a)芘分子印迹柱
　加 5 mL 二氯甲烷、5 mL 正己烷活化柱
待静化液进柱子
—加 6 mL 正己烷淋洗柱子,弃流出液
加 6 mL 二氯甲烷洗脱柱子,收集净化液
—40 ℃ 氮气吹至近十
准确吸取 1 mL 乙腈,涡旋复溶 0.5 min
过微孔滤膜后供待测

2. 熏、烧、烤肉类及熏、烤水产品

提取:同谷物及其制品。

中性氧化铝柱净化:除了正己烷洗脱液体积为 70 mL 外,其余操作同谷物及其制品净化过程。

苯并(a)芘分子印迹柱净化:同谷物及其制品净化过程。

【标准曲线制备】把苯并(a)芘标准中间液(1.0 μg/mL)用乙腈稀释得到 0.5 ng/mL、1.0 ng/mL、5.0 ng/mL、10.0 ng/mL、20.0 ng/mL 注入液相色谱中,测定相应的色谱峰,以标准系列工作液的浓度为横坐标,以峰面积为纵坐标,得到标准曲线回归方程。苯并(a)芘标准溶液的液相色谱图见图 7-3。

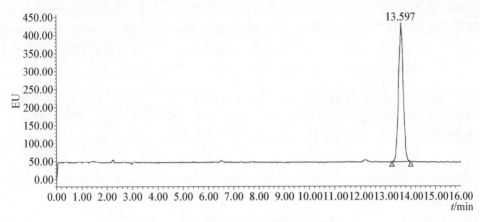

图 7 - 3　苯并(a)芘标准溶液的液相色谱图

【计算】

$$试样中苯并(a)芘的含量(\mu g/kg) = \frac{C \times V}{m} \times \frac{1\,000}{1\,000}$$

式中,C 为由标准曲线得到的样品净化溶液浓度(ng/mL);V 为试样最终定容体积(mL);m 为试样质量(g);1 000 为换算系数。

【检测要点】

(1) 本法检出限为 0.2 $\mu g/kg$,定量限为 0.5 $\mu g/kg$。

(2) 苯并(a)芘是一种已知的致癌物质,测定时应特别注意安全防护。测定应在通风柜中进行并戴手套,尽量减少暴露。如已污染了皮肤,应采用 10% 次氯酸钠水溶液浸泡和洗刷,在紫外光下观察皮肤上有无蓝紫色斑点,一直洗到蓝色斑点消失为止。

(3) 空气中水分对其柱子性能影响很大,打开柱子包装后应立即使用或密闭避光保存。

(4) 本法参阅:GB 5009.27 - 2016。

二、气相色谱-质谱法

【原理】试样中多环芳烃经溶剂提取,氢氧化钾乙醇溶液皂化,固相萃取柱净化,浓缩后用气相色谱质谱联用仪测定,同位素内标法定量。

【仪器】气相色谱-四极杆质谱联用仪(GC - MS):配电子轰击离子源(EI 源)。

【试剂】①乙酸乙酯、二氯甲烷、丙酮、环己烷、正己烷、异辛烷、无水乙醇:色谱纯。②氨水。③无水乙醚。④石油醚。⑤0.3 mol/L 氢氧化钾乙醇溶液。⑥1.5 mol/L 氢氧化钾乙醇溶液。⑦环己烷-乙酸乙酯溶液(1+1)。⑧二氯甲烷-乙酸乙酯溶液(1+1)。⑨丙酮-异辛烷溶液(1+1)。⑩10 $\mu g/mL$ 多环芳烃标准溶液:含苯并[C]芴、苯并[a]蒽、环戊并[c,d]芘、䓛、5 -甲基䓛、苯并[b]荧蒽、苯并[k]荧蒽、苯并[j]荧蒽、苯并[a]芘、茚并[1,2,3 - c,d]芘、二苯芘[a,h]蒽、苯并[g,h,i]苝、二苯并[a,l]芘、二苯并[a,e]芘、二苯并[a,i]芘、二苯并[a,h]。⑪100 $\mu g/mL$ 同位素多环芳烃内标溶液:至少含 D_{12} -苯并[a]蒽、D_{12} -䓛、D_{12} -苯并[b]荧蒽、

D$_{12}$-苯并[a]芘、D$_{12}$-茚并[1,2,3-c,d]芘、D$_{14}$-二苯并[a,h]蒽、D$_{12}$-苯并[g,h,i]芷。

【仪器工作条件】 ①色谱柱：DB-EUPAH 毛细管柱(20 m×0.18 mm，0.14 μm)或相当色谱柱。②进样口温度：280 ℃。③载气：氦气，纯度≥99.999%。④进样体积：1～2 μL，不分流进样。⑤溶剂延迟：16.5 min。⑥柱温程序：初温 80 ℃，保持 2 min，以 10 ℃/min 升至 250 ℃，保持 2 min，以 8 ℃/min 升至 315 ℃，保持 5 min，最后以 20 ℃/min 升至 320 ℃，保持 5 min。⑦流量程序：0.7 mL/min，保持 32 min，再以 5 mL/min 从 0.7 mL/min 升至 1.5 mL/min 至结束。⑧电离能量：70 eV。⑨离子源温度：230 ℃。⑩传输线温度：280 ℃。⑪四极杆温度：150 ℃。

【检测步骤】

1. 试样前处理

(1) 粮食及其制品

称取试样 5 g(精确至 0.001 g)置于 50 mL 具塞离心管
└─加 100 μL 200.0 ng/mL 同位素多环芳烃内标使用液，震荡，静置 30 min
加 5 g 无水硫酸钠、20 mL 环己烷-乙酸乙酯混合溶液(1+1)
└─涡旋提取 1 min，超声提取 15 min，10 000 r/min 离心 3 min
吸取上清液至 15 mL 预称重的离心管
└─45 ℃ 水浴下氮气吹干溶剂得提取物，称重
提取物待皂化

(2) 肉及其制品、水产及其制品

称取试样 5 g(精确至 0.001 g)置于 50 mL 具塞离心管
└─加 100 μL 200.0 ng/mL 同位素多环芳烃内标使用液，震荡，静置 30 min
加 20 g 无水硫酸钠、20 mL 环己烷-乙酸乙酯混合溶液(1+1)
└─涡旋提取 1 min，超声提取 15 min，10 000 r/min 离心 3 min
吸取上清液至 15 mL 预称重的离心管
└─45 ℃ 水浴下氮气吹干溶剂得提取物，称重
提取物待皂化

(3) 婴幼儿配方乳粉

称取试样 2 g(精确至 0.001 g)置于 50 mL 具塞离心管
└─加 100 μL 200.0 ng/mL 同位素多环芳烃内标使用液，加 10 mL 水，涡旋溶解
加 2 mL 氨水，混匀，(65±5) ℃ 水浴 10 min，冷却至室温
└─加 10 mL 无水乙醇，混匀，加 8 mL 无水乙醚，涡旋震荡 5 min
加 8 mL 石油醚
└─涡旋震荡 5 min，10 000 r/min 离心 5 min
吸取上清液至 15 mL 预称重的离心管
└─45 ℃ 水浴下氮气吹干溶剂得提取物，称重
提取物待皂化

(4) 婴幼儿辅助食品

称取 2 g(精确至 0.001 g)试样置于 50 mL 具塞离心管
└─加 100 μL 200.0 ng/mL 同位素多环芳烃内标使用液，加 10 mL 水、10 mL 无水乙醇
涡旋溶解，加入 8 mL 无水乙醚，漩涡震荡 5 min
└─加 8 mL 石油醚，漩涡震荡 5 min，10 000 r/min 离心 5 min

吸取上清液至 15 mL 预称重的离心管

├─45 ℃ 水浴下氮气吹干溶剂得提取物,称重

提取物待皂化

(5) 动植物油脂及制品

称取试样 1～5 g(精确至 0.001 g)

├─置于 50 mL 具塞离心管中

加 100 μL 200.0 ng/mL 同位素多环芳烃内标使用液,待皂化

2. 皂化

(1) 提取物质量 ≤ 0.2 g(精确至 0.01 g)

├─5 mL 0.3 mol/L 氢氧化钾乙醇溶液,涡旋混匀,室温放置 5 min

加 4 mL 水、5 mL 正己烷

├─涡旋提取 2 min,10 000 r/min 离心 2 min

上层提取液待净化

(2) 提取物质量在 0.2～1 g(精确至 0.01 g)及动物油脂试样

├─加入 5 mL 1.5 mol/L 氢氧化钾乙醇溶液,加盖,涡旋混匀

(70±2) ℃ 水浴皂化 3 min,取出冷却

├─加 4 mL 水、5 mL 正己烷,涡旋提取 2 min,以 10 000 r/min 离心 2 min

上层提取液待净化

3. 净化

固相萃取小柱

├─加 1 g 左右无水硫酸钠,用 3 mL 二氯甲烷、3 mL 正己烷淋洗活化柱

吸取全部正己烷提取液转移到固相萃取柱

├─用 5 mL 正己烷淋洗,5 mL 二氯甲烷-乙酸乙酯溶液(1+1) 洗脱

收集洗脱液于 10 mL 锥底玻璃试管

├─40 ℃ 水浴,氮气吹干,加 0.1 mL 丙酮-异辛烷溶液(1+1),溶解

转移至进样瓶待测

【标准曲线制备】 分别吸取多环芳烃标准使用液(100.0 ng/mL) 20.0 μL、40.0 μL、50.0 μL、80.0 μL,再各加同位素多环芳烃内标使用液(200.0 ng/mL) 100.0 μL,用丙酮-异辛烷溶液(1+1)补充体积至 200 μL。取 6 个浓度标准工作液制作标准曲线,由低到高依次注入气相色谱-质谱仪中,测得多环芳烃和同位素多环芳烃内标物的相应峰面积,以标准系列工作液中多环芳烃与对应内标的质量比(K_i)为横坐标,以多环芳烃峰面积与对应内标的峰面积比为纵坐标,绘制标准曲线。

【计算】

$$试样中多环芳烃的含量(μg/kg) = \frac{(K_i \times N_{is} - K_{i0} \times N_{0is}) \times 1000}{m \times 1000}$$

式中,K_i 为从标准曲线查得的质量比;N_{is} 为样品中加入的内标物的量(ng);K_{i0} 为从标准曲线查得的质量比;N_{0is} 为空白试验溶液中加入的内标物的量(ng);m 为试样的取样量(g);1000 为换算系数。

【检测要点】

(1) 动植物油脂取样 1 g,各多环芳烃检出限为 0.7 μg/kg,定量限为 2.0 μg/kg。婴幼儿配

方乳粉、婴幼儿辅助食品取样 2 g，各多环芳烃检出限为 0.2 μg/kg，定量限为 0.5 μg/kg。其他样品取样 5 g，各多环芳烃检出限为 0.3 μg/kg，定量限为 1.0 μg/kg。

（2）将试样溶液注入气相色谱-质谱仪中，测得多环芳烃峰面积和相应内标物的峰面积之比，根据标准曲线得到待测液中多环芳烃的质量。待测试样溶液中的响应值应在标准曲线线性范围内，超过线性范围说明样品含量过高，可以适当减少取样量重新测定。

（3）提取试样时若提取物质量大于 1 g，则称出 1 g 提取物（精确至 0.01 g），置于另一 15 mL 具塞离心管中待皂化。

（4）每批样品必须附带空白试验，空白试验溶液中各多环芳烃应低于检出限，如果高于检出限，则应终止样品分析，检查试剂、容器以及设备等，直到对该批样品重新提取和分析，确定同批空白中没有明显污染。

（5）本法参阅：GB 5009.265－2021。

第五节·多氯联苯残留检测

氯联苯（PCB）在工业上用途广泛，通过多种途径进入人类环境、食品及生态系统，是目前世界上公认的全球性环境污染物之一。特别是污染食物后而富集其中，主要累积于鱼、虾、贝类等水产品中，在脂肪中富集系数可达数千倍至近 10 万倍，如经食物链被人食入后，对人体造成危害，故引起世界各国关注，并制定了食品中 PCB 允许限量与加强检测要求。

PCB 残留检测方法有气相色谱法、稳定性同位素稀释的气相色谱-质谱法。

一、气相色谱法

【原理】本方法以 PCB 198 为定量内标，在试样中加入 PCB 198，水浴加热震荡提取后，经硫酸处理、色谱柱层析净化，采用气相色谱-电子捕获检测器法测定，以保留时间定性，内标法定量。

【仪器】GC 仪：具电子捕获检测器（ECD）。

【试剂】①正己烷、丙酮、二氯甲烷：农残级。②无水硫酸钠、浓硫酸：优级纯。③100 μg/mL PCB 标准贮存液：PCB 28、PCB 52、PCB 101、PCB 118、PCB 138、PCB 153、PCB 180。④100 μg/mL PCB 198：定量内标。

【仪器工作条件】①色谱柱：DB－5 ms 柱（30 m×0.25 mm，0.25 μm）或等效色谱柱。②进样口温度：290 ℃。③升温程序：开始温度 90 ℃，保持 0.5 min；以 15 ℃/min 升温至 200 ℃，保持 5 min 以 2.5 ℃/min 升温至 250 ℃，保持 2 min；以 20 ℃/min 升温至 265 ℃，保持 5 min。④载气：高纯氮气（纯度＞99.99%）。⑤柱前压：67 kPa（相当于 10 psi）。⑥进样量：不分流进样 1 μL。

【检测步骤】

1. 试样提取

（1）固体试样 5～10 g（精确到 0.1 g）置具塞锥形瓶

└─加定量内标 PCB 198

适量正己烷＋二氯甲烷(50＋50)为提取溶液

└─水浴震荡器上提取 2 h,水浴温度为 40 ℃,震荡速度为 200 r/min

提取液转移茄形瓶,蒸发浓缩至近干称重

(2) 液体试样 10 g 置具塞锥形瓶

└─加定量内标 PCB 198,草酸钠 0.5 g

加甲醇 10 mL 摇匀,加 20 mL 乙醚＋正己烷(25＋75)

└─震荡 20 min,3 000 r/min 离心 5 min

上清液过装有 5 g 无水硫酸钠的玻璃柱

└─残渣加 20 mL 乙醚＋正己烷(25＋75)提取,合并提取液

提取液转移茄形瓶,蒸发浓缩至近干称重

2. 净化、测定

(1) 硫酸净化

浓缩的提取液转移至 10 mL 试管

└─约 5 mL 正己烷洗涤茄形瓶 3～4 次,合并洗液

正己烷定容至刻度

└─加 0.5 mL 浓硫酸,振摇 1 min,3 000 r/min 离心 5 min,取上层清液

试样转移至进样瓶

└─少量正己烷洗茄形瓶 3～4 次,洗液进样瓶在氮气浓缩至 1 mL

试样待测

(2) 碱性氧化铝柱净化

净化柱装填

└─玻璃柱加少量玻璃棉,装入 2.5 g 烘烤的碱性氧化铝、2 g 无水硫酸钠

15 mL 正己烷预淋洗

└─浓缩液转移至层析柱,用约 5 mL 正己烷洗涤茄形瓶 3～4 次,洗液转至柱子

液面降至无水硫酸钠

└─加 30 mL 正己烷洗脱,液面降至无水硫酸钠层,用 25 mL 二氯甲烷＋正己烷(5＋95)洗脱

洗脱液蒸发浓缩至近干,转移至进样瓶

└─少量正己烷洗茄形瓶 3～4 次,洗液进样瓶在氮气浓缩至 1 mL

试样待测

【计算】

1. 相对响应因子(RRF)

采用内标法,以相对响应因子(RRF)进行定量计算。

$$RRF = \frac{A_n \times C_s}{A_s \times C_n}$$

式中,RRF 为目标化合物对定量内标的相对响应因子;A_n 为目标化合物的峰面积;C_s 为定量内标的浓度($\mu g/L$);A_s 为定量内标的峰面积;C_n 为目标化合物的浓度($\mu g/L$)。

2. 含量计算

$$目标物含量(\mu g/kg) = \frac{A_n \times m_s}{A_s \times RRF \times m}$$

式中,A_n 为目标化合物的峰面积;m_s 为试样中加入定量内标的量(ng);A_s 为定量内标的峰面积;RRF 为目标化合物对定量内标的相对响应因子;m 为取样量(g)。

3. 检测限

$$DL = \frac{3 \times N \times m_s}{H \times RRF \times m}$$

式中,DL 为检测限($\mu g/kg$);N 为噪声峰高;m_s 为加入定量内标的量(ng);H 为定量内标的峰高;RRF 为目标化合物对定量内标的相对响应因子;m 为试样质量(g)。

【检测要点】

(1) 本法各目标化合物定量限为 $0.5\ \mu g/kg$。

(2) 硅胶层析柱,以湿法装柱,可排除有机氯农药的干扰。

(3) 硅胶的品种、目数及减活后存放时间,对吸附效果有一定影响。

(4) 也可用 Florisil 层析柱净化样液,将 Florisil 4 g(用月桂酸值调整,J. AOAC 51,29,1968)加至长 300 mm、内径 10 mm 玻璃管中,上端加 2 cm 厚的无水 Na_2SO_4,还可用硅藻土与硅胶装层析柱净化提取液。

(5) 色谱层析用碱性氧化铝,将市售色谱填料在 660 ℃ 中烘烤 6 h,冷却后于干燥器中保存。

(6) 以保留时间或相对保留时间进行定性分析,所检测的 PCBs 色谱峰信噪比(S/N)大于 3。

(7) 试样基质、取样量、进样量、色谱分离状况、电噪声水平以及仪器灵敏度均可能对试样检测限造成影响,因此噪声水平应从实际试样谱图中获取。当某目标化合物的结果报告未检出时应同时报告试样检测限。

(8) 本法参阅:GB 5009.190 - 2014。

二、稳定性同位素稀释的气相色谱-质谱法

【原理】应用稳定性同位素稀释技术,在试样中加入 $^{13}C_{12}$ 标记的 PCBs 作为定量标准,经过索氏提取后的试样溶液经柱色谱层析净化、分离,浓缩后加入回收内标,使用气相色谱-低分辨质谱联用仪,以四极杆质谱选择离子监测(SIM)或离子阱串联质谱多反应监测(MRM)模式进行分析,内标法定量。

【仪器】气相色谱-四极杆质谱联用仪(GC - MS)或气相色谱-离子阱串联质谱联用仪(GC - MS/MS)。

【试剂】①正己烷、二氯甲烷、丙酮、甲醇、异辛烷:农残级。②硫酸、无水硫酸钠、氢氧化钠、硝酸银:优级纯。③100 $\mu g/mL$ PCB 标准贮存液。④1.0 $\mu g/mL$ PCB 标准应用液。⑤2.0 mg/L 多氯联苯定量内标的标准溶液。

【仪器工作条件】①色谱柱:DB - 5 ms 石英毛细管柱(30 m×0.25 mm,0.25 μm)或等效色谱柱。②进样口温度:300 ℃。③升温程序:开始温度 100 ℃,保持 2 min;以 15 ℃/min 升温至 180 ℃,3 ℃/min 升温至 240 ℃,10 ℃/min 升温至 285 ℃,保持 10 min。④载气:高纯氦气

（纯度＞99.99％）。⑤进样量：不分流进样。⑥四级杆质谱仪。电离模式：电子轰击源（EI），能量为70 eV；离子检测方式：选择离子监测（SIM），检测PCBs时选择的特征离子为分子离子；离子源温度：250℃；传输线温度：280℃；溶剂延迟：10 min。⑦离子阱质谱仪。电离模式：电子轰击源（EI），能量为70 eV；离子检测方式：多反应监测（MRM），检测PCBs时选择的母离子为分子离子（M＋2或M＋4），子离子为分子离子丢掉两个氯原子后形成的碎片离子（M－2Cl）；离子阱温度：220℃，传输线温度：280℃；歧盒（manifold）温度：40℃。

【检测步骤】

1. 试样提取

试样5.0～10.0 g装入上索氏提取器
—加$^{13}C_{12}$标记的定量内标，玻璃棉盖试样，平衡30 min装索氏提取器
适量正己烷十二氯甲烷（50＋50）提取
—提取18～24 h，回流速度控制在3～4次/h
提取液转移到茄形瓶，旋转蒸发浓缩至近干

2. 净化、测定

（1）酸性硅胶柱净化

净化柱装填
—用玻璃棉封堵底端，填入4 g活化硅胶、10 g酸化硅胶、2 g活化硅胶、4 g无水硫酸钠
加100 mL正己烷预淋洗
—提取液转移至柱，用约5 mL正己烷冲洗茄形瓶3～4次，洗液转移至柱子
液面降至无水硫酸钠层，加180 mL正己烷洗脱，洗脱液浓缩至约1 mL
—净化液转移至进样小管，氮气浓缩，少量正己烷洗涤茄形瓶3～4次
洗涤液转移至进样内插管，氮气浓缩约50 μL
—加适量回收率内标
封盖待上机分析

（2）复合硅胶柱净化

净化柱装填
—用玻璃棉封堵底端，填入1.5 g硝酸银硅胶、1 g活化硅胶、2 g碱性硅胶、1 g活化硅胶、4 g酸化硅胶、2 g活化硅胶、2 g无水硫酸钠
30 mL正己烷十二氯甲烷（97＋3）预淋洗
—提取液转移至柱，用约5 mL正己烷冲洗茄形瓶3～4次，洗液转移至柱子
液面降至无水硫酸钠层
—加50 mL正己烷十二氯甲烷（97＋3）洗脱，洗脱液浓缩至约1 mL
净化液转移至进样小管，氮气浓缩，少量正己烷洗涤茄形瓶3～4次
—洗涤液转移至进样内插管，氮气浓缩约50 μL，加适量回收率内标
封盖待上机分析

（3）碱性氧化铝柱净化

净化柱装填
—用玻璃棉封堵底端，填入2.5 g经过烘烤的碱性氧化铝、2 g无水硫酸钠
加15 mL正己烷预淋洗
—提取液转移至柱，用约5 mL正己烷冲洗茄形瓶3～4次，洗液转移至柱子

液面降至无水硫酸钠层,加 30 mL 正己烷(2 mL×15 mL) 洗脱
— 液面降至无水硫酸钠层,加 25 mL 二氯甲烷＋正己烷(5＋95)洗脱,洗脱液浓缩至约 1 mL
净化液转移至进样小管,氮气浓缩,少量正己烷洗涤茄形瓶 3～4 次
— 洗涤液转移至进样内插管,氮气浓缩约 50 μL,加适量回收率内标
封盖待上机分析

【计算】

1. 相对响应因子(RRF)

采用内标法,以相对响应因子(RRF)进行定量计算。

$$RRF_n = \frac{A_n \times C_s}{A_s \times C_n}$$

$$RRF_r = \frac{A_s \times C_r}{A_r \times C_s}$$

式中,RRF_n 为目标化合物对定量内标的相对响应因子;A_n 为目标化合物的峰面积;C_s 为定量内标的浓度(μg/L);A_s 为定量内标的峰面积;C_n 为目标化合物的浓度(μg/L);RRF_r 为定量内标对回收内标的相对响应因子;A_r 为回收率内标的峰面积;C_r 为回收率内标的浓度(μg/L)。

2. **含量计算**

$$目标化合物的含量(\mu g/kg) = \frac{A_n \times m_s}{A_s \times RRF_n \times m}$$

式中,A_n 为目标化合物的峰面积;m_s 为试样中加入定量内标的量(ng);A_s 为定量内标的峰面积;RRF_n 为目标化合物对定量内标的相对响应因子;m 为取样质量(g)。

3. **定量内标回收率计算**

$$R = \frac{A_s \times m_r}{A_r \times RRF_r \times m_s}$$

式中,R 为定量内标回收率(%);A_s 为定量内标的峰面积;m_r 为试样中加入回收率内标的量(ng);A_r 为回收率内标的峰面积;RRF_r 为定量内标对回收率内标的相对响应因子;m_s 为试样中加入定量内标的量(ng)。

4. **检测限**

$$DL = \frac{3 \times N \times m_s}{H \times RRF_n \times m}$$

式中,DL 为检测限(μg/kg);N 为噪声峰高;m_s 为加入定量内标的量(ng);H 为定量内标的峰高;RRF_n 为目标化合物对定量内标的相对响应因子;m 为试样质量(g)。

【检测要点】

(1) 将制备好的加标试样按与实际试样相同的方法进行分析,计算目标化合物的回收率和定量内标的回收率。每份试样的目标 PCBs 的测定值应在加入量的 75%～120% 范围之内,RSD＜30%。定量内标的平均回收率应在 50%～120% 之间,并且单个试样的定量内标回收率在 30%～130% 之间。

（2）将市售无水硫酸钠装入玻璃色谱柱,依次用正己烷和二氯甲烷淋洗两次,每次使用的溶剂体积约为无水硫酸钠体积的两倍。淋洗后,将无水硫酸钠转移至烧瓶中,在 50 ℃下烘烤至干,然后在 225 ℃烘烤 8～12 h,冷却后干燥器中保存。

（3）色谱用硅胶(75～250 μm):将市售硅胶装入玻璃色谱柱中,依次用正己烷和二氯甲烷淋洗两次,每次使用的溶剂体积约为硅胶体积的两倍。淋洗后,将硅胶转移到烧瓶中,以铝箔盖住瓶口置于烘箱中 50 ℃烘烤至干,然后升温至 180 ℃烘烤 8～12 h,冷却后装入磨口试剂瓶中,干燥器中保存。

（4）所有需重复使用的玻璃器皿应在使用后尽快认真清洗,用该器皿最后接触的溶剂洗涤,用正己烷和丙酮洗涤,用含碱性洗涤剂的热水清洗,用热水和去离子水冲洗,用丙酮、正己烷和二氯甲烷洗涤。

（5）被确认的 PCBs 保留时间应处在通过分析窗口确定标准溶液预先确定的时间窗口内。时间窗口确定标准溶液由各氯取代数的 PCBs 在 DB－5 ms 色谱柱上第一个出峰和最后一个出峰的同族化合物组成。为保证分析的选择性和灵敏度要求,在确定时间窗口时应使一个窗口中检测的特征离子尽可能少。

（6）酸化硅胶净化过程中,如果硅胶层全部变色,表明试样中脂肪量超过了柱子的负载极限。洗脱液浓缩后,制备一根新的酸性硅胶净化柱,直至硫酸硅胶层不再全部变色。

（7）本法参阅:GB 5009.190－2014。

第六节 · 二噁英残留检测

2010 年年底,德国北威州养鸡场饲料遭二噁英(PCDD)污染,其他州相继发现受污染饲料。下萨克森州养猪场的猪肉样本被检测出二噁英含量明显超标。2000 年,中国台湾地区安顺厂附近居民和养殖的鱼类贝类被检测出含有高浓度二噁英、五氯酚和汞。二噁英类物质无色无味,熔点较高,性质稳定,降解速度十分缓慢。二噁英对人体有致癌、致突变、致畸 3 种重大危害,可导致头痛、恶心、失聪、糖尿病和内分泌失调等多种疾病,且具有生殖毒性,被国际癌症中心列为一级致癌物。PCDD 对食品的污染,虽然在我国目前尚不严重,但在其他一些国家时有发生,故为了防患于未然,加强对饲料及食品的监督与检测很有必要。

二噁英残留检测主要采用气相色谱-质谱法。

气相色谱-质谱法

【仪器】高分辨气相色谱-高分辨质谱仪。

【试剂】①丙酮、正己烷、甲苯、环己烷、二氯甲烷、乙醚、甲醇、正壬烷、异辛烷、乙酸乙酯、乙醇:农残级。②无水硫酸钠、硫酸、氢氧化钠、硝酸银、草酸钠:优级纯。③校正和时间窗口确定的标准溶液(CS3WT 溶液):用壬烷配制,为含有天然和同位素标记 PCDD/Fs(定量内标、净化标准和回收率内标)的溶液,用于方法的校正和确证,并可以用于 DB－5MS 毛细管柱(或等效柱)时间窗口确定和 2,3,7,8－TCDD 分离度的检查。④净化标准溶液。⑤同位素标记定量内标的储备溶液。⑥回收率内标标准溶液。⑦精密度和回收率检查标准溶液（PAR）。⑧保留时间窗口确定的标准溶液（TDTFWD）。⑨校正标准溶液。

【仪器工作条件】 ①色谱柱：DB-5 ms（5％二苯基-95％二甲基聚硅氧烷）柱（60 m×0.25 mm，0.25 μm）或等效色谱柱。②进样口温度：280 ℃。③传输线温度：310 ℃。④柱温：120 ℃，保持 1 min；以 43 ℃/min 升温速率升至 220 ℃，保持 15 min；以 2.3 ℃/min 升温速率升至 250 ℃；以 0.9 ℃/min 升温速率升至 260 ℃；以 20 ℃/min 升温速率升至 310 ℃，保持 9 min。⑤载气恒流：0.8 mL/min。⑥分辨率≥10 000 的条件。⑦选择一个参考气离子碎片，如接近 m/z 304（TCDF）的 m/z 304.982 4（PFK）信号，调整质谱以满足最小所需的 10 000 分辨率（10％峰谷分离）。

【检测步骤】

1. 试样制备

（1）索氏提取

鱼、肉、蛋、奶等样品冷冻干燥取适量试样（精确到 0.001 g）
├─加无水硫酸钠研磨成粉末放入提取套筒，提取
加入适量$^{13}C_{12}$标记的定量内标的储备溶液，玻璃棉盖住样品，平衡 30 min 装提取器
├─适量正己烷-二氯甲烷（1∶1，体积比）为溶剂提取 18～24 h
提取液转到茄形瓶，蒸发浓缩至近干

（2）液液萃取

量取液体奶样样品 200～300 mL，转移分液漏斗
├─加适量$^{13}C_{12}$标记的定量内标的储备溶液，20 mg/g 样品的比例称取草酸钠
加少量水溶解，加入样品，充分振摇
├─加与样品等体积的乙醇，进行振摇
加与样品等体积的乙醚∶正己烷（2∶3，体积比），振摇 1 min，静置分层
├─水相中加入与样品原始体积相同的正己烷，振摇 1 min，静置分层
合并有机相，浓缩至小于 75 mL
├─提取液至 250 mL 分液漏斗，加入 30 mL 蒸馏水振摇，弃去水相
转移上层有机相至 250 mL 烧瓶，加适量无水硫酸钠，振摇，静置 30 min
├─经过甲苯淋洗过的滤纸过滤，滤液置于茄形瓶中
提取液转移到茄形瓶，旋转蒸发浓缩至近干

（3）加速溶剂萃取

鱼、肉、蛋等含水量较高样品冷冻干燥取适量试样（精确到 0.001 g）
├─加硅藻土，混匀，萃取池以正己烷∶二氯甲烷（1∶1，体积比）清洗
转移至处理好的萃取池
├─加适量$^{13}C_{12}$标记的定量内标的储备溶液，放入萃取仪
正己烷∶二氯甲烷（1∶1，体积比）为溶剂提取
├─条件：温度 150 ℃，压力 10.3 MPa（1 500 psi），循环 1 次，静态时间 10 min
提取液转移茄形瓶，蒸发浓缩至近干

2. 试样净化

（1）酸化硅胶净化

提取液加 100 mL 正己烷
├─加入 50 g 酸化硅胶，70 ℃ 旋转加热 20 min，静置 8～10 min

正己烷倒入茄形瓶
├─用 50 mL 正己烷洗硅胶,收集正己烷
旋转蒸发仪浓缩至 2～5 mL

(2) 混合硅胶柱净化

净化柱装填
├─底部填以玻璃棉,装 2 g 活性硅胶、5 g 碱性硅胶、2 g 活性硅胶、10 g 酸化硅胶、2 g 活性硅胶、
│ 5 g 硝酸银硅胶、2 g 活性硅胶和 2 g 无水硫酸钠,分布均匀
150 mL 正己烷预淋洗层析柱
├─液面降至无水硫酸钠层上方约 2 mm,关闭柱阀,弃去淋洗液
提取液加入柱中,液面降至无水硫酸钠层关闭柱阀
├─用 5 mL 的正己烷洗涤原茄形瓶 2 次,洗液加入柱
用 350 mL 正己烷洗脱,收集洗脱液,浓缩至 3～5 mL

(3) 氧化铝柱净化

净化柱装填
├─25 g 氧化铝、10 g 无水硫酸钠,分布均匀
150 mL 正己烷预淋洗层析柱
├─液面降至氧化铝上方约 2 mm,关闭柱阀,弃去淋洗液
加过混合硅胶柱净化的提取液,5 mL 的正己烷洗涤原茄形瓶 2 次,洗液加入柱
├─60 mL 正己烷清洗烧瓶,淋洗氧化铝柱,弃去淋洗液
用 200 mL 正己烷:二氯甲烷(98:2,体积比) 淋洗干扰组分,弃淋洗液
├─用 200 mL 正己烷:二氯甲烷(1:1,体积比) 洗脱
收集洗脱液,加 3 mL 的辛烷或壬烷

3. 微量浓缩与溶剂交换

提取液蒸发仪浓缩至 3～5 mL
├─氮气浓缩至 1～2 mL,转移至装有 0.2 mL 的锥形衬管的进样瓶
正己烷洗涤浓缩蒸馏瓶,并转入锥形衬管
├─浓缩至约 100 μL 分别加入适量 PCDDs/Fs 和 DL - PCBs 回收率内标溶液,壬烷定容
氮气浓缩至溶剂只含壬烷,供 HRGC/HRMS 分析

【计算】

$$试样中 \ PCDD/Fs \ 的浓度(\mu g/kg) = \frac{(A_{1n} + A_{2n}) \times m_1}{(A_{11} + A_{21}) \times RRF \times m_2}$$

式中,A_{1n} 为 PCDD/Fs 的第一个质量数离子的峰面积;A_{2n} 为 PCDD/Fs 的第二个质量数离子的峰面积;m_1 样品提取前加入的 $^{13}C_{12}$ 标记定量内标量(ng);A_{11} 为 $^{13}C_{12}$ 标记定量内标的第一个质量数离子的峰面积;A_{21} 为 $^{13}C_{12}$ 标记定量内标的第二个质量数离子的峰面积;RRF 为相对响应因子;m_2 为试样质量(g)。

【检测要点】

(1) PCDD 为极毒化合物,在检测操作中应做好个人安全的防护工作及环境不被污染。因此,操作者应戴一次性手套、戴上口罩防止皮肤接触与吸入。

(2) 样品净化用吸附剂应在制备后尽快使用,如果经过一段较长时间的保存,应检验其活性。在装有氧化铝和硅胶等容器上应标识其制备日期或开封日期。如果标识不可辨认,应废弃吸附剂,重新制备。

（3）如果内标化合物的回收率能达到要求，则可在酸性氧化铝或碱性氧化铝中选择一种用于样品提取液净化。但所有样品，包括初始精确度和回收率检查试验，均应使用同样类型的氧化铝。

（4）当已知样品含量或估计其含量较高时，应适当减少用于分析的试样量。所有试样、空白试验、初始精密度及回收率试验（IPR）、过程精密度及回收率试验（OPR）应具有相同的分析过程，以便检查污染来源及损失情况。

（5）本法参阅：GB 5009. 205 - 2013。

第八章
添加剂及其检测

食品添加剂是指食品在生产、加工等过程中所加入和使用的化学合成或天然物质。要求添加的物质不影响原来食品的营养价值,其目的是提高和改善食品品质,增加食品特有的色、香、味,防止食品腐败变质,以达到延长食品的保存期等。

食品添加剂种类有防腐剂、发色剂、抗氧化剂、着色剂、甜味剂、漂白剂、酸味剂、凝固剂、疏松剂、增稠剂、乳化剂、品质改良剂、抗结剂、消泡剂、营养强化剂、增味剂、保鲜剂、食品加工助剂、香料、酶制剂等 22 种。本章着重介绍前 6 种食品添加剂的检测方法。

第一节 · 概 述

一、对人体的毒性与危害

有些食品添加剂对人体具有一定毒性。最早将化学色素用于食品的是欧洲国家,其中有些色素毒性很大,如加红色染料的食品,儿童吃了全身皮肤显红色,结果被禁止使用。现已查明不少人工合成色素对人体有害,如奶油黄被证实可使动物发生肝癌等。发色剂中的亚硝酸盐与食物中存在的仲胺类反应产生致癌物质亚硝酸铵(NH_4NO_2)。

为了保证人类健康,正确合理使用食品添加剂十分必要,其使用原则是应尽可能少用或不用。若必须使用应严格控制使用范围,使用量要符合 GB 2760 - 2014《食品安全 国家标准食品添加剂使用标准》。特别是婴儿乳制品不得使用色素、香精和糖精。

二、检测意义

食品添加剂检测能够确保食品中添加剂的含量在安全范围内,避免欺诈行为,提高企业信誉度;加强检测工作,制定更加严格的监管措施,既能够保障消费者的健康权益,又能够促进食品行业的健康发展;滥用食品添加剂可能会导致营养摄入不足、刺激消化道,甚至会出现一系列的过敏反应等。2021 年 8 月江苏省丹徒公安分局同市场监督管理局开展联合执法行动,行动中查获一名涉嫌生产、销售不符合安全标准食品的犯罪嫌疑人罗某,检查发现罗某在制作油条过程中大量添加食用铵明矾(硫酸铝铵),后经检测,油条中铝的残留量为 486 mg/kg,不符合 GB 2760 - 2014 要求。

江苏省南京市曾对市场抽检发现,约有 30% 的香肠、香肚制品亚硝酸盐超标不合格;更严重的是,有个别厂用劣质原料加工香肚,大量添加亚硝酸盐以增加色泽。消费者食后出现腹痛、腹泻等症状,造成多人急性中毒。经检测香肚中亚硝酸盐含量为 $1766\sim2575\,mg/kg$,超过国家食品卫生标准 $58\sim85$ 倍。

实际上存在的问题还远不止这些,有的虽然没有表现为中毒,却存在着潜在的致突变、致畸、致癌风险,这些毒性的一个共同特点是要经历较长岁月才暴露出来。因此,必须对食品添加剂使用进行监督与检测,杜绝滥用食品添加剂是一项重要的食品安全管理工作。

第二节 · 防腐剂检测

防腐剂是用于防止食品腐败变质,保持食品鲜度和良好品质的化学物质。常用的有苯甲酸及其钠盐、山梨酸及其钾盐,其他还有对羟基苯甲酸乙酯或丙酯、丙酸钠或丙酸钙等。这类物质均具有显著杀菌或抑菌效能。

防腐剂检测方法有高效液相色谱法和气相色谱法。

一、高效液相色谱法

【原理】样品经水提取,高脂肪样品经正己烷脱脂、高蛋白样品经蛋白沉淀剂沉淀蛋白,采用液相色谱分离、紫外检测器检测,外标法定量。

【仪器】高效液相色谱仪(带紫外检测器)。

【试剂】①氨水溶液(1+99)。②92 g/L 亚铁氰化钾溶液。③183 g/L 乙酸锌溶液。④20 mmol/L 乙酸铵溶液。⑤甲酸-乙酸铵溶液(2 mmol/L 甲酸+20 mmol/L 乙酸铵):称取 1.54 g 乙酸铵,加入适量水溶解,再加入 75.2 μL 甲酸,用水定容至 1000 mL,经 0.22 μm 水相微孔滤膜过滤后备用。⑥1000 mg/L 苯甲酸、山梨酸标准储备溶液;分别准确称取苯甲酸钠 0.118 g,山梨酸钾 0.134 g(精确到 0.0001 g),用甲醇溶解并分别定容至 100 mL。于 4℃ 贮存,保存期为 6 个月。

【仪器工作条件】①色谱柱:C_{18} 柱(250 mm×4.6 mm,5 μm)或等效色谱柱。②流动相:甲醇+乙酸铵溶液(5+95)。③流速:1 mL/min。④检测波长:230 nm。⑤进样量:10 μL。

【检测步骤】

1. 一般性试样

试样约 2 g(精确到 0.001 g)试样于 50 mL 具塞离心管

├─加水约 25 mL,涡旋混匀,50℃ 水浴超声 20 min,冷却至室温

加亚铁氰化钾溶液 2 mL 和乙酸锌溶液 2 mL,混匀

├─8 000 r/min 离心 5 min,水相转移至 50 mL 容量瓶

残渣中加水 20 mL,涡旋混匀后超声 5 min

├─8 000 r/min 离心 5 min,水相转移到上述容量瓶,加水定容至刻度,混匀

上清液过滤,待测定

2. 含胶基的果冻、糖果等试样

准确称取约 2 g(精确到 0.001 g)试样于 50 mL 具塞离心管

├─加水约 25 mL,涡旋混匀,70℃ 水浴加热溶解试样,50℃ 水浴超声 20 min

加亚铁氰化钾溶液 2 mL 和乙酸锌溶液 2 mL,混匀

├─8 000 r/min 离心 5 min,水相转移至 50 mL 容量瓶

残渣中加水 20 mL，涡旋混匀后超声 5 min

—— 8 000 r/min 离心 5 min，水相转移到上述容量瓶，加水定容至刻度，混匀

上清液过滤，待测定

3. 油脂、巧克力、奶油、油炸食品等高油脂试样

准确称取约 2 g(精确到 0.001 g)试样于 50 mL 具塞离心管

—— 加正己烷 10 mL，60 ℃ 水浴加热约 5 min，轻摇溶解脂肪

加氨水溶液(1＋99)25 mL，乙醇 1 mL，涡旋混匀

—— 50 ℃ 水浴超声 20 min，冷却至室温

加亚铁氰化钾溶液 2 mL 和乙酸锌溶液 2 mL，混匀

—— 8 000 r/min 离心 5 min，弃有机相，水相转移至 50 mL 容量瓶

残渣中加水 20 mL，涡旋混匀后超声 5 min

—— 8 000 r/min 离心 5 min，水相转移到上述容量瓶，加水定容至刻度，混匀

上清液过滤，待测定

【标准曲线制备】 分别准确吸取苯甲酸、山梨酸和糖精钠混合标准中间溶液 0.00 mL、0.05 mL、0.25 mL、0.50 mL、1.00 mL、2.50 mL、5.00 mL 和 10.0 mL，用水定容至 10 mL。将混合标准系列工作溶液分别注入液相色谱仪中，测定相应的峰面积，以混合标准系列工作溶液的质量浓度为横坐标，以峰面积为纵坐标，绘制标准曲线。色谱图见图 8-1 和图 8-2。

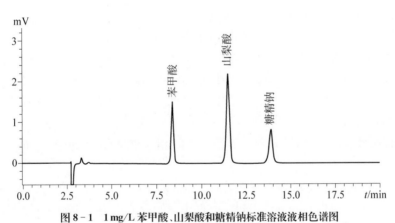

图 8-1　1 mg/L 苯甲酸、山梨酸和糖精钠标准溶液液相色谱图

（流动相:甲醇＋乙酸铵溶液＝5＋95）

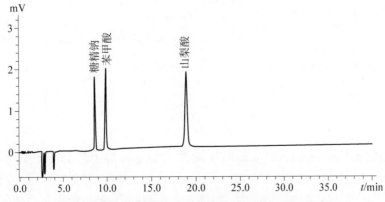

图 8-2　1 mg/L 苯甲酸、山梨酸和糖精钠标准溶液液相色谱图

（流动相:甲醇＋甲酸-乙酸铵溶液＝8＋92）

【计算】

$$试样中待测物的含量(g/kg) = \frac{C \times V}{m \times 1000}$$

式中,C 为由标准曲线得出的试样液中待测物的质量浓度(mg/L);V 为试样定容体积(mL);m 为试样质量(g);1000 为换算因子。

【检测要点】

(1) 样品含有 CO_2 或乙醇时,应先水浴加热除去。

(2) 高蛋白试样用蛋白沉淀剂去蛋白;高脂试样用正己烷脱脂;碳酸饮料、果酒、果汁、蒸馏酒等测定时可以不加蛋白沉淀剂。

(3) 当存在干扰峰或需要辅助定性时,可以采用加入甲酸的流动相来测定,如流动相:甲醇+甲酸-乙酸铵溶液=8+92。

(4) 本法参阅:GB 5009.28-2016(第一法)。

二、气相色谱法

【原理】试样经盐酸酸化后,用乙醚提取苯甲酸、山梨酸,采用气相色谱-氢火焰离子化检测器进行分离测定,外标法定量。

【仪器】气相色谱仪:带氢火焰离子化检测器(FID)。

【试剂】①乙酸乙酯:色谱纯。②盐酸溶液(1+1)。③40 g/L 氯化钠溶液。④正己烷-乙酸乙酯混合溶液(1+1)。⑤1 000 mg/L 苯甲酸、山梨酸标准储备溶液:分别准确称取苯甲酸、山梨酸各 0.1 g(精确到 0.000 1 g),用甲醇溶解并分别定容至 100 mL。转移至密闭容器中,于-18 ℃贮存,保存期为 6 个月。

【仪器工作条件】①色谱柱:聚乙二醇毛细管气相色谱柱(320 μm×30 m, 0.25 μm)或等效色谱柱。②载气:氮气,流速:3 mL/min。③空气:400 L/min。④氢气:40 L/min。⑤进样口温度:250 ℃。⑥检测器温度:250 ℃。⑦柱温程序:初始温度 80 ℃,保持 2 min,以 15 ℃/min 的速率升温至 250 ℃,保持 5 min。⑧进样量:2 μL。⑨分流比 10∶1。

【检测步骤】

试样约 2.5 g(精确至 0.001 g)试样于 50 mL 离心管

— 加 0.5 g 氯化钠、0.5 mL 盐酸溶液(1+1)和 0.5 mL 乙醇

15 mL 和 10 mL 乙醚提取两次

— 每次振摇 1 min,8 000 r/min 离心 3 min

每次均将上层乙醚提取液通过无水硫酸钠滤入 25 mL 容量瓶

— 加乙醚清洗无水硫酸钠层收集约 25 mL 刻度,乙醚定容,混匀

准确吸取 5 mL 乙醚提取液于 5 mL 具塞刻度试管

— 35 ℃氮吹至干,加 2 mL 正己烷-乙酸乙酯(1+1)混合溶液

溶解残渣,待测

【标准曲线制备】分别准确吸取苯甲酸、山梨酸混合标准中间溶液 0.00 mL、0.05 mL、0.25 mL、0.50 mL、1.00 mL、2.50 mL、5.00 mL 和 10.0 mL,用正己烷-乙酸乙酯混合溶剂(1+1)定容至 10 mL,注入气相色谱仪中,以质量浓度为横坐标,以峰面积为纵坐标,绘制标准曲线。临用现配。色谱图见图 8-3。

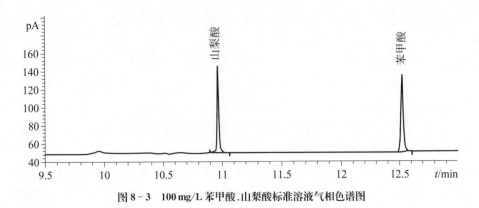

图 8-3　100 mg/L 苯甲酸、山梨酸标准溶液气相色谱图

【计算】

$$试样中待测物的含量(g/kg) = \frac{C \times V \times 25}{m \times 5 \times 1000}$$

式中,C 为由标准曲线得出的样液中待测物的质量浓度(mg/L);V 为加入正己烷-乙酸乙酯(1+1)混合溶剂的体积(mL);25 为试样乙醚提取液的总体积(mL);m 试样的质量(g);5 为测定时吸取乙醚提取液的体积(mL);1000 为换算因子。

【检测要点】

(1) 取样量 2.5 g,苯甲酸、山梨酸的检出限均为 0.005 g/kg,定量限均为 0.01 g/kg。

(2) 提取的样液经无水 Na_2SO_4 脱水时应彻底,如残留少量水分会影响检测结果。

(3) 含蛋白质较多的酱油,提取时不要剧烈振摇,否则易发生乳化,如出现乳化,可增加有机溶剂量或加少量 NaCl,会使乳化消失。

(4) 无水硫酸钠 500 ℃烘 8 h,于干燥器中冷却至室温后备用。

(5) 本法参阅:GB 5009.28 - 2016(第二法)。

第三节·发色剂检测

发色剂是使食品中无色基团发生鲜艳色泽的一类化合物。常用的发色剂有硝酸盐或亚硝酸盐等,另外还有发色助剂,如抗坏血酸类、尼克酰胺等。

亚硝酸盐在酸性条件下(如肉中的乳酸)产生游离的亚硝酸,与肉中肌红蛋白结合,生成亚硝基肌红蛋白,呈稳定的红色化合物,使肉品呈鲜艳的亮红色,既让食品有独特风味,又有抑菌作用,特别是能够抑制肉毒梭菌的生长。

发色剂检测方法有离子色谱法、分光光度法、紫外分光光度法。

一、离子色谱法

【原理】试样经沉淀蛋白质、除去脂肪后,采用相应的方法提取和净化,以氢氧化钾溶液为淋洗液,阴离子交换柱分离,电导检测器或紫外检测器检测。以保留时间定性,外标法定量。

【仪器】 离子色谱仪:配电导检测器及抑制器或紫外检测器,高容量阴离子交换柱,50 μL 定量环。

【试剂】 ①3％乙酸溶液。②1 mol/L 氢氧化钾溶液。③100 mg/L 亚硝酸盐标准储备液 (以 NO_2^- 计):准确称取 0.150 0 g 于 110~120 ℃ 干燥至恒重的亚硝酸钠,用水溶解并转移至 1 000 mL 容量瓶中,加水稀释至刻度,混匀。④1 000 mg/L 硝酸盐标准储备液(以 NO_3^-):准确 称取 1.371 0 g 于 110~120 ℃ 干燥至恒重的硝酸钠,用水溶解并转移至 1 000 mL 容量瓶中,加 水稀释至刻度,混匀。

【仪器工作条件】 ①净化柱:包括 C_{18} 柱、Ag 柱和 Na 柱或等效柱。②色谱柱:氢氧化物选 择性,可兼容梯度洗脱的二乙烯基苯-乙基苯乙烯共聚物基质,烷醇基季铵盐功能团的高容量 阴离子交换柱,4 mm×250 mm(带保护柱 4 mm×50 mm)或性能相当的离子色谱柱。③氢氧 化钾溶液:浓度为 6~70 mmol/L。洗脱梯度为 6 mmol/L 30 min,70 mmol/L 5 min, 6 mmol/L 5 min。流速 1.0 mL/min。④粉状婴幼儿配方食品:氢氧化钾溶液,浓度为 5~ 50 mmol/L。洗脱梯度为 5 mmol/L 33 min,50 mmol/L 5 min,5 mmol/L 5 min。流速 1.3 mL/min。⑤抑制器。⑥检测器:电导检测器,检测池温度为 35 ℃;或紫外检测器,检测波 长为 226 nm。⑦进样体积:50 μL。

【检测步骤】

1. 样品前处理

(1) 蔬菜、水果等植物性试样

试样 5 g(精确至 0.001 g)置于 150 mL 具塞锥形瓶
├─加 80 mL 水,1 mL 1 mol/L 氢氧化钾溶液
超声提取 30 min,每隔 5 min 振摇 1 次,75 ℃ 水浴放 5 min,放置室温
├─定量转移至 100 mL 容量瓶,加水定容
溶液过滤 10 000 r/min 离心 15 min,上清液备用

(2) 肉类、蛋类、鱼类及其制品等

试样匀浆 5 g(精确至 0.001 g)置 150 mL 具塞锥形瓶
├─加 80 mL 水,超声提取 30 min,每隔 5 min 振摇 1 次
75 ℃ 水浴中放置 5 min,放置室温
├─定量转移至 100 mL 容量瓶,加水定容
溶液过滤 10 000 r/min 离心 15 min,上清液备用

(3) 腌鱼类、腌肉类及其他腌制品

试样匀浆 2 g(精确至 0.001 g)置于 150 mL 具塞锥形瓶
├─加 80 mL 水,超声提取 30 min,每隔 5 min 振摇 1 次
75 ℃ 水浴放 5 min,放置室温
├─定量转移至 100 mL 容量瓶,加水定容
溶液过滤 10 000 r/min 离心 15 min,上清液备用

(4) 乳、乳粉及干酪

试样 10 g(2.50 g)(精确至 0.01 g)置 100 mL 具塞锥形瓶
├─加水 80 mL,摇匀,超声 30 min
加 3％乙酸溶液 2 mL
├─4 ℃ 放置 20 min,放置室温,加水定容
溶液过滤,滤液备用

2. 测定

固相萃取柱活化
└—C₁₈ 柱(1.0 mL)前依次用 10 mL 甲醇、15 mL 水,静置活化 30 min
取备用液约 15 mL
└—过 0.22 μm 水性滤膜针头滤器、C₁₈ 柱
弃去前面 3 mL 收集后面洗脱液

【标准曲线制备】移取亚硝酸盐和硝酸盐混合标准中间液,加水逐级稀释,制成系列混合标准使用液,亚硝酸根离子浓度分别为 0.02 mg/L、0.04 mg/L、0.06 mg/L、0.08 mg/L、0.10 mg/L、0.15 mg/L、0.20 mg/L,硝酸根离子浓度分别为 0.2 mg/L、0.4 mg/L、0.6 mg/L、0.8 mg/L、1.0 mg/L、1.5 mg/L、2.0 mg/L。将标准系列工作液分别注入离子色谱仪中,得到各浓度标准工作液色谱图,测定相应的峰高(μS)或峰面积,以标准工作液的浓度为横坐标,以峰高(μS)或峰面积为纵坐标,绘制标准曲线。色谱图见图 8-4。

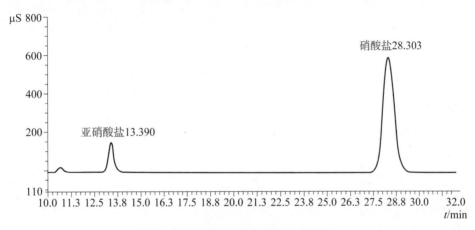

图 8-4　亚硝酸盐和硝酸盐标准色谱图

【计算】

$$试样中待测离子的含量(mg/kg) = \frac{(C - C_0) \times V \times f \times 1000}{m \times 1000}$$

式中,C 为测定用试样溶液中的亚硝酸根离子或硝酸根离子浓度(mg/L);C_0 为试剂空白液中亚硝酸根离子或硝酸根离子的浓度(mg/L);V 为试样溶液体积(mL);f 为试样溶液稀释倍数;1000 为换算系数;m 为试样取样量(g)。

试样中测得的亚硝酸根离子含量乘以换算系数 1.5,即得亚硝酸盐(按亚硝酸钠计)含量;试样中测得的硝酸根离子含量乘以换算系数 1.37,即得硝酸盐(按硝酸钠计)含量。

【检测要点】

(1) 亚硝酸盐和硝酸盐检出限分别为 0.2 mg/kg 和 0.4 mg/kg。

(2) 所有玻璃器皿使用前均需依次用 2 mol/L 氢氧化钾和水分别浸泡 4 h,然后用水冲洗 3~5 次,晾干备用。

(3) 备用液如果氯离子大于 100 mg/L,则需要依次通过针头滤器、C₁₈ 柱、Ag 柱和 Na 柱,

弃去前面 7 mL，Ag 柱(1.0 mL)和 Na 柱(1.0 mL)用 10 mL 水通过，静置活化 30 min。

(4) 本法参阅:GB 5009.33 – 2016(第一法)。

二、分光光度法

(一) 盐酸萘乙二胺分光光度法

【原理】样品经除去蛋白质、脂肪后，在弱酸条件下，样液中的亚硝酸盐与对氨基苯磺酸发生重氮化反应生成重氮盐，再与盐酸萘乙二胺偶合生成红色染料。其红色深浅与亚硝酸盐含量成正比，与标准比较定量。

【仪器】分光光度计。

【试剂】①106 g/L 亚铁氰化钾溶液。②220 g/L 乙酸锌溶液。③50 g/L 饱和硼砂溶液。④氨缓冲溶液(pH 9.6～9.7)。⑤氨缓冲液的稀释液。⑥0.1 mol/L 盐酸。⑦2 mol/L 盐酸。⑧20%盐酸溶液。⑨4 g/L 对氨基苯磺酸溶液。⑩2 g/L 盐酸萘乙二胺溶液。⑪20 g/L 硫酸铜溶液。⑫40 g/L 硫酸镉溶液。⑬3%乙酸溶液。⑭200 μg/mL 亚硝酸钠标准溶液(以亚硝酸钠计):准确称取 0.1000 g 于 110～120 ℃ 干燥恒重的亚硝酸钠，加水溶解，移入 500 mL 容量瓶中，加水稀释至刻度，混匀。⑮200 μg/mL 硝酸钠标准溶液(以亚硝酸钠计):准确称取 0.1232 g 于 110～120 ℃ 干燥恒重的硝酸钠，加水溶解，移入 500 mL 容量瓶中，并稀释至刻度。

【检测步骤】

1. 样品前处理

(1) 干酪

试样 2.5 g(精确至 0.001 g) 置于 150 mL 具塞锥形瓶
├─加水 80 mL，摇匀，超声 30 min，放置室温
定量转移至 100 mL 容量瓶
├─加 3% 乙酸溶液 2 mL，加水定容，混匀，4 ℃ 放置 20 min，至室温
溶液过滤，备用

(2) 液体乳样品、乳粉

试样 90 g(10 g)(精确至 0.001 g) 置于 250 mL 具塞锥形瓶
├─加 12.5 mL 饱和硼砂溶液，加 70 ℃ 左右的水约 60 mL，混匀
沸水浴加热 15 min，取出冷却，至室温
├─定量转移至 200 mL 容量瓶
加 5 mL 106 g/L 亚铁氰化钾溶液，摇匀
├─加 5 mL 220 g/L 乙酸锌溶液，加水定容，放置 30 min
上清液过滤，备用

(3) 其他样品

匀浆试样 5 g(精确至 0.001 g) 置于 250 mL 具塞锥形瓶
├─加 12.5 mL 50 g/L 饱和硼砂溶液，加 70 ℃ 左右的水约 150 mL，混匀
沸水浴中加热 15 min，取出冷却，至室温
├─定量转移至 200 mL 容量瓶
加 5 mL 106 g/L 亚铁氰化钾溶液，摇匀
├─加 5 mL 220 g/L 乙酸锌溶液，加水定容，放置 30 min
上清液过滤，备用

2. 测定

吸取 40.0 mL 滤液于 50 mL 带塞比色管
├─加 2 mL 4 g/L 对氨基苯磺酸溶液,混匀,静置 3～5 min
加 1 mL 2 g/L 盐酸萘乙二胺溶液
├─加水定容,混匀,静置 15 min
1 cm 比色杯,波长 538 nm 处测定

【标准曲线制备】吸取 0.00 mL、0.20 mL、0.40 mL、0.60 mL、0.80 mL、1.00 mL、1.50 mL、2.00 mL、2.50 mL 亚硝酸钠标准使用液(相当于 0.0 μg、1.0 μg、2.0 μg、3.0 μg、4.0 μg、5.0 μg、7.5 μg、10.0 μg、12.5 μg 亚硝酸钠),分别置于 50 mL 带塞比色管中,加入 2 mL 4 g/L 对氨基苯磺酸溶液,混匀,静置 3～5 min 后各加入 1 mL 2 g/L 盐酸萘乙二胺溶液,加水至刻度,混匀,静置 15 min,用 1 cm 比色杯,以零管调节零点,于波长 538 nm 处测吸光度,绘制标准曲线比较。同时做试剂空白。

【计算】

$$试样中亚硝酸钠的含量(mg/kg) = \frac{m_1 \times 1000}{m_2 \times \frac{V_1}{V_0} \times 1000}$$

式中,m_1 为测定用样液中亚硝酸钠的质量(μg);1 000 为转换系数;m_2 为试样质量(g);V_1 为测定用样液体积(mL);V_0 为试样处理液总体积(mL)。

【检测要点】

(1) 本法用于食品中亚硝酸盐检测,检出限:液体乳 0.06 mg/kg,乳粉 0.5 mg/kg,干酪及其他 1 mg/kg。

(2) 红烧肉类按样品处理制作滤液后,再取滤液 50 mL 置 100 mL 容量瓶中,加 Al(OH)$_3$ 乳液定容至刻度,轻摇几次,静置 5 min,过滤,弃最初滤液 30 mL,取滤液 50 mL 检测。

(3) 重氮化反应 pH 以 2～3 适宜,配制试剂时加足量 HCl 给予保证。

(4) 显色温度 15～30 ℃,在 30 min 内比色为宜。

(5) 亚硝酸盐易氧化为硝酸盐,样品处理时,要控制温度与时间。

(6) 本法参阅:GB 5009.33 - 2016(第二法)。

(二) 镉柱还原分光光度法

【原理】样品经除去蛋白质、脂肪后,样液经过镉柱,在 pH 9.6～9.7 条件下,使其中的 NO$_3^-$ 还原为 NO$_2^-$,然后按检测亚硝酸盐方法测出样品中总 NO$_2^-$ 含量,减去直接测得的 NO$_2^-$ 含量,即为硝酸盐含量。镉柱中将 NO$_3^-$ 还原为 NO$_2^-$ 反应式:

$$C_d + NO_3^- + H_2O \longrightarrow C_d^{2+} + NO_2^- + 2OH^-$$

【仪器】分光光度计。

【试剂】与盐酸萘乙二胺分光光度法试剂相同。

【镉柱】

(1) 海绵状镉的制备:将适量的锌棒放入烧杯中,用 40 g/L 硫酸镉溶液浸没锌棒。在 24 h 之内不断将锌棒上的海绵状镉轻轻刮下。取出残余锌棒,使镉沉底,倾去上层溶液。用水冲洗海绵状镉 2～3 次后,将镉转移至搅拌器中,加 0.1 mol/L 400 mL 盐酸,搅拌数秒,以得到所需

粒径的镉颗粒。将制得的海绵状镉倒回烧杯中,静置 3~4 h,其间搅拌数次,以除去气泡。倾去海绵状镉中的溶液,并可按下述方法进行镉粒镀铜。

(2) 镉粒镀铜:将制得的镉粒置锥形瓶中,加足量的 2 mol/L 盐酸浸没镉粒,震荡 5 min,静置分层,倾去上层溶液,用水多次冲洗镉粒。在镉粒中加入 20 g/L 硫酸铜溶液,震荡 1 min,静置分层,倾去上层溶液后,立即用水冲洗镀铜镉粒,直至冲洗的水中不再有铜沉淀。

(3) 镉柱装填:用水装满镉柱玻璃柱,并装入约 2 cm 高的玻璃棉做垫,将玻璃棉压向柱底。加入海绵状镉至 8~10 cm,上端用 1 cm 高的玻璃棉覆盖,连接好贮液漏斗。先用 0.1 mol/L 25 mL 盐酸洗涤,再以水洗 2 次,每次 25 mL,镉柱不用时用水封盖,随时都要保持水平面在镉层之上,不得使镉层夹有气泡。

(4) 镉柱用后处理:镉柱用后,先用 0.1 mol/L 盐酸 25 mL、水 25 mL 洗涤柱 2 次,最后加水覆盖。其镉柱还原能力应常检查:吸取 $NaNO_3$ 标准溶液 25 mL,加稀氨缓冲液 5 mL,混合后按测定方法操作,并计算回收率,如在 95% 以上则符合要求。

【检测步骤】

(1) 样品处理及亚硝酸盐检测

方法同盐酸萘乙二胺分光光度法。

(2) 测定

镉柱还原
├─以 25 mL 氨缓冲液的稀释液冲洗镉柱,流速控制在 3~5 mL/min
吸取 20 mL 滤液于 50 mL 烧杯中
├─加 5 mL pH 9.6~9.7 氨缓冲溶液,混合,注入贮液漏斗,使流经镉柱还原,样液流尽
加 15 mL 水冲洗烧杯,再倒入贮液杯
├─加 15 mL 水重复 1 次,第 2 次冲洗水快流尽,将贮液杯装满水,以最大流速过柱
容量瓶洗提液接近 100 mL,取出容量瓶,用水定容
├─吸取 10~20 mL 还原后的样液于 50 mL 比色管
加 2 mL 4 g/L 对氨基苯磺酸溶液,混匀,静置 3~5 min
├─加 1 mL 2 g/L 盐酸萘乙二胺溶液,加水定容,混匀,静置 15 min
用 1 cm 比色杯,波长 538 nm 处测定

【标准曲线制备】 吸取 0.00 mL、0.20 mL、0.40 mL、0.60 mL、0.80 mL、1.00 mL、1.50 mL、2.00 mL、2.50 mL 硝酸钠标准使用液(相当于 0.0 μg、1.0 μg、2.0 μg、3.0 μg、4.0 μg、5.0 μg、7.5 μg、10.0 μg、12.5 μg 硝酸钠),分别置于 50 mL 带塞比色管中,加入 2 mL 4 g/L 对氨基苯磺酸溶液,混匀,静置 3~5 min 后各加入 1 mL 2 g/L 盐酸萘乙二胺溶液,加水至刻度,混匀,静置 15 min,用 1 cm 比色杯,以零管调节零点,于波长 538 nm 处测吸光度,绘制标准曲线比较。同时做试剂空白。

【计算】

$$试样中硝酸钠的含量(mg/kg) = \left(\frac{m_1 \times 1\,000}{m_2 \times \frac{V_2}{V_1} \times \frac{V_4}{V_3} \times 1\,000} - X \right) \times 1.232$$

式中,m_1 为经镉粉还原后测得总亚硝酸钠的质量(μg);1 000 为转换系数;m_2 为试样的质量(g);V_2 为测总亚硝酸钠的测定用样液体积(mL);V_1 为试样处理液总体积(mL);V_4 为经镉

柱还原后样液的测定用体积(mL);V_3 为经镉柱还原后样液总体积(mL);X 为试样中亚硝酸钠的含量(mg/kg);1.232 为亚硝酸钠换算成硝酸钠的系数。

【检测要点】

(1) 本法用于食品中硝酸盐检测,检出限为:液体乳 0.6 mg/kg,乳粉 5 mg/kg,干酪及其他 10 mg/kg。

(2) 镉是有毒元素,在镉柱制备时应加强防护,更不允许污染环境,要将废液处理后才能倒入下水道。

(3) 镉粒镀铜注意镉粒要始终用水浸没。镉柱装填不应有空气泡存在,否则海绵状镉接触空气,还原能力降低。

(4) 镉柱还原效率如果小于 95% 时,将镉柱中的镉粒倒入锥形瓶中,加入足量的盐酸(2 mol/L)中,震荡数分钟,再用水反复冲洗。

(5) 本法参阅:GB 5009.33 - 2016(第二法)。

三、紫外分光光度法

【原理】 用 pH 9.6～9.7 的氨缓冲液提取样品中硝酸根离子,同时加活性炭去除色素类,加沉淀剂去除蛋白质及其他干扰物质,利用硝酸根离子和亚硝酸根离子在紫外区 219 nm 处具有等吸收波长的特性,测定提取液的吸光度,其测得结果为硝酸盐和亚硝酸盐吸光度的总和,鉴于新鲜蔬菜、水果中亚硝酸盐含量甚微,可忽略不计。测定结果为硝酸盐的吸光度,可从工作曲线上查得相应的质量浓度,计算样品中硝酸盐的含量。

【仪器】 紫外分光光度计。

【试剂】 ①150 g/L 亚铁氰化钾溶液。②300 g/L 硫酸锌溶液。③氨缓冲溶液(pH 9.6～9.7)。④盐酸。⑤25% 氨水。⑥500 mg/L 硝酸盐标准储备液(以硝酸根计):称取 0.203 9 g 于 110～120 ℃ 干燥至恒重的硝酸钾,用水溶解并转移至 250 mL 容量瓶中,加水稀释至刻度,混匀。于冰箱内保存。

【仪器工作条件】 测定波长 219 nm。

【检测步骤】

匀浆试样 10 g(精确至 0.01 g) 于 250 mL 锥形瓶
├─加水 100 mL,加 5 mL 氨缓冲溶液(pH 9.6 ～ 9.7),2 g 粉末状活性炭
震荡(往复速度为 200 次 /min)30 min
├─定量转移至 250 mL 容量瓶
加 2 mL 150 g/L 亚铁氰化钾溶液和 2 mL 300 g/L 硫酸锌溶液,混匀
├─加水定容,摇匀,放置 5 min
上清液过滤,备用
├─吸取滤液 2 ～ 10 mL 于 50 mL 容量瓶,加水定容,混匀
1 cm 石英比色皿,219 nm 处测定

【标准曲线制备】 分别吸取 0.0 mL、0.2 mL、0.4 mL、0.6 mL、0.8 mL、1.0 mL 和 1.2 mL 硝酸盐标准储备液于 50 mL 容量瓶中,加水定容至刻度,混匀。分别于 1 cm 石英比色皿中,紫外分光光度计波长 219 nm 比色,记录各管吸光度,绘制标准曲线。

【计算】

$$试样中硝酸盐的含量(mg/kg) = \frac{C \times V_1 \times V_3}{m \times V_2}$$

式中,C 为由工作曲线获得的试样溶液中硝酸盐的质量浓度(mg/L);V_1 为提取液定容体积(mL);V_3 为待测液定容体积(mL);m 为试样的质量(g);V_2 为吸取的滤液体积(mL)。

【检测要点】

(1) 本法操作简便、快速,方法灵敏。硝酸盐检出限为 1.2 mg/kg。

(2) 样品除蛋白及脂肪要彻底,无蛋白滤液要清晰透明,否则会影响比色。

(3) 本法参阅:GB 5009.33 - 2016(第三法)。

第四节 · 抗氧化剂检测

食品加工中为防止油脂酸败,制止其自身氧化,常在油脂或含脂肪较高的食品中加入抗氧化剂,以阻止或延缓油脂氧化,提高食品的稳定性和保质期。常用的抗氧化剂有丁基羟基茴香醚(BHA)、二丁基羟基甲苯(BHT)、没食子酸丙酯(PG)、2,4,5 - 三羟基苯丁酮(THBP)、叔丁基对苯二酚(TBHQ)、去甲二氢愈创木酸(NDGA)、没食子酸辛酯(OG)、没食子酸十二酯(DG)等。

抗氧化剂检测方法有高效液相色谱法、气相色谱法、比色法。

一、高效液相色谱法

【原理】油脂样品经有机溶剂溶解后,使用凝胶渗透色谱(GPC)净化;固体类食品样品用正己烷溶解,用乙腈提取,固相萃取柱净化。高效液相色谱法测定,外标法定量。

【仪器】HPLC 仪(具紫外检测器)。

【试剂】①乙腈饱和的正己烷溶液。②正己烷饱和的乙腈溶液。③乙酸乙酯和环己烷混合溶液(1+1)。④乙腈和甲醇混合溶液(2+1)。⑤饱和氯化钠溶液。⑥甲酸溶液(0.1+99.9)。⑦甲酸。⑧乙腈。⑨甲醇。⑩正己烷。⑪乙酸乙酯。⑫环己烷。⑬抗氧化剂标准物质混合储备液:准确称取 0.1 g(精确至 0.1 mg)固体抗氧化剂标准物质,用乙腈溶于 100 mL 棕色容量瓶中,定容至刻度,配制成浓度为 1 000 mg/L 的标准混合储备液,0~4 ℃避光保存。

【仪器工作条件】①色谱柱:C$_{18}$ 柱(50 mm×4.6 mm, 5 μm)或等效色谱柱。②流动相 A:0.5%甲酸水溶液;流动相 B:甲醇。③柱温:35 ℃。④进样量:5 μL。⑤检测波长:280 nm。⑥洗脱梯度:0~5 min 流动相(A)50%;5~15 min:流动相(A)从 50%降至 20%;15~20 min 流动相(A)20%;20~25 min:流动相(A)从 20%降至 10%;25~27 min:流动相(A)从 10%增至 50%;27~30 min:流动相(A)50%。

【检测步骤】

1. 样品提取

(1) 固体类样品

称取 1 g(精确至 0.01 g)试样 50 mL 离心管
├─加 5 mL 乙腈饱和的正己烷溶液,涡旋 1 min,混匀,浸泡 10 min
加 5 mL 饱和氯化钠溶液
├─用 5 mL 正己烷饱和的乙腈溶液涡旋 2 min,3 000 r/min 离心 5 min
收集乙腈层,重复使用 5 mL 正己烷饱和乙腈溶液提取 2 次
├─合并 3 次提取液,加 0.1% 甲酸溶液调节 pH = 4
待净化

(2) 油类

试样 1 g(精确至 0.01 g)于 50 mL 离心管
├─加 5 mL 乙腈饱和的正己烷溶液溶解样品,涡旋 1 min,静置 10 min
5 mL 正己烷饱和的乙腈溶液涡旋提取 2 min,3 000 r/min 离心 5 min
├─收集乙腈层于试管,重复使用 5 mL 正己烷饱和的乙腈溶液提取 2 次,合并 3 次提取液
待净化

2. 净化

C_{18} 固相萃取柱装约 2 g 的无水硫酸钠
├─5 mL 甲醇活化萃取柱,5 mL 乙腈平衡萃取柱,弃去流出液
提取液进柱,弃去流出液
├─5 mL 乙腈和甲醇的混合溶液洗脱,收集洗脱液,40 ℃ 旋转蒸发
加 2 mL 乙腈定容,过滤膜,待测

3. 凝胶渗透色谱法

称取样品 10 g(精确至 0.01 g)100 mL 容量瓶
├─乙酸乙酯和环己烷混合溶液定容,为母液
取 5 mL 母液于 10 mL 容量瓶,乙酸乙酯和环己烷混合溶液定容
├─取 10 mL 待测液加入凝胶渗透色谱进样管净化,收集流出液,40 ℃ 旋转蒸发至干
加 2 mL 乙腈定容,过滤膜,待测

【标准曲线制备】

移取适量体积的浓度为 1 000 mg/L 抗氧化剂标准物质混合储备液分别稀释至浓度为 20 mg/L、50 mg/L、100 mg/L、200 mg/L、400 mg/L 混合标准使用液,注入液相色谱仪中,测定相应的抗氧化剂,以标准工作液的浓度为横坐标,以响应值(如:峰面积、峰高、吸收值等)为纵坐标,绘制标准曲线。色谱图见图 8-5。

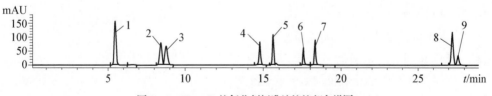

图 8-5 50 mg/L 抗氧化剂标准溶液液相色谱图

从左往右依次是:PG、THBP、TBHQ、NDGA、BHA、Ionox-100、OG、BHT、DG。

【计算】

$$试样中抗氧化剂的含量(mg/kg) = \frac{C \times V}{m}$$

式中，C 为从标准曲线上得到的抗氧化剂溶液浓度($\mu g/mL$)；V 为样液最终定容体积(mL)；m 为称取的试样质量(g)。

【检测要点】

(1) 本法用于食品中没食子酸丙酯(PG)、2,4,5 -三羟基苯丁酮(THBP)、叔丁基对苯二酚(TBHQ)、去甲二氢愈创木酸(NDGA)、叔丁基对羟基茴香醚(BHA)、2,6 -二叔丁基- 4 -羟甲基苯酚(Ionox - 100)、没食子酸辛酯(OG)、2,6 -二叔丁基对甲基苯酚(BHT)、没食子酸十二酯(DG)9 种抗氧化剂的检测。

(2) 使用加接保护色谱柱，主要防止杂质污染分析柱，连接应为零死体积。

(3) 本法参阅：GB 5009.32 - 2016(第一法)。

二、气相色谱法

【原理】 样品中的抗氧化剂用有机溶剂提取、凝胶渗透色谱(GPC)净化后，用气相色谱氢火焰离子化检测器检测，采用保留时间定性，外标法定量。

【仪器】 气相色谱仪(GC)：配氢火焰离子化检测器(FID)。

【试剂】 ①环己烷。②乙酸乙酯。③石油醚。④乙腈。⑤丙酮。⑥乙酸乙酯和环己烷混合溶液(1+1)。⑦BHA、BHT、TBHQ 标准储备液：准确称取 BHA、BHT、TBHQ 标准品各 50 mg(精确至 0.1 mg)，用乙酸乙酯和环己烷混合溶液定容至 50 mL，配制成 1 mg/mL 的储备液，于 4 ℃冰箱中避光保存。

【仪器工作条件】 ①色谱柱：5% 苯基-甲基聚硅氧烷毛细管柱(30 m × 0.25 mm，0.25 μm)或等效色谱柱。②进样口温度：230 ℃。③升温程序：初始柱温 80 ℃，保持 1 min，以 10 ℃/min 升温至 250 ℃，保持 5 min。④检测器温度：250 ℃。⑤进样量：1 μL。⑥进样方式：不分流进样。⑦载气：氮气，纯度≥99.999%，流速：1 mL/min。

【检测步骤】

1. 样品提取

(1) 油脂样品

混合均匀的油脂样品，过 0.45 μm 滤膜
├─准确称取 0.5 g(精确至 0.1 mg)，用乙酸乙酯和环己烷的混合溶液定容至 10.0 mL
混合均匀待净化

(2) 油脂含量较高或中等的样品

称取 5 g 混合均匀的样品置于 250 mL 具塞锥形瓶
├─加适量石油醚，使样品完全浸没，放置过夜，快速滤纸过滤
加乙酸乙酯和环己烷混合溶液准确定容至 10.0 mL，待净化

(3) 油脂含量少的试样

称取 1 g(精确至 0.01 g)试样 50 mL 离心管
├─加 5 mL 乙腈饱和的正己烷溶液，涡旋 1 min，混匀，浸泡 10 min
加 5 mL 饱和氯化钠溶液
├─用 5 mL 正己烷饱和的乙腈溶液涡旋 2 min，3 000 r/min 离心 5 min

收集乙腈层,重复使用 5 mL 正己烷饱和的乙腈溶液提取 2 次
　—合并 3 次提取液,加 0.1% 甲酸溶液调节 pH = 4
待净化

2. 净化

试样经凝胶渗透色谱装置净化
　—收集流出液,蒸发浓缩至近干
乙酸乙酯和环己烷混合溶液定容至 2 mL,待测

【标准曲线制备】吸取标准储备液 0.1 mL、0.5 mL、1.0 mL、2.0 mL、3.0 mL、4.0 mL、5.0 mL 于一组 10 mL 容量瓶中,用乙酸乙酯和环己烷混合溶液定容,注入气相色谱仪中,测定相应的抗氧化剂,以标准工作液的浓度为横坐标,以响应值(如:峰面积峰高、吸收值等)为纵坐标,绘制标准曲线。

【计算】参照一法。

【检测要点】

(1) 本法适用于食品中 BHA、BHT、TBHQ 的测定,检出限:TBHQ 为 5 mg/kg,BHA 为 2 mg/kg,BHT 为 2 mg/kg;定量限均为 5 mg/kg。

(2) 玻璃活塞层析柱,一般长 30 cm、直径 1 cm,柱底放玻璃棉,两端各放少量无水 Na_2SO_4,柱中填放硅胶 6 g 及弗罗里硅土 4 g,用石油醚混合的吸附剂。

(3) 本法适用于植物油、糕点、面包、饼干、蛋糕等样品检测。

(4) 本法参阅:GB 5009.32 - 2016(第四法)。

三、比色法

【原理】试样经石油醚溶解,用乙酸铵水溶液提取后,没食子酸丙酯(PG)与亚铁酒石酸盐起颜色反应,在波长 540 nm 处测定吸光度,与标准比较定量。

【仪器】分光光度计。

【试剂】①石油醚(沸程 30～60℃)。②乙酸铵液(10% 及 1.67% 乙酸铵水溶液)。③显色剂:取 $FeSO_4$ 0.1 g、酒石酸钾钠 0.5 g,加水溶解并定容至 100 mL(临用前配)。④50 μg/mL PG 标准应用液:称取 PG 0.0100 g 溶于水,并定容至 200 mL。

【检测步骤】

称取试样 10.00 g
　—用 100 mL 石油醚溶解,移入 250 mL 分液漏斗
加 20 mL 16.7 g/L 乙酸铵溶液,振摇 2 min,静置分层
　—水层放入 125 mL 分液漏斗
石油醚层再用 20 mL 16.7 g/L 乙酸铵溶液重复提取两次,合并水层
　—石油醚层用水振摇洗涤两次,每次 15 mL,并入同 125 mL 分液漏斗,振摇静置
水层滤入 100 mL 容量瓶,加水定容
　—溶液用滤纸过滤,弃去初滤液的 20 mL,收集滤液
移取 20.0 mL 试样提取液于 25 mL 具塞比色管
　—加 1 mL 显色剂,加 4 mL 水,摇匀
加 2.5 mL 100 g/L 乙酸铵溶液,加水至约 23 mL
　—加 1 mL 显色剂,加水定容至 25 mL,摇匀
1 cm 比色杯,540 nm 处测定

【标准曲线制备】 准确吸取 0.0 mL、1.0 mL、2.0 mL、4.0 mL、6.0 mL、8.0 mL、10.0 mL PG 标准溶液分别置于 25 mL 带塞比色管中,加入 2.5 mL 乙酸铵溶液(100 g/L),加入水至约 23 mL,加入 1 mL 显色剂,再准确加水定容至 25 mL,摇匀。用 1 cm 比色杯,以零管调节零点,在波长 540 nm 处测定吸光度,绘制标准曲线比较。

【计算】

$$试样中 PG 含量(mg/kg) = \frac{M}{m \times \dfrac{V_2}{V_1}}$$

式中,M 为样液中 PG 的质量(μg);m 为称取的试样质量(g);V_2 为测定用吸取样液的体积(mL);V_1 为提取后样液总体积(mL)。

【检测要点】

(1) 本法适用于油脂中 PG 的测定,样品应及时检测,否则易产生检测误差。

(2) 用乙酸铵液提取 PG 时易发生乳化,但可以连同乳化层一起放入检测。

(3) 本法参阅:GB 5009.32 - 2016(第五法)。

第五节 · 甜味剂检测

甜味剂分天然和化学合成两大类。前者有甜叶菊糖苷、甘草等;后者有糖精钠、甜蜜素(环己基氨基磺酸钠)、甜味素(天门冬酰苯丙氨酸甲酯)、安赛蜜(乙酰磺胺酸钾)、木糖醇、阿斯巴甜和阿力甜等。

甜味剂检测方法有高效液相色谱法和气相色谱法。

一、高效液相色谱法

(一) 糖精钠检测

参考防腐剂检测方法:高效液相色谱法。

(二) 阿斯巴甜和阿力甜检测

【原理】 根据阿斯巴甜和阿力甜易溶于水、甲醇和乙醇等极性溶剂不溶于脂溶性溶剂特点,用甲醇水溶液、水、乙醇水溶液等溶液提取样品,然后用正己烷除去脂类成分。各提取液在液相色谱 C_{18} 反相柱上进行分离,在波长 200 nm 处检测,以色谱峰的保留时间定性,外标法定量。

【仪器】 高效液相色谱仪(配有二极管阵列检测器或紫外检测器)。

【试剂】 ①甲醇:色谱纯。②乙醇:优级纯。③0.5 mg/mL 阿斯巴甜和阿力甜的标准储备液:各称取 0.025 g(精确至 0.000 1 g)阿斯巴甜和阿力甜,用水溶解并转移至 50 mL 容量瓶中并定容至刻度,置于 4 ℃ 左右的冰箱保存,有效期为 90 d。

【仪器工作条件】 ①色谱柱:C_{18}(250 mm×4.6 mm, 5 μm)。②柱温:30 ℃。③流动相:甲

醇-水(40+60)或乙腈-水(20+80)。④流速:0.8 mL/min。⑤进样量:20 μL。⑥检测波长:200 nm。

【检测步骤】

(1) 碳酸饮料、浓缩果汁、固体饮料、餐桌调味料和除胶基糖果以外的其他糖果

称取固体饮料或餐桌调味料或除胶基糖果以外的糖果约1g(精确到0.001g)于50 mL烧杯
—碳酸饮料5g或浓缩果汁2g于25 mL容量瓶,备用
加10 mL水,超声波震荡提取20 min,提取液移25 mL容量瓶
—烧杯加10 mL水超声波震荡提取10 min,提取液移入同一25 mL容量瓶。上述容量瓶加水定容
4 000 r/min离心5 min,上清液过滤待测

(2) 乳制品、含乳饮料和冷冻饮品

称取约5g匀浆试样(精确到0.001g)于50 mL离心管
—加10 mL乙醇,盖上盖子,涡旋混匀10 s
静置1 min,4 000 r/min离心5 min,上清液滤入25 mL容量瓶
—沉淀用8 mL乙醇-水(2+1)洗涤,离心,上清液转移入同一25 mL容量瓶
乙醇-水(2+1)定容,过滤待测

(3) 果冻

称取约5g(精确到0.001g)均匀试样于50 mL的比色管
—加25 mL 80%的甲醇水溶液,70℃水浴加热10 min
提取液转入50 mL容量瓶
—用15 mL 80%的甲醇水溶液分2次清洗比色管,每次振摇约10 s
试液并入同一个50 mL的容量瓶,冷却至室温
—80%的甲醇水溶液定容,混匀,4 000 r/min离心5 min
上清液过滤,待测

(4) 蔬菜及其制品、水果及其制品、食用菌和藻类

称取约5g(精确到0.001g)匀浆试样于25 mL的离心管
—加10 mL 70%的甲醇水溶液,摇匀,超声10 min 4 000 r/min离心5 min
上清液转入25 mL容量瓶
—加8 mL 50%的甲醇水溶液重复操作一次,上清液转入同一个容量瓶
50%的甲醇水溶液定容,过滤待测

【标准曲线制备】 将阿斯巴甜和阿力甜标准储备液用水逐级稀释成混合标准系列,阿斯巴甜和阿力甜的浓度均分别为 100.0 μg/mL、50.0 μg/mL、25.0 μg/mL、10.0 μg/mL、5.0 μg/mL 的标准使用溶液系列,将标准系列工作液分别在上述色谱条件下测定相应的峰面积(峰高),以标准工作液的浓度为横坐标,以峰面积(峰高)为纵坐标,绘制标准曲线。标准色谱图见图8-6。

【计算】

$$\text{试样中待测物的含量}(\text{mg/kg}) = \frac{C \times V}{m}$$

式中,C 为从标准曲线计算出进样液中阿斯巴甜或阿力甜的浓度(μg/mL);V 为样液最终定容体积(mL);m 为称取的试样质量(g)。

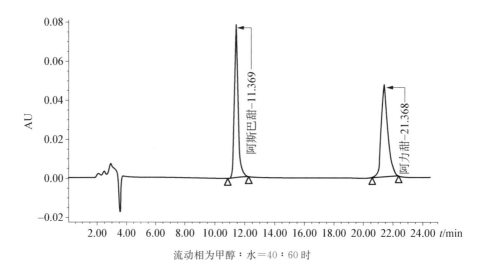

流动相为甲醇∶水＝40∶60时

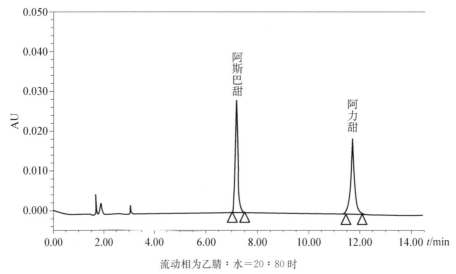

流动相为乙腈∶水＝20∶80时

图 8 - 6　阿斯巴甜和阿力甜标准色谱图

【检测要点】

（1）本法回收率 $100\%\sim106\%$。

（2）如样品含 CO_2、乙醇等应加热除去，再经微孔滤膜过滤。

（3）对于可吸果冻和透明果冻，用玻棒搅匀，含有水果果肉的果冻需要用食品加工机进行匀浆。

（4）本法参阅：GB 5009.263 - 2016。

二、气相色谱法

【原理】 食品中的环己基氨基磺酸钠用水提取，在硫酸介质中环己基氨基磺酸钠与亚硝酸反应，生成环己醇亚硝酸酯和环己醇，用正庚烷萃取后，利用气相色谱氢火焰离子化检测器进行分离及分析,保留时间定性,外标法定量。

【仪器】气相色谱仪:配有氢火焰离子化检测器(FID)。

【试剂】①正庚烷:色谱纯。②石油醚:沸程为30~60℃。③淀粉酶:酶活力≥1 500 U/g。④50 g/L亚硝酸钠溶液。⑤200 g/L硫酸溶液。⑥6.00 mg/mL环己基氨基磺酸标准储备液:准确称取适量环己基氨基磺酸钠标准品(精确至0.1 mg)于100 mL容量瓶中,用水溶解并定容至刻度,混匀(环己基氨基磺酸钠折算为环己基氨基磺酸的换算系数为0.890 7)。

【仪器工作条件】①色谱柱:内涂50%苯基-50%甲基聚硅氧烷的中等极性毛细管柱,30 m×0.32 mm,0.25 μm或等效柱。②柱温升温程序:初温50℃保持3 min,10℃/min升温至70℃保持0.5 min,30℃/min升温至220℃保持3 min。③进样口温度:230℃;氢火焰离子化检测器温度:260℃。④进样量:1 μL;不分流/分流进样,分流比1:5。⑤载气:高纯氮气,流量:2.0 mL/min。⑥氢气:32 mL/min;空气:300 mL/min。

【检测步骤】

1. 样品提取

(1) 巧克力、奶油、奶酪、乳粉、调味面制品、油腐乳、油豆豉、肉及肉制品、水产品罐头等含较高油脂试样

称取打碎、混匀的试样2 g(精确至0.001 g)于离心管
├加20 mL石油醚,涡旋20 min,超声10 min,5 000 r/min离心3 min,弃去石油醚层
加20 mL石油醚提取1次,弃去石油醚层
├(60±2)℃水浴,挥去残留石油醚
加20 mL水,涡旋5 min,超声30 min,混匀后放至室温备用

(2) 果冻、糖果、米粉、淀粉制品等试样

称取打碎、混匀的试样2 g(精确至0.001 g)于离心管
├加20 mL水(米粉、淀粉制品等试样需再加入0.2 g淀粉酶),混匀,(60±2)℃水浴
加热20 min,涡旋5 min,超声提取10 min,混匀后放至室温备用

(3) 其他固体、半固体试样

称取打碎、混匀的试样2 g(精确至0.001 g)于离心管
├加20 mL水,涡旋5 min,超声提取30 min
混匀后放至室温备用

(4) 液体试样

称取2 g试样(精确至0.001 g)于离心管
├加水至20 mL,涡旋5 min,超声提取10 min
混匀后放至室温备用

2. 衍生化

装有试样提取液的离心管置冰浴10 min
├加10 mL正庚烷、5 mL 50 g/L亚硝酸钠溶液、5 mL 200 g/L硫酸溶液,混匀
冰浴放置30 min,其间振摇3~5次
├取出涡旋3 min,4℃ 9 000 r/min离心3 min
上清液过有机相微孔滤膜,待测

【标准曲线制备】 准确移取 0.05 mL、0.10 mL、0.25 mL、0.50 mL、1.00 mL、2.5 mL、5.0 mL 环己基氨基磺酸标准中间液(1200 μg/mL)于离心管中,用水稀释至 20 mL,然后按样品衍生化步骤操作。经衍生化处理的标准系列工作液注入气相色谱仪中,测得相应衍生物的峰面积,以标准系列工作溶液中环己基氨基磺酸的浓度为横坐标,以环己基氨基磺酸衍生物环己醇亚硝酸酯和环己醇两峰面积之和为纵坐标,绘制标准曲线。

【计算】

$$试样中环己基氨基磺酸含量(g/kg) = \frac{C \times V \times 1\,000}{m \times 1\,000 \times 1\,000} \times f$$

式中,C 为从标准曲线计算出进样液中环己基氨基磺酸的质量浓度($\mu g/mL$);V 为加正庚烷体积;m 为称取的试样质量(g);f 为稀释倍数。

【检测要点】

(1) 本法适用于食品(蒸馏酒、发酵酒、配制酒、料酒及其他含乙醇的食品除外)中环己基氨基磺酸盐的测定。

(2) 样品如含 CO_2 和乙醇,应先加热除去,取 20 mL 于具塞比色管中,置冰浴中。然后按固体样操作。

(3) 衍生化过程如果出现乳化现象,可缓慢滴加无水乙醇,同时轻摇离心管,直至破乳,于 4 ℃条件下 9 000 r/min 离心 3 min。

(4) 本法参阅:GB 5009.97 - 2023。

第六节 · 着色剂检测

着色剂分天然和化学合成两大类。前者有从植物中提取的(如姜黄、叶绿素等),也有利用微生物培养成的(如核黄素、红曲等),或从昆虫中提取的(如虫胶色素、胭脂红等);化学合成着色剂有很多,如苋菜红、胭脂红、柠檬黄、靛蓝、日落黄、亮蓝等。

化学合成着色剂检测方法有高效液相色谱法。

高效液相色谱法

【原理】 试样中的合成着色剂用乙醇氨水溶液提取,经固相萃取净化后,用配有二极管阵列检测器的高效液相色谱仪测定,外标法定量。

【仪器】 高效液相色谱仪(带二极管阵列或紫外检测器)。

【试剂】 ①甲醇:色谱纯。②乙醇氨水溶液。③5%甲醇水溶液。④2%氨水甲醇溶液。⑤20 mmol/L 乙酸铵溶液。⑥乙酸铵缓冲溶液(pH=9.0)。⑦2%甲酸水溶液。⑧1.0 mg/mL 标准储备液:准确称取按其纯度折算为 100%质量的柠檬黄、新红、苋菜红、胭脂红、日落黄、诱惑红、亮蓝、酸性红、喹啉黄和赤藓红各 100 mg(精确至 0.1 mg),加水溶解并分别置于 100 mL

容量瓶中,定容至刻度,摇匀,得到浓度为 1.0 mg/mL 的标准储备液。标准储备液可于 4 ℃下避光保存 6 个月,靛蓝标准溶液临用现配。

【仪器工作条件】①色谱柱:C₁₈(250 mm×4.6 mm,5 μm)。②流动相:流动相 A 为 20 mmol/L 乙酸铵溶液,流动相 B 为甲醇,梯度洗脱。③柱温:30 ℃。④进样量:10 μL。⑤二极管阵列检测器波长范围:400~800 nm,检测波长:415 nm(柠檬黄、喹啉黄),520 nm(新红、苋菜红、胭脂红、日落黄、诱惑红、酸性红和赤藓红),610 nm(靛蓝、亮蓝)。

【检测步骤】

1. 样品提取

(1) 液体类试样、冷冻饮品

准确称取试样 2 g(精确至 0.001 g)于 50 mL 具塞离心管
 └─加适量乙醇氨水溶液,涡旋 1 min,5 000 r/min 离心 5 min
加乙醇氨水溶液定容至 50 mL
 └─准确吸取上清液 10 mL,50 ℃下氮气浓缩至 3 mL
分 2~3 次共加入 10 mL 5% 甲醇水溶液溶解,作为待净化液

(2) 固体类试样

准确称取试样 2 g(精确至 0.001 g)于 50 mL 具塞离心管
 └─加适量水 2~5 mL,50 ℃水浴加热混匀样品
加 25 mL 乙醇氨水溶液,涡旋 1 min,50 ℃超声提取 20 min,8 000 r/min 离心 5 min
 └─取上清液于 50 mL 容量瓶
加约 5~10 mL 乙醇氨水溶液,重复操作至上清液无明显颜色
 └─离心合并上清液,用乙醇氨水溶液定容
准确吸取提取液 10 mL,50 ℃下氮气浓缩至 3 mL
 └─分 2~3 次共加入 10 mL 5% 甲醇水溶液溶解
待净化液

(3) 含油量较大的试样

准确称取试样 2 g(精确至 0.001 g)于 50 mL 具塞离心管
 └─加 20 mL 石油醚,涡旋 1 min,超声提取 10 min,8 000 r/min 离心 5 min,弃去上清液
加 25 mL 乙醇氨水溶液,涡旋 1 min,50 ℃超声提取 20 min,8 000 r/min 离心 5 min
 └─取上清液于 50 mL 容量瓶
加约 5~10 mL 乙醇氨水溶液,重复操作至上清液无明显颜色
 └─离心合并上清液,用乙醇氨水溶液定容
准确吸取提取液 10 mL,50 ℃下氮气浓缩至 3 mL
 └─分 2~3 次共加 10 mL 5% 甲醇水溶液溶解
待净化液

2. 试样净化

依次用 6 mL 甲醇和 6 mL 水活化固相萃取柱
 └─待净化液以 2~3 s 1 滴的流速加载到固相萃取柱
依次用 6 mL 2% 甲酸水溶液和 6 mL 甲醇淋洗固相萃取柱,弃去淋洗液
 └─真空抽 2 min 至柱体近干
6 mL 2% 氨化甲醇溶液洗脱,分两次加入,每次 3 mL 流速低于 2~3 s 1 滴
 └─洗脱液于 50 ℃氮气浓缩至近干,准确加 2 mL pH 为 9.0 的乙酸铵缓冲溶液溶解
0.45 μm 滤膜过滤待测

【标准曲线制备】吸取 $50\,\mu g/mL$ 混合标准中间液:$0.2\,mL$、$0.5\,mL$、$1.0\,mL$、$2.0\,mL$、$5.0\,mL$ 和 $10.0\,mL$ 于 $50\,mL$ 容量瓶中,用水稀释至刻度,摇匀,得到标准系列工作液。分别取 $10\,\mu L$ 注入 HPLC 仪,以峰面积为纵坐标、标准液含量为横坐标,绘制标准曲线。色谱图见图 8-7。

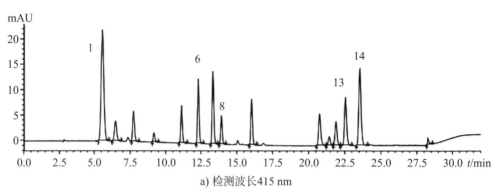

a) 检测波长 415 nm

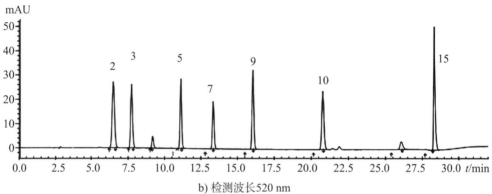

b) 检测波长 520 nm

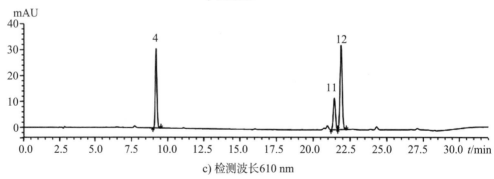

c) 检测波长 610 nm

图 8-7　11 种合成着色剂标准溶液($10.0\,\mu g/mL$)高效液相色谱图

编号 1—15 依次为:柠檬黄、新红、苋菜红、靛蓝、胭脂红、喹啉黄 1、日落黄、喹啉黄 2、诱惑红、酸性红、亮蓝 1、亮蓝 2、喹啉黄 3、喹啉黄 4、赤藓红。

【计算】

$$试样中合成着色剂的含量(g/kg) = \frac{C \times V_1 \times V_2}{m \times V_3 \times 1\,000}$$

式中,C 为从标准曲线计算出进样液中着色剂的浓度($\mu g/mL$);V_1 为样品经净化洗脱后的最终定容体积(mL);V_2 为样品提取液体积(mL);V_3 为用于净化分取的样品提取液体积(mL);m 为试样的取样量(g);1000 为换算系数。

【检测要点】

(1) 本法适用于食品中 11 种合成着色剂(柠檬黄、新红、苋菜红、靛蓝、胭脂红、日落黄、诱惑红、亮蓝、酸性红、喹啉黄和赤藓红)的测定。

(2) 当样品取样量为 2 g,定容体积为 2 mL 时,柠檬黄、新红、胭脂红、日落黄、喹啉黄、赤藓红的检出限均为 0.5 mg/kg,定量限均为 1.5 mg/kg;苋菜红、诱惑红、亮蓝、酸性红、靛蓝的检出限均为 0.3 mg/kg,定量限均为 1.0 mg/kg。

(3) 含 CO_2 及乙醇的样品应先加热除去;巧克力、豆类样品用水多次洗至为无色时为止,再按固体样检测步骤操作。

(4) 对固体类试样、含油量较大的试样,试样提取时 50 ℃ 超声或振摇(速率≥250 r/min)提取 20 min,8 000 r/min 离心 5 min,若离心后提取液仍然浑浊,可转入高速离心机专用管,15 000 r/min 离心 5 min。

(5) 本法参阅:GB 5009.35 - 2023。

第七节·漂白剂检测

漂白剂主要有 Na_2SO_3、$NaHSO_3$、低 Na_2SO_3(又称保险粉)、焦 Na_2SO_3、硫磺及 SO_2 等。漂白剂检测方法有副玫瑰苯胺分光光度法、离子色谱法和试纸快速定性法。

一、副玫瑰苯胺分光光度法

【原理】样品直接用甲醛缓冲吸收液浸泡或加酸充氮蒸馏-释放的二氧化硫被甲醛溶液吸收,生成稳定的羟甲基磺酸加成化合物,酸性条件下与盐酸副玫瑰苯胺,生成蓝紫色络合物,该络合物的吸光度值与二氧化硫的浓度成正比。

【仪器】紫外可见分光光度计。

【试剂】①1.5 mol/L 氢氧化钠溶液。②0.05 mol/L 乙二胺四乙酸二钠溶液。③甲醛缓冲吸收储备液。④甲醛缓冲吸收液。⑤0.5 g/L 盐酸副玫瑰苯胺溶液。⑥3 g/L 氨基磺酸铵溶液。⑦6 mol/L 盐酸溶液。⑧10 $\mu g/mL$ 二氧化硫标准使用液:准确吸取 100 $\mu g/mL$ 二氧化硫标准溶液 5.0 mL,用甲醛缓冲吸收液定容至 50 mL。临用现配。

【检测步骤】

固体试样约 10 g(精确至 0.01 g)

├─加甲醛缓冲吸收液 100 mL,震荡浸泡 2 h,过滤

滤液 0.50 ～ 10.00 mL 置于 25 mL 具塞试管

├─加甲醛缓冲吸收液至 10.00 mL

加 0.5 mL 3 g/L 氨基磺酸铵溶液,0.5 mL 1.5 mol/L 氢氧化钠溶液

├─加 0.5 g/L 盐酸副玫瑰苯胺溶液 1.0 mL,摇匀,放置 20 min

待测

【标准曲线制备】 分别准确量取 0.00 mL、0.20 mL、0.50 mL、1.00 mL、2.00 mL、3.00 mL 二氧化硫标准使用液置于 25 mL 具塞试管中,加入甲醛缓冲吸收液至 10.00 mL,再依次加入 0.5 mL 3 g/L 氨基磺酸铵溶液,0.5 mL 1.5 mol/L 氢氧化钠溶液,1.0 mL 0.5 g/L 盐酸副玫瑰苯胺溶液,摇匀,放置 20 min 后,用紫外可见分光光度计在波长 579 nm 处测定标准溶液吸光度,并以质量为横坐标,吸光度为纵坐标绘制标准曲线。

【计算】

$$试样中待测物的含量(mg/kg) = \frac{(m_1 - m_0) \times V_1 \times 1\,000}{m_2 \times V_2 \times 1\,000}$$

式中,m_1 为由标准曲线中查得的测定用试液中二氧化硫的质量(μg);m_0 为由标准曲线中查得的测定用空白溶液中二氧化硫的质量(μg);V_1 为试样提取液/试样蒸馏液定容体积(mL);m_2 为试样的质量(g);V_2 为测定用试样提取液/试样蒸馏液的体积(mL)。

【检测要点】

(1) 本法适用于白糖及白糖制品、淀粉及淀粉制品和生湿面制品中二氧化硫的测定。方法简便、快捷,灵敏度高,再现性良好。

(2) 甲醛应无聚合沉淀为宜。

(3) 如无盐酸副玫瑰苯胺,可用盐酸品红代替。

(4) 检测时 HCl 用量应控制好。过量使显色浅,量少使显色深。

(5) SO_2 标准应用液应使用新标定的标准贮存液配制,否则含量会因时间长而降低。

(6) 显色时间在 10~30 min 内稳定,温度在 10~25 ℃ 稳定,故比色时应控制好温度与时间,否则影响测定结果。

(7) 本法参阅:GB 5009.34 - 2022(第二法)。

二、离子色谱法

【原理】 试样中亚硫酸盐系列物质经酸处理转化为二氧化硫,通过充氮-水蒸气蒸馏随水蒸气馏出,经过氧化氢溶液吸收并被氧化生成硫酸,溶液中的硫酸根离子经离子色谱柱分离,电导检测器检测,外标法定量。

【仪器】 离子色谱(IC)仪(具电导检测器及 H_2SO_3 捕集装置)。

【试剂】 ①3% 过氧化氢溶液。②吸收液。③6 mol/L 盐酸溶液。④1 000 μg/mL 硫酸根离子标准溶液。

【仪器工作条件】 ①色谱柱:采用以烷醇季铵为功能基的乙基乙烯基苯-二乙烯基苯超大孔乳聚凝胶型聚合物树脂作为填料的高容量阴离子交换柱(250 mm×4 mm,9 μm)或等效柱,保护柱使用相同填料的阴离子交换柱(50 mm×4 mm,13 μm)。②柱温:30 ℃。③淋洗液:20 mmol/L 氢氧化钾溶液(或等效淋洗液)。④流速:1.0 mL/min。⑤抑制器:阴离子抑制器,抑制电流 50 mA(或等效抑制器)。⑥检测器:电导检测器,检测池温度 35 ℃。⑦进样体积:100 μL。仪器装置图见图 8 - 9。

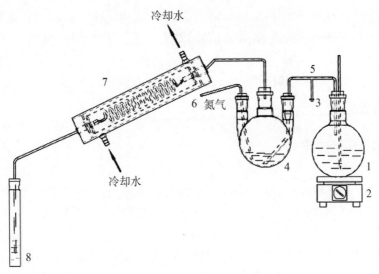

图 8-9　离子色谱法水蒸气蒸馏装置原理图

1.圆底烧瓶;2.加热设备;3.泄压阀门口;4.三颈圆底烧瓶;5.连接管;6.通氮气口;7.冷凝管;8.接收瓶

【检测步骤】

固体或半流体试样 10 g(精确至 0.01 g)置于圆底烧瓶 D 中
├加水 50 mL,振摇,均匀,接通氮气保护
接通水蒸气蒸馏瓶 A,吸收瓶 H 中加 3% 过氧化氢溶液 20 mL 作为吸收液
├吸收管下端插入吸收液液面
D 瓶中沿瓶壁加 10 mL 6 mol/L 盐酸溶液
├蒸馏,A 瓶沸腾并调整蒸馏火力,蒸馏至瓶 H 中溶液总体积约为 95 mL
用水洗涤尾接管并将其转移至 100 mL 容量瓶,加水定容
├摇匀放置 1 h
滤膜过滤

【标准曲线制备】 准确吸取硫酸根离子标准溶液 5.00 mL,置 50 mL 容量瓶中,加水定容至刻度。准确吸取 0.10 mL、0.20 mL、0.50 mL、1.00 mL、2.00 mL、4.00 mL,置 10 mL 容量瓶中,加水定容至刻度,精密吸取硫酸根离子标准使用溶液 100 μL,从低浓度到高浓度依次进样,得到上述浓度标准溶液的色谱图,以硫酸根离子浓度为横坐标,峰面积或峰高为纵坐标绘制标准曲线。

【计算】

$$试样中待测物的含量(mg/kg) = \frac{(C - C_0) \times V \times f \times 1\,000}{m \times 1\,000} \times 0.666\,9$$

式中,C 为测定用试样中硫酸根离子的含量(μg/mL);C_0 为试剂空白溶液中硫酸根离子的含量(μg/mL);V 为试样定容的体积(mL);f 为试样溶液稀释倍数;m 为试样的质量(g);0.666 9 为硫酸根换算为二氧化硫的系数。

【检测要点】

(1)当固体或半流体称样量为 10 g,定容体积为 100 mL,检出限为 2 mg/kg,定量限为

6 mg/kg;液体取样量为 10 mL 时,定容体积为 100 mL,检出限为 2 mg/L,定量限为 6 mg/L。

（2）如有 NO_2 干扰可用氨基磺酸铵消除;如有甲醛、糠醛干扰,可用 2,4 -二硝基苯肼去除。

（3）吸收 A 管中吸收液应保证为 10 mL,如不足可在测定前补足至 10 mL。

（4）本法参阅:GB 5009.34 - 2022(第三法)。

三、试纸快速定性法

【试剂】①0.5％淀粉液:煮沸 10 min。②淀粉试纸制备:将白色滤纸浸于 0.5％淀粉液中,浸透 3 次,在 30 ℃烘箱中干燥,切成 5 cm×2 cm 淀粉纸条,干燥保存。③0.1％ KI 液。④1.2％ I 液。⑤H_3PO_4(1＋1)。⑥1 mol/L NaOH 液。

【淀粉检测试纸制备】检测前制作,取淀粉试纸用 0.1％ KI 液浸湿,贴悬于碘量瓶塞底,碘量瓶中加入 1.2％ I 液,将瓶塞盖好,放置 10 s 左右,淀粉试纸呈现浅蓝色,即检测试纸制成。

【检测步骤】

（1）游离 SO_2 检测

样品 20 g 于碘量瓶
├─加水 20 mL 混匀,加 H_3PO_4(1＋1) 数滴于样液,碘量瓶塞(附着淀粉检测试纸条) 盖好
试纸条 5 min 内褪色为阳性

（2）结合 SO_2 检测

样品 20 g 于碘量瓶
├─加水 20 mL 混匀,加 1 mol/L NaOH 液呈碱性,5 min 后
加 H_3PO_4(1＋1) 酸化
├─碘量瓶(附着淀粉检测试纸条) 盖好
试纸条 5 min 内褪色为阳性

【检测要点】

（1）本法适用于水果、蔬菜等食品中游离和结合型 SO_2 的定性检测,样品中含有 2 mg/kg SO_2 可被检出。

（2）样品如为液体,取 20 mL 样液即可检测。

（3）含有大蒜、洋葱制品,当用 NaOH 液处理后,也会使淀粉检测试纸褪色,故有误判含有结合型 SO_2;而游离型 SO_2 检测不产生误差。

第九章
腐败变质及其检测

食品腐败变质系指在腐败细菌为主的各种因素(如日光、水分、温度、空气等)作用下,使食品降低或丧失食用价值和商品价值的一切变化。具体表现在 3 个方面:①食物新鲜度丧失。如瓜、果、蔬菜等的叶面、果皮失去水分,呈干瘪状,枯黄;鱼、虾、肉等色泽暗褐无光,表面发黏、有异味、鱼鳞易脱落、鱼眼球下陷、鱼鳃褐色、水产品腥臭等。②蛋白质腐败变质。特别是肉、蛋、乳、水产品等富含蛋白质的食品,更适宜微生物生长繁殖,由各种腐败细菌所产生的蛋白水解酶类的分解作用,从而使蛋白质发生以恶臭为主的腐败变化。例如,精氨酸、鸟氨酸经脱羧作用分解成尸胺、腐胺等有机碱类,一般称为肉毒胺类;甘氨酸、组氨酸则分解为甲胺、组织胺;胱氨酸、半胱氨酸及其含硫氨基酸分解为硫化氢、硫醇、粪臭素(甲基吲哚)与吲哚等。③脂肪酸败变质。含脂肪高的食品易受不良因素和微生物作用,发生水解和氧化过程,使油脂变酸、变苦涩味等,进而产生过氧化物及醛类、酮类及羧酸类等有毒有害物质。

第一节 · 概　　述

一、对人体的毒性与危害

(一) 引起人食物中毒
食物腐败变质的产物会使人食后中毒,呈现恶心呕吐、腹疼、腹泻及全身乏力等症状,严重者因高热、脱水、衰竭而死亡。

(二) 诱发人某些疾病
据知油脂酸败变质产物丙烯醛是人的许多癌症诱发剂;又如油脂酸败产物,对人体某些酶系统(如琥珀酸脱氢酶、细胞色素氧化酶等)都有破坏作用,从而使人免疫功能下降;如长期食用酸败变质的油脂,还可因必需脂肪酸的吸收及代谢受到障碍,而发生必需脂肪酸缺乏症。

(三) 营养素大量破坏
油脂酸败变质后绝大多数维生素均失去活性和遭到严重破坏,人食后缺乏多种维生素,导致维生素缺乏症。

二、检测意义

当肉、蛋、乳、水产品的腐败变质及油脂酸败变质,会导致人食后中毒的危险。此类事件屡见发生。2019年10月23日,广州市海珠区一大型公司食堂发生一起7人食用变质红烧鲣鱼引起的组胺食物中毒事件,剩余红烧鲣鱼检出组胺533 mg/100 g,是国家规定限量标准(40 mg/100 g)的13.3倍;上海曾发生多起鲐鱼组胺中毒事件,仅上海市闸北区(现合并改为静安区)某供应站因加冰不足,致使鱼体产生大量组胺,从而导致11家工厂职工在餐厅食后中毒;2021年9月23日,河南省郑州市一名年仅20岁的男子突然癫痫发作浑身抽搐,意识丧失,医生诊断后发现,男子因食用隔夜螃蟹导致组胺中毒,激发了癫痫发作,全身抽搐意识丧失。

因此,食品卫生工作者,既要高度重视食品的腐败变质,及时加强检测,做好食物的防腐保鲜,又要做好食品卫生监督工作,消除隐患,确保消费者的健康。

反映食品新鲜度及腐败变质的检测项目主要有:pH、挥发性盐基氮、组胺、酸价、过氧化值、羰基价、丙二醛的检测。

第二节·pH 检 测

食品pH也叫有效酸度。食品中的酸不只是一种酸味成分,它在食品的加工、储藏、运输与品质管理等方面都是重要的分析项目,食品pH与原料品种、成熟度以及加工方法均相关。对于肉食品,特别是鲜肉,通过对肉中pH的测定有助于评定肉的品质(新鲜度)和动物宰前的健康状况。动物在宰前,肌肉pH为7.1～7.2,宰后由于肌肉代谢发生变化,使肉的pH下降,宰后1h的鲜肉,pH为6.2～6.3;24h后,pH下降到5.6～6.0,这种pH可一直维持到肉发生腐败分解之前,此pH称为"排酸值"。当肉腐败时,由于肉中蛋白质在细菌酶的作用下,被分解为氨或胺类等碱性化合物,可使肉的pH显著增高;此外,动物在宰前由于过劳患病,肌糖原减少,宰后肌肉中乳酸形成减少,pH值也因此增高。

pH测定方法有pH试纸法、标准色管比色法和pH计法,其中以pH计法准确且简便。

一、pH 计法(电位法)

【原理】pH计法利用电极在不同溶液中所产生的电位变化来测定溶液的pH。将一个测试电极(玻璃电极)和一个参比电极(饱和甘汞电极)同浸于一个溶液中组成一个原电池。玻璃电极所显示的电位可因溶液氢离子浓度不同而改变,甘汞电极的电位保持不变,因此电极之间产生电位差(电动势),电池电动势大小与溶液pH有直接关系:

$$E = E_0 - 0.0591 pH(25\,℃)$$

即在25℃时,每差一个pH单位就产生59.1 mV的电池电动势,利用酸度计测量电池电动势并直接以pH值表示,故可从酸度计表头上读出样品溶液的pH值。

【仪器】pHS-3C型酸度计(或其他型号);231型(或221型)玻璃电极及232型(或222型)甘汞电极。

【试剂】①pH 1.68(20℃)标准缓冲液。②pH 4.01(20℃)标准缓冲液。③pH 6.88(20℃)标准缓冲液。④pH 9.23(20℃)标准缓冲液。

【检测步骤】

（1）液体样品

试样于烧杯中
 ├─充分摇匀；若有 CO_2，置 40 ℃ 水浴中加热 30 min，冷却后备用
酸度计
 ├─校正酸度计
 │ 将 pH 玻璃电极插入烧杯中，酸度计检测 pH 值
记录读数

（2）果蔬样品

试样榨汁后，取果汁于烧杯
 ├─充分摇匀，待检
酸度计
 ├─校正酸度计
 │ 将 pH 玻璃电极插入烧杯中，酸度计检测 pH 值
记录读数

（3）肉类制品

试样去油脂并捣碎后，称取 10 g 于 250 mL 锥形瓶
 ├─加 100 mL 无 CO_2 蒸馏水，浸泡 15 min，随时摇动，过滤
滤液于烧杯
 ├─校正酸度计
 │ 将 pH 玻璃电极插入烧杯中，酸度计检测 pH 值
记录读数

（4）鱼类等水产品

试样切碎后取 10 g 于 250 mL 锥形瓶
 ├─加 100 mL 无 CO_2 蒸馏水，浸泡 30 min，随时摇动，过滤
滤液于烧杯
 ├─校正酸度计
 │ 将 pH 玻璃电极插入烧杯中，酸度计检测 pH 值
记录读数

（5）皮蛋等蛋制品

洗净剥壳的皮蛋数个于组织捣碎机
 ├─按皮蛋∶水为 2∶1 的比例加入无 CO_2 蒸馏水，捣成匀浆
匀浆 15 g 于 250 mL 锥形瓶
 ├─加 150 mL 无 CO_2 蒸馏水，搅匀，过滤
滤液于烧杯
 ├─校正酸度计
 │ 将 pH 玻璃电极插入烧杯中，酸度计检测 pH 值
记录读数

（6）罐头制品（液固混合样品）

试样沥汁液或液固混合捣碎（如有油脂，应先分出油脂）
 ├─取浆汁液或浆状物于烧杯，摇匀，待检

酸度计
— 校正酸度计

   将 pH 玻璃电极插入烧杯中，酸度计检测 pH 值

记录读数

（7）含油及油浸样品

分离试样的油脂，固形物于捣碎机
— 捣成浆状

   必要时，加 150 mL 无 CO_2 蒸馏水（20 mL/100 g 样品），搅匀

浆状样于烧杯
— 校正酸度计

   将 pH 玻璃电极插入烧杯中，酸度计检测 pH 值

记录读数

【检测要点】

（1）pH 计法适用于肉、蛋、果蔬及其制品、饮料、罐头等食品中 pH 的测定。

（2）样品的 pH 可能会因吸收 CO_2 等因素而改变，所以试液制备后须立即测定。

（3）新电极或很久未用的干燥电极，必须预先浸在蒸馏水或 0.1 mol/L 盐酸溶液中 24 h 以上，其目的是使玻璃电极球膜表面形成有良好离子交换能力的水化层。玻璃电极不用时，宜浸在蒸馏水中。

（4）pH 计在使用前须选择适当的标准缓冲液对仪器进行校正，仪器一经标定，定位和斜率二旋钮就不得随意触动，否则必须重新标定。

二、比色法

比色法是利用不同的酸碱指示剂来显示 pH，由于各种酸碱指示剂在不同的 pH 范围内显示不同的颜色，故可用不同指示剂的混合物显示各种不同的颜色来指示样液的 pH。

根据操作方法的不同，此法又分为试纸法和标准管比色法。

1. 试纸法（尤其适用于固体和半固体样品的 pH 测定）

将滤纸裁成小片，放在适当的指示剂溶液中，浸渍后取出干燥即可，用一干净的玻璃棒蘸上少量样液，滴在经过处理的试纸上（有广泛与精密试纸之分），使其显色，在 2～3 s 后，与标准色相比较，以测出样液的 pH。此法简便、快速、经济，但结果不够准确，仅能粗略估计样液的 pH。

2. 标准管比色法

用标准缓冲液配制不同 pH 的标准系列，再各加适当的酸碱指示剂使其于不同 pH 值条件下呈不同颜色，即形成标准色，在样液中加入与标准缓冲液相同的酸碱指示剂，显色后与标准管的颜色进行比较，与样液颜色相近的标准管中缓冲溶液的 pH 即为待测样液的 pH。

此法适用于色度和混浊度甚低的样液 pH 的测定，因其受样液颜色、浊度、胶体物和各种氧化剂和还原剂的干扰，故测定结果不甚准确，其测定仅能准确到 0.1 个 pH 单位。

第三节 · 挥发性盐基氮检测

挥发性碱性总氮(TVBN),也称总挥发性盐基氨。是动物性食品在腐败过程中,由细菌酶的作用,使蛋白质分解而形成的物质。此类产物系碱性含氮物质,主要包括氨及少量伯胺和叔胺等,并均具有挥发性。TVBN 与动物性食品腐败程度之间有明确的对应关系,故检测食品中 TVBN 的含量,将有助于判定食品的新鲜度和确定食品的质量。

TVBN 检测方法有半微量定氮法和微量扩散法。

一、半微量定氮法

【原理】样品滤液与弱碱性 MgO 反应后,使肉中的碱性含氮物质游离,并被蒸馏出来,用 2% H_3BO_3(含混合指示剂)吸收,再以标准酸滴定,求其含量。

【仪器】凯氏定氮蒸馏装置(图 9-1)。

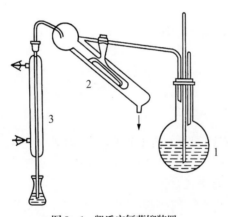

图 9-1 凯氏定氮蒸馏装置

1.蒸馏瓶;2.反应瓶;3.冷凝管

【试剂】①1% MgO 混悬液。②2% H_3BO_3 吸收液。③0.010 0 mol/L HCl 标准液。④混合指示剂:0.2%甲基红乙醇液 1 份与 0.2%溴甲酚绿乙醇液 5 份,现用现配。

【检测步骤】

样品(10 g)于烧杯中
  ├─加水 100 mL 混匀,浸泡 30 min 过滤
滤液 5 mL 于蒸馏器反应室中
  ├─加 1% MgO 液 5 mL,盖塞,并用水封口,通入蒸汽蒸馏
    在冷凝管下端放有吸收液 10 mL(含 2 滴混合指示剂)的锥形瓶
蒸馏液于锥形瓶吸收液中
  ├─蒸馏 5 min 后停止,取下冷却

蒸馏液于锥形瓶吸收液中
├─用 0.0100 mol/L HCl 标准液滴定刚呈桃红色为终点
记录标准液消耗的体积(mL)(同时做空白试验)

【计算】

$$食品中\ TVBN\ 含量(mg/100\,g) = \frac{(V_1 - V_2) \times C \times 14 \times 100}{m \times 5/100}$$

式中,V_1 为样液消耗 HCl 标准液体积(mL);V_2 为空白液消耗 HCl 标准液体积(mL);C 为 HCl 标准液浓度(0.0100 mol/L);m 为样品质量(g);14 为 1 mol/L HCl 标准液 1 mL 相当于氮的毫克数。

【检测要点】

(1) 肉浸液过滤可采用数层纱布除肉渣。

(2) 蒸馏过程中,冷却水不能中断;通入蒸汽时所有管道应密闭,不能漏气。

(3) 半微量蒸馏装置在使用前、后均需用蒸汽充分洗干净,并先作空白试验,空白值很低时,样液方可检测。

(4) 每个样品检测之间应用蒸馏水洗 2～3 次。

(5) 所用水均为无氨水。

(6) 本法参阅 GB 5009.228 - 2016。

二、微量扩散法

【仪器】 微量扩散皿(标准型)。

【试剂】 ①水溶性胶:取阿拉伯胶 10 g 于研钵中,加水 10 mL、甘油 10 mL、无水 K_2CO_3(或 Na_2CO_3)5 g,研匀保存。②饱和 K_2CO_3 液:取 K_2CO_3 50 g,加水 50 mL,微热助溶,取上清液用。③其余试剂参照半微量定氮法。

【检测步骤】 样品处理同半微量定氮法。

微量扩散皿(编号)
├─将胶涂于皿边缘。在皿中央内室加 2‰ H_3BO_3 吸收液 1 mL、混合指示剂 1 滴
│ 在皿外室一侧加样品滤液 1 mL
│ 另一侧加饱和 K_2CO_3 液 1 mL,加盖密封
微量扩散皿
├─在台面上轻轻水平转动扩散皿,置恒温箱(37 ℃)
│ 2 h 后取出,揭盖
用 0.0100 mol/L HCl 标准液滴定呈蓝紫色,记录消耗毫升数(同时做空白试验)

【计算】 公式参照半微量定氮法。

【检测要点】

(1) 扩散皿要求清洁、干燥,不带酸碱性。

(2) 操作应保持皿呈水平状态;向外室加碱液要小心,防止溅入内室;加盖要密封,否则会使检测结果偏低。

(3) 本法滴定终点应严格控制,勿使过量。

（4）平行样各制 3 份扩散皿，每份标准酸滴定差应≤0.05～0.60 mL。

（5）本法参阅 GB 5009.228 - 2016。

第四节·组 胺 检 测

组胺是鱼体中游离组氨酸在组氨酸脱羧酶催化下，发生脱羧反应而形成的一种胺类。脱羧酶是来自一些含有组氨酸脱羧酶的微生物，如摩根氏变形杆菌、组胺无色杆菌等。一般情况，鱼体中组胺含量与细菌污染鱼体中组胺脱羧酶活力呈正相关。

组胺检测方法有偶氮反应分光光度法和高效液相色谱法。

偶氮反应分光光度法

【仪器】分光光度计。

【试剂】①5％ Na_2CO_3 液。②25％ NaOH 液。③正戊醇。④10％三氯乙酸液。⑤偶氮试剂：a. 称取对硝基苯胺 0.5 g，HCl 5 mL 溶解，用水定容至 200 mL，置冰箱中。b. 称取 $NaNO_2$ 0.5 g，水溶解并定容至 100 mL。临用前，将 a 液 5 mL 与 b 液 40 mL 混合后立即使用。⑥组胺标准贮存液（1 mg/mL）：称取于 105 ℃烘 2 h 的磷酸组胺 0.276 7 g，溶于水，并定容至 100 mL。⑦组胺标准应用液（20 μg/mL）。

【检测步骤】

样品（10 g）于具塞锥形瓶中
——加 10％ 三氯乙酸 30 mL，浸泡 3 h，过滤

滤液 1 mL 于分液漏斗中
——用 25％ NaOH 液调呈碱性，加正戊醇 3 mL，振摇 5 min
　静置分层，正戊醇收于 10 mL 比色管中，重复 3 次，合并
　正戊醇，并定容至刻度

正戊醇提取液 1 mL 于另一分液漏斗中
——用 1 mol/L HCl 3 mL×3，分 3 次提取，合并 HCl 于 10 mL
　比色管中，并定容至刻度

HCl 提取液 1 mL 于另一 10 mL 比色管中
——加 5％ Na_2CO_3 液 3 mL、偶氮试剂 3 mL，用水定容至 10 mL
　混匀，放 10 min

于 1 cm 比色皿，波长 480 nm，空白管调零比色，记录吸光度

【标准曲线制备】吸取组胺标准应用液（20 μg/mL）0.0 mL、0.2 mL、0.4 mL、0.6 mL、0.8 mL、1.0 mL，分别于 10 mL 比色管中，各加 1 mol/L HCl 1 mL、5％ Na_2CO_3 液 3 mL、偶氮试剂 3 mL，用水定容至 10 mL，混匀，10 min 后比色，记录各管吸光度，绘制标准曲线。

【计算】

$$食品中组胺含量（mg/100 g）= \frac{C \times 100}{m \times 1/V_1 \times 1/10 \times 1/10 \times 1000}$$

式中，C 为样液吸光度查标准曲线对应组胺含量（μg）；m 为样品质量（g）；V_1 为加入 10％三氯

乙酸的体积(mL)。

【检测要点】

(1) 用三氯乙酸除样液中蛋白质要彻底。

(2) 在操作中,必须用 pH 试纸来判断酸和碱性。

(3) 在组胺标准应用液制备标准曲线时,分别加 1 mol/L HCl 1 mL,而样品 HCl 提取液中,不应再加,否则 HCl 过量会使结果偏低。

(4) 本法参阅 GB 5009.208 - 2016。

第五节 · 油脂中酸价检测

油脂中酸价的高和低能反映出油脂品质的优和劣。因油脂在贮存过程中,由于微生物、酶和热作用下水解,产生游离脂肪酸。其游离脂肪酸含量高,酸价也高;反之,酸价越低,油脂质量越好。

油脂中酸价检测主要采用氢氧化钾滴定法。

氢氧化钾滴定法

【原理】 样品中游离脂肪酸用有机溶剂提取,然后用 KOH 标准液滴定中和,根据所消耗的 KOH 标准液体积(mL),计算出脂肪的酸价。

【试剂】 ①1％酚酞乙醇液。②中性醇醚混合液:乙醚 2 份和 95％乙醇 1 份混合,每 100 mL 混合液中加 1％酚酞乙醇液 0.5 mL,用 0.1 mol/L KOH 液中和刚显微红色。③0.1000 mol/L KOH 标准液。

【检测步骤】

样品(5 g) 于具塞锥形瓶中
—加中性醇醚混合液 5 mL,混匀,于水浴(40 ℃) 中
　不断振摇至透明,取出
提取液于锥形瓶中
—加指示剂 3 滴,用 0.1000 mol/L KOH 标准液滴至浅红色
记录 0.1000 mol/L KOH 标准液体积(mL)(同时做空白试验)

【计算】

$$油脂酸价 = \frac{V \times C \times 5.61}{m}$$

式中,V 为 0.1000 mol/L KOH 液消耗体积(mL);C 为 KOH 液浓度(0.1000 mol/L);m 为样品质量(g);5.61 为 1 mL 0.1000 mol/L KOH 标准液所含 KOH 的毫克数。

【检测要点】

(1) 采固体油脂样品时,多切取内层油膘,因为表层已有程度不同的氧化酸败物质产生,影响检测值,也不能反映整体酸败变质程度。

（2）液体样用干燥的特制镀镍杆状采样器，斜角插入油桶至桶底，取出样移入广口瓶，一般为 500 mL。

（3）检测样品量一般为 5 g 左右，如酸价高则可取 1 g。

（4）如油脂或肉脂酸败变质严重，检测可改用 1‰麝香草酚蓝乙醇指示剂。

（5）用 KOH 标准液滴定不能过量，以免发生皂化浑浊，使结果偏低。

（6）样品检测应做两个平行样滴定，两个平行样滴定相差不应过大，允许差应≤5%为宜。

（7）本法参阅 GB 5009.229 - 2016。

第六节 · 油脂过氧化值检测

过氧化值检测可作为油脂变质初期指标。往往因油脂尚未出现酸败现象，已有较多过氧化物产生，这表示油脂已开始变质了，故过氧化值与油脂的新鲜度密切相关。

油脂过氧化值检测主要采用硫代硫酸钠滴定法。

硫代硫酸钠滴定法

【原理】油脂中的过氧化物与 KI 作用，析出游离的 I^-，再用 $Na_2S_2O_3$ 标准液滴定碘，以其消耗的体积求出过氧化值，用碘的百分数表示。

【试剂】①KI 饱和液：取 KI 20 g，加水 10 mL，微热助溶，冷却贮于棕色瓶，避光保存。②0.001 0 mol/L $Na_2S_2O_3$ 标准液。③0.5%淀粉指示剂。④冰乙酸＋氯仿液(4＋6)。

【检测步骤】

样品(5 g) 于锥形瓶中
└─加冰乙酸＋氯仿液(4＋6)30 mL，振摇，溶解，
　加 KI 饱和液 1 mL，摇匀，放暗处 3 min

提取液于锥形瓶中
└─加水至 100 mL，摇匀，立即用 0.001 0 mol/L $Na_2S_2O_3$
　标准液滴定至淡黄色

提取液于锥形瓶中
└─加 0.5% 淀粉指示剂 1 mL，混匀，再用 0.001 0 mol/L
　$Na_2S_2O_3$ 标准液滴定至蓝色消失为终点

记录用量(同时做空白试验)

【计算】

$$油脂中过氧化值 = \frac{(V_1 - V_2) \times C \times 0.126\,9}{m} \times 100\%$$

式中，V_1 为样液消耗 $Na_2S_2O_3$ 标准液的体积(mL)；V_2 为空白消耗 $Na_2S_2O_3$ 标准液的体积(mL)；C 为 $Na_2S_2O_3$ 标准液浓度(0.001 0 mol/L)；m 为样品质量(g)；0.126 9 为 $Na_2S_2O_3$ 标准液 1 mL 相当于碘的克数。

【检测要点】

（1）固体样品不易溶解时，可轻微加热，使其溶解，或根据需要增加溶剂量。

（2）在每 100 mL 淀粉指示剂中加水杨酸 0.125 g，有防腐作用，冰箱保存。

（3）淀粉指示剂在使用前应检测灵敏度，加水 20 mL 于淀粉液 0.5 mL 中，于 15℃，加 0.005 mol/L I 液 0.2 mL，如呈蓝色可使用。

（4）淀粉指示剂在滴定时，不宜过早加入，因淀粉吸附碘产生蓝色，故应防止吸附较多碘而解析不完全，造成检测误差。

（5）碘易挥发，故滴定时溶液的温度不宜过高，也不要剧烈振摇溶液。

（6）为防止 I^- 被氧化，应放暗处，避免阳光照射；析出 I_2 后，应立即用 $Na_2S_2O_3$ 标准液滴定，其速度应适当快些。

（7）$Na_2S_2O_3$ 液在日光下易分解，应贮于棕色瓶，暗处保存。

（8）平行样品检测允许差应≤5%。

（9）本法参阅 GB 5009.227-2016。

第七节 · 油脂中羰基价检测

油脂氧化酸败后，还可进一步分解为羰基化合物，是油脂变质的灵敏指标。常用羰基价来衡量油脂酸败的程度。

油脂中羰基价检测主要采用 2,4-二硝基苯肼显色分光光度法。

2,4-二硝基苯肼显色分光光度法

【原理】油脂中羰基化合物，在碱性条件下与 2,4-二硝基苯肼反应呈褐红色，在波长 440 nm 下比色，与标准比较定量。

【仪器】分光光度计。

【试剂】①乙醇：全玻璃蒸馏。②苯：全玻璃蒸馏。③2,4-二硝基苯肼液：取 2,4-二硝基苯肼 50 mg，溶于苯，并定容至 100 mL。④三氯乙酸：取固体三氯乙酸 4.3 g，溶于苯，并定容至 100 mL。⑤4%氢氧化钾乙醇液：上清液使用，变黄褐色应重配。⑥0.05%三苯膦液：取三苯膦 100 mg，溶于苯，并定容至 200 mL。

【检测步骤】

样品(1 g)于 25 mL 容量瓶中
├─用苯溶解，并定容至刻度
定容液 5 mL 于具塞比色管中
├─加 0.05% 三苯膦液 5 mL，混匀，暗处 30 min，
│　加三氯乙酸液 3 mL、2,4-二硝基苯肼液 5 mL，混匀
显色液于具塞比色管中
├─在水浴(60℃)30 min，冷却，沿管壁加氢氧化钾-乙醇液
│　10 mL，振摇，10 min
于 1 cm 比色皿，空白管调零，波长 440 nm 比色(同时做空白试验)

【计算】

$$油脂中羰基价(meq/kg) = \frac{(A - A_0) \times 1\,000}{m \times V_2/V_1 \times 854}$$

式中,A 为样液吸光度;A_0 为空白液吸光度;m 为样品质量(g);V_1 为样品液体积(mL);V_2 为检测样液体积(mL);854 为各种醛的毫摩尔吸光系数平均值。

【检测要点】

(1) 样品羰基价高时,取样量可相应减少。

(2) 2,4-二硝基苯肼较难溶于苯,配时应充分搅拌,最后过滤使溶液中无固形物。

(3) 氢氧化钾乙醇液易褪色和浑浊,一般静置过夜,取上清液使用,也可采取玻璃纤维滤膜过滤。

(4) 三苯膦还原的过氧化物为非羰基化合物。

(5) 当样品中过氧化值较高(超过 20 meq/kg)时,则干扰羰基价检测,应先将氧化物还原为非羰基化合物,方可消除干扰。

(6) 本法参阅 GB 5009.230 - 2016。

第八节 · 油脂中丙二醛检测

目前,国际上对动物油脂品质的评定,最常采用的是丙二醛指标,它能准确地反映动物油脂酸败变质的程度。

油脂中丙二醛检测主要采用硫代巴比妥酸分光光度法和高效液相色谱法。

一、硫代巴比妥酸分光光度法

【原理】 油脂中不饱和脂肪酸经氧化分解产生丙二酸乙醛,经在酸性条件下随水蒸气蒸出,与硫代巴比妥酸试剂作用生成红色化合物,在波长 535 nm 下比色,与标准比较定量。

【仪器】 分光光度计。

【试剂】 ①HCl(1+2)。②液体石蜡。③0.02 mol/L 硫代巴比妥酸(TBA)试剂:称取 α-TBA 0.288 3 g,溶于 90% 醋酸中,水浴中加热助溶,并用醋酸定容至 100 mL,贮于棕色瓶。④丙二醛(TEP)标准贮存液(100 μg/mL):称取 1,1,3,3-四乙氧基丙烷 0.313 1 g,用水溶解并定容至 1 L,冰箱保存 1 周。⑤TEP 标准应用液(1.0 μg/mL)。

【检测步骤】

样品(10 g)于凯氏烧瓶中

— 加水 20 mL、HCl(1+2)1 mL,再调 pH 为 1.5,

　加液体石蜡 2 mL,连接蒸馏装置进行蒸馏,

　收集蒸馏液 50 mL 于锥形瓶中(同时做空白试验)

蒸馏液 5 mL 于具塞试管中

— 加 TBA 试剂 5 mL,混匀,置沸水浴 35 min,取出冷却

于 1 cm 比色皿,空白管调零,波长 535 nm 比色

【标准曲线制备】取 TEP 标准应用液（$1.0\,\mu g/mL$）$0.0\,mL$、$1.0\,mL$、$2.0\,mL$、$3.0\,mL$、$4.0\,mL$、$5.0\,mL$ 于具塞试管中，用水补足至 5 mL，分别加 TBA 试剂 5 mL，混匀，置沸水浴 35 min，取出冷却，于 1 cm 比色皿，零管调零，波长 535 nm 比色，记录吸光度，绘制标准曲线。

【计算】

$$油脂中丙二醛含量(mg/kg) = \frac{C \times 1000}{m \times V_1/V_2 \times 1000}$$

式中，C 为样液吸光度查标准曲线的含量（μg）；m 为样品质量（g）；V_1 为测试用体积（mL）；V_2 为蒸馏收集液体积（mL）。

【检测要点】

（1）肉脂或生脂肪需炼制成油待处理。如油脂凝固，需在水浴（80 ℃）上融化后备用。

（2）一般先做空白蒸馏，空白值不应增高，蒸馏时应防止漏气。

（3）当油脂严重酸败后，测得的 TBA 值比开始酸败时的值低，这可能因脂肪酸被氧化成醛后，再进一步氧化成酸的原因。

（4）本试验以丙二醛含量称量配制标准液。因为 TEP 分子量为 220.31，丙二醛分子量为 74.06，其 TEP 含量为 95%。故 0.313 1 g TEP 相当于 1 g 丙二醛。

二、高效液相色谱法

【原理】试样经三氯乙酸提取，提取液与 TBA 液作用生成有色化合物，经高效液相色谱仪测定。外标法定量。

【仪器】高效液相色谱仪（具二极管陈列检测器）。

【试剂】①甲醇（色谱纯）、三氯乙酸、乙二胺四乙酸二钠、硫代巴比妥酸（TBA）。②乙酸铵液（$0.01\,mol/L$）：取 0.77 g 乙酸铵，水溶解并定容至 1 L，经 0.45 μm 膜过滤。③三氯乙酸混合液：取三氯乙酸 37.50 g，乙二胺四乙酸二钠 0.50 g，水溶解并定容至 500 mL。④TBA 液（$0.02\,mol/L$）：取 TBA 0.288 g，水溶解并定容至 100 mL。⑤丙二醛标准贮备液（$100\,\mu g/mL$）：取 1，1，3，3 - 四乙氧基丙烷（又名丙二醛乙缩醛）0.315 g，水溶解并定容至 1 L，4 ℃，三个月。⑥丙二醛标准应用液（$1.00\,\mu g/mL$）：取标准贮备液 1.0 mL，用三氯乙酸定容至 100 mL，4 ℃，2 周。⑦丙二醛标准系列液：取标准应用液 0.10 mL、0.50 mL、1.00 mL、1.50 mL、2.50 mL 于 10 mL 容量瓶中，加三氯乙酸混合液定容至刻度。标准系列浓度为 $0.01\,\mu g/mL$、$0.05\,\mu g/mL$、$0.10\,\mu g/mL$、$0.15\,\mu g/mL$、$0.25\,\mu g/mL$。现配现用。

【检测步骤】

取试样 5 g 于 100 mL 具塞锥形瓶中

——加三氯乙酸混合液 50 mL，加盖，混匀，于恒温震荡器
　　50 ℃，震荡 30 min

取出锥形瓶，冷却至室温，经双层定量滤纸过滤，弃初滤液，收集滤液

——取 5 mL 滤液及丙二醛系列标准液，各 5 mL，置于 25 mL 具塞比色管中

分别加 TBA 液 5 mL，加盖，混匀，于 90 ℃ 水浴，30 min

——取出冷却，上清液滤膜（0.45 μm，水相滤膜）过滤，滤液待测

取待测液各 10 μL，注入液相色谱仪测定。外标法定量。

【计算】

$$试样中丙二醛含量(mg/kg) = \frac{C \times V \times 1\,000}{m \times 1\,000}$$

式中,C 为从标准系列曲线中得试样液中丙二醛浓度值($\mu g/mL$);V 为试样液定容体积(mL);m 为试样质量(g);1 000 为换算系数。

【检测要点】

(1) 液相色谱工作条件:C_{18} 柱(150 mm×4.6 mm,5 μm,)流动相:0.01 mol/L 乙酸铅+甲醇(70+30,V/V);柱温 30 ℃,流速 1.0 mL/min,检测波长 532 nm,进样量 10 μL。

(2) 针孔式微孔滤膜,0.45 μm。

(3) 本法参阅:GB 5009.181-2016。

第十章
天然毒素及其检测

自然界中有些动、植物食品含有对人体有害、有毒物质,容易误食或食用方法不当而引起中毒。例如,河豚鱼体内含河豚毒素、毒蘑菇中含毒肽或毒蝇碱。有些动、植物食品,正常情况下不含有毒物质,若贮存不当,形成某种毒物,积累到一定程度,食用后可引起中毒。例如,马铃薯贮存不当,发芽后产生马铃薯毒素。有些动、植物食品由于加工不当,也会发生食后中毒现象。例如,棉籽油中污染了棉酚,黄花菜干品无毒而鲜品常有秋水仙碱产生,均会对人体健康有影响,误食易引起中毒。

第一节 · 概 述

一、对人体的毒性与危害

动、植物食品中天然毒素种类很多,常见的有:河豚毒素、毒蘑菇毒素、棉籽油中棉酚、马铃薯毒素、鲜黄花菜中秋水仙碱、鱼藤中鱼藤酮、罂粟碱、菜籽油中芥酸、四季豆中皂素等均含有一定毒性。其中,河豚毒素是一种神经性毒素,其毒性比剧毒的氰化物还要高 1 000 多倍,据知河豚毒素 0.5 mg 便可毒死体重 70 kg 的人,其致死量约为 7 μg/kg 体重。

以上食品中毒素中毒症状,轻者为恶心、呕吐、腹痛、腹泻、大便带血,严重者全身麻木、共济失调、肌肉软瘫、肝肿大、呼吸困难、血压下降、昏迷,最后因呼吸中枢麻痹、心房室传导阻滞而死亡。尤其河豚鱼毒素及毒蘑菇毒素中毒后,死亡率较高,对人危害性特大。

二、检测意义

食物中的有毒天然成分,除了一部分为生物碱或甙类外,也有一些有毒成分十分复杂,如果对这些毒物缺乏足够认识和重视,往往给消费者造成极大的伤害,危及生命。例如,误食某些毒蘑菇(白毒伞、毒伞、鳞柄白毒伞、秋生盔孢伞、褐鳞小伞)后潜伏期较长,经 1~3 d 假愈期后,突然出现肝、肾、心、脑等损害,常死于肝昏迷或肾功能衰竭。又如,河豚鱼毒素多为食后 0.5~2 h 内很快发作,如不及时抢救很容易导致死亡。

第二节 · 河豚毒素检测

河豚鱼是一种无鳞鱼,它的内脏如卵巢、精巢、肝脏、鱼卵及血液、眼球、鳃、皮等均含有河豚毒素(TTX),其中以卵巢毒性最强,肝脏次之,其余各脏器也有较强的毒性。河豚鱼的肌肉毒性因鱼的品种、季节不同而有差异,如双斑圆鲀肌肉含有强毒,豹圆鲀皮肤含毒最强,暗色东方鲀肾脏最毒;冬春之交河豚鱼毒性最强。

河豚毒素检测方法有快速定性与生物毒性试验法、河豚毒素毒力检测法、薄层层析法和紫外分光光度法。

一、快速定性与生物毒性试验法

【试剂】 ①10% 乙酸铅液。② H_2S。③10% $H_3PO_4 \cdot 12WO_3$。④无水乙醇。⑤浓 H_2SO_4。⑥ $K_2Cr_2O_7$。

【检测步骤】

样品(100 g)于组织捣碎器中
　—经捣碎成匀浆,加水 100 mL,混匀,10 min 后过滤
滤液于锥形瓶中
　—加 10% 乙酸铅液 10 mL,混匀,过滤于另一锥形瓶中
　　通入 H_2S,过滤于另一分液漏斗中
　　加 10% $H_3PO_4 \cdot 12WO_3$ 5 mL,混匀,过滤
滤液于另一锥形瓶中
　—置水浴蒸发近干,移入真空干燥器干燥,残渣用无水乙醇
　　浸制 3 次,不溶解带黄色残渣为河豚毒素
残渣于锥形瓶中

（定性）　　　　　　　　　　（毒性试验）

少许残渣于试管中　　　　　少许残渣于试管中
　—加浓 H_2SO_4 溶解,　　　—加水 8 mL 溶解,煮沸 2 min
　　加 $K_2Cr_2O_7$ 少许　　　　　灭菌,冷却
呈鲜艳绿色为阳性　　　　　灭菌液于试管中
　　　　　　　　　　　　　　—各取 1 mL 分别注入 6 只青蛙腹中
　　　　　　　　　　　　　　　（每只重约 35 g,雌雄各半）

6 min 后青蛙相继出现四肢麻痹,8 min 后呼吸困难死亡,
解剖未见异常(空白对照组 24 h 未见异常)

【检测要点】

（1）样品采集当餐剩余的河豚鱼为宜。

（2）样液在加入乙酸铅后,通入 H_2S 除去多余的 Pb,形成 PbS 沉淀。加 $H_3PO_4 \cdot 12WO_3$ 除去胆碱等物质的干扰。

二、河豚毒素毒力检测法

【试剂】①甲醇。②10％醋酸。③无水乙醚。

【检测步骤】

取定性样品处理残渣(5 g) 于圆底烧瓶中

——加甲醇 50 mL,用 10％ 醋酸调 pH 为 4 ～ 5,蒸馏 20 min,离心

　　收集上清液于锥形瓶中,重复 1 次,合并上清液

上清液于锥形瓶中

——水浴上蒸除甲醇,移入蒸发皿中,水浴蒸浓呈浆液状

浓缩液于蒸发皿中

——用无水乙醚 20 mL×3,分 3 次洗涤除去脂肪

浓缩液于 10 mL 比色管中

——水定容至刻度,煮沸 5 min 灭菌,过滤,用灭菌水稀释成各种浓度

　　选择小鼠若干只,每组 3 只,每只小白鼠腹腔注射灭菌稀释液 0.5 mL

选择在 15 ～ 30 min 内死亡的小白鼠作为判断毒力标准

【计算】

$$河豚毒素含量(\mathrm{M.U.}) = \frac{V \times S \times M}{m \times V_1}$$

式中,V 为检液体积(mL);S 为小白鼠体重(g);M 为最小致死量的检液稀释倍数;m 为样品质量(g);V_1 为给小白鼠的剂量(mL);M.U. 为河豚毒素毒力单位。

【结果判断】

(1) 小白鼠未发生死亡,此样品为 80 M.U. 以下,即＜80 M.U. 。

(2) 如用检液 1/200 稀释液注射小白鼠腹腔内,在 5～30 min 内死亡,则样品为 12 000 M.U. 。

(3) 如果为 300～400 M.U. 以下也有小白鼠死亡,可认为非河豚毒素中毒死亡。

【检测要点】

(1) 河豚毒素的毒力是用样品 1 g 毒死小白鼠的 g 数为单位,以 M.U. 表示。

(2) 最后样品提取浓缩液,用水定容至 10 mL,此检液 1 mL 相当于原样品的 0.5 g。

(3) 供试小白鼠,应从专一实验动物实验室选购,其体重为 15～20 g。

(4) 小白鼠注入检样后,因毒力强弱及致死时间各不相同,其症状最初为不安,突然旋转,步行蹒跚,深呼吸,最后突然跃起,翻身,四肢痉挛而死。

(5) 本法参阅:GB 5009.206‑2016。

三、薄层层析法

【试剂】①0.5％醋酸。②硅胶 G(薄层层析用)。③展开剂:正丁醇＋冰乙酸＋水(2＋1＋1)。④饱和氢氧化钾乙醇液。

【检测步骤】

(1) 检液制备:同快速定性法。

（2）薄层板制备：取硅胶 G 20 g 于研钵中，加入适量水调均匀，倾注于玻璃板（20 cm×20 cm）的一端，用玻棒推涂，厚度为 0.25 mm，晾干后于 120 ℃烘 2 h，冷却，干燥器中保存。

（3）点样：取制备的样品残渣少许，溶于 0.5%醋酸中，用微量注射器取检样 10~50 μL，分别点在硅胶 G 玻板上。

（4）展开：展开槽中加展开剂 20 mL，将硅胶 G 玻板放于槽中，展开后，晾干，喷以饱和氢氧化钾乙醇液，于 120 ℃烘 10 min，取出冷却。

（5）观察：硅胶 G 板在紫外灯下观察，如显示两个黄色斑点，R_f 值分别为 0.33 及 0.37，则为河豚毒素检出阳性。

【检测要点】

（1）点样前应先将硅胶 G 两边刮去 1~2 cm，然后在底边 2 cm 上方呈水平线间隔 1.5~2.0 cm 点样液。

（2）喷饱和氢氧化钾乙醇液时应呈雾状为佳，同时喷湿全部板面为宜。

四、紫外分光光度法

【仪器】紫外分光光度计。

【试剂】0.5%醋酸。

【检测步骤】

（1）检液制备：同快速定性法。

（2）检测：取样品残渣少许，溶于 0.5%醋酸 10 mL 中，用 1 cm 比色皿，于波长 250~300 nm 检测吸光度，在波长 270 nm 出现最大吸收峰，为河豚毒素特征吸收波长。

【检测要点】

（1）用紫外分光光度计波长 250~300 nm 检测吸光度，绘制的图为抛物线，呈半圆弧状，其吸收高峰为波长 270 nm 处。

（2）也可用紫外扫描检测河豚毒素最大吸收峰。

五、液相色谱-质谱法

【原理】试样经 1%乙酸-甲醇液提取，提取液经免疫亲和柱净化，净化液注入液相色谱-质谱仪分离测定。外标法定量。

【仪器】液相色谱-质谱仪（具电喷雾离子源）。

【试剂】①乙酸-甲醇液（1+99）。②乙酸-甲醇液（2+98）。③甲酸液：甲酸 1.0 mL 加到 999 mL 水中，摇匀。④甲酸（0.1%）-乙腈液：两者等体积混匀。⑤0.1%甲酸液（含 5 mmol/L 乙酸铵）：取乙酸铵 0.19 g，加 0.1%甲酸液定容至 500 mL。⑥1 mmol/L 氢氧化钠液。⑦磷酸盐缓冲液（PBS 液）：取十二水合磷酸氢二钠 6.45 g，二水合磷酸二氢钠 1.09 g，氯化钠 4.25 g，用水溶解并定容至 500 mL。⑧河豚毒素标准品（$C_{11}H_{17}N_3O_8$，CAS 号：4368-28-9），纯度≥98%。

【检测步骤】

称取 5.0 g 匀浆试样,于 50 mL 具塞离心管中

— 加乙酸(1＋99)-甲醇液 11 mL,震荡 2 min
置于超声水浴(50 ℃) 提取 15 min
以 8 000 r/min 离心 5 min

取上清液于 25 mL 容量瓶中

— 加乙酸(1＋99)-甲醇液 11 mL,于离心管中
重复 1 次

取上清液于 25 mL 容量瓶中

— 加乙酸(1＋99)-甲醇液定容至刻度

取定容液 10 mL 于 50 mL 具塞离心管中, — 20 ℃ 冷冻 30 min

— 以 8 000 r/min 离心 5 min,取上清液 5 mL
于 100 mL 三角瓶中,加 PBS 液 20 mL
用 1 mol/L 氢氧化钠液调 pH 至 7 ~ 8,待净化

取待净化液经免疫亲和柱净化,取净化液注入液相色谱-质谱仪器分析。外标法定量。

【计算】

$$河豚毒素含量(\mu g/kg) = \frac{C \times V \times f}{m}$$

式中,C 为从标准曲线查得对应的河豚毒素浓度(ng/mL);V 为定容体积(mL);f 为稀释倍数;m 为试样量(g)。

【检测要点】

(1) 操作人员须戴手套,以防毒素侵害。

(2) 试样分肝脏,肌肉,皮肤,性腺(卵巢或精巢)等,用水洗去血污,滤纸吸干水,剪刀剪碎,充分均质,放清洁瓶中。

(3) 河豚毒素免疫亲和柱:柱 3 mL,最大柱容量为 1 000 ng。

(4) 将封存于免疫亲和柱 PBS 液放干,净化液移入柱中,(流速 1 滴/S 过柱),用 10 mL 水淋洗,抽干。再用 5 mL 乙酸-甲醇液(2＋98)洗脱,洗脱液用氮气吹干(45 ℃),加 1.0 mL 甲酸液(0.1%)-乙腈液(1＋1)溶解残渣,超声 1 min,经有机相滤膜(0.22 μm)过滤,滤液注入液相色谱-质谱仪分析。

(5) 本法参阅:GB 5009.206 - 2016。

第三节 · 罂粟壳检测

罂粟壳为罂粟干燥成熟果壳,内含吗啡、可待因、那可丁、蒂巴因等生物碱。近几年来,在大众食品调料中掺入罂粟壳提取液及水浸液;也有在火锅汤、牛肉汤、卤料等直接添加罂粟壳,企图促使消费者的嗜好和成瘾,以招徕生意,牟取暴利,损害人体健康,故应加强有效检测,制止这种违法行为。

罂粟壳检测方法有试剂盒快速定性法、气相色谱法、高效液相色谱法、气相色谱-质谱法和薄层层析法。

一、试剂盒快速定性法

【原理】试剂盒(MOP)采用高度特异性的抗体抗原反应及免疫技术,通过单克隆抗体竞争结合吗啡偶联物及含有的吗啡、可待因、海洛因等物质。

【试剂】①0.05 mol/L Pb(NO$_3$)$_2$液。②吗啡标准品:中国药品生物制品检定所。③吗啡胶体金法检测 MOP(ACON 公司)。

【检测步骤】

样液(5 mL)于试管中
——加 0.05 mol/L Pb(NO$_3$)$_2$液 6 滴,混匀,2 min 后过滤
滤液于试管中
——MOP 试剂盒的加样(S)孔,加入滤液 5 滴,5 min
观察阳性为罂粟壳

【检测要点】

(1) 本法快速、简便,适用现场对食品中罂粟壳进行快速初筛定性。

(2) 当样品中的吗啡浓度为 400 ng/mL 和可待因、海洛因、福尔可定等浓度≥300 ng/mL 时,均显示阳性反应。

二、气相色谱法

【仪器】GC 仪(具氢火焰检测器)。

【试剂】①10% HCl。②10%三氯乙酸。③5% SiO$_2$·12WO$_3$。④氨水。⑤无水乙醚。⑥石油醚。⑦无水乙醇。⑧吗啡、罂粟碱、可待因、蒂巴因标准品:中国药品生物制品检定所。

【仪器工作条件】①HP-5 毛细管色谱柱(15 m×0.35 mm, 0.53 μm),内填 5% SE-30 的 Shimalite W A W DMCS(担体)。②进样口温度 310 ℃,检测器温度 280 ℃。程序升温,初温 250 ℃,保持 5 min,然后以 48 ℃/min 升至 280 ℃,保持 3 min。③N$_2$ 流速 30 mL/min,H$_2$ 流速 40 mL/min,空气流速 400 mL/min,分流比为 50∶1。④进样量 5 μL。

【检测步骤】

样液(50 mL)于锥形瓶中
——加石油醚 50 mL,震荡 20 min
无脂样液于另一锥形瓶中
——用 10% HCl 调 pH 为 2,加 10% 三氯乙酸 50 mL 摇匀,过滤
　加 5% SiO$_2$·12WO$_3$ 3 mL,摇匀,静置沉淀,倾去上清液
沉淀物于锥形瓶中
——加浓 NH$_4$OH 10 mL 溶解沉淀,转移至分液漏斗中
　用无水乙醚 50 mL×3,分 3 次提取,合并醚层,经无水 Na$_2$SO$_4$ 脱水于锥形瓶中
无水乙醚提取液于锥形瓶中
——于水浴上挥干,用无水乙醇 2 mL 溶解,待检
取 5 μL 待检液注入 GC 仪(同时做空白试验)

【标准品定位】取稀释后的吗啡、可待因、罂粟碱、蒂巴因标准液各 5 μL 注入 GC 仪,色谱图见图 10-1,保留时间,可待因

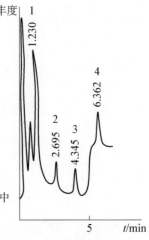

图 10-1 罂粟色谱图

1. 可待因;2. 吗啡;3. 蒂巴因;4. 罂粟碱

1.230 min、吗啡 2.695 min、蒂巴因 4.345 min、罂粟碱 6.362 min。

【定性判断】若样品中出现与 4 个标准品保留时间相同,则可确认样品中含罂粟成分。样液峰面积与标准液峰面积比较定量。

【计算】

$$食品中罂粟成分含量(mg/kg) = \frac{A_1 \times C \times 1000}{A_2 \times m \times \dfrac{V_1}{V_2} \times 1000}$$

式中,A_1、A_2 分别为样品与标准峰面积(mm²);C 为标准液量(μg);V_1 为进样体积(mL);V_2 为样液定容体积(mL);m 为样品质量(g)。

【检测要点】

(1) 罂粟中含有很多生物碱,生物碱与 $SiO_2 \cdot 12WO_3$ 形成结合体,再与 NH_4OH 作用使之分解,生物碱被游离,供检测。

(2) 用无水 Na_2SO_4 脱水应彻底,所用乙醚与乙醇也应为无水,否则会影响检测结果。

(3) 固体样品一般取 20 g,加水 180 mL,液体样品取 200 mL。然后经煮沸,浓缩至 10 mL,再用有机相萃取,可避免乳化产生,还可节省有机溶剂,并减少对环境的污染。

三、高效液相色谱法

【仪器】HPLC 仪(具紫外检测器)。

【试剂】①无水乙醇。②10% 酒石酸液。③石油醚。④NH_4OH 液。⑤氯仿+异丙醇(3+1)。⑥无水 Na_2SO_4。⑦乙腈。⑧0.02 mol/L KH_2PO_4。⑨0.002 mol/L K_2HPO_4。⑩吗啡、罂粟碱、可待因、那可丁标准品(中国药品生物制品检定所)。吗啡、罂粟碱、可待因、那可丁标准贮存液(100 μg/mL)。吗啡、罂粟碱、可待因、那可丁标准应用液(10 μg/mL)。

【仪器工作条件】①紫外检测器:波长 254 nm。②灵敏度:0.02 AUFS。③色谱柱:C_{18} 柱(25 cm×4.6 mm,10 μm)。④流动相:a. 乙腈;b. 0.02 mol/L KH_2PO_4 + 0.002 mol/L K_2HPO_4(梯度洗脱)。

【检测步骤】

样品(500 mL)于锥形瓶中
—加热煮沸至 20 mL,冷却,加无水乙醇 60 mL
　用 10% 酒石酸调 pH 为 4,低温回流 30 min,趁热过滤
　用酸性乙醇洗瓶,过滤,合并于另一锥形瓶中
乙醇液于锥形瓶中
—于水浴上挥去乙醇呈浆液状,冷却,加水少许溶解,过滤
　于分液漏斗中,用 10% 酒石酸洗瓶,过滤,一并收入
提取液于分液漏斗中
—用石油醚 30 mL×2,分 2 次脱脂,弃醚层
水层于另一分液漏斗中
—用 NH_4OH 液调 pH 为 9,
　用氯仿+异丙醇(3+1)30 mL×3,分 3 次提取,弃水层

有机层于分液漏斗中

┌─经无水 Na_2SO_4 脱水于 K-D 浓缩器中,浓缩近干,用 N_2 吹干

│ 加流动相 1 mL 溶解,并定容至 1 mL,0.45 μm 膜过滤,待检

待检液 10 μL,注入 HLPC 仪

【标准定位与样品定性】 标准色谱图 10-2,若样液中出现与 4 个标准保留时间近似,则可确认样液中含有罂粟成分。

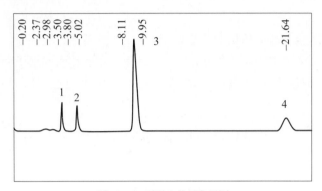

图 10-2 四种生物碱色谱图

1.吗啡;2.可待因;3.罂粟碱;4.那可丁

【计算】 样液峰面积与标准液峰面积比较定量,公式参照气相色谱法。

【检测要点】

(1) 本法采取梯度洗脱技术进行分离,其分离效果较好。流动相梯度,如 15% A 2 min、15%~50% A 14 min、50%~60% A 6 min、60% A 5 min。

(2) 用无水 Na_2SO_4 脱水应彻底。

四、薄层层析法

【仪器】 TLC 仪及紫外灯(波长 254 nm)。

【试剂】 ①硅胶 GF_{254}:薄层层析用。②展开剂:无水乙醚,氯仿+甲醇(9+1)。③显色剂。A 液:取 $BiONO_3$ 0.85 g,加水 40 mL、冰乙酸 10 mL,溶解;B 液:取 KI 8 g,加水 20 mL 溶解。临用前,取 A、B 液各 5 mL 加水 60 mL、冰乙酸 20 mL,混匀使用。④其他试剂同高效液相色谱法。

【检测步骤】

(1) 样品前处理:同高效液相色谱法。

(2) 薄层板制备:取硅胶 GF_{254} 5 g 于研钵中,加水 15 mL,研成糊状,涂布于 10 cm×10 cm 玻板上,厚度 0.25 mm,晾干后于 120 ℃活化 1 h,冷却,置干燥器中保存。

(3) 点样:在薄层板下端 2 cm 处,用微量注射器点样液,混合标准液各 10~50 μL,各点间距 2 cm。

(4) 展开:在展开槽中加入展开剂,先用无水乙醚预展至 10 cm。然后用氯仿+甲醇(9+1)再展开 1 次,展至 10 cm,取出,晾干。

（5）显色：用显色剂喷雾薄层板，斑点显色；吗啡、可待因为红色斑点，那可丁、罂粟碱为橙红色斑点。其 R_f 值，吗啡 0.09，可待因 0.54、罂粟碱 0.73、那可丁 0.87。

（6）荧光观察：在紫外波长 254 nm 下观察荧光斑点及 R_f 值，其灵敏度比显色灵敏度更高。

（7）判定：样液与标准液 R_f 值及斑点比较进行定性。如样液斑点与标准液斑点位置一致，表示检出为阳性。

【检测要点】

（1）本法简便，适合于基层单位的初步检测。

（2）硅胶 GF_{254} 涂布应均匀，厚度最好为 0.25 mm，不能太厚，否则影响分离效果。

（3）喷显色剂应均匀，雾点不宜过大，板面不宜太湿，否则硅胶 GF_{254} 易脱落。

第四节 · 四季豆中皂素检测

四季豆又称菜豆、芸豆、芸扁豆等，所含毒性物质皂素，是一类结构复杂的甙类。常由于贮藏过久、炒煮不够熟透的豆角引起人食后中毒。

四季豆中皂素检测方法有化学反应法、薄层层析法和分光光度法。

一、化学反应法

【试剂】①乙醇。②正丁醇。③氯仿。④三氯醋酸。⑤中性醋酸铅液及碱性醋酸铅液。⑥稀 H_2SO_4（1＋10）。⑦$SbCl_3$ 溶液。

【检测步骤】

```
                          样品(50 g)于蒸馏瓶中
                          ├─加水 50 mL,加热回流 2 h,过滤
                          乙醇于锥形瓶中
                          ├─于水浴上挥干,残渣用少量水溶解,移入分液漏斗
                          │ 加正丁醇 30 mL,振摇,静置分层

水层于锥形瓶中                          正丁醇于锥形瓶中
├─加过量中性醋酸铅液,过滤,滤液加         ├─水浴上挥干
│ 碱性醋酸铅液,过滤。沉淀物一并收集       残渣于锥形瓶中
沉淀物于玻璃柱中                         ├─用乙醇 10 mL 溶解,加煅烧过的 MgO,
├─用乙醇 10 mL 淋洗,加稀 H₂SO₄ 5 滴,    │ 烘箱 60 ℃ 烘干,移入索氏脂肪抽提器中,
│ 蒸干                                  │ 加乙醇 10 mL 加热回流 2 h,过滤
残渣于锥形瓶中                          乙醇于锥形瓶中
├─用乙醇 2 mL 溶解,加乙醚 5 mL,        ├─水浴上加热挥干,待检
│ 过滤,挥去醇醚,待检
            │
            └──────化学反应定性────────┘
                          │
```

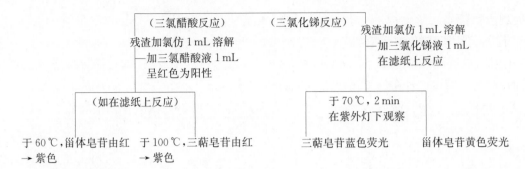

【检测要点】

（1）本法为皂素的定性检测。

（2）水溶性皂苷，加过量中性醋酸铅后，沉淀物为酸性皂苷；加碱性醋酸铅后，沉淀物为中性皂苷。

（3）加煅烧过的 MgO 为吸附乙醇中粗皂苷，提取为精制皂苷。

二、薄层层析法

【试剂】①氧化铝 G：薄层层析用。②展开剂：环己烷＋乙酸乙酯(1＋1)。③显色剂：氯磺酸＋乙酸(1＋2)。④其他试剂参照化学反应法。

【检测步骤】

（1）样品前处理：同化学反应法。

（2）薄层板制备：取氧化铝 G 5 g，加水 15 mL，调匀成糊状，涂布于 20 cm×20 cm 玻板上，厚 0.3 mm，120 ℃烘 2 h，冷却，于干燥器中保存。

（3）点样：样品的残渣加乙醇 1 mL 溶解，用微量注射器取 10～50 μL，距离薄层板下边 2 cm 点样，间隔 2 cm。

（4）展开：在展开槽中加入展开剂，将薄层板置槽中展开至 10 cm，取出，挥干。

（5）显色：取显色剂喷湿薄层板，晾干，置烘箱 100 ℃，5 min，取出。

（6）观察：显色薄层板的斑点，呈蓝色、紫色、粉红色、淡棕色，在紫外灯下观察呈不同颜色荧光。

（7）判定：显色薄层板显示不同颜色斑点和荧光，均可判定有各种皂苷，为检出阳性。

【检测要点】

（1）氧化铝 G 涂布板上要均匀，厚薄一致，以厚 0.3 mm 为宜。

（2）喷显色剂于薄层板应呈雾状，不要过湿，以防氧化铝 G 脱落。

三、分光光度法

【仪器】扫描仪。

【试剂】①浓 H_2SO_4。②其他试剂参照化学反应法。

【检测步骤】

(1) 样品前处理:同化学反应法。

(2) 检测:取残渣溶于浓 H_2SO_4 5 mL,水浴 40 ℃,1 h,显色,于波长 320~600 nm 扫描,有不同吸收峰产生,甾体皂苷在红外区 C_{25AF}:852 cm^{-1}、900 cm^{-1}、922 cm^{-1}、987 cm^{-1} 及 C_{25BF}:866 cm^{-1}、900 cm^{-1}、922 cm^{-1}、982 cm^{-1} 均有 4 条吸收带,即为甾体皂苷特征吸收带,以此定性。

第五节 · 棉 酚 检 测

棉籽中含有毒性物质棉酚,在制油过程中,有一部分转入棉籽油或经碱炼后的食用植物油;还可能转入以棉子饼为原料酿造的棉籽酱油中。

棉酚检测方法有定性化学反应法、紫外分光光度法、苯胺显色分光光度法、三氯化锑显色分光光度法和高效液相色谱法。

一、定性化学反应法

【试剂】 ①95%乙醇。②$SnCl_4$ 粉。

【检测步骤】

棉籽油样(5 mL)于分液漏斗中

  ├─加 95% 乙醇 10 mL,振摇,静置分层,乙醇层于试管中

$SnCl_4$ 粉 0.1 g 于比色管中

  ├─加乙醇提取液 0.5 mL,混匀

呈暗红色为棉酚阳性

【检测要点】

(1) 棉酚与 $SnCl_4$ 作用,生成暗红色化合物,专一性较强,反应快且灵敏,作为快速定性检测。

(2) 也可用 $SnCl_2$,加热反应呈色较快。

二、紫外分光光度法

【原理】 样品中棉酚经丙酮提取后,在紫外波长 378 nm 处有最大吸收,其吸光度与棉酚含量成正比,与标准比较定量。

【仪器】 紫外分光光度计。

【试剂】 ①70%丙酮。②棉酚标准贮存液(1 mg/mL):称取棉酚标准品 0.1000 g 于 100 mL 容量瓶中,加 70%丙酮溶解并定容至刻度。③棉酚标准应用液(50 μg/mL):用 70%丙酮稀释定容。

【检测步骤】

样品(1g)于具塞锥形瓶中
├─加70%丙酮20 mL,震荡30 min
丙酮于具塞锥形瓶中
├─置冰箱中过夜,取上清液,过滤
滤液于1 cm石英比色皿,波长378 nm,70%丙酮调零比色

【标准曲线制备】取棉酚标准应用液(50 μg/mL)0.0 mL、0.2 mL、0.4 mL、0.6 mL、0.8 mL、1.0 mL分别置于10 mL比色管中,各加70%丙酮至刻度,混匀,10 min后于1 cm石英比色皿,波长378 nm,零管调零比色,分别记录吸光度,绘制标准曲线。

【计算】

$$棉籽油中游离棉酚含量(mg/kg) = \frac{C_s \times 1\,000}{m \times V_1/V_2 \times 1\,000}$$

式中,C_s 为样液吸光度查标准曲线对应含量(μg);V_2 为样液总体积(mL);V_1 为样液检测体积(mL);m 为样品质量(g)。

【检测要点】

(1) 本法检测的是油样中的游离棉酚含量。

(2) 本法用丙酮提取游离棉酚时,常有其他成分干扰而影响分析结果。

三、苯胺显色分光光度法

【原理】样品中的游离棉酚经丙酮提取后,在乙醇中与苯胺生成黄色化合物,与标准比较定量。

【仪器】分光光度计。

【试剂】①乙醇。②苯胺。③其他试剂同紫外分光光度法。

【检测步骤】

样品(1g)于具塞锥形瓶中
├─加70%丙酮20 mL,震荡30 min,冰箱中过夜,过滤,滤液于试管中
滤液2 mL于10 mL比色管中
├─加苯胺3 mL,混匀,于水浴80℃中,15 min,冷却,加乙醇至刻度,15 min
于1 cm比色皿,空白管调零,波长445 nm比色(同时做空白试验)

【标准曲线制备】取标准应用液(50 μg/mL)0.0 mL、0.2 mL、0.4 mL、0.6 mL、0.8 mL、1.0 mL分别于10 mL比色管中,各管加70%丙酮至2 mL,再各加苯胺3 mL,混匀,于水浴80℃中,15 min,冷却,加乙醇至刻度,15 min后用1 cm比色皿,零管调零,波长445 nm比色,分别记录吸光度,绘制标准曲线。

【计算】参照紫外分光光度法计算。

【检测要点】

(1) 苯胺为显色剂,应为无色或淡黄,若色深需重蒸馏。

(2) 空白试验操作过程中不加苯胺,其余操作均同样液检测步骤。

(3) 本法检测限1 μg。

四、三氯化锑显色分光光度法

【原理】样品中棉酚与三氯化锑氯仿液生成红色络合物,与标准比较定量。

【仪器】分光光度计。

【试剂】①浓 HCl。②饱和 $SbCl_3$ 溶液:取 $SbCl_3$ 30 g,加氯仿 100 mL,振摇,用时取上清液。③醋酸酐。④棉酚标准贮存液(100 $\mu g/mL$):准确称取棉酚标准品 5 mg 于 50 mL 容量瓶中,用氯仿溶解并定容至刻度。⑤棉酚标准应用液(10 $\mu g/mL$)。

【检测步骤】

样品(1 g) 于 10 mL 比色管中
　├─加氯仿至刻度,加浓 HCl 1 mL,振摇,过夜,弃酸层
氯仿提取液 1 mL 于另一 10 mL 比色管中
　├─加醋酸酐 5 滴,加饱和 $SbCl_3$ 5 mL,混匀,加氯仿至刻度,混匀,放 20 min
于 1 cm 比色皿,空白管调零,波长 520 nm 比色(同时做空白试验)

【标准曲线制备】取标准应用液(10 $\mu g/mL$)0.0 mL、0.5 mL、1.0 mL、2.0 mL、2.5 mL、3.0 mL、3.5 mL、4.0 mL、4.5 mL、5.0 mL 分别于 10 mL 比色管中,各加醋酸酐 5 滴,加饱和 $SbCl_3$ 5 mL,混匀,加氯仿至刻度,混匀,20 min 后于 1 cm 比色皿,空白管调零,波长 520 nm 比色,分别记录吸光度,绘制标准曲线。

【计算】参照同紫外分光光度法计算。

【检测要点】

(1) 本法为测定试样中的总棉酚含量。

(2) $SbCl_3$ 遇水易发生浑浊,故操作中应注意器皿的干燥,如有水分应用醋酸酐洗后使用;如样液中有水分,应经无水 Na_2SO_4 脱水后再加 $SbCl_3$,这样就能保证实验成功。

五、高效液相色谱法

【仪器】HPLC 仪(具紫外检测器)。

【试剂】①H_3PO_4。②无水乙醇。③无水乙醚。④甲醇。⑤棉酚标准贮存液(1 mg/mL):称取棉酚标准品 0.100 0 g,用无水乙醇溶解,并定容至 100 mL。⑥棉酚标准应用液(50 $\mu g/mL$):无水乙醇稀释。

【仪器工作条件】①Micropark-C_{18} 不锈钢色谱柱(250 mm×6 mm)。②流动相:甲醇＋水＋H_3PO_4(85＋15＋0.3),流速 1 mL/min。③紫外检测器:波长 235 nm。④柱温:40 ℃。⑤灵敏度:0.02 AUFS。⑥进样量:10 μL。⑦纸速:0.25 mm/min。

【检测步骤】

(1) 植物油

植物油样(1 g) 于试管中
　├─加无水乙醇 5 mL,振摇 2 min,静置分层,上清液过滤
滤液于离心管中
　├─3 000 r/min 离心 5 min,上清液待检
上清液 10 μL 注入 HPLC 仪

（2）酱油

酱油样（5 mL）于离心管中
├─加无水乙醚 10 mL，振摇 2 min，静置 5 min
乙醚层 5 mL 于 10 mL 比色管中
├─用 N_2 吹干，加无水乙醇定容至 1 mL，过滤
滤液 10 μL 注入 HPLC 仪

【标准曲线制备】 吸取标准应用液（50 μg/mL）0.0 mL、1.0 mL、2.0 mL、3.0 mL、4.0 mL、5.0 mL、6.0 mL、7.0 mL、8.0 mL、9.0 mL、10.0 mL 分别于 10 mL 容量瓶中，用无水乙醇定容至刻度，各取 10 μL 注入 HPLC 仪，记录峰面积，绘制标准曲线。

【计算】 参照紫外分光光度法计算。

【检测要点】

（1）本法回收率，食用油 86.8%～100.4%，酱油 85.0%～99.5%。

（2）本法适用于植物油和以棉籽饼为原料酿造的棉籽酱油中棉酚检测。

（3）本法参阅：GB 5009.148-2014。

第六节 · 毒蘑菇毒素检测

毒蘑菇种类很多，较常见的有毒蝇蕈、白帽蕈、瓢蕈、月夜蕈、鬼笔蕈等。其中有毒成分主要有毒蝇碱、毒肽（又称鹅膏亭毒素）等。

毒蘑菇毒素检测方法有结晶析出鉴别法、纸层析法、薄层层析法和高效液相色谱-质谱法。

一、结晶析出鉴别法

用于毒蘑菇毒素——毒蝇碱检测。

【试剂】 ①稀 HCl。②无水乙醇。③乙酸银乙醇液。④H_2S。⑤$KHgI_2$（HgI 饱和）。⑥$Ba(OH)_2$。⑦稀 H_2SO_4。⑧$AgNO_3$。⑨$PtCl_2 \cdot HCl$ 液。

【检测步骤】

样品（50 g）于烧杯中
├─加稀 HCl 50 mL，煮沸，不断添加少量稀 HCl，pH=2，趁热过滤
滤液于烧杯中
├─水浴上浓缩呈浆液状，加无水乙醇 10 mL 溶解，过滤
│ 加乙酸银乙醇液 10 mL，混匀，过滤
滤液于烧杯中
├─水浴上浓缩呈浆液状，加无水乙醇 10 mL 溶解
│ 水浴上挥去乙醇，加水 10 mL 溶解
水溶液于锥形瓶中
├─通入 H_2S，过滤，滤液于水浴上蒸发除 H_2S
滤液于锥形瓶中
├─加 $KHgI_2$（HgI 饱和）液 10 mL，过滤

沉淀于研钵中

　├—加 Ba(OH)$_2$ 和水适量,研磨,通 H$_2$S,过滤

滤液于锥形瓶中

　├—加稀 H$_2$SO$_4$ 10 mL,过滤,加热除 H$_2$S,加 AgNO$_3$ 适量除碘

　│　过滤,滤液蒸发,加 PtCl$_2$ · HCl 液少许

生成八角体及针状的氯化铂毒蝇碱结晶为检测阳性

二、纸层析法

1. 毒蘑菇毒素——毒蝇碱检测

【试剂】 ①稀 NH$_4$OH(1+19)液。②乙醇。③四硫氰基二氨铬酸铵液。④丙酮。⑤Ag$_2$SO$_4$ 液。⑥BaCl$_2$ 液。⑦展开剂:正丁醇+甲醇+水(10+3+20)。⑧显色剂:碱式 Bi$_2$CO$_3$、KI、冰乙酸混合液。

【检测步骤】

(1) 试样前处理

样品(50 g)于锥形瓶中

　├—加稀 NH$_4$OH 液 50 mL,乙醇 50 mL,震荡 30 min

　│　经减压浓缩近干,加四硫氰基二氨铬酸铵液 10 mL

　│　振摇,分出沉淀

沉淀于锥形瓶中

　├—加丙酮 10 mL 溶解,加 Ag$_2$SO$_4$ 与 BaCl$_2$ 液各 10 mL,混匀

　│　经减压浓缩至 1 mL

浓缩液待检

(2) 点样:在层析纸(10 cm×5 cm)一边点待检液 10~50 μL。

(3) 展开:层析纸放于层析缸中,加入展开剂,展开 2 h,取出层析纸晾干,喷显色剂于层析纸上。

(4) 显色:层析纸出现暗橙色斑点,则为毒蝇碱检出,其 R$_f$ 值为 0.28 左右。

【检测要点】

(1) 用氨水提取是使毒蝇碱的氯化物转成毒蝇碱的氢氧化物。

(2) 最后待检液的 pH 4.5 为宜。

2. 毒蘑菇毒素——毒肽检测

【试剂】 ①甲醇。②展开剂:丁酮+丙酮+水+正丁醇(20+6+5+1)。③显色剂:肉桂酸甲醇液。④浓 HCl。

【检测步骤】

(1) 样品前处理

样品(50 g)于烧杯中

　├—加甲醇 50 mL,水浴上加热,搅拌,挤压,过滤滤液于水浴上蒸干

残渣于烧杯中

　├—加甲醇 1 mL 溶解

甲醇溶解液待检

(2) 点样:在层析纸(10 cm×5 cm)一边点待检液 10~50 μL。

(3) 展开:层析纸放于层析缸中,加入展开剂,展开 40 min,取出挥干。

（4）显色:喷显色剂于层析纸上,挥干后用浓 HCl 熏 10 min。

（5）观察:层析纸上如有 1 个或多个紫色及蓝色斑点,为鹅膏毒肽检测阳性;如出现橙色、黄色或粉红色斑点为阴性。

三、薄层层析法

【试剂】①甲醇。②硅胶 G。③展开剂:甲醇＋丁酮(1＋1)。④显色剂:1％肉桂酸液(展开剂配制)。

【检测步骤】

（1）样品前处理

样品(50 g)于索氏脂肪抽提器中
├─加甲醇 100 mL,于水浴上回流 2～4 h
甲醇提取液于离心管中
├─3 000 r/min 离心 10 min,倾出上清液
上清液于浓缩器中
├─经浓缩近干,用 N₂ 吹干
残渣于浓缩器中
├─加甲醇 4 mL 溶解,待检
待检液 10～50 μL 点样

（2）硅胶板制备:取硅胶 G 20 g,加水 15 mL 调成糊状,涂布于 10 cm×5 cm 玻板上,晾干后,烘箱 120 ℃,2 h,待用。

（3）点样:在硅胶板一边点样液 10～50 μL,晾干。

（4）展开:在展开槽中加展开剂,将硅胶板于展开槽中展开至 10 cm,取出晾干。

（5）显色:在硅胶板上喷 1％肉桂酸甲醇液至湿润,晾干后将硅胶板用浓 HCl 熏 10 min。

（6）观察:硅胶板上如呈现紫色斑点,为毒肽阳性。

四、高效液相色谱-质谱法

【原理】试样经甲醇提取,提取液用氮气吹干,加水溶解,用正己烷脱脂。水溶液经 HLB 固相萃取柱净化,取净化液注入液相色谱-质谱仪检测。外标法定量。

【仪器】高效液相色谱-质谱仪(具电喷雾离子源)。

【试剂】①正己烷。②甲醇、乙腈、甲酸铵:色谱纯。③5％甲醇水溶液。④30％乙腈甲醇液。⑤5 mmol/L 甲酸铵液:甲酸铵 0.135 g,加水溶解并定容至 1.0 L(滤膜过滤)。

【检测步骤】

试样切碎,放 85 ℃ 恒温干燥箱 4 h,粉碎,混匀,取 4.0 g 于 15 mL 具塞塑料离心管
├─加 6.0 mL 甲醇液混匀,震荡 1 min,超声
│　提取 20 min,冷却,8 000 r/min 离心 5 min
取上清液 4.0 mL 于另一离心管中,45 ℃ 氮气吹干
├─加 4.0 mL 水溶解,加 1.0 mL 正己烷
│　震荡 1 min,8 000 r/min 离心 3 min,弃上层
│　正己烷,水相净化

取净化液 3.0 mL(相当于 0.2 g 试样量),经固相萃取柱,以 1 mL/min 流速全部通过萃取柱
├─用 3 mL 甲醇水溶液洗脱,抽干
│ 再加 2 mL 乙腈甲醇液洗脱
取洗脱液在 45 ℃ 氮气吹干
├─加 1.0 mL 初始比例流动相,振摇溶解残渣,过滤膜待测
取待测液注入高效液相色谱-质谱仪检测。外标法定量

【计算】

$$试样中待测物含量(\mu g/kg) = \frac{S \times V \times 1000}{m \times 1000}$$

式中,S 为从标性曲线得被测溶液质量浓度(ng/mL);V 为样液最终定容体积(mL);m 为最终样液的试样量(g);1000 为换算系数。

【检测要点】

(1) 鹅膏毒肽各种标准品,必须购于国家认证,并有标准物质证书的单位。

(2) 标准贮备液(1000 mg/L):准确称取标准品各 10.0 mg,分别置于 10 mL 容量瓶中,用甲醇溶解并定容至刻度,混匀,−18 ℃ 保存 3 个月。标准应用液,临用配 5.00 ng/mL、10.0 ng/mL、20.0 ng/mL、50.0 ng/mL、100.0 ng/mL。

(3) 有机微孔滤膜(0.22 μm)。

(4) 质谱条件:电喷雾离子源(ESI);多反应监测(MRM);正离子模式扫描;毛细管电压 3.3 kV,温度 150 ℃,脱溶剂气温 380 ℃,流速 600 L/h;锥孔气流速 150 L/h。

(5) 色谱图参阅:BJS 202008。

第七节 · 马铃薯毒素检测

马铃薯由于贮藏不当、发芽或表皮发黑绿色等,食后常发生中毒。其毒性成分为马铃薯毒素,又称茄碱、龙葵碱或龙葵素。

马铃薯毒素检测方法有化学反应快速法、重量法、分光光度法及高效液相色谱法。

一、化学反应快速法

【试剂】 ①0.1% NH_4VO_3 液:稀 H_2SO_4(1+2)配制。②0.3% Na_2SeO_4 液:稀 H_2SO_4(6+8)配制。③NH_4OH 液。④乙醇。

【检测步骤】

样品(100 g) 于研钵中
├─加水研磨,滤出上清液于烧杯中,加 NH_4OH 液呈碱性
上清液于烧杯中
├─于水浴上蒸发至干,加热乙醇 20 mL × 2,分 2 次提取,过滤于锥形瓶中
滤液于锥形瓶中
├─加氨水使马铃薯毒素沉淀,过滤
沉淀待检

少许沉淀于试管中
—加 0.1% NH₄VO₃ 液 10 滴
初呈黄色,后变红色、紫色、蓝色、
绿色,最后无色,为检测阳性

少许沉淀于试管中
—加 0.3% Na₂SeO₄ 液 10 滴,微温,冷却
初呈紫红色,后为橙红色、黄褐色,最后无色,
为检测阳性

二、重量法

【试剂】①25% NH_4OH 液。②95%乙醇。③90%醋酸。④硅藻土。

【检测步骤】

样品(200 g)于烧杯中
—加水 250 mL(含 90% 醋酸 0.5 mL),混匀
　用纱布过滤,压榨,滤出的汁液于蒸发皿中
汁液于蒸发皿中
—加 NH_4OH 液呈弱碱性,加硅藻土 10 g,拌匀
　水浴上蒸发至干,磨成粉末移入索氏脂肪抽提器中
粉末于索氏抽提器中
—加 95% 乙醇 200 mL 提取 6 h,回收乙醇
提取残液于索氏提取瓶中
—加水 50 mL、醋酸 5 滴,过滤
滤液于烧杯中
—用 NH_4OH 液调成弱碱性,于水浴上加热 30 min
　马铃薯毒素呈絮状结晶析出,过滤
滤液于烧杯中
—用 25% NH_4OH 液洗涤,再加乙醇 25 mL 精制,过滤
　于水浴上挥去乙醇,加水 50 mL,混匀,用醋酸调成酸性
　再加 NH_4OH 液析出马铃薯毒素(记录所用毫升数)
　过滤于已知重量的古氏漏斗中
于 105 ℃ 烘干至恒重

【计算】

$$马铃薯中马铃薯毒素含量(mg/100 g)=\frac{(m_1+2.75\times V)\times 100}{m}$$

式中,m_1 为恒重后马铃薯毒素重量(mg);V 为沉淀马铃薯毒素氨水所用体积(mL);m 为样品质量(g);2.75 为沉淀马铃薯毒素时每 100 mL NH_4OH 中所能溶解其毒素的毫克数。

【检测要点】
(1) 样品以制成匀浆液为宜。
(2) 加硅藻土在水浴上蒸发过程中,如有朱红色出现,须加少量热水冲。

三、分光光度法

【仪器】分光光度计。
【试剂】①95%乙醇。②浓 H_2SO_4、5% H_2SO_4、1% H_2SO_4。③NH_4OH 液。④1%甲

醛液。⑤冰乙酸。⑥马铃薯毒素标准液(1 mg/mL):称取马铃薯毒素标准品 0.100 0 g 于 100 mL 容量瓶中,用 1% H_2SO_4 溶解并定容至刻度。

【检测步骤】

样品(50 g)于索氏提取瓶中
┃—加乙醇 100 mL,冰乙酸 3 mL,在水浴上回流 16 h
┃ 回收乙醇,待溶液剩 10 mL 左右,转入蒸发皿中
乙醇提取液于蒸发皿中
┃—蒸去乙醇近干,加 5% H_2SO_4 20 mL 溶解,过滤
滤液于锥形瓶中
┃—用 NH_4OH 调 pH 为 10,置水浴 80℃,5 min,析出沉淀
┃ 冰箱中过夜,离心,倾去上清液,用 1% 氨水洗至无色
┃ 残渣用 1% H_2SO_4 溶解并定容至 2 mL
┃ 置冰浴中滴加浓 H_2SO_4 5 mL,1 min 后滴加 1% 甲醛 2.5 mL
┃ 90 min 后,用 1% H_2SO_4 定容至 10 mL
于 1 cm 比色皿,空白管调零,波长 520 nm 比色(同时做空白试验)

【标准曲线制备】吸取马铃薯毒素标准液(1 mg/mL)0.0 mL、0.1 mL、0.2 mL、0.3 mL、0.4 mL、0.5 mL 于 10 mL 比色管中,加 1% H_2SO_4 至 2 mL,置冰浴中滴加浓 H_2SO_4 5 mL,1 min 后加 1% 甲醛 2.5 mL,90 min 后,用 1% H_2SO_4 定容至刻度,1 cm 比色皿,零管调零,波长 520 mm 比色,分别记录吸光度,绘制标准曲线。

【计算】

$$马铃薯中马铃薯毒素含量(mg/kg) = \frac{C_s \times 1000}{m \times V_1/V_2 \times 1000}$$

式中,C_s 为样液吸光度查标准曲线对应含量(μg);V_1 为检测体积(mL);V_2 为样液定容体积(mL);m 为样品质量(g)。

【检测要点】

(1)样品以制成匀浆液为宜。

(2)在冰浴上滴加浓 H_2SO_4 时,宜控制在 3 min 以上滴完;滴加 1% 甲醛 2.5 mL 宜在 2.5 min 以上滴完,不应过快,否则会发生炭化现象,影响比色。

四、高效液相色谱法

【原理】试样用亚硫酸氢钠、乙酸混合水溶液提取,经 C_{18} 固相萃取柱净化,净化液注入高效液相色谱仪测定。外标法定量。

【仪器】高效液相色谱仪(具紫外检测器)。

【试剂】①乙腈(色谱纯)。②乙酸。③亚硫酸氢钠。④磷酸氢二钾及磷酸二氢钾。⑤试样提取液:称 0.5 g 亚硫酸氢钠,水 100 mL 溶解,加 5.0 mL 乙酸,混匀。⑥0.1 mol/L 磷酸氢二钾液:称磷酸氢二钾 8.7 g,水溶解并定容至 500 mL。⑦0.1 mol/L 磷酸二氢钾液:称取磷酸二氢钾 6.8 g,水溶解并定容至 500 mL。⑧磷酸缓冲液:取磷酸氢二钾(0.1 mol/L)100 mL,用磷酸二氢钾(0.1 mol/L)调至 pH 7.6,经水相滤膜(0.45 μm)过滤。⑨液相色谱流动相:取乙

腈 600 mL 于烧杯中,加磷酸缓冲液 100 mL,水 300 mL,混匀,经有机相滤膜(0.45 μm)过滤。⑩15％乙腈-水(15＋85，V/V)。

【检测步骤】

试样切碎,粉碎呈匀浆
  —取 10.0 g 匀浆,于 50 mL 离心管中,加 20 mL 提取液
    超声 30 min,每隔 5 min 振摇 1 次
  4 000 r/min,离心 3 min
  —取上清液 5.0 mL,于 C₁₈ 固相萃取柱中
    用 15％乙腈液 5 mL 淋洗,弃淋洗液
用流动相 5 mL 洗脱,洗脱液定容至 5 mL
  —经有机相滤膜(0.45 μm)过滤
滤液注入高效液相色谱仪测定。外标法定量。

【计算】

$$马铃薯中马铃薯毒素含量(mg/100\,g) = \frac{\rho \times V_1 \times V_2}{m \times (1-C_w) \times V_3 \times 10}$$

式中,ρ 为试样中龙葵素质量浓度(mg/L);V_1 为提取液体积(mL);V_2 为定容体积(mL);V_3 为分取液体积(mL);m 为样品质量(g);C_w 为样品含水率;10 为每 kg 换算成每 100 g 换算系数。

【检测要点】

(1) 马铃薯水分按 GB 5009.3－2016 检测。

(2) 龙葵素标准品纯度≥98％。

(3) C₁₈ 固相萃取柱:用前以乙腈 5 mL,提取试剂活化,保持湿润。

(4) 标准贮备液(1 000 mg/L):取龙葵素标准品 5.0 mg,用磷酸二氢钾液(0.1 mol/L)溶解并定容至 5 mL,－18℃存于棕色瓶,6 个月。标准应用液:用磷酸二氢钾液(0.1 mol/L)配成 5.0 mg/L、10.0 mg/L、15.0 mg/L、20.0 mg/L、25.0 mg/L、30.0 mg/L、40.0 mg/L 龙葵素系列标准应用液,4℃保存,1 个月。

(5) 液相色谱图参阅:DB 64/T1718－2020。

第八节 · 芥 酸 检 测

芥酸是菜籽油中一种二十二碳单不饱和脂肪酸,含 20％～50％,对人体有一定毒性。芥酸检测方法有气相色谱法。

气相色谱法

【仪器】GC 仪(具氢火焰检测器)。

【试剂】①石油醚。②甲醇。③无水 Na₂SO₄。④饱和 NaCl 液。⑤二十三烷酸甲酯(1 mg/mL)、芥酸甲酯(1 mg/mL):石油醚配制。

【仪器工作条件】①玻璃色谱柱(1.85 m × 2 mm),内填 10％ EGA 的 Chromosorb W (80～100 目)。②柱温:215℃;进样口温度:250℃;检测器温度:250℃。③载气:N_2(99.99％),流速:40 mL/min。④进样量:2 μL。

【检测步骤】

样品(1 g) 于磨口锥形瓶中
  —加二十三烷酸甲酯 1 mL,加石油醚 10 mL,加玻璃珠 5 粒
    接上冷凝装置,在沸水浴回流 30 min,回收石油醚,用 N_2 吹干
残渣于磨口锥形瓶中
  —加石油醚 5 mL 溶解,在沸水浴回流 2 min,冷却
石油醚于磨口锥形瓶中
  —加饱和 NaCl 液,溶剂层上升至瓶颈处
石油醚层于磨口锥形瓶中
  —经无水 Na_2SO_4 脱水于试管中,待检
取 2 μL 注入 GC 仪
同时分别取二十三烷酸甲酯标准液及芥酸甲酯标准液各 2 μL 导入 GC 仪,记录各自峰面积(mm^2)

【二十三烷酸甲酯内标定量】

$$菜籽油中芥酸含量(％) = \frac{A_1 \times m_2 \times f}{A_2 \times m_1 \times 1\,000} \times 100\%$$

式中,A_1 为样液中芥酸甲酯峰面积(mm^2);A_2 为样液中二十三烷酸甲酯峰面积(mm^2);m_2 为二十三烷酸甲酯含量(mg);m_1 为样品质量(g);f 为标准液中芥酸甲酯和二十三烷酸甲酯峰面积与相应的标准脂肪酸重量之间的校正因子。

第九节 · 鱼藤酮检测

鱼藤是一种豆科植物,种类很多,我国多为毛鱼藤、马来鱼藤。其根部含有鱼藤酮、鱼藤素等,以鱼藤酮毒性较强,含量较多,为 3％～12％,对人体有一定毒性。

鱼藤酮检测方法有标准碱滴定法、旋光度法和液相色谱-质谱法。

一、标准碱滴定法

【试剂】①活性炭。②氯仿。③CCl_4。④二氯乙烯。⑤醋酸汞甲醇液:取醋酸汞 50 g,溶于甲醇 750 mL 中,加冰乙酸 0.2 mL,混匀。⑥1％酚酞指示剂。⑦3.5％ NaCl 液。⑧0.100 0 mol/L NaOH 标准液:用前标定准确。

【检测步骤】

样品(30 g) 于具塞锥形瓶中
  —加活性炭 10 g,氯仿 300 mL,震荡 4 h,过滤
滤液于烧杯中
  —在水浴上蒸干,残渣用 CCl_4 15 mL 溶解
    过滤于烧杯中,再用 CCl_4 重复 1 次,过滤

滤液于锥形瓶中
— 在水浴上蒸干,加二氯乙烯 50 mL 溶解
  加醋酸汞甲醇液 50 mL,25 min 后加 3.5% NaCl 液 100 mL
  1% 酚酞指示剂 1 mL,用 0.100 0 mol/L NaOH 液滴定
滴至刚呈红色,记录标准碱消耗毫升数(同时做空白试验)

【计算】

$$鱼藤酮含量(\%) = \frac{M \times (V_1 - V_2) \times 0.039\,4}{m} \times 100\%$$

式中,V_1 为样液消耗标准碱体积(mL);V_2 为空白液消耗标准碱体积(mL);m 为样品质量(g);0.039 4 为 1 mL 0.100 0 mol/L NaOH 液相当于鱼藤酮的克数;M 为 NaOH 标准液浓度(mol/L)。

【检测要点】滴定时将锥形瓶振摇,以便从二氯乙烯液层中将醋酸提取出来。

二、旋光度法

【仪器】旋光度计。

【试剂】①氯仿。②苯+乙醚液(1+1)。③2%、5% KOH 液。④1 mol/L HCl。⑤无水 Na_2SO_4。⑥4%苯液。⑦鱼藤酮标准品(99.0%)。⑧鱼藤酮标准液(2.72 mg/mL):CCl_4 溶解定容。

【检测步骤】
样品 30 g 于具塞锥形瓶中
— 加氯仿 300 mL,震荡 5 h,过夜后,过滤于锥形瓶中
  在水浴上氯仿蒸干,残渣加苯+乙醚 100 mL 溶解
苯+乙醚液于分液漏斗中
— 加 2% KOH 液 50 mL,轻转 6 次
  放碱性水层于另一分液漏斗中,加苯+乙醚 40 mL×2
  加 2% KOH 液 50 mL×2,再连续提取 2 次
  于另两只分液漏斗中,加苯+乙醚液 50 mL,分层后将苯+乙醚层经无水 Na_2SO_4 脱水于锥形瓶中
苯+乙醚液于锥形瓶中
— 在水浴上蒸去苯+乙醚,残渣加氯仿 15 mL 溶解
  在水浴上蒸干,重复 1 次
残渣于锥形瓶中
— 加鱼藤酮标准液 25 mL 溶解,在水和冰中转动锥形瓶
  直至结晶完全析出,冰箱过夜后,至 0 ℃,3 号垂熔漏斗的高玻璃坩埚过滤
  用冰冷鱼藤酮标准液 15 mL 冲洗,吸滤 5 min
  于 40 ℃ 干燥 1 h,称重
鱼藤酮络合物于坩埚中
— 取出混合均匀,加苯(配成 4%),用旋光仪检测
于 10 cm 管中,20 ℃ 检测旋光度

【计算】

$$试样中鱼藤酮含量(\%) = \frac{m_1 \alpha \times 16.26}{m} \times 100\%$$

式中,m_1 为络合物重量(g);α 为旋光度;m 为样品质量(g)。

【检测要点】

(1) 加 2‰ KOH 液时应小心沿漏斗壁流入,轻轻转动,以免发生乳化。

(2) 整个提取操作,不应超过 30 min。

(3) 纯络合物 4‰苯液的比旋度为 $-166°$,故分离所得络合物的纯度为 $\dfrac{100\alpha}{6.64}$。

(4) 络合物的组成是以等分子结合,干燥络合物的鱼藤酮含量为 72%。

三、液相色谱-质谱法

【原理】试样用乙腈提取,提取液经氯化钠盐析,用正己烷除脂,经固相萃取小柱净化,净化液注入液相色谱-质谱仪测定。外标法定量。

【仪器】液相色谱-质谱仪(具电喷雾源 ESI)。

【试剂】①乙腈、正己烷、甲酸:色谱纯。②甲醇。③氯化钠。④乙酸铵。⑤碳酸氢钠。⑥饱和碳酸氢钠液。⑦5 mmol/L 乙酸铵缓冲液:取 0.38 g 乙酸铵溶于 800 mL 水中,加 2 mL 甲酸,用水定容至 1 000 mL。

【检测步骤】

取试样 500 g,用组织捣碎机加工成匀浆
 ├─取 2 g 试样,于具塞塑料离心管中,加 2 g 碳酸氢钠,15 mL 乙腈,摇匀
 │ 超声 10 min,4 500 r/min 离心 3 min
移出有机相,残渣再加 10 mL 乙腈重复提取一次
 ├─合并提取液,加 3 g 氯化钠盐析,4 500 r/min 离心 3 min
取上清液,于 45 ℃ 减压旋转蒸发至干
 ├─加 5 mL 甲醇水溶解残渣,溶解液待净化
取溶解液入固相萃取小柱净化
 ├─用 5 mL 水淋洗,抽干水,弃去。
 │ 加 5 mL 乙腈,流速 1 mL/min,收集洗脱液,45 ℃ 氮吹干
加 20% 乙腈水溶液定容至 1 mL
 ├─经滤膜(0.22 μm) 过滤
滤液注入液相色谱-质谱仪测定,外标法定量

【计算】

$$试样中鱼藤酮残留量(\mu g/kg) = \frac{C \times V}{m}$$

式中,C 为从标准曲线得到的鱼藤酮溶液的浓度($\mu g/L$);V 为试样最终定容体积(mL);m 为最终样液中的试样质量(g)。

【检测要点】

(1) 固相萃取柱(用聚苯乙烯-二乙烯基苯-吡咯烷酮聚合物填柱),3 mL,60 mg,用前以 3 mL 甲醇、3 mL 水处理。

(2) 有机相滤膜(0.22 μm)。

(3) 标准品:鱼藤酮纯度≥98%。标准贮备液(100 mg/L):准确称鱼藤酮 0.010 0 g,用甲

醇溶解并定容至 100 mL，4 ℃ 存 1 月。标准应用液：取标准贮备液，用 20％ 乙腈水溶液配制成系列标准应用液，用前配。

（4）本法适用于茶叶、蜂蜜、果酒、牛奶、粮谷、蔬菜、水果、肉及肉制品中鱼藤酮、印楝素残留检测。

（5）气相色谱工作条件：色谱柱（C_{18} 柱），150 mm×2.0 mm，3 μm；柱温 35 ℃；流动相为乙腈-5 mmol/L 乙酸铵缓冲液（35＋65，V/V）；流速为 400 μL/min；进样量为 10 μL。

（6）质谱工作条件：电离子喷雾源（ESI）；多反应监测（MRM）等。

（7）色谱图参阅：GB 23200.73-2016。

第十节·秋水仙碱检测

黄花菜鲜品中含有毒物质秋水仙碱，对人体有一定毒性。

秋水仙碱检测方法有三氯化铁化学反应法、硝酸-氢氧化钠化学反应法、硫酸-硝酸化学反应法和液相色谱-质谱法。

一、三氯化铁化学反应法

【试剂】①50％、95％ 乙醇。②10％ 酒石酸。③氯仿乙醇液（9＋1）。④10％ NaOH 液。⑤20％ HCl 液。⑥5％ $FeCl_3$ 液。⑦氯仿。

【检测步骤】

样品（100 g）于磨口锥形瓶中
　—加 50％ 乙醇 200 mL，加 10％ 酒石酸酸化，于水浴中回流 2 h，过滤
滤液于烧杯中
　—在水浴中蒸至浆液状，加 95％ 乙醇 50 mL 溶解，过滤
滤液于锥形瓶中
　—用 10％ NaOH 液调成碱性，移入分液漏斗中，加氯仿乙醇液 50 mL
　　振摇，静置分层
氯仿层于蒸发皿中
　—挥去氯仿，残渣待检
残渣少许于试管中
　—加 20％ HCl 液 0.5 mL 溶解，呈黄色
　　加 5％ $FeCl_3$ 液 4 滴，煮沸 3 min，呈绿色，冷却色更深
　　加氯仿 1 mL，氯仿层呈黄褐色或石榴红色，水层为绿色
判定为秋水仙碱检测阳性

二、硝酸-氢氧化钠化学反应法

【试剂】①浓 HNO_3。②NaOH。③其他试剂参照三氯化铁化学反应法。

【检测步骤】

样品提取残渣少许于白瓷皿中

　├─加浓 HNO_3 5 滴溶解,呈紫色,搅拌变为棕红色,最后变黄色

HNO_3 液于白瓷皿中

　├─加 NaOH 2 粒,呈橙黄色或红色

判定为秋水仙碱检测阳性

三、硫酸-硝酸化学反应法

【试剂】 ①浓 H_2SO_4。②浓 HNO_3。③其他试剂参照三氯化铁化学反应。

【检测步骤】

样品提取残渣少许于白瓷皿中

　├─加浓 H_2SO_4 5 滴溶解,再加浓 HNO_3 2 滴,呈绿色变为蓝色、紫色、淡黄色

H_2SO_4 - HNO_3 于白瓷皿中

　├─加 NaOH 2 粒,呈红色

判定为秋水仙碱检测阳性

四、液相色谱-质谱法

【原理】 试样在磷酸盐缓冲液(pH 8)条件下,用二氯甲烷提取,提取液经 C_{18} 固相萃取柱净化,净化液供液相色谱-质谱仪测定。外标法定量。

【仪器】 高效液相色谱-质谱仪(具电喷雾离子源)。

【试剂】 ①乙腈、正己烷、二氯甲烷、甲醇、甲酸:色谱纯。②磷酸二氢钠。③氢氧化钠。④无水硫酸钠:650 ℃灼烧 4 h,在干燥器内冷却,贮于密封瓶。⑤甲醇-水溶液:甲醇-水(4+6,V/V)。⑥0.15％甲酸溶液。⑦磷酸盐缓冲液:取 13.8 g 磷酸二氢钾溶于 950 mL 水,用 0.1 mol/L 氢氧化钠液调 pH 为 8.0,用水定容至 1 L。⑧秋水仙碱标准品:纯度≥95％。⑨标准贮备液(100 μg/mL),−18 ℃避光保存 1 个月。⑩标准应用液:用甲醇液配成系列标准应用液。

【检测步骤】

试样(鸭、牛肉、牛肝、肾)500 g,绞成糜状

　├─取 2 g 糜状试样于 500 mL 具塞塑料离心管中

　　　加 2 mL 磷酸盐缓冲液,25 mL 二氯甲烷

　　　以 14 000 r/min 均质 30 min

再 4 000 r/min 离心 5 min,将上层二氯甲烷提取液过无水硫酸钠柱,滤液于浓缩瓶中,再加二氯甲烷,重复操作 1 次

　├─合并二氯甲烷提取液,在 50 ℃ 水浴浓缩至近干

加 4 mL 正己烷及 4 mL 水依次将残渣溶解,移入 10 mL 具塞玻璃离心管中,混匀

2 000 r/min 离心 3 min,弃上层正己烷,再加 4 mL 正己烷,重复 1 次,下层液待净化

　├─取下层液至 C_{18} 固相萃取柱,用水洗 5 mL 柱 2 次

　　　弃流出液,用 5 mL 甲醇水溶液洗脱,负压抽干

再加 5 mL 甲醇洗脱,于 50 ℃ 水浴至干,用 2 mL 甲醇水(1+1, V/V) 定容

经 0.45 μm 滤膜抽滤,滤液供液相色谱-质谱仪测定。外标法定量

【计算】

$$试样中秋水仙碱残留量(\mu g/kg) = \frac{S \times V}{m}$$

式中,S 为从标准曲线上查得的秋水仙碱浓度(ng/mL);V 为最终样液定容体积(mL);m 为最终样液中的试样质量(g)。

【检测要点】

(1) 本法适用于进出口动物食品中秋水仙碱残留量检测。

(2) 无水硫酸钠柱:80 mm×40 mm(内经)筒形漏斗,脱脂棉垫底(5 mm),内装无水硫酸钠 40 mm。

(3) 固相萃取柱:C_{18},500 mg,3 mL,以甲醇 5 mL 及水 5 mL 洗脱,保持润湿。

(4) 液相色谱-质谱工作条件:色谱柱为 C_{18} 柱;流动相为乙腈- 0.15%甲酸-水溶液(40＋60,V/V);流速为 0.4 mL/min;进样量为 20 μL;电喷雾离子源,正离子扫描。

(6) 牛奶试样提取参阅:SN/T 2216 - 2008。

第十一章
掺假及其检测

食品掺假系指向食品中掺入物理性状或形态相似的非同种的廉价物质,目的是以假乱真、以次充好。很多国家为了防止食品掺假作伪,特制定了相应的法规或法律。我国于 2015 年制定的《食品安全法》(2021 年修正版)第三十四条第一款明确指出,禁止生产经营用非食品原料生产的食品或者添加食品添加剂以外的化学物质和其他可能危害人体健康物质的食品,或者用回收食品作为原料生产的食品。

常见食品掺假形式有 5 种:①掺兑,在食品中掺入一定数量的非固有物质,充其原食品成分的作法称为掺兑。如牛奶中掺水、面粉中掺滑石粉、蜂蜜中掺饴糖等,利用廉价易得的物质掺入增量。②抽取,从食品原料中抽提某些营养物质,仍按原食品成分销售称为抽取。如从全粒大豆或花生仁中抽取脂质后,仍以含脂食品出售。③粉饰,以染料、颜料、矿物油等掺混于食品内或涂抹于食品表面,制造假象来掩饰原有食品的劣变形态。例如将霉变劣质大米经淘洗、烘干后,再涂上矿物油;也有将染料或色素涂于用病、死鸡制成的"烧鸡"体表,还有涂布于熟肉表面,经过粉饰的食品再次投放市场,其危害极大,往往使人食入后发生中毒。④假冒,出售与商标完全不符的食品,如假奶粉、假藕粉、假巧克力、假海蜇皮等。⑤过失,由于无知或为了达到某种目的和需要,随心所欲地加入某些有毒有害物质,其危害极大,会发生严重中毒事件。如有在水发食品及带鱼中用甲醛浸泡、腐竹中加"吊白块"(次硫酸氢钠甲醛),在饮料中加工业染料及用工业酒精配制酒类等。

第一节 · 概 述

一、对人体的毒性与危害

食品中掺杂使假及伪造,如用含甲醇的酒精兑制成白酒销售,引起人双目失明,甚至死亡;将病猪肉及酸败脂肪的肉掺入原料肉中,在粉丝中加入致癌的荧光增白剂等,严重损害消费者的健康。

二、检测意义

为了维护消费者利益,确保人民的食用安全,加强对食品中掺杂使假的检测具有十分重要意义。其意义有 3 点。

1. 预防食物中毒

掺假物为含甲醇酒精、洗衣粉、甲醛、工业染料等,通过食物链能引起人食后中毒,使消费者致病、致残,甚至死亡。

2. 维护消费者经济利益

掺假物为低质廉价的可食物质,如淀粉、白糖、饴糖、豆浆等,虽对人无毒无害,但会使消费者在经济上受到损失,还会影响老年人、婴幼儿等人群的健康。

3. 防止食品腐败变质及污染

对含霉变大米、病畜肉等再加工的食品,要加强监督和检测,可防范和杜绝这类食品的上市,保证人体健康。

第二节 · 肉及其制品掺假检测

一、注水检测

1. 感官检测

如从牛、羊颈静脉注入水,水浸泡光鸭、鹅,其前胸部肌肉含水量增加,局部肌肉膨胀,浑圆发亮,手指挤压处呈明显凹陷痕迹,如压面粉团状。切开部位流出大量淡红色液体,切面肌肉色泽淡红。肌肉丰满注水处也呈同样状态。如牛、羊胴体经冷冻销售,刀切时可听到"砂砂"冰块声,切开后可见粟粒状大小冰棱夹杂肌间,解冻后见大量水液流出。

2. 水分检测

【检测步骤】

从可疑部位采样 500 g,绞成肉糜
├—取肉糜(3 g)于称量瓶(已干燥恒重,m_0)中,摊平,称重(m_1)
样品于称量瓶中
├—置烘箱 105 ℃,4 h 后,取出移至干燥器中冷却,称重(m_2)
算出水分含量与正常肉水分含量比较,超过较多,则为注水肉

【计算】

$$食品中水分含量(\%) = \frac{m_1 - m_2}{m_1 - m_0} \times 100\%$$

二、肉制品掺淀粉检测

1. 快速定性法

对可疑掺淀粉的肉制品(如香肠、香肚等),剖切后滴加 2 滴碘酒,如呈紫蓝色则为掺有淀粉。

2. 分光光度法

【仪器】分光光度计。

【试剂】①12％醋酸锌液。②6％ $K_4Fe(CN)_6$ 液。③12％ HCl、0.1 mol/L HCl。④20％ Na_2WO_4 液。⑤苯酸钠液(a. 取 2,4 -二硝基苯酚钠 8 g、苯酚 2.5 g 于 5％ NaOH 液 200 mL 中溶解。b. 酒石酸钾钠 100 g 于水 700 mL 中溶解。a、b 液混匀后用水定容至 1 L)。⑥葡萄糖标准液(2 mg/mL):称取干燥的葡萄糖 0.200 0 g,用 0.1 mol/L HCl 溶解并定容至 100 mL。

【检测步骤】

样品(5 g)于离心管中
——加水 40 mL 搅匀,加 12％ 醋酸锌液及 6％ $K_4Fe(CN)_6$ 各 3 mL,混匀
　　1 500 r/min 离心 5 min,上清液弃去,再重复 2 次
残渣于锥形瓶中
——用 0.1 mol/L HCl 50 mL 洗离心管并入锥形瓶
　　置水浴(70 ℃)1.5 h,不断搅拌,加 12％ HCl 10 mL
HCl 液于 100 mL 容量瓶中
——加 20％ Na_2WO_4 15 mL,加水至刻度(不算脂肪层),混匀 30 min 后过滤
滤液 1 mL 于具塞试管中
——加苯酸钠液 5 mL,盖塞,沸水浴 6 min,取出冷却,移入 100 mL 容量瓶中
　　用水定容至刻度,摇匀,放 25 min
于 1 cm 比色皿,空白管调零,波长 540 nm 比色(同时做空白试验)

【标准液检测】吸取葡萄糖标准液(2 mg/mL)1 mL,加苯酸钠液 5 mL,按样品检测步骤操作,在波长 540 nm 比色,记录吸光度。

【计算】

$$食品中淀粉含量(\%) = \frac{U_A \times 2 \times 100 \times 0.9}{S_A \times m \times 1\,000} \times 100\%$$

式中,U_A 为样液吸光度;S_A 为标准液吸光度;m 为样品质量(g);0.9 为淀粉与葡萄糖之比,0.9 g 淀粉水解后可得 1 g 葡萄糖。

【检测要点】

(1) 醋酸锌、$K_4Fe(CN)_6$ 溶液为沉淀样品中淀粉,使淀粉滤出。

(2) Na_2WO_4、HCl 液为蛋白沉淀剂,有除去蛋白作用。

(3) 苯酸钠液为显色剂。

(4) 脂肪含量高的样品应先除脂肪。

(5) 利用酸水解淀粉比用淀粉酶更为简便,便于保存,但对淀粉水解专一性不如淀粉酶,它可同时使半纤维素水解,生成具有还原性物质,结果偏高。

(6) 空白试验是取 0.1 mol/L HCl,加苯酸钠液 5 mL,按样品检测步骤操作。

三、肉制品掺植物性蛋白检测

聚丙烯酰胺凝胶电泳法

【仪器】圆盘电泳仪(全套)。

【试剂】 ①10 mol/L 尿素-2%巯基乙醇液：取尿素 6 g，用水 5 mL 溶解，加巯基乙醇 0.2 mL，用水定容至 10 mL，现用现配。②TEMED 缓冲液(pH 3.5)：取 1.0 mol/L KOH 液 50 mL、N,N,N′,N′-四甲基乙二胺(TEMED)液 1.25 mL、冰乙酸 40 mL 混匀，水定容至 100 mL。③聚合促进剂：取$(NH_4)_2S_2O_8$ 0.7 g 溶解在 5 mL 水中。④丙烯酰胺液：取丙烯酰胺单体 30 g、双丙烯酰胺 0.8 g，用水溶解并定容至 100 mL。⑤缓冲液(pH 4.0)：取甘氨酸 28 g，溶于冰乙酸 3 mL，以水定容至 1 L。使用时用水 10 倍稀释。⑥指示剂：取亚甲蓝 1 mg，溶解于水 100 mL。⑦染色液：取氨基黑 10B 2.5 g，加冰乙酸 200 mL 溶解，用水定容至 1 L。⑧7%冰乙酸液。

【聚丙烯酰胺凝胶管制备】 取尿素 13.4 g，加 TEMED 缓冲液(pH 3.5)3.5 mL、丙烯酰胺液 7 mL、水 4.5 mL，充分混合溶解，如有气泡经减压脱气后，加聚合促进剂 1.4 mL，使总量为 28 mL，立即用注射器移入长 100 mm、内径 5 mm 玻管中，玻管上端空出约 10 mm，静置凝胶化，加水封存。

【检测步骤】

样品(10 g)于乳钵中
├─ 充分磨碎
磨碎样品 100 mg 于离心管中
├─ 加 10 mol/L 尿素-2%巯基乙醇液 10 mL，混匀
│ 24 h 后离心，上清液待检
电泳仪
├─ 聚丙烯酰胺凝胶管，去封存水装进缓冲液槽中，下部电极
│ 接在阴极上，上部电极接在阳极上，在上、下槽中注入稀释
│ 10 倍电泳缓冲液(pH 4.0)，上部缓冲液加指示剂 2 滴，搅拌
微量注射器取待检液 50 μL
├─ 注于凝胶管上，成叠加层，每支玻管通入 3 mA 电流电泳，
│ 直至亚甲蓝的蓝色谱带达到距凝胶管下端 7 mm 处，停止电泳，
│ 从玻管中拔出凝胶于染色液中过夜，用 7%醋酸脱去电泳谱带以外的颜色
判定：按照肉、大豆、小麦圆盘电泳谱带(图 11-1)比较

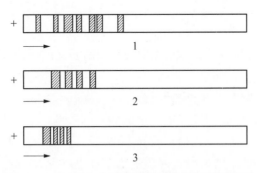

图 11-1 肉、大豆、小麦蛋白质的圆盘电泳谱带示意图

1.肉(猪肉)蛋白质电泳图示；2.大豆蛋白质(分离蛋白质)电泳图示；3.小麦蛋白质(面筋)电泳图示

【检测要点】

(1) 凝胶玻管放入电泳缓冲液槽中，应均无气泡时，方可注入样品待检液。

(2) 丙烯酰胺单体试剂对人神经有毒害作用，操作时要小心，但凝胶化后无毒。

（3）制作聚丙烯酰胺凝胶时，20 min 后如不凝胶化，可调节聚合促进剂的浓度。

（4）电泳后从玻管中拔出凝胶办法，是在加满水的容器中，将细长灸针插入凝胶与玻管之间，以水作滑润拔出凝胶。

（5）制备聚丙烯酰胺凝胶，如不发生气泡，则无需经减压脱气。

（6）除圆盘电泳外，还可用平板电泳仪进行平板电泳。

四、猪肉中盐酸克伦罗特（俗称瘦肉精）检测

参阅第四章第十节及 GB/T 22286 - 2008。

第三节·乳与乳制品掺假检测

从 1998 年起中国乳业高速发展，生鲜乳产量年平均增长率为 17.4％。2008 年三聚氰胺毒奶粉事件后，我国乳品行业遭遇了史无前例的信任危机。三聚氰胺俗称蛋白精，对人体有害，被世界卫生组织列为 2B 类致癌物，属于化工原料，禁止用于食品加工。但由于其蛋白质含量较高，且无色无味，被不法商家用于假奶粉制造，目的是提高蛋白质含量。三聚氰胺毒奶粉事件后，政府采取了一系列措施，对食品安全监管体系和企业产生了深远的影响，加强了食品安全监管和公众意识。2010 年《国务院办公厅关于进一步加强乳品质量安全工作的通知》，将三聚氰胺作为"头号目标"，从其生产流通、原料奶、出厂产品的检验，再到风险监测和评估，进行"全程监控"，防止乳制品添加三聚氰胺。自此，国家对乳品行业的准入门槛越来越高，监管越来越严。下面介绍乳与乳制品中三聚氰胺的检测方法。

乳与乳制品中三聚氰胺的检测

1. 高效液相色谱法

【原理】试样经三氯乙酸-乙腈提取，提取液经阳离子交换固相萃取柱净化，净化液注入高效液相色谱仪测定。外标法定量。

【仪器】高效液相色谱仪（具紫外检测器）。

【试剂】①三氯乙酸、乙腈、甲醇、辛烷磺酸钠:色谱纯。②氨水:25％以上。③柠檬酸。④甲醇水溶液（V/V）。⑤1％三氯乙酸。⑥5％甲醇（氨化）液:95 mL 甲醇加 5 mL 氨水，混匀。⑦离子对缓冲液:取柠檬酸 2.10 g，辛烷磺酸钠 2.16 g，加水溶解，调 pH 为 3.0，水定容至 1 L。⑧三聚氰胺标准品:纯度＞99％。⑨标准贮备液（1 mg/mL）:称取三聚氰胺标准品 100 mg 于 100 mL 容量瓶中，用甲醇水溶液溶解并定容至刻度，于 4 ℃避光保存。⑩标准应用液。

【仪器工作条件】①色谱柱:C$_8$ 柱（250 mm×4.6 mm，5 μm）。②流动相:离子对试剂缓冲液-乙腈（85±15，V/V）。③流速:1.0 mL/min。④柱温:40 ℃。⑤波长:240 nm。⑥进样量:20 μL。

【检测步骤】

称取试样 2 g(鲜奶、奶粉、酸奶等)于 50 mL 具塞塑料离心管中

┌─加三氯乙酸 15 mL,乙腈 5 mL,震荡 20 min,4 000 r/min 离心 10 min

取上清液经滤纸过滤,滤液置于 25 mL 容量瓶中,用三氯乙酸定容

┌─取定容液 5 mL,加水 5 mL,混匀,待净化

取待净化液通过固相萃取柱,流速为 1 mL/min,收集净化液于三角瓶中

┌─分别加水 3 mL,甲醇 3 mL 洗柱,抽干

再用甲醇(氨化)液 6 mL 洗柱,洗脱液于另一烧杯中,用 50 ℃ 氮气吹干

取净化液 1 mL,置于上述烧杯中,振摇后,经微孔滤膜过滤,滤液待上仪器测定。外标法定量

【计算】

$$试样中三聚氰胺含量(mg/kg) = \frac{S \times V \times f}{m}$$

式中,S 为标准液中三聚氰胺浓度值(μg/mL);V 为试样最终定容体积(mL);f 为稀释倍数;m 为试样质量(g)。

【检测要点】

(1) 本法适用于鲜奶、奶粉、酸奶、冰淇淋、奶酪、奶油、奶糖、巧克力中三聚氰胺残留检测。

(2) 滤纸使用前用三氯乙酸润湿。

(3) 固相萃取柱为混合型阳离子交换固相萃取柱:60 mg,3 mL。基质为苯磺酸化的聚苯乙烯-二乙烯基苯高聚物。柱使用前以甲醇 3 mL,水 3 mL 活化。

(4) 标准曲线制备:取标准贮备液,用甲醇水溶液分别配成 0.8 μg/mL、2.0 μg/mL、20.0 μg/mL、40.0 μg/mL、80.0 μg/mL 系列标准应用液。分别注入仪器,以峰面积-浓度作图。

(5) 本法参阅:GB/T 22388-2008。

2. 改良双缩脲分光光度法

【原理】 试样(乳肉蛋等)中蛋白质由多种氨基酸组成,各种氨基酸的氨基与羧基作用,可与缩脲反应的肽键基团。在碱性条件下能与硫酸铜作用。其中铜离子与肽键相配位,形成一种含铜的环状复合物,呈紫红色。其结构如下:

因此,颜色强度与试样中蛋白质含量成正比。用分光光度计,波长 550 nm,与蛋白标准液同法比色,求得试样蛋白质含量(g/dL)。

【仪器】 分光光度计。

【试剂】 ①蛋白质标准品(6 g/dL):上海医学化验所。②8%氢氧化钾液:贮塑料瓶。③改良双缩脲试剂:4%硫酸铜液 60 mL,8%氢氧化钾液 60 mL,分别将酒石酸钾钠 5 g 与碘化钾

1 g 溶于 200 mL 去离子水中,加热溶解,冷却,全部混合,用去离子水定容至 1 000 mL,贮塑料瓶。

【检测步骤】

取乳样 1.00 g 于具塞试管中
——加 8% 氢氧化钾液 10.0 mL,水浴 60 ℃,10 min,水解
取水解液移至 25 mL 容量瓶中,去离子水定容至刻度
——取定容液 1.0 mL 放入测定管中(U 管)
——取蛋白质标准液 0.1 mL 放入标准管中(S 管)
——取去离子水 1.0 mL 加入空白管中(B 管)
各管分别加双缩脲试剂 4.0 mL,混匀
——于 37 ℃ 水浴 30 min
分光光度计,波长 550 nm,杯径 1 cm,B 管调零

【计算】

$$乳中蛋白质含量(\%) = \frac{U_A}{S_A} \times 25 \times 0.1 \times C_s / m$$

式中,U_A 为测定管吸光度;S_A 为标准管吸光度;25 为乳样 1 g 的顶容量;0.1 为蛋白质标准液量(mL);C_s 为蛋白质标准液含量(g/dL);m 为试样质量(g)。

【检测要点】

(1) 牛奶、奶粉中掺入三聚氰胺为了提高奶中无机氮含量,如用凯氏定氮法,则奶中粗蛋白质量增加,故 GB 5009.5 - 2016,明文规定,该法不适用添加无机含氮物质。为此,采用双缩脲比色法,可排除无机氮三聚氰胺。

(2) 本法简便、准确、便捷,适用于基层牛奶收购快速鉴别牛奶真伪。

(3) 如试样含脂高,在碱水解后,可冷冻去脂层,或用 2 mL 无水乙醚混匀,离心,吸除醚层。

(4) 显色要求 37 ℃水浴,如室温在 0 ℃ 左右,显色反应很慢。显色很稳定,3 h 以上。

(5) 显色后,也可用紫外分光光度计比色,波长 280 nm,需用石英比色杯。

第四节 · 蜂蜜及其制品掺假检测

蜂蜜及其产品掺假,可以说是一个国际上普遍存在的问题。在国内,由于某地发生过掺假事件,曾一度影响我国蜂蜜出口,不仅造成了巨大经济损失,还影响了我国对外贸易的声誉。常见掺假物有饴糖、蔗糖、面粉、糊精、食盐、明矾、尿素、硫酸铵、羧甲基纤维素、奶粉、炼乳、毒蜜、幼虫体及沙泥等。

一、蜂蜜掺蔗糖检测

1. 蒽酮分光光度法
【仪器】分光光度计。

【试剂】①蒽酮试剂:取蒽酮 0.4 g 溶于稀 H_2SO_4(87+16)中,现配现用。②2 mol/L KOH 液。③10 mg/mL 蔗糖标准贮存液:称取烘干的蔗糖 1.000 g,用水溶解并定容至 1 L。④100 μg/mL 蔗糖标准应用液。

【检测步骤】

蜜样(1g)于烧杯中
  —加水 49.2 mL,混匀
稀释蜜样 5 mL 于 100 mL 容量瓶中
  —加水 3 mL、2 mol/L KOH 液 4 mL,混匀,煮沸 5 min,冷却
    用水定容至刻度
定容液 1 mL 于试管中
  —加水 1 mL、蒽酮试剂 6 mL,混匀,置沸水浴中 3.5 min
于 1 cm 比色皿,波长 635 nm,空白管调零比色(正常蜜对照试验)

【标准曲线制备】取蔗糖标准应用液(100 μg/mL)0.0 mL、0.2 mL、0.4 mL、0.6 mL、0.8 mL、1.0 mL 分别于试管中,水补足至 2 mL,加蒽酮试剂 6 mL,混匀,沸水浴中 3.5 min 后,于 1 cm 比色皿,波长 635 nm,空白管调零比色,记录各管吸光度,绘制标准曲线。

【计算】

$$蜂蜜中蔗糖含量(\%) = \frac{C_s \times V_1 \times V_3}{V_2 \times V_4 \times m \times 1\,000 \times 1\,000} \times 100\%$$

式中,C_s 为样液吸光度查标准曲线对应蔗糖含量(μg);V_1 为加水 49.2 mL;V_2 为取稀释蜜样(5 mL);V_3 为稀释定容量(100 mL);V_4 为检测用量(mL);m 为样品质量(g)。

【检测要点】

(1) 本法灵敏,可检测样品中掺 0.5% 蔗糖的含量。

(2) 蒽酮试剂必须现配现用。

(3) 加蒽酮试剂后应立即搅匀,利用浓 H_2SO_4 的热来维持自身反应,这可缩短反应时间,较方便。否则,需在水浴中加热。

2. 硝酸银法

【试剂】1%、2% $AgNO_3$ 液。

【检测步骤】

蜜样 2 份(各 1g)分别于试管中
  —各加水 4 mL,混匀

试管 A   试管 B
—加 2% $AgNO_3$ 液 2 滴   —加 1% $AgNO_3$ 液 2 滴
呈白色絮状物,蔗糖为 1% 以上   呈白色絮状物,蔗糖为 4% 以上

【检测要点】

(1) 本法快速,适用于现场检测,如滴加 1% $AgNO_3$ 液,呈白色絮状物,可疑掺蔗糖,采样进一步以蒽酮法定量。

(2) 不同浓度 $AgNO_3$ 液与不同浓度蔗糖反应结果如表 11-1。

表11 - 1　不同浓度 AgNO₃ 液与不同浓度蔗糖反应结果

AgNO₃ 浓度	掺蔗糖量										
	0%	1%	2%	3%	4%	5%	6%	7%	8%	9%	10%
1%	－	－	－	－	＋	＋	＋	＋	＋	＋	＋
≥2%	－	＋	＋	＋	＋	＋	＋	＋	＋	＋	＋

注:"＋"有白色絮状物;"－"无白色絮状物。

3. α-萘酚法

【试剂】①2 mol/L KOH 液。②显色 A 液:浓 H₂SO₄＋2% FeCl₂ 液(20＋1),混匀。③显色 B 液:2% α-萘酚乙醇液。④蔗糖标准贮存液:参照蒽酮比色法。⑤0.25 mg/mL 蔗糖标准应用液。

【检测步骤】

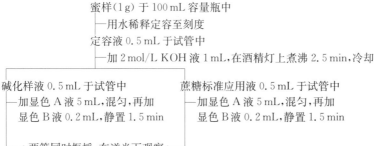

判定如(表11 - 2)

表11 - 2　蜂蜜中掺蔗糖量的判定标准

项目	掺蔗糖量										
	0%	1%	2%	3%	4%	4.5%	5%	5.5%	6%	8%	10%
颜色	青	青	青绿	青绿	黄绿	棕	棕	棕	棕红	红	红
判定	－	－	－	－	－	－/＋	标准	＋	＋	＋	＋

注:"＋"为阳性(即浓度超过标准管);"－"为阴性(浓度低于标准管);"－/＋"为可疑(浓度接近标准管,色差不明显)。

【检测要点】

(1) 本法分辨率可达 1%。

(2) 加碱煮沸时,可加 1 粒玻璃珠到试管中,防止液体喷出。

(3) 加显色 A 液,应缓慢加入,防 H₂SO₄ 溅出。

(4) 加显色 B 液,应沿管壁加入。

二、蜂蜜掺饴糖检测

1. 乙醇碘试剂法

【试剂】①95% 乙醇液。②0.1 mol/L I 液:取 I₂ 1.1 g、KI 4 g,加水溶解并定容至 100 mL。

【检测步骤】

蜜样 2 份(各 1 g)分别于试管中
├─各加水 4 mL,混匀

稀释蜜样于试管中	稀释蜜样于试管中
├─逐滴加 95% 乙醇液	├─加 4 滴 0.1 mol/L 碘液
(同时做正常蜜对照)	(同时做正常蜜对照)
呈白色絮状物疑为掺饴糖	呈红色疑为掺饴糖
正常纯蜜无絮状	正常纯蜜呈棕黄色(碘液色)

2. 铋盐钼酸盐法

【试剂】①1% 抗坏血酸液。②铋盐钼酸盐液。

【检测步骤】

蜜样(1 g)于烧杯中

├─加铋盐钼酸盐液 1 mL,混匀,加 1% 抗坏血酸液 10 mL,混匀
├─放 5 min 观察(同时做正常蜜对照)

呈深蓝色为掺 5% 饴糖;蓝黑色为掺 10% 饴糖;呈深蓝黑色为掺 20% 饴糖

三、蜂蜜掺人工转化糖检测

掺人工转化糖的蜂蜜稀薄,黏度小,波美度大。从两方面检测,综合判定。

1. 氯离子检测

【试剂】①5% $AgNO_3$。②5% $Pd(NO_3)_2$。

【检测步骤】

蜜样 2 份(1 g)分别于试管中
├─各加水 5 mL,混匀

稀释蜜样于试管中	稀释蜜样于试管中
├─加 5% $AgNO_3$	├─加 5% $Pd(NO_3)_2$
呈白浊状疑掺人工转化糖	呈白浊状疑掺人工转化糖

2. 酶值检测

【试剂】①0.05 mol/L NaOH 液。②0.1 mol/L NaCl 液。③0.2 mol/L 乙酸液。④1% 淀粉液。⑤0.1 mol/L I 液。⑥1% 酚酞乙醇指示剂。

【检测步骤】

蜜样(10 g)于锥形瓶中

├─加水 70 mL,混匀,加 1% 酚酞指示剂 3 滴,用 0.05 mol/L NaOH 中和

稀释蜜样于 100 mL 容量瓶中

├─用水定容至刻度按表 11-6 操作,12 支试管编号放水浴 45℃ 中 2.5 cm 处
├─1 h 后取出,冰水冷却,各加 0.1 mol/L I 液 1 滴,摇匀,观察

各试管依次为黄红、红紫、紫、蓝等,查表 11-3

表 11-3　蜂蜜淀粉酶值

序号	蜜样 (mL)	蒸馏水 (mL)	0.2 mol/L 乙酸(mL)	0.1 mol/L NaCl 液(mL)	1% 淀粉液 (mL)	总体积 (mL)	淀粉酶值
1	10.0	4.0	0.5	0.5	1.0	16	1.0
2	10.0	2.5	0.5	0.5	2.5	16	2.5

（续表）

序号	蜜样 （mL）	蒸馏水 （mL）	0.2 mol/L 乙酸（mL）	0.1 mol/L NaCl 液（mL）	1%淀粉液 （mL）	总体积 （mL）	淀粉酶值
3	10.0	0.0	0.5	0.5	5.0	16	5.0
4	7.7	2.3	0.5	0.5	5.0	16	6.5
5	6.0	4.0	0.5	0.5	5.0	16	8.3
6	4.6	5.4	0.5	0.5	5.0	16	10.9
7	3.6	6.4	0.5	0.5	5.0	16	13.9
8	2.3	7.2	0.5	0.5	5.0	16	17.9
9	2.1	7.9	0.5	0.5	5.0	16	23.9
10	1.7	8.3	0.5	0.5	5.0	16	29.4
11	1.3	8.7	0.5	0.5	5.0	16	38.5
12	1.0	9.0	0.5	0.5	5.0	16	50.0

【综合判定】正常蜂蜜酶值≥8，如<6.5，Cl^-又呈阳性反应，为掺人工转化糖。

四、蜂蜜掺淀粉类物质检测

1. 碘试剂法

【试剂】0.1 mol/L I 液。

【检测步骤】

蜜样（1 g）于试管中

  ├─加水 10 mL，混匀，加热至沸腾，冷却

稀释蜜样于试管中

  ├─滴加 0.1 mol/L I 液 2 滴，观察（同时做正常蜜对照）

呈蓝 → 蓝紫色为掺淀粉；呈红色为掺糊精；纯蜜不变色

【检测要点】

（1）蜂王浆中掺淀粉检测也可用本法进行检测。

（2）本法灵敏度很好，可检出蜂蜜中掺 0.2% 的淀粉量（表 11-4）。

表 11-4　蜂蜜中掺不同淀粉量的判定标准

项目	掺淀粉量										
	0%	0.1%	0.2%	0.3%	0.4%	0.5%	1%	2%	3%	4%	5%
判定	−	−	+	+	+	+	+	+	+	+	+

注："+"呈蓝色；"−"不显蓝色。

2. 碘试纸法

【碘试纸制备】将滤纸剪成宽 0.5 cm、长 5 cm 浸于 1 mol/L I 液中 30 s，取出平展在瓷盘上，自然风干或在 35℃烘干，贮于棕色瓶中，避光保存。

【检测步骤】

蜜样（1 g）于试管中

  ├─加水 10 mL，混匀，煮沸，冷却

稀释蜜样于试管中

  ├─取蜜样滴在用水湿润的碘试纸条上，观察（同时做正常蜜对照）

试纸呈蓝紫色为掺淀粉；呈红色为掺糊精；纯蜜不变色

【检测要点】

（1）本法适用于现场快速检测。

（2）本法可检出蜂蜜中掺 0.5％淀粉量。

五、蜂蜜掺羧甲基纤维纳检测

【试剂】①95％乙醇。②HCl。③1％ $CuSO_4$ 液。

【检测步骤】

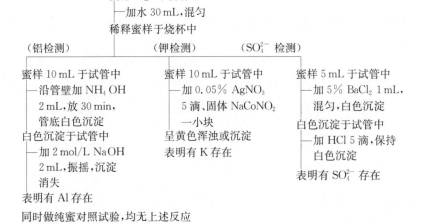

六、蜂蜜掺明矾检测

蜂蜜中掺明矾检测为 3 个方面判定：明矾中 Al、K、SO_4^{2-}。

【试剂】①NH_4OH。②2 mol/L NaOH 液。③HCl。④0.05％ $AgNO_3$ 液。⑤5％ $BaCl_2$ 液。⑥$NaCoNO_2$。

【检测步骤】

```
                    蜜样(3 g)于烧杯中
                    ├加水 30 mL,混匀
                    稀释蜜样于烧杯中
(铝检测)              (钾检测)              (SO₄²⁻ 检测)
蜜样 10 mL 于试管中    蜜样 10 mL 于试管中    蜜样 5 mL 于试管中
├沿管壁加 NH₄OH      ├加 0.05％ AgNO₃     ├加 5％ BaCl₂ 1 mL,
  2 mL,放 30 min,      5 滴,固体 NaCoNO₂       混匀,白色沉淀
  管底白色沉淀         一小块              白色沉淀于试管中
白色沉淀于试管中      呈黄色浑浊或沉淀      ├加 HCl 5 滴,保持
├加 2 mol/L NaOH     表明有 K 存在            白色沉淀
  2 mL,振摇,沉淀                          表明有 SO₄²⁻ 存在
  消失
表明有 Al 存在
同时做纯蜜对照试验,均无上述反应
```

七、蜂王浆掺乳品检测

【试剂】0.5％ KOH 液。

【检测步骤】

两支试管各放 0.5% KOH 液 10 mL
　├─在酒精灯下煮沸后

0.5% KOH 液于试管中
　├─加待检蜂王浆 0.5 g,搅拌,先出现
　　云雾状,扩散下沉,浑浊转呈微黄,
　　不清朗
疑蜂王浆掺牛乳

0.5% KOH 液于试管中
　├─加纯蜂王浆 0.5 g,搅拌,
　　色渐转淡黄,清朗
蜂王浆未掺牛乳

八、蜂王浆掺蜂蜜检测

【试剂】 斐林氏试剂。①斐林氏甲液:称取 $CuSO_4$ 34.64 g,加水溶解,再加 H_2SO_4 0.5 mL,用水定容至 500 mL。②斐林氏乙液:称取酒石酸钾钠 173 g、NaOH 50 g,加水溶解,并定容至 500 mL,贮于塑料瓶中。使用时甲液+乙液(1+1)混合。

【检测步骤】

蜂王浆样(0.5 g)于试管中
　├─加水 0.5 mL,混匀
稀释蜂王浆于试管中
　├─加斐林氏试剂 5 滴,在酒精灯上微沸 2 min,观察(同时做纯蜂王浆试验)
呈红色为掺有蜂蜜

九、蜂花粉中掺泥沙检测

【仪器】 烘箱、离心机、水浴锅。
【检测步骤】

花粉样(3 g)于 10 mL 离心管中
　├─加蜂蜜至 10 mL 刻度,置水浴上加热,不断搅拌,使花粉团散开
花粉蜂蜜于离心管中
　├─3 000 r/min 离心 4 min,倾出花粉蜂蜜层
沉淀物于离心管中
　├─加水 5 mL,混匀,倒入铺有已称重的干燥滤纸(m_1)的布氏漏斗上,
　　用水洗离心管与滤纸上残存的蜂蜜,沉淀物于滤纸上在烘箱 100 ℃
　　烘至恒重(m_2)
沉淀物重($m_2 - m_1$)(g)

【计算】

$$蜂花粉中泥沙杂质含量(g/100\,g) = \frac{m_2 - m_1}{m} \times 100\%$$

式中,m_1 为干燥滤纸质量(g);m_2 为干燥滤纸质量+沉淀物质量(g);m 为样品质量(g)。

第五节 · 水产品及水发食品中掺甲醛检测

甲醛($HCHO$)是一种化学药品,其毒性是甲醇的 30 倍,对人的神经系统、肺、肝脏都有损害,还会引起人体内分泌功能紊乱,引发人的变态反应,如过敏性皮炎、过敏性哮喘等,人如食用甲醛浸泡过的食品后,可引发胃痛、呕吐、呼吸困难,甚至死亡。由于甲醛的毒性及对人体健康有害,国家规定食品中禁止加入甲醛。但是,当前有人向水产品和水发食品中加入甲醛,以增加体积,且不回缩,保持较高的含水量等不法行为。某市在抽检中发现甲醛平均阳性率为 26.5%,有的高达 80% 左右;平均检出量为 130 mg/kg,最高达 430 mg/kg。因此,必须加强对水发食品加工场所的管理和监测,有条件的城市应将水发食品中的甲醛作为经常监测项目,食品卫生监督部门应不定期地进行抽检,以确保食用安全与人体健康。

掺甲醛检测方法有快速定性法、分光光度法、气相色谱法和高效液相色谱法。

一、快速定性法

1. 间苯三酚法

【试剂】1% 间苯三酚液:取间苯三酚 1 g,溶于 12% NaOH 液,并定容至 100 mL。

【检测步骤】

试样(匀浆液 10 g)于烧杯中

├─加水 20 mL,混匀,30 min 后过滤

滤液 5 mL 于试管中

├─加 1% 间苯三酚液 1 mL,观察

呈橙红色、浅红色均为掺有甲醛(同时做对照试验)

【检测要点】

(1) 适用于现场快速定性检测。

(2) 未加甲醛对照管应为无色。

2. 品红亚硫酸法

【试剂】品红亚硫酸液:取品红 100 mg 于研钵中,研细后,加 80 ℃水 60 mL 溶解,过滤于 100 mL 容量瓶中,10% Na_2SO_3 10 mL、浓 HCl 1 mL,用水定容至刻度。过滤,贮于棕色瓶中。

【检测步骤】

水发食品浸泡液(5 mL)于试管中

├─加品红亚硫酸液 5 mL,混匀

呈蓝紫色为掺有甲醛(同时做对照试验)

【检测要点】

(1) 适用于现场快速定性检测。

(2) 品红亚硫酸液如变红色应弃去重配。

3. 溴化钾法

【试剂】①稀 H_2SO_4（1+5）。②KBr 结晶。

【检测步骤】

稀 H_2SO_4（3 mL）于试管中
┗━加 KBr 结晶一小粒,混匀,沿管壁加水发食品浸泡液 1 mL
两液层交界处呈紫色环带为掺甲醛(同时做对照试验)

【检测要点】

（1）本法用于现场快速定性检测。

（2）本法检测限 20 mg/L。

4. 变色酸法

【试剂】①浓 H_2SO_4。②变色酸液:取 1,8-二羟基萘-3,6-二磺酸 2.5 g,用水溶解并定容至 25 mL。

【检测步骤】

水发食品浸泡液(1 mL)于试管中
┗━加变色酸液 0.5 mL,浓 H_2SO_4 6 mL,混匀,沸水浴 10 min 后,冷却,观察
呈紫红色为掺有甲醛(同时做对照试验)

【检测要点】

（1）如变色酸有沉淀,应过滤去除再用。

（2）本法检测限 0.1 mg/L。

（3）本法适合现场快速定性检测。

二、分光光度法

1. 乙酰丙酮显色比色法

【仪器】分光光度计。

【试剂】①30% $ZnSO_4$ 液。②2% NaOH 液。③乙酰丙酮液。④10 $\mu g/mL$ 甲醛标准应用液。

【检测步骤】

样品(匀浆液 10 g)于烧杯中
┗━加水 100 mL,混匀,用 2% NaOH 液调 pH 为 8,移入容量瓶中
样液于 200 mL 容量瓶中
┗━加 30% $ZnSO_4$ 液 10 mL,混匀,置水浴 60 ℃,10 min 后取出
　冷却,加水至刻度,混匀,30 min 后过滤,弃初滤液 30 mL
　收集滤液于锥形瓶中
滤液 10 mL 于比色管中
┗━加乙酰丙酮液 1 mL,混匀,沸水浴 5 min 后,取出冷却,10 min
于 1 cm 比色皿,空白管调零,波长 415 nm 比色(同时做空白试验)

【标准曲线制备】取甲醛标准应用液（10 $\mu g/mL$）0.0 mL、0.2 mL、0.4 mL、0.6 mL、0.8 mL、1.0 mL,分别于 10 mL 比色管中,各加水至 10 mL,混匀,加乙酰丙酮液 1 mL,混匀,置沸水浴 5 min 后,冷却,10 min,用 1 cm 比色皿、零管调零,波长 415 nm 比色,记录各管吸光

度,绘制标准曲线。

【计算】

$$食品中甲醛含量(mg/kg) = \frac{C_s \times 1\,000}{m \times V_1/V_2 \times 1\,000}$$

式中,C_s 为样液吸光度查标准曲线对应含量(μg);V_1 为测定用量(mL);V_2 为定容量(mL);m 为样品质量(g)。

【检测要点】

(1) 如固体样品(如海参、蹄筋、虾仁、带鱼、小黄鱼、牛百叶、鸭肠等)需经制成匀浆液,如浸泡液可直接取样检测。

(2) 用 $ZnSO_4$ 在碱性条件下除去蛋白,如不产生白色沉淀,可再补加 2% NaOH 液 3 mL,混匀便可。

(3) 样品处理最终 pH 为 6 为宜,如达不到可用酸调至 pH 6。

(4) 本法适用于大批样品定量检测,方法回收率 94.8%~104.3%。

(5) 样品也可采用蒸馏法提取甲醛:取样品 10 g 匀浆于蒸馏瓶中,放几粒玻璃珠,加水至 200 mL,再加 NaCl 4 g、20% H_3PO_4 2 mL,温火蒸馏,收集馏出液 200 mL(不足用水补足),然后按蛋白沉淀法操作,比色。

(6) 蒸馏法的蒸馏液如 SO_2 含量高时,可加 1% $MnSO_4$ 0.5 mL 消除干扰。

2. 变色酸显色比色法

【仪器】 分光光度计。

【试剂】 ①浓 H_2SO_4。②1% 变色酸液。③甲醛标准应用液(10 μg/mL)。

【检测步骤】

样品(匀浆液 20 g) 于蒸馏瓶中
├─ 加水 300 mL,浓 H_2SO_4 2 mL,蒸馏,收集馏出液 200 mL 于锥形瓶中
馏出液 5 mL 于比色管中
├─ 加 1% 变色酸液 1 mL,浓 H_2SO_4 4 mL,混匀,沸水浴 30 min,冷却
于 1 cm 比色皿,空白管调零,波长 565 nm 比色(同时做空白试验)

【标准曲线制备】 取甲醛标准应用液(10 μg/mL)0.00 mL、0.05 mL、0.10 mL、0.30 mL、0.50 mL、0.70 mL、1.00 mL 分别于比色管中,各用水加至 5 mL,混匀,加 1% 变色酸液 1 mL、浓 H_2SO_4 4 mL,混匀,沸水浴 30 min,冷却,于 1 cm 比色皿、零管调零,波长 565 nm 比色,分别记录吸光度,绘制标准曲线。

【计算】 参照乙醚丙酮比色法计算。

【检测要点】

(1) 方法回收率 69.3%~80.0%。

(2) 甲醛标准液标定:取 36%~38% 甲醛 1.4 mL,用水稀释至 500 mL,取 20 mL 于碘量瓶中,加 0.100 0 mol/L 碘液 20 mL、1 mol/L NaOH 液 15 mL,混匀,15 min 后加 1 mol/L H_2SO_4 液 20 mL,15 min 后用 0.100 0 mol/L $Na_2S_2O_3$ 液滴至呈浅黄色,加 0.5% 淀粉液 1 mL,继续滴至无色,记录 $Na_2S_2O_3$ 液消耗体积(mL)。按下式计算:

$$标定甲醛液(mg/mL) = \frac{(V-V_0) \times C_s \times 15.0}{20.0}$$

式中，V_0 为空白消耗 $Na_2S_2O_3$ 体积（mL）；V 为滴定甲醛消耗 $Na_2S_2O_3$ 体积（mL）；C_s 为 $Na_2S_2O_3$ 标准浓度（mol/L）；15.0 为相当于 1 L 的 mol/L $Na_2S_2O_3$ 标准液的甲醛质量（mg）。

三、高效液相色谱法

【仪器】HPLC 仪（具紫外检测器）。

【试剂】①10 μg/mL 甲醛标准应用液。②2,4-二硝基苯肼液：称取 2,4-二硝基苯肼 100 mg 溶于 24 mL 浓 HCl 中，加水定容至 100 mL。③二氯甲烷。④甲醇。

【仪器工作条件】①紫外检测器：波长 365 nm。②色谱柱：Hypersil ODS-C_{18} 柱（4.6 mm×200 mm，5 μm）。③流动相：甲醇＋水（65＋35）。④流速：1 mL/min。⑤进样量：20 μL。

【检测步骤】

水发食品浸泡液（1 mL）于具塞试管中
—加 2,4-二硝基苯肼液 0.5 mL，置水浴 60 ℃，20 min 后取出
　流水中快速冷却，移入分液漏斗中
样液于分液漏斗中
—用二氯甲烷 2 mL×2，分 2 次提取，合并二氯甲烷
　经无水 Na_2SO_4 脱水于烧杯中
二氯甲烷提取液于烧杯中
—在水浴 60 ℃ 蒸干，冷却，加甲醇 1 mL 溶解残渣，经 0.45 μm 膜过滤
　滤液待检
取 20 μL 注入 HPLC 仪

【标准曲线制备】取甲醛标准应用液（10 μg/mL）0.0 mL、0.2 mL、0.4 mL、0.6 mL、0.8 mL、1.0 mL，分别于具塞试管中，加水至 1 mL，然后按样品检测步骤操作，分别取 20 μL 注入 HPLC 仪，记录各自峰面积，绘制标准曲线。

【计算】参照乙酰丙酮比色法计算。

【检测要点】

(1) 固体样品应制成匀浆液后，按浸泡液检测步骤操作。

(2) 本法回收率 90.1%～104.9%，最低检测限 0.05 mg/L。

(3) 本法回归方程 $Y=752.4X-83.8$，其中 Y 为峰面积（mm^2），X 为甲醛标准应用液浓度（10 μg/mL），r＝0.9999，相对标准差为 5.3%。

(4) 用 1 mg/mL 2,4-二硝基苯肼为衍生剂，可衍生完全。

第六节·食用油中掺假检测

一些不法商贩在食用油中掺假采取两种手法：一是在高价食用油中掺入低价食用油，如橄榄油中掺茶籽油或菜油、芝麻油中掺菜油；二是掺入非食用油，如桐油、蓖麻油、矿物油等。前

者是以次充好牟取暴利;后者是供炸油条、炸鸡等使用,这些食物有不同程度毒性,危害人体健康。例如,2022 年 4 月伊犁州市场监督管理局在开展食用油专项执法行动,严厉查处纯食用植物油中掺杂掺假违法行为,立案 14 起,结案 9 起,涉案货值 164 万元,罚没款 367 万元;2019 年 4 月,河北省邢台市监管局查处假冒香油,并检查出"假芝麻油"含有致癌物黄曲霉素;2018 年央视财经《经济信息联播》曝光假冒食用油,打着"高端调和油"的旗号,而瓶身里面装的,竟然都是勾兑出来的假冒伪劣产品。因此,加强食用油的检测十分必要。

一、橄榄油中掺茶籽油检测

【试剂】①醋酸酐。②氯仿-浓 H_2SO_4 液:氯仿 150 mL 中加浓 H_2SO_4 20 mL。③无水乙醚。

【检测步骤】

具塞磨口试管加醋酸酐 1 mL、氯仿-浓 H_2SO_4 液 15 mL
├─混匀,于冷水中冷却,加油样 10 滴,混匀,5 min
油样于具塞试管中
├─加无水乙醚 10 mL,盖塞,倒转试管混匀(同时做纯橄榄油对照试验)
判定:掺茶籽油先棕色,1 min 深红色,5 min 后褪色
　　　纯橄榄油先绿色,后转为灰色

【检测要点】

(1) 本法可检出 5% 茶籽油。

(2) 加油样后如浑浊,可再加 1 mL 醋酸酐,使之清朗。

二、橄榄油中掺菜籽油检测

【试剂】无水乙醇。

【检测步骤】

油样(1 mL)于具塞磨口试管中
├─加无水乙醇 4 mL,盖塞,水浴 70 ℃,油液清朗
油样于具塞磨口试管中
├─移置水浴 30 ℃,油液变浑浊,记录时间
变浑浊时间愈短,油中菜籽油芥酸愈高(同时做纯橄榄油对照试验)

【检测要点】

(1) 本法是利用菜籽油中含有的芥酸与无水乙醇的反应,来确定掺菜籽油。

(2) 本法还可检测杏仁油中掺菜籽油。

三、食用油中掺棉籽油检测

【试剂】哈芬试剂:1% 硫的 CS_2 液与戊醇等体积混合。

【检测步骤】

油样(5 mL)于具塞试管中
├─加哈芬试剂 5 mL,混匀,水浴 70 ℃,30 min

样液于试管中

└─将试管放入饱和盐水的水浴中加热至 115℃，12 h 内观察

呈红色为食用油掺棉籽油（同时做正常食用油对照）

【检测要点】

(1) 油样在加哈芬试剂于水浴 70℃ 保温时，必须将 CS_2 除完为宜。

(2) 如在 2 h 以后呈现红色，则表明棉籽油低于 1%。

四、食用油中掺桐油检测

1. 硫酸法

【试剂】①浓 H_2SO_4。②环己烷。

【检测步骤】

油样（1 mL）于白瓷皿上

└─加环己烷 1 mL，混匀，加浓 H_2SO_4 0.5 mL，观察

呈淡黄色 → 黄色 → 红色 → 褐色 → 黑色疑为掺桐油（同时做正常食用油对照）

【检测要点】

(1) 本法适合于现场快速定性检测。

(2) 本法随着桐油含量递增，其颜色逐渐加深，碳化现象也明显（表 11 - 5）。

表 11 - 5　食用油中随含桐油量增加的颜色变化和碳化现象

桐油含量（%）	颜色与碳化的变化				
	1 s	1 min	2 min	3 min	30 min
0.0	无色，无网	无色，无网	无碳化	无碳化	无碳化
0.1	淡黄色网状	黄色，无网	无碳化	无碳化	极少量碳化
0.2	黄色网状	橘黄色，无网	无碳化	无碳化	极少量碳化
0.3	橘黄色网状	橘红色，有网	无碳化	极少量碳化	少量碳化
0.4	橘红色网状	棕红色，有网	极少量碳化	少量碳化	少量碳化
0.5	棕红色网状	褐红色，有网	少量碳化	少量碳化	少量碳化
0.6	褐红色网状	浅褐色，网消失	少量碳化	少量碳化	碳化
0.7	浅褐色网状	褐色，网消失	少量碳化	少量碳化	碳化
0.8	褐色网状	深褐色，网消失	少量碳化	少量碳化	碳化
0.9	深褐色网状	黑褐色，网消失	少量碳化	碳化	碳化
1.0	黑褐色网状	黑色，网消失	碳化	碳化	碳化

2. 亚硝酸法

【试剂】①石油醚。②5 mol/L H_2SO_4 液。③$NaNO_2$。

【检测步骤】

油样（1 mL）于试管中

└─加石油醚 4 mL，溶解混匀

石油醚油样于试管中

└─加 $NaNO_2$ 晶粒少许，加 5 mol/L H_2SO_4 液 1 mL，混匀

　　30 min 后观察油层（同时做正常食用油对照）

呈白色浑浊为掺 1% 桐油　┐
呈白色絮状物为掺 2.5% 桐油　├─放置后变成黄色
呈白色絮状团块为掺 5% 以上桐油　┘

正常食用油仅呈红褐色氮氧化物气体,油液清朗

【检测要点】

(1) 本法适用于除芝麻油外的所有植物油中掺桐油的检测。

(2) 本法灵敏度高,可检出 0.5% 桐油。

(3) 油样用石油醚溶解时,如有不溶残渣,应过滤除去。

3. 三氯化锑法

【试剂】1% 三氯化锑氯仿液。

【检测步骤】

油样(1 mL)于试管中
├─沿管壁加 1% 三氯化锑氯仿液 1 mL,分两层
油样显色液于试管中
├─置水浴 40℃,10 min 后观察(同时做正常食用油对照)
两层界面处呈紫红色至深咖啡色疑为掺桐油

【检测要点】

(1) 本法对菜籽油、花生油、茶籽油中掺桐油检测很灵敏,可检出 0.5% 桐油。

(2) 本法不适用于豆油、棉籽油中掺桐油检测。

4. 苦味酸法

【试剂】饱和苦味酸冰乙酸液。

【检测步骤】

油样(1 mL)于试管中
├─加饱和苦味酸冰乙酸液 3 mL,混匀,观察
呈金黄色→红色为掺桐油(同时做正常食用油对照)

【检测要点】

(1) 本法适用于一般食用油中掺桐油检测。

(2) 本法灵敏度如表 11-6。

表 11-6　食用油中随含桐油量增加的颜色变化

掺桐油量(%)	呈色
0	淡黄
1	黄
5	金黄
10	橙
30	橙红
50	红
100	深红

五、食用油中掺蓖麻油检测

无水乙醇法

【试剂】无水乙醇。

【检测步骤】

油样(5 mL) 于 10 mL 有刻度具塞离心管
├─加无水乙醇 5 mL,盖塞,振摇 2 min,去塞,1 000 r/min 离心 5 min
│ 静置 30 min 后读取离心管下层的 mL 数
下层如低于 5 mL 为掺蓖麻油(同时做正常食用油对照)

【检测要点】

(1) 本法为蓖麻油特有反应,可检出 5% 蓖麻油。

(2) 掺蓖麻油越多,离心管下层油的体积越少。

(3) 巴豆油也有此特有反应,可用氯仿与乙酸酐法鉴别:取油样 0.5 mL 于试管中,加氯仿+乙酸酐(1+1)2 mL、H_2SO_4 液 1 滴,混匀,呈墨绿色为掺巴豆油。

六、食用油中掺矿物油检测

1. 皂化法

【试剂】①60% KOH 液。②乙醇。

【检测步骤】

油样(1 mL) 于磨口锥形瓶中
├─加 60% KOH 液 1 mL,乙醇 25 mL,连接冷凝装置
│ 回流皂化 5 min 后,加沸水 25 mL,混匀
呈浑浊或油样物析出为掺矿物油(同时做正常食用油对比)

2. 荧光法

【仪器】紫外灯。

【检测步骤】

油样(1 滴) 于滤纸上
├─置紫外灯下观察
呈青色荧光为掺矿物油(同时做正常食用油对照)

【检测要点】一般用沸水浴加热冷凝回流,进行皂化。

第七节 · 粮食及其制品掺假检测

2023 年 3 月 15 日晚,央视 315 晚会曝光"香精大米",市面上个别品牌所售"泰国香米"并非泰国生产,而是由香精勾兑而来,晚会曝光了 3 家国内香米生产公司和 2 家泰国香米香精生产公司。还有一些不法商贩向面粉中掺石膏、滑石粉等,在年糕、挂面、面条、面包、饼干、糕点

及粉丝等制品中掺增白剂(如 SO_2、"吊白块"等)。因此,应加强粮食及其制品从源头到销售的监控与检测,才能保障广大消费者食物的安全。

一、掺陈米检测

1. 酶显色法

【试剂】①1%邻甲氧基苯酚液。②3% H_2O_2 液。

【检测步骤】

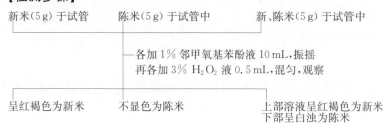

【检测要点】

(1) 本法是利用新米氧化还原酶在 H_2O_2 条件下与邻甲氧基苯酚生成红色化合物来判断其新鲜度。故所检样品应为未经烘焙加热的粮食。

(2) 本法也适用其他粮食,如小麦、面粉等新鲜度检测。

(3) 陈粮中黄曲霉毒素 B_1 检测参见第七章。

2. 指示剂法

【试剂】混合指示剂:取甲基红 0.1g、溴酚蓝 0.3g 溶于乙醇 200mL 中。使用时取 1mL,加水至 50mL,混匀为应用液。

【检测步骤】

样品(5g)于试管中
├─加混合应用指示剂 10mL,摇匀,观察
呈黄色 → 橙色为陈米;绿色为新米

【检测要点】

(1) 粮食随存放时间延长,其 pH 下降,故采用 pH 指示剂变化来判断其新鲜度。

(2) 本法也适用于小麦、面粉、糯米等,但不适用于有色粮食,如玉米、荞麦、乌米等。

(3) 也可采取电位法测定粮食的酸度,将样品用中性水浸泡,取其浸泡液检测。陈粮酸度明显高于新粮。

二、抛光大米中矿物油检测

【试剂】①石油醚。②浓 H_2SO_4 液。③2mol/L KOH 乙醇液。④2% Na_2SO_4 液。⑤无水 Na_2SO_4。

【检测步骤】

大米样(50 g)于锥形瓶中
　├─加石油醚 50 mL,震荡 30 min,过滤,滤液于分液漏斗中
石油醚提取液置于分液漏斗中
　├─加浓 H_2SO_4 10 mL×3,分 3 次提取,弃磺化层
石油醚净化液于分液漏斗中
　├─加 2% Na_2SO_4 液 50 mL 振摇,静置分层,弃水层
　│　有机相经无水 Na_2SO_4 脱水于锥形瓶中
有机相于锥形瓶中
　├─水浴挥干,加 2 mol/L KOH 乙醇液 25 mL 溶解,沸水浴上
　│　回流 10 min,加沸水 25 mL,混匀,观察
呈浑浊或有油析出为矿物油(同时做正常大米对照)

【检测要点】

(1) 本法可进行定量。将锥形瓶中石油醚挥干后,用石油醚 5 mL 溶解,移入恒重称量皿中,挥去石油醚,置烘箱 100 ℃ 干燥至恒重。计算:

$$大米中矿物油含量(g/100\ g) = \frac{m_1 - m_2}{m} \times 100\%$$

式中,m_1 为称量皿+石油醚干燥恒重(g);m_2 为称量皿恒重(g);m 为样品质量(g)。

(2) 本法用石蜡油做回收试验,回收率 91.2%～98.5%,可检出 0.5% 矿物油。

三、饼干中喷涂矿物油检测

【试剂】 ①无水乙醚。②饱和 KOH 液。③乙醇。

【检测步骤】

饼干(30 g)于锥形瓶中
　├─加无水乙醚 50 mL,震荡 20 min
乙醚提取液于锥形瓶中
　├─将乙醚层移入蒸发皿中,挥干
乙醚残渣 1 g 于锥形瓶中
　├─加饱和 KOH 1 mL、乙醇 25 mL,混匀,连接冷凝回流装置
　│　回流 5 min 后,加沸水 25 mL
呈浑浊或油状物析出为掺矿物油(同时做正常饼干对照)

【检测要点】 喷涂矿物油主要原料液体石蜡,为石油提炼副产品,有润滑作用及不被人肠道吸收特点,如长期摄入可引起消化系统障碍和脂溶性维生素吸收障碍。

四、粮食制品中增白剂检测

(一)甲醛次硫酸氢钠(俗名:吊白块)检测

1. 快速定性法

【试剂】 ①稀 HCl(1+1)。②10% 乙酸铅液。③甲醛次硫酸氢钠(1 mg/mL)。④锌粒。

【检测步骤】

样品(5 g)于烧杯中

——加水 50 mL,混匀

样液 10 mL 于锥形瓶中

——加稀 HCl 2 mL、锌粒 2 g,于瓶口包上乙酸铅滤纸,1 h 后观察

滤纸呈棕黑色为掺"吊白块"(同时做正常样品对照)

【检测要点】

(1) 本法适用于所有粮食制品,如挂面、馒头、花卷、糕点、粉丝、粉皮等。

(2) 本法也可概略定量:取甲醛次硫酸氢钠标准液(1 mg/mL)0.0 mL、0.5 mL、1.0 mL、1.5 mL、2.0 mL、2.5 mL 分别于锥形瓶中,用水各加至 10 mL,再各加稀 HCl 2 mL、锌粒 2 g,各瓶口包上乙酸铅滤纸,1 h 后观察棕黑色的深浅滤纸,将样品滤纸棕黑色与标准液滤纸比较,如接近某一浓度棕黑色,可概略定为相当于标准液的含量(mg)。

2. 分光光度法

【仪器】 分光光度计。

【试剂】 ①10% H_3PO_4 液。②20% Na_2SO_4 液。③液体石蜡。④乙酰丙酮液:取醋酸铵 25 g、冰乙酸 3 mL、乙酰丙酮 0.4 mL,用水溶解并定容至 10 mL,棕色瓶中保存 1 个月。⑤甲醛标准应用液(20 μg/mL)。

【检测步骤】

样品(5 g)于具塞试管中

——加 20% Na_2SO_4 液 35 mL,盖塞,混匀,水浴 60 ℃

　45 min 后取出,移入蒸馏瓶中

样液于分液漏斗中

——加液体石蜡 2.5 mL、10% H_3PO_4 10 mL,进行蒸馏

　冷凝管下口插入盛有水的锥形瓶中,收集蒸馏液 50 mL

蒸馏液 5 mL 于比色管中

——加水至 10 mL 刻度,混匀,加乙酰丙酮液 2 mL

　混匀沸水浴 10 min 后取出冷却

于 1 cm 比色皿中,空白管调零,波长 412 nm 比色(同时做正常样品对照)

【标准曲线制备】 取甲醛标准应用液(20 μg/mL)0.0 mL、0.1 mL、0.2 mL、0.4 mL、0.6 mL、0.8 mL、1.0 mL 分别于比色管中,水加至 10 mL 刻度,混匀,各加乙酰丙酮液 2 mL,混匀,沸水浴 10 min 后取出冷却,零管调零,1 cm 比色皿,波长 412 nm 比色,记录各管吸光度,绘制标准曲线。

【计算】

$$食品中甲醛含量(mg/kg) = \frac{C_s \times 1000}{m \times V_1/V_2 \times 1000}$$

式中,C_s 为样液吸光度查标准曲线对应含量(μg);V_1 为检测用体积(mL);V_2 为样液定容体积(mL);m 为样品质量(g)。

【检测要点】

(1) 本法是将样品中甲醛次硫酸氢钠在 20% Na_2SO_4 液中加热游离出甲醛,甲醛在 pH 5.5~7.0 条件下,与乙酰丙酮及铵离子反应生成黄色化合物(3,5 -乙酰基- 1,4 -二氢吡啶二

羧酸),与标准比较定量。

(2)本法适合于所有粮食制品中"吊白块"的检测。样品应先研磨均匀,再取样检测。方法回收率为 97%～108%。

(3)样品加 20% Na_2SO_4 水浴 60 ℃加热时应不断振摇。

(4)在蒸馏时,收集蒸馏液的锥形瓶应置于冰浴容器中。

(二)二氧化硫检测

【仪器】分光光度计。

【试剂】①0.05 mol/L 对氨基偶氮苯液。②0.2%甲醛液。③5 μg/mL SO_2 标准应用液。④HCl。

【检测步骤】

样品(10 g)于 100 mL 容量瓶中
——加 HCl 20 mL,水定容至刻度,摇匀,静置 1 h,用双层滤纸过滤于比色管中
滤液 10 mL 于 25 mL 比色管中
——加 0.05 mol/L 对氨基偶氮苯液 2 mL、0.2%甲醛 5 mL,用水定容至刻度
　　混匀,20 min
于 1 cm 比色皿、空白管调零、波长 519 nm 比色(同时做正常样品对照)

【标准曲线制备】取 SO_2 标准应用液(5 μg/mL)0.0 mL、1.0 mL、2.0 mL、4.0 mL、6.0 mL、8.0 mL、10.0 mL 分别于 25 mL 比色管中,各加 HCl 5 mL,以下按样品检测步骤操作比色,记录各管吸光度,绘制标准曲线。

【计算】参照甲醛次硫酸氢钠分光光度法计算。

【检测要点】

(1)本法原理是样品中 SO_2 与对氨基偶氮苯反应生成偶氮苯磺酰胺,然后与甲醛反应生成紫红色的对甲基偶氮苯磺酸,与标准比较定量。

(2)样品应先研磨均匀,取样检测。本法适用于所有粮食制品,方法回收率 94.6%～107.7%。

第八节 · 酒及饮料掺假检测

多年来,酒及饮料掺假事件常有发生,且屡禁不止。2019 年 11 月 7 日,云南省西双版纳州有一村民在为儿子办婚宴时,使用了村民岩某提供的自烤酒,参加婚宴的部分群众饮酒后出现了呕吐、视力模糊等症状,致使 5 人先后死亡,14 人住院治疗,经调查,岩某在互联网上购买了 95°工业酒精,勾兑到婚宴用酒中,导致中毒事件发生;另外,有些不法经营制造者和商贩在所生产的饮料果汁中掺假,名不符实,甚至用"三精水"(糖精、香精、色素)代替果汁;2021 年 3 月,合肥市公安局成功侦破"12.20"特大假冒品牌饮料案,打掉制假工厂 3 处,查获假冒品牌饮料成品 20 000 余箱。这不仅使消费者蒙受经济损失,还损害人体健康,甚至危及人的生命安全。因此,加强对酒及饮料的检测,防患于未然,势在必行。堵住制假源头,保障消费者利益。

一、假酒检测

着重介绍假酒中危害人体最严重的物质如甲醇、杂醇油、氰化物、糠醛、甲醛等。(其中甲醛检测已介绍,不重复)。

(一) 甲醇检测

1. 气相色谱法

【仪器】GC 仪(具氢火焰离子化检测器)。

【试剂】①60%乙醇:无甲醇及杂醇油。②标准品(甲醇、正丙醇、仲丁醇、异丁醇、正丁醇、异戊醇、乙酸乙酯)。③标准贮存液:分别准确量取各标准品 600 mg,乙酸乙酯 800 mg,用水溶解,定容至 100 mL,冰箱保存。④标准应用液:取标准贮存液各 10 mL,用 60%乙醇稀释定容至 100 mL。各类醇为 600 μg/mL,乙酸乙酯为 800 μg/mL,冰箱保存。

【仪器工作条件】①色谱柱:(2 m×4 mm),内装 GDX - 102(60~80 目)。②汽化室、检测器温度 190 ℃,柱温 170 ℃。③H_2 流速 40 mL/min,空气流速 450 mL/min,N_2 流速 40 mL/min。④进样量:0.5 μL。

【检测步骤】分别吸取酒样及标准应用液各 0.5 μL 注入 GC 仪。记录各自峰面积,两者比较定量。

【计算】

$$酒中醇(酯)含量(mg/100\,mL) = \frac{A_u \times V_s \times C_s \times 100}{A_s \times V_u \times 1\,000}$$

式中,A_u 为酒样峰面积(mm^2);A_s 为标准液峰面积(mm^2);V_s 为标准液进样体积(μL);V_u 为酒样进样体积(μL);C_s 为标准应用液浓度(μg/mL)。

【检测要点】

(1) 本法最低检测限:甲醇 0.008 mg/100 mL、杂醇油(以异丁醇计)0.01 mg/100 mL。

(2) 气相色谱保留时间(min):甲醇 0.463、甲醛 0.600、乙醇 0.770、异丙醇 1.203、正丙醇 1.660、异丁醇 3.110、正丁醇 3.827、异戊醇 9.133、正己醇 21.000。

2. 品红亚硫酸比色法

【仪器】分光光度计。

【试剂】①$KMnO_4$ - H_3PO_4 液:取 $KMnO_4$ 3 g,加 85% H_3PO_4 15 mL,用水溶解并定容至 100 mL。贮于棕色瓶。②草酸- H_2SO_4 液:取无水 $H_2C_2O_4$ 5 g 溶于稀 H_2SO_4(1+1),并定容至 100 mL。③品红-亚硫酸液:取碱性品红 0.1 g,研细,加 80 ℃的水 60 mL,边加边研磨溶解,吸取上层溶液于 100 mL 容量瓶中,加 10% Na_2SO_3 液 10 mL、HCl 1 mL,用水定容至刻度,过夜,贮于棕色瓶中。④60%乙醇:无甲醇。⑤10% Na_2SO_3 液:贮于冰箱,一周内用完。⑥甲醇标准贮存液(10 mg/mL)。⑦甲醇标准应用液(1 mg/mL)。

【检测步骤】

酒样(2 mL)于比色管中

├─加水 5 mL、$KMnO_4$ - H_3PO_4 液 2 mL,混匀,10 min 后
│ 加 $H_2C_2O_4$ - H_2SO_4 液 2 mL,混匀

样液于比色管中

├─加品红-亚硫酸液 5 mL,混匀,25℃,静置 30 min

于 2 cm 比色皿,空白管调零、波长 590 nm 比色(同时正常酒对照)

【标准曲线制备】 取甲醇标准应用液(1 mg/mL)0.0 mL、0.2 mL、0.4 mL、0.6 mL、0.8 mL、1.0 mL 分别于比色管中,各加 60%乙醇至 2 mL,以下按样品检测步骤操作比色,记录各管吸光度,绘制标准曲线。

【计算】

$$酒中甲醇含量(g/100\,mL) = \frac{C_s \times 100}{V \times 1000}$$

式中,C_s 为样液吸光度查标准曲线的含量(mg);V 为样品体积(mL)。

【检测要点】

(1) $KMnO_4 - H_3PO_4$ 液容易氧化能力下降,故保存时间不宜过长。

(2) 品红-亚硫酸液如有颜色,可加少量活性炭吸附,过滤后贮棕色瓶中,暗处保存,如呈红色时不能再用,应重配。

(3) 乙醇加少许 $KMnO_4$ 蒸馏,其馏出液再加 $AgNO_3$ 液、NaOH 液,混匀,取上清液再蒸馏,收集馏出液,配成 60%乙醇水溶液,此液无甲醇。

(4) 加草酸-H_2SO_4 会产生热量,应冷却后再加显色剂,否则显色剂易分解。

(5) 显色反应的温度以 25℃为宜。

(6) 本法测得的甲醇含量为甲醇与甲醛之和。

(二) 杂醇油检测

1. 气相色谱法:同甲醛气相色谱法。

2. 对二甲胺基苯甲醛比色法

【仪器】 分光光度计。

【试剂】 ①乙醇:无杂醇油。②0.5%对二甲胺基苯甲醛硫酸液:取对二甲胺基苯甲醛 0.5 g,溶于 H_2SO_4 并定容至 100 mL,贮于棕色瓶,临用前配制。③1 mg/mL 杂醇油标准贮存液:乙醇溶解定容。④0.1 mg/mL 杂醇油标准应用液。

【检测步骤】

酒样(1 mL) 于 10 mL 容量瓶中

├─加水定容至刻度,混匀

稀释样液 0.3 mL 于 5 mL 具塞比色管中

├─加稀 H_2SO_4(1+1) 至 1 mL,混匀,冰浴

│ 沿管壁加 0.5%对二甲胺基苯甲醛硫酸液 2 mL,混匀,沸水浴 15 min 后

│ 于冰浴中冷却,水定容至刻度,混匀

于 1 cm 比色皿,空白管调零、波长 520 nm 比色(同时正常酒对照)

【标准曲线制备】 取杂醇油标准应用液(0.1 mg/mL)0.0 mL、0.1 mL、0.2 mL、0.3 mL、0.4 mL、0.5 mL 分别于 5 mL 具塞比色管中,各加稀 H_2SO_4(1+1)至 1 mL,以下按样品检测步骤操作比色,记录各管吸光度,绘制标准曲线。

【计算】

$$酒中杂醇油含量(g/100\,mL) = \frac{C_s \times 100}{V_1/10 \times V_2 \times 1000}$$

式中,C_s 为样液吸光度查标准曲线对应含量(mg);V_1 为样液体积(mL);V_2 为检测体积(mL)。

【检测要点】

(1) 无杂醇油乙醇,取无水乙醇 500 mL,加浓 H_2SO_4 1 mL、$KMnO_4$ 1 g,混匀放两夜,过滤,加 NaOH 液中和,蒸馏,收中段馏出液 300 mL 乙醇。

(2) 含糖着色、沉淀、浑浊的蒸馏酒或配制酒,先加水蒸馏,收集馏出液作为样液。

(3) 本法以异戊醇和异丁醇表示。本法最低检测量 10 μg。

(4) 显色剂应检测前配制,不宜放置过长,如变杏黄色,应弃去重配。

(5) 加显色剂应从管壁缓缓加入,否则 H_2SO_4 产热快,影响显色,加显色剂后应混匀,否则使结果偏低。同时,显色后及时比色。

(6) 酒样中如醛量过高其结果误差大,可加盐酸间苯二胺蒸馏去除干扰。

(三) 氰化物检测

1. 异烟酸-吡唑啉酮比色法

【仪器】分光光度计。

【试剂】①0.2% NaOH 液。②饱和酒石酸液。③1% 酚酞乙醇指示剂。④乙酸液(1+6)。⑤磷酸盐缓冲液(pH 7)。⑥1% 氯胺 T 液:临用时配。⑦异烟酸吡唑啉酮液:取异烟酸 1.5 g,溶于 2% NaOH 液 24 mL,水定容至 100 mL;另取吡唑啉酮 0.25 g,溶于 N-二甲基甲酰胺中,两液合并混匀。⑧KCN 标准贮存液(0.1 mg/mL):准确称取 KCN 0.25 g,用水溶解并定容至 1 L。⑨KCN 标准应用液(1 μg/mL):用 0.1% NaOH 稀释定容。

【检测步骤】

酒样(1 mL) 于 10 mL 具塞比色管中
　├加 0.2% NaOH 液至 5 mL,混匀,10 min
样液于比色管中
　├加 1% 酚酞乙醇指示剂 2 滴,用乙酸(1+6)调红色褪去
　│加 0.2% NaOH 液调呈红色
样液于比色管中
　├加磷酸盐缓冲液(pH 7)2 mL、1% 氯胺 T 液 0.2 mL,混匀
　│30 ℃,5 min 后,加异烟酸吡唑啉酮液 2 mL,用水定容至 10 mL
　│混匀,30 ℃,30 min
于 1 cm 比色皿,空白管调零,波长 638 nm 比色(同时做正常酒对照)

【标准曲线制备】取 KCN 标准应用液(1 μg/mL)0.0 mL、0.5 mL、1.0 mL、1.5 mL、2.0 mL、2.5 mL,分别于 10 mL 比色管中,各加 0.2% NaOH 液至 5 mL,以下按样品检测步骤操作比色,记录各管吸光度,绘制标准曲线。

【计算】

$$酒中氰化物含量(按 HCN 计,mg/L) = \frac{C_s \times 1000}{V \times 1000}$$

式中，C_s 为样液吸光度查标准曲线对应含量（μg）；V 为样品体积（mL）。

【检测要点】

（1）配制 KCN 标准液标定，取标准贮存液 10 mL 于锥形瓶中，加 2% NaOH 液 1 mL，pH＞11，加 0.02% 对二甲氨基亚苄基罗丹宁丙酮 0.1 mL，用 0.02 mol/L AgNO₃ 标准液滴定至橙红色。

（2）如酒样浑浊或有色时，取样液 25 mL，于全玻璃蒸馏器中，加 0.2% NaOH 液 5 mL，10 min 后用饱和酒石酸液调成酸性，进行蒸馏，加锥形瓶中，加 0.2% NaOH 液 10 mL 吸收馏出液至 50 mL，取馏出液 2 mL 于 10 mL 比色管中，加 0.2% NaOH 液至 5 mL，以下按样品检测步骤操作。

（3）氯胺 T 有效氯含量应大于 11%，临用时配制，必要时用碘量法标定。

（4）显色剂也应临用时配制，存放时间过长，会降低显色效果。

（5）显色 pH 以控制在 6.7～6.9 为宜。

（6）醇对本法有干扰，可将蒸馏液在碱性条件下，在水浴上蒸除醇类，溶解残渣后依检测步骤操作。也可加少量 2% 吐温 80 与 5% EDTA 以抑制醇产生浑浊的干扰。

2. 气相色谱法

【仪器】 GC 仪（具电子捕获检测器）。

【试剂】 ①0.025 mol/L、0.5 mol/L NaOH 液。②60% 乙醇液。③36% 乙酸。④饱和溴水。⑤1.5% NaAsO₂ 液。⑥氰化物标准应用液（1 μg/mL，以 HCN 计）。

【仪器工作条件】 ①色谱柱：不锈钢螺旋色谱柱（2 m×4 mm），内填 Porapak QS（80～100目）。②柱温：210 ℃，检测器温度：265 ℃，汽化室温度：220 ℃。③N₂（99.99%）：流速91 mL/min。④脉冲：1。⑤进样量：5 μL。

【检测步骤】

酒样（1 mL）于 10 mL 比色管中
└─加 0.5 mol/L NaOH 液 0.1 mL，混匀，加 0.025 mol/L NaOH 液
　　至 5 mL，混匀

样液于比色管中
└─加 36% 乙酸 2 滴，滴加饱和溴水呈黄色不褪
　　5 min 后滴加 1.5% NaAsO₂ 液除溴，黄色褪去后再多加 1 滴
　　加乙醚 3 mL，振摇 2 min，静置分层

乙醚提取液 5 μL 注入 GC 仪（同时做正常酒对照）

【标准曲线制备】 取氰化物标准应用液（1 μg/mL）0.0 mL、0.2 mL、0.4 mL、0.6 mL、0.8 mL、1.0 mL，分别于 10 mL 比色管中，各加 0.5 mol/L NaOH 液 0.1 mL、60% 乙醇液1 mL，混匀，各加 0.025 mol/L NaOH 液至 5 mL，混匀，以下按样品检测步骤操作，最后分别取5 μL 注入 GC 仪，记录各自峰面积，绘制标准曲线。

【计算】 参照异烟酸-吡唑啉酮比色法计算。

【检测要点】

（1）由于乙醇含量对响应值有影响，故要求标准管中加乙醇，其目的是与样品管中乙醇含量相同，产生的影响相互抵消。

（2）取乙醚提取液进样时，应防止乙醚挥发，造成测定误差。

3. 顶空气相色谱法

【仪器】GC 仪(具电子捕获检测器)及顶空气化瓶(100 mL)。

【试剂】①1%氯胺 T 液。②50%乙醇液。③4 mol/L NaH$_2$PO$_4$ 液。④氰化物标准贮存液(1 mg/mL,SCN$^-$):称取 KCNS 1.6730 g,用水溶解并定容至 1 L。

【仪器工作条件】①玻璃色谱柱:(2 m×3.5 mm),内填 Porapak QS(100～120 目)。②柱温:90 ℃,检测器、汽化室温度均为 150 ℃。③N$_2$ 流速:35 mL/min。④脉冲:100 μs。⑤高阻:109 Ω。⑥进样量:100 μL。

【检测步骤】

白酒样(50 mL) 于 100 mL 顶空气化瓶中
—加 4 mol/L NaH$_2$PO$_4$ 2 mL、1% 氯胺 T 1 mL,加塞振摇 1 min
　置恒温箱 35 ℃ 中平衡 30 min
抽取 100 μL 顶空气注入 GC 仪(同时做正常酒对照)

【标准曲线制备】 取氰化物标准贮存液(1 mg/mL,SCN$^-$)配成 0.001 μg/mL、0.002 μg/mL、0.003 μg/mL、0.004 μg/mL、0.005 μg/mL 系列,各吸取 10 mL 分别于 100 mL 顶空气化瓶中,各加 50%乙醇液至 50 mL,以下按样品检测步骤操作,各抽取 100 μL 顶空气注入 GC 仪,记录各自峰面积,绘制标准曲线。

【计算】参照异烟酸-吡唑啉酮比色法计算。

【检测要点】

(1) 本法几乎无干扰发生。其最低检测限 10^{-6} μg/mL,方法回收率 98.0%～101.5%。

(2) 标准液用 SCN$^-$ 代替 KCN 具有低毒、稳定等优点。

(3) 样液在顶空气化瓶中,气液平衡以 30～45 ℃、30 min 为宜。

(四) 糠醛检测

盐酸苯胺比色法

【仪器】分光光度计。

【试剂】①苯胺、50%乙醇、糠醛:重蒸。②糠醛标准贮存液(10 mg/mL):称糠醛 1.000 g 于 100 mL 容量瓶中,用乙醇溶解并定容至刻度。③糠醛标准应用液(0.1 mg/mL)。④浓 HCl。

【检测步骤】

酒样(5 mL) 于 50 mL 比色管中
—加 50% 乙醇至 25 mL
样液于 50 mL 比色管中
—加苯胺 1 mL,混匀,加浓 HCl 0.25 mL,混匀,20 ℃,15 min
于 1 cm 比色皿、空白管调零、波长 510 nm 比色(同时正常酒对照)

【标准曲线制备】取糠醛标准应用液(0.1 mg/mL)0.0 mL、0.1 mL、0.3 mL、0.5 mL、0.7 mL、0.9 mL、1.2 mL、1.5 mL、1.8 mL、2.0 mL,分别于 50 mL 比色管中,各加 50%乙醇至 25 mL,以下按样品检测步骤操作比色,记录各管吸光度,绘制标准曲线。

【计算】

$$酒中糠醛含量(g/100 mL) = \frac{C_s \times 100}{V \times 1000 \times 1000}$$

式中,C_s 为样液吸光度查标准曲线对应含量(μg);V 为样品量(mL)。

【检测要点】

(1) 要求所用试剂均无糠醛及无色,故需重蒸,无水乙醇需加苯胺、浓 HCl 蒸馏,其他试剂可直接蒸馏。

(2) 糠醛、苯胺均有毒性,实验中应加强防护。

(3) 糠醛标准液不宜久贮,一般为测定前配制。

二、饮料掺假检测

(一) 真假果汁检测

1. 色素快速定性法检测

【试剂】 无水乙醚。

【检测步骤】

样液(20 mL)于试管中

├─加乙醚 10 mL,振摇,静置分层,观察

无色为假果汁;淡黄色为纯橘汁、儿童营养果汁(同时做纯果汁对照)

2. 色素纸层析法检测

【试剂】 ①聚酰胺粉。②20%柠檬酸。③氨+70%乙醇液(1+99)。④50%乙醇。⑤展开剂:正丁醇+无水乙醇+1% NH$_4$OH(6+2+2)。

【检测步骤】

样液(50 mL)于锥形瓶中

├─加热至 70℃,加聚酰胺粉 1 g,充分搅拌,移入布氏漏斗中,抽滤

聚酰胺粉于漏斗中

├─用 20% 柠檬酸酸化为 pH 4 的 70℃ 水反复洗涤,每次 20 mL
│ 直至无色,再用 70℃ 水洗至中性

聚酰胺粉于漏斗中

├─用氨+70% 乙醇液分次解析全部色素

解析液于锥形瓶中

├─于水浴上除氨并浓缩约 2 mL

浓缩液于 10 mL 容量瓶中

├─用 50% 乙醇洗锥形瓶,并入容量瓶定容至刻度,待检

待测液于容量瓶中

├─取待检液 10~50 μL 在层析纸上点样,层析纸放于层析缸中
│ 加展开剂,展开后,晾干,观察

假果汁斑点无色;纯橘汁、儿童营养果汁为黄色斑点(同时做纯果汁对照)

【检测要点】

(1) 聚酰胺粉为吸附色素作用,应将样液中色素完全吸附,故需充分搅拌。

(2) 用水洗涤时也应充分搅拌除去吸附剂杂质。

(3) 纯橘汁 R$_f$ 值为 0.24。

3. 还原糖检测

【试剂】 裴林试剂:①液(0.7% CuSO$_4$ 液)。②液:取酒石酸钾钠 35 g、NaOH 10 g 加水

稀释至 100 mL。

【检测步骤】

样液(3 mL)于试管中

├─加裴林试剂 ① 液与 ② 液各 2 mL,水浴加热,观察

假果汁为黄色沉淀;纯橘汁、儿童营养果汁呈砖红色沉淀(同时做纯果汁对照)

4. 丹宁酸检测

【仪器】 分光光度计。

【试剂】 ①乙醚。②饱和 Na_2CO_3 液。③6 mol/L HCl。④钨酸盐磷钼酸:Na_2WO_4 20 g、$H_3PO_4 \cdot 12MoO_3$ 4 g、85% H_3PO_4 10 mL 溶于水 15 mL 中,加热回流 2 h,冷却水定容至 200 mL。⑤丹宁酸标准贮存液(1 mg/mL):称取丹宁酸 1.000 g 用水溶解并定容至 1 L。⑥丹宁酸标准应用液(0.01 mg/mL)。

【检测步骤】

样液(10 mL)于 25 mL 具塞比色管中

├─加 6 mol/L HCl 2 mL,混匀

酸性样液于比色管中

├─用乙醚 5 mL×5,分 5 次提取,每次振摇,分层,吸出乙醚于 50 mL

│ 于比色管中,置水浴 40℃ 蒸干,水溶解并定容至 50 mL

定容液 10 mL 于试管中

├─加 $H_3PO_4 \cdot 12WO_3$ 0.4 mL,混匀

│ 5 min 后加饱和 Na_2CO_3 2 mL,混匀,1 h

于 3 cm 比色皿,空白管调零,波长 700 nm 比色(同时纯果汁对照)

【标准曲线制备】 取丹宁酸标准应用液(0.01 mg/mL)0.0 mL、0.1 mL、0.3 mL、0.5 mL、0.7 mL、0.9 mL、1.2 mL、1.5 mL,分别于 25 mL 比色管中,加水至 10 mL,混匀,按样品检测步骤操作比色,记录各管吸光度,绘制标准曲线。

【计算】

$$果汁中丹宁酸含量(mg/L) = \frac{C_s \times 1000}{V_1/V_2 \times V \times 1000}$$

式中,C_s 为样液吸光度查标准曲线的含量(μg);V_1 为样液用于检测体积(mL);V_2 为样液定容体积(mL);V 为样品体积(mL)。

【检测要点】

(1) 本法回收率 94.83%~105.22%。

(2) 本法原理是丹宁酸与 $H_3PO_4 \cdot 12WO_3$ 反应,在 Na_2CO_3 存在条件下,生成蓝色化合物。

5. 果胶质检测

【试剂】 ①2.5 mol/L H_2SO_4 液。②95%乙醇。

【检测步骤】

待检果汁样液(20 mL)于烧杯中　　　　纯果汁样液(20 mL)于烧杯中

├─各加水 100 mL,混匀,加 2.5 mol/L H_2SO_4 1 mL

│ 95% 乙醇 40 mL,10 min,观察

无沉淀析出为"三精水"假果汁　　　　有沉淀析出为果汁真品

(二) 假"百事可乐"检测

1. 总酸检测

【仪器】 ①酸度计。②磁力搅拌器。

【试剂】 0.05 mol/L NaOH 标准液。

【检测步骤】

样液(20 mL)于烧杯中
├─水浴上加热,除 CO_2,加水 60 mL
样液于烧杯中
├─置磁力搅拌器上,并开启 pH 酸度计,用 0.05 mol/L NaOH 液
  滴定至酸度计 pH 指示为 8.2,记录消耗体积(mL)(同时做空白试验)
计算总酸(%)

【计算】

$$总酸(以柠檬酸计,\%) = \frac{(V_2 - V_1) \times 0.05\,mol/L \times 0.064}{V} \times 100\%$$

式中,V_1 试剂空白消耗 0.05 mol/L NaOH 液体积(mL);V_2 为样品消耗 0.05 mol/L NaOH 液体积(mL);V 为样液体积(mL);0.064 为 1 mL 0.05 mol/L NaOH 标准液相当于柠檬酸的克数。

【检测要点】

(1) 百事可乐真品的 pH 为 2.4～2.6;总酸(以柠檬酸计)为 0.18%～0.24%,与假"百事可乐"有明显区别,可判定真伪。

(2) 除 CO_2 应彻底,否则影响检测。

2. 咖啡因检测

【仪器】 HPLC 仪(具紫外检测器)。

【试剂】 ①甲醇。②0.02 mol/L 醋酸铵液:取醋酸铵 1.54 g,加水 950 mL 溶解,用稀醋酸 (1+1)调 pH 为 4,定容至 1 L,经 0.45 μm 滤膜过滤。③咖啡因标准贮存液(1 mg/mL):取于 80℃ 干燥 4 h 的咖啡因标准品 0.100 0 g,溶于水并定容至 100 mL。④咖啡因标准应用液 (0.1 mg/mL)。

【仪器工作条件】 ①色谱柱:(4.6 mm × 25 cm),Zorbax-ODS。②紫外检测器波长: 220 nm。③流动相:0.02 mol/L 醋酸铵＋甲醇液(25＋75)pH 4。④流速:1 mL/min。⑤柱温:40℃。⑥压力:100 kg/cm²。⑦衰减:0.08 AUFS。⑧进样量:10 μL。

【检测步骤】

样液 10 mL 于烧杯中
├─加热除 CO_2,经双层 0.45 μm 滤膜过滤
取滤液 10 μL 注入 HPLC 仪(同时做空白试验及真品对照)

【标准曲线制备】 取咖啡因标准应用液(0.1 mg/mL)0.0 mL、0.2 mL、0.4 mL、0.6 mL、 0.8 mL、1.0 mL,分别于 10 mL 容量瓶中,用水定容至刻度,取 10 μL 注入 HPLC 仪,记录各自峰面积,绘制标准曲线。

【计算】

$$百事可乐中咖啡因含量(mg/L) = \frac{C_s \times 1\,000}{V \times 1\,000}$$

式中,C_s 为样液峰面积查标准曲线峰面积对应含量(μg);V 为样品体积(mL)。

【检测要点】

(1) 本法采用反相色谱分离,咖啡因可与焦糖色素、蔗糖、苯甲酸、糖精钠等分开,故也可同时检测。

(2) 真品百事可乐咖啡含量为 65~75 mg/L。

第九节 · 其他食品类掺假检测

糕点类、干菜类、调料及调味品类、休闲食品类等的掺假多种多样,例如,近几年发生在江苏南京市某食品厂用变质陈馅制作月饼被查处;2017 年贺兰县市场监督管理局查获了一起疑似生产贩售假木耳的案件,其原料为地皮菜;2017 年 1 月天津市静海区制售假冒品牌调料,工业用盐加色素勾兑出酱油、用过的八角花椒回收炮制"十三香"大量假调料流向全国。这些食品掺假虽然涉及范围广、种类多,但掺假物归纳起来不外乎有:用变质霉变馅料、酸败油脂及掺食盐、盐卤、淀粉、糖、小苏打、"吊白块"、尿素、明矾、$MgSO_4$ 等约 20 余种。其中有些掺假物检测方法已于前面作了介绍,不再重复。本节仅对未介绍过的加以阐述。

一、木耳掺假检测

(一) pH 检测

【仪器】①酸度计。②pH 复合玻璃电极。

【检测步骤】

木耳样(5 g) 于烧杯中
├─加水 20 mL,混匀,浸泡 20 min,过滤
滤液于烧杯中
├─将 pH 玻璃电极插入烧杯中,酸度计检测 pH(做正常木耳对照)
正常木耳 pH 为 5.5 ~ 6.8。如 pH > 8,可疑掺碱性化合物;pH < 5,可疑掺明矾类物质

(二) 掺硫酸镁检测

1. 镁离子检测

【试剂】①10% NaOH 液。②饱和 NH_4Cl 液。

【检测步骤】

木耳样(5 g) 于烧杯中
├─加水 20 mL,浸泡 20 min,过滤
滤液 2 mL 于试管中
├─加 10% NaOH 液 0.5 mL,呈白色无定形沉淀
$Mg(OH)_2$ 液于试管中
├─加饱和 NH_4Cl 液 2 mL,白色沉淀物溶解(做正常木耳对照)
呈白色沉淀可疑掺 $MgSO_4$;正常木耳无白色沉淀

【检测要点】

(1) 本法为定性检测,Mg^{2+} 与 NaOH 反应生成无定形白色 $Mg(OH)_2$ 沉淀,沉淀能溶于

过量铵盐中。

（2）如果样品中含有 Ca^{2+}、Al^{3+}、Pb^{2+} 等，也会与 NaOH 反应生成白色沉淀，但这些氢氧化物与铵盐不溶解，故以此区别。

（3）还可采取镁试剂（对硝基偶氮间苯二酚）反应检测，取浸泡滤液 0.5 mL 于白瓷板上，加镁试剂 NaOH 液（0.1 mg/mL）2 滴，呈蓝色沉淀，疑为掺 $MgSO_4$。本法最低检测量 0.5 μg。

2. 硫酸根检测

【试剂】 ①5% $BaCl_2$ 液。②HCl。

【检测步骤】

木耳样（5 g）于烧杯中
　——加水 20 mL，浸泡 20 min，过滤
滤液 1 mL 于试管中
　——加 HCl 0.5 mL、5% $BaCl_2$ 1 mL（做正常木耳对照）
呈白色沉淀为掺 $MgSO_4$；木耳真品无白色沉淀

二、酱油掺假检测

（一）氨基酸态氮检测

【仪器】 ①酸度计。②磁力搅拌器。③pH 复合玻璃电极。

【试剂】 ①0.0500 mol/L NaOH 液。②36% 甲醛液。

【检测步骤】

酱油样（5 mL）于 100 mL 容量瓶中
　——用水定容至刻度，混匀
稀释样液 20 mL 于烧杯中
　——加水 60 mL，混匀
稀释样液于烧杯中
　——将酸度计上的 pH 复合玻璃电极插入烧杯中，开启磁力搅拌器
　　用 0.0500 mol/L NaOH 液滴定 pH 为 8.2，记录消耗的体积（mL）
检测液于烧杯中
　——加 36% 甲醛 10 mL，混匀，用 0.0500 mol/L NaOH 液滴定 pH 为 9.2
　　记录消耗的体积（mL）
计算氨基酸态氮含量，如无氨基酸态氮为掺假酱油（同时做空白试验）

【计算】

$$酱油中氨基酸态氮含量（g/100\ mL）= \frac{(V_1 - V_2) \times M \times 0.014}{5 \times 20/100} \times 100$$

式中，V_1 为样液加甲醛消耗 NaOH 液体积（mL）；V_2 为空白加甲醛消耗 NaOH 液体积（mL）；M 为标准液浓度（mol/L）；0.014 为 1 mL NaOH 标准液相当于氮的克数。

【检测要点】

（1）酱油中蛋白质分解的氨基酸有 18 种，其中以谷氨酸和天门冬氨酸为最多。因此，酱油中氨基酸态氮含量高低，既反映鲜味程度，也是决定其质量及营养价值的重要指标。正常情况下，一般含量为 0.4～0.8 g/100 mL。如为掺假酱油，氨基酸态氮明显降低，甚至完全没有。

(2) 甲醛试剂应避光保存,防止沉淀。

(3) 酱油中铵盐可使氨基酸态氮测定值偏高,故应同时测定铵盐,将氨基酸态氮值减去铵盐值,其结果较准确。

(二) 食盐检测

【试剂】①5% K_2CrO_4 液。②0.1000 mol/L $AgNO_3$ 液。

【检测步骤】

酱油样(5 mL) 于 100 mL 容量瓶中
——用水定容至刻度,混匀
稀释样液 2 mL 于锥形瓶中
——加水 100 mL、5% K_2CrO_4 液 1 mL,混匀
　用 0.1000 mol/L $AgNO_3$ 液滴定至刚呈砖红色
记录 $AgNO_3$ 标准液消耗毫升数(同时做空白试验)

【计算】

$$酱油中食盐含量(g/100\ mL) = \frac{(V_1 - V_2) \times M \times 0.585}{5 \times 2/100} \times 100$$

式中,V_1 为样液消耗 $AgNO_3$ 标准液体积(mL);V_2 为空白液消耗 $AgNO_3$ 标准液体积(mL);M 为 $AgNO_3$ 标准液浓度(mol/L);0.0585 为 1 mL $AgNO_3$ 标准液相当于 NaCl 的质量(g)。

【检测要点】

(1) 食盐也是酱油质量的重要指标,一般含食盐为 15~20 g/100 mL,因此,当酱油中 NaCl 含量超过 20 g/100 mL 时,可认为掺食盐。

(2) 本法不能在酸性条件下进行滴定,否则铬酸根会发生浓度降低,不能生成 Ag_2CrO_4 沉淀;但也不能在碱性条件下滴定,否则银离子易生成 Ag_2O 沉淀,故要求在中性条件下进行滴定为宜。

(3) 在滴定时应剧烈摇动,使被吸附的 Cl^- 释放出来,否则易过早产生 Ag_2CrO_4 沉淀,产生滴定误差。

(4) 本法最低检测浓度 1 mg/L。

三、食醋掺假检测

(一) 总酸检测

【仪器】①酸度计。②磁力搅拌器。③pH 复合玻璃电极。

【试剂】0.050 mol/L NaOH 液。

【检测步骤】

醋样(10 mL) 于 100 mL 容量瓶中
——加水至刻度,混匀
稀释样液 20 mL 于烧杯中
——加水 20 mL、将酸度计上 pH 复合玻璃电极插入烧杯中
　开启磁力搅拌器,用 0.050 mol/L NaOH 液滴定 pH 为 8.2
　记录消耗体积(mL)
计算总酸含量(同时做空白试验)

【计算】

$$食醋中总酸含量(g/100\,mL,以乙酸计) = \frac{(V_1 - V_2) \times M \times 0.06}{10 \times 20/100} \times 100$$

式中,V_1 为样液消耗 NaOH 标准液体积(mL);V_2 为空白液消耗 NaOH 标准液体积(mL);M 为标准液浓度(mol/L);0.06 为 1 mL 1 mol/L NaOH 标准液相当于乙酸的克数。

【检测要点】

(1) 我国规定食醋必须用酿造制成,并对总酸规定为≥3.5(g/100 mL,以乙酸计),如不符国家卫生标准,疑为掺假。

(2) 食醋中主要成分为乙酸及少数其他有机酸,故用 NaOH 标准液滴定,其滴定终点为 pH 8.2。

(二) 游离矿酸检测

1. 甲基紫试纸法

【试剂】 0.01%甲基紫溶液。

【甲基紫滤纸制备】 取滤纸条(5 cm×10 cm),浸泡在 0.01%甲基紫液中,浸透后取出晾干,贮于棕色广口瓶中,避光保存。

【检测步骤】

甲基紫滤纸
├—用玻棒蘸醋样点于纸上(同时做纯醋对照)
滤纸呈浅紫色草绿色为掺游离矿酸

【检测要点】

(1) 我国食醋卫生标准规定游离矿酸不得检出,如有矿酸存在为假醋。

(2) 本法最低检测百分含量,HNO_3 0.5%、草酸 1%、H_3PO_4 与 HCl 均为 5%、H_2SO_4 2.5%~3%。

2. 麝香草酚蓝试纸法

【试剂】 0.1%麝香草酚蓝乙醇液:取麝香草酚蓝 0.1 g,加 95%乙醇 50 mL,溶解后,加 0.1 mol/L NaOH 液 6 mL,混匀,用水定容至 100 mL。

【麝香草酚蓝滤纸制备】 取滤纸条(5 cm×10 cm),浸泡,浸透后取出晾干,贮于棕色瓶,暗处保存。

【检测步骤】

麝香草酚蓝滤纸
├—用玻棒蘸醋样点于纸上(同时做纯醋对照)
滤纸呈紫色斑点或紫色环,环内为浅紫色,为掺游离矿酸

【检测要点】

(1) 本法最低检测游离矿酸浓度为 0.5%。

(2) 本法对乙酸含量高和色深的样品,不用稀释也可检测。

(3) 本法的滤纸为浅灰色,游离矿酸呈紫色斑点或紫色环容易观察和判断。

四、味精掺假检测

(一) 谷氨酸钠检测

【仪器和试剂】①旋光计。②6 mol/L HCl。

【检测步骤】

样品(5 g)于烧杯中
——加水 20 mL,混匀,加 6 mol/L HCl 16 mL,溶解
溶解液于 50 mL 容量瓶中
——加水至刻度,混匀
定容液于 2 dm 旋光管中
——在 20 ℃ 时,放入旋光计观察
记录旋光度(同时做纯味精对照)

【计算】

$$味精中谷氨酸钠含量(g/100\,g) = \frac{d_t \times 50 \times 187.13}{5 \times 2 \times 32 \times 147.13} \times 100$$

式中,d_t 为 20 ℃时样液所得旋光度;187.13 为谷氨酸钠含 1 分子结晶水分子量;147.13 为谷氨酸分子量;2 为旋光管长度;32 为纯谷氨酸 20 ℃时比旋度。

【检测要点】

(1) 谷氨酸钠是味精的主要成分,国家卫生标准规定谷氨酸钠(%)≥80,如样品中无谷氨酸钠或含量很低,均认为假味精或掺假味精。

(2) 由于谷氨酸钠分子结构具有一个不对称碳原子,并有旋转偏光振动平面的能力,旋转通过其偏振光线的偏光平面用角度表示,用旋光计观察。

(3) 如检测时温度不是 20 ℃时,应加以校正,谷氨酸钠校正值为 0.06。计算公式:

$$味精中谷氨酸钠含量(g/100\,g) = \frac{d_t \times 50 \times 100}{5 \times 2[25.16 + 0.047(20 - t)]}$$

(二) 碳酸盐检测

【试剂】10% HCl。

【检测步骤】

样品(1 g)于试管中
——加水 5 mL 溶解
溶解液于试管中
——加 10% HCl 1 mL(同时做纯味精对照)
产生大量 CO_2 气泡为掺碳酸盐

【检测要点】

(1) 味精真品易溶于水,溶液透明,如溶液浑浊或沉淀均为掺假。

(2) 假味精的掺假物主要有小苏打、食盐、米粉等。

五、胡椒粉掺假检测

(一) 胡椒碱半定量法

【试剂】①无水乙醇。②浓 HCl。

【检测步骤】

样品(0.5 g) 于试管中
   └─ 加无水乙醇 10 mL,振摇 10 min,过滤
滤液 0.5 mL 于比色管中
   └─ 加无水乙醇至 2 mL,混匀,加浓 HCl 0.1 mL,混匀
与标准管比较半定量(黄色低于标准管 0.4 mL 为掺假;如黄色低于标准管 0.1 mL 为假品)

【标准管制备】取胡椒粉纯品 0.5 g,加无水乙醇 10 mL,振摇 10 min,过滤,取滤液(mL) 0.0、0.1、0.2、0.3、0.4、0.5,分别于比色管中,各加无水乙醇至 2 mL、浓 HCl 0.1 mL,混匀。制成标准系列管供样液管比较。

(二) 紫外分光光度法

【仪器】紫外分光光度计。

【试剂】①无水乙醇。②活性炭。③胡椒碱标准贮存液(0.1 g/mL):无水乙醇溶解定容。④胡椒碱标准应用液(10 μg/mL):无水乙醇稀释定容。

【检测步骤】

样品(1 g) 于烧杯中
   └─ 加活性炭 1 g、无水乙醇 10 mL,混匀,在沸水浴中加热 5 min 后,过滤
滤液于 100 mL 容量瓶中
   └─ 用无水乙醇洗烧杯与残渣,滤于容量瓶中,并定容至刻度,混匀
定容液 5 mL 于 10 mL 比色管中
   └─ 加无水乙醇至刻度,混匀
于 1 cm 比色皿,空白管调零,波长 342 nm 比色(同时做空白试验)

【标准曲线制备】取胡椒碱标准应用液(10 μg/mL)0.0 mL、0.2 mL、0.4 mL、0.6 mL、0.8 mL、1.0 mL,分别于 10 mL 比色管中,用无水乙醇定容至刻度,混匀后比色,记录各管吸光度,绘制标准曲线。

【计算】

$$胡椒中胡椒碱含量(mg/kg) = \frac{C_s \times 1000}{m \times V_1/V_2 \times 1000}$$

式中,C_s 为样液吸光度查标准曲线对应含量(μg);V_1 为样液检测体积(mL);V_2 为样液定容体积(mL);m 为样品质量(g)。

【检测要点】

(1) 本法回收率 94.2%～96.9%。

(2) 用活性炭脱色,过滤后比色,效果较理想。

(3) 胡椒碱是胡椒粉中主要指标,如胡椒碱含量很低,则为伪品。

第十二章
加工污染物及其检测

食品加工过程中对加工方式和使用的容器、工具、设备及成品包装的要求极为严格,必须符合我国食品卫生标准及卫生管理办法的规定。

本章着重介绍两个方面:一是包装材料中溶出物的检测;二是热加工食品中污染物的检测。

第一节 · 概 述

一、对人体的毒性与危害

食品容器、包装材料种类很多,如玻璃、陶瓷、塑料、橡胶、纸等制品。它们的溶出物如酚类、醛类、重金属、塑料单体物质及加工助剂(如荧光增白剂、油墨)等都具有一定毒性。目前市场上几乎所有食品、饮料(含水)、牛奶及奶制品均有定型包装,其主要材料为各种塑料制品,散装食品往往使用塑料袋。塑料包装直接接触各类食品,其有毒性的单体物质可经过迁移转入食品中,造成化学性污染,对人体的健康有一定危害。例如,复合型食品包装溶出的二胺基甲苯单体物质具有致癌性。因此,世界各国对食品包装材料的安全性问题相当重视,大多数国家制定了较详细的法规。美国法规中指出:"食品容器全部或局部是有毒或有害物质制成,因此不能不关切其中食品会给人类健康带来的损害"。

煎炸、烘烤、熏烤类热加工食品赋予食品独特的质构、色泽和风味,同时也是延长食品储存期的有效方法,受高温煎炸、烘烤、熏制等加工工艺的影响,以及食物组成和性质的不同,此类加工过程物料与高温的器具或油脂甚至明火直接接触,食品在短时间内急剧升温,各组分剧烈反应使得食品的营养损失更为明显,伴随有毒有害物质的产生,如极性化合物、丙烯酰胺、3-氯丙醇酯及缩水甘油酯、反式脂肪酸和杂环胺等。流行病学和动物实验研究发现,高温加工的食品是导致人类癌症的一个重要因素。

二、检测意义

食品包装材料在食品安全问题中有非常重要的影响,但是现在市场上使用的包装材料,还存在没有资质的小工厂或家庭作坊生产的产品,在其生产的过程中不仅生产技术有一定的差别,卫生环境也有很大的不同。原材料的选择上,不法企业可能会使用一些废塑料或医疗废物等非法材料,在这些违法的食品包装材料的生产过程中,工人会对原材料进行高温加热,然后形成液态塑,在生产过程中会有一些增塑剂、稳定剂等有害物质直接残留在食品包装材料中,并将后续包装的食品销售给大众,这样就会直接对公众的生命、健康和安全造成危害。随着这些问题的进一步演变,公众关注食品包装材料的安全,希望采用科学、有效的检测技术,尽可能降低食品安全问题发生的概率,控制好食品安全问题。

另外,煎炸、烤制食品因其诱人的外观和独特的风味备受消费者喜爱,但同时极易产生各种致癌物,长期食用将对人体产生很大危害。为此,加强对食品包装和煎炸油热加工食品的检测,有效地控制和减少热加工食品中有害物质,具有食品卫生安全性监测意义。

第二节·包装溶出物检测

食品包装溶出物检测项目,包括蒸发残渣、高锰酸钾消耗量及有毒有害物质(如重金属、甲醛、游离酚、二氟二氯甲烷、氯乙烯、乙苯类、己内酰胺、二胺基甲苯、荧光增白剂等)。其中除重金属、甲醛等检测方法不介绍外,其余均一一介绍。

一、蒸发残渣检测

【原理】利用试样主体与残渣挥发性质的差异,在水浴上将试样蒸干,并在烘箱中干燥至恒量,使试样主体与残渣完全分离,可用天平称出残渣的质量。

【仪器】蒸发皿,恒温水浴锅,电烘箱,分析天平。

【检测步骤】

准确称取规定量的试样
├置于(105 ± 2)℃ 恒重的、规定的蒸发皿中
在低于试样沸点温度的水浴上蒸干
├置于(105 ± 2)℃ 恒重的电烘箱中
干燥至恒重

【计算】

$$蒸发残渣的质量百分数(\%) = \frac{m_2 - m_1}{m} \times 100 \text{ 或} \frac{m_2 - m_1}{\rho \times V} \times 100$$

式中,m_2 为残渣和空皿质量(g);m_1 为空皿质量(g);m 为试样质量(g);ρ 为液体试样密度(g/mL);V 为液体试样体积(mL)。

【检测要点】

(1) 按取样量和规格值计算所得到的残渣质量不得小于 1 mg。

(2) 本法参阅:GB/T 9740－2008。

二、高锰酸钾消耗量检测

【原理】试样浸泡液在酸性条件下,用高锰酸钾标准溶液滴定,根据试样消耗滴定液的体积计算试样中高锰酸钾的消耗量。

【试剂】①稀 H_2SO_4(1+2)。②0.04％ $KMnO_4$ 溶液。③草酸标准液$\left[c\left(\frac{1}{2}H_2C_2O_4\right)=0.1\,mol/L\right]$。④草酸标准滴定溶液$\left[c\left(\frac{1}{2}H_2C_2O_4\right)=0.01\,mol/L\right]$。⑤高锰酸钾标准溶液$\left[c\left(\frac{1}{5}KMnO_4\right)=0.1\,mol/L\right]$:按 GB/T 601 配制与标定或商品化产品。

【检测步骤】

试样水浸泡液(100 mL)于 250 mL 锥形瓶中

┌─分别加入 5 mL H_2SO_4(1+2)和 0.04％ $KMnO_4$ 溶液,煮沸 5 min,倒去冲洗备用

准确吸取 100 mL 水浸泡液于上述处理过的 250 mL 锥形瓶中

┌─加入 5 mL H_2SO_4(1+2)及 10.0 mL $KMnO_4$ 标准滴定溶液(0.01 mol/L)

加玻璃珠 2 粒,准确煮沸 5 min

┌─趁热加入 10.0 mL 草酸标准滴定溶液(0.01 mol/L)

└─再以 0.01 mol/L $KMnO_4$ 标准液滴定至微红色,并在 0.5 min 内不褪色,记录消耗 mL 数

计算试样中 $KMnO_4$ 的消耗量(另取 100 mL 水做试剂空白试验)

【计算】

$$包装材料中 KMnO_4 消耗量(mg/dm^2)=\frac{(V_1-V_2)\times c\times 31.6\times V}{V_3\times S}$$

式中,V_1 为试样浸泡液滴定时消耗 $KMnO_4$ 溶液的体积(mL);V_2 为试剂空白滴定时消耗 $KMnO_4$ 溶液的体积(mL);c 为 $KMnO_4$ 标准滴定溶液的实际浓度(mol/L);31.6 为 1.00 mL 的 $KMnO_4$ 标准滴定溶液$\left[\dot{c}\left(\frac{1}{5}KMnO_4\right)=1.000\,mol/L\right]$相当的 $KMnO_4$ 的质量(mg);V 为试样浸泡液总体积(mL);V_3 为检测用浸泡液体积(mL);S 为与浸泡液接触的试样面积(dm²)。

【检测要点】

(1) 所用锥形瓶应经稀 H_2SO_4 和 $KMnO_4$ 液煮沸处理,用水冲洗干净后备用。

(2) 煮沸 5 min 应准确。

(3) 取试样水浸泡液检测时,如有残渣应过滤。

(4) 在重复性条件下获得的两次独立检测结果的绝对差值不得超过算术平均值的 20％。

(5) 本法参阅:GB 31604.2-2016。

三、发泡塑料中二氟二氯甲烷残留检测

【原理】根据气体有关定律,将待测试样放入密封平衡瓶中,用溶剂溶解。在一定温度下,二氟二氯甲烷扩散,达到平衡时,取液上气体注入气相色谱仪中检测。

【仪器】气相色谱仪(GC):配氢火焰离子化检测器(FID)。

【试剂】①N,N-二甲基乙酰胺(C_4H_9NO):色谱纯。②二氟二氯甲烷(CCl_2F_2)(CAS号:75-71-8):纯度>99%。③二氟二氯甲烷标准储备液(100 μg/mL):准确称取二氟二氯甲烷标准品1 mg(精确至0.01 mg)于10 mL棕色容量瓶中,用N,N-二甲基乙酰胺溶解定容。于4℃保存,保存期为1年。④二氟二氯甲烷标准中间液(10 μg/mL):准确移取二氟二氯甲烷储备溶液1 mL于10 mL棕色容量瓶中,用N,N-二甲基乙酰胺稀释至刻度。于4℃保存,保存期为6个月。⑤二氟二氯甲烷标准工作液(1 μg/mL):准确移取二氟二氯甲烷中间溶液1 mL于10 mL棕色容量瓶中,用N,N-二甲基乙酰胺稀释至刻度。于4℃保存,保存期为3个月。

【试样处理】

将发泡塑料品剪成3 mm×3 mm碎屑
——用四分法取样,称取0.3 g(精确到0.001 g)放入平衡瓶中
加入3 mL N,N-二甲基乙酰胺溶解,盖塞,轻轻摇匀
——放入65℃恒温水浴中平衡15 min
取1 mL气体供气相色谱仪检测

【仪器工作条件】①色谱柱:6%腈丙苯基-94%二甲基聚硅氧烷毛细管色谱柱(30 m×0.32 mm,0.18 μm)。②柱温:初始温度50℃,保持5 min,以20℃/min升温至250℃,保持2.5 min。③进样口温度:250℃。④检测器温度:300℃。⑤载气:氮气,纯度≥99.999%;恒流模式;流速:1.0 mL/min。⑥进样量:1.0 mL,分流进样,分流比为20:1。⑦尾吹气:氮气,60 mL/min。

【标准曲线的制作】在5个平衡瓶中各加入3 mL N,N-二甲基乙酰胺,盖塞,用微量注射器取0 μL、3 μL、15 μL、30 μL、150 μL、300 μL二氟二氯甲烷标准工作液(1 μg/mL)通过胶塞注入瓶中,轻轻摇匀放入65℃恒温水浴中平衡15 min,即标准曲线浓度为0 ng/mL、1 ng/mL、5 ng/mL、10 ng/mL、50 ng/mL、100 ng/mL。分别取液上气1 mL注入气相色谱仪中,以二氟二氯甲烷含量为横坐标,峰面积为纵坐标绘制标准曲线。二氟二氯甲烷标准溶液气相色谱图参见图12-1。

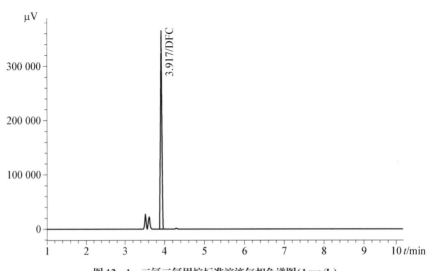

图12-1 二氟二氯甲烷标准溶液气相色谱图(1 mg/L)

【检测步骤】

手动或自动将含有 1 mL 试样的液上气注入气相色谱仪中进行检测
——得峰面积
根据标准曲线得到试样溶液中二氟二氯甲烷的含量。同时做空白试验

【计算】

$$试样中二氟二氯甲烷含量(mg/kg) = \frac{\rho \times 1000}{m \times 1000} \times V$$

式中,ρ 为从标准曲线中得到二氟二氯甲烷标准工作溶液的浓度(μg/mL);m 为试样质量(g);V 为试样定容体积(mL);1 000 为换算系数。计算结果需扣除空白值,结果保留三位有效数字。

【检测要点】

(1) 在重复性条件下获得的两次独立检测结果的绝对差值不得超过算术平均值的 20%。

(2) 本法对二氟二氯甲烷的检出限为 0.001 mg/kg,定量限为 0.01 mg/kg。

(3) 近年来发泡聚苯乙烯应用较为普遍,如快餐杯、碗等。但由于该物在自然界中难以降解,还可能对大气臭氧层有破坏,故应节制使用。

(4) 试样应先剪成很细的碎屑。

(5) 本方法所用试剂均为分析纯,水为 GB/T 6682 规定的二级水。

(6) 本法参阅:GB 31604.22 - 2016。

四、聚氯乙烯包装中氯乙烯单体残留检测

【原理】将聚氯乙烯试样溶解/溶胀于 N,N'-二甲基乙酰胺溶剂中,采用顶空气相色谱法检测试样中氯乙烯含量。

【仪器】气相色谱仪(GC);氢火焰离子化检测器(FID)。

【试剂】①氯乙烯,纯度大于 99.5%。②N,N'-二甲基乙酰胺,密度 $\rho=0.937$ g/mL。③氯乙烯标准溶液(1 600 mg/L):向 30 mL 玻璃瓶(带有硅橡胶隔垫及金属螺旋密封帽)中加入 25 mL N,N'-二甲基乙酰胺,以硅橡胶隔垫密封并压帽,称重,精确至 0.1 mg。用预冲洗的气密注射器经隔垫向 N,N'-二甲基乙酰胺中注射适量的氯乙烯气体,定义此溶液为溶液 A。以另一只 30 mL 玻璃瓶重复上述过程,所得溶液定义为溶液 B。将溶液 A 和溶液 B 置于室温下 2 h,使氯乙烯被完全吸收。再次称重玻璃瓶,精确至 0.1 mg,计算加入的氯乙烯单体质量。依据钢瓶压力,每个标准溶液中氯乙烯的质量约为 40 mg。通过计算得到溶液 A 和溶液 B 中氯乙烯的浓度(mg/L)。④氯乙烯标准溶液(32 mg/L):向 30 mL 玻璃瓶中加入 25 mL N,N'-二甲基乙酰胺,以硅橡胶隔垫密封并压帽。移取 500 μL 的溶液 A 经隔垫注入瓶中,所得的标准溶液定义为溶液 C。以溶液 B 重复上述过程,所得的标准溶液定义为溶液 D。计算溶液 C 和溶液 D 中氯乙烯的浓度(mg/L)。⑤氯乙烯标准溶液(0~0.3 mg/L):取 7 只玻璃管形瓶(带有硅橡胶隔垫及金属螺旋密封帽),各加入 10 mL N,N'-二甲基乙酰胺,分别移取 0 μL,20 μL,40 μL,50 μL,60 μL,80 μL 和 100 μL 的溶液 C 至各管形瓶中,以硅橡胶隔垫密封并压帽。另取两只玻璃管形瓶加入 10 mL N,N'-二甲基乙酰胺,向其中各加入 20 μL 的溶液 D,所

得氯乙烯标准溶液的浓度约为 0.06 mg/L,以隔垫密封并压帽。此两标准溶液定义为比对溶液。⑥校准工作曲线的制备。绘制上述七个氯乙烯标准溶液中氯乙烯含量与对应的峰面积的曲线图,氯乙烯含量以 mg/L 表示。以两比对溶液验证标准曲线的准确性。⑦试样溶液的制备。称取 1 g 试样(复合材料切割成细小碎片),精确至 0.01 g,置于玻璃管形瓶中,加入 10 mL N,N'-二甲基乙酰胺,使试样溶解/溶胀,以硅橡胶隔垫密封并压帽。

【检测步骤】

将装有氯乙烯标准溶液(⑤)和试样溶液(⑦)的管形瓶置于恒温器中
—于 70 ℃ 下恒温 30 min 以上
采用自动进样装置或手动采用气密注射器迅速取出 1 mL 液上气体,进样分析

【计算】

$$试样中残留氯乙烯的含量(\mu g/g) = \frac{c \times 10}{m}$$

式中,c 为校准曲线计算的测试溶液中氯乙烯的含量(mg/L);m 为试样质量(g)。每一试样进行两次检测,以两次检测值的算术平均值为测试结果。

【检测要点】

(1) 本法适用于聚氯乙烯树脂及其复合物中氯乙烯单体含量的检测,检出范围为 0.1~3.0 $\mu g/g$。

(2) 所有试剂材料,测试条件下不应含有与氯乙烯色谱保留时间相同的任何杂质。

(3) 警告:使用本方法的人员应具有正规实验室工作的实践经验。本方法并未指出所有可能的安全问题,使用者有责任采取适当的安全和健康措施,并保证符合国家有关法规规定的条件。

(4) 警告:氯乙烯是一种有害物质,常温下是气体,制备其溶液时宜在通风橱中进行。

(5) 警告:N,N'-二甲基乙酰胺是有害物质。

(6) 本法参阅:GB/T 4615 - 2013。

五、复合包装袋中己内酰胺残留检测

【原理】试样经水提取后,己内酰胺溶解在提取液中,经滤膜过滤后用配有紫外检测器的高效液相色谱仪进行检测,外标法定量。

【仪器】高效液相色谱仪:配备紫外检测器(UV)。

【试剂】①乙腈(C_2H_3N, CAS 号:75 - 05 - 8):色谱纯。②己内酰胺($C_6H_{11}NO$, CAS 号:105 - 60 - 2)纯度≥99%。③己内酰胺标准储备液:称取 100 mg(精确至 0.000 1 g)己内酰胺,用水溶解后,定容至 100 mL,配制成浓度为 1 000 mg/L 的储备液。④己内酰胺中间标准溶液:吸取 0.05 mL、0.25 mL、0.50 mL、1.00 mL、2.50 mL、5.00 mL 己内酰胺标准储备液于 6 个 10 mL 容量瓶中,用水定容,得到己内酰胺浓度为 5.0 mg/L、25.0 mg/L、50.0 mg/L、100.0 mg/L、250.0 mg/L、500.0 mg/L 的中间标准溶液。⑤己内酰胺标准工作溶液:分别准确吸取 1.0 mL 己内酰胺中间标准溶液于 6 支 10 mL 具塞玻璃试管中,分别加入 4.0 mL 水混匀,获得己内酰胺标准工作溶液。其中,己内酰胺浓度分别为 1.0 mg/L、5.0 mg/L、10.0 mg/L、

20.0 mg/L、50.0 mg/L、100.0 mg/L。

【试样处理】

用冷冻研磨仪或剪刀等其他切割工具将待测样品破碎成粒径小于 1 mm×1 mm 试样
├─ 称取粉碎试样 1.0 g(精确到 0.000 1 g)于具塞玻璃试管中
加入 10 mL 水后在沸水浴中提取 40 min,放冷至室温
├─ 取上层清液置于 25 mL 容量瓶中
再用 10 mL 水按照上述方式提取 1 次
├─ 合并两次清液后,用水定容至刻度
取 1 mL 提取液通过 0.45 μm 滤膜过滤后供高效液相色谱进样(制作空白试样)

【仪器工作条件】 ①色谱柱:C_{18} 柱(250 mm×4.6 mm,5 μm)。②检测器:紫外检测波长 210 nm。③流动相:乙腈+水(20+80)。④流速:1.0 mL/min。⑤进样体积:10 μL。

【标准曲线的制作】 分别将己内酰胺标准工作溶液进液相色谱仪检测。以标准工作溶液中己内酰胺浓度为横坐标(mg/L),以对应己内酰胺峰面积为纵坐标,制作标准工作曲线,标准色谱图参见图 12-2。

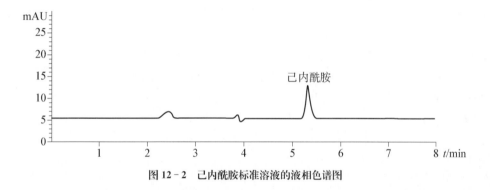

图 12-2 己内酰胺标准溶液的液相色谱图

【检测步骤】

按照仪器工作条件,将试样溶液及空白溶液注入液相色谱仪检测
├─ 得到己内酰胺峰面积
扣除空白值,计算试样中己内酰胺含量

【计算】

$$试样中己内酰胺的含量(mg/kg) = \frac{\rho \times V \times f \times 10^{-3}}{m \times 10^{-3}}$$

式中,ρ 为依据校准曲线获得的试样溶液中己内酰胺的浓度(mg/L);V 为试样溶液体积(mL);f 为浓度稀释因子;10^{-3} 为单位换算因子;m 为试样质量(g)。计算结果保留两位有效数字。

【检测要点】

(1) 本法标准溶液均需在 4 ℃下避光密封储存,有效期为 1 个月。

(2) 切割试样时,不可使其发热变软。

(3) 本法检出限为 10 mg/kg,定量限为 25 mg/kg。

(4) 在重复性条件下获得的两次独立检测结果的绝对差值不得超过其算术平均值的 10%。

(5) 本法参阅:GB 31604.19-2016。

六、复合包装袋中二胺基甲苯残留检测

(一) 气相色谱法

【原理】试样中二氨基甲苯用 4‰ 乙酸溶液浸出,将浸出液冷却后,在碱性条件下经二氯甲烷提取,加七氟丁酸酐衍生化,然后将衍生物注入带有电子捕获检测器的气相色谱仪检测,以保留时间定性,外标法定量。

【仪器】气相色谱仪(带电子捕获检测器)。

【试剂】①二氯甲烷(CH_2Cl_2)、叔丁基甲醚($C_5H_{12}O$)、七氟丁酸酐($C_8F_{14}O_3$):色谱纯。②无水硫酸钠(Na_2SO_4)。③氯化钠(NaCl)。④冰乙酸($C_2H_4O_2$)。⑤氢氧化钠(NaOH)。⑥标准品:2,4-二氨基甲苯($C_7H_{10}N_2$,CAS 号:95-80-7),纯度≥99%。⑦二氨基甲苯标准储备溶液:称取 2,4-二氨基甲苯 10 mg(精确至 0.01 mg)于 50 mL 小烧杯中,加二氯甲烷溶解,将二氯甲烷转移到 100 mL 容量瓶中,定容,于 4℃ 保存,其中二氨基甲苯的质量浓度为 100 μg/mL。⑧二氨基甲苯标准工作溶液:吸取标准储备溶液 0.50 mL 于 50 mL 容量瓶中,用二氯甲烷定容至刻度,于 4℃ 保存,其中二氨基甲苯的质量浓度为 1 μg/mL。

【试验制备】未装过食品的包装袋:水洗 3 次,淋干,按 2 mL/cm² 计算装入乙酸溶液,热封口;装过食品的包装袋:剪口,将食品全部移出,清水冲至无污物,再用水冲洗 3 次,淋干后按 2 mL/cm² 计算装入乙酸溶液,热封口。

【迁移试验】

将试样制备热封口后的包装袋(使用温度为 60 ~ 120℃)

├─置于(120±5)℃ 的烘箱内,恒温 40 min

取出自然冷至室温,剪开封口,将提取液移入干燥的烧杯中备用

├─使用温度低于 60℃ 的包装袋,置于(60±5)℃ 的烘箱内,恒温 2 h

取出自然放冷至室温,剪开封口,将水移入干燥的烧杯中备用

【衍生过程】

量取试样 50.0 mL,置于分液漏斗中

├─用氢氧化钠溶液调节 pH 为 8.0,再加入 10 g 氯化钠混匀

用 10 mL 二氯甲烷分别萃取两次,每次 5 min,静置 10 min

├─合并两次萃取液,经无水硫酸钠脱水后在 40℃ 下氮吹至近干

加入 2 mL 二氯甲烷,再加入 100 μL 七氟丁酸酐,轻轻混匀

├─置于室温下进行衍生化反应 15 min

将上述反应液移入 60 mL 分液漏斗中

├─用 2 mL 二氯甲烷分数次洗净浓缩瓶,洗液并入分液漏斗中

加入 5 mL 碳酸氢钠溶液,轻轻摇动 2 min,静置 5 min

├─将二氯甲烷层移入 10 mL 试管中,40℃ 下氮吹至近干

用叔丁基甲醚溶解并定容至 5.00 mL,注入气相色谱仪分析

【标准制备】

分别吸取适量的二氨基甲苯工作液

├─加入 100 μL 七氟丁酸酐,轻轻混匀

置于室温下进行衍生化反应 15 min

├─将上述反应液移入 60 mL 分液漏斗中

用 2 mL 二氯甲烷分数次洗净浓缩瓶,洗液并入分液漏斗中
—加入 5 mL 碳酸氢钠溶液,轻轻摇动 2 min,静置 5 min
将二氯甲烷层移入到 10 mL 试管中
—40 ℃ 下氮吹至近干
用叔丁基甲醚溶解并定容至 5 mL

【仪器工作条件】①色谱柱:HP-5 MS(30 m×0.25 mm,0.25 μm)或同等性能的色谱柱。②柱温度程序:初始温度 60 ℃ 保持 2 min,以 15 ℃/min 升温至 240 ℃,保持 5 min。③进样口温度:200 ℃。④载气:氮气,纯度≥99.999%,1.0 mL/min;尾吹气,30 mL/min。⑤检测器:电子捕获检测器(ECD),温度 300 ℃。⑥进样方式:不分流进样。⑦进样量:1.0 μL。

【检测步骤】
将试样溶液注入气相色谱仪中,色谱图参见图 12-3,得到峰高或峰面积
—以标准工作液的浓度为横坐标,以色谱峰高或峰面积为纵坐标,绘制标准曲线
根据标准曲线得到待测液中二氨基甲苯的浓度

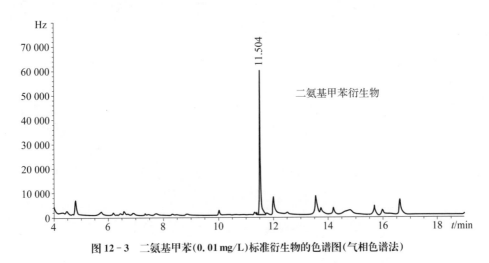

图 12-3 二氨基甲苯(0.01 mg/L)标准衍生物的色谱图(气相色谱法)

【计算】

$$试样中二氨基甲苯的含量(mg/L) = \frac{\rho \times V_2 \times 1000}{V_1 \times 1000}$$

式中,ρ 为由标准曲线求得试样溶液中二氨基甲苯的浓度(μg/mL);V_2 为最终定容体积(mL);V_1 为试液体积(mL);1000 为换算系数。结果保留两位有效数字。

【检测要点】
(1) 除非另有说明,本法所用试剂均为分析纯,水为 GB/T 6682 规定的三级水。
(2) 在重复性条件下获得的两次独立检测结果的绝对差值不得超过算术平均值的 10%。
(3) 当取样量 50.0 mL,定容体积为 5.00 mL 时,本法检出限为 0.0005 mg/L,定量限为 0.001 mg/L。

(二) 气相色谱——质谱法
【原理】试样中二氨基甲苯用 4% 乙酸溶液浸出,浸出液冷却后,在碱性条件下经二氯甲烷提取,加七氟丁酸酐衍生化,然后将衍生物注入气相色谱-质谱仪检测,外标法定量。

【仪器】气相色谱-质谱仪。

【试剂】同气相色谱法。

【试样制备】同气相色谱法。

【迁移试验】同气相色谱法。

【衍生过程】同气相色谱法。

【仪器工作条件】①色谱柱:HP-5 MS(30 m×0.25 mm,膜厚 0.25 μm)或同等性能色谱柱。②柱温度程序:初始温度 60 ℃保持 2 min,以 15 ℃/min 升温至 240 ℃,保持 5 min。③进样口温度:200 ℃。④色谱-质谱接口温度:280 ℃。⑤离子源温度:230 ℃。⑥载气:氦气,纯度≥99.999%,1.0 mL/min。⑦电离方式:EI。⑧电离能量:70 eV。⑨进样方式:不分流进样。⑩进样量:1.0 μL。⑪溶剂延迟:3 min。⑫选择特征监测离子(m/z):见表 12-1。

表 12-1　二氨基甲苯衍生物选择特征监测离子

中文名称	定量离子	定性离子1	定性离子2	定性离子3	相对丰度比
二氨基甲苯衍生物	514	345	495	317	100∶58∶29∶15

【定性确证】如果样液与标准检测溶液的选择离子色谱图中,在相同保留时间有色谱峰出现,则根据表 12-1中二氨基甲苯衍生物特征选择离子的种类及其丰度比进行确证。在上述气相色谱-质谱条件下,试样中二氨基甲苯衍生物保留时间与标准检测溶液中对应保留时间的偏差在±2.5%,且试样中被测物质的相对离子丰度与浓度相当标准检测溶液的相对离子丰度进行比较,相对丰度允许相对偏差不超过表 12-2规定的范围,则可确定试样中存在对应的被测物。在该方法气相色谱-质谱条件下,七氟丁酰化二氨基甲苯的保留时间为 12.095 min,其气相色谱-质谱选择离子色谱和全扫描谱图见图 12-4 和图 12-5。

表 12-2　定性确证时相对离子丰度的最大允许偏差

相对离子丰度%	>50	>20～50	>10～20	≤10
允许的相对偏差%	±10	±15	±20	±50

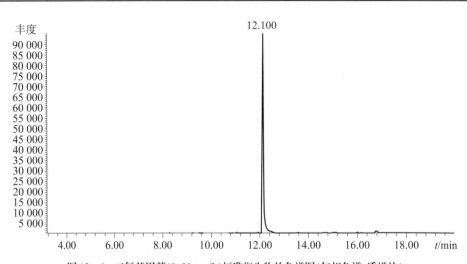

图 12-4　二氨基甲苯(0.01 mg/L)标准衍生物的色谱图(气相色谱-质谱法)

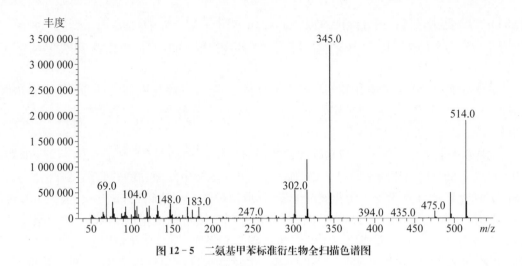

图 12-5 二氨基甲苯标准衍生物全扫描色谱图

【检测步骤】

将试样溶液注入气相色谱仪中,得到峰高或峰面积
—以标准工作溶液的浓度为横坐标,以色谱峰高或峰面积为纵坐标,绘制标准曲线
根据标准曲线得到待测液中二氨基甲苯的浓度

【计算】同气相色谱法。

【检测要点】

(1) 在重复性条件下获得的两次独立检测结果的绝对差值不得超过算术平均值的 10%。

(2) 当取样量 50.0 mL,定容体积为 5.00 mL 时,本法检出限为 0.000 5 mg/L,定量限为 0.001 mg/L。

(3) 本法参阅:GB 31604.23-2016。

七、食品容器及包装材料中乙苯类化合物残留检测

【原理】试样经二硫化碳提取后,进样气相色谱,在色谱柱中乙苯与内标物正十二烷及其他组分分离,用氢火焰离子化检测器检测,以内标法定量。

【仪器】气相色谱仪:配备氢火焰离子化检测器(FID)。

【试剂】①二硫化碳(CS_2, CAS 号:75-15-0):色谱纯。②乙苯(C_8H_{10},CAS 号:100-41-4):纯度大于 99.5%。③正十二烷($C_{12}H_{26}$,CAS 号:112-40-3):纯度大于 99%。④乙苯标准储备液:称取 200 mg(精确至 0.000 1 g)乙苯,二硫化碳溶解,定容至 10 mL,配制成浓度为 20 mg/mL 的储备液。⑤乙苯混合中间液:吸取 0.25 mL 的乙苯标准储备液至预先盛有 5 mL 二硫化碳的 10 mL 容量瓶中,二硫化碳稀释、定容,获得浓度为 500.0 μg/mL 的乙苯混合中间液。⑥正十二烷内标储备液:称取 250 mg(精确至 0.000 1 g)正十二烷,用二硫化碳溶解后,定容至 10 mL,配制成浓度为 25 mg/mL 的储备液。⑦正十二烷内标中间液:吸取 0.50 mL 的正十二烷内标储备液至预先盛有 5 mL 二硫化碳的 10 mL 容量瓶中,二硫化碳定容,配制成浓度为 1 250 μg/mL 的中间液。⑧乙苯及正十二烷混标工作液:移取 50.0 μL、250.0 μL、500.0 μL、1.0 mL、2.5 mL、5.0 mL 乙苯混合中间液于 6 个已加入 5 mL 二硫化碳

的 25 mL 容量瓶中,再在每个容量瓶中加入 1.0 mL 正十二烷内标中间液,用二硫化碳定容。乙苯的浓度分别为 1.0 μg/mL、5.0 μg/mL、10.0 μg/mL、20.0 μg/mL、50.0 μg/mL、100.0 μg/mL,内标浓度为 50 μg/mL。

【试验处理】 可溶于二硫化碳的试样直接称量;不溶于二硫化碳的试样,先使用冷冻研磨仪或剪刀等切割工具将其破碎成粒径小于 1 mm×1 mm 后再称量。切割试样时,不可使其发热变软。

【试样制备】 对于可溶于二硫化碳的试样,称取 0.5 g(精确到 0.001 g)试样于 25 mL 容量瓶中,移取 10 mL 二硫化碳于容量瓶中,加入 1.0 mL 内标中间液。静置直至试样溶解后,用二硫化碳定容。对于不溶于二硫化碳的试样,称取试样 0.5 g(精确到 0.001 g)于 25 mL 锥形瓶中,移取 10 mL 二硫化碳于锥形瓶中。封盖后用超声波清洗机提取 20 min,取上层清液于 25 mL 容量瓶中。以同样方法用 10 mL 二硫化碳重复提取一次,合并两次上层清液于 25 mL 容量瓶中,加入 1.0 mL 内标中间溶液并定容。若试样浓度超出线性范围,需重新提取,并在加入内标溶液前用二硫化碳适当稀释,使其浓度处于线性范围内。不加试样,按照同样方法处理获得空白提取液。

【仪器工作条件】 ①色谱柱:固定相为聚乙二醇(30 m×0.32 mm, 0.5 μm)。②进样口温度:250 ℃。③柱温:始温 50 ℃下保持恒温 1 min,以 10 ℃/min 速率升温至 140 ℃,再以 20 ℃/min 速率升温至 220 ℃,恒温 10 min。④进样方式:分流进样,分流比为 2∶1。⑤载气:氮气,纯度大于 99.999%,流量 1.5 mL/min。⑥检测器:氢火焰离子化检测器。⑦进样量:1 μL。⑧检测器温度:300 ℃。⑨氢气流量:30 mL/min,纯度≥99.999%。⑩空气流量:300 mL/min,纯度≥99.999%。

【标准曲线】 将乙烯及正十二烷混标工作液进样气相色谱仪检测。以标准溶液工作溶液中乙苯浓度为横坐标(μg/mL),以对应乙苯峰面积与内标物正十二烷峰面积之比为纵坐标,分别绘制标准曲线。乙苯及正十二烷标准溶液的色谱图参见图 12-6。

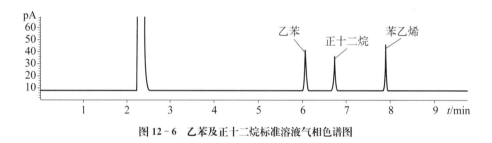

图 12-6　乙苯及正十二烷标准溶液气相色谱图

【检测步骤】

将试验溶液、空白溶液进气相色谱仪检测
├—扣除空白值
得到乙苯峰面积与正十二烷面积的比值

【计算】

$$试样中的乙苯含量(mg/kg) = \frac{\rho_i \times V \times f \times 10^{-3}}{m \times 10^{-3}}$$

式中,ρ_i 为依据校准曲线获得的试样溶液中乙苯质量浓度($\mu g/mL$);V 为试样溶液体积(mL);f 为浓度稀释因子;m 为试样质量(g);10^{-3} 为单位换算因子。计算结果保留至小数点后一位。

【检测要点】

(1) 所有工作液应于 4℃避光密封储存,有效期为 1 w。

(2) 在重复性条件下获得的两次独立检测结果的绝对差值不得超过其算术平均值的 10%。

(3) 本法检出限为 20 mg/kg;定量限均为 50 mg/kg。

(4) 本法参阅:GB 31604.16 - 2016。

八、纸包装中荧光增白剂残留检测

【原理】 由于荧光增白剂在吸收近紫外光(波长范围在 300~400 nm)后,分子中的电子从基态跃迁,在极短时间内又回到基态,同时发射出蓝色或紫色荧光(波长范围在 420~480 nm)。因此,在波长 365 nm 紫外灯照射下,通过观察试样是否有明显荧光现象来定性检测试样中是否含有荧光增白剂。如果试样出现多处不连续小斑点状荧光或有荧光现象但不明显时,可用碱性提取液提取,然后将提取液调节为酸性,再用纱布吸附提取液中的荧光增白剂,在波长 365 nm 紫外灯下,观察纱布是否有明显荧光现象,来确证试样中是否含有荧光增白剂。

(一) 荧光增白剂直接检测实验

【仪器】 紫外灯(波长 365 nm)。

【试剂】 ①乙腈(CH_3CN):色谱纯。②三乙胺[$(CH_3CH_2)_3N$]。③氢氧化钠(NaOH):优级纯。④盐酸。⑤碱性提取液:乙腈+水+三乙胺(40+60+1, V/V)。⑥荧光增白剂 220 标准品($C_{40}H_{40}N_{12}O_{16}S_4Na_4$,简称 C.I.220,CAS 号:16470 - 24 - 9),纯度大于 95%。⑦标准储备液(1.00 mg/mL):于避光条件下,准确称取 C.I.220 标准品约 10 mg(精确到 0.1 mg)于烧杯中,碱性提取液溶解,转移至 10 mL 棕色容量瓶中定容,在 -18℃以下于黑暗处保存,有效期为 90 d。⑧标准工作液(40.0 $\mu g/mL$):将标准储备液用乙腈溶液(40%,体积分数)逐级稀释成 40.0 $\mu g/mL$ 的标准工作液,于 4℃左右避光保存,有效期为 15 d。

【试样制备】 对于食品用纸或纸板,如食品包装纸、糖果纸、冰棍纸等,从试样中随机取 5 张,用剪刀和直角三角板裁剪成 100 cm^2 大小。对于食品用纸制品,如纸杯、纸碗、纸桶、纸盒、纸碟、纸盘、纸袋等,从试样中随机取 2 个同批次的产品,用剪刀和直角三角板将待测纸层裁剪成 100 cm^2。对于需要确证实验的试样,称取 10 g(精确至 1 mg)剪成约 5 mm×5 mm 的纸屑,再用高速粉碎机(转速在 10 000 r/min)粉碎至棉絮状,备用。如不能立即检测,应用干净的聚乙烯塑料袋盛放,在室温下避光保存。

【检测步骤】

于暗室或暗箱内,打开紫外灯的电源开关,检测波长选择 365 nm
— 将制作好的 100 cm^2 试样置于紫外灯光源下约 20 cm 处
观察试样是否有明显的蓝色或紫色荧光
— 如试样出现多处不连续小斑点状荧光,或试样有荧光现象但不明显时
进行确证实验

【结果判定】 对于食品用纸或纸板,如果 5 张中任何一张的荧光面积大于 $5\,cm^2$,则判定该试样中荧光增白剂为阳性,否则判定该试样中荧光增白剂为阴性;对于食品用纸制品,2 个同批次的产品中任何一个的荧光面积大于 $5\,cm^2$,则判定该试样中荧光增白剂为阳性,否则判定该试样中荧光增白剂为阴性。

(二)荧光增白剂确证实验

【标准对照纱布的制备】

称取粉碎均匀的空白纸样 $2.0\,g$(精确至 1 mg)于 250 mL 锥形瓶中
　├─加入 $40.0\,\mu g/mL$ C. I. 220 标准溶液 0.5 mL(相当于纸样中 C. I. 220 含量为 10 mg/kg)
于避光状态下(要求照度小于 20 Lux)加入 100 mL 碱性提取液
　├─于 50 ℃ 下超声提取 40 min
提取结束后冷却至室温
　├─将提取液通过装有少许玻璃棉(要求不含荧光物质)的玻璃漏斗过滤到鸡心瓶中
　│　或者采用离心的方式(3 500 r/min 的转速离心 5 min)获得澄清的提取液
将提取液在 50 ℃ 下减压浓缩至约 40 ~ 50 mL
　├─将浓缩液转移至 250 mL 烧杯中
用水洗涤鸡心瓶后,洗液也一并转入 250 mL 烧杯中
　├─用盐酸溶液(10%,体积分数)调 pH 为 3 ~ 5,并加水定容至约 100 mL
将一块规格为 5 cm×5 cm 的纱布浸没于提取液中
　├─在 40 ℃ 水浴吸附 30 min
用镊子取出纱布后,用手挤去大部分液体
　├─将纱布叠成四层,每层面积约 2.5 cm×2.5 cm
放于玻璃表面皿中

【试样提取与吸附】 称取粉碎均匀的试样 $2.0\,g$(精确至 1.0 mg)于 250 mL 锥形瓶中,其余操作按照**【标准对照纱布的制备】**步骤中"于避光状态下……放于玻璃表面皿中"进行。每个试样进行两次平行试验。以 2.0 g 水代替试样,完成空白试验。

【检测步骤】

于暗室或暗箱内,打开紫外灯的电源开关,检测波长选择 365 nm
　├─将放置标准对照纱布、试样纱布及空白试验纱布的表面皿一起置于紫外灯光源下约 20 cm 处
观察试样纱布是否比空白试验纱布有明显的蓝色或紫色荧光

【结果判定】 如果试样的两个平行试验均无明显荧光现象,则判定该试样中荧光增白剂为阴性,如两个平行试验均有明显荧光现象,则判定为阳性;如只有一个试样纱布有明显荧光现象,需要重新进行两个平行试验。如重新试验后两个平行试验均无明显荧光现象,则判定该试样中荧光增白剂为阴性,否则判定为阳性。

【检测要点】

(1)纸品为了增强印刷效果,加荧光增白剂,如二氨基芪,含量多时会产生毒性。

(2)除非另有规定,所用试剂均为分析纯,水为 GB/T 6682 规定的一级水。

(3)所用试剂、材料和直接接触试样的仪器与设备在紫外灯下应无荧光现象。

(4)本法参阅:GB 31604.47 - 2023。

九、罐头内壁环氧酚醛中游离酚残留检测

【原理】 利用溴与酚结合成三溴苯酚,剩余的溴与碘化钾作用,析出定量的碘,最后用硫代

硫酸钠滴定析出的碘,根据硫代硫酸钠溶液消耗量,即可计算出酚的含量。

【试剂】①盐酸(HCl)。②乙醇(CH_3OH)。③三氯甲烷($CHCl_3$)。④碘化钾(KI)。⑤可溶性淀粉$[(C_6H_{10}O_5)_n]$。⑥溴水(Br_2)。⑦无水碳酸钠(Na_2CO_3)。⑧硫代硫酸钠($Na_2S_2O_3 \cdot 5H_2O$)、溴酸钾($KBrO_3$)、溴化钾(KBr):均为优级纯。⑨硫代硫酸钠标准滴定溶液$[c(Na_2S_2O_3)=0.1 mol/L]$:称取 26 g(精确到 0.001 g)硫代硫酸钠,加 0.2 g 无水碳酸钠,溶于 1 000 mL 水中,缓缓煮沸 10 min,冷却,放置 2 w 后过滤,使用前按 GB/T 5009.1 标定。

⑩溴标准溶液$\left[c\left(\dfrac{1}{2}Br_2\right)=0.1 mol/L\right]$:称取 3.0 g 溴酸钾及 25.0 g 溴化钾,溶于 1 000 mL 水中,使用前按 GB/T 5009.1 标定。

【试样蒸馏】称取 1 g(精确至 0.001 g)试样,放入蒸馏瓶内,加入 20 mL 乙醇溶解(如水溶性树脂,则加入 20 mL 水溶解),再加入 50 mL 水,然后用水蒸气加热蒸馏出游离酚,馏出液收集于 500 mL 容量瓶中,控制在 40~50 min 内馏出蒸馏液 300~400 mL,最后取 5 滴新蒸出液样,加 1~2 滴溴水,如无白色沉淀,证明酚已蒸完,即可停止蒸馏,蒸馏液全部转入 500 mL 容量瓶中,用水稀释至刻度,充分摇匀,备用。

【检测步骤】

吸取 100 mL 蒸馏液,置于 500 mL 具塞锥形瓶中
├─加入 25 mL 溴标准溶液、5 mL 盐酸
在室温下放入暗处 15 min,加入 10 mL 碘化钾溶液,在暗处放置 10 min
├─加入 1 mL 三氯甲烷,用硫代硫酸钠标准滴定溶液滴定至淡黄色
加 1 mL 淀粉指示液
├─继续滴定至蓝色消褪为终点
记录硫代硫酸钠标准液消耗量(同时做空白实验)

【计算】

$$试样中的游离酚含量(g/kg) = \frac{15.68 \times (V_1 - V_2) \times c \times V_3}{m \times V_4} \times 100$$

式中,15.68 为与 1.0 L 硫代硫酸钠标准溶液$[c(Na_2S_2O_3)=1.000 mol/L]$相当苯酚的质量(g/mol);$V_1$ 为试剂空白滴定消耗的硫代硫酸钠标准溶液体积(mL);V_2 为滴定试样消耗硫代硫酸钠标准滴定溶液体积(mL);c 为硫代硫酸钠标准滴定溶液实际浓度(mol/L);V_3 为蒸馏液定容体积(mL);m 为试样质量(g);V_4 为滴定时移取蒸馏液体积(mL);结果保留两位有效数字。

【检测要点】

(1) 除非另有说明,本法所用试剂均为分析纯,水为 GB/T 6682 规定的一级水。

(2) 在重复性条件下获得的两次独立检测结果的绝对差值不得超过算术平均值的 5%。

(3) 本法检出限为 0.4 g/kg,定量限为 2.0 g/kg。

(4) 本法参阅:GB 31604.46 - 2023。

第三节 · 热加工食品中污染物检测

食品采取煎炸是古老的烹调方法,也是食物熟制和干制的一种加工工艺。一般食品在经

高温长时间使用煎炸油后,会产生脂肪酸的聚合物和多种裂变产物,对人体健康有一定的危害。

一、煎炸油中极性化合物(PC)检测

煎炸食品因其独特的质构和诱人的风味而广受消费者的喜爱,近年来其消费量明显增加。然而,煎炸食品的质量与煎炸油品质有着密切的关系。研究显示,油脂中的极性组分含量可作为衡量油脂品质的一个良好指标。极性组分是食用油在煎炸的高温环境下发生的氧化、聚合、裂解和水解等反应所生成的,这些极性组分随着加热时间的延长而不断增加,不仅会对食品的营养、风味产生不良影响,而且还对人体健康有害,应进行监测。

煎炸油中极性化合物检测方法有制备型快速柱层析法和柱层析法。

(一) 制备型快速柱层析法

【原理】通过制备型快速柱层析技术的分离,油脂试样被分为非极性组分和极性组分两部分,其中非极性组分首先被洗脱并蒸干溶剂后称重,油脂试样扣除非极性组分的剩余部分即为极性组分。

【仪器】食用油极性组分制备型快速柱层析系统:配置二元无阀计量泵、紫外检测器、全自动二维馏分收集器、实时监测系统和溶剂温度控制系统。

【试剂】①乙醚($C_4H_{10}O$)。②石油醚。③丙酮(C_3H_6O)。④三氯甲烷($CHCl_3$)。⑤冰醋酸($C_2H_4O_2$)。⑥95%乙醇(C_2H_6O)。⑦磷钼酸($H_3PO_4 \cdot 12MoO_3 \cdot 24H_2O$)。⑧无水硫酸钠($Na_2SO_4$),在105~110℃条件下充分烘干,密闭容器冷却并保存。⑨非极性组分洗脱液:石油醚+乙醚(87+13,V/V)。⑩极性组分洗脱液:丙酮+乙醚(40+60,V/V)。⑪薄层色谱展开剂:石油醚+乙醚+冰醋酸(70+30+2,V/V)。⑫薄层色谱显色剂:100 g磷钼酸固体溶于95%乙醇,并稀释至1L,分装入喷雾瓶中。

【材料】①食用油极性组分快速分离制备色谱柱:内填装20 g粒径为40~60 μm的无定形活化硅胶,柱内径2.6 cm,柱体长10.4 cm(不含两端柱头),柱外壳为聚丙烯制成,铝箔密封包装。②薄层色谱层析板:200 mm×100 mm的玻璃板,上涂一层0.21~0.27 mm厚的硅胶60(粒径为10~12 μm;孔体积0.74~0.84 mL/g;比表面积480~540 m^2/g)或其他等效硅胶,且不含任何的荧光指示剂。③薄层色谱点样毛细管:长100 mm,内径0.3 mm。

【快速分离制备色谱柱的活化】以非极性组分洗脱液为流动相对制备型快速柱层析系统的流动相管路进行润洗,排尽流动相管路内的气体。取1支食用油极性组分快速分离制备色谱柱,连接入制备型快速柱层析系统的流动相管路,以非极性组分洗脱液为流动相,25 mL/min的流速冲洗快速分离制备色谱柱10 min,使其完全被溶剂所浸润,弃冲洗液。

【仪器工作条件】①流动相:非极性组分洗脱液。②流动相流速:25 mL/min。③部分收集器:以1 000 mL小口玻璃收集瓶为收集容器,从洗脱开始以全收集模式进行收集。④紫外检测器检测波长:200 nm。⑤启用实时监测系统,获得洗脱色谱图。⑥溶剂温度控制系统温度:10℃。⑦洗脱时间:11 min。

【非极性组分分离】

准确称取 1 g(精确到 0.001 g)的油脂试样
　├用 5 mL 的石油醚将油脂试样充分溶解,成为上样液
将快速分离制备色谱柱的上端与流动相管路断开,吸取全部上样液
　├快速注入快速分离制备色谱柱的上端入口处,再用 3 mL 的石油醚洗涤器具内残留的上样液
洗涤液注入色谱柱的上端入口处
　├连接快速分离制备色谱柱的上端与流动相管路
分离出非极性组分

【检测步骤】

取恒重后的 500 mL 烧瓶 1 个,称重(m_0,精确至 0.001 g)
　├根据分离操作获得实时监测数据
非极性组分最大的色谱峰的结束时间点控制在 4.5 ~ 6.8 min 区间内(如图 12-7 所示)
　├此时将洗脱时间区间为 0 ~ 11 min 内所有收集的洗脱液(1000 mL 小口玻璃收集瓶内)
　倒入 500 mL 圆底烧瓶内
再置于水浴温度为 60 ℃ 的旋转蒸发仪内
　├常压条件下,将其中的溶剂大部分蒸发
再在负压条件下,将剩余少量溶剂旋转蒸发至近干
　├将此 500 mL 烧瓶放入 40 ℃ 的真空恒温干燥箱
在 0.1 MPa 的负压条件下,烘 20 ~ 30 min
　├干燥器内冷却至室温,然后称重(m_1,精确至 0.001 g)
($m_1 - m_0$)即为非极性组分的质量

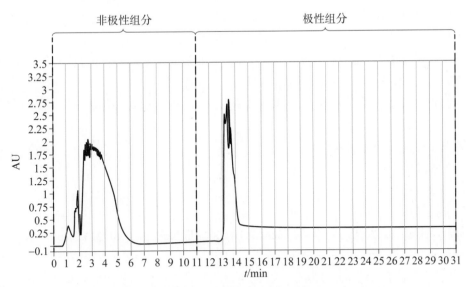

图 12-7　非极性组分和极性组分制备型快速柱层析分离典型色谱图

【计算】

$$油脂试样的极性组分含量(\%) = 100 - \frac{(m_1 - m_0)}{m} \times 100$$

式中,m_0 为空白 500 mL 烧瓶的质量(g);m_1 为蒸干溶剂后,装有非极性组分的 500 mL 烧瓶的总质量(g);m 为油脂试样质量(g)。计算结果以重复性条件下获得的两次独立检测结果的

算术平均值表示,保留至小数点后 1 位。

【检测要点】

(1) 除非另有说明,本法所用试剂均为分析纯,水为 GB/T 6682 规定的一级水。

(2) 乙醚、石油醚、丙酮使用前在低温环境中放置数小时,使其温度在 10～18 ℃ 之间。

(3) 非极性组分洗脱液、极性组分洗脱液、薄层色谱展开剂现配现用。

(4) 试样应为液态、澄清、无沉淀并充分混匀。如果试样不澄清、有沉淀,则应将油脂置于 50 ℃ 的恒温干燥箱内,将油脂的温度加热至 50 ℃ 并充分振摇以熔化可能的油脂结晶。若此时油脂试样变为澄清、无沉淀则可作为试样,否则应将油脂置于 50 ℃ 的恒温干燥箱内,用滤纸过滤不溶性的杂质,取过滤后的澄清液体油脂作为试样。为防止油脂氧化,过滤过程应尽快完成。

(5) 对于凝固点高于 50 ℃ 或含有凝固点高于 50 ℃ 油脂成分的试样,则应将油脂置于比其凝固点高 10 ℃ 左右的恒温干燥箱内,将油脂加热并充分振摇以熔化可能的油脂结晶。若还需过滤,则将油脂置于比其凝固点高 10 ℃ 左右的恒温干燥箱内,用滤纸过滤不溶性的杂质,取过滤后的澄清液体油脂作为试样。为防止油脂氧化,过滤过程应尽快完成。

(6) 若油脂中含有水分,通过除杂处理后仍旧无法达到澄清,应进行干燥脱水。对于室温下为液态、无明显结晶或凝固现象的油脂,以及经过除杂处理并冷却至室温后为液态、无明显结晶或凝固现象的油脂,可按每 10 g 油脂加入 1～2 g 无水硫酸钠的比例加入无水硫酸钠,并充分搅拌混合吸附脱水,然后用滤纸过滤,取过滤后的澄清液体油脂作为试样。

(7) 对于室温下有结晶或凝固现象的油脂,以及经过除杂处理并冷却至室温后有明显结晶或凝固现象的油脂,可将油脂试样用适量的石油醚完全溶解后再用无水硫酸钠吸附脱水,然后滤纸过滤收集滤液,将滤液置于水浴温度不高于 45 ℃ 的旋转蒸发仪内,负压条件下,将其中的溶剂旋转蒸干,取残留的澄清液体油脂作为试样。

(8) 当极性组分含量≤20% 时,在重复条件下获得的两次独立检测结果的绝对差值不得超过算术平均值的 15%;当极性组分含量＞20% 时,在重复条件下获得的两次独立检测结果的绝对差值不得超过算术平均值的 10%。

(9) 本实验操作环境温度应不高于 25 ℃。

(10) 本法参阅:GB 5009.202－2016。

(二) 柱层析法

【原理】 通过柱层析技术的分离,油脂试样被分为非极性组分和极性组分两部分,其中非极性组分首先被洗脱并蒸干溶剂后称重,油脂试样扣除非极性组分的剩余部分即为极性组分。

【试剂】 ①柱层析吸附剂:硅胶 60,SiO_2 粒径为 0.063～0.200 mm 的无定形硅胶;平均孔径 6 nm;孔体积 0.74～0.84 mL/g;比表面积 480～540 m²/g;pH 6.5～7.5,水分含量 4.4%～5.4%。②海砂,化学纯。③非极性组分洗脱液、薄层色谱展开剂、薄层色谱显色剂、薄层色谱层析板:配制同第一法。

【材料】 ①玻璃层析柱(21 mm×450 mm),下部有聚四氟乙烯活塞阀门,活塞阀门上部的层析柱内部具有一层砂芯筛板,且该层砂芯筛板能有效阻止吸附剂下漏出层析柱,且当竖直加入 20 mL 的石油醚后,将活塞阀门开至最大,所有石油醚在 2.5 min 内流尽。②带标准磨口的 250 mL 圆底烧瓶或平底烧瓶。

【试样制备】同第一法。

【装柱】准确称取 25 g 硅胶 60 于烧杯中,再倒入 80 mL 的非极性洗脱液,通过搅拌使硅胶悬浮于非极性洗脱液内。然后立即通过漏斗将此硅胶悬浮液倒入已垂直放置的玻璃层析柱内,最后用适量非极性洗脱液洗涤此烧杯,以使硅胶全部转移入玻璃层析柱。打开玻璃层析柱下端的活塞阀门,放出层析柱内的洗脱液,直到层析柱内洗脱液的液面比沉降硅胶的顶端高 100 mm,关闭活塞阀门,其间轻敲层析柱使硅胶沉降面水平。再通过漏斗向玻璃层析柱内加入 4 g 海砂,再次打开玻璃层析柱下端的活塞阀门,放出层析柱内的洗脱液,直到洗脱液的液面低于海砂沉降层顶部 10 mm 以内。弃所有在层析柱装柱过程中所流出的洗脱液。

【检测步骤】

用 50 mL 的玻璃烧杯准确称取 2.4 ~ 2.6 g(精确至 0.001 g) 制备好的油脂试样
├加入 20 mL 的非极性洗脱液,微微加热使试样完全溶解
冷却至室温,用非极性洗脱液定容至 50 mL
├取恒重后的 250 mL 烧瓶,称重(m_0,精确至 0.001 g)
置于玻璃层析柱正下方流出口,收集洗脱液
├准确移取 20 mL 的试样溶液,注入玻璃层析柱内
打开玻璃层析柱下端的活塞阀门,放出层析柱内的洗脱液
├直到层析柱内洗脱液的液面下降至海砂层的顶部
其间收集流出的洗脱液于正下方的 250 mL 烧瓶
├分 2 ~ 3 次向玻璃层析柱内加入总共 200 mL 的非极性洗脱液,洗脱非极性组分
收集全部洗脱液于同一个 250 mL 烧瓶内
├同时调节玻璃层析柱下端的活塞阀门
使这 200 mL 的洗脱液在 80 ~ 90 min 的时间内全部通过玻璃层析柱
├吸取非极性洗脱液冲洗玻璃层析柱下端溶剂出口处所黏附的物质
冲洗液合并入同一个 250 mL 烧瓶中
├立刻用 150 mL 的乙醚洗脱被层析柱吸附的极性组分
洗脱液收集于另一个 250 mL 烧瓶内
├洗脱结束后弃玻璃层析柱内的硅胶
将装有非极性和极性组分洗脱液 250 mL 圆底烧瓶置于水浴温度为 60 ℃ 的旋转蒸发仪
├常压条件下,将其中的溶剂大部分蒸发
再在负压条件下,将剩余少量溶剂旋转蒸发至近干
├分别放入 40 ℃ 的真空恒温干燥箱,在 0.1 MPa 的负压条件下
烘 20 ~ 30 min
├干燥器内冷却至室温,然后称重(m_1,精确至 0.001 g)
($m_1 - m_0$) 即为非极性组分的质量

【计算】

$$油脂试样的极性组分含量(\%) = 100 - \frac{m_1 - m_0}{m} \times 100$$

式中,m_0 为空白 250 mL 烧瓶的质量(g);m_1 为蒸干溶剂后,装有非极性组分的 250 mL 烧瓶的总质量(g);m 为油脂试样质量(g)。计算结果以重复性条件下获得的两次独立检测结果的算术平均值表示,保留至小数点后 1 位。

【检测步骤】

(1)当极性组分含量≤20%时,在重复条件下获得的两次独立检测结果的绝对差值不得

超过算术平均值的 15％；当极性组分含量＞20％时，在重复条件下获得的两次独立检测结果的绝对差值不得超过算术平均值的 10％。

（2）本实验操作环境温度应不高于 25℃。

（3）本法参阅：GB 5009.202 - 2016。

二、丙烯酰胺的检测

丙烯酰胺是一种水溶性乙烯基单体，属于食品化学污染物，对人体可能造成神经毒性并具有致癌性。食品中丙烯酰胺的形成与食物种类、加工方式、加工温度和时间均有关系。含淀粉高的食品如薯类、谷类等在煎炸、烘烤等高温加工过程中生成较多的丙烯酰胺，且随着加工时间的延长，水分的减少，表面温度升高，丙烯酰胺的生成量明显增加。

食品中丙烯酰胺的检测方法有稳定性同位素稀释的液相色谱-质谱/质谱法和稳定性同位素稀释的气相色谱-质谱法。

（一）稳定性同位素稀释液相色谱-质谱/质谱法

【原理】应用稳定性同位素稀释技术，在试样中加入 $^{13}C_3$ 标记的丙烯酰胺内标溶液，以水为提取溶剂，经过固相萃取柱或基质固相分散萃取净化后，以液相色谱-质谱/质谱的多反应离子监测（MRM）或选择反应监测（SRM）进行检测，内标法定量。

【仪器】液相色谱-质谱/质谱联用仪（LC - MS/MS）。

【试剂】①甲酸（HCOOH）：色谱纯。②甲醇（CH_3OH）：色谱纯。③正己烷（$n - C_6H_{14}$）：分析纯，重蒸后使用。④乙酸乙酯（$CH_3COOC_2H_5$）：分析纯，重蒸后使用。⑤无水硫酸钠（Na_2SO_4）：400℃，烘烤 4 h。⑥硫酸铵[$(NH_4)_2SO_4$]。⑦硅藻土：Extrelut™20。⑧标准品：丙烯酰胺（CH_2 ＝$CHCONH_2$）（纯度＞99％）；$^{13}C_3$ -丙烯酰胺（$^{13}CH_2$ ＝$^{13}CH^{13}CONH_2$）（纯度＞98％）。⑨丙烯酰胺标准储备溶液（1 000 mg/L）：准确称取丙烯酰胺标准品，用甲醇溶解并定容，使丙烯酰胺浓度为 1 000 mg/L，置－20℃冰箱中保存。⑩丙烯酰胺中间溶液（100 mg/L）：移取丙烯酰胺标准储备溶液 1 mL，加甲醇稀释至 10 mL，使丙烯酰胺浓度为 100 mg/L，置－20℃冰箱中保存。⑪丙烯酰胺工作溶液Ⅰ（10 mg/L）：移取丙烯酰胺中间溶液 1 mL，用 0.1％甲酸溶液稀释至 10 mL，使丙烯酰胺浓度为 10 mg/L。现用现配。⑫丙烯酰胺工作溶液Ⅱ（1 mg/L）：移取丙烯酰胺工作溶液Ⅰ 1 mL，用 0.1％甲酸溶液稀释至 10 mL，使丙烯酰胺浓度为 1 mg/L。现用现配。⑬$^{13}C_3$ -丙烯酰胺内标储备溶液（1 000 mg/L）：准确称取$^{13}C_3$ -丙烯酰胺标准品，用甲醇溶解并定容，使$^{13}C_3$ -丙烯酰胺浓度为 1 000 mg/L，置－20℃冰箱保存。⑭内标工作溶液（10 mg/L）：移取内标储备溶液 1 mL，用甲醇稀释至 100 mL，使$^{13}C_3$ -丙烯酰胺浓度为 10 mg/L，置－20℃冰箱保存。⑮标准曲线工作溶液，取 6 个 10 mL 容量瓶，分别移取 0.1 mL、0.5 mL、1.0 mL 丙烯酰胺工作溶液Ⅱ（1 mg/L）和 0.5 mL、1.0 mL 和 3.0 mL 丙烯酰胺工作溶液Ⅰ（10 mg/L）与内标工作溶液（10 mg/L）0.1 mL，用 0.1％甲酸溶液稀释至刻度。标准系列溶液中丙烯酰胺的浓度分别为 10 $\mu g/L$、50 $\mu g/L$、100 $\mu g/L$、500 $\mu g/L$、1 000 $\mu g/L$、3 000 $\mu g/L$，内标浓度为 100 $\mu g/L$。现配现用。

【仪器工作条件】①色谱条件：柱为 Atlantis C_{18} 柱（150 mm×2.1 mm I. D. ，5 μm）或等

效柱;预柱:C_{18}保护柱(30 mm×2.1 mm I.D.,5 μm)或等效柱;流动相:甲醇/0.1%甲酸(10:90,体积分数);流速:0.2 mL/min。进样体积:25 μL。柱温:26 ℃。②质谱参数:a.三重四极串联质谱仪。检测方式:多反应离子监测(MRM);电离方式:阳离子电喷雾电离源(ESI+);毛细管电压:3 500 V;锥孔电压:40 V;射频透镜电压:30.8 V;离子源温度:80 ℃;脱溶剂气温度:300 ℃;离子碰撞能量:6 eV;丙烯酰胺:母离子 m/z 72、子离子 m/z 55、子离子 m/z 44;$^{13}C_3$丙烯酰胺:母离子 m/z 75、子离子 m/z 58、子离子 m/z 45;定量离子:丙烯酰胺为 m/z 55,$^{13}C_3$丙烯酰胺为 m/z 58。b.离子阱串联质谱仪。检测方式:选择反应离子监测(SRM);电离方式:阳离子电喷雾电离源(ESI+);喷雾电压:5 000 V;加热毛细管温度:300 ℃;鞘气:N_2,40 Arb;辅助气:N_2,20 Arb;碰撞诱导解离(CID):10 V;碰撞能量:40 V;丙烯酰胺:母离子 m/z 72、子离子 m/z 55、子离子 m/z 44;$^{13}C_3$丙烯酰胺:母离子 m/z 75、子离子 m/z 58、子离子 m/z 45;定量离子:丙烯酰胺为 m/z 55,$^{13}C_3$丙烯酰胺为 m/z 58。

【试样制备】

准确称取粉碎试样 1~2 g(精确到 0.001 g)
—加入 10 mg/L $^{13}C_3$-丙烯酰胺内标工作溶液 10 μL(或 20 μL)
再加入超纯水 10 mL,振摇 30 min 后,于 4 000 r/m 离心 10 min,取上清液待净化
—取上清液加入硫酸铵 15 g,震荡 10 min,充分溶解,于 4 000 r/m 离心 10 min
取洁净玻璃层析柱,底部填少许玻璃棉并压紧,依次填装 10 g 无水硫酸钠、2 g 硅藻土
—取 5 g 硅藻土 Extrelut™20 与上述试样上清液搅拌均匀后,装入层析柱中
用 70 mL 正己烷淋洗,控制流速为 2 mL/min,弃去正己烷淋洗液
—用 70 mL 乙酸乙酯洗脱丙烯酰胺,控制流速为 2 mL/min,收集洗脱溶液
在 45 ℃ 水浴中减压旋转蒸发至近干,再用乙酸乙酯洗涤残渣,重复三次(每次 1 mL)
—转移至已加入 1 mL 0.1% 甲酸溶液的试管中,涡旋震荡
在氮气流下吹去上层有机相后,加入 1 mL 正己烷,涡旋震荡
—于 3 500 r/m 离心 5 min
取下层水相经 0.22 μm 水相滤膜过滤,待 LC-MS/MS 检测

【标准曲线的绘制】将标准系列工作液分别注入液相色谱-质谱/质谱系统,检测相应的丙烯酰胺及其内标的峰面积,以各标准系列工作液的丙烯酰胺进样浓度(μg/L)为横坐标,以丙烯酰胺(m/z 55)和$^{13}C_3$丙烯酰胺内标(m/z 58)的峰面积比为纵坐标,绘制标准曲线。

【试样溶液的检测】将试样溶液注入液相色谱-质谱/质谱系统中,测得丙烯酰胺(m/z 55)和$^{13}C_3$丙烯酰胺内标(m/z 58)的峰面积比,根据标准曲线得到待测液中丙烯酰胺进样浓度(μg/L),平行检测次数不少于两次。

【检测步骤】

分别将试样和标准系列工作液注入液相色谱-质谱/质谱仪中
—记录总离子流图和质谱图及丙烯酰胺和内标的峰面积
以保留时间及碎片离子的丰度定性

【计算】

$$食品中丙烯酰胺的含量(\mu g/kg) = \frac{A \times f}{M}$$

式中,A 为食品中丙烯酰胺(m/z 55)色谱峰与$^{13}C_3$丙烯酰胺内标(m/z 58)色谱峰的峰面积比值对应的丙烯酰胺质量(ng);f 为内标加入量的换算因子(内标为 10 μL 时 $f=1$,内标为

$20\,\mu L$ 时 $f=2$);M 为加入内标时的取样量(g)。

【检测要点】

(1) 精密度:在重复性条件下获得的两次独立检测结果的绝对差值不得超过算术平均值的 20%。

(2) 质谱分析中,要求所检测的丙烯酰胺色谱峰信噪比(S/N)大于 3,被测试样中目标化合物的保留时间与标准溶液中目标化合物的保留时间一致,同时被测试样中目标化合物的相应监测离子丰度比与标准溶液中目标化合物的色谱峰丰度比一致,允许的偏差见表 12-3。

表 12-3　定性检测时相对离子丰度的最大允许偏差

相对离子丰度(基线峰的%)	允许的相对偏差(RSD)
>50%	±20%
>20%~50%	±25%
>10%~20%	±30%
≤10%	±50%

(3) 计算结果以重复性条件下获得的两次独立检测结果的算术平均值表示,结果保留三位有效数字(或小数点后 1 位)。

(4) 在重复性条件下获得的两次独立检测结果的绝对差值不得超过算术平均值的 20%。

(5) 本法定量限为 $10\,\mu g/kg$。

(6) 本法参阅:GB 5009.204-2014。

(二)稳定性同位素稀释的气相色谱-质谱法

【原理】 应用稳定性同位素稀释技术,在试样中加入 $^{13}C_3$ 标记的丙烯酰胺内标溶液,以水为提取溶剂,试样提取液采用基质固相分散萃取净化、溴试剂衍生后,采用气相色谱-串联质谱仪的多反应离子监测(MRM)或气相色谱-质谱仪的选择离子监测(SIM)进行检测,内标法定量。

【仪器】 气相色谱-四级杆质谱联用仪(GC-MS)。

【试剂】 ①正己烷(n-C_6H_{14}):分析纯,重蒸后使用。②乙酸乙酯($CH_3COOC_2H_5$):分析纯,重蒸后使用。③无水硫酸钠(Na_2SO_4):400℃,烘烤 4h。④硫酸铵[$(NH_4)_2SO_4$]。⑤硫代硫酸钠($Na_2S_2O_3 \cdot 5H_2O$)。⑥溴(Br_2)。⑦氢溴酸(HBr):含量>48.0%。⑧溴化钾(KBr)。⑨超纯水,电导率(25℃)≤0.01 mS/m。⑩溴试剂。⑪硅藻土:Extrelut™20。⑫饱和溴水:量取 100 mL 超纯水,置于 200 mL 的棕色试剂瓶中,加入 8 mL 溴,4℃避光放置 8h,上层为饱和溴水溶液。⑬溴试剂:称取溴化钾 20.0g,加超纯水 50 mL,使完全溶解,再加入 1.0 mL 氢溴酸和 16.0 mL 饱和溴水,摇匀,用超纯水稀释至 100 mL,4℃避光保存。⑭硫代硫酸钠溶液(0.1 mol/L):称取硫代硫酸钠 2.48g,加超纯水 50 mL,使完全溶解,用超纯水稀释至 100 mL,4℃避光保存。⑮饱和硫酸铵溶液:称取 80g 硫酸铵晶体,加入超纯水 100 mL,超声溶解,室温放置。⑯丙烯酰胺($CH_2=CHCONH_2$)标准品:纯度>99%。⑰$^{13}C_3$-丙烯酰胺($^{13}CH_2=^{13}CH^{13}CONH_2$)标准品:纯度>98%。⑱丙烯酰胺及其内标溶液配置方法同第一法。⑲标准曲线工作溶液:取 5 个 10 mL 容量瓶,分别移取 0.1 mL、0.5 mL、2.0 mL 丙烯酰胺工作溶液Ⅱ（1 mg/L）和 0.5 mL 及 1 mL 丙烯酰胺工作溶液Ⅰ（10 mg/L）与 0.5 mL 内标工作溶液（10 mg/L），超纯水稀释至刻度。标准系列溶液中丙烯酰胺浓度分别为 10 μg/L、50 μg/L、200 μg/L、500 μg/L、1 000 μg/L，内标浓度为 50 μg/L。临用时配制。

【试样制备】

准确称取粉碎试样 2 g（精确到 0.001 g）
—加入 10 mg/L $^{13}C_3$-丙烯酰胺内标工作溶液 10 μL（或 20 μL）
再加入超纯水 10 mL，振摇 30 min 后，于 4 000 r/m 离心 10 min
—取上清液，加入硫酸铵 15 g，震荡 10 min，充分溶解
于 4 000 r/m 离心 10 min，取上清液 10 mL，备用
—取洁净玻璃层析柱，底部填少许玻璃棉并压紧
依次填装无水硫酸钠 10 g、Extrelut™20 硅藻土 2 g
—取 5 g Extrelut™20 硅藻土与上述试样上清液搅拌均匀后，装入层析柱中
用 70 mL 正己烷淋洗，控制流速为 2 mL/min，弃正己烷淋洗液
—用 70 mL 乙酸乙酯洗脱，控制流速为 2 mL/min，收集洗脱溶液
在 45 ℃ 水浴中减压旋转蒸发至近干，再用乙酸乙酯洗涤残渣，重复 3 次（每次 1 mL）
—转移至已加入 1 mL 超纯水的试管中，涡旋震荡
在氮气流下吹去上层有机相后，加入 1 mL 正己烷，涡旋震荡
—于 3 500 r/m 离心 5 min
取下层水相，加入溴试剂 1 mL，涡旋震荡
—4 ℃ 放置至少 1 h
加入 0.1 mol/L 硫代硫酸钠溶液约 100 μL，涡旋震荡除去剩余的衍生剂
—加入 2 mL 乙酸乙酯，涡旋震荡 1 min
于 4 000 r/m 离心 5 min
—吸取上层有机相转移至加有 0.1 g 无水硫酸钠的试管中
加入乙酸乙酯 2 mL 重复萃取，合并有机相
—静置至少 0.5 h
转移至另一试管，在氢气流下吹至近干
—加 0.5 mL 乙酸乙酯溶解残渣
备用（量取标准系列溶液各 1.0 mL，按照上述试样衍生方法同步操作）

【仪器工作条件】 ①色谱条件。色谱柱：DB-5 ms 柱（30 m×0.25 mm I. D.，0.25 μm）；进样口温度：120 ℃保持 2 min，以 40 ℃/min 速度升至 240 ℃，并保持 5 min；色谱柱程序温度：65 ℃保持 1 min，以 15 ℃/min 速度升至 200 ℃，再以 40 ℃/min 的速度升至 240 ℃，并保持 5 min；载气：高纯氦气（纯度＞99.999%），柱前压为 69 MPa，相当于 10 psi；不分流进样，进样体积 1 μL。②质谱参数。检测方式：选择离子扫描（SIM）采集；电离模式：电子轰击源（EI），能量为 70 eV；传输线温度：250 ℃；离子源温度：200 ℃；溶剂延迟：6 min；质谱采集时间：6～12 min；丙烯酰胺监测离子为 m/z 106、133、150 和 152，定量离子为 m/z 150；$^{13}C_3$-丙烯酰胺内标监测离子为 m/z 108、136、153 和 155，定量离子为 m/z 155。

【标准曲线的制作】 将衍生的标准系列工作液分别注入气相色谱-质谱系统，检测相应的丙烯酰胺及其内标的峰面积，以各标准系列工作液的丙烯酰胺进样浓度（μg/L）为横坐标，以丙烯酰胺及其内标 $^{13}C_3$ 丙烯酰胺定量离子质量色谱图上测得的峰面积比为纵坐标，绘制线性曲线。

【检测步骤】

将试样制备溶液注入气相色谱-质谱系统中
—得到丙烯酰胺和内标 $^{13}C_3$ 丙烯酰胺的峰面积比

根据标准曲线得到待测液中丙烯酰胺进样浓度($\mu g/L$)

└──分别将试样和标准系列工作液注入气相色谱-质谱仪中

记录总离子流图和质谱图,及丙烯酰胺和内标的峰面积

【计算】 同第一法。

【检测要点】

(1) 衍生过程中,根据仪器的灵敏度,调整溶解残渣的乙酸乙酯体积,通常情况下,采用串联质谱仪检测,其使用量为 0.5 mL,采用单级质谱仪检测,其使用量为 0.1 mL。

(2) 质谱分析时以保留时间及碎片离子的丰度定性,要求所检测的丙烯酰胺色谱峰信噪比(S/N)大于 3,被测试样中目标化合物的保留时间与标准溶液中目标化合物的保留时间一致,同时被测试样中目标化合物的相应监测离子丰度比与标准溶液中目标化合物的色谱峰丰度比一致,允许的偏差见表 12-3。

(3) 本法定量限为 10 $\mu g/kg$。

(4) 本法参阅:GB 5009.204-2014。

三、反式脂肪酸检测

氢化油脂工艺可以弥补动物油脂和天然植物油的不足,氢化植物油不仅可以改变食物的口感和感官属性而且可延长保质期,降低成本,目前在食品工业应用较为广泛。随着时代的进步和营养意识水平的提高,人们发现植物油在部分氢化过程中会伴随反式脂肪酸的产生。随着研究深入,反式脂肪酸已经被认定为是影响健康的危险因素。大量观察性和实验性资料显示,过量摄入反式脂肪酸与心血管疾病、糖尿病、抑郁症、癌症等疾病的发生发展有关。根据文献资料评估,目前我国居民反式脂肪酸摄入水平相对较低,但随着我国食用油消费量不降反增,外卖、预制菜、烘焙食物、奶茶奶咖等饮食方式的快速发展,可能导致居民摄入反式脂肪酸的水平有所上升,因此我国应当加强反式脂肪酸摄入水平的调查与评估,降低反式脂肪酸对健康的可能危害。

【原理】 动植物油脂试样或经酸水解法提取的食品试样中的脂肪,在碱性条件下与甲醇进行酯交换反应生成脂肪酸甲酯(表 12-4),并在强极性固定相毛细管色谱柱上分离,用配有氢火焰离子化检测器的气相色谱仪进行检测,面积归一化法定量。

【仪器】 气相色谱仪(配氢火焰离子化检测器)。

【试剂】 ①盐酸(HCl,$\rho_{20}=1.19$):含量 36%~38%。②乙醚($C_4H_{10}O$)。③石油醚:沸程 30~60 ℃。④无水乙醇(C_2H_6O):色谱纯。⑤无水硫酸钠:使用前于 650 ℃灼烧 4 h,贮于干燥器中备用。⑥异辛烷(C_8H_{18}):色谱纯。⑦甲醇(CH_3OH):色谱纯。⑧氢氧化钾(KOH):含量 85%。⑨硫酸氢钠($NaHSO_4$)。⑩氢氧化钾-甲醇溶液(2 mol/L):称取 13.2 g 氢氧化钾,溶于 80 mL 甲醇中,冷却至室温,用甲醇定容至 10 mL。⑪石油醚-乙醚溶液(1+1)。⑫脂肪酸甲酯标准品:种类参见表 12-4,纯度均>99%。⑬脂肪酸甲酯标准储备液:分别准确称取反式脂肪酸甲酯标准品各 100 mg(精确至 0.1 mg)于 25 mL 烧杯中,分别用异辛烷溶解并转移入 10 mL 容量瓶中,准确定容至 10 mL,此标准储备液的浓度为 10 mg/mL。在(-18±4)℃下保存。⑭脂肪酸甲酯混合标准中间液(0.4 mg/mL):准确吸取标准储备液各 1 mL 于 25 mL 容量

瓶中,用异辛烷定容,此混合标准中间液的浓度为 0.4 mg/mL,在(−18±4)℃下保存。⑮脂肪酸甲酯混合标准工作液:准确吸取标准中间液 5 mL 于 25 mL 容量瓶中,用异辛烷定容,此标准工作溶液的浓度为 80 μg/mL。

表 12−4　脂肪酸甲酯化学信息表(标准品信息)

归类	化合物	分子简式	CAS	归类	化合物	分子简式	CAS
饱和脂肪酸甲酯	丁酸甲酯	C4:0	623−42−7	顺式脂肪酸甲酯	顺−11,14,17−二十碳三烯酸甲酯	C20:3	5568−88−7
	己酸甲酯	C6:0	106−70−7		顺−8,11,14−二十碳三烯酸甲酯	C20:3	1783−84−2
	辛酸甲酯	C8:0	111−12−6		花生四烯酸甲酯	C20:4	2566−89−4
	葵酸甲酯	C10:0	110−42−9		二十碳五烯酸甲酯	C20:5	2734−47−6
	十一烷酸甲酯	C11:0	6742−54−7		二十二碳六烯酸甲酯	C22:6	301−01−9
	月桂酸甲酯	C12:0	111−82−0	反式脂肪酸甲酯	反−9−十六碳烯酸甲酯	C16:1 9t	10030−74−7
	十三烷酸甲酯	C13:0	1731−88−0		反−6−十八碳烯酸甲酯	C18:1 6t	2777−58−4
	豆蔻酸甲酯	C14:0	124−10−7		反−9−十八碳烯酸甲酯	C18:1 9t	2462−84−2
	十五烷酸甲酯	C15:0	7132−64−1		反−11−十八碳烯酸甲酯	C18:1 11t	6198−58−9
	棕榈酸甲酯	C16:0	112−39−0		反−11−二十碳烯酸甲酯	C20:1 11t	69119−90−0
	十七烷酸甲酯	C17:0	1731−92−6		反−13−二十二碳烯酸甲酯	C22:1 13t	7439−44−3
	硬脂酸甲酯	C18:0	112−61−8		反亚油酸甲酯	C18:2 9t,12t	2566−97−4
	花生酸甲酯	C20:0	1120−28−1		顺−9−反−12−十八碳二烯酸甲酯	C18:2 9t,12t	20221−26−5
	二十一烷酸甲酯	C21:0	6064−90−0		反−9−顺−12−十八碳二烯酸甲酯	C18:2 9t,12t	20221−27−6
	山嵛酸甲酯	C22:0	929−77−1		反−9,12,15−十八碳三烯酸甲酯	C18:3 9t,12t,15t	14202−25−6
	二十三酸甲酯	C23:0	2433−97−8		反−9,12−顺−15−十八碳三烯酸甲酯	C18:3 9t,12t,15c	52717−35−8
	二十四酸甲酯	C24:0	2442−49−1		反−9−顺−12−反15−十八碳三烯酸甲酯	C18:3 9t,12c,15t	14201−98−0
顺式脂肪酸甲酯	顺−9−十四碳烯酸甲酯	C14:1 9c	5619−16−8		顺−9−反−12,15−十八碳三烯酸甲酯	C18:3 9c,12t,15t	52717−33−6
	十五烯酸甲酯	C15:1 10c	90176−52−6		顺−9,12−反−15−十八碳三烯酸甲酯	C18:3 9c,12c,15t	37929−05−8
	棕榈油酸甲酯	C16:1 9c	1120−25−8		顺−9−反−12−顺−15−十八碳三烯酸甲酯	C18:3 9c,12t,15c	14202−26−7
	十七碳烯酸甲酯	C17:1 10c	31424−16−5		反−9−顺−12,15−十八碳三烯酸甲酯	C18:3 9t,12c,15c	52717−34−7
	十八碳烯酸甲酯	C18:1 6c	2777−58−4				
	油酸甲酯	C18:1 9c	112−62−9				
	异油酸甲酯	C18:1 11c	1937−63−9				
	花生烯酸甲酯	C20:1	2390−09−2				
	二十二碳烯酸甲酯	C22:1	1120−34−9				
	二十四碳烯酸甲酯	C24:1	2733−88−2				
	亚油酸甲酯	C18:2	112−63−0				
	二十碳二烯酯	C20:2	2463−2−7				
	二十二碳二烯甲酯	C22:2	61012−47−3				
	亚麻酸甲酯	C18:3	301−00−8				
	γ−亚麻酸甲酯	C18:3	16326−32−2				

【仪器工作条件】 ①毛细管气相色谱柱:SP-2560 聚二氰丙基硅氧烷(100 m×0.25 mm, 0.2 μm)。②检测器:氢火焰离子化检测器。③载气:高纯氮气 99.999%。④载气流速: 1.3 mL/min。⑤进样口温度:250 ℃。⑥检测器温度:250 ℃。⑦程序升温:初始温度 140 ℃, 保持 5 min,以 1.8 ℃/min 的速率升至 220 ℃,保持 20 min。⑧进样量:1 μL。⑨分流比 30∶1。

【试样制备】

固态试样:取有代表性的供试试样 500 g,于粉碎机中粉碎混匀

半固态脂类试样:取有代表性的试样 500 g,置于烧杯中, 于 60～70 ℃ 水浴中融化,充分混匀,冷却

液态试样:取有代表性的试样 500 g,充分混匀

均分成两份,分别装入 洁净容器中,密封并标 识,于 0～4 ℃ 下保存

【动植物油脂分析步骤】

称取 60 mg 油脂,置于 10 mL 具塞试管中

加入 4 mL 异辛烷充分溶解

加入 0.2 mL 氢氧化钾-甲醇溶液,涡旋混匀 1 min,放至试管内混合液澄清

加入 1 g 硫酸氢钠中和过量的氢氧化钾,涡旋混匀 30 s

于 4 000 r/min 下离心 5 min

上清液经 0.45 μm 滤膜过滤

滤液作为试样待测液

【含油食品(除动植物油外)检测步骤】

称取 2.0 g(精确至 0.01 g)均匀的固体和半固态脂类试样(或 10.0 mg 液态试样)

置于 50 mL 试管中,加入 8 mL 水充分混合之后,加入 10 mL 盐酸,混匀

放入 60～70 ℃ 水浴中,每隔 5～10 min 震荡一次,至试样完全水解

取出试管,加入 10 mL 乙醇充分混合,冷却至室温,混合物移入 125 mL 分液漏斗中 以 25 mL 乙醚分两次润洗试管

与洗液一并倒入分液漏斗中,加塞振摇 1 min,小心开塞

放出气体,用适量的石油醚-乙醚溶液(1+1)冲洗瓶塞及瓶口附着的脂肪 静置 10～20 min 至上层醚液清澈

下层水相放入 100 mL 烧杯中,上层有机相放入另一干净的分液漏斗中

用少量石油醚-乙醚溶液(1+1)淋洗萃取用分液漏斗,收集有机相合并于分液漏斗中

将烧杯中水相倒回分液漏斗,用 25 mL 乙醚分两次洗烧杯,洗液一并倒入分液漏斗

按前述萃取步骤重复提取两次,合并有机相于分液漏斗中 将全部有机相过适量的无水硫酸钠柱

用少量石油醚-乙醚溶液(1+1)淋洗柱子收集全部流出液于 100 mL 具塞量筒中,用乙醚定容并混匀

精准移取 50 mL 有机相至已恒重的圆底烧瓶内

50 ℃ 水浴下旋转蒸去溶剂后,置(100±5)℃ 下恒重

计算食品中脂肪含量

另取 50 mL 有机相于 50 ℃ 水浴下旋转蒸去溶剂后,用于反式脂肪酸甲酯的检测

称取 60 mg 经食品中脂肪的检测步骤提取的脂肪[未经(100±5)℃ 干燥箱加热]

置于 10 mL 具塞试管中,按动植物油脂分析规定的步骤操作,得到试样待测液

将标准工作溶液和试样待测液分别注入气相色谱仪中

根据标准溶液色谱峰响应面积,采用归一化法定量检测

【计算】

$$食品中脂肪的质量分数(W_Z, \%) = \frac{m_1 - m_0}{m_2} \times 100\%$$

式中,m_1 为圆底烧瓶和脂肪的质量(g);m_0 为圆底烧瓶质量(g);m_2 为试样的质量(g)。

$$各组分的相对质量分数(w_X, \%) = \frac{A_X \times f_X}{A_t} \times 100\%$$

式中,w_X 为归一化法计算的反式脂肪酸组分 X 脂肪酸甲酯相对质量分数(%);A_X 为组分 X 脂肪酸甲酯峰面积;f_X 为组分 X 脂肪酸甲酯的校准因子,化合物的校正因子见表 12-5;A_t 为所有峰校准面积的总和,除去溶剂峰。

$$脂肪中反式脂肪酸的质量分数(W_t, \%) = \sum W_X$$

式中,W_t 为脂肪中反式脂肪酸的质量分数(%);W_x 为归一化法计算的组分 X 脂肪酸甲酯相对质量分数(%)。

$$食品中反式脂肪酸的质量分数(W, \%) = W_t \times W_Z$$

式中,W 为食品中反式脂肪酸的质量分数(%);W_t 为脂肪中反式脂肪酸的质量分数(%);W_Z 为食品中脂肪的质量分数(%)。

【检测要点】

(1) 本法所用试剂均为分析纯,水为 GB/T 682 规定的二级水。

(2) 对于不同的食品称样量可适当调整,保证食品中脂肪量不小于 0.125 g。

(3) 在本法仪器工作条件下,样液中反式脂肪酸的保留时间应在标准溶液保留时间的 ±0.5% 范围。内标标准品的气相色谱图参见图 12-8,各反式脂肪酸的参考保留时间如表 12-6。

(4) 反式脂肪含量是以反式脂肪酸甲酯百分比含量的形式进行计算。

(5) 计算结果以重复性条件下获得的两次独立检测结果的算术平均值表示,大于 1.0% 的结果保留三位有效数字,小于等于 1.0% 的结果保留两位有效数字。

(6) 本法的检出限为 0.012%(以脂肪计),定量限为 0.024%(以脂肪计)。

(7) 本法参阅:GB 5009.257-2016。

表 12-5 FID 响应因子和 FID 校准因子

脂肪酸碳原子数	M_X	n_X-1	F_X	f_X
C4:0	102.13	4	2.126	1.51
C6:0	130.19	6	1.807	1.28
C8:0	158.24	8	1.647	1.17
C9:0	172.27	9	1.594	1.13
C10:0	186.30	10	1.551	1.10
C11:0	200.32	11	1.516	1.08
C12:0	214.35	12	1.487	1.06
C13:0	228.37	13	1.463	1.04
C14:0	242.40	14	1.442	1.02
C15:0	256.42	15	1.423	1.01
C16:0	270.46	16	1.407	1.00(参比)
C17:0	284.49	17	1.393	0.99
C18:0	298.52	18	1.381	0.98

（续表）

脂肪酸碳原子数	M_X	n_X-1	F_X	f_X
C20:0	326.57	20	1.360	0.97
C21:0	340.57	21	1.350	0.96
C22:0	354.62	22	1.342	0.95
C23:0	368.62	23	1.334	0.95
C24:0	382.68	24	1.328	0.94
C14:1	240.40	14	1.430	1.02
C16:1	268.43	16	1.397	0.99
C18:1	296.48	18	1.371	0.97
C20:1	324.53	20	1.351	0.96
C22:1	352.58	22	1.334	0.95
C24:1	380.68	24	1.321	0.94
C18:2	294.46	18	1.302	0.97
C20:2	322.57	20	1.343	0.95
C22:2	350.62	22	1.327	0.94
C18:3	292.15	18	1.333	0.96
C20:3	320.57	20	1.335	0.95
C20:4	318.57	20	1.326	0.94
C20:5	316.57	20	1.318	0.94
C22:6	346.62	22	1.312	0.93

注：M_x 为组分 X 脂肪酸甲酯的相对摩尔质量；n_x 为组分 X 脂肪酸甲酯所含碳原子数；F_x 为组分 X 脂肪酸甲酯的 FID 响应因子；f_x 为组分 X 脂肪酸甲酯的校准因子。

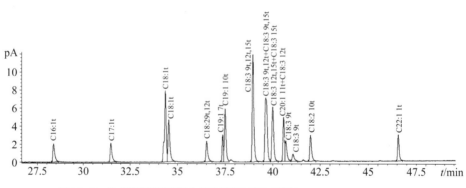

图 12-8　反式脂肪酸甲酯混合标准溶液气相色谱图（C16:19 t～C22:1 13 t）

（SP-2560 色谱柱，100 m×0.25 mm×0.2 μm）

表 12-6　反式脂肪酸的参考保留时间

反式脂肪酸甲酯	参考保留时间/min
C16:1 9t	28.402
C18:1 6t	34.165
C18:1 9t	34.384
C18:1 11t	34.567
C18:2 9t, 12t	36.535
C18:3 9t, 12t, 15t	38.773

（续表）

反式脂肪酸甲酯	参考保留时间/min
C18:3 9c, 12t, 15c+C18:3 9t, 12c, 15t	39.459
C18:3 9c, 12t, 15t+C18:3 9c, 12c, 15t	39.883
C18:3 9c, 12t, 15c	40.400
C18:3 9t, 12c, 15c	40.518
C20:1 11t	40.400
C22:1 13t	46.571

四、3-氯丙醇酯及缩水甘油酯的检测

氯丙醇酯和缩水甘油酯是食品热加工过程中或在氯离子作用下，分别由氯丙醇与脂肪酸酯化、缩水甘油与脂肪酸酯化形成的有机酯类化合物，是食品中常见的污染物。大量调查结果显示，精炼食用油以及各类油脂性食品普遍存在氯丙醇酯和缩水甘油酯的污染。氯丙醇酯具有一定毒性，尤其以3-氯丙醇酯毒性最强，不仅是由于其本身具有一定毒性，更主要的是3-氯丙醇酯被人体摄入消化吸收后，会产生具有生殖毒性、遗传毒性和致癌性的3-氯丙醇，同时3-氯丙醇酯和缩水甘油酯可以相互转化，缩水甘油酯在体内经代谢也会产生具有遗传毒性的致癌物缩水甘油。国际癌症研究机构将3-氯丙醇和缩水甘油列为2B类和2A类致癌物，2008年以来，国际上多家机构对氯丙醇和缩水甘油进行了风险评估，欧盟食品安全局以及WHO/FAO食品添加剂和污染物联合委员会对3-氯丙醇酯及其酯类制定了健康指导值，分别为2.0、4.0 μg/kg·bw/d；以基准剂量下限值为2.4 μg/kg·bw/d评估，婴幼儿人群缩水甘油的暴露限值为490，存在致癌风险。因此，欧盟规定了食用油脂、婴幼儿配方食品和特殊膳食中3-氯丙醇酯和缩水甘油酯的限量值。我国目前仅对固态调味品和液态调味品中3-氯丙醇酯作出0.4 mg/kg和1.0 mg/kg的规定。

我国海关总署制定了《出口食品中3-氯丙醇酯和缩水甘油酯的检测方法 气象色谱-质谱法》，该法适用于食用油、奶粉、油炸膨化食品及焙烤类食品中3-氯丙醇酯和缩水甘油酯的定性检测和定量检测。

【原理】本法通过水解反应将食品中存在的各种3-氯丙醇酯（3-MCPDE）和缩水甘油酯（GE）全部转化为3-氯丙醇（3-MCPD），经苯基硼酸（PBA）衍生化后，用气相色谱-质谱法检测其含量，并以其表示3-MCPDE的总量。方法通过在水解反应终点分别加入氯化钠-冰乙酸溶液（含氯的终止反应液，提供氯元素，使缩水甘油酯完全转化为3-MCPD）和硫酸钠-冰乙酸溶液（不含氯的终止反应液，无法使缩水甘油酯转化为3-MCPD）进行对照试验，衍生化后分别测得3-MCPDE与GE的总量和3-MCPDE的实际含量，利用差减法从而得到GE的含量。

【仪器】气相色谱-质谱联用仪（GC-MS）：配电子轰击源（EI源）。

【试剂】①甲醇、冰乙酸、丙酮、叔丁基甲醚、乙酸乙酯、正己烷、异辛烷均为色谱纯。②甲醇钠。③无水硫酸钠。④氯化钠。⑤苯基硼酸。⑥0.5 mol/L甲醇钠-甲醇溶液：称取固体甲醇钠2.701 g于100 mL容量瓶中，以甲醇定容至100 mL。⑦10%硫酸钠-乙酸溶液：称取无水

硫酸钠固体 10 g,溶于 100 mL 水中,再向溶液中加入 4 mL 冰乙酸。⑧20％氯化钠-乙酸溶液:称取氯化钠固体 20 g,溶于 100 mL 水中,再向溶液中加入 4 mL 冰乙酸。⑨丙酮-水溶液(19：1,V/V)。⑩苯基硼酸(PBA)溶液:称取 2.5 g 苯基硼酸溶于 20 ml 丙酮-水(19：1,V/V)。⑪叔丁基甲醚-乙酸乙酯溶液(8：2,V/V)。⑫标准物质:棕榈酸-3-氯丙二醇酯(3-MCPDE-Palimtate,CAS 号 51930-97-3,分子量 587.36),和棕榈酸缩水甘油酯(Glycidyl Palmitate,CAS 号 7501-44-2,分子量 312.49),纯度均大于 98％。⑬内标物:棕榈酸-d5-3-氯丙二醇酯(d5-3-MCPDE-Palimtate,CAS 号 1185057-55-9,分子量 592.39),纯度大于 98％。⑭标准储备液:分别准确称取 25.0 mg 的标准物质(精确到 0.001 g),用叔丁基甲醚-乙酸乙酯溶液溶解后定容至 50.0 mL,配制成浓度为 500 mg/L 的标准储备溶液,于 0～4℃冰箱内储存,有效期 12 个月。⑮混合标准储备溶液:分别准确吸取 10.6 mL 棕榈酸-3-氯丙二醇酯,5.65 mL 棕榈酸缩水甘油酯标准储备液于 50 mL 容量瓶中,用叔丁基甲醚-乙酸乙酯溶液定容,配制成浓度为 20.0 mg/L(以 3-氯丙醇计)的混合标准储备溶液,于 0～4℃冰箱内储存,有效期 6 个月。⑯内标溶液:准确称取 1.00 mg 的内标物质(精确到 0.001 g),用叔丁基甲醚-乙酸乙酯溶液溶解后定容至 50.0 mL,配制成浓度为 20.0 mg/L 的内标溶液,于 0～4℃冰箱内储存,有效期 12 个月。⑰微孔滤膜:0.22 μm,有机相型。

【试样制备】

(1) 提取

准确称取 2 g(精确至 0.001 g) 的奶粉、油炸膨化食品或烘焙食品等试样
—于 50 mL 具塞聚四氟乙烯离心管中(每个试样需要两份作对照)
加入 2.0 mL 去离子水,准确加入 50 μL 的 20.0 mg/L 内标溶液
—再加入 5 mL 正己烷,超声提取 15 min,以不低于 10 000 r/min,离心 10 min
取出后,移取上清液于新的 50 mL 离心管中,重复提取 1～2 次,合并提取液
—置于氮吹浓缩仪中,于 40～50℃下用氮气吹至提取液剩余 5 mL 作为待反应液
称取 0.5 g(精确至 0.001 g) 油试样于 15 mL 具塞聚四氟乙烯离心管中(每个试样需要两份作对照)
—准确加入 50 μL 的 20.0 mg/L 内标物溶液
再加入 2 mL 叔丁基甲醚-乙酸乙酯溶液
—将离心管置于超声波清洗器于 45℃下
超声混合提取 15 min,作为待反应液

(2) 水解反应

在上述的待反应液中加入 1 mL 叔丁基甲醚-乙酸乙酯溶液(食用油无需加入该溶液)
—再向离心管中加入 0.5 mL 甲醇钠-甲醇溶液进行水解反应
严格控制反应时间,7 min 后
—向每一组对照试样中分别加 3 mL 10％硫酸钠-乙酸溶液
再分别加入 3 mL 20％氯化钠-乙酸溶液,充分震荡,使水解反应及时终止
—加入 3 mL 正己烷进行脱脂,充分混匀后静置
待水相有机相分层明显后,吸取上层弃去,脱脂操作进行两遍

(3) 衍生化反应

脱脂后,向各离心管中加入 0.2 mL PBA 溶液,震荡混匀后
—置于水浴恒温震荡器中,于 70℃环境衍生反应 20 min
衍生后,离心管冷却至室温,加入 5 mL 乙酸乙酯涡旋提取两遍
—合并两次提取液于 40℃下用氮气吹干

残留物用 1.00 mL 异辛烷定容
├─充分涡旋混合过有机膜
滤液作为待测样液供 GC - MS 分析

【仪器工作条件】 ①离子源:电子轰击源(EI 源)。②色谱柱:DB - 5 ms 毛细管柱 (30.0 m×0.25 mm,0.25 μm)。③程序升温:60 ℃ 保持 1 min,以 5 ℃/min 的速率升温至 180 ℃,再以 30 ℃/min 的速率升温至 280 ℃,保持 2 min。④进样口温度:280 ℃。⑤GC - MS 接口温度:280 ℃。⑥进样量:1 μL。⑦监测方式:选择离子扫描模式(SIM 模式);3 - MCPD - DBA:m/z 196、147*、91;d5 - 3 - MCPD - DBA:m/z 201、150*、93。⑧溶剂延迟:4 min。

【标准曲线的绘制】 用适量体积的叔丁基甲醚-乙酸乙酯溶液将混合标准储备溶液稀释 (每个标准品需要两份作对照),配置成浓度分别为 0.0200 mg/L、0.200 mg/L、0.500 mg/L、 1.00 mg/L、2.00 mg/L 的混合标准工作溶液,经过水解反应和衍生化反应的处理步骤后,得 到 3 - MCPDE 检测曲线和 3 - MCPDE、GE 总量检测曲线。按照本方法仪器工作条件浓度由 低到高进样检测,以目标物定量离子峰面积/内标物定量离子峰面积—目标物浓度作图,得到 标准曲线及回归方程参见表 12 - 7。

【检测步骤】

按照仪器工作条件,分别对混合标准工作溶液和试样试液进行检测
├─以保留时间和离子丰度比对试样进行定性
标准曲线内标法对试样进行定量

【计算】

$$试样中 3 - MCPDE 的含量(以 3 - MCPD 计,μg/kg)X_1 = \frac{C_1 \times V}{m} \times 1000$$

式中,X_1 为试样中 3 - MCPDE 的含量(μg/kg);C_1 为从标准曲线求得的试样溶液中 3 - MCPDE 含量(mg/L);V 为试样最终的定容体积(mL);m 为试样的称样质量(g)。计算结果 保留三位有效数字。

$$试样中 GE 的含量(以 3 - MCPD 计,μg/kg)X_2 = \frac{C \times V}{m} \times 1000 - X_1$$

式中,X_2 为试样中 GE 的含量(μg/kg);C 为从标准曲线求得的试样溶液中 3 - MCPDE 和 GE 的总含量(mg/L);V 为试样最终的定容体积(mL);m 为试样的取样质量(g);X_1 为试样中 3 - MCPDE 的含量(μg/kg);计算结果保留三位有效数字。

【检测要点】

(1) 除另有说明外,所用试剂均为分析纯,水采用 GB/T 6682 规定的一级水。

(2) 3 - MCPD - PBA 的参考保留时间为 19.344 min,d_5 - 3 - MCPD - PBA 的参考保留 时间为 19.289 min。典型的色谱图见图 12 - 9。

(3) 本法定量限:奶粉试样定量限为 25.0 μg/kg;油炸膨化类食品试样定量限为 125 μg/kg; 食用油试样定量限为 100 μg/kg;焙烤类食品试样定量限为 20.0 μg/kg。

(4) 奶粉试样(婴幼儿奶粉)、油炸膨化类食品试样(薯片)、食用油试样(橄榄油、大豆油) 和焙烤类食品试样(蛋糕、面包和曲奇),分别在三个添加浓度范围内的回收率和精密度数据参 见表 12 - 7。

表 12 - 7 不同添加浓度范围内 3 - MCPDE 和 GE 的回收率和精密度数据参表

试样类型	基质	添加水平 μg/kg	回收率%		RSD%	
			3 - MCPDE	GE	3 - MCPDE	GE
奶粉	婴幼儿奶粉	25.0	84.8	89.5	10.3	11.7
		125	92.4	95.0	7.1	8.5
		250	93.5	93.9	7.5	7.1
油炸膨化类食品	薯片	125	85.1	87.2	4.8	6.9
		250	89.2	90.0	6.3	6.4
		500	88.7	86.6	5.0	3.4
食用油	橄榄油	100	90.2	90.0	9.6	6.9
		200	92.4	92.6	8.6	7.2
		500	94.5	90.0	7.7	7.1
	大豆油	100	82.4	85.7	4.1	4.3
		200	86.1	85.9	5.8	3.4
		500	87.4	87.6	3.4	3.9
焙烤类食品	蛋糕	20.0	109	107	6.1	6.6
		200	99.9	92.1	3.2	3.5
		1 000	90.7	81.2	2.9	2.6
	面包	20.0	100	100	7.3	7.3
		200	90.4	90.5	4.9	3.5
		1 000	89.3	84.3	2.3	3.8
	曲奇	200	90.6	93.7	6.8	6.2
		500	91.5	100	3.5	2.8
		1 000	88.0	94.1	4.4	2.0

（5）本法参阅:SN/T 5220 - 2019。

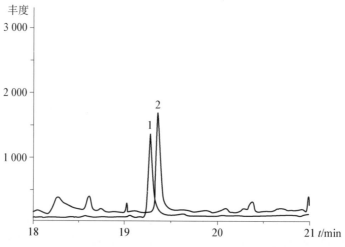

图 12 - 9 气相色谱-质谱联用法检测 3 - MCPDE 和 GE 的衍生物典型提取离子色谱图(0.20 mg/L
1:d_5 - 3 - MCPDE 衍生物,m/z150;2:3 - MCPDE 和 GE 衍生物 m/z147)

五、杂环胺类物质的检测

HAAs 是一类杂环芳香烃类化合物,烤鱼、烤肉、熏肉等含蛋白类热加工肉制品中极易产生的致癌物和致突变物,人类长期或过量摄入含有 HAAs 的食物会诱发多个器官肿瘤,增加患结肠癌、直肠癌和乳腺癌的风险。然而这些高温烹调肉制品在人们的膳食结构中所占的比例越来越大,为了评估和减少 HAAs 这一食源性危害物对人类健康的威胁,有必要进行安全监测。并研究出不同肉类与不同复配外源物质及不同新型烤制工艺相结合的方法,从而使得风味最佳有害物质含量最低。

【原理】试样采用氢氧化钠/甲醇溶液提取,固相萃取柱净化,液相色谱—串联质谱检测,内标法定量。

【仪器】液相色谱仪-质谱/质谱仪(配有电喷雾离子源)。

【试剂】①氢氧化钠。②乙酸铵:纯度≥98%。③甲醇、乙醇、正己烷、二氯甲烷、乙腈、冰乙酸均为色谱纯。④杂环胺标准物:MeIQ($C_{12}H_{12}N_4$,77094-11-2)、MeIQx($C_{11}H_{11}N_5$,77500-04-0)、4,8 - DiMeIQx($C_{12}H_{13}N_5$,95896-78-9)、7,8 - DiMeIQx($C_{12}H_{13}N_5$,92180-79-5)、PhIP($C_{13}H_{12}N_4$,105650-23-5)纯度均大于99%。⑤内标标准物质:4,7,8 - TriMeIQx($C_{13}H_{15}N_5$,132898-07-8),纯度大于99%。⑥杂环胺标准储备液:将各标准品分别用乙腈配制成浓度为10.0 μg/mL 的标准储备液。⑦内标储备液:将 4,7,8 - TriMeIQx 用乙腈配制成浓度为10.0 μg/mL 的标准储备液。⑧混合标准工作液:吸取杂环胺标准储备液及内标储备液,乙腈-水溶液稀释,得到杂环胺浓度分别为 0.5 μg/L、1.0 μg/L、5.0 μg/L、20.0 μg/L、50.0 μg/L、100.0 μg/L,内标浓度为 20.0 μg/L 的混合标准溶液。⑨内标工作液:吸取适量内标储备液,用乙腈配制成浓度为 200 μg/L 的内标工作液。

【材料】①微孔滤膜:0.2 μm,有机系。②苯乙烯二乙烯基苯共聚物固相萃取柱(Lichrolut EN 或相当者,3 mL,200 mg)。

【试样处理】

(1)提取

称取试样 2 g(精确到 0.01 g)于 50 mL 离心管中
—加入 200 μL 内标工作液
再加入 9.8 mL 40 g/L 氢氧化钠-甲醇混合溶液,均质 1 min
—均质器刀头分别用 5.0 mL 40 g/L 氢氧化钠-甲醇混合溶液各洗涤两次
洗涤液合并至试样提取离心管中
—试样在 10 000 r/min 条件下离 10 min
待净化

(2)净化

固相萃取柱预先依次用 2 mL 甲醇、3 mL 4 g/L 氢氧化钠溶液活化
—量取 10 mL 提取液加入固相萃取柱中,弃流出液后
依次用 3 mL 4 g/L 氢氧化钠-甲醇混合溶液、2 mL 正己烷洗淋
—每次淋洗完后都需将柱体内淋洗溶液抽干
最后用 1.5 mL 乙醇-二氯甲烷溶液洗脱,洗脱流速小于 1 mL/min
—洗脱液于 35 ℃ 水浴下氮气浓缩至近干后
加入 1.0 mL 乙酸缓冲液-乙腈混合溶液,涡旋混匀
—微孔滤膜过滤至进样小瓶
待上机分析检测

【仪器工作条件】①液相色谱条件。色谱柱：C_{18}柱（100 mm×2.1 mm，2.5 μm）或相当者；流动相：A 为乙酸-乙酸铵缓冲液，B 为乙腈。梯度洗脱程序参见表 12-8；流速：0.3 mL/min；柱温：40 ℃；进样量：5 μL。②质谱条件。电离方式：电喷雾电离正离子模式（ESI＋）；扫描方式：多反应监测（MRM）；毛细管电压：3.0 kV；离子源温度：100 ℃；脱溶剂气温度：350 ℃；脱溶剂气（N_2）流量：800 L/h；锥孔气（N_2）流量：50 L/h；其他质谱参数见表 12-9。

表 12-8　流动相梯度洗脱程序

时间(min)	流动相 A(%)	流动相 B(%)
0	95.0	5.0
0.5	95.0	5.0
3.0	70.0	30.0
6.0	40.0	60.0
6.1	5.0	95.0
6.5	5.0	95
6.6	95.0	5.0
7.0	95.0	5.0

表 12-9　标准物质 MRM 参数表

序号	标准物质	母离子 (m/z)	子离子 (m/z)	锥孔电压 (V)	碰撞电压 (V)	驻留时间 (s)
1	MeIQ	212.9	197.1[a] / 198.1	40 / 40	35 / 25	0.25
2	MeIQx	213.9	130.9[a] / 199.0	40 / 40	36 / 26	0.32
3	4,8-DiMeIQx	227.9	159.8[a] / 212.1	40 / 40	35 / 25	0.10
4	7,8-DiMeIQx	227.9	131.0[a] / 213.1	40 / 40	35 / 25	0.05
5	PhIP	224.9	182.9 / 210.0[a]	40 / 40	32 / 25	0.37
6	4,7,8-TriMeIQx	242.0	200.9 / 227.2[a]	40 / 40	25 / 25	1.10

[a]为定量离子。

【检测步骤】

通过液相色谱将试样溶液进行分离
　—注入串联四极杆质谱仪中
得到相应的保留时间及信号响应值
　—根据标准曲线得到相应目标化合物的浓度
以杂环胺混合标准工作液中杂环胺和内标的浓度比为横坐标
　—以峰面积比为纵坐标，绘制标准曲线
按照内标法进行定量计算，扣除空白值

【计算】

$$试样中杂环胺含量(\mu g/kg) = \frac{c \times V}{m}$$

式中,c 为根据标准曲线计算得出的样液中杂环胺浓度($\mu g/L$);V 为样液最终定容体积(mL);m 为样液所代表的最终试样的质量(g)。计算结果以重复性条件下获得的两次独立检测结果的算术平均值表示,结果保留两位有效数字。

【检测要点】

(1) 本法适用于烤鱼、烤肉及其制品中 MeIQ、MeIQx、4,8 - DiMeIQx、7,8 - DiMeIQx、PhIP 的检测。

(2) 除另有说明外,所用试剂均为分析纯,水采用 GB/T 6682 规定的一级水。

(3) 待测样液中杂环胺的响应值应在标准曲线范围内,超过线性范围则应重新分。

(4) 进行试样检测时,如果检出的质量色谱峰保留时间与标准试样一致,并且在扣除背景后的试样谱图中,各定性离子的相对丰度与浓度接近的同样条件下得到的标准溶液谱图相比,最大允许相对偏差不超过表 12 - 10 中规定的范围,则可判断试样中存在对应的待测物。在上述仪器条件下,标准溶液的液相色谱-质谱/质谱多反应监测(MRM)色谱图参见图 12 - 10。

(5) 本法在 $0.5 \sim 50\,\mu g/kg$ 添加浓度的回收率为 $63.3\% \sim 124\%$,精密度范围为 $6.26\% \sim 18.2\%$。

(6) 本法的检出限和定量限见表 12 - 11。

(7) 本法参阅:GB 5009.243 - 2016。

表 12 - 10 定性确证时相对离子丰度最大允许偏差

相对离子丰度/%	>50	>20～50	>10～20	≤10
允许的相对偏差/%	±20	±25	±30	±50

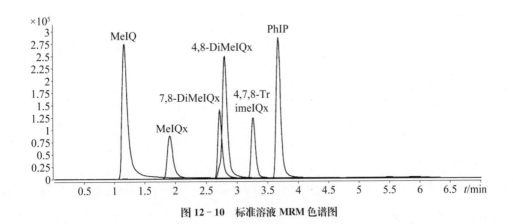

图 12 - 10 标准溶液 MRM 色谱图

表 12 - 11 检出限和定量限表

化合物	检出限($\mu g/kg$)	定量限($\mu g/kg$)
MeIQ	0.1	0.5
MeIQx	0.3	1.0
4,8 - DiMeIQx	0.2	1.0
7,8 - DiMeIQx	0.2	1.0
PhIP	0.1	0.5

第三篇

微生物检测篇

第十三章
微生物及其检测

第一节·菌落总数及其检测

一、对人体的毒性与危害

菌落总数是指食品检样经过处理,在一定条件下培养(如培养基成分、培养温度和时间、pH、需氧性质等),所得 1 g(mL)检样中所含菌落的总数。

食品中菌落总数主要是用作判定食品被细菌污染程度的标志,也可反映食品的新鲜程度以及食品生产的一般卫生状况。

食品中菌落总数超标表明食品已被严重污染,不能食用。食入菌落总数超标的食品,可引发呕吐、腹泻等肠道疾病,严重时可能发生死亡。

二、检测意义

菌落总数主要是作为判定食品被细菌污染程度的标记,也可以应用这一方法观察食品中细菌的性质以及细菌在食品中繁殖的动态,以便对样品进行卫生学评价时提供科学依据。因此,必须加强对食品加工场所的管理和监督,不定期地进行抽检,以确保食品安全和人体的健康。

三、检测方法

菌落总数检测方法有国标法、TTC 显色法和电阻抗快速检测法。

(一)国标法

【仪器】①恒温培养箱:(36±1)℃,(30±1)℃。②冰箱:2~5℃。③恒温装置:(48±2)℃。④天平:感量为 0.1 g。⑤均质器。⑥震荡器。⑦无菌吸管:1 mL(具 0.01 mL 刻度)、10 mL(具 0.1 mL 刻度)或微量移液器及吸头。⑧无菌锥形瓶:容量 250 mL、50 mL。⑨无菌培养皿:直径 90 mm。⑩pH 计或 pH 比色管或精密 pH 试纸。⑪放大镜或/和菌落计数器。

【试剂】①平板计数琼脂培养基。②磷酸盐缓冲液。③无菌生理盐水。

【检测步骤】

25 g(mL) 样品 + 225 mL 稀释液

├─均质

10 倍系列稀释

├─选择 1～3 个适宜稀释度的样品匀液各取 1 mL 分别加入无菌培养皿内

每皿加入 15～20 mL 的平板计数琼脂培养基,混匀

├─(36±1)℃ 培养(48±2)h;水产品(30±1)℃ 培养(72±3)h

计数各平板菌落数

├─计算菌落总数

报告试样中的菌落总数

【检测要点】

(1) 检测所用器皿应洗涤干净,不得残留有抑菌物质,且须经严格消毒灭菌处理。

(2) 用于样品的稀释液,每批都应有空白对照。如在琼脂对照平板上出现几个菌落,要查找原因。

(3) 样品稀释液除用灭菌生理盐水外,还可用磷酸盐缓冲液,但以 0.1% 蛋白胨水更好,因蛋白胨水对细菌有保护作用,不会因在稀释过程中使食品检样中受损伤的细菌死亡。如对含盐量高的食品(如酱品等)进行稀释,可选用蒸馏水为宜。

(4) 样品如为肉、鱼等固体,应先剪碎,再用灭菌均质器,以 8 000～10 000 r/min 离心 1 min,制成匀浆稀释样液。

(5) 用于吸取稀释液的吸管,每用一次应更换一支。在放入试管时,应小心沿管壁加入,不要触及液面,否则吸管尖端外侧部分黏附的检液也混入其中,引起检测误差。

(6) 用于倾注平皿的营养琼脂应预先加热融化,并保温于(45±1)℃恒温水浴锅中待用。倾注平皿时,每皿内倾入 15～20 mL,最后将琼脂底部带有沉淀的部分弃去。

(7) 为防止细菌增殖及产生片状菌落,在检液加入平皿后,应在 20 min 内倾入琼脂,并立即使其与琼脂混合均匀。检样与琼脂混合时,可将皿底在平面上先向一个方向旋转,然后再向相反的方向旋转,以使充分混匀。旋转时应更加小心,不要使混合物溅到皿边的上方。琼脂凝固后,翻转培养。不宜长久放置,应在数分钟内将平皿翻转进行培养,以免菌落蔓延生长。

(8) 为控制污染,需用一块琼脂平皿作空白对照。具体操作:在工作台上打开一块琼脂平皿让其暴露,时间和检样操作相当,然后再和检样一起培养,以了解检样在检测操作过程中有无受空气的污染。

(9) 平板菌落数的选择。可用肉眼观察,必要时用放大镜或菌落计数器,记录稀释倍数和相应的菌落数量。菌落计数以菌落形成单位(colony forming unit, CFU)表示;选取菌落数在 30～300 CFU 之间、无蔓延菌落生长的平板计数菌落总数。低于 30 CFU 的平板记录具体菌落数,大于 30 CFU 的可记录为多不可计;其中一个平板有较大片状菌落生长时,则不宜采用,而应以无较大片状菌落生长的平板作为该稀释度的菌落数;若片状菌落不到平板的一半,而其余一半中菌落分布又很均匀,可计算半个平板后乘以 2,代表一个平板菌落数。

(10) 菌落总数的计算和报告。若只有一个稀释度平板上的菌落数在适宜计数范围内,计算两个平板菌落数的平均值,再将平均值乘以相应稀释倍数,作为每 g(mL) 样品中菌落总数结果,示例见表 13-1。

表 13 - 1　菌落总数的计算和报告

稀释度	1:10	1:100	1:1000	计算结果
菌落数/CFU	多不可计,多不可计	124,138	11,14	13 100

注:上述数据按"菌落总数的报告"中的数字修约后,表示为 13 000 或 1.3×10^4。

若有连续两个稀释梯度的平板菌落数在适宜计数范围内时,按下列公式计算:

$$样品中菌落总数 = \frac{\sum C}{(n_1 + 0.1n_2) \times d}$$

式中,$\sum C$ 为平板(含适宜范围菌落数的平板)菌落数之和;n_1 为第一稀释度(低稀释倍数)平板个数;n_2 为第二稀释度(高稀释倍数)平板个数;d 为稀释因子(第一稀释梯度)。示例见表 13 - 2。

表 13 - 2　菌落总数的计算和报告

稀释度	1:100	1:1000	计算结果
菌落数/CFU	232,244	33,35	24 727

注:上述数据按"菌落总数的报告"中的数字修约后,表示为 25 000 或 2.5×10^4。

若所有稀释度的平板上菌落数均大于 300 CFU,则对稀释度最高的平板进行计数,其他平板可记录为多不可计,结果按平均菌落数乘以最高稀释倍数计算,示例见表 13 - 3。

表 13 - 3　菌落总数的计算和报告

稀释度	1:10	1:100	1:1000	计算结果
菌落数/CFU	多不可计,多不可计	多不可计,多不可计	442,420	431 000

注:上述数据按"菌落总数的报告"中的数字修约后,表示为 430 000 或 4.3×10^5。

若所有稀释度的平板菌落数均小于 30 CFU 时,则应按稀释度最低的平均菌落数乘以稀释倍数计算,示例见表 13 - 4。

表 13 - 4　菌落总数的计算和报告

稀释度	1:10	1:100	1:1000	计算结果
菌落数/CFU	14,15	1,0	0,0	145

注:上述数据按"菌落总数的报告"中的数字修约后,表示为 150 或 1.5×10^2。

若所有稀释度(包括液体样品原液)平板均无菌落生长,则以小于 1 乘以最低稀释倍数计算,示例见表 13 - 5。

表 13 - 5　菌落总数的计算和报告

稀释度	1:10	1:100	1:1000	计算结果
菌落数/CFU	0,0	0,0	0,0	<10

注:上述数据表示为 <10。

若所有稀释度的平板菌落数均不在 30～300 CFU 之间,其中一部分小于 30 CFU 或大于

300 CFU 时,则以最接近 30 CFU 或 300 CFU 的平均菌落数乘以稀释倍数计算,示例见表 13-6。

表 13-6　菌落总数的计算和报告

稀释度	1:10	1:100	1:1000	计算结果
菌落数/CFU	312, 306	14, 19	2, 4	3 090

注:上述数据按"菌落总数的报告"中的数字修约后,表示为 3 100 或 3.1×10^3。

菌落总数的报告。菌落总数小于 100 CFU 时,按"四舍五入"原则修约,以整数报告;菌落总数大于或等于 100 CFU 时,第三位数字采用"四舍五入"原则修约后,采用两位有效数字,后面用 0 代替位数;也可用 10 的指数形式来表示,按"四舍五入"原则修约后,采用两位有效数字;若空白对照上有菌落生长,则此次检验结果无效;称重取样以 CFU/g 为单位报告,体积取样以 CFU/mL 为单位报告。

(11) 本法参阅:GB 4789.2-2022。

(二) TTC(氯化-2,3,5-三苯基四氮唑,红四氮唑)显色法

【仪器】①恒温培养箱。②恒温水浴锅。③天平。④吸管。⑤菌落计数器。⑥酒精灯。⑦试管。⑧灭菌刀或剪子。

【试剂】①营养琼脂培养基。②磷酸盐缓冲稀释液。③生理盐水。④75% 乙醇。⑤1% TTC(称取 1 g TTC,溶于 5 mL 灭菌蒸馏水中,装入无菌的褐色试剂瓶内于冰箱中 4 ℃ 条件下保存。临用时用灭菌蒸馏水以无菌操作稀释至 1%)。

【检测步骤】

样品(25 g) 于灭菌玻璃瓶或灭菌乳钵中
├─加生理盐水或其他稀释液 225 mL,充分振摇或研磨成均匀的稀释液(1:10)
吸取稀释液 1 mL 于试管(内有灭菌生理盐水或其他稀释液 9 mL)
├─将试管充分振摇,按此作 10 倍递增稀释液,根据要求或标本污染情况估计
　选择 2～3 个适宜稀释度
吸取适宜稀释度 1 mL 于灭菌平皿中(做平行样两个)
├─将 46 ℃ 营养琼脂(每 100 mL 营养琼脂加 1% TTC 液 1 mL)15 mL 注入平皿
　转动平皿,待琼脂凝固,翻转平板
琼脂平板置恒温箱(36±1)℃,培养(48±2)h
├─平板上的菌落呈红色,计数(同国标法),同时作空白对照
菌落总数的报告(同国标法)。

【检测要点】

(1) 操作过程应严格无菌。

(2) 稀释液移入平皿后,应及时将 1% TTC 溶液以无菌操作方式加入凉至 46 ℃ 的营养琼脂培养基中。

(3) 1% TTC 试剂如变为玉色或深褐色,则不能再用。

(4) 固体样品(如肉、鱼等)加入稀释液后,应经灭菌均质器,8 000～10 000 r/min 离心 1 min 均质。

(三) 电阻抗快速检测法

【原理】检测培养基中的大分子在电中性或弱离子条件下的微弱电位变化。从而在未出现菌落之前就能检测到微生物的存在。

【仪器】BACTOMETERM128 型微生物快速检测仪器及试剂盒 MODULE。

【试剂】营养琼脂等。

【检测步骤】在无菌条件下,在 BACTOMETERM128 型微生物快速检测仪器的试剂盒 MODULE 的每个样品池中加入无菌培养基 GPM 0.6 mL,再加检样 0.1 mL,同时做平行样和空白对照,扣上样品池盖,立即插入 37 ℃培养箱,启动计算机指令,细菌分析处理器每隔 6 min 自动对每一样品池进行检测分析,得出的 DT 值均由计算机收集、分析、记录。

【检测要点】

(1) 无菌条件下操作。

(2) 扣上样品池盖后,立即插入 37 ℃培养箱,启动计算机指令。

第二节 · 大肠菌群及其检测

一、对人体的毒性与危害

大肠菌群系指一群能发酵乳糖、产酸产气、需氧和兼性厌氧的革兰氏阴性无芽胞杆菌。大肠菌群广泛分布全世界,如各种沙门氏菌、志贺氏菌、产肠毒素大肠埃希氏菌、霍乱弧菌、小肠结肠炎耶尔森氏菌和胎儿弯曲杆菌等。这些细菌能够引起轻度胃肠炎,有时甚至是致死性的痢疾、霍乱和伤寒等疾病。这些细菌主要存在于人和温血动物的粪便中。因目前还没有足够精确的检测手段将它们检验出来,因而人们找出了一种指示微生物。它既对人体无害,又能反映水体是否受到粪便或非粪便的污染,从而间接了解是否存在有病原菌的危险性,以便及时采取措施进行治理和防护。大肠菌群(总大肠菌群)就是这样一群指示微生物,被用于指示水的卫生质量至今已有 100 年以上的历史。早在 1885 年大肠杆菌(为大肠菌群的主要成分)已被科学家们认为是人类粪便中的优势微生物,因而可作为食品卫生质量的一种指标。美国公共卫生机构也采用大肠菌群作为粪便污染的指标。

二、检测意义

大肠菌群主要来源于人畜粪便,故以此作为粪便污染指标来评价食品的卫生质量,推断食品中有无污染肠道致病菌的可能。

通常检出大肠菌群愈多,表示粪便污染愈严重。并间接表明可能有致病菌的污染。这样就给一些疾病的传播和流行留有隐患,甚至引起食物中毒的发生,直接危及广大消费者身体健康。为了防止病从口入导致传染病的发生,应加强监督,定期检查。

三、检测方法

大肠菌群检测方法有国标 MPN 法、国标平板计数法、快速检测纸片法、Coli ID 选择性显色培养基快速检测法和检测水样的滤膜法。

(一) 国标 MPN 法

【原理】MPN 法是统计学和微生物学结合的一种定量检测法。待测样品经系列稀释并培养后,根据其未生长的最低稀释度与生长的最高稀释度,应用统计学概率论推算出待测样品中大肠菌群的最大可能数。

【仪器】①恒温培养箱:(36±1)℃。②冰箱:2~5℃。③恒温水浴锅:(46±1)℃。④天平:感量 0.1 g。⑤均质器。⑥震荡器。⑦无菌吸管:1 mL(具 0.01 mL 刻度)、10 mL(具 0.1 mL 刻度)或微量移液器及吸头。⑧无菌锥形瓶:容量 500 mL。⑨无菌培养皿:直径 90 mm。⑩pH 计或 pH 比色管或精密 pH 试纸。⑪菌落计数器。

【试剂】①月桂基硫酸盐胰蛋白胨(lauryl sulfate tryptose, LST)肉汤。②煌绿乳糖胆盐(brilliant green lactose bile, BGLB)肉汤。③无菌磷酸盐缓冲液。④无菌生理盐水。⑤1 mol/L NaOH 溶液。⑥1 mol/L HCl 溶液。

【检验步骤】

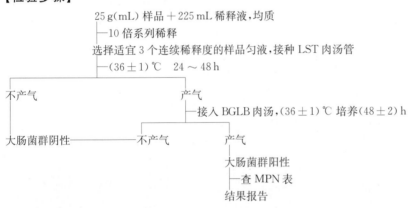

【检测要点】

(1) 取样和稀释。样品前处理一定按照要求进行取样、混匀和稀释,确保结果的准确性。

(2) 固体样品加入稀释液后,应置灭菌均质器中以 8 000~10 000 r/min 离心 1 min,均质成匀液。

(3) 在进行样品的 10 倍稀释过程中,吸管应插入检样稀释液液面 2.5 cm 以下,取液应先高于 1 mL,而后将吸管尖端贴于试管内壁调整至 1 mL,这样操作不会有过多的液体黏附于管外。而后将 1 mL 液体加入另一 9 mL 试管内时应沿管壁加入,不要触及管内稀释液,以防吸管外部黏附的液体混入其中影响检测结果。

(4) 培养基检查。加入样品前应观察倒管内是否有气泡,若有,应适当倾斜试管,让气体释放出来。

(5) 结果观察。某些食品样品可能会堵塞小倒管底部,影响倒管内气泡的观察,可将试管微微倾斜,用手指轻轻弹一下管壁,观察是否有一串小气泡沿着管壁升起,若有,则可判定产气。

(6) 检验时间掌控。从一个样品取样到倾注琼脂平板,应在 15 min 内完成。因此,同时进行多个检样操作时应进行统筹安排。

(7) 检验中所使用的实验耗材,如培养基、稀释液、平皿、吸管等必须是完全灭菌的,如重复使用的耗材应彻底洗涤干净,不得残留有抑菌物质。

(8) 本法中,稀释液虽可使用生理盐水或磷酸盐缓冲液,但在具体检验过程中建议使用磷酸盐缓冲溶液,原因是磷酸盐缓冲溶液能更好地纠正食品样品中 pH 变化,对细菌具有更好的保护作用。

(9) 若为阳性样品,发出报告后 3 天(特殊情况可适当延长)方能处理。进口食品的阳性样品,需保存 6 个月,方能处理。阴性样品可及时处理。

(10) 大肠菌群最可能数(MPN)的报告。根据确证的大肠菌群 BGLB 阳性管数,检索 MPN 表报告每 g(mL)样品中大肠菌群的 MPN 值。

(11) 本法参阅:GB 4789.3 - 2016。

表 13 - 7　最可能数(MPN)检索表

阳性管数			MPN	95％可信限		阳性管数			MPN	95％可信限	
0.10	0.01	0.001		下限	上限	0.10	0.01	0.001		下限	上限
0	0	0	<3.0	—	9.5	2	2	0	21	4.5	42
0	0	1	3.0	0.15	9.6	2	2	1	28	8.7	94
0	1	0	3.0	0.15	11	2	2	2	35	8.7	94
0	1	1	6.1	1.2	18	2	3	0	29	8.7	94
0	2	0	6.2	1.2	18	2	3	1	36	8.7	94
0	3	0	9.4	3.6	38	3	0	0	23	4.6	94
1	0	0	3.6	0.17	18	3	0	1	38	8.7	110
1	0	1	7.2	1.3	18	3	0	2	64	17	180
1	0	2	11	3.6	38	3	1	0	43	9	180
1	1	0	7.4	1.3	20	3	1	1	75	17	200
1	1	1	11	3.6	38	3	1	2	120	37	420
1	2	0	11	3.6	42	3	1	3	160	40	420
1	2	1	15	4.5	42	3	2	0	93	18	420
1	3	0	16	4.5	42	3	2	1	150	37	420
2	0	0	9.2	1.4	38	3	2	2	210	40	430
2	0	1	14	3.6	42	3	2	3	290	90	1 000
2	0	2	20	4.5	42	3	3	0	240	42	1 000
2	1	0	15	3.7	42	3	3	1	460	90	2 000
2	1	1	20	4.5	42	3	3	2	1 100	180	4 100
2	1	2	27	8.7	94	3	3	3	>1 100	420	—

注 1:本表采用 3 个稀释度[0.1 g(mL)、0.01 g(mL)和 0.001 g(mL)],每个稀释度接种 3 管。
注 2:表内所列检样量如改用 1 g(mL)、0.1 g(mL)和 0.01 g(mL)时,表内数字应相应降低 10 倍;如改用 0.01 g(mL)、0.001 g(mL)、0.000 1 g(mL)时,则表内数字应相应增加 10 倍,其余类推。

(二)国标平板计数法

【原理】大肠菌群在固体培养基中发酵乳糖产酸,在指示剂的作用下形成可计数的红色或紫色,带有或不带有沉淀环的菌落。

【仪器】同国标 MPN 法。

【试剂】①结晶紫中性红胆盐琼脂(violet red bile agar, VRBA)。②其他同国标 MPN 法。

【检测步骤】

25 g(mL)样品＋225 mL稀释液,均质

├─10倍系列稀释

选择2～3个适宜稀释度的样品匀液,倾注VRBA平板

├─(36±1)℃;18～24 h

计数典型和可疑菌落

├─BGLB肉汤,(36±1)℃;24～48 h

报告结果

【检测要点】

(1) 将1 mL样品匀液或稀释液加入平皿内时应从平皿的侧面加入,不要将整个皿盖揭去以防止污染。

(2) 倾注后将检样与琼脂混合时,可将平皿底在平面上先向一个方向旋转3～5次,然后再向反方向旋转3～5次,以充分混匀。旋转过程中不应力度过大,避免琼脂飞溅到平皿上方;混匀过程也可使用自动平皿旋转仪进行。

(3) 本法移液时可使用可连接吸管的电动移液器,在使用过程中,一旦液体进入电动移液器滤膜中,应立即对滤膜进行更换,以防止污染。

(4) 当对易产生较大颗粒的样品(如肉类)进行检测时,建议使用带滤网均质袋,以方便均质后用吸管吸取匀液。

(5) 鉴于微量移液器移液头较短,为控制污染,在匀液移液过程中不宜使用。

(6) MPN和平板计数法的选择。大肠菌群污染较低的食品使用MPN法,根据待测样品经系列稀释并培养后,根据其未生长的最低稀释度与生长的最高稀释度,用统计学概率论推算出待测样品中大肠菌落的最大可能数,污染较高的食品使用平板计数法。

(7) 平板菌落数的选择和大肠菌群计数的报告。选取菌落数在15～150 CFU之间的平板,分别计数平板上出现的典型和可疑大肠菌群菌落(如菌落直径较典型菌落小)。典型菌落为紫红色,菌落周围有红色的胆盐沉淀环,菌落直径为0.5 mm或更大,最低稀释度平板低于15 CFU的记录具体菌落数。经最后证实为大肠菌群阳性的试管比例乘以计数的平板菌落数,再乘以稀释倍数,即为每g(mL)样品中大肠菌群数。例:10^{-4}样品稀释液1 mL,在VRBA平板上有100个典型和可疑菌落,挑取其中10个接种BGLB肉汤管,证实有6个阳性管,则该样品的大肠菌群数为:$100×6/10×10^4/g(mL)=6.0×10^5$ CFU/g(mL)。若所有稀释度(包括液体样品原液)平板均无菌落生长,则以小于1乘以最低稀释倍数计算。

(8) 本法参阅:GB 4789.3－2016。

(三) 快速检测纸片法

【原理】以大肠菌群细菌生长发育时分解乳糖产酸,同时产生脱氢酶脱氢,氢与无色氯化三苯四氮唑(TTC)作用形成红色三苯甲臜使菌落变红的原理,将一定量的乳糖、指示剂(TTC和溴甲酚紫)、蛋白胨等吸附在特定面积的无菌滤纸上,大肠菌群细菌通过上述两种指示剂显示出发酵乳糖产酸纸片变黄和形成红色斑点(红晕)的固有特性。

【仪器】①温箱。②冰箱。③恒温水浴锅。④天平。⑤吸管。⑥平皿。⑦酒精灯。⑧试管。

【试剂】食品TTC快检纸片等。

【检测步骤】

先取 TTC 食品快检纸片 10 cm×12 cm(2 片),按无菌操作,接种量为 10 mL×2,放置 (37±1)℃恒温培养箱 15～24 h 后观察结果。根据纸片的阳性片数查对表 13-7 作出报告。

【检测要点】

(1) 无菌技术操作。

(2) 根据纸片的阳性片数查对"表 13-7 最可能数(MPN)检索表"作出报告。

(四) Coli ID 选择性显色培养基快速检测法

【原理】Coli ID 选择性显色培养基含有两种显色物质,经适当的温度培养 24 h,根据生成菌落的颜色即可直接读取大肠菌群数。

【仪器】①恒温培养箱。②冰箱。③恒温水浴锅。④天平。⑤吸管。⑥平皿。⑦酒精灯。⑧试管。

【试剂】①Coli ID 选择性显色培养基。②磷酸盐缓冲稀释液。③生理盐水。

【检测步骤】

样品(25 g)于无菌均质器中
  —加灭菌生理盐水 225 mL,制成匀浆(1：10)
吸取稀释匀浆 1 mL 于试管(内有灭菌生理盐水 9 mL)中
  —将试管充分振摇,按此作 10 倍递增稀释液,选取合适的稀释液 1 mL
    于灭菌平皿内
灭菌平皿
  —倾注 Coli ID 选择性显色培养基 15 mL,摇匀,凝固后,
    加 Coli ID 选择性显色培养基 5 mL 覆盖平皿表层,待凝固
凝固培养基琼脂
  —倒置平皿于培养箱(37℃),24 h(同时做空白对照及平行样品)。
结果判定

平皿中呈玫瑰红色为大肠杆菌　平皿呈蓝色或蓝灰色为大肠菌群
  —选择菌落数在 30～300 CFU 的平皿
计算大肠菌群数

【检测要点】

(1) 无菌采样操作。

(2) 选取合适的稀释度吸取 1 mL 稀释液于灭菌平皿内,然后倾注 15 mL Coli ID 选择性显色培养基,应充分摇匀。

(五) 检测水样的滤膜法

【原理】用孔径为 0.45 μm 的微孔滤膜过滤水样,细菌被截留在滤膜上,将滤膜贴在选择性培养基上。经培养后,计数生长在滤膜上的典型大肠菌群菌落数。

【仪器】①恒温培养箱。②冰箱。③恒温水浴锅。④天平。⑤吸管。⑥滤器。⑦滤膜(孔径 0.45 μm)。⑧抽滤设备。

【培养基】①乳糖琼脂分离培养基。②乳糖蛋白胨证实培养液。

【检测步骤】

(1) 滤膜灭菌、滤器灭菌、过滤培养:均按照国标法操作。

（2）滤膜分析：挑取滤膜上的黄色菌落或中心颜色较深的黄色菌落进行证实试验。

（3）证实试验：将每一个典型菌落接种到乳糖蛋白胨证实培养液中，于37℃培养48h。在这期间有气体产生证实总大肠菌群阳性。

（4）计算滤膜上生长的大肠菌群数，以每100 mL水样中的总大肠菌群报告。报告计算公式：

$$CFU/100\,mL = 证实的总大肠菌群菌落数 / 过滤水样量(mL) \times 100$$

【检测要点】

（1）滤膜灭菌、滤器灭菌要彻底。

（2）挑取滤膜上的黄色菌落或中心颜色较深的黄色菌落进行证实试验。

第十四章
病原菌污染及其检测

第一节 · 沙门氏菌污染及其检测

一、对人和动物的毒性与危害

沙门氏菌是一群形态、培养、生化反应和抗原构造相类似的革兰氏阴性杆菌,种类繁多,目前已确认的沙门氏菌有 3 000 种以上的血清型。它是一种常见的重要人兽共患病原菌,它不仅能导致鸡白痢、鸡副伤寒、仔猪副伤寒、流产等动物疾病,还能使人发生伤寒、副伤寒、败血症、胃肠炎和食物中毒。以世界各地的食物中毒病例为例,沙门氏菌引起的中毒病例排为第一、第二位。

二、检测意义

世界各国,包括美国等发达国家,沙门氏菌食物污染日益增多,我国也不例外,给国家经济造成巨大损失,同时严重威胁着人民的身体健康和生命安全。沙门氏菌作为食品中致病菌检测的一项重要指标,在公共卫生、食品卫生、畜牧兽医和口岸检疫中都有重要的意义。

三、检测方法

目前,对沙门氏菌的检验普遍采用传统培养方法,报告检验结果大致需 4～5 天,加之检验方法繁琐、费时费力,不仅成为检验部门的一项沉重负担,而且越来越不能满足日益发展的国际贸易需要。特别是我国加入世界贸易组织后,国际贸易量与日俱增,同时对沙门氏菌检测方法(如荧光法、噬菌体法、基因分型和指纹图谱分析等)的研究日趋深入,但在生产应用中均存在不足。因此,提高沙门氏菌检出率、缩短检测时间、简化检测程序,使沙门氏菌的检测方法自动化、快速化、灵敏度高、特异性强、重复性好、简易、经济将是研究的方向。

沙门氏菌检测方法有国标法、直接酶联免疫法、聚合酶链反应快速检测法和快速荧光法。

(一)国标法

【仪器】①冰箱:2～5 ℃。②恒温培养箱:(36±1)℃,(42±1)℃。③均质器。④震荡器。

⑤接种针、接种环。⑥电子天平:感量0.1g。⑦无菌锥形瓶:容量50 mL,250 mL。⑧无菌吸管:1 mL(具0.01 mL刻度)、10 mL(具0.1 mL刻度)或微量移液器及吸头。⑨无菌培养皿:直径60 mm,90 mm。⑩无菌试管:3 mm×50 mm、10 mm×75 mm。⑪pH计或pH比色管或精密pH试纸。⑫全自动微生物生化鉴定系统。⑬无菌毛细管。

【培养基和试剂】 ①缓冲蛋白胨水(BPW)。②四硫磺酸钠煌绿(TTB)增菌液。③亚硒酸盐胱氨酸(SC)增菌液。④亚硫酸铋(BS)琼脂。⑤HE琼脂、木糖赖氨酸脱氧胆盐(XLD)琼脂、沙门氏菌属显色培养基、三糖铁(TSI)琼脂、蛋白胨水、靛基质试剂、尿素琼脂(pH 7.2)、氰化钾(KCN)培养基、赖氨酸脱羧酶试验培养基、糖发酵管、邻硝基酚β-D半乳糖苷(ONPG)培养基、半固体琼脂、丙二酸钠培养基。⑥沙门氏菌O、H和Vi诊断血清。⑦生化鉴定试剂盒。

【检测步骤】

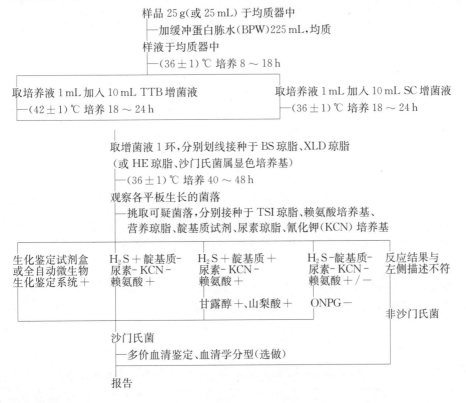

【检测要点】

(1)加工食品样品(如冻肉、蛋品、乳品及其他加工食品)均应经过前增菌,未加工食品样品(如鲜肉、蛋乳及其他未加工食品)不必经过前增菌;使用均质袋进行预增菌培养时,应使用带有底托的均质袋架子,防止培养过程中预增菌液泄露污染培养箱。

(2)固体食品应用均质器匀浆,粉状食品用灭菌匙或玻棒研磨使乳化;当对易产生较大颗粒的样品(如肉类)进行检测时,建议使用带滤网均质袋,以方便均质后用吸管吸取匀液。

(3)在进行TSI培养时,应将试管口松开,保持管内有充足的氧气,否则会产生过量的

H_2S;由于三糖铁琼脂试验中底部糖分解需要厌氧环境,琼脂底部与斜面最低点的距离应不少于 4 cm。

(4) 如果在培养 22～24 h 后,BS 平板上未见沙门菌可疑菌落,应再培养 22～24 h,如果仍没有可疑菌落,应挑取非典型菌落进行鉴定;BS 平板应制备后避光常温保存,并在 24 h 内使用。

(5) 本法移液时可使用可连接吸管的电动移液器,在使用过程中,一旦液体进入电动移液器滤膜中,应立即对滤膜进行更换,以防止交叉污染;鉴于微量移液器移液头较短,为控制污染,在本法移液过程中不应使用。

(6) 分型鉴定要依赖血清学试验。

(7) 沙门氏菌在各个平板上的菌落特征如下:

BS 琼脂:沙门氏菌菌落为黑色有金属光泽、棕褐色或灰色,菌落周围培养基可呈黑色或棕色;有些菌株形成灰绿色的菌落,周围培养基不变。

HE 琼脂:沙门氏菌菌落为蓝绿色或蓝色,多数菌落中心黑色或几乎全黑色;有些菌株为黄色,中心黑色或几乎全黑色。

XLD 琼脂:菌落呈粉红色,带或不带黑色中心,有些菌株可呈现大的带光泽的黑色中心,或呈现全部黑色的菌落;有些菌株为黄色菌落,带或不带黑色中心。

沙门氏菌属显色培养基:按照显色培养基的说明进行判定。

(8) 本法参阅:GB 4789.4 - 2016。

(二) 直接酶联免疫法

【仪器】 ELISA 仪。

【培养基和试剂】 ①常用培养基。②亚硒酸盐胱氨酸增菌液(SC)。③三糖铁培养基(TSI)。④乳糖-蔗糖-葡萄糖三糖。⑤胆硫乳培养基(DHL)。⑥M-肉汤:自配。⑦$FeSO_4$ 培养基。⑧赖氨酸脱羧酶试验培养基。⑨尿素琼脂(U)。⑩KCN 培养基。⑪蛋白胨水:靛基质用。⑫酶标单克隆抗体。⑬沙门氏菌 A - F 多价诊断血清。

【检测步骤】

(1) 按国标法对样品进行处理,取样品处理液 1 mL 接种 SC 增菌液,37 ℃,18～24 h;再取 1 mL SC 增菌培养物,接种 9 mL MH 肉汤,37 ℃,6～8 h;离心,10 000 r/min 离心 1 min;弃上清,加少量无菌 PBS 隔水煮沸 20 min。

(2) 包被酶标板,55 ℃,处理 4 h;再用甲醇固定 10 min,用 PBST 洗液洗涤 3 次,5 min/次,加工作浓度的酶标抗体,37 ℃,孵育 2 h;再用 PBST 洗涤 3 次,加(OPD＋H_2O)底物溶液显色,加 2 mol/L H_2SO_4 使反应终止。

(3) ELISA 仪检测,以 $OD_{490\,nm} \geqslant 0.5$ 判定为阳性,$OD_{490\,nm} < 0.5$ 为阴性。

【检测要点】

(1) M-肉汤增菌培养不应超过 8 h。

(2) PBST 洗液洗涤要充分。

(三) 聚合酶链反应快速检测法

【原理】 根据沙门氏菌组氨酸转运操纵子基因序列设计一对引物,沙门氏菌均可显示出 495 bp 特异性 DNA 扩增条带。

【试剂与模板 DNA】

（1）引物合成：参照沙门氏菌组氨酸转运操纵子基因序列设计一对引物，长度为 25 bp，两引物间核苷酸长度为 495 bp（引物Ⅰ:5′- ACTGGCGTTATCCCTTTCTCTGCTG；引物Ⅱ:5′- ATGTTGTCCTGCCCCTGGTAAGAGA）。

（2）PCR 扩增：反应体积为 50 μL，10×PCR buffer 5 μL，dNTPs(2.5 mol/L)4 μL，引物Ⅰ和引物Ⅱ(5 mol/L)各 2.5 μL，模板溶液 7.5 μL，Taq 酶(3 U/μL)0.7 μL，三蒸水 27.8 μL，最后加 50 μL 石蜡油覆盖。

PCR 循环参数：94 ℃预变性 5 min；94 ℃变性 1 min，56 ℃退火 1 min，72 ℃延伸 1.5 min，经 32 个循环；最后 72 ℃保温 10 min。

（3）检测样品模板 DNA 制备：取 1 mL SC 增菌液或 MH 肉汤增菌液，置于 Eppendorf 管中，2 000 r/min 离心 20 min，用灭菌蒸馏水洗涤两次，最后用 1 mL 蒸馏水悬浮，隔水煮沸 15 min，8 000 r/min 离心 15 min，取上清液，即成 DNA 模板溶液。

【仪器】 ①DNA Thermal Cycler(Perkin-Ekner 产品)。②电泳仪。③凝胶成像系统。④DG-5031 型 ELISA 仪。⑤TG-16a 型台式离心机。⑥Millipore 纯水仪。⑦生化培养箱。⑧水浴锅。

【检测步骤】

配制 1% 普通琼脂糖溶液，按 0.5 mg/L 加溴化乙锭(EB)制胶。取 5 μL PCR 产物点样，用 PCR Marker 作对照，50 V 电泳 5 min，再于 40 V 电泳 45 min，取出凝胶，置紫外灯下观察。沙门氏菌显示出 495 bp DNA 扩增条带。

【检测要点】

（1）使用溴化乙锭(EB)时要注意安全。

（2）样品模板 DNA 的制备速度要快。

（四）快速荧光法

【原理】 用 4-甲基伞形酮辛脂(MUC)与食品、呕吐物、粪便和其他体液的沙门氏菌反应，在 UV(波长 365 nm)处呈绿色特异荧光，再与氧化酶呈深紫色反应，进行快速检测。

【仪器和材料】 ①普通紫外光检测仪。②氧化酶试纸。③1%对-氨基二甲基苯胺盐酸盐干燥试纸。

【培养基】 普通琼脂培养基。

【检测步骤】 将标本划线接种在普通琼脂平板上，37 ℃，20 h，根据沙门氏菌的菌落特征挑选可疑菌落，并作好标记，用吸管滴加少许 MUC 试剂于菌落上，10 min，于波长 365 nm 紫外光下观察，发出绿色荧光的菌落，用接种环取少许，涂于氧化酶试纸上，于 5~10 s 内呈深紫色反应，结果判为阳性，否则为阴性。氧化酶试验为阳性的细菌菌落即可判为沙门氏菌。

【检测要点】

（1）本法敏感性与特异性好，操作简便，适用于沙门氏菌定性的快速检测。

（2）MUC 试剂于菌落上，时间为 10 min 左右。

（3）氧化酶试纸显色时间为 5~10 s 内，呈深紫色反应。

第二节·致泻大肠埃希氏菌及其检测

一、对人体的毒性与危害

致泻大肠埃希氏菌包括致泻大肠埃希氏菌、肠道致病性大肠埃希氏菌、肠道侵袭性大肠埃希氏菌、产肠毒素大肠埃希氏菌、产志贺毒素大肠埃希氏菌和肠道集聚性大肠埃希氏菌等。致泻大肠埃希氏菌引起的暴发性腹泻常见于夏季,病人不同程度出现头晕、呕吐、腹痛、腹泻等症状。其致病性主要是产生肠毒素 LT、ST。

二、检测意义

鉴于暴发性腹泻时有发生,为此,加强食品卫生监督管理,加大卫生检查力度,尤为重要。切实做好《食品安全法》的宣传教育,食品从业人员在上岗前必须取得健康证和培训证,在销售过程中必须按操作规范要求。严格控制污染途径,注意个人卫生,改变不良卫生习惯是控制食源性疾病的关键措施。

三、检测方法

致泻大肠埃希氏菌检测主要采用国标法。

国标法

【仪器和材料】①恒温培养箱:(36 ± 1) ℃,(42 ± 1) ℃。②冰箱:2 ℃~5 ℃。③恒温水浴锅:(50 ± 1) ℃,100 ℃或适配 1.5 mL 或 2.0 mL 金属浴(95~100 ℃)。④电子天平:感量为0.1 g 和 0.01 g。⑤显微镜:10×~100×。⑥均质器。⑦震荡器。⑧无菌吸管 1 mL 具0.01 mL 刻度,10 mL 具 0.1 mL 刻度或微量移液器及吸头。⑨无菌均质杯或无菌均质袋:容量 500 mL。⑩无菌培养皿:直径 90 mm。⑪pH 计或精密 pH 试纸。⑫微量离心管:1.5 mL或 2.0 mL。⑬接种环:1 μL。⑭低温高速离心机:转速≥13 000 r/min,控温 4~8 ℃。⑮微生物鉴定系统。⑯PCR 仪。

【培养基和试剂】①营养肉汤、肠道菌增菌肉汤。②麦康凯琼脂(MAC)、伊红亚甲蓝琼脂(EMB)、三糖铁(TSI)琼脂、半固体琼脂、尿素琼脂(pH 7.2)。③蛋白胨水、靛基质试剂。④氰化钾(KCN)培养基。⑤氧化酶试剂。⑥革兰氏染色液。⑦福尔马林:含 38%~40%甲醛。⑧鉴定试剂盒。⑨大肠埃希氏菌诊断血清。⑩灭菌去离子水、0.85%灭菌生理盐水。⑪致泻大肠埃希氏菌 PCR 试剂盒。

【检测步骤】

样品 25 g(或 25 mL)于灭菌均质器中
┌加营养肉汤 225 mL,均质

样液于均质器中

├─移入培养箱(36±1)℃ 培养 6 h

取 10 μL 样液接种于 30 mL 肠道菌增菌肉汤管内

├─(42±1)℃ 培养 18 h

挑取菌液 1 接种环于 MAC 和 EMB 琼脂平板

├─(36±1)℃ 培养 18～24 h

观察菌落特征

├─挑取乳糖发酵和不发酵的菌落 10 个以上做生化实验

接种于 TSI、靛基质、尿素(pH 7.2)、KCN 培养基

├─TSI 底层＋,H_2S－,靛基质＋,尿素 －,KCN－

PCR 确认实验

├─血清学实验(选做)

报告

【检测要点】

(1) 无菌取样。

(2) 采取的样品应尽快检测,易腐败食品应冷藏。

(3) 如 TSI 底层不产酸,或 H_2S、KCN、尿素有一项为阳性,均为非大肠埃希氏菌,必要时应做氧化酶试验和革兰氏染色;在进行三糖铁培养时,应将试管口松开,保持管内有充足的氧气,否则由于氧气的不足,斜面酸性产物不能氧化,会出现假阳性现象(黄色,补充氧气后慢慢恢复成红色);由于三糖铁琼脂试验中底部糖分解需要厌氧环境,琼脂底部与斜面最低点的距离应不少于 4 cm。

(4) 在培养箱中,为防止中间平皿过热,高度不得超过 6 个平皿。

(5) 使用移液器时,应慢慢吸取,并使用带有滤芯的吸头,防止增菌液对移液器的污染。

(6) 当对易产生较大颗粒的样品(如肉类)进行检测时,建议使用带滤网均质袋,以方便均质后用吸管吸取匀液。

(7) 大肠埃希菌的 H 抗原在传代过程中容易丢失或发育不良,应用半固体 3 次传代培养,并观察生长情况,若不扩散生长,则表示 H 抗原丢失,不再进行凝集试验,若扩散生长,再进行试管凝集试验。

(8) 本法参阅:GB 4789.6 - 2016。

第三节 · 志贺氏菌及其检测

一、对人体的毒性与危害

志贺氏菌属细菌(简称志贺氏菌)是人类感染的常见病原菌之一。其健康人群检出率为 1%～2%,腹泻病为 20% 左右,有的地区高达 30%。细菌性痢疾是由志贺氏菌属感染引起的常见急性肠道传染病。因该病菌常易出现耐药性和治疗不彻底,而导致慢性菌痢或带菌者传

播,给该病的防治带来很大困难,严重危害人民的身心健康。

二、检测意义

志贺氏菌属中的细菌,是引起人类细菌性痢疾的致病菌,细菌性痢疾是每年夏秋季主要的腹泻传染病。加强志贺氏菌的检测具有卫生学意义。

三、检测方法

志贺氏菌检测方法有国标法、酶联免疫吸附法和 SPA 法。

(一)国标法

【仪器和材料】①天平。②吸管。③恒温培养箱。④冰箱。⑤恒温水浴锅。⑥灭菌广口瓶。⑦三角瓶。⑧平皿。⑨试管。⑩涡旋混匀器。⑪拍打式均质器或刀头式均质器。⑫接种环、接种针。⑬厌氧罐:无厌氧培养箱者可以使用。⑭厌氧指示剂。⑮厌氧产气袋。

【培养基和试剂】①志贺氏菌增菌肉汤-新生霉素。②麦康凯(MAC)琼脂、木糖赖氨酸脱氧胆酸盐(XLD)琼脂、三糖铁(TSI)琼脂、营养琼脂斜面、半固体琼脂、尿素琼脂。③志贺氏菌显色培养基、葡萄糖铵培养基、β-半乳糖苷酶培养基、氨基酸脱羧酶试验培养基、西蒙氏柠檬酸盐培养基、粘液酸盐培养基。④糖发酵管。⑤蛋白胨水、靛基质试剂。⑥志贺氏菌属诊断血清。⑦生化鉴定试剂盒。

【检测步骤】

样品 25 g(或 25 mL)于灭菌均质器中
——加志贺氏菌增菌肉汤 225 mL,均质
样液于均质器中
——(41.5±1)℃ 厌氧培养 16 ～ 20 h
取增菌液 1 环划线接种于 XLD 琼脂、MAC 或志贺氏菌显色培养基
——(36±1)℃ 培养 20 ～ 48 h
挑取可疑菌落
——分别接种 TSI,半固体和营养琼脂斜面,(36±1)℃ 培养 20 ～ 24 h
观察菌落

生化试验
——挑取可疑菌落进行 β-半乳糖苷酶、尿素、
  赖氨酸脱羧酶、鸟氨酸脱羧酶以及水杨苷
  和七叶苷的分解试验
附加实验:葡萄糖胺、西蒙氏柠檬酸盐、粘液酸盐试
——验,36 ℃ 培养 24 ～ 48 h

血清学分型

志贺氏菌属分群及分型结果
报告

【检测要点】

(1) 无菌操作取样品,增菌步骤不可省。

（2）使用均质袋进行前增菌培养时，应使用带有底托的均质袋架子，防止培养过程中前增菌液泄露污染培养箱。当对易产生较大颗粒的样品（如肉类）进行检测时，建议使用带滤网均质袋，以方便均质后用吸管吸取匀液。

（3）固体食品用均质器以 8 000～10 000 r/min 均质 1 min，或用乳钵加灭菌砂磨碎，粉状食品用金属匙或玻璃棒研磨使其乳化。

（4）培养时间视细菌生长情况而定，当培养液出现轻微浑浊时即终止培养。

（5）生化试验一般应多挑几个菌落，以防遗漏。

（6）志贺氏菌在不同选择性琼脂平板上的菌落特征如下：

MAC 琼脂：菌落无色至浅粉红色、半透明、光滑、湿润、圆形、边缘整齐或不齐。

XLD 琼脂：菌落粉红色至无色、半透明、光滑、湿润、圆形、边缘整齐或不齐。

（7）本法参阅：GB 4789.5 - 2012。

（二）酶联免疫吸附法

【仪器】DG - 3022 型 ELISA 仪等。

【试剂】①抗血清的制备：选取豚鼠角膜试验阳性的志贺氏菌株免疫家兔制备抗血清。同时将该菌株连续传代，获丧失侵袭力的无毒菌株，分别用无毒菌株及加热灭活的菌液吸附免疫抗血清，获得抗 VMA 血清。②辣根过氧化酶标记羊抗兔 IgG 结合物：有效期内使用。

【检测步骤】用常规方法进行酶联免疫吸附试验，最后于波长 490 nm 检测 OD 值，OD 值＞0.43 定为阳性，否则为阴性。每次试验均做阴、阳性对照。

【检测要点】

（1）PBST 洗液洗涤要充分。

（2）显色时间不宜过长。

（三）SPA 法

【原理】SPA 是某些金黄色葡萄球菌细胞壁的一种蛋白质成分，具有同人和多种哺乳动物 IgG 分子 Fc 段结合的能力。用含 A 蛋白丰富的金黄色葡萄球菌菌体与志贺氏菌属抗血清在一定条件下混合致敏，让抗体结合到金黄色葡萄球菌细胞壁 A 蛋白上，制成 SPA 诊断试剂。样品经过增菌后，即可用 SPA 诊断试剂来检测。由于金黄色葡萄球菌表面丰富的 A 蛋白能结合大量抗体，大大提高了检验方法的敏感性，缩短了检测周期。

【仪器】①天平。②恒温培养箱。③恒温水浴锅。④显微镜。⑤离心机。⑥灭菌广口瓶。⑦三角瓶。⑧平皿。⑨试管。⑩玻板。

【试剂】①抗血清：志贺氏菌诊断血清（21 种）。②磷酸盐缓冲液（PBS，pH 7.2）。③缓冲液：a. 含 0.05％ NaN₃ 的 PBS（pH 7.2）；b. 含 0.1％ NaN₃ 的 PBS（pH 7.2）；c. 含 1.5％甲醛的 PBS（pH 7.2）。④培养基培养法常用培养基。⑤10％ SPA 菌悬液：志贺氏菌 26111 菌种接种于 Mueller Hinton 肉汤，37 ℃培养 24 h，取浑浊肉汤划线于 Mueller Hinton 琼脂平板，37 ℃培养 24 h，挑取单个菌落再接入肉汤，37 ℃培养 24 h，取肉汤培养物 1 mL 接种至装有 Mueller Hinton 琼脂的克氏瓶中，37 ℃培养 18 h。用缓冲液洗下菌苔（10∶1），3 500 r/min 离心 10 min，去掉上清液，再用 10 倍体积（约 10 mL）缓冲液洗涤 2 次，沉淀菌体用 10 倍体积的缓冲液悬浮，室温放置 90 min。用缓冲液再洗涤 2 次后，再用 10 倍体积的缓冲液悬浮，置

80 ℃水浴 5 min,再用缓冲液洗涤 2 次,悬浮 10 倍体积的缓冲液中,分装 1 mL/管,保存
−20 ℃。⑥志贺氏菌菌悬液:将志贺氏菌 51573、51574 菌种接种于营养肉汤,37 ℃培养 18～
24 h,传二代,划线接种于营养琼脂斜面,37 ℃培养 24 h,接种于半固体琼脂,三糖铁琼脂斜面,
37 ℃培养 20 h,再挑菌落接种于营养琼脂斜面,37 ℃培养 18～24 h 后,用生理盐水洗下菌苔,
制成菌悬液,4 ℃保存,使用前用平板计数法确定其浓度。⑦SPA 诊断试剂:取 10% SPA 悬液
1 mL 于试管,分别加入志贺氏菌诊断血清 0.1 mL、0.2 mL、0.4 mL,摇匀,置 37 ℃水浴,保温
30 min,取出于 4 ℃冰箱过夜,用缓冲液洗涤 2 次,悬浮于 5 mL 缓冲液中,制成 2% 的 SPA 诊
断试剂。

【检测步骤】

称取 25 g 样品,加入 225 mL GN 增菌液,37 ℃培养 18～24 h。取增菌液 15 μL 滴在载玻
片上,加入 SPA 诊断试剂 15 μL,混匀后,轻轻摇动玻片,同时取增菌液 2 mL,煮沸,再取
15 μL,加入 SPA 诊断试剂 15 μL,3 min 内观察凝集反应。如果呈现凝集,则分别与 A、B、C、
D 群各多价血清做凝集试验,出现凝集反应的,再与相应的单价血清做凝集试验,作出诊断,并
写出报告。

【检测要点】

(1) 无菌取样。

(2) 3 min 内观察凝集反应。

(3) 出现凝集反应的,再与相应的单价血清做凝集试验,作出诊断。

第四节 · 单增李斯特菌及其检测

一、对人体的毒性与危害

单增李斯特氏菌简称单增李斯特菌,菌落初期极小、光滑、透明,后变灰暗,血平板上的菌
落有溶血环,在 4～45 ℃均能生长。单增李斯特菌广泛存在于自然界中,是一种人畜共患病的
病原菌,主要通过粪—口途径感染,毒力因子主要有李斯特溶血毒素、肌动蛋白聚合蛋白、C 型
磷脂酶、内化素、细胞壁酶、酰胺酶以及毒力调节因子等。单增李斯特菌的主要感染新生儿、老
人、孕妇以及免疫力低下者,能引起人畜李斯特菌病,感染后主要表现为败血症、脑膜炎和单核
细胞增多。

二、检测意义

食品中存在的单增李斯特菌对人体健康具有危险,该菌在 4 ℃的环境中仍可生长繁殖,是
冷藏食品最致命的食源性病原体之一,80%～90% 的病例是由被污染的食品引起的,可造成
20%～30% 的感染者死亡,其致死率甚至超过沙门氏菌及肉毒杆菌,人主要通过摄入软乳酪、
未充分加热的鸡肉、鲜牛乳、巴氏消毒乳、冰激凌、生牛排、羊排、卷心菜色拉、芹菜、番茄、法式

馅饼、冻猪舌等而感染。因此,需加强对食品中单增李斯特菌的检测和监督,以降低消费者食用被单增李斯特菌污染产品的风险。

三、检测方法

单增李斯特菌检测方法有国标法,包括单增李斯特菌定性检验、平板计数法和 MPN 计数法。

(一) 定性检验

【仪器与材料】①冰箱:2～5 ℃。②恒温培养箱:(30±1) ℃、(36±1) ℃。③均质器。④显微镜:10×～100×。⑤电子天平:感量 0.1 g。⑥锥形瓶:100 mL、500 mL。⑦无菌吸管:1 mL(具 0.01 mL 刻度)、10 mL(具 0.1 mL 刻度)或微量移液器及吸头。⑧无菌平皿:直径90 mm。⑨无菌试管:16 mm×160 mm。⑩离心管:30 mm×100 mm。⑪无菌注射器:1 mL。⑫单增李斯特氏菌 ATCC 19111 或 CMCC 54004 或其他等效标准菌株。⑬小白鼠:ICR 体重18～22 g。⑭全自动微生物生化鉴定系统。

【培养基与试剂】①含 0.6%酵母浸膏的胰酪胨大豆肉汤(TSB - YE)、李氏增菌肉汤 LB(LB$_1$,LB$_2$)。②SIM 动力培养基、李斯特氏菌显色培养基。③含 0.6%酵母浸膏的胰酪胨大豆琼脂(TSA - YE)、PALCAM 琼脂、5%～8%羊血琼脂。④缓冲蛋白胨水、缓冲葡萄糖蛋白胨水。⑤1%盐酸吖啶黄溶液、1%萘啶酮酸钠盐溶液。⑥革兰氏染液。⑦糖发酵管。⑧过氧化氢试剂。⑨生化鉴定试剂盒或全自动微生物鉴定系统。

【检测步骤】

样品 25 g(或 25 mL) 于灭菌均质器中
　├─加 LB$_1$ 增菌液 225 mL,均质
样液于均质器中
　├─(30±1) ℃ 培养(24±2) h
取 0.1 mL 样品匀液接种于 10 mL LB$_2$ 增菌液
　├─(30±1) ℃ 培养(24±2) h
挑取可疑菌落
　├─分别接种李斯特氏菌显色平板、PALCAM 平板,(36±1) ℃ 培养 24 ～ 48 h
观察菌落形态
　├─分别接种木糖、鼠李糖发酵管,于(36±1) ℃ 培养(24±2) h
在 TSA - YE 平板上划线,于(36±1) ℃ 培养 18 ～ 24 h
　├─选择木糖－鼠李糖＋纯培养物,进行染色镜检、生化鉴定、毒力试验(选做)
报告

【检测要点】

(1) 本法适用于食品中单增李斯特氏菌的定性检验。

(2) 单增李斯特菌典型菌落在 PALCAM 琼脂平板上为小的圆形灰绿色菌落,周围有棕黑色水解圈,有些菌落有黑色凹陷。

(3) 单增李斯特菌鉴定及其判定条件为:

染色镜检:李斯特氏菌为革兰氏阳性短杆菌,大小为(0.4～0.5 μm)×(0.5～2.0 μm);用生理盐水制成菌悬液,在油镜或相差显微镜下观察,该菌出现轻微旋转或翻滚样的运动。

动力试验:挑取纯培养的单个可疑菌落穿刺半固体或 SIM 动力培养基,于 25～30 ℃培养 48 h,李斯特氏菌有动力,在半固体或 SIM 培养基上方呈伞状生长,如伞状生长不明显,可继续培养 5 d,再观察结果。

生化鉴定:挑取纯培养的单个可疑菌落,进行过氧化氢酶试验,过氧化氢酶阳性反应的菌落继续进行糖发酵试验和 MR－VP 试验。

溶血试验:将新鲜的羊血琼脂平板底面划分为 20～25 个小格,挑取纯培养的单个可疑菌落刺种到血平板上,每格刺种一个菌落,穿刺时尽量接近底部,但不要触到底面,同时避免琼脂破裂,(36±1)℃培养 24～48 h,于明亮处观察,单增李斯特氏菌呈现狭窄、清晰、明亮的溶血圈,若结果不明显,可置 4 ℃冰箱 24～48 h 再观察。

(4) 本法参阅:GB 4789.30 - 2016。

(二) 平板计数法

【检测步骤】

样品 25 g(或 25 mL)加稀释液 225 mL,均质
├─样液 10 倍系列稀释
选取 3 个适宜连续稀释度的样品匀液,接种李斯特菌显色平板,(36±1)℃ 培养 24 ~ 48 h
├─计数及确证试验
报告

【检测要点】

(1) 本法适用于单增李斯特氏菌含量较高的食品中单增李斯特氏菌的计数。

(2) 样品的接种,用无菌 L 棒涂布整个平板,注意不要触及平板边缘。使用前,如琼脂平板表面有水珠,可放在 25～50 ℃的培养箱里干燥,直到平板表面的水珠消失。

(3) 典型菌落计数。选择有典型单增李斯特氏菌菌落的平板,且同一稀释度 3 个平板所有菌落数合计在 15～150 CFU 之间的平板,计数典型菌落数。

① 只有一个稀释度的平板菌落数在 15～150 CFU 之间且有典型菌落,计数该稀释度平板上的典型菌落;按式(1)计算。

② 所有稀释度的平板菌落数均小于 15 CFU 且有典型菌落,应计数最低稀释度平板上的典型菌落;按式(1)计算。

③ 某一稀释度的平板菌落数大于 150 CFU 且有典型菌落,但下一稀释度平板上没有典型菌落,应计数该稀释度平板上的典型菌落;按式(1)计算。

④ 所有稀释度的平板菌落数大于 150 CFU 且有典型菌落,应计数最高稀释度平板上的典型菌落;按式(1)计算。

⑤ 所有稀释度的平板菌落数均不在 15～150 CFU 之间且有典型菌落,其中一部分小于 15 CFU 或大于 150 CFU 时,应计数最接近 15 CFU 或 150 CFU 的稀释度平板上的典型菌落;按式(1)计算。

式(1):

$$T = \frac{AB}{Cd} \quad \cdots\cdots\cdots\cdots\cdots\cdots\cdots\cdots\cdots\cdots\cdots\cdots\cdots\cdots\cdots (1)$$

式中,T 为样品中单增李斯特氏菌菌落数;A 为某一稀释度典型菌落的总数;B 为某一稀释度确证为单增李斯特氏菌的菌落数;C 为某一稀释度用于单增李斯特氏菌确证试验的菌落数;d 为稀释因子。

⑥ 2 个连续稀释度的平板菌落数均在 15～150 CFU 之间,按式(2)计算。

式(2):

$$T = \frac{A_1 B_1 / C_1 + A_2 B_2 / C_2}{1.1d} \quad\text{...............................} \quad (2)$$

式中,T 为样品中单增李斯特氏菌菌落数;A_1 为第一稀释度(低稀释倍数)典型菌落的总数;B_1 为第一稀释度(低稀释倍数)确证为单增李斯特氏菌的菌落数;C_1 为第一稀释度(低稀释倍数)用于单增李斯特氏菌确证试验的菌落数;A_2 为第二稀释度(高稀释倍数)典型菌落的总数;B_2 为第二稀释度(高稀释倍数)确证为单增李斯特氏菌的菌落数;C_2 第二稀释度(高稀释倍数)用于单增李斯特氏菌确证试验的菌落数;1.1 是计算系数;d 为稀释因子(第一稀释度)。

(4) 本法参阅:GB 4789.30 - 2016。

(三) MPN 计数法

【检测步骤】

样品 25 g(或 25 mL) 加 LB₁ 增菌液 225 mL,均质
　├──样液 10 倍系列稀释
选取 3 个适宜连续稀释度的样品匀液,各吸取 1 mL,分别接种于三管 LB₁ 肉汤
　├──(30±1)℃ 培养(24±2)h
每管各移取 0.1 mL,转种于 10 mL LB₂
　├──(30±1)℃ 培养(24±2)h
接种李斯特菌显色平板
　├──(36±1)℃ 培养 24～48 h
确证实验
　├──查 MPN 表(表 13 - 7)
报告

【检测要点】

(1) 本法适用于单增李斯特氏菌含量较低(<100 CFU/g)而杂菌含量较高的食品中单增李斯特氏菌的计数,特别是牛奶、水以及含干扰菌落计数的颗粒物质的食品。

(2) 在培养箱中,为防止中间平皿过热,高度不得超过 6 个平皿。

(3) 移液时可使用可连接吸管的电动移液器,在使用过程中,一旦液体进入电动移液器滤膜中,应立即对滤膜进行更换,以防止交叉污染。为控制污染,移液过程中不应使用微量移液器移液头。

(4) 根据证实为单增李斯特氏菌阳性的试管管数,查 MPN 检索表,报告每 g(mL)样品中单增李斯特氏菌的最可能数,以 MPN/g(mL)表示。

(5) 本法参阅:GB 4789.30 - 2016。

第五节 · 副溶血性弧菌及其检测

一、对人体的毒性与危害

副溶血性弧菌是一种分布极广的嗜盐性海洋微生物,海产品中常带有此菌,由于生食海产品或加工烹调不当或生熟交叉污染,人们食用了带有大量此菌的海产食品后易引起急性胃肠炎,尤其在夏秋季沿海地区,是引起食物中毒的重要病原菌。感染者会出现食物中毒症状,发病急骤,表现为脐周阵发性疼痛,恶心,呕吐,腹泻,水样大便,里急后重等。

二、检测意义

致病性弧菌主要引起人类急性肠炎,已成为世界范围内腹泻病最常见的病因之一,而在许多沿海城市,尤以副溶血性弧菌引起的腹泻为多见。在印度的港口城市加尔各答,由副溶血性弧菌引起的腹泻占急性腹泻的 10% 以上。我国台湾地区的一项 10 年追踪调查显示,由副溶血性弧菌引起的腹泻达 23.1%。我国的沿海城市,副溶血性弧菌引起腹泻的比率也较高,这可能与随着生活水平的提高,大量食用海产品有关。因此,对急性腹泻患者不仅要加强对霍乱弧菌的培养监测,而且也要对弧菌科中其他致病菌,尤其是副溶血性弧菌分离鉴定,这有利于急性腹泻患者病因的诊断及治疗。

三、检测方法

副溶性弧菌检测方法有国标法、聚合酶链反应法。

(一) 国标法

【仪器和材料】 ①显微镜。②酒精灯。③接种环。④恒温培养箱:(36 ± 1) ℃。⑤广口瓶。⑥载玻片。⑦冰箱:$2 \sim 5$ ℃、$7 \sim 10$ ℃。⑧恒温水浴锅:(36 ± 1) ℃。⑨均质器或无菌乳钵。⑩天平:感量 0.1 g。⑪无菌试管:18 mm×180 mm、15 mm×100 mm。⑫无菌吸管:1 mL(具 0.01 mL 刻度)、10 mL(具 0.1 mL 刻度)或微量移液器及吸头。⑬无菌锥形瓶:容量 250 mL、500 mL、1 000 mL。⑭无菌培养皿:直径 90 mm。⑮全自动微生物生化鉴定系统。⑯无菌手术剪、镊子。

【培养基和试剂】 ①3% 氯化钠碱性蛋白胨水。②硫代硫酸盐-柠檬酸盐-胆盐-蔗糖(TCBS)琼脂、3% 氯化钠胰蛋白胨大豆琼脂、我妻氏血琼脂、3% 氯化钠三糖铁琼脂。③嗜盐性试验培养基、3% 氯化钠甘露醇试验培养基、3% 氯化钠赖氨酸脱羧酶试验培养基、3% 氯化钠 MR – VP 培养基、弧菌显色培养基。④3% 氯化钠溶液。⑤氧化酶试剂、ONPG 试剂、Voges-Proskauer(VP)试剂。⑥生化鉴定试剂盒。

【检测步骤】

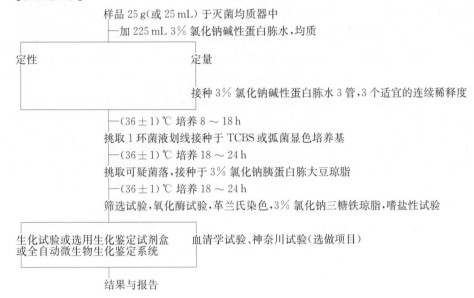

样品25g(或25mL)于灭菌均质器中
——加225mL 3%氯化钠碱性蛋白胨水,均质

定性　　　　　　　　　　　　定量

　　　　　　　　　　接种3%氯化钠碱性蛋白胨水3管,3个适宜的连续稀释度

——(36±1)℃培养8～18h
挑取1环菌液划线接种于TCBS或弧菌显色培养基
——(36±1)℃培养18～24h
挑取可疑菌落,接种于3%氯化钠胰蛋白大豆琼脂
——(36±1)℃培养18～24h
筛选试验,氧化酶试验,革兰氏染色,3%氯化钠三糖铁琼脂,嗜盐性试验

生化试验或选用生化鉴定试剂盒　　血清学试验、神奈川试验(选做项目)
或全自动微生物生化鉴定系统

结果与报告

【检测要点】

(1)如需检验水产食品是否带染某种致病菌时,其检验部位应采胃肠消化道和鳃等呼吸器官,鱼类检取肠管和鳃;虾类检取头胸节内的内脏和腹节外沿处的肠管;蟹类检取胃和鳃条;贝类中的螺类检取腹足肌肉以下的部分;贝类中的双壳类检取覆盖在斧足肌肉外层的内脏和瓣鳃。

(2)样本在收集后应该立即被冷却(7～10℃),然后尽快检验;建议实验前将样品直接放置于冰上,能避免弧菌的复苏。

(3)当需要冷冻储存样本时,在样品中加等量缓冲甘油-氯化钠溶液(液体样品应加双料),推荐贮存温度为-80℃。

(4)带壳贝类或甲壳类样品前处理时,应先在符合生活饮用水卫生标准的流水中洗刷外壳并甩干表面水分,然后以无菌操作打开外壳后取样;水产品取样时应使用不透水、不外溢的样品包装。

(5)注意分离时所选增菌液的部位,副溶血性弧菌在3%氯化钠碱性蛋白胨水中增菌后呈均匀混浊生长,培养基表面易形成菌膜,分离时,要求"液面以下1cm内",在这个范围内,应该是目标菌最多、没有干扰的区域。

(6)一般样品中含有多种弧菌比较常见,分离的时候一定要在平板上多级稀释划线,不要一条线划到底,培养出来发现没有分开。

(7)副溶血性弧菌在4℃以下不稳定,14～49d可进入VBNC(viable but non-culturable,活的非可培养状态),建议短期内可于室温保存,效果良好。如果已低温保存可通过升温(37℃)、添加营养物质、添加Tween 20将其恢复为可培养状态。

(8)本法参阅:GB 4789.7-2013。

(二)聚合酶链反应法

【仪器】①DNA扩增仪。②电泳仪。③紫外透射仪。④台式高速离心机。

【试剂】①副溶血性弧菌基因检测试剂盒:含裂解液、反应液、阳性模板、Taq酶、液体石蜡。②电泳缓冲液。

【检测步骤】

（1）菌液制备。在灭菌的 Eppondrof 管中加入 2 mL 营养肉汤,无菌接种少量副溶血性弧菌,混匀备用。待检样品用灭菌生理盐水洗涤,2 000 r/min 离心 3 min,然后加入 2 mL 营养肉汤,37 ℃培养 4～5 h 后备用。取上述制成的菌液 20 μL,8 000 r/min 离心 4 min,用无菌滤纸吸去上清液,加入 60 μL 裂解液,震荡混匀,在 100 ℃沸水浴中加热 10 min,冷却,8 000 r/min 离心 4 min,取上清液扩增。

（2）PCR 扩增。①反应体系:反应液 3 μL,灭菌水 20 μL,Taq 酶 2 μL,标本处理液(阳性模板)10 μL,摇匀后加 30 μL 液体石蜡。②循环参数:94 ℃预变性 30 s,55 ℃退火 30 s,72 ℃延伸 60 s,30 个循环。

（3）产物鉴定。配制 1%普通琼脂糖溶液,按 0.5 mg/L 加溴化乙锭(EB)制胶。取 3 μL PCR 产物点样,用 PCR Marker 作对照,50 V 电泳 5 min,再于 40 V 电泳 45 min,取出凝胶,置紫外灯下观察。副溶血性弧菌都显示出 293 bp DNA 扩增条带。

【检测要点】

（1）制备模板采用裂解液和热裂解法联合使用效果好。

（2）溴化乙锭(EB)为致癌物质,注意个人保护与安全。

第六节 · 金黄色葡萄球菌及其检测

一、对人体的毒性与危害

葡萄球菌在自然中分布广泛,能引起人食物中毒的常为金黄色葡萄球菌的产毒菌株(即毒素型菌株)。中毒者先出现唾液分泌亢进,接着为恶心、呕吐、腹痛、水样腹泻、腹部痉挛、严重者则有血便或吐出物中夹有血液,还常发生头痛、肌肉痉挛、出汗、虚脱等症状。儿童对肠毒素比成人敏感,故儿童发病率较高,病情也比成人严重。

二、检测意义

由金黄色葡萄球菌引起的食物中毒,多发于气温较高的季节。常见易被污染的食物:加少量淀粉的肉馅、凉粉、剩饭、米酒、蛋及蛋制品、奶及奶制冷饮(如棒冰等)、含奶糕点、糯米凉糕、熏鱼等。当被金黄色葡萄球菌毒素型菌株污染后,很易产生毒素,而引发人食后中毒。因此,加强对食品的监督与检测具有重要的卫生学意义。

三、检测方法

金黄色葡萄球菌检测方法有增菌培养法、直接计数法和 MPN 法。

(一) 增菌培养法

【仪器与材料】①天平:感量 0.1 g。②拍打式均质器或刀头式均质器。③接种针、接种环、涂布棒。④酒精灯。⑤涡旋混匀器。⑥恒温培养箱:(36±1) ℃。⑦冰箱:2～5 ℃。⑧恒温水浴锅:36～56 ℃。⑨显微镜。⑩无菌吸管:1 mL 具 0.01 mL 刻度、10 mL 具 0.1 mL 刻度或微量移液器及吸头。⑪无菌锥形瓶:容量 100 mL、500 mL。⑫无菌培养皿:直径 90 mm。⑬pH 计或 pH 比色管或精密 pH 试纸。

【培养基与试剂】①7.5%氯化钠肉汤、脑心浸出液肉汤(BHI)、血琼脂平板、Baird-Parker琼脂平板。②兔血浆。③稀释液:磷酸盐缓冲液。④营养琼脂小斜面。⑤革兰氏染色液。⑥无菌生理盐水。

【检测步骤】

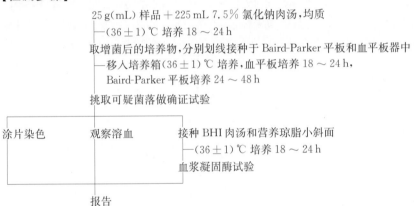

【检测要点】

(1) 增菌培养法适用于食品中金黄色葡萄球菌的定性检验。

(2) 在培养基生长的菌落,如用接种针接触似有奶油或树胶样硬度感,偶然遇到非脂肪溶解的类似菌落,但无浑浊带及透明圈。长期保存的冷冻或干燥食品中分离的菌落则黑色较淡,外观粗糙并干燥。

(3) 血浆凝固酶试验必须做阳性菌株及空白对照,这样可使被检样品检测结果可信度更大。

(4) 金黄色葡萄球菌在血平板上大部分为金黄色,但有时为白色,形态鉴定时需要注意。

如果在培养 24 h 后,Baird-Parker 平板上未见金黄色葡萄球菌可疑菌落,应继续培养 24 h,如果仍没有可疑菌落,应挑取非典型菌落鉴定。Baird-Parker 平板应尽量现用现配,在 4 ℃冰箱中存放不要超过 48 h。

(5) 本法参阅:GB 4789.10‑2016。

(二) 平板计数法

【检测步骤】

样品 25 g(或 25 mL) 于灭菌均质器中
　—加稀释液 225 mL,均质
样液于均质器中
　—样液 10 倍系列稀释

选择 2 ~ 3 个连续的适宜稀释度的样品匀液，接种 Baird-Parker 平板

  ├─(36±1)℃ 培养 24 ~ 48 h

挑取菌液 1 接种环于 MAC 和 EMB 琼脂平板

  ├─(36±1)℃ 培养 18 ~ 24 h

观察菌落特征

  ├─计数及鉴定试验

报告

【检测要点】

(1) 金黄色葡萄球菌平板计数法适用于菌数较多食品的计数。

(2) 样品的接种，用无菌涂布棒涂布整个平板，注意不要触及平板边缘。使用前，如 Baird-Parker 平板表面有水珠，可放在 25~50 ℃的培养箱里干燥，直到平板表面的水珠消失。

(3) 金黄色葡萄球菌在 Baird-Parker 平板上呈圆形，表面光滑、凸起、湿润、菌落直径为 2~3 mm，颜色呈灰黑色至黑色，有光泽，常有浅色(非白色)的边缘，周围绕以不透明圈(沉淀)，其外常有一清晰带。当用接种针触及菌落时具有黄油样黏稠感。有时可见到不分解脂肪的菌株，除没有不透明圈和清晰带外，其他外观基本相同。从长期贮存的冷冻或脱水食品中分离的菌落，其黑色常较典型菌落浅些，且外观可能较粗糙，质地较干燥。

(4) 本法参阅：GB 4789.10 - 2016。

(三) MPN 计数

【检测步骤】

样品 25 g(或 25 mL) 于灭菌均质器中

  ├─加稀释液 225 mL，均质

样液于均质器中

  ├─样液 10 倍系列稀释

选择 3 个适宜稀释度的样品匀液，各吸取 1 mL，分别接种于 3 管 7.5% 氯化钠肉汤

  ├─(36±1)℃ 培养 24 ~ 48 h

挑取菌液 1 接种环接种于 Baird-Parker 平板

  ├─(36±1)℃ 培养 24 ~ 48 h

观察菌落特征及鉴定试验

  ├─查 MPN 表(表 13 - 7)

报告

【检测要点】

(1) 金黄色葡萄球菌 MPN 计数法适用于金黄色葡萄球菌含量较低的食品中金黄色葡萄球菌的计数。

(2) 本法参阅：GB 4789.10 - 2016。

第七节 · β型溶血性链球菌及其检测

一、对人体的毒性与危害

β型溶血性链球菌在菌落周围形成完全透明的溶血环，红细胞完全溶解。该菌包括化脓

性链球菌和无乳链球菌,自然界广泛存在于土壤、污水、植物表面及粪便中,其中屠宰场、猪肉制品的腌制场所更为多见。被污染的食品以熟肉制品、奶类食品居多,人食用后往往发生急性肠胃炎,有恶心、腹痛、腹泻及呕吐,体温略高,偶有头痛、头晕等中毒症状。

二、检测意义

据知人、猪、牛、羊的粪便中粪链球菌检出率稍高于大肠菌群。β型溶血性链球菌还常见于不同温度的牛奶中,并参与牛奶变酸及蛋白质分解而加速其腐败变质。因此,加强对食品的检测具有十分重要的意义,特别加强对熟肉制品、奶类食品的监管更有必要。

三、检测方法

溶血性链球菌检测方法有国标法、杆菌肽敏感试纸快速法。

(一)国标法

【仪器与材料】①培养箱:(36 ± 1) ℃。②恒温水浴锅:(36 ± 1) ℃。③显微镜、载玻片。④离心机。⑤天平:感量 0.1 g。⑥均质器及配套均质袋。⑦酒精灯。⑧接种环。⑨冰箱:2~5 ℃。⑩厌氧培养装置。⑪无菌吸管:1 mL(具 0.01 mL 刻度)、10 mL(具 0.1 mL 刻度)或微量移液器及吸头。⑫无菌锥形瓶:容量 100 mL、200 mL、2 000 mL。⑬无菌培养皿:直径 90 mm。⑭pH 计或 pH 比色管或精密 pH 试纸。⑮微生物生化鉴定系统。

【培养基与试剂】①改良胰蛋白胨大豆肉汤(mTSB)、胰蛋白胨大豆肉汤(TSB)。②哥伦比亚 CNA 血琼脂(CNA blood agar)、哥伦比亚血琼脂(Columbia blood agar)。③革兰氏染色液。④草酸钾血浆。⑤0.25%氯化钙$(CaCl_2)$溶液。3%过氧化氢(H_2O_2)溶液。

【检测步骤】

25 g(mL)样品＋225 mL mTSB 肉汤,均质
├─(36 ± 1) ℃ 培养 18~24 h
挑取可疑菌落,分别接种于接种哥伦比亚血琼脂平板和 TSB 中
├─移入培养箱(36 ± 1) ℃ 培养 18~24 h
挑取可疑菌落,进行革兰氏染色镜检/触酶试验
├─确定鉴定:链激酶试验(选做)、生化鉴定试剂盒或生化鉴定卡
报告

【检测要点】

(1)分离 β 型溶血性链球菌应在生物安全柜中进行,同时应做好个人防护。

(2)哥伦比亚 CNA 血琼脂平板上如有 β 型溶血菌落出现,应与葡萄球菌区别。

(3)在厌氧环境下(10%二氧化碳和 90%氮气),哥伦比亚 CAN 选择性琼脂平板比普通血琼脂平板更适合 β 型溶血性链球菌的分离培养,主要表现为菌落形态典型、溶血显现更为明显,同时抑制了需氧菌及干扰菌的生长,从而提高分辨率,利于该菌的分离和筛选。

(4)链激酶试验:原理是基于溶血性链球菌能产生链激酶(即溶纤维蛋白酶),该酶能激活人体血液中的血浆蛋白酶原,使成血浆蛋白酶,而后溶解纤维蛋白。

(5)本法参阅:GB 4789.11－2014。

（二）杆菌肽敏感试纸快速法

【检测步骤】

挑取链球菌样品培养液,涂布于血平板上,用灭菌镊子取杆菌肽试纸片(每片含杆菌肽0.04 U)于血平板上,于(36±1) ℃培养 18～24 h,如出现抑菌带为阳性。同时用已知阳性菌株作对照。

第八节·蜡样芽胞杆菌及其检测

一、对人体的毒性与危害

蜡样芽胞杆菌是革兰氏阳性的需氧芽胞杆菌,易从各种食品中检出,误食由该菌污染的食品会导致食物中毒。中毒症状主要表现为两个方面:其一是以恶心、呕吐为主,并伴有头昏、发烧、四肢无力、结膜充血等症状,大多由剩米饭、油炒米饭所致;其二是以腹痛、腹泻为主,主要由腹泻毒素所致。

二、检测意义

加强对食品卫生监督与管理,严防蜡样芽胞杆菌对食品的污染,并做好各种食品的检测工作,防患于未然。

三、检测方法

蜡样芽胞杆菌检测方法有国标平板计数法和国标 MPN 法。

（一）平板计数法

【仪器与材料】 ①冰箱:2～5 ℃。②恒温培养箱:(30±1) ℃、(36±1) ℃。③均质器。④电子天平:感量 0.1 g。⑤无菌锥形瓶:100 mL、500 mL。⑥无菌吸管:1 mL(具 0.01 mL 刻度)、10 mL(具 0.1 mL 刻度)或微量移液器及吸头。⑦无菌平皿:直径 90 mm。⑧无菌试管:18 mm×180 mm。⑨显微镜:10×～100×(油镜)。⑩载玻片、盖玻片。⑪L 涂布棒。

【培养基与试剂】 ①磷酸盐缓冲液(PBS)。②甘露醇卵黄多黏菌素(MYP)琼脂、营养琼脂、酪蛋白琼脂、胰酪胨大豆羊血(TSSB)琼脂。③胰酪胨大豆多黏菌素肉汤、硝酸盐肉汤、溶菌酶营养肉汤。④动力培养基、硫酸锰营养琼脂培养基、V-P 培养基、西蒙氏柠檬酸盐培养基、明胶培养基。⑤过氧化氢溶液。⑥0.5%碱性复红。⑦糖发酵管。

【检测步骤】

样品 25 g(或 25 mL) 于灭菌均质器中

├─加稀释液 225 mL,均质

样液于均质器中

├─样液 10 倍系列稀释

选择 2～3 个连续的适宜稀释度的样品匀液,涂布 MYP 琼脂平板

├─(30±1)℃ 培养 24～48 h

观察菌落特征

├─典型菌落计数及确定鉴定

报告

【检测要点】

(1) 本法适用于蜡样芽胞杆菌含量较高的食品中蜡样芽胞杆菌的计数。

(2) 在整个操作流程中都应该设置蜡样芽胞杆菌阳性对照。为避免漏检,在生化反应出现弱阳性时,应进行重复试验。

(3) 在做完其他生化鉴定试验后,若鉴定结果为蜡样-草状-苏云金芽胞杆菌,则进行根状生长试验及蛋白质毒素结晶试验。

(4) 蛋白质毒素结晶试验:芽胞形成量少影响试验结果判读,容易造成假阴性结果。

(5) 本法参阅:GB 4789.14 - 2014。

(二) MPN 计数法

【检测步骤】

样品 25 g(或 25 mL)于灭菌均质器中

├─加稀释液 225 mL,均质

样液于均质器中

├─样液 10 倍系列稀释

选取 3 个适宜连续稀释度的样品匀液,各吸取 1 mL,分别接种于 3 管胰酪胨大豆多粘菌素肉汤

├─(30±1)℃ 培养(48±2) h

挑取可疑菌落,接种 MYP 琼脂平板

├─(30±1)℃ 培养 24～48 h

典型菌落计数及确定鉴定

├─查 MPN 表(表 13-7)

报告

【检测要点】

(1) 本法适用于蜡样芽胞杆菌含量较低的食品样品中蜡样芽胞杆菌的计数。

(2) 本法参阅:GB 4789.14 - 2014。

第九节 · 肉毒梭菌与肉毒毒素及其检测

一、对人体的毒性与危害

肉毒梭菌主要存在于土壤、水中,在死亡的畜禽、鱼类及某些昆虫体内繁殖并形成芽孢,然后又从这些动物体回到土壤与水中,易污染食品,并在适宜条件下于食物中产生肉毒毒素,人食用后易发生食物肉毒中毒。以神经麻痹为主要症状,且死亡率较高。中毒者全身乏力,头痛,头晕眩,继而视力模糊、复视、斜视、瞳孔放大、眼肌麻痹、光反应迟钝,重者运动、吞咽、呼吸均有困难,常危及生命。

二、检测意义

1896 年 Van Ermengem 首先发现肉毒梭菌。当年在比利时 Ellezelles 音乐会会餐中有 34 人因吃火腿而引起中毒,死亡 3 人,经查证实在火腿肌纤维中发现该菌。我国肉毒中毒的食品,常见于家庭自制的食物,如臭豆腐、豆豉、豆酱、豆腐渣、腌菜、变质豆芽、变质土豆、米松糊(为锡伯族人喜爱的食品,是面酱中间产物,曾致肉毒中毒,当时被称为察尔查尔病)等。因这些食物蒸煮加热时间短,未能杀灭芽孢,在坛内(20～30 ℃)发酵多日后,成了肉毒梭菌及芽孢繁殖产生毒素的条件,如果食用前又未经充分加热处理,人食后而中毒。另外动物性食品,如不新鲜的肉类、腊肉、腌肉、风干肉、熟肉、死畜肉、鱼类、鱼肉罐头、香肠、动物油(猪油、羊油)、蛋类(臭鸡蛋)等亦可引起食物中毒。为此,特别是对不经加热处理,而直接食用的各种食物更应严格监控,严防肉毒毒素或肉毒梭菌污染食物,造成中毒事故的发生,故加强食品检测在卫生学上的意义极为重要。

三、检测方法

用于食品中肉毒梭菌与肉毒毒素检测方法有国标法和增菌培养法。

(一)国标法

【仪器与材料】①冰箱:2～5 ℃、-20 ℃。②天平:感量 0.1 g。③无菌手术剪、镊子、试剂勺。④均质器或无菌乳钵。⑤离心机:3 000 r/min、14 000 r/min。⑥厌氧培养装置。⑦恒温培养箱:(35±1) ℃、(28±1) ℃。⑧恒温水浴箱:(37±1) ℃、(60±1) ℃、(80±1) ℃。⑨显微镜:10×～100×。⑩无菌注射器:1.0 mL。⑪小鼠:15～20 g,每一批次试验应使用同一品系的 KM 或 ICR 小鼠。

【试剂】①庖肉培养基、卵黄琼脂培养基。②胰蛋白酶胰蛋白胨葡萄糖酵母膏肉汤。③明胶磷酸盐缓冲液、磷酸盐缓冲液(PBS)、TE 缓冲液。④革兰氏染色液。⑤10%胰蛋白酶溶液、1 mol/L 氢氧化钠溶液、1 mol/L 盐酸溶液、10 mg/mL 溶菌酶溶液、10 mg/mL 蛋白酶 K 溶液、3 mol/L 乙酸钠溶液(pH 5.2)。⑥肉毒毒素诊断血清。⑦无水乙醇和 95%乙醇。

【检测步骤】

(1) 肉毒梭菌检测

```
液体检样                        固体检样
 ─摇匀,以无菌操作量取 25 mL 样液    ─25 g＋25 mL(或 50 mL)明胶磷酸盐
  于 3 000 r/min 离心 10～20 min      缓冲液,均质
 ─保留底部沉淀及液体约 12 mL,重悬  样品匀液
沉淀悬浮液
         │                    │
         └──────────┬─────────┘
          吸取样品匀液或沉淀悬浮液 2 mL 分别接种至庖肉培养基和 TPGYT 肉汤管
           ─庖肉培养基置于(35±1) ℃ 厌氧培养 5 d
           ─TPGYT 肉汤置于(28±1) ℃ 厌氧培养 5 d
```

取 1 mL 增菌液,加入等体积过滤除菌的无水乙醇,混匀,室温下放置 1 h
——将增菌培养物和经乙醇处理的增菌液分别划线接种至
卵黄琼脂平板,(35±1)℃ 厌氧培养 48 h
观察平板培养物菌落形态,挑取可疑菌落,进行鉴定试验

| 菌落形态观察 | 革兰氏染色镜检 | PCR 鉴定 | 菌株产毒试验 |

报告

(2) 肉毒毒素检测

液体检样
——摇匀,以无菌操作量取 25 mL 样液
样液于 3 000 r/min 离心 10 ～ 20 min
——取上清液于离心管中,进行毒素检测
报告

固体检样
——25 g＋25 mL(或 50 mL)明胶磷酸盐
缓冲液,均质
样液于 3 000 r/min 离心 10 ～ 20 min
——取上清液于离心管中,进行毒素检测
报告

【检测要点】

(1) 检样注射于小白鼠腹腔,为标准方法。

(2) 肉毒梭菌毒素检测动物试验应遵循 GB 15193.2 - 2014《食品安全国家标准 食品毒理学实验室操作规范》的规定。

(3) 肉毒梭菌毒素定型试验时,未经胰酶激活处理的样品上清液的毒素检出试验或确证试验为阳性者,则毒力测定和定型试验可省略胰酶激活处理试验。

(4) 肉毒梭菌检验接种时,用无菌吸管轻轻吸取样品匀液或离心沉淀悬浮液,将吸管口小心插入肉汤管底部,缓缓放出样液至肉汤中,切勿搅动或吹气。TPGYT 增菌液的毒素试验无需添加胰酶处理。

(5) 进行菌株产毒试验时,可根据 PCR 阳性菌株型别,直接用相应型别的肉毒毒素诊断血清进行确证试验。

(6) 实验过程中增菌用庖肉肉汤和 TPGY 肉汤培养基最好为现配制现使用,若想储备后使用,应在 2～8 ℃ 条件下存储,存储期限不得大于 2 w。

庖肉肉汤和 TPGY 肉汤培养基隔水煮沸时,应在培养基自身煮沸后开始计时。

(7) 卵黄琼脂培养基平板应现用现制备。经乙醇处理的培养物划线接种于卵黄琼脂培养基时,平皿使用前应充分干燥以防菌落扩散。

(8) 肉毒梭菌培养过程中严格厌氧,中间观察菌的生长情况时严禁打开厌氧罐。

(9) 本法参阅:GB 4789.12 - 2016。

(二) 增菌培养法

【仪器与材料】 ①均质器。②恒温培养箱。③离心机。④厌氧培养装置。⑤吸管。⑥平皿。⑦接种环。

【培养基】 ①庖肉培养基。②卵黄琼脂平板。

【检测步骤】

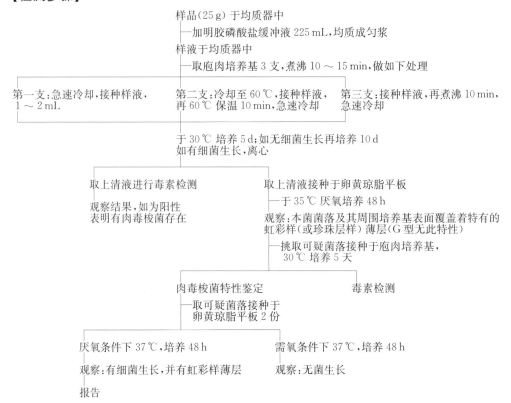

样品(25 g)于均质器中

——加明胶磷酸盐缓冲液 225 mL,均质成匀浆

样液于均质器中

——取庖肉培养基 3 支,煮沸 10～15 min,做如下处理

第一支:急速冷却,接种样液,1～2 mL

第二支:冷却至 60 ℃,接种样液,再 60 ℃保温 10 min,急速冷却

第三支:接种样液,再煮沸 10 min,急速冷却

于 30 ℃ 培养 5 d;如无细菌生长再培养 10 d
如有细菌生长,离心

取上清液进行毒素检测

观察结果,如为阳性表明有肉毒梭菌存在

取上清液接种于卵黄琼脂平板

——于 35 ℃ 厌氧培养 48 h

观察:本菌菌落及其周围培养基表面覆盖着特有的虹彩样(或珍珠层样)薄层(G 型无此特性)

——挑取可疑菌落接种于庖肉培养基,30 ℃ 培养 5 天

肉毒梭菌特性鉴定

——取可疑菌落接种于卵黄琼脂平板 2 份

毒素检测

厌氧条件下 37 ℃,培养 48 h

观察:有细菌生长,并有虹彩样薄层

报告

需氧条件下 37 ℃,培养 48 h

观察:无菌生长

【检测要点】

（1）本菌培养特征为菌落及培养基表面覆盖虹彩样薄层(或珍珠层样),但本菌的 G 型无此现象。

（2）庖肉培养基制备:成分有牛心 454 g,蛋白胨 20 g,葡萄糖 2 g,NaCl 5 g。在试管中各分装 12.5 g 干燥商品制剂,每管再加蒸馏水 10 mL,充分混匀,浸泡 15 min,调 pH 为 7.0～7.4,于 121 ℃高压灭菌 15 min。

（3）为检出蜂蜜中的肉毒梭菌,蜂蜜样品需预温 37 ℃(流质蜂蜜),或 52～53 ℃(晶质蜂蜜),充分搅拌后立即称取 20 g,溶于 100 mL 灭菌蒸馏水(37 ℃或 52～53 ℃),搅拌稀释,以 8 000～10 000 r/min 离心 30 min(20 ℃),沉淀,加灭菌蒸馏水 1 mL,充分摇匀,等分各半,接种庖肉培养基(8～10 mL)各 1 支,分别在 30 ℃及 37 ℃下厌氧培养 7 天,进行肉毒毒素检测。

附 录

一、试剂规格和溶液浓度表示方法

（一）试剂规格

试剂的分级基本上是根据所含杂质的多少来划分的，其杂质的含量在化学试剂标签上均注明了，我国化学工业部标准（HG3-119-64）规定分为三级：优级纯（G.R.）、分析纯（A.R.）、化学纯（C.P.）。还有光谱纯试剂（S.P.）、色谱试剂（C.R.）、生物试剂（B.R.）、生物染色剂（B.S.）及实验试剂（L.R.）等（表1）。

表1 化学试剂等级标志及纯度与用途

名称	英语缩写	瓶签颜色	纯度与用途
优级纯（保证试剂）	G.R.	绿色	纯度高，杂质含量低，适用于科学研究和配制标准液
分析纯	A.R.	红色	纯度较高，杂质含量较低，适用于定性、定量分析
化学纯	C.P.	蓝色	质量略低于分析纯，用途同上
实验试剂	L.R.	棕色或其他色	质量较低，用于一般定性分析
生物试剂	B.R.	黄色或其他色	用于生化研究和分析试验
生物染色剂	B.S.		用于生物组织学、细胞学及微生物染色
光谱纯试剂	S.P.	绿色、红色、蓝色	纯度比优级纯高，用于光谱分析和标准液配制

（二）溶液浓度表示方法

所谓溶液浓度，指一定量的溶液或溶剂中所含溶质的量。1984年我国颁布了《中华人民共和国法定计量单位》，要求表示溶液浓度统一用"物质B的浓度"或"物质B的物质的量浓度"。其定义为物质B的物质的量除以混合物的体积；单位为摩（尔）每升，符号为mol/L。主要介绍物质B的浓度及质量百分比浓度。

（1）质量百分比浓度 所谓质量百分比浓度（简称百分比浓度），就是指用100份质量溶液里所含溶质的质量份数来表示的浓度。计算公式：

$$百分比浓度 = \frac{溶质质量}{溶液质量} \times 100\%$$

（溶液质量＝溶质质量＋溶剂质量）

例1:将10 g NaOH溶于1 000 g水中,求溶液百分比浓度。

$$氢氧化钠百分比浓度=\frac{10}{10+1\,000}\times100\%=0.99\%$$

例2:将相对密度为1.84浓H_2SO_4 15 mL加入80 mL水中,计算该H_2SO_4溶液的百分比浓度。

∵溶质(纯H_2SO_4)的质量:1.84 g/mL×15 mL×96%=26.5 g

溶液质量:1.84 g/mL×15 mL+80 mL×1 g/mL=107.6 g

∴H_2SO_4溶液的百分比浓度$=\frac{26.5\,g}{107.6\,g}\times100\%=24\%$

例3:配制100 g 20%$CuSO_4$溶液,需要用多少克$CuSO_4 \cdot 5H_2O$和多少毫升H_2O?

∵需无水$CuSO_4$的质量为:100×20%=20 g

换算为含结晶水的$CuSO_4$质量:$20\,g\times\frac{CuSO_4 \cdot 5H_2O}{CuSO_4}=20\,g\times\frac{250}{160}=31.25\,g$

需H_2O质量为=100 g−31.25 g=68.75 g

例4:怎样混合65%和5%的两种溶液,才能得到20%的溶液。

可用简便的十字交叉法计算,图解法如下:

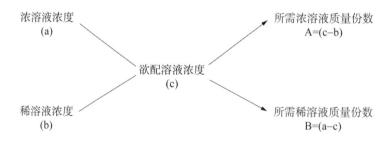

代入图解法,则

即1份65%溶液和3份5%溶液混合便成为20%的溶液。

注:如用水稀释溶液,则左下有稀溶液百分比浓度一项为零;如加入固态无水物质,以增加溶液浓度,则左上角浓溶液百分比浓度一项为100%。

(2) 物质B的物质的量浓度

物质B的物质的量浓度定义为:物质B的物质的量除以混合物的体积,符号为C_B,以mol/L表示。公式:

$$物质B的物质的量浓度=\frac{物质B的物质的量(mol)}{混合物的体积(L)}$$

以M表示摩(尔)浓度,n表示溶质摩(尔)数,V表示溶液体积,公式:$M=\frac{n}{V}$

例1:1 000 g 水中溶解 582.5 g HCl,制得的 HCl 密度为 1.19 g/mL,求 HCl 的量浓度。

∵从 HCl 的质量和密度求 HCl 体积

$$V = \frac{m}{d} = \frac{(1\,000 + 582.5)(g)}{1.19(g/mL)} = 1\,330(mL)$$

∴溶质的摩(尔)数

$$n = \frac{m}{M} = \frac{582.5(g)}{36.5(g/mol)} = 15.96(mol)$$

∴HCl 的量浓度

$$M = \frac{n}{V} = \frac{15.96(mol)}{\frac{1\,330}{1\,000}(L)} = 12.00(mol/L)$$

HCl 的量浓度是 12.00 mol/L。

例2:将 64.4 g $Na_2SO_4 \cdot 10H_2O$ 溶于水中,配成 1 L 溶液,求:①该溶液内 Na_2SO_4 的量浓度。②该溶液内 Na^+ 和 SO_4^{2-} 离子的量浓度。

已知 $Na_2SO_4 \cdot 10H_2O$ 的摩(尔)质量为 322 g/mol,

∴$Na_2SO_4 \cdot 10H_2O$ 的摩(尔)数为:$n = \frac{64.4(g)}{322(g/mol)} = 0.02(mol)$

该溶液内 Na_2SO_4 的量浓度为:$M = \frac{n}{V} = \frac{0.2(mol)}{1(L)} = 0.2(mol/L)$

∵Na_2SO_4 是强电解质,在水中完全电离:

$$Na_2SO_4 = 2Na^+ + SO_4^{2-}$$
$$1(mol) \quad 2(mol) \quad 1(mol)$$

即 1 mol Na_2SO_4 电离成 2 mol Na^+ 和 1 mol SO_4^{2-}

∴SO_4^{2-} 的量浓度与 Na_2SO_4 的量浓度相等,也是 0.20 mol/L;而 Na^+ 的量浓度则为 Na_2SO_4 量浓度的 2 倍,为 0.40 mol/L。

二、培养基制备

【菌落总数及其检测】

1. 平板计数琼脂(plate count agar)培养基

成分:胰蛋白胨 5.0 g,酵母浸膏 2.5 g,葡萄糖 1.0 g,琼脂 15.0 g,蒸馏水 1 000 mL。

制法:将上述成分溶于蒸馏水中,煮沸溶解,调节 pH 至 7.0±0.2。分装于适宜容器,121 ℃高压灭菌 15 min。

2. 无菌磷酸盐缓冲液

成分:磷酸二氢钾(KH_2PO_4)34.0 g,蒸馏水 500 mL。

贮存液:称取 34.0 g 的磷酸二氢钾溶于 500 mL 蒸馏水中,用大约 175 mL 的 1 mol/L 氢氧化钠溶液调节 pH 至 7.2,用蒸馏水稀释至 1 000 mL 后贮存于冰箱。

稀释液:取贮存液 1.25 mL,用蒸馏水稀释至 1 000 mL,分装于适宜容器中,121 ℃高压灭菌 15 min。

3. 无菌生理盐水

成分:氯化钠 8.5 g,蒸馏水 1 000 mL。

制法:称取 8.5 g 氯化钠溶于 1 000 mL 蒸馏水中,121 ℃高压灭菌 15 min。

【大肠菌群及其检测】

1. 月桂基硫酸盐胰蛋白胨(LST)肉汤

成分:胰蛋白胨或胰酪胨 20.0 g,氯化钠 5.0 g,乳糖 5.0 g,磷酸氢二钾(K_2HPO_4)2.75 g,磷酸二氢钾(KH_2PO_4)2.75 g,月桂基硫酸钠 0.1 g,蒸馏水 1 000 mL。

制法:将上述成分溶解于蒸馏水中,调节 pH 至 6.8±0.2。分装到有玻璃小倒管的试管中,每管 10 mL。121 ℃高压灭菌 15 min。

2. 煌绿乳糖胆盐(BGLB)肉汤

成分:蛋白胨 10.0 g,乳糖 10.0 g,牛胆粉(oxgall 或 oxbile)溶液 200 mL,0.1% 煌绿水溶液 13.3 mL,蒸馏水 800 mL。

制法:将蛋白胨、乳糖溶于约 500 mL 蒸馏水中,加入牛胆粉溶液 200 mL(将 20.0 g 脱水牛胆粉溶于 200 mL 蒸馏水中,调节 pH 至 7.0~7.5),用蒸馏水稀释到 975 mL,调节 pH 至 7.2±0.1,再加入 0.1% 煌绿水溶液 13.3 mL,用蒸馏水补足到 1 000 mL,用棉花过滤后,分装到有玻璃小倒管的试管中,每管 10 mL。121 ℃高压灭菌 15 min。

3. 结晶紫中性红胆盐琼脂(VRBA)

成分:蛋白胨 7.0 g,酵母膏 3.0 g,乳糖 10.0 g,氯化钠 5.0 g,胆盐或 3 号胆盐 1.5 g,中性红 0.03 g,结晶紫 0.002 g,琼脂 15~18 g,蒸馏水 1 000 mL。

制法:将上述成分溶于蒸馏水中,静置几分钟,充分搅拌,调节 pH 至 7.4±0.1。煮沸 2 min,将培养基融化并恒温至 45~50 ℃倾注平板。使用前临时制备,不得超过 3 h。

4. 磷酸盐缓冲液

成分:磷酸二氢钾(KH_2PO_4)34.0 g,蒸馏水 500 mL。

贮存液:称取 34.0 g 的磷酸二氢钾溶于 500 mL 蒸馏水中,用大约 175 mL 的 1 mol/L 氢氧化钠溶液调节 pH 至 7.2±0.2,用蒸馏水稀释至 1 000 mL 后贮存冰箱。

稀释液:取贮存液 1.25 mL,用蒸馏水稀释至 1 000 mL,分装于适宜容器中,121 ℃高压灭菌 15 min。

5. 无菌生理盐水

成分:氯化钠 8.5 g,蒸馏水 1 000 mL。

制法:称取 8.5 g 氯化钠溶于 1 000 mL 蒸馏水中,121 ℃高压灭菌 15 min。

6. 1 mol/L NaOH 溶液

成分:NaOH 40.0 g,蒸馏水 1 000 mL。

制法:称取 40 g 氢氧化钠溶于 1 000 mL 无菌蒸馏水中。

7. 1 mol/L HCl 溶液

成分:HCl 90 mL,蒸馏水 1 000 mL。

制法:移取浓盐酸 90 mL,用无菌蒸馏水稀释至 1 000 mL。

三、食品中药物最高残留量

药物	食品	最高残留限量(μg/kg)	标准
土霉素、金霉素、四环素（单个或复合物）	牛、羊奶 牛、羊、猪、家禽、虾肉；鱼肉（皮）	≤100 ≤200	GB 31650－2019
	家禽蛋	≤400	GB 31650.1－2022
	猪、家禽、鱼、虾肝 牛、羊、猪、家禽肾	≤600 ≤1200	GB 31650－2019
青霉素	家禽蛋	≤4	GB 31650.1－2022
	牛奶 牛、猪、家禽肉、肝和肾；鱼肉（皮）	≤4 ≤50	GB 31650－2019
链霉素	牛奶、羊奶 牛、羊、猪、鸡肉、脂肪和肝 牛、羊、猪、鸡肾	≤200 ≤600 ≤1000	GB 31650－2019
庆大霉素	牛、猪肉和脂肪；鸡、火鸡可食组织 牛奶 牛、猪肝 牛、猪肾	≤100 ≤200 ≤2000 ≤5000	GB 31650－2019
氯霉素	畜肉（绿色食品）	不得检出（<0.1）	NY/T 2799－2023
恩诺沙星	家禽蛋	≤10	GB 31650.1－2022
	牛、羊、猪、兔、家禽等肉和脂肪；牛、羊奶 鱼肉（皮） 牛、羊肝；猪、兔、家禽肾	≤100 ≤200 ≤300	GB 31650－2019
泰乐菌素	牛、猪、鸡、火鸡肉、脂肪、肝和肾；牛奶 鸡蛋	≤100 ≤300	GB 31650－2019
头孢氨苄	牛奶 肉、脂肪、肝 肾	≤100 ≤200 ≤1 000	GB 31650－2019
伊维菌素	牛奶 牛、羊、猪肉和肾 牛、羊、猪脂肪和肝	≤10 ≤30 ≤100	GB 31650－2019
磺胺类	家禽蛋	≤10	GB 31650.1－2022
	牛奶 牛、羊、猪肉 牛、羊、猪脂肪和肝	≤10 ≤30 ≤100	GB 31650－2019
	家禽蛋	≤10	GB 31650.1－2022
	所有动物食品肉、脂肪、肝和肾；牛、羊奶；鱼肉（皮）	≤100	GB 31650－2019
呋喃唑酮	畜肉（绿色食品）	不得检出（<0.25）	NY/T 2799－2023
	畜禽调制肉制品	不得检出（<0.25）	NY/T 843－2015

(续表)

药物	食品	最高残留限量（μg/kg）	标准
	畜禽可食用副产品	不得检出（<0.25）	NY/T 1513-2017
	水产品	不得检出	NY 5070-2002
	冷却羊肉	≤10	NY/T 633-2002
氯羟吡啶	牛、羊奶 牛、羊、猪肉 牛、羊肝 牛、羊肾 鸡、火鸡肉	≤20 ≤200 ≤1 500 ≤3 000 ≤5 000	GB 31650-2019
喹乙醇	猪肉 肝	≤4 ≤50	GB 31650-2019
盐酸克伦特罗	畜肉(绿色食品)	不得检出（<0.25）	NY/T 2799-2023
乙烯雌酚	鲜、冻禽	不得检出	GB 16869-2005

四、水产品中渔药残留限量[①]

药物名称	指标(MRL)/(μg/kg)
金霉素、土霉素、四环素、磺胺嘧啶、磺胺甲基嘧啶、磺胺二甲基嘧啶	100
氯霉素、己烯雌酚、喹乙醇、呋喃唑酮	不得检出
甲氧苄啶	50
噁喹酸	300

注:①标准 NY 5070-2002。

五、食品中农药最高残留限量[①]

农药	食品	最大残留限量(mg/kg)
甲胺磷	肉类(含内脏)、蛋类 蔬菜、水果、茶叶 生乳	0.01 0.05 0.02
甲氰菊酯	水果、茶叶 肉类、蛋类、生乳	5 0.01
溴氰菊酯	粮食类、蔬菜 水果 茶叶	0.5 0.1 10
辛硫磷	粮食类、蔬菜、水果 茶叶	0.05 0.2

（续表）

农药	食品	最大残留限量(mg/kg)
抗蚜威	粮食类	0.05
	水果	0.5
	蔬菜	1
三唑酮	谷物	0.2
	蔬菜、水果	1
	肉类、蛋类、生乳	0.01
杀虫双	蔬菜、水果	1
	粮食类	0.2
多菌灵	粮食类	0.5
	蔬菜	3
	水果	2
	肉类、蛋类、生乳	0.05
	茶叶	5
百菌清	粮食类	0.2
	蔬菜	5
	茶叶	10
	水果	1
三氯杀螨醇	蔬菜、水果	0.01
	粮食类	0.02
六六六	粮食类、蔬菜、水果	0.05
	蛋类、水产品	0.1
	茶叶	0.2
	生乳	0.02
敌敌畏	粮食类	0.1
	蔬菜、水果	0.2
	哺乳动物肉类、禽肉类、蛋类、生乳	0.01
氯氰菊酯和高效氯氰菊酯	粮食类、蔬菜、水果、哺乳动物肉类	2
	禽肉类	0.1
	蛋类	0.01
	生乳	0.05
	茶叶	20
马拉硫磷	粮食类、蔬菜	8
	水果	2
倍硫磷	粮食类、蔬菜、水果	0.05
乐果	粮食类、猪肉、牛肉、羊肉、马肉、禽肉类、蛋类、牛奶、羊奶、茶叶	0.05
滴滴涕 DDT	粮食类、蔬菜、水果	0.05
	蛋类	0.1
	茶叶、哺乳动物肉类及其制品	0.2
	生乳	0.02
	水产品	0.5

注：①标准 GB 2763 - 2021。

六、食品有害有毒元素最高残留限量[①]

有害有毒元素	食品名称	限量(mg/kg)
汞 (以 Hg 计)	水产动物及其制品	0.5(以甲基汞计)
	肉及肉制品、蛋及蛋制品	0.05
	谷物及制品、婴幼儿罐装辅助食品	0.02
	蔬菜及其制品、乳及乳制品	0.01
	调味品	0.10
	饮用天然矿泉水	0.001 mg/L
铅 (以 Pb 计)	肉类、蛋及蛋制品、酒类、水果制品	0.2
	酱腌菜、食用菌、鱼类制品、白酒、糖果	0.5
	新鲜蔬菜、新鲜水果	0.1
	鲜、冻水产动物、水产制品、调味品	1.0
	蔬菜制品、肉制品、饮料类、冷冻饮品	0.3
	茶叶	5
镉 (以 Cd 计)	肉与肉制品、鱼类、鱼类制品	0.1
	粮食类、食用菌及其制品、鱼类罐头	0.2
	新鲜蔬菜、新鲜水果、蛋及蛋制品	0.05
	油脂及其制品	0.1
	包装饮用水	0.01 mg/L
无机砷	鱼油及其制品、婴幼儿罐装辅助食品	0.1
	水产调味品	0.5
总砷 (以 As 计)	调味品、巧克力及其制品、辅食营养补充品	0.5
锡 (以 Sn 计)	食品(饮料类、婴幼儿配方食品、婴幼儿辅助食品除外)	250
	饮料	150
	婴幼儿配方食品、婴幼儿辅助食品	50
铬 (以 Cr 计)	肉及肉制品、谷物	1.0
	水产动物及其制品、乳粉和调制乳粉	2.0
	新鲜蔬菜	0.5
	生乳、巴氏杀菌乳、灭菌乳、调制乳、发酵乳	0.3
镍 (以 Ni 计)	氢化植物油、含氢化和(或)部分氢化油脂的油脂制品	1.0

注:①标准 GB 2762 – 2022。

七、食品中致癌物质最高残留限量

致癌物质(μg/kg)	食品	限量	标准
黄曲霉毒素 B₁	玉米、玉米面及玉米制品、花生及其制品、花生油、玉米油	20	GB 2761 – 2017

(续表)

致癌物质(μg/kg)	食品	限量	标准
黄曲霉毒素 B_1	稻米、糙米、大米、植物油脂(花生油、玉米油除外)	10	GB 2761－2017
	小麦、大麦、其他谷物、小麦粉、麦片、发酵豆制品、酱油、醋、酿造酱	5	
黄曲霉毒素 M_1	乳及乳制品	0.5	
苯并〔a〕芘	熏烤肉类、熏烤水产品	5.0	
	奶油类	10	
N－二甲基亚硝胺	肉制品	3.0	GB 2762－2022
	水产制品	4.0	
多氯联苯	水产品及其制品	20	
	水产动物油脂	200	

八、食品防腐剂、发色剂使用量标准[①]

名称	使用范围	最大使用量(g/kg)	备注
苯甲酸及其钠盐	酱油、醋、果酱、腌渍的蔬菜、酱及酱制品、果蔬汁类饮料、茶、咖啡、植物类饮料、风味饮料	1.0	以苯甲酸计
	蜜饯凉果	0.5	
	碳酸饮料、特殊用途饮料	0.2	
	浓缩果蔬汁	2.0	
山梨酸及其钾盐	酱油、醋、果酱、腌渍的蔬菜、糖果、面包、糕点、水产品类、乳酸菌饮料	1.0	以山梨酸计
	蜜饯凉果、酱及酱制品、饮料类、果冻	0.5	
	熟肉制品、预制水产品(半成品)	0.075	
	葡萄酒	0.2	
	浓缩果蔬汁	2.0	
对羟基苯甲酸酯类及其钠盐(对羟基苯甲酸乙酯钠)	酱油、醋、酱及酱制品、蚝油、虾油、鱼露等、果酱(罐头除外)、果蔬汁类饮料、风味饮料(仅限果味饮料)	0.25	以对羟基苯甲酸计
丙酸及其钠盐、钙盐	面包、糕点、酱油、醋	2.5	以丙酸计
	原粮	1.8	
	生湿面制品(如面条、饺子皮)	0.25	
硝酸钠 硝酸钾	腌腊肉制品(如咸肉、腊肉、板鸭、中式火腿、腊肠)、酱卤肉制品类、熏、烧、烤肉类、油炸肉类、肉灌肠类、西式火腿(熏烤、烟熏、蒸煮火腿)类、发酵肉制品	0.5	以亚硝酸钠(钾)计,残留量 ≤30 mg/kg

(续表)

名称	使用范围	最大使用量 (g/kg)	备注
亚硝酸钠	腌腊肉制品类(如咸肉、腊肉、板鸭、中式火腿、腊肠)、酱卤肉制品类、熏、烧、烤肉类、油炸肉类、肉灌肠类、发酵肉制品类	0.15	以亚硝酸钠计,残留量≤30 mg/kg
	西式火腿(熏烤、烟熏、蒸煮火腿)类		残留量≤70 mg/kg
	肉类罐头		残留量≤50 mg/kg

注:①标准 GB 2760－2014。

九、食品中抗氧化剂使用量标准①

名称	使用范围	最大使用量 (g/kg)	备注
丁基羟基茴香醚(BHA)	脂肪、油和乳化脂肪制品、方便米面制品、饼干、腌腊肉制品类(如咸肉、腊肉、板鸭、中式火腿、腊肠)、水产制品、膨化食品	0.2	以油脂中的含量计
二丁基羟基甲苯(BHT)	脂肪、油和乳化脂肪制品、干制蔬菜、方便米面制品、饼干、腌腊肉制品类(如咸肉、腊肉、板鸭、中式火腿、腊肠)、水产制品、膨化食品	0.2	以油脂中的含量计
没食子酸丙酯(PG)	脂肪、油和乳化脂肪制品、方便米面制品、饼干、腌腊肉制品类(如咸肉、腊肉、板鸭、中式火腿、腊肠)、水产制品、膨化食品	0.1	以油脂中的含量计
D-异抗坏血酸及其钠盐	葡萄酒 浓缩果蔬汁	0.15 按生产需要适量使用	以抗坏血酸计

注:①标准 GB 2760－2014。

十、食品中漂白剂使用量标准①

名称	使用范围	最大使用量 (g/kg)	备注
二氧化硫	蔬菜罐头、坚果与籽类罐头、生湿面制品(如面条、饺子皮等)	0.05	最大使用量以二氧化硫残留量计
焦亚硫酸钾	果蔬汁及饮料	0.05	
焦亚硫酸钠	腌渍的蔬菜、糖果、饼干、食糖	0.1	
亚硫酸钠	干制蔬菜	0.2	
亚硫酸氢钠	蜜饯凉果	0.35	
低亚硫酸钠	葡萄酒、果酒	0.25 g/L	
硫磺	水果干类、食糖 蜜饯凉果 干制蔬菜	0.1 0.35 0.2	只限用于熏蒸,最大使用量以二氧化硫残留量计

注:①标准 GB 2760－2014。

十一、食品中甜味剂使用量标准①

名称	使用范围	最大使用量 (g/kg)	备注
糖精钠	冷冻饮品、腌渍的蔬菜	0.15	以糖精计
	水果干类、凉果类、话化类、果糕类	5.0	
	蜜饯凉果	1.0	
环己基氨基磺酸钠(又名甜蜜素)环己基氨基磺酸钙	冷冻饮品、水果罐头、腐乳类、饼干、饮料类、果冻	0.65	以环己基氨基磺酸计
	果酱、蜜饯凉果、腌渍的蔬菜	1.0	
	凉果类、话化类、果糕类	8.0	
	面包、糕点	1.6	
天门冬酰苯丙氨酸甲酯(又名阿斯巴甜)	风味发酵乳、冷冻饮品、水果罐头、果酱、水果甜品、果冻	1.0	
	蜜饯凉果	2.0	
	盐渍水果、腌渍的蔬菜、水产品(半成品)、水产品罐头	0.3	
	饮料、茶、咖啡	0.6	
	糕点、饼干、其他焙烤食品	1.7	
	面包	4.0	
	膨化食品	0.5	
乙酰磺胺酸钾(又名安赛蜜)	冷冻饮品、水果罐头、果酱、蜜饯类、腌渍的蔬菜、焙烤食品、饮料类、果冻	0.3	
	风味发酵乳	0.35	
	糖果	2.0	
异麦芽酮糖	调味乳、风味发酵乳、冷冻饮品、水果罐头、果酱、蜜饯凉果、糖果、面包、糕点、饼干、饮料类	按生产需要适量使用	
	冷冻鱼糜制品(包括鱼丸等)	0.5	
甘草酸铵 甘草酸一钾及三钾	蜜饯凉果、糖果、饼干、肉罐头类、调味品、饮料类	按生产需要适量使用	
甜菊糖苷	风味发酵乳、饮料类	0.2	以甜菊醇当量计
	冷冻饮品、果冻	0.5	
	蜜饯凉果	3.3	
	糖果	3.5	
	糕点	0.33	
	膨化食品	0.17	

注:①标准 GB 2760 - 2014。

十二、食品中着色剂使用量标准[①]

名称	使用范围	最大使用量/(g/kg)	备注
胭脂红及其铝色淀	调味乳、风味发酵乳、冷冻饮品、蜜饯凉果、腌渍的蔬菜、饮料类、膨化食品、果冻	0.05	以胭脂红计
	果酱、半固体复合调味料	0.5	
	糖果	0.1	
赤藓红及其铝色淀	凉果类、糖果、酱及酱制品、复合调味料、饮料类	0.05	以赤藓红计
	肉灌肠类、肉罐头类	0.015	
新红及其铝色淀	凉果类、糖果、饮料类	0.05	以新红计
柠檬黄及其铝色淀	蜜饯凉果、腌渍的蔬菜、糖果、香辛酱料、饮料类、膨化食品	0.1	以柠檬黄计
	风味发酵乳、冷冻饮品、果冻	0.05	
日落黄及其铝色淀	水果罐头、蜜饯凉果、糖果、饮料类	0.1	以日落黄计
	果酱	0.5	
	果冻	0.025	
亮蓝及其铝色淀	风味发酵乳、冷冻饮品、凉果类、腌渍的蔬菜、饮料类、果冻	0.025	以亮蓝计
	香辛料、香辛料酱	0.01	
	膨化食品	0.05	
靛蓝及其铝色淀	蜜饯类、凉果类、糖果、饮料类	0.1	以靛蓝计
	膨化食品	0.05	
红花黄	腌腊肉制品类(如咸肉、腊肉、板鸭、中式火腿、腊肠)、腌渍的蔬菜、蔬菜罐头	0.5	
	水果罐头、蜜饯凉果、糖果、饮料类	0.2	
叶绿素铜钠盐 叶绿素铜钾盐	冷冻饮品、蔬菜罐头、糖果、焙烤食品、果冻、饮料类	0.5	
栀子黄	冷冻饮品、蜜饯类、糖果、饮料类、膨化食品、果冻	0.3	
	腌渍的蔬菜、饼干、熟肉制品(仅限禽肉熟制品)	1.5	
	糕点	0.9	
可可壳色	冷冻饮品、饼干	0.04	
	糖果	3.0	
	面包	0.5	
	糕点	0.9	
	碳酸饮料	2.0	
β-胡萝卜素	调制乳、风味发酵乳、冷冻饮品、醋、油或盐渍水果、水果罐头、果酱、蜜饯凉果、水果甜品、预制水产品、蛋制品、果冻	1.0	
	饮料类	2.0	
	干制蔬菜、蔬菜罐头	0.2	
	膨化食品	0.1	

（续表）

名称	使用范围	最大使用量/(g/kg)	备注
	糖果、水产品罐头	0.5	
	熟肉制品	0.02	
红曲米 红曲红	风味发酵乳	0.8	
	糕点	0.9	
	腌腊肉制品（如咸肉、腊肉、板鸭、中式火腿、腊肠）、冷冻饮品、果酱、腌渍的蔬菜、蔬菜泥（酱）、糖果、熟食制品、果蔬汁（浆）类、饮料类、膨化食品、果冻	按生产需要适量使用	
桑葚红	果酒、果蔬汁（浆）类饮料、风味饮料	1.5	
	果糕类、果冻	5.0	
	糖果	2.0	
天然苋菜红	蜜饯凉果、糖果、饮料类	0.25	
姜黄素	糖果	0.01	
	碳酸饮料		
	果冻	5.0	
	冷冻饮品	0.15	
栀子蓝	腌渍的蔬菜、果蔬汁类、膨化食品	0.5	
	果酱、碳酸饮料	0.3	
	焙烤食品	1.0	
花生衣红	糖果、饼干、肉灌肠类	0.4	
	碳酸饮料	0.1	
葡萄皮红	冷冻饮品	1.0	
	糖果、焙烤食品	2.0	
	果酱	1.5	
	饮料类	2.5	
二氧化钛	凉果类、话化类、膨化食品、果冻	10.0	
	果酱	5.0	
	干制蔬菜	0.5	
蓝靛果红	糖果、糕点	2.0	
	冷冻饮品、果蔬汁（浆）类饮料、风味饮料	1.0	
诱惑红及其铝色淀	焙烤食品、膨化食品、饮料类	0.1	以诱惑红计
	糖果	0.3	
	冷冻饮品	0.07	
	西式火腿（熏烤、烟熏、蒸煮火腿）类、果冻	0.025	
	肉灌肠类	0.015	

注：①标准 GB 2760 - 2014。

十三、食品中亚硝酸盐、硝酸盐最大残留限量

食　　　品	指标(mg/kg)	标准
亚硝酸盐(以 $NaNO_2$ 计)		
肉灌肠类(干香肠、香雪肠、红肠、肉肠等)	≤30	
腌腊肉制品(咸肉、腊肉、板鸭、中式火腿、腊肠)	≤30	
肉罐头类	≤50	GB 2760 - 2014
西式火腿类(熏烤、烟熏、蒸煮火腿)	≤70	
亚硝酸盐(以 $NaNO_2$ 计)		
酱腌菜	≤20	
生乳	≤0.4	
乳粉和调制乳粉	≤2.0	GB 2762 - 2022
包装饮用水	≤0.005 mg/L(以 NO^{2-} 计)	
亚硝酸盐(以 NO_2^- 计)/硝酸盐(以 NO_3^- 计)		
饮用天然矿泉水	≤0.1 mg/L/≤45 mg/L	GB 2762 - 2022

注:硝酸盐残留量在食品添加剂使用标准 GB 2760 - 2014 仅标注肉制品。

十四、食品中腐败变质卫生标准

项目	食　　　品	指标	标准
挥发性盐基氮 (TVBN)(mg/100 g)	畜禽肉(鲜、冻)、畜禽副产品	≤15.0	GB 2707 - 2016
组胺 (mg/100 g)	高组胺鱼类	≤40	GB 2733 - 2015
	其他海水鱼类	≤20	
酸价 (以 KOH 计) (mg/g)	米糠油	≤25.0	GB 2716 - 2018
	棕榈(仁)油、玉米油、橄榄油、棉籽油、椰子油	≤10.0	
	其他	≤4.0	
	食用猪油、牛油、羊油、鸡油、鸭油	≤2.5	GB 10146 - 2015
	糕点、饼干、面包(以脂肪计)	≤5.0	GB 5009.229 - 2016
	食用氢化油	≤1.0	
	膨化食品(含油型)	≤5.0	GB 17401 - 2014
过氧化值 (g/100 g)	植物原油 食用植物油(包括调和油)	≤25.0	GB 2716 - 2018
	食用猪油、牛油、羊油、鸡油、鸭油	≤20.0	GB 10146 - 2015
	人造奶油、动植物油脂 食用氢化油、起酥油、代可可脂	≤38.0	GB 5009.227 - 2016
	糕点、饼干、面包	≤25.0	GB 7100 - 2015
	火腿、腊肉、咸肉、香(腊)肠	≤0.5	GB 2730 - 2015
	腌腊禽制品	≤1.50	
	膨化食品(含油型)	≤0.25	GB 17401 - 2014

（续表）

项目	食　品	指标	标准
丙二醛 (mg/100 g)	食用猪油、牛油、羊油、鸡油、鸭油	≤0.25	GB 10146 - 2015
pH	健康动物肉 可疑病畜肉 有病动物肉(变质肉)	pH 5.6～6.2 pH 6.8～7.0 pH 6.7 以上	参考指标

十五、各类食品安全标准

食品	项　目	指标	标准
鲜(冻)畜、禽产品	挥发性盐基氮/(mg/100 g)	≤15	GB 2707 - 2016
冻禽产品	解冻失水率/(%)	≤6	GB 16869 - 2005
畜禽肉水分限量	水分限量/(g/100 g) 　猪肉 　牛肉 　羊肉 　鸡肉	 ≤76 ≤77 ≤78 ≤77	GB 18394 - 2020
生乳	相对密度/(20℃/4℃) 蛋白质/(g/100 g) 脂肪/(g/100 g) 杂质度/(mg/kg)	≥1.027 ≥2.8 ≥3.1 ≤4.0	GB 19301 - 2010
巴氏杀菌乳 灭菌乳	脂肪/(g/100 g) 蛋白质/(g/100 g) 　牛乳 　羊乳 非脂乳固体/(g/100 g)	≥3.1 ≥2.9 ≥2.8 ≥8.1	GB 19645 - 2010 或 GB 25190 - 2010
乳粉	蛋白质/(%) 　乳粉(非脂乳固体的) 　调制乳粉 脂肪/(%) 　全脂乳粉 杂质度/(mg/kg) 水分/(%)	 ≥34 ≥16.5 ≥26.0 ≥16.0 ≤5.0	GB 19644 - 2010
肉松	水分/(g/100 g) 脂肪/(g/100 g) 　肉松 　油酥肉松 蛋白质/(g/100 g) 　肉松 　油酥肉松 总糖(以蔗糖计)/(g/100 g)	≤20 ≤10 ≤30 ≥32 ≥25 ≥35	GB/T 23968 - 2009
腊肉制品	过氧化值(以脂肪计)/(g/100 g) 　火腿、腊肉、咸肉、香(腊)肠 　腌腊禽制品 三甲胺氮/(mg/100 g) 　火腿	 ≤0.5 ≤1.5 ≤2.5	GB 2730 - 2015

（续表）

食品	项 目	指标	标准
蜂蜜	葡萄糖和果糖/(g/100 g) 蔗糖/(g/100 g) 桉树蜂蜜，柑橘蜂蜜，紫苜蓿蜂蜜，荔枝蜂蜜， 野桂花蜜 其他蜂蜜 锌(Zn)/(mg/kg)	≥60 ≤10 ≤5 ≤25	GB 14963－2011
鲜冻水产品	组胺/(mg/100 g) 　高组胺鱼类 　其他海水鱼类 挥发性盐基氮/(mg/100 g) 　海水鱼虾 　海蟹 　淡水鱼虾 　冷冻贝类 麻痹性贝类毒素(PSP)/(MU/g) 　贝类 腹泻性贝类毒素(PSP)/(MU/g) 　贝类	 ≤40 ≤20 ≤30 ≤25 ≤20 ≤15 ≤4 ≤0.05	GB 2733－2015
蒸馏酒及其配制酒	甲醇/(g/L) 　以粮谷类为原料 　其他 氰化物(HCN 计)/(mg/L)	 ≤0.6 ≤2.0 ≤8.0	GB 2757－2012
发酵酒及其配制酒	甲醛/(mg/L) 　啤酒	 ≤2.0	GB 2758－2012
酱油、面酱、黄酱、蚕豆酱	氨基酸态氮(g/100 mL) 氨基酸态氮(g/100 mL)	≥0.4 ≥0.3	GB 2717－2018 GB 2718－2014
食醋	总酸(以乙酸计)/(g/100 mL) 　食醋 　甜醋	 ≥3.5 ≥2.5	GB 2719－2018
味精	谷氨酸钠(以干基计)/% 　味精 　加盐味精 　增鲜味精	 ≥99.0 ≥80.0 ＞97.0	GB 2720－2015
食用盐	氯化钠(以干基计)/(g/100 g) 氯化钾(以干基计)/(g/100 g) 碘(以 I 计)/(mg/kg) 钡(以 Ba 计)/(mg/kg)	≥97.0 10－35 ＜5 ≤15.0	GB 2721－2015
食用油脂制品	酸价(以脂肪计)(g/100 g) 过氧化值(以脂肪计)(g/100 g) 　食用氢化油 　其他	≤1.0 ≤0.10 ≤0.13	GB 15196－2015
食糖	不溶于水杂质/(mg/kg) 螨	≤350 不得检出	GB 13104－2014

十六、食品中微生物卫生标准

项目	食品	指标	标准
菌落总数 CFU/g(mL)	鲜畜禽产品	$\leqslant 1\times 10^{6}$	GB 16869 - 2005
	冻畜禽产品	$\leqslant 5\times 10^{5}$	
	熟肉制品	$\leqslant 100$	GB 2726 - 2016
	辐照熟畜禽肉类(出厂)	$\leqslant 500$	GB 14891.1 - 1997
	辐照干果果脯类	$\leqslant 750$	GB 14891.3 - 1997
	油炸小食品	$\leqslant 1\times 10^{3}$	GB 16565 - 2003
	蜂蜜		GB 14963 - 2011
	保健食品(液态)		GB 16740 - 2014
	婴幼儿谷类辅助食品	$\leqslant 1\times 10^{4}$	GB 10769 - 2010
	辅食营养补充品		GB 22570 - 2014
	果冻		GB 19299 - 2015
	即食生制动物性水产制品		GB 10136 - 2015
	蜜饯		GB 14884 - 2016
	食醋		GB 2719 - 2018
	婴儿配方食品(固态)		GB 10765 - 2021
	较大婴儿配方食品(固态)		GB 10766 - 2021
	幼儿配方食品(固态)		GB 10767 - 2021
	再制干酪和干酪制品		GB 25192 - 2022
	调制乳	$\leqslant 1\times 10^{5}$	GB 25191 - 2010
	巴氏杀菌乳		GB 19645 - 2010
	稀奶油、奶油和无水奶油		GB 19646 - 2010
	膨化食品		GB 17401 - 2014
	蚝油等水产调味品		GB 10133 - 2014
	再制蛋(不含糟蛋)		GB 2749 - 2015
	冷冻饮品和制作料		GB 2759 - 2015
	糕点、面包		GB 7099 - 2015
	饼干		GB 7100 - 2015
	方便面		GB 17400 - 2015
	糖果		GB 17399 - 2016
	冲调谷物制品		GB 19640 - 2016
	食用淀粉		GB 31637 - 2016
	即食藻类制品		GB 19643 - 2016
	胶原蛋白肽产品		GB 31645 - 2018
	速冻面米与调制食品(即食类)		GB 19295 - 2021
	经热处理的食品工业用浓缩乳,以及加糖炼乳、调制加糖炼乳		GB 13102 - 2022
	液蛋制品、干蛋制品、冰蛋制品	$\leqslant 1\times 10^{6}$	GB 2749 - 2015
	粉丝等谷物制品		GB 2713 - 2015

（续表）

项目	食品	指标	标准
菌落总数 CFU/g(mL)	乳粉 酪蛋白	$\leqslant 2\times10^5$	GB 19644 - 2010 GB 31638 - 2016
	生乳	$\leqslant 2\times10^6$	GB 19301 - 2010
	保健食品（固态或半固态） 浆膏状香精、固体（粉末）香精	$\leqslant 3\times10^4$	GB 16740 - 2014 GB 30616 - 2020
	辐照熟畜禽肉类（销售） 乳化香精	$\leqslant 5\times10^3$	GB 14891.1 - 1997 GB 30616 - 2020
	酱油 饮料	$\leqslant 5\times10^4$	GB 2717 - 2018 GB 7101 - 2022
	米酒 果酒	$\leqslant 50$	NY/T 1885 - 2017 NY/T 1508 - 2017
	人造奶油	$\leqslant 200$	NY 479 - 2002
	花生酱	$\leqslant 1\times10^3$	NY/T 958 - 2006
	肉干、肉脯	$\leqslant 1\times10^4$	NY/T 843 - 2015
	脱水蔬菜 冷藏调制肉类	$\leqslant 1\times10^5$	NY/T 1045 - 2014 NY/T 843 - 2015
	冷却猪肉	$\leqslant 1\times10^6$	NY/T 632 - 2002
	菜肴调制水产品、烧烤（烟熏）调制水产品	$\leqslant 3\times10^3$	NY/T 2976 - 2016
	肉松	$\leqslant 3\times10^4$	NY/T 843 - 2015
	冷冻调制肉类	$\leqslant 3\times10^6$	NY/T 843 - 2015
	熏烧焙烤肉制品 裹面调制水产品、腌制调制水产品	$\leqslant 5\times10^4$	NY/T 843 - 2015 NY/T 2976 - 2016
	腊肠类、咸肉类、腊肉类、板鸭、咸鸭 畜禽可食用副产品（生鲜产品）	$\leqslant 5\times10^5$	NY/T 843 - 2015 NY/T 1513 - 2017
	酱卤肉制品 畜禽可食用副产品（熟制品）	$\leqslant 8\times10^4$	NY/T 843 - 2015 NY/T 1513 - 2017
大肠菌群 MPN/100 g(mL)	冻畜禽产品	$\leqslant 5\times10^3$	GB 16869 - 2005
	辐照香辛料类 辐照干果果脯类 油炸小食品 蜂蜜	$\leqslant 30$	GB 14891.4 - 1997 GB 14891.3 - 1997 GB 16565 - 2003 GB 14963 - 2011
	保健食品（液态）	$\leqslant 43$	GB 16740 - 2014
	保健食品（固态或半固态）	$\leqslant 92$	GB 16740 - 2014
	乳化香精	$\leqslant 360$	GB 30616 - 2020

（续表）

项目	食品	指标	标准
	发酵乳		GB 19302 - 2010
	巴氏杀菌乳	≤500	GB 19645 - 2010
	调制乳		GB 25191 - 2010
	豆制品	≤1×10^3	GB 2712 - 2014
	浆膏状香精、固体（粉末）香精	≤1.5×10^3	GB 30616 - 2020
	乳粉		GB 19644 - 2010
	婴幼儿谷类辅助食品		GB 10769 - 2010
	稀奶油、奶油和无水奶油		GB 19646 - 2010
	坚果与籽类食品		GB 19300 - 2014
	膨化食品		GB 17401 - 2014
	酿造酱		GB 2718 - 2014
	蚝油等水产调味品		GB 10133 - 2014
	辅食营养补充品		GB 22570 - 2014
	蛋与蛋制品		GB 2749 - 2015
	冷冻饮品和制作料		GB 2759 - 2015
	糕点、面包		GB 7099 - 2015
	即食生制动物性水产制品		GB 10136 - 2015
	饼干		GB 7100 - 2015
	方便面		GB 17400 - 2015
	粉丝等谷物制品		GB 2713 - 2015
	人造奶油（人造黄油）		GB 15196 - 2015
大肠菌群	果冻	≤1×10^4	GB 19299 - 2015
MPN/100 g（mL）	孕妇及乳母营养补充食品		GB 31601 - 2015
	食品工业用浓缩液（汁、浆）		GB 17325 - 2015
	糖果		GB 17399 - 2016
	蜜饯		GB 14884 - 2016
	冲调谷物制品		GB 19640 - 2016
	食用淀粉		GB 31637 - 2016
	酪蛋白		GB 31638 - 2016
	酱油		GB 2717 - 2018
	食醋		GB 2719 - 2018
	胶原蛋白肽产品		GB 31645 - 2018
	婴儿配方食品（固态）		GB 10765 - 2021
	较大婴儿配方食品（固态）		GB 10766 - 2021
	幼儿配方食品（固态）		GB 10767 - 2021
	速冻面米与调制食品（即食类）		GB 19295 - 2021
	饮料		GB 7101 - 2022
	经热处理的食品工业用浓缩乳，以及加糖炼乳、调制加糖炼乳		GB 13102 - 2022
	即食面筋制品		GB 2711 - 2014
	酱腌菜	≤1×10^5	GB 2714 - 2015
	干酪		GB 5420 - 2021
	再制干酪和干酪制品		GB 25192 - 2022
	熟肉制品	≤1×10^6	GB 2726 - 2016

（续表）

项目	食品	指标	标准
	即食藻类制品	$\leqslant 3 \times 10^4$	GB 19643 - 2016
	人造奶油		NY 479 - 2002
	辣椒酱	$\leqslant 30$	NY/T 1070 - 2006
	花生酱		NY/T 958 - 2006
	脱水蔬菜		NY/T 1045 - 2014
	冷藏调制肉类		NY/T 843 - 2015
	冷冻调制肉类		NY/T 843 - 2015
大肠菌群	肉干、肉脯	$\leqslant 300$	NY/T 843 - 2015
MPN/100 g(mL)	菜肴调制水产品、烧烤（烟熏）调制水产品		NY/T 2976 - 2016
	米酒		NY/T 1885 - 2017
	果酒		NY/T 1508 - 2017
	肉松	$\leqslant 360$	NY/T 843 - 2015
	畜禽可食用副产品（熟制品）	$\leqslant 900$	NY/T 1513 - 2017
	熏烧焙烤肉制品	$\leqslant 940$	NY/T 843 - 2015
	酱卤肉制品	$\leqslant 1.5 \times 10^3$	NY/T 843 - 2015
	裹面调制水产品、腌制调制水产品	$\leqslant 4.3 \times 10^3$	NY/T 2976 - 2016
	冷却猪肉	$\leqslant 1 \times 10^4$	NY/T 632 - 2002
	畜禽可食用副产品（生鲜产品）	$\leqslant 1 \times 10^5$	NY/T 1513 - 2017
	腊肠类、咸肉类、腊肉类、板鸭、咸鸭	$\leqslant 6.4 \times 10^3$	NY/T 843 - 2015

十七、食品中致病菌卫生标准

项目	食品	指标	标准
	鲜畜禽产品		GB 16869 - 2005
	冻畜禽产品		
	辐照熟畜禽肉类		GB 14891.1 - 1997
	辐照冷冻包装畜禽肉类		GB 14891.7 - 1997
	油炸小食品		GB 16565 - 2003
	葡萄干、柿饼等干果食品		GB 16325 - 2005
	乳粉		GB 19644 - 2010
致病菌（系指肠道	发酵乳		GB 19302 - 2010
致病菌及致病性球	婴幼儿谷类辅助食品	不得检出	GB 10769 - 2010
菌）包括:沙门氏菌、	巴氏杀菌乳		GB 19645 - 2010
大肠埃希氏菌、李斯	乳清粉和乳清蛋白粉		GB 11674 - 2010
特菌、副溶血性弧	调制乳		GB 25191 - 2010
菌、葡萄球菌、溶血	稀奶油、奶油和无水奶油		GB 19646 - 2010
性链球菌等	蜂蜜		GB 14963 - 2011
	保健食品		GB 16740 - 2014
	辅食营养补充品		GB 22570 - 2014
	孕妇及乳母营养补充食品		GB 31601 - 2015

(续表)

项目	食品	指标	标准
致病菌(系指肠道致病菌及致病性球菌)包括:沙门氏菌、大肠埃希氏菌、李斯特菌、副溶血性弧菌、葡萄球菌、溶血性链球菌等	酪蛋白		GB 31638－2016
	食用酵母		GB 31639－2016
	冷却猪肉		NY/T 632－2002
	人造奶油		NY 479－2002
	脱水蔬菜		NY/T 959－2006
	辣椒酱		NY/T 1070－2006
	花生酱		NY/T 958－2006
	畜禽肉制品(包括调制肉制品、腌腊肉制品、酱肉制品、熏烧焙烤肉制品肉于制品及肉类罐头制品)		NY/T 843－2015
	畜禽可食用副产品		NY/T 1513－2017

十八、部分药物残留、农药和限量元素的国际标准

(一) 部分食品中兽药最高残留限量

1. 国际食品 CAC 标准(国际食品法典委员会制定的 CAC 标准)

药物	食品	最高残留限量 MRL(μg/kg)	
金霉素/土霉素/四环素	牛:肾 奶 肉 猪:肾 肉 肝 禽:肝 蛋 羊:肉 肝 奶	≤1 200 ≤100 ≤200 ≤1 200 ≤200 ≤600 ≤600 ≤400 ≤200 ≤600 ≤100	法典编号 CXM 2 名称 Maximum Residue Limits (MRLs) and Risk Management Recommendations (RMRs) for Residues of Veterinary Drugs in Foods Committee:CCRVDF 最后修改时间:2021 Func Class Detail ZH ǀ CODEXALIMENTARIUS FAO-WHO
青霉素	牛:肾 奶 肉 肝 猪、鸡:肾、肝、肉	≤50 ≤4 ≤50 ≤0 ≤50	
氯霉素	不得检出		
泰乐菌素	牛、羊:脂肪、肝、奶、肉 猪:肾、肝、脂肪 鸡:肾、肝、蛋	≤100 ≤100 ≤300	

2. 欧盟立法标准

药物	食品	最高残留限量 MRL(μg/kg)	立法标准
四环素	所有食品:肉 肝 肾 奶 蛋	≤100 ≤300 ≤600 ≤100 ≤200	
青霉素	所有食用动物:肉、肝、肾、脂肪 奶	≤0 ≤4	
土霉素	所有食品:肉 肝 肾 奶 蛋	≤100 ≤300 ≤600 ≤100 ≤200	文件编号: EUR – Lex – 32010R0037 – EN – EUR – Lex (europa. eu)
红霉素	所有动物性食品:肉 脂肪、肝、肾 奶 蛋	≤0 ≤200 ≤40 ≤150	
激素类:地塞米松	牛、羊、猪:肉、肾 肝 牛、羊:奶	≤0.75 ≤2 ≤0.3	
磺胺类药物	所有食品:肉、脂肪、肝、肾	≤100	
氯霉素	所有食品	不得检出	

(二) 部分食品中农药最高残留限量

1. 国际食品 CAC 标准

农药	食品	最高残留限量 MRL(mg/kg)	标准
滴滴涕(DDT)	胡萝卜 稻谷类、蛋 畜禽肉 牛乳 禽肉	≤0.2 ≤0.1 ≤5 ≤0.002 ≤0.3	编号 CXG 33 – 1999 名称 Recommended Methods of Sampling for the Determination of Pesticide Residues for Compliance with MRLs Committee: CCPR 最后修改时间:1999 https://www. fao. org/fao-who codexalimentarius/codex-texts/dbs/ pestres/pesticide-detail/zh/? p_id=21
六六六(Lindane)	谷物 动物内脏 蛋 鱼 牛乳 禽肉 玉米	≤0.01 ≤0.01 ≤0.001 ≤0.01 ≤0.001 ≤0.005 ≤0.01	

2. 欧盟立法标准

农药	食品	最高残留限量 MRL(mg/kg)	立法标准
滴滴涕(DDT)	蔬菜、水果 谷物 牛乳 蛋 畜禽肉	≤0.05 ≤0.05 ≤0.04 ≤0.05 ≤0.05	文件标号及名称 Consolidated version of Reg. EC 396/2005 Pesticides MRLs in/on food and feed of plant and animal origin and Commission implementing rules
六六六(HCH)	蔬菜、水果 谷物 畜禽肉 牛乳 蛋	≤0.01 ≤0.01 ≤0.01 ≤0.01 ≤0.01	

（三）部分食品中有害有毒元素最高残留限量—欧盟立法标准

有害有毒元素	食品	最高残留限量 MRL(mg/kg)	立法标准
铅	水果、蔬菜 谷物 畜禽肉 鱼类产品	≤0.05 ≤0.2 ≤0.1 ≤0.3	
汞	水产品:甲壳类 鱼类:肉	≤0.5 ≤1.0	http://data.europa.eu/eli/reg/2023/915/oj 文件编号:Document 32023R0915
镉	水果、蔬菜 豆类 谷物 畜禽肉 牛、羊、猪、家禽:肝脏 肾 鱼肉 甲壳类	≤0.02 ≤0.04 ≤0.10 ≤0.05 ≤0.05 ≤1.00 ≤0.05 ≤0.5	

参考文献

［1］https://www.fao.org/fao-who-codexalimentarius/codex-texts/dbs/pestres/pesticides/en/（CAC 网址）

［2］https://ec.europa.eu/food/plant/pesticides/eu-pesticides-database/start/screen/mrls（欧盟标准网址）

［3］国家食品安全风险评估中心——食品安全国家标准在线检索平台：国家标准、部颁标准若干. http://sppt.cfsa.net.cn:80861db

［4］食品伙伴网—食品标准：国家标准、部颁标准若干. http://down.foodmate.net/standard/index.html

［5］全国标准信息公共服务平台：国家标准、部颁标准若干

［6］S. Suzanne Nielsen 主编. 食品分析（美）[M]. 北京：中国轻工出版社，2019.

［7］王永华主编. 食品分析（第三版）[M]. 北京：中国轻工出版社，2017.

［8］王喜波，张英华主编. 食品分析[M]. 北京：科学出版社，2015.

［9］戚穗坚，杨丽主编. 食品分析实验指导[M]. 北京：中国轻工业出版社，2018.

［10］郝利平，聂乾忠主编. 食品添加剂[M]. 北京：中国农业出版社，2021.

［11］曹玲玲，刘安典主编. 常用兽药 800 问[M]. 北京：中国农业出版社，2010.

［12］刘金福，陈宗道主编. 食品质量与安全管理[M]. 北京：中国农业出版社，2021.

［13］王秉栋. 动物性食品卫生理化检验手册[M]. 上海：上海科学技术出版社，1989.

［14］国家食品安全风险评估中心，食品安全国家标准审评委员会秘书处编写. 食品安全国家标准汇编[M]. 北京：中国人口出版社，2016.

［15］中国食品药品检定研究院编写. 食品检验操作技术规范[M]. 北京：中国医药科技出版社，2019.

［16］国家食品药品监督管理总局科技和标准司编写. 微生物检验方法食品安全国家标准实操指南[M]. 北京：中国医药科技出版社，2017.

［17］杜相革，李显军，陈倩.《绿色食品 农药使用准则》的发展变化及特点分析[J]. 农产品质量与安全，2021,4:51-56.

［18］张馨予，李兴江. 绿色食品对农业绿色发展的贡献研究[J]. 食品安全导刊，2021,12:144-146.

［19］卢珍萍，田英. 中国蔬果中农药残留的现状及其去除方法[J]. 中国农学通报，2022,38(24):131-137.

［20］刘美玲. 我国蔬菜农药残留现状及预防对策[J]. 现代农业科技，2023,12:113-116.

［21］陆智，李亚杰，罗林. 丙烯酰胺的安全性评价及降低措施研究进展[J]. 理论探索，2023,4:106-110.

［22］陈雪珍，詹昌铭，毛杰，等. 高温热加工食品危害物形成的影响因素及其抑制的研究进展[J]. 食品与发酵科技，2023,59(3):85-90+110.

［23］刘展任，陈波. 国内外食品中反式脂肪酸的摄入水平与监管政策[J/OL]. 上海预防医学. https://kns.cnki.net/kcms2/detail/31.1635.R.20230625.1752.018.html.

［24］姜玉清,梁小慧,张帅,等.烤肉制品中杂环胺的研究进展［J］.食品安全质量检测学报,2019,10(11):3255 - 3260.

［25］郝宇,马艺荄,于力涛,等.气相色谱-串联质谱法测定婴幼儿配方乳粉中3-氯丙醇酯和缩水甘油酯及其风险评估［J］.食品科学,2023,44(08):337 - 344.

［26］蓝丽华,林丽珊,傅武胜,等.全自动样品处理平台在食用油脂中氯丙醇酯和缩水甘油酯测定的应用研究［J］.中国食品卫生杂志,2022,34(3):531 - 538.

［27］朱晓军,徐文君,周玮,等.肉制品中多氯联苯检测方法研究进展［J］.肉类研究,2018,Vol. 28(09):30 - 33.

［28］杜洪振,陈倩,刘骞,等.肉制品中杂环胺的形成及其机制［J］.中国食品学报,2020,20(9):323 - 335.

［29］王敏.食品包装材料安全性及检测技术分析［J］.2022,03:7 - 9.

［30］安亚男.食品包装材料对食品安全性的影响及食品安全控制措施分析［J］.食品安全,2023,08:151 - 153.

［31］Hurtado-Barroso S, Tresserra-Rimbau A, Vallverdú-Queralt A, et al. Organic food and the impact on human health ［J］. Critical reviews in food science and nutrition, 2019,59(4):704 - 714.

［32］Schleiffer M, Speiser B. Presence of pesticides in the environment, transition into organic food, and implications for quality assurance along the European organic food chain-A review ［J］. Environmental pollution, 2022,313:120116.

［33］Sun Y, Zhao J, Liang L. Recent development of antibiotic detection in food and environment: the combination of sensors and nanomaterials ［J］. Microchimica Acta, 2021,188(1):21.

［34］Yue X, Fu L, Li Y, et al. Lanthanide bimetallic MOF-based fluorescent sensor for sensitive and visual detection of sulfamerazine and malachite ［J］. Food chemistry, 2023,410:135390.

［35］Li C, Zhu H, Li C, et al. The present situation of pesticide residues in China and their removal and transformation during food processing ［J］. Food chemistry, 2021,354:129552.

［36］Yang Q, Li Q, Li H, et al. pH-response quantum dots with orange-red Emission for monitoring the residue, distribution, and variation of an organophosphorus pesticide in an agricultural crop ［J］. Journal of agricultural and food chemistry, 2021,69(9):2689 - 2696.

［37］Ahmad H, Zhao L, Liu C, et al. Ultrasound assisted dispersive solid phase microextraction of inorganic arsenic from food and water samples using CdS nanoflowers combined with ICP-OES determination ［J］. Food chemistry, 2021,338:128028.

［38］Huang W H, Mai V P, Wu R Y, et al. A microfluidic aptamer-based sensor for detection of mercury(II) and lead(II) ions in water ［J］. Micromachines (Basel). 2021,12(11):1283.

［39］Song J, Liu S, Zhao N, et al. A new fluorescent probe based on metallic deep eutectic solvent for visual detection of nitrite and pH in food and water environment ［J］. Food chemistry, 2023, 398:133935.

［40］Hassan H M, Alsohaimi I H, Khan M R, et al. Quantitative assessment of phosphate food additive in frozen and chilled chicken using spectrophotometric approach combined with graphitic digestion ［J］. Food chemistry, 2022,389:133050.